3D 游戏编程
大师技巧(下册)

TRICKS OF THE 3D
GAME PROGRAMMING GURUS
ADVANCED 3D GRAPHICS AND RASTERIZATION

[美] André LaMothe 著   李祥瑞 陈武 译

人民邮电出版社
北京

目　　录（下册）

第三部分　基本 3D 渲染

第 8 章　基本光照和实体造型···478

　8.1　计算机图形学的基本光照模型··478

　　8.1.1　颜色模型和材质···480

　　8.1.2　光源类型···487

　8.2　三角形的光照计算和光栅化··493

　　8.2.1　为光照做准备···497

　　8.2.2　定义材质···498

　　8.2.3　定义光源···502

　8.3　真实世界中的着色··507

　　8.3.1　16 位着色···507

　　8.3.2　8 位着色··507

　　8.3.3　一个健壮的用于 8 位模式的 RGB 模型·······························508

　　8.3.4　一个简化的用于 8 位模式的强度模型································511

　　8.3.5　固定着色···515

　　8.3.6　恒定着色···517

　　8.3.7　Gouraud 着色概述···533

　　8.3.8　Phong 着色概述···535

　8.4　深度排序和画家算法··535

　8.5　使用新的模型格式··540

　　8.5.1　分析器类···540

　　8.5.2　辅助函数···543

　　8.5.3　3D Studio MAX ASCII 格式.ASC······································546

　　8.5.4　TrueSpace ASCII.COB 格式···548

　　8.5.5　Quake II 二进制.MD2 格式概述·······································557

　8.6　3D 建模工具简介···558

　8.7　总结··561

第 9 章　插值着色技术和仿射纹理映射·······································562

　9.1　新 T3D 引擎的特性···562

　9.2　更新 T3D 数据结构和设计··563

　　9.2.1　新的#defines··564

　　9.2.2　新增的数学结构···566

　　9.2.3　实用宏··567

9.2.4 添加表示 3D 网格数据的特性 ·· 568
9.2.5 更新物体结构和渲染列表结构 ··· 574
9.2.6 函数清单和原型 ·· 577
9.3 重新编写物体加载函数 ·· 583
9.3.1 更新.PLG/PLX 加载函数 ·· 584
9.3.2 更新 3D Studio .ASC 加载函数 ·· 595
9.3.3 更新 Caligari .COB 加载函数 ·· 596
9.4 回顾多边形的光栅化 ·· 601
9.4.1 三角形的光栅化 ·· 601
9.4.2 填充规则 ·· 604
9.4.3 裁剪 ··· 606
9.4.4 新的三角形渲染函数 ·· 607
9.4.5 优化 ··· 612
9.5 实现 Gouraud 着色处理 ··· 613
9.5.1 没有光照时的 Gouraud 着色 ·· 614
9.5.2 对使用 Gouraud Shader 的多边形执行光照计算 ······················ 624
9.6 基本采样理论 ·· 632
9.6.1 一维空间中的采样 ·· 632
9.6.2 双线性插值 ·· 634
9.6.3 u 和 v 的插值 ··· 635
9.6.4 实现仿射纹理映射 ·· 637
9.7 更新光照/光栅化引擎以支持纹理 ·· 640
9.8 对 8 位和 16 位模式下优化策略的最后思考 ······································ 645
9.8.1 查找表 ··· 645
9.8.2 网格的顶点结合性 ·· 646
9.8.3 存储计算结果 ·· 646
9.8.4 SIMD ·· 647
9.9 最后的演示程序 ·· 647
Raider 3D II ··· 648
9.10 总结 ··· 651

第 10 章 3D 裁剪 ··· 652

10.1 裁剪简介 ··· 652
10.1.1 物体空间裁剪 ·· 652
10.1.2 图像空间裁剪 ·· 655
10.2 裁剪算法 ··· 656
10.2.1 有关裁剪的基本知识 ··· 657
10.2.2 Cohen-Sutherland 裁剪算法 ··· 661
10.2.3 Cyrus-Beck/梁友栋-Barsky 裁剪算法 ································· 662
10.2.4 Weiler-Atherton 裁剪算法 ·· 665
10.2.5 深入学习裁剪算法 ··· 667
10.3 实现视景体裁剪 ··· 667
10.3.1 几何流水线和数据结构 ··· 669
10.3.2 在引擎中加入裁剪功能 ··· 670
10.4 地形小议 ··· 691

　　10.4.1　地形生成函数 ······················ 692

　　10.4.2　生成地形数据 ······················ 700

　　10.4.3　沙地汽车演示程序 ··················· 700

　10.5　总结 ·································· 704

第 11 章　深度缓存和可见性 ························ 705

　11.1　深度缓存和可见性简介 ····················· 705

　11.2　z 缓存基础 ···························· 708

　　11.2.1　z 缓存存在的问题 ··················· 709

　　11.2.2　z 缓存范例 ······················ 709

　　11.2.3　平面方程法 ······················· 711

　　11.2.4　z 坐标插值 ······················ 713

　　11.2.5　z 缓存中的问题和 1/Z 缓存 ·············· 714

　　11.2.6　一个通过插值计算 z 和 1/z 的例子 ········· 715

　11.3　创建 z 缓存系统 ························· 718

　11.4　可能的 z 缓存优化 ························ 734

　　11.4.1　使用更少的内存 ····················· 734

　　11.4.2　降低清空 z 缓存的频率 ················· 734

　　11.4.3　混合 z 缓存 ······················ 736

　11.5　z 缓存存在的问题 ························ 736

　11.6　软件和 z 缓存演示程序 ····················· 736

　　11.6.1　演示程序 I：z 缓存可视化 ··············· 737

　　11.6.2　演示程序 II：Wave Raider ··············· 738

　11.7　总结 ·································· 743

第四部分　高级 3D 渲染

第 12 章　高级纹理映射技术 ······················· 746

　12.1　纹理映射——第二波 ······················· 746

　12.2　新的光栅化函数 ·························· 754

　　12.2.1　最终决定使用定点数 ··················· 754

　　12.2.2　不使用 z 缓存的新光栅化函数 ·············· 755

　　12.2.3　支持 z 缓存的新光栅化函数 ·············· 758

　12.3　使用 Gouruad 着色的纹理映射 ·················· 759

　12.4　透明度和 alpha 混合 ······················· 765

　　12.4.1　使用查找表来进行 alpha 混合 ·············· 766

　　12.4.2　在物体级支持 alpha 混合功能 ·············· 778

　　12.4.3　在地形生成函数中加入 alpha 支持 ············ 784

　12.5　透视修正纹理映射和 1/z 缓存 ················· 786

　　12.5.1　透视纹理映射的数学基础 ················ 787

　　12.5.2　在光栅化函数中加入 1/z 缓存功能 ··········· 793

　　12.5.3　实现完美透视修正纹理映射 ··············· 799

　　12.5.4　实现线性分段透视修正纹理映射 ············· 803

　　12.5.5　透视修正纹理映射的二次近似 ·············· 808

12.5.6 使用混合方法优化纹理映射 812
12.6 双线性纹理滤波 814
12.7 mipmapping 和三线性纹理滤波 819
12.7.1 傅立叶分析和走样简介 819
12.7.2 创建 mip 纹理链 822
12.7.3 选择 mip 纹理 830
12.7.4 三线性滤波 836
12.8 多次渲染和纹理映射 837
12.9 使用单个函数来完成渲染工作 837
12.9.1 新的渲染场境 838
12.9.2 设置渲染场境 840
12.9.3 调用对渲染场境进行渲染的函数 842
12.10 总结 851

第 13 章 空间划分和可见性算法 852
13.1 新的游戏引擎模块 852
13.2 空间划分和可见面判定简介 852
13.3 二元空间划分 856
13.3.1 平行于坐标轴的二元空间划分 857
13.3.2 任意平面空间划分 858
13.3.3 使用多边形所在的平面来划分空间 858
13.3.4 显示/访问 BSP 树中的每个节点 861
13.3.5 BSP 树数据结构和支持
函数 863
13.3.6 创建 BSP 树 865
13.3.7 分割策略 868
13.3.8 遍历和显示 BSP 树 876
13.3.9 将 BSP 树集成到图形流水线中 886
13.3.10 BSP 关卡编辑器 887
13.3.11 BSP 的局限性 897
13.3.12 使用 BSP 树的零重绘策略 897
13.3.13 将 BSP 树用于剔除 899
13.3.14 将 BSP 树用于碰撞检测 906
13.3.15 集成 BSP 树和标准渲染 907
13.4 潜在可见集 912
13.4.1 使用潜在可见集 913
13.4.2 潜在可见集的其他编码方法 914
13.4.3 流行的 PVS 计算方法 915
13.5 入口 917
13.6 包围体层次结构和八叉树 919
13.6.1 使用 BHV 树 921
13.6.2 运行性能 922
13.6.3 选择策略 923
13.6.4 实现 BHV 924
13.6.5 八叉树 931

13.7　遮掩剔除 ·· 932
　　13.7.1　遮掩体 ·· 933
　　13.7.2　选择遮掩物 ·· 934
　　13.7.3　混合型遮掩物选择方法 ································ 934
13.8　总结 ·· 934

第 14 章　阴影和光照映射 ··· 935
14.1　新的游戏引擎模块 ··· 935
14.2　概述 ·· 935
14.3　简化的阴影物理学 ··· 936
14.4　使用透视图像和广告牌来模拟阴影 ························ 939
　　14.4.1　编写支持透明功能的光栅化函数 ················· 941
　　14.4.2　新的库模块 ·· 944
　　14.4.3　简单阴影 ··· 945
　　14.4.4　缩放阴影 ··· 947
　　14.4.5　跟踪光源 ··· 950
　　14.4.6　有关模拟阴影的最后思考 ··························· 953
14.5　平面网格阴影映射 ··· 954
　　14.5.1　计算投影变换 ·· 954
　　14.5.2　优化平面阴影 ·· 957
14.6　光照映射和面缓存技术简介 ···································· 958
　　14.6.1　面缓存技术 ··· 960
　　14.6.2　生成光照图 ··· 960
　　14.6.3　实现光照映射函数 ······································· 961
　　14.6.4　暗映射（dark mapping） ····························· 963
　　14.6.5　光照图特效 ··· 964
　　14.6.6　优化光照映射代码 ······································· 964
14.7　整理思路 ·· 965
14.8　总结 ·· 965

第五部分　高级动画、物理建模和优化

第 15 章　3D 角色动画、运动和碰撞检测 ···················· 968
15.1　新的游戏引擎模块 ··· 968
15.2　3D 动画简介 ·· 968
15.3　Quake II .MD2 文件格式 ·· 969
　　15.3.1　.MD2 文件头 ··· 971
　　15.3.2　加载 Quake II .MD2 文件 ····························· 979
　　15.3.3　使用.MD2 文件实现动画 ······························ 987
　　15.3.4　.MD2 演示程序 ·· 995
15.4　不基于角色的简单动画 ·· 996
　　15.4.1　旋转运动和平移运动 ···································· 997
　　15.4.2　复杂的参数化曲线移动 ································ 998
　　15.4.3　使用脚本来实现运动 ···································· 999

15.5　3D 碰撞检测 ··· 1001
　　15.5.1　包围球和包围圆柱 ·· 1001
　　15.5.2　使用数据结构来提高碰撞检测的速度 ··················· 1003
　　15.5.3　地形跟踪技术 ·· 1003
15.6　总结 ··· 1004

第 16 章　优化技术 ··· 1005
16.1　优化技术简介 ·· 1005
16.2　使用 Microsoft Visual C++和 Intel VTune 剖析代码 ··· 1006
　　16.2.1　使用 Visual C++进行剖析 ··································· 1006
　　16.2.2　分析剖析数据 ·· 1008
　　16.2.3　使用 VTune 进行优化 ·· 1009
16.3　使用 Intel C++编译器 ·· 1015
　　16.3.1　下载 Intel 的优化编译器 ······································ 1015
　　16.3.2　使用 Intel 编译器 ··· 1015
　　16.3.3　使用编译器选项 ··· 1016
　　16.3.4　手工为源文件选择编译器 ····································· 1017
　　16.3.5　优化策略 ·· 1017
16.4　SIMD 编程初步 ·· 1017
　　16.4.1　SIMD 基本体系结构 ·· 1019
　　16.4.2　使用 SIMD ·· 1019
　　16.4.3　一个 SIMD 3D 向量类 ··· 1030
16.5　通用优化技巧 ·· 1036
　　16.5.1　技巧 1：消除_ftol() ·· 1036
　　16.5.2　技巧 2：设置 FPU 控制字 ···································· 1036
　　16.5.3　技巧 3：快速将浮点变量设置为零 ······················ 1037
　　16.5.4　技巧 4：快速计算平方根 ····································· 1038
　　16.5.5　技巧 5：分段线性反正切 ····································· 1038
　　16.5.6　技巧 6：指针递增运算 ··· 1039
　　16.5.7　技巧 7：尽可能将 if 语句放在循环外面 ·············· 1039
　　16.5.8　技巧 8：支化（branching）流水线 ····················· 1040
　　16.5.9　技巧 9：数据对齐 ·· 1040
　　16.5.10　技巧 10：将所有简短函数都声明为内联的 ········· 1040
　　16.5.11　参考文献 ·· 1040
16.6　总结 ··· 1040

第六部分　附　　录

附录 A　光盘内容简介 ·· 1042

附录 B　安装 DirectX 和使用 Visual C/C++ ································ 1044
B.1　安装 DirectX ·· 1044
B.2　使用 Visual C/C++编译器 ·· 1044
B.3　编译提示 ·· 1045

附录 C 三角学和向量参考 ·· 1047

  C.1 三角学 ·· 1047

  C.2 向量 ·· 1049

    C.2.1 向量长度 ··· 1050

    C.2.2 归一化 ·· 1050

    C.2.3 标量乘法 ··· 1051

    C.2.4 向量加法 ··· 1052

    C.2.5 向量减法 ··· 1052

    C.2.6 点积 ·· 1053

    C.2.7 叉积 ·· 1054

    C.2.8 零向量 ·· 1055

    C.2.9 位置向量 ··· 1055

    C.2.10 向量的线性组合 ··· 1056

附录 D C++入门 ·· 1057

  D.1 C++是什么 ··· 1057

  D.2 必须掌握的 C++知识 ·· 1059

  D.3 新的类型、关键字和约定 ··· 1059

    D.3.1 注释符 ·· 1059

    D.3.2 常量 ·· 1060

    D.3.3 引用型变量 ·· 1060

    D.3.4 即时创建变量 ··· 1061

  D.4 内存管理 ·· 1062

  D.5 流式输入/输出 ··· 1062

  D.6 类 ·· 1064

    D.6.1 新结构 ·· 1064

    D.6.2 一个简单的类 ··· 1065

    D.6.3 公有和私有 ·· 1065

    D.6.4 类的成员函数（方法） ·· 1066

    D.6.5 构造函数和析构函数 ·· 1067

    D.6.6 编写构造函数 ··· 1068

    D.6.7 编写析构函数 ··· 1070

  D.7 域运算符 ·· 1071

    在类外部定义成员函数 ··· 1071

  D.8 函数和运算符重载 ··· 1072

  D.9 基本模板 ·· 1074

  D.10 异常处理简介 ··· 1075

    异常处理的组成部分 ·· 1076

  D.11 总结 ·· 1078

附录 E 游戏编程资源 ·· 1079

  E.1 游戏编程和新闻网站 ·· 1079

  E.2 下载站点 ·· 1079

E.3　2D/3D 引擎 ·· 1080

E.4　游戏编程书籍 ··· 1080

E.5　微软公司的 Direct X 多媒体展示 ································· 1081

E.6　新闻组 ·· 1081

E.7　跟上行业的步伐 ··· 1081

E.8　游戏开发杂志 ··· 1081

E.9　Quake 资料 ·· 1082

E.10　免费模型和纹理 ·· 1082

E.11　游戏网站开发者 ·· 1082

附录 F　ASCII 码表 ··· 1083

第 三 部 分

基本 3D 渲染

第 8 章　基本光照和实体造型

第 9 章　插值着色技术和仿射纹理映射

第 10 章　3D 裁剪

第 11 章　深度缓存和可见性

第 8 章 基本光照和实体造型

本章通过将物体渲染为实体（solid）而不是线框，来增强 3D 场景的真实感。这意味着将涉及着色和光照；另外，与将物体渲染为线框相比，背面剔除的影响将大得多，因为现在无法看到物体后面的东西。本章将概要地讨论光照和着色，并分别使用 8 位颜色索引模式和 16 位 RGB 颜色模式实现涉及的每项内容。另外，还将对 PLG/PLX 文件加载器进行改进，使之支持其他的文件格式，从而避免手工创建模型。本章既介绍理论，也涉及到实践，虽然其中的大部分理论将到后续章节中才得到应用，但现在正是介绍它们的好时机。本章包含以下主题：

- 基本光照模型；
- 环境光；
- 散射光；
- 镜面反射光；
- 定向光源；
- 点光源；
- 聚光灯；
- 三角形的光栅化；
- 光照时对位深的考虑；
- 固定（constant）着色；
- 恒定（flat）着色；
- Gouraud 着色；
- Phong 着色；
- 深度排序；
- 加载模型。

8.1 计算机图形学的基本光照模型

光照是计算机图形学中的一个庞大主题，它研究的是光子，或多或少地与电子相互作用有关。光子是一种能量，同时具有粒子性和波动性。光子具有位置和速度（粒子性），还有频率（波动性）。图 8.1 的光谱图描述了红外线、可见光、紫外线、X 射线等的频率范围。当然，所有的光都以光速传播，这种速度用 c 表示，其值为 3.0×10^8 米/秒。

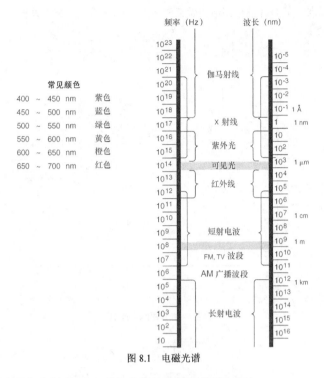

图 8.1　电磁光谱

频率（F，单位为赫兹）与波长（λ，单位为米）之间的关系如下：

$F = c / \lambda$

例如，红色光的波长约 700nm（纳米，10^{-9} 米），其频率如下：

$F = 3.0 \times 10^8 \text{m/s} / (700 \times 10^{-9}) \text{m} = 4.286 \times 10^{14} \text{Hz}$

读者可能认为，光速已经非常高，但相对于整个宇宙空间而言，这种速度太慢了。然而，光速是速度的极限值；光的速度是不能提高的，要提高必须提供无穷大的能量，有关这方面的内容不在本书的探讨范围之内。

光线的颜色取决于频率（波长）。那么，光强又是什么呢？它与每秒发射的光子数相关。亮度是每秒钟照射到表面上的光子数，因此表面 S 每秒吸收的总能量为：

每秒吸收的能量 $= e_{photon}(\lambda)$*光子数/秒

其中光子的能量是频率的函数。

当然，大多数 3D 图形引擎不依赖于对光子或物质的使用，而是使用模型。几乎所有的 3D 渲染软件包都使用光线跟踪：跟踪从视点发出的、穿过场景的光线，确定光线与场景中几何体的交点，并据此对屏幕上的像素进行着色。图 8.2 通过三个简单物体说明了这种过程，图 8.3 是一个使用光线跟踪绘制的场景（请注意其中的阴影、反射和亮点）。

另外，读者肯定还听说过光子映射（photon mapping）和辐射度（radiosity）等技术，它们以更复杂的方式来模拟光子的影响。这些技术旨在尽可能真实地模拟光照场景。

虽然我们想尽可能地实现照片真实感渲染（photo-realistic rendering），但这受限于使用的软件和硬件。我们要创建的是基于软件的引擎，因此使用的光照模型不能像基于硬件的引擎中那么复杂。然而，这正是有趣的地方之一：看看在软件引擎中，我们能够在执行实时光照方面达到什么样的程度。有鉴于此，我们必须极其深入地了解光照，这样才能使用诸如像素和顶点 shader 等技术来更大程度地挖掘出硬件的潜力，因为我们知道问题的真相。

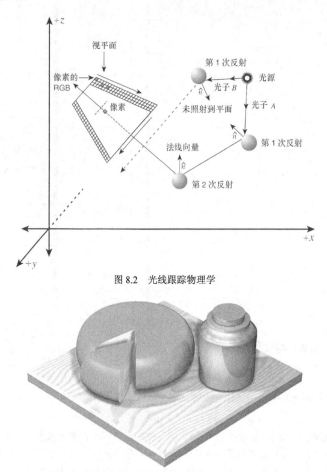

图 8.2　光线跟踪物理学

图 8.3　使用光线跟踪绘制的场景

8.1.1　颜色模型和材质

　　物体的材质决定了它将如何与光线交互。例如白色光（包含所有的可见光）照射到表面时，表面的很多属性决定了光线的行为。有些光被反射，被反射的光的颜色决定了物体的颜色；而其他光被表面吸收。另外，物体可能并非完全不透明的，在这种情况下，有些光将穿透物体（折射）。最后，光子照射到材质上时，可能导致它发射光（荧光或磷光）。所有这些属性都可能与波长或强度相关。因此，模拟材质和光线之间的交互涉及的工作量非常大。通常，使用为数不多的几个参数来模拟材质，如反射率、色散、镜面反射率和发射率等。

　　正如读者知道的，计算机屏幕上的颜色是使用 RGB 或颜色索引（8 位颜色）来表示的。但这里重点介绍 RGB 颜色模式，在这种模式下，每个分量被表示为 0～1 或 0～255 的值。例如，在 24 位的 RGB 模式下，每个颜色分量用 8 位表示，因此红色的 RGB 值为（255, 0, 0）。

使用浮点数格式（即每个分量用 0～1 之间的值表示）时，红色的 RGB 值为 (1.0, 0.0, 0.0)。这两种 RGB 值表示的是同一种颜色。然而，对数学运算而言，浮点数格式比字节值（byte-valued）格式更容易处理。另一方面，字节值格式的速度可能更快，因为可以直接将其写入到视频缓存中，而无需进行转换。下面介绍使用这两种格式时，对颜色执行的两种运算：加法和调制（modulation）。

1. 颜色加法

给定 RGB 颜色 C1(r1, g1, b1) 和 C2(r2, g2, b2)，可以这样将它们相加：

$$C_{sum} = C1 + C2 = (r1 + r2, g1 + g2, b1 + b2)$$

然而，这种运算存在一个问题：溢出。无论采用哪种颜色表示法，将两个值相加后，如果结果大于分量的最大值，必须对其进行截取（clamp）。例如，假设每个分量用 8 位表示，其取值范围为 0 到 255，则将颜色 C1 和 C2 相加后，必须按如下方式对每个分量的结果进行截取：

$$C_{sum} = C1 + C2 = (MAX(r1 + r2, 255), MAX(g1 + g2, 255), MAX(b1 + b2, 255))$$

其中 MAX(x, y) 返回 x 和 y 中较大的那个。

这样便可确保分量的值不会超过 255。分量超过 255 的后果可能是灾难性的，因为这样的值将导致溢出，在大多数情况下，将进行回绕，得到完全错误的结果。

2. 颜色调制

颜色调制实际上就是颜色乘法。先来看一个简单的例子——将颜色 C1 乘以标量 s：

$$C_{modulated} = s*C1 = (s*r1, s*g1, s*b1)$$

其中 s 可以是 0 到无穷大的任何值。缩放因子为 1.0 时，颜色保持不变；缩放因子为 2.0 时，颜色的亮度将增加 1 倍；缩放因子为 0.1 时，颜色的亮度将降低到原来的 1/10。同样，这里也需要避免溢出——将结果截取到 1.0 或 255，具体截取到哪个值取决于颜色表示法。有关使用统一的缩放因子对颜色进行调制的例子，请参阅 DEMOII8_1.CPP|EXE。通过按上、下箭头键，可以调制纹理像素，从而提高或降低显示的纹理的亮度。另外，还可以通过按左、右箭头键来更换纹理。注意，如果亮度的调整程度过大，纹理的 RGB 分量将到达极限值，导致颜色发生变化。解决这种问题的方法之一是，在调制阶段检查是否有某个分量达到最大值（如 255），如果是这样，则让像素的颜色保持不变。如果在某个分量达到最大值时增大其他分量的值，将改变像素的颜色，因为不能保持分量之间的比值不变。

上述调制方式实际上只是调整了亮度；另一种调制方式是 RGB 乘法，它将两种颜色相乘，即用颜色 C1 调制颜色 C2 的结果如下：

$$C_{modulated} = C1*C2 = (r1*r2, g1*g2, b1*b2)$$

现在，颜色乘法要复杂些，我们必须就乘法的含义达成一致。例如，如果 C1 为 RGB 格式（0…1, 0…1, 0…1），则 C2 的格式将无关紧要；结果将不会溢出，C1 只是调制了 C2 的强度。这正是光映射（light mapping）的工作原理。对于名为 LIGHT_TEXTURE[x][y] 的光照纹理（light texture），其每个像素都被解释为 0 到 1 的光值，并将其与颜色纹理 COLOR_TEXTURE[x][y] 相乘，结果如图 8.4 所示。在该图中，有一个聚光灯纹理，它表示一个光照纹理，我们将使用它来调制颜色纹理（注意，这个光照纹理是单色的），图中还显示了调制结果。这种调制存在的唯一问题是，结果并非总是像您预期的那样，因此可能需要使用一种更复杂的调制流水线。例如，可能采用下列两种方式：

```
pixel_dest[x,y]rgb = pixel_source[x,y]rgb *ambient +
pixel_source[x,y]rgb * light_map[x,y]rgb
pixel_dest[x,y]rgb = pixel_source[x,y]rgb+ambient *
light_map[x,y]rgb
```

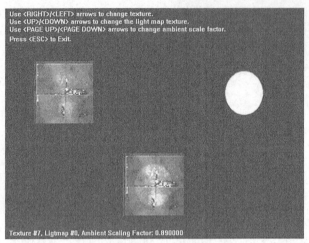

图 8.4　光调制（light modulation）

注意：[x, y]表示图像中所有的像素，下标 rgb 表示对每个分量（R、G 和 B）分别进行处理。

其中第一个公式的含义是，对于纹理图中的每个像素颜色进行缩放，并使用光照纹理对纹理图进行调制，然后将上述两种操作的结果相加。正如读者看到的，结果比仅进行调制要亮一些。从本质上说，这相当于将调制结果和一个基纹理（base texture）相加。ambient 是一个标量，决定了纹理在结果中的权重，即纹理对输出的影响程度。另外，第二个公式显得更合适，它首先修改光照纹理图的亮度，然后将其与源纹理图相加。

有关使用光映射和调制的范例，请参阅 DEMOII8_2.CPP|EXE（它使用第一个公式）和 DEMOII8_3.CPP|EXE。这两个演示程序分别使用前面的两个公式，用一个聚光灯纹理来调制一个墙壁纹理。请注意这两个演示程序之间的差别，前者采用颜色调制，因此仅当基纹理中包含绿色分量时，才能看到彩色光；而后者使用颜色加法，因此总能看到绿色光（如图 8.5 所示）。这两种方法都很有用，具体采用哪种方法，取决于是否要求逼真。读者可以使用箭头键来控制这两个演示程序。

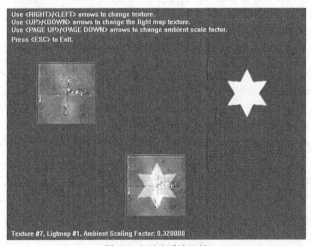

图 8.5　加法和乘法调制

鉴于本书将速度放在首位，我们已经看到了与光照相关的一些问题。即使是将光照纹理图（将在后面详细介绍）应用于纹理这样简单的情况，也需要执行大量的乘法和加法运算，还可能需要使用条件逻辑来检查溢出，因此必须减少计算量。我们必须使用尽可能好的数值模型，并尽可能减少为获得最终的像素值需要执行的转换。另外，如果使用 8 位颜色索引模式，工作将更加复杂，但在这种模式下可以使用查找表，因此很多处理的速度更快。

3．alpha 混合

最后要讨论的是 alpha 混合，它同时利用了相加和调制的概念。alpha 混合指的是将多个像素的颜色相加，得到目标像素的颜色，混合时将指定每个源像素的百分比。图 8.6 显示了两个源位图及其 alpha 混合的结果。alpha 混合用于模拟透明和其他效果（如阴影）。alpha 混合的计算非常简单，其工作原理如下：根据混合因子（通常被称为 alpha）将多个源像素混合起来，并将结果作为目标像素的颜色值。例如，下面是一个对两个源像素进行 alpha 混合的公式：

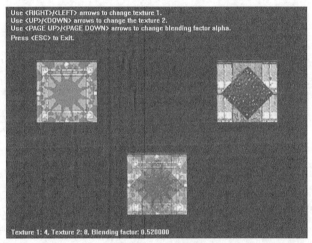

图 8.6　alpha 混合

$$\text{pixel\_dest}[x,y]_{rgb} = \text{pixel\_source1}[x,y]_{rgb} * alpha + \text{pixel\_source2}[x,y]_{rgb} * (1 - alpha)$$

如果 alpha = 1，则目标像素将是 pixel_source1[ ][ ]的拷贝；如果 alpha = 0.9，则目标像素的颜色值 90％来自 pixel_source1[ ][ ]，10％来自 pixel_source2[ ][ ]。不用说，必须对每个像素和每个颜色分量执行这种处理，但算法非常简单。DEMOII8_3.CPP¦EXE 演示了 alpha 混合，读者可以使用左、右箭头键来修改 alpha 的值，以观察两个源纹理的混合结果。

至此，读者对如何使用颜色有一些了解，接下来讨论各种类型的光。

4．环境光

环境光是来自四面八方的光，它没有确切的来源，而是各种光经过各种物体反射后的结果。环境光照项可以表示为环境光强度和 $I_{ambient}$ 和表面的环境反射颜色 $Cs_{ambient}$ 的乘积（很多文献都使用 k 来表示反射，但模拟光照时，将表面材质反射和光线颜色都视为颜色，将更好理解，因此这里使用 C）。同样，这一项可表示为 RGB 格式，对于单色光，也可以使用一个标量来表示其强度。场景中所有多边形都将受环境光的影响，而不管是否有光源。对于表面 S 上的某一点，反射的环境光强度为：

$$I_{totala} = Cs_{ambient} * I_{ambient}$$

注意：为简化数学计算，假设反射色为浮点数 RGB 格式（0...1, 0...1, 0...1），强度值为浮点数标量。另外，强度 I 的下标中有一个粗体字母，它表示要计算其最终强度的光类型，上面的 a 表示环境光。

5. 散射光

散射光是被物体散射出去的光。散射光照与观察者的位置无关，沿所有方向均匀地散射。在图 8.7 中，一束光照射到表面 S 上，后者沿所有方向将光束散射出去，但散射光强度取决于表面和光源之间的相对角度。最后的散射光强度与面法线和光源向量之间的夹角余弦呈正比。

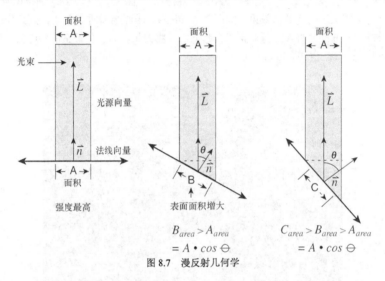

图 8.7　漫反射几何学

这是因为随着表面越来越接近于与光源向量平行，表面面积越来越大，因此每单位面积反射的能量越来越小。相反，随着表面越来越接近于与入射光垂直，表面面积越来越小，每单位面积反射的能量越来越大。最后，当法线向量 n 与光源向量垂直时，散射光强度最大。

漫反射也被称为 Lambertian 反射，它基于这样一种概念，即表面是由以不同方式同光线交互的材质组成。其中一种方式是，沿所有方向反射光线中的某些分量，这是由于表面的各个微小部分的朝向是随机的。实际上，这种物理现象要复杂得多。光线的散射或多或少地与频率相关，散射角可能随频率而异。然而，在我们的模型中，将假设每种表面材质都有特定的漫反射颜色 $Rs_{diffuse}$，它决定了该表面材质对散射光的反射程度。$Rs_{diffuse}$ 是一种 RGB 颜色，而不是标量，这意味着表面材质很可能只散射某种频率的光。例如，$Rs_{diffuse}$ 为 (0，0，1.0) 时，将只散射蓝色光；表面可能等量地散射所有颜色的光，且没有其他类型的光散射（如镜面反射），此时 $Rs_{diffuse}$ 为 (1.0，1.0，1.0)。使用漫反射颜色 $Rs_{diffuse}$ 和光源的散射光强度 $I_{diffuse}$ 表示时，单光源的散射光照方程如下：

$$I_{totald} = Rs_{diffuse} * I_{diffuse} * (n \cdot 1)$$

加入散射项后，单光源的光照模型如下：

$$I_{totalad} = Rs_{ambient} * I_{ambient} + [Rs_{diffuse} * I_{diffuse} * (n \cdot 1)]$$

在有多个光源的情况下，只需将每个光源的散射项累积起来，而环境光项保持不变。

$$I_{totalad} = Rs_{ambient} * I_{ambient} + Rs_{diffuse} * \sum_{i=1}^{n}[I(i)_{diffuse} * (n_i \cdot 1_i)]$$

注意：读者可能注意到了，一些表示方法是冗余的。例如，没必要同时使用强度和反射率（尤其是对环境光项而言），可以将计算它们的乘积，并用单个常量表示结果。然而，这里旨在指出各个独立的参数，而不是要使用最优化的表示方法。

6．镜面反射光

镜面反射在很大程度上是由于物体表面上大量微型面的朝向相同导致的。镜面反射光照模型旨在模拟这种效果，这与光源、面法线和观察位置相关（在散射光照中，观察位置无关紧要）。

图 8.8 说明了镜面反射光照，其中显示了表面 S、面法线 **n**、观察向量 **v** 和反射向量 **r**（它总是与光照向量 l 相对于面法线对称）。作为一个试验，读者可尝试这样做：将一个光亮物体放在眼前，并缓慢地旋转它或移动脑袋，直到在物体中看到房间中的某个光源——这就是镜面反射。

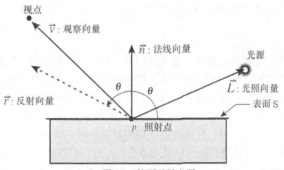

图 8.8　镜面反射光照

当光源的反射向量 r 和观察向量 v 重叠时，您将看到光源的镜像，因为物体表面就像一面镜子。物体的镜面反射系数越大，镜面反射区域越小。当反射向量 r 和观察向量 v 的夹角接近于 0 时，反射光强度将急剧增大；而随着夹角逐渐增大，镜面反射光强度将急剧降低。

提示：这种模型通常被称为 Phong 光照模型；另外通过插值计算法线以进行着色时被称为 Phong 着色。这是两个不同的概念，有时会让人混淆，因为它们是相关的。

为模拟镜面反射光照，需要考虑观察向量和反射向量以及一个定义物体表面光洁度的常量（镜面反射率，specularity）。常识告诉我们，镜面反射光强度随观察向量和反射向量之间的夹角减小而增大，同时如果面法线和光照向量的夹角大于 90 度，光源将照射不到表面。

因此，需要知道反射系数，我们称之为 $Rs_{specular}$；还需要知道光照强度 $I_{specular}$。最后，有时候还需要知道镜面反射指数（specular exponent），它决定了镜面反射区域的大小，我们将这个变量称为 sp。这样，单光源的镜面反射光照方程如下：

$$I_{totals} = Rs_{specular} * I_{specular} * MAX(r \cdot v, 0)^{sp}$$

注意，这里使用函数 MAX () 只为避免值小于 0。

提示：这里使用的是点积表示，也可以使用点积的定义：$u \cdot v = |u|*|v|*\cos\alpha$。这样上述方程将变为 $Rs_{specular} * I_{specular} * \cos^{sp}\alpha$。当然，这里假设 r 和 v 都是单位向量。

正如前面指出的，光照向量和面法线的夹角必须小于 90 度，即它们的点积必须大于 0。因此，如果您愿意，可以在上述方程中使用布尔运算符 $[(n.l)>0 \ ? \ 1 \ : \ 0]$ 来避免对于 S 面上那些光源照射不到的点计算镜面反射光照：

$$I_{totals} = Rs_{specular} * I_{specular} * MAX(r \cdot v, 0)^{sp} * [(n.l)>0 \ ? \ 1 : 0]$$

接下来看看多光源的情况。和前面一样，只需将每个光源的贡献相加即可：

$$I_{totals} = Rs_{specular} * \sum_{i=1}^{n} \left[I(i)_{specular} * MAX(r_i \cdot v_i, 0)^{sp} * [(n_i \cdot l_i)>0?1:0] \right]$$

将环境光照项、散射项和镜面反射项相加后，光照模型如下：

$$I_{totalads} = I_{totala} + I_{totald} + I_{totals} =$$

$$Rs_{ambient} * I_{ambient} + Rs_{diffuse} * \sum_{i=1}^{n} [I(i)_{diffuse} * (n_i \cdot l_i)] +$$

$$Rs_{specular} * \sum_{i=1}^{n} \left[I(i)_{specular} * MAX(r_i \cdot v_i, 0)^{sp} * [(n_i \cdot l_i)>0?1:0] \right]$$

7．发射光

发射光是所有光照模型中最容易实现的。设置表面的反射率时，指定了它发出的光强度，即它本身是发光的。如果这种光是"真正的"光，需要将这个表面视为光源，并在执行光照计算时，通过散射光照方程和镜面反射光照方程中包含它和其他光源。但如果不考虑发射光对其他物体的影响，则只需使用表面的发射率来计算该表面的光照即可。

例如，假设游戏世界中有一个灯塔，灯塔可能是由环境光反射系数和散射光反射系数都很小的材质组成，这样当光源在周围移动时，将只能看到灯塔的大概形状；但打开灯塔上的灯后，灯塔将被照亮。然而，灯塔并非光源，并不向外发射光；但看起来像是光源。图 8.9 说明了这一点：图中有一个灯塔，灯塔的旁边有一个物体，虽然灯塔是亮的，但并没有光照射到物体上。实现反射光非常简单：

图 8.9　不发射光线的发射/固定发照

$$I_{totale} = Rs_{emission}$$

即发射光对像素颜色的贡献为 $Rs_{emission}$。这样，完整的光照方程如下：

$$I_{totalaeds} = Rs_{ambient} * I_{ambient} + Rs_{emission} +$$

$$Rs_{diffuse} * \sum_{i=1}^{n} [I(i)_{diffuse} * (n_i \cdot l_i)] +$$

$$Rs_{specular} * \sum_{i=1}^{n} \left[I(i)_{specular} * MAX(r_i \cdot v_i, 0)^{sp} * [(n_i \cdot l_i) > 0?1:0] \right]$$

最后需要指出的一点是，光照强度 $I_{ambient}$、$I_{diffuse}$ 和 $I_{specular}$ 可能相同，也可能不同。有些光源可能只影响光照模型的散射部分，而有些光源只影响镜面反射光部分。然而，在很多情况下，光源的 $I_{diffuse}$ 和 $I_{specular}$ 相同；假设第 i 个光源的这些光照强度为 I_i，则上述方程可简化为：

$$I_{totalaeds} = Rs_{ambient} * I_{ambient} + Rs_{emission} +$$

$$Rs_{diffuse} * \sum_{i=1}^{n} [I(i)_{diffuse} * (n_i \cdot l_i)] +$$

$$Rs_{specular} * \sum_{i=1}^{n} \left[I(i) * MAX(r_i \cdot v_i, 0)^{sp} * [(n_i \cdot l_i) > 0?1:0] \right]$$

必须对每个像素执行光照计算，并考虑场景中的每个光源。这涉及到的工作量非常大，而我们还没有讨论过光源。前面讨论的是光照，而不是光源。接下来需要讨论光源本身以及如何计算每个光源的光照强度。这又将是一场恶战。

8.1.2 光源类型

即使使用极度简化的光照模型，在多边形网格不多的情况下，结果也是合理的，看起来引人入胜。而另一方面，光照是基于像素的操作，即使使用粗糙的光照模型，仍需要对每个像素执行大量的运算，才能得到正确的光照效果。使用软件来实现这种功能时，涉及到很多窍门。

接下来要讨论的是光源。读者可能认为光源就像办公室和起居室中的梨状的东西，但数学模型截然不同。在大多数情况下，计算机模型只使用三种光源：

- 定向光源；
- 点光源；
- 聚光灯。

令人欣慰的是，上述每种光源都粗略地模拟了现实生活中的情况。

1. 定向光源

定向光源是没有确切位置的光源，它离场景非常远（实际上是无穷远），其光线平行地照射到表面上，如图 8.10 所示。这种光源也被称为无穷远光源。定向光源还具有这样的特征：其光照强度不会随距离而衰减，这是因为光线已经传播了无穷远的距离。然而，定向光源仍然有强度和颜色。要定义定向光源，只需指定其初始颜色和强度即可。

读者需要注意表示方法。前面使用了表面材质的环境光反射系数、散射光反射系数和镜面反射光属性，它们是表面材质本身的反射系数，而现在讨论的是光源本身的颜色，不要将它们混为一谈。为此，我们使用 Cl_{xxx} 来表示光源颜色，其中 xxx 是光源类型；同时用 $I0_{xxx}$ 表示光源的初始强度。因此，定向光源的强度为：

$$I(d)_{dir} = I0_{dir} * Cl_{dir}$$

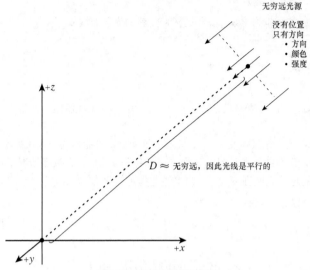

图 8.10　无穷远光源的特征

定向光源的光照强度不随距离而变化，因此上述方程中不包含距离。

2．点光源

点光源是使用 3D 空间中的一个点来模拟的，如图 8.11 所示。点光源实际上被模拟为现实生活中的点光源，因此光照强度随光源离表面 S 的距离衰减，而衰减是使用三个因子来模拟的：常量衰减因子（k_c）、线性衰减因子（k_l）和二次衰减因子（k_q）。用 d 表示位于点 p 处的点光源和表面 S 上的点 s 之间的距离，则光照强度和距离之间的关系如下：

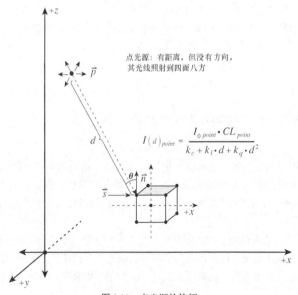

图 8.11　点光源的特征

$$I(d)_{point} = \frac{I0_{point} * Cl_{point}}{k_c + k_l * d + k_q * d^2}$$

其中 d = |p − s|

为让读者对这个函数有感性认识，下面通过一些具体的数字来计算其结果。需要指出的是，所有的光照方程都是基于 RGB 的，也就是说，每个方程实际上表示三个方程：它们分别对应于红色、绿色和蓝色分量。然而，由于这三个方程相同，因此只写出其中的一个，但读者应该明白它其实代表三个方程。因此，可以通过计算一个分量的结果（即假设系统为单色的）来了解 RGB 的变化曲线（即不失普遍性）。首先，假设 $I0_{point}$ = 1.0，Cl_{point} = 1.0，这样它们的乘积为 1.0，从而确保结果是归一化的。接下来使用三组不同的衰减因子：

- 第 1 组：$k_c = 1$，$k_l = 0$，$k_q = 0$；
- 第 2 组：$k_c = 0$，$k_l = 1$，$k_q = 0$；
- 第 3 组：$k_c = 0$，$k_l = 0$，$k_q = 1$。

图 8.12 显示了这三组衰减因子对应的衰减曲线。正如读者看到的，在线性衰减因子为 1 和二次衰减因子为 1 这两种情况下，光照强度的衰减速度都非常快。事实上，当距离为 10 且 $k_q = 1$ 时，光照强度只有原来的 1%左右，几乎是没有光照。因此，请务必谨慎设置衰减因子。作者建议只使用线性衰减因子，并将其设置为 0.001～0.0005。

距离		1/d	1/d²	$\frac{1}{1+1/d+1/d^2}$	
d = 0.500:	$1/d$ =	2.000,	$1/d\char94 2$ = 4.000,	$1/(1+d+d\char94 2)$ =	0.571
d = 1.000:	$1/d$ =	1.000,	$1/d\char94 2$ = 1.000,	$1/(1+d+d\char94 2)$ =	0.333
d = 1.500:	$1/d$ =	0.667,	$1/d\char94 2$ = 0.444,	$1/(1+d+d\char94 2)$ =	0.211
d = 2.000:	$1/d$ =	0.500,	$1/d\char94 2$ = 0.250,	$1/(1+d+d\char94 2)$ =	0.143
d = 2.500:	$1/d$ =	0.400,	$1/d\char94 2$ = 0.160,	$1/(1+d+d\char94 2)$ =	0.103
d = 3.000:	$1/d$ =	0.333,	$1/d\char94 2$ = 0.111,	$1/(1+d+d\char94 2)$ =	0.077
d = 3.500:	$1/d$ =	0.286,	$1/d\char94 2$ = 0.082,	$1/(1+d+d\char94 2)$ =	0.060
d = 4.000:	$1/d$ =	0.250,	$1/d\char94 2$ = 0.063,	$1/(1+d+d\char94 2)$ =	0.048
d = 4.500:	$1/d$ =	0.222,	$1/d\char94 2$ = 0.049,	$1/(1+d+d\char94 2)$ =	0.039
d = 5.000:	$1/d$ =	0.200,	$1/d\char94 2$ = 0.040,	$1/(1+d+d\char94 2)$ =	0.032

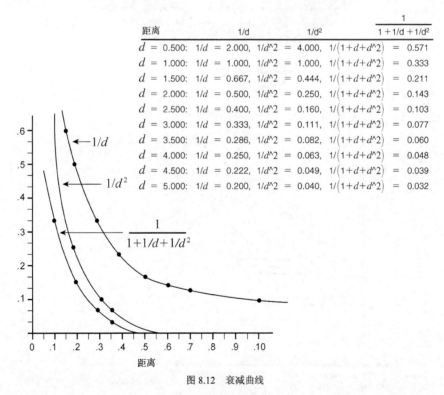

图 8.12 衰减曲线

当然，当所有衰减因子都不为零时，强度衰减速度将更快。然而，在实际应用中，作者发现不包含二次项的更简单的光源模型也很好使：

$$I(d)_{point} = \frac{I0_{point} * Cl_{point}}{k_c + k_l * d}$$

其中 d = |p − s|

3. 聚光灯

这里要讨论的最后一种光源是聚光灯，如图 8.13 所示。聚光灯的计算开销非常高（即使使用硬件），要在软件中模拟它，必须使用一些窍门并对其进行简化；不过现在暂时不去管它，先来看看其数学原理。图 8.14 是描述了标准的聚光灯模拟方式，其中聚光灯位于点 p 除，方向向量为 l，光线照射到表面 S 上的点 s；另外还有一个表示聚光灯照射范围的圆锥。这个锥体由两个区域组成：内部区域和外部区域，前者是由角度 α 定义的，通常被称为本影（umbra），后者（柔和阴影部分）是由角度 ϕ 定义的，被称为半影（penumbra）。

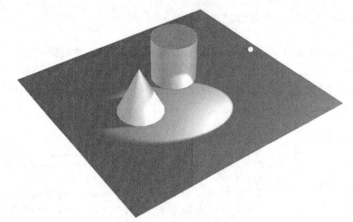

图 8.13　照射物体的聚光灯

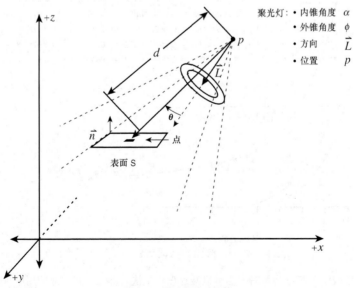

图 8.14　聚光灯光照计算

在本影内，光照强度是恒定的，但过渡到半影中后急剧衰减。为模拟这种衰减方式，大多数引擎都使用下述算法：

情形 1 如果光源方向与光源到点 s 的向量之间的夹角大于外圆锥（半影）的角度，则不对该点执行光照计算；

情形 2 如果光源方向与光源到点 s 的向量之间的夹角小于内圆锥（本影）的角度，则使用 100％的聚光灯强度，但根据距离对其进行衰减；

情形 3 如果光源方向与光源到点 s 的向量之间的夹角大于内圆锥（本影）的角度，但小于外圆锥（半影）的角度，则根据距离和减弱（falloff）公式对强度进行衰减。

这里考虑了聚光灯的方方面面，但问题是，有必要这样做吗？是否可以使用一个更简单的模型获得相同的效果？这是可能的，稍后将介绍一个这样的模型。但现在还是来探讨这个复杂的模型，Direct3D 使用的就是这种模型。

要定义聚光灯，需要指定位置（p）、方向向量（l）和两个角度（α和ϕ，它们分别定义了内锥和外锥）。另外，为简化角度比较工作，我们使用两个半角：$\alpha^* = \alpha/2$ 和 $\phi^* = \phi/2$。当然，还需要光源颜色 $Cl_{spotlight}$ 和强度 $I0_{spotlight}$。

图 8.15 描述了聚光灯模型中各个要素之间的几何关系。因此，如果角度 θ 大于 ϕ^*，聚光灯根本就照射不到相应的点；如果 θ 小于 ϕ^*，相应的点位于照射范围内——但内锥中，无需考虑减弱，而在外锥中需要。

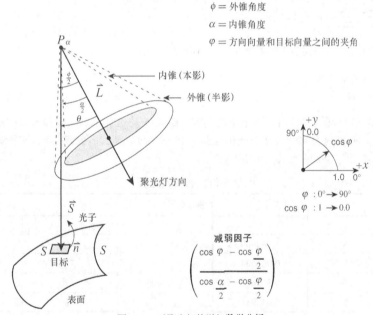

图 8.15 对聚光灯的详细数学分析

还需要指定一个控制聚光灯总体光照强度的指数因子（power factor），用 pf 表示。最后，由于聚光灯属于点光源，需要考虑光照强度随距离衰减的问题，因此需要指定衰减因子 k_c、k_l 和 k_q。这样计算聚光灯光照强度的公式如下：

情形 1 $\theta > \phi^*$（位于半影外，根本照射不到）：

I(d)$_{spotlight}$ = 0

情形 2 $\theta <$（位于本影内）：

$$I(d)_{spotlight} = \frac{I0_{spotlight} * Cl_{spotlight}}{k_c + k_l * d + k_q * d^2}，\text{其中 } d = |p - s|$$

情形 3 $\alpha^* < \theta < \phi^*$（位于半影内）：

$$I(d)_{spotlight} = \frac{I0_{spotlight} * Cl_{spotlight}}{k_c + k_l * d + k_q * d^2} * \frac{(\cos\theta - \cos\phi^*)^{pf}}{(\cos\alpha^* - \cos\phi^*)}，\text{其中 } d = |p - s|，pf \text{ 为指数因子。}$$

读者可能会说，"这有点不太好懂，我能理解点积，但不知道最右边的那项有何含义"。确实如此。下面来看这一项是否合理。假设本影角度α为 40 度，半影角度β为 60 度，而角度θ的范围为 $20 < \theta < 40$。将它们代入到上述光照公式中最右边的一项中，结果如下：

$$I = \frac{(\cos\theta - \cos 30)^{1.0}}{(\cos 20 - \cos 30)}$$

出于简化的目的，这里假设指数因子为 1.0。角度接近零时，其余弦接近 1.0；而角度接近 90 度时，其余弦接近零。我们希望角度θ接近内锥半角时，上述比值接近 1.0，而θ接近外锥半角时，上述比值接近 0.0。来看看上述比值是否是这样的。如果θ等于内锥半角（20 度），则结果为：

$$I = \frac{(\cos 20 - \cos 30)^{1.0}}{(\cos 20 - \cos 30)} = 1.0$$

这正是我们希望的。如果θ等于外锥半角，比值应该为 0.0：

$$I = \frac{(\cos 30 - \cos 30)^{1.0}}{(\cos 20 - \cos 30)} = 0.0$$

确实如此。那么，减弱曲线的中间是什么样的呢？图 8.16 是 pf 为 0.2、1.0 和 5.0 对应的减弱曲线，其中内锥角为 30 度，外锥角为 40 度，θ的变化范围为 15～20 度。在大多数情况下，将指数因子设置为 1.0是可行的。表 8.1 列出了绘制图 8.16 时使用的数据。

表 8.1   聚光灯减弱曲线数据

指数因子	θ	减弱因子	指数因子	θ	减弱因子
	15	1.000000		15	1.000000
	16	0.961604		16	0.822205
0.200000	17	0.912672	1.000000	17	0.633248
	18	0.845931		18	0.433187
	19	0.740122		19	0.222083
	20	0		20	0.000000
	15	1.000000		18	0.015254
5.000000	16	0.375752	5.000000	19	0.000540
	17	0.101829		20	0.000000

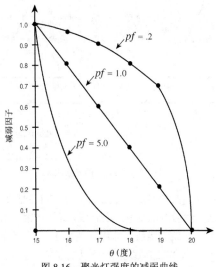

图 8.16　聚光灯强度的减弱曲线

现在的问题是，有必要使用这样复杂的模型吗？如果是渲染离线（offline）3D 环境，完全有必要；如果是实时地渲染 3D 游戏，则可能没有必要。在实时游戏中，非常粗略地模拟聚光灯的模型就能满足需要。事实上，只需这样做即可：不将锥体划分成强度不减弱的本影和减弱的半影，而是将整个锥体内的减弱因子都设置为 $\cos\theta$，同时考虑指数因子。这样，简化后的模型如下：

$$\text{I(d)}_{\text{spotlight}} = \frac{I0_{spotlight} * Cl_{spotlight} * MAX(\cos\theta,0)^{pf}}{k_c + k_l * d + k_q * d^2}$$

其中 $d = |p - s|$，pf 为指数因子。

4．光照小结

正如读者看到的，光照涉及的内容很多。读者需要牢记的是，光照旨在确定多边形中每个像素的颜色。为此，我们推导了一些模型，以便能够使用诸如对环境光、散射光和镜面反射光的反射系数等属性来定义虚拟材质。另外，还需要有虚拟光源，用于发射同虚拟材质交互的光。光源可能简单如无处不在的环境光光源，也可能复杂如聚光灯。

现在，我们的引擎根本不支持材质和光源，因此必须添加这样的支持。我们会这样做的，不过重要的事先办，先在线框引擎中加入绘制实心多边形的功能，因为使用光照时，需要将多边形绘制为实心的。

注意：本章涉及的软件和结构等都可在 T3DLIB6.CPP|H 中找到。

8.2　三角形的光照计算和光栅化

在《Windows 游戏编程大师技巧》的第 8 章，作者介绍了如何使用纯色光栅化三角形和多边形，这里不想再重复，因为在本书的第 9 章介绍纹理映射时，将更深入地探讨这方面的内容。这里只简要地回顾这方面的内容，供没有阅读过《Windows 游戏编程大师技巧》一书的读者参考。首先，这个 3D 引擎只处理三角形，因此无需考虑四边形及更复杂的多边形。图 8.17 是一个要对其进行光栅化的三角形。

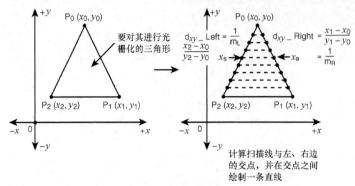

图 8.17　三角形的光栅化

绘制三角形与绘制直线非常相似：必须确定三角形的左边（left edge）和右边（right edge）上要绘制的点，并在这两点之间绘制一条直线；然后再绘制下一条直线，依次类推，如图 8.17 所示。正如读者看到的，计算出每条边的斜率后，只需移到下一跳扫描线（即将 y 值加 1——译者注），并根据斜率（准确地说是斜率的倒数）调整端点的 x 坐标（xs 和 xe），然后绘制一条直线即可。

下面的算法假定要光栅化的是平底三角形：

第 1 步　计算左边和右边的 dx/dy，这相当于斜率的倒数。之所以计算它们是因为将使用一种垂直移动（vertically oriented）的方法，需要知道 y 值变化一个单位时，x 值将变化多少——dx/dy 或 $1/M$（其中 M 为斜率）。对于左边和右边的这种值，分别用 dxy_left 和 dxy_right 表示。

第 2 步　从最上面的顶点（x0，y0）开始，将 xs 和 xe 设置为 x0，y 设置为 y0。

第 3 步　将 xs 加 dxy_left，将 xe 加 dxy_right，将 y 加 1，得到要绘制的直线端点的坐标。

第 4 步　在（xs，y）和（xe，y）之间绘制一条直线。

第 5 步　回到第 3 步，直到达到并绘制三角形的底边为止。

当然，为正确设置初始条件和边界条件，需要花些时间来考虑。仅此而已，是不是很简单？

下面使用浮点数来实现平底三角形的光栅化算法，因为当前的计算机速度已经足够快。算法如下：

```
// 计算斜率倒数
float dxy_left = (x2-x0)/(y2-y0);
float dxy_right = (x1-x0)/(y1-y0);

// 设置扫描线起点和终点的 x 坐标
float xs = x0;
float xe = x0;

// 绘制每条扫描线
for (int y=y0; y <= y1; y++)
    {
    // 使用颜色 c 绘制一条直线，该直线的 y 坐标为 y，起点和终点的 x 坐标分别为 xs 和 xe
    Draw_Line((int)xs, (int)xe, y, c);
    // 移到下一条扫描线
    xs+=dxy_left;
    xe+=dxy_right;
    } // end for y
```

下面讨论这种算法的一些细节和遗漏的地方。首先，该算法对端点坐标进行了截尾，这可能是糟糕的，因为这样做丢弃了信息。一种更好的方法是，将端点坐标转换为整数之前，将其加上 0.5。另一个问题与初始条件有关，在第一次循环中，绘制了一条只有一个像素的直线。这样做是可行的，但绝对需要优化。

对于平顶三角形，如何绘制呢？只需将最上面的两个顶点标记为 **p0** 和 **p1**，将最下面的顶点标记为 **p2**，然后对前述算法中的初始条件进行细微的修改，以正确地计算扫描线与左边和右边的交点即可。修改后的算法如下：

```
// 计算斜率倒数
float dxy_left  = (x2-x0)/(y2-y0);
float dxy_right = (x2-x1)/(y2-y1);

// 设置扫描线起点和终点的 x 坐标
float xs = x0;
float xe = x1;

// 绘制每条扫描线
for (int y=y0; y <= y2; y++)
    {
// 使用颜色 c 绘制一条直线，该直线的 y 坐标为 y，起点和终点的 x 坐标分别为 xs 和 xe
Draw_Line((int)(xs+0.5), (int)(xe+0.5), y, c);
// 移到下一条扫描线
xs+=dxy_left;
xe+=dxy_right;

} // end for y
```

至此，有了能够绘制平底三角形和平顶三角形的光栅化函数。这样，可以编写一个通用的光栅化函数，它将不是平顶或平底的三角形分割成两个三角形，然后对这两个三角形分别调用相应的三角形光栅化函数，如图 8.18 所示。在我们的函数库中，包含这个简单的三角形光栅化函数的多种版本，它们的原型如下：

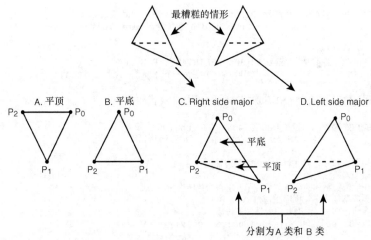

图 8.18　对三角形进行光栅化时可能出现的各种分解方式

```
// 8 位光栅化函数
void Draw_Triangle_2D(int x1,int y1, // 顶点 1
                      int x2,int y2, // 顶点 2
                      int x3,int y3, // 顶点 3
                      int color,     // 多边形的颜色索引
                      UCHAR *dest_buffer, // 目标缓存
                      int mempitch); // 缓存的跨距
```

```
// 基于顶点数的 8 位光栅化函数
void Draw_TriangleFP_2D(int x1,int y1, // 顶点 1
                        int x2,int y2, // 顶点 2
                        int x3,int y3, // 顶点 3
                        int color,     // 多边形的颜色索引
                        UCHAR *dest_buffer, // 目标缓存
                        int mempitch); // 缓存的跨距
// 16 位光栅化函数
void Draw_Triangle_2D16(int x1,int y1, // 顶点 1
                        int x2,int y2, // 顶点 2
                        int x3,int y3, // 顶点 3
                        int color,     // 多边形的 RGB 颜色
                        UCHAR *dest_buffer, // 目标缓存
                        int mempitch); // 缓存的跨距
```

它们都可以在 T3DLIB1.CPP|H 中找到。在本章中，新增的函数都包含在 T3DLIB6.CPP|H 中。

有了绘制实心三角形的函数后，接下来将这种功能加入到 3D 引擎中。为此，只需对绘制线框物体和渲染列表的函数进行修改，使之调用三角形渲染函数，仅此而已。下面完整地列出了用于绘制实心物体和多边形列表的新函数（读者对其中的参数应该不陌生）：

```
// 绘制实心 8 位物体
void Draw_OBJECT4DV1_Solid(OBJECT4DV1_PTR obj,
                           UCHAR *video_buffer, int lpitch);

// 绘制实心 16 位物体
void Draw_OBJECT4DV1_Solid16(OBJECT4DV1_PTR obj,
                             UCHAR *video_buffer, int lpitch);

// 绘制实心 8 位渲染列表
void Draw_RENDERLIST4DV1_Solid(RENDERLIST4DV1_PTR rend_list,
                               UCHAR *video_buffer, int lpitch);

// 绘制实心 16 位渲染列表
void Draw_RENDERLIST4DV1_Solid16(RENDERLIST4DV1_PTR rend_list,
                                 UCHAR *video_buffer, int lpitch);
```

首先来看使用 8 位颜色绘制 OBJECT4DV1 的函数，其代码如下：

```
void Draw_OBJECT4DV1_Solid(OBJECT4DV1_PTR obj,
                           UCHAR *video_buffer, int lpitch)
{
// 这个函数使用实心和 8 位模式将物体渲染到屏幕上
// 没有考虑隐藏面消除等问题
// 这个函数是一种渲染物体的简单方式，不要求将物体转换为多边形
// 它假设坐标为屏幕坐标，并执行 2D 裁剪
// 遍历物体的多边形列表，绘制其中的每个多边形
for (int poly=0; poly < obj->num_polys; poly++)
    {
    // 当且仅当多边形没有被裁剪掉、没有被剔除掉、处于活动状态且可见时才渲染它
    // 在线框引擎中，背面的概念无关紧要
    if (!(obj->plist[poly].state & POLY4DV1_STATE_ACTIVE) ||
        (obj->plist[poly].state & POLY4DV1_STATE_CLIPPED ) ||
        (obj->plist[poly].state & POLY4DV1_STATE_BACKFACE) )
        continue; // 进入下一个多边形

    // 提取指向主列表的顶点索引
    // 多边形不是自包含的，而是基于物体的顶点列表的
    int vindex_0 = obj->plist[poly].vert[0];
    int vindex_1 = obj->plist[poly].vert[1];
```

```
        int vindex_2 = obj->plist[poly].vert[2];

        // 绘制三角形
        Draw_Triangle_2D(obj->vlist_trans[ vindex_0 ].x, obj->vlist_trans[ vindex_0 ].y,
        obj->vlist_trans[ vindex_1 ].x, obj->vlist_trans[ vindex_1 ].y,
        obj->vlist_trans[ vindex_2 ].x, obj->vlist_trans[ vindex_2 ].y,
        obj->plist[poly].color, video_buffer, lpitch);
        } // end for poly
} // end Draw_OBJECT4DV1_Solid
```

正如读者看到的，只需提取顶点索引，并利用它们将三角形 3 个顶点的屏幕坐标 x 和 y 传递给三角形渲染函数即可。

提示：读者可能会问，"如何处理裁剪呢？"现在，裁剪仍然是在屏幕空间中进行的，但 3D 物体剔除除外。因此，将多边形传递给渲染流水线时，屏幕光栅化函数将对每个像素进行裁剪，就现在而言，这是可行的。

接下来看一看使用 16 位颜色模式和实心模式绘制渲染列表的函数：

```
void Draw_RENDERLIST4DV1_Solid16(RENDERLIST4DV1_PTR rend_list,
UCHAR *video_buffer, int lpitch)
{
// 这个函数"执行"渲染列表
// 即使用实心 16 位模式绘制渲染列表中所有多边形
// 这里没有对多边形进行排序，但后面将这样做以避免绘制隐藏面
// 另外，我们让函数来判断位深，并调用相应的光栅化函数

// 绘制渲染列表
for (int poly=0; poly < rend_list->num_polys; poly++)
    {
    // 当且仅当多边形没有被裁剪掉、没有被剔除掉、处于活动状态且可见时才渲染它
    // 在线框引擎中，背面的概念无关紧要
    if (!(rend_list->poly_ptrs[poly]->state & POLY4DV1_STATE_ACTIVE) ||
        (rend_list->poly_ptrs[poly]->state & POLY4DV1_STATE_CLIPPED ) ||
        (rend_list->poly_ptrs[poly]->state & POLY4DV1_STATE_BACKFACE) )
    continue; // 进入下一个多边形

    // 绘制三角形
    Draw_Triangle_2D16(rend_list->poly_ptrs[poly]->tvlist[0].x,
                       rend_list->poly_ptrs[poly]->tvlist[0].y,
                       rend_list->poly_ptrs[poly]->tvlist[1].x,
                       rend_list->poly_ptrs[poly]->tvlist[1].y,
                       rend_list->poly_ptrs[poly]->tvlist[2].x,
                       rend_list->poly_ptrs[poly]->tvlist[2].y,
                       rend_list->poly_ptrs[poly]->color, video_buffer, lpitch);
    } // end for poly
} // end Draw_RENDERLIST4DV1_Solid16
```

正如读者看到的，这个函数只有几行代码。

现在，我们需要将光照和渲染关联起来，以便能够根据光源和材质来绘制多边形。

8.2.1　为光照做准备

有了材质、光源及其数学模型后，来看一下新的 3D 流水线，看看是否一切准备就绪（至少以抽象的方式准备就绪，因为本章要实现的东西很少）。新的流水线如图 8.19 所示，其中新增了光照阶段。光照阶段位于背面和物体消除阶段之后，因此是在世界空间中执行的；然而，光照也可以在相机空间中进行。唯一不能在其中执行光照的地方是透视空间和屏幕空间，因为此时没有 3D 信息，游戏空间已被投影到平面上。

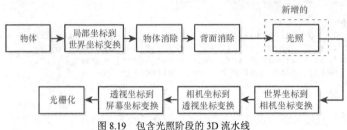

图 8.19　包含光照阶段的 3D 流水线

这里之所以提醒读者注意光照阶段在 3D 流水线中的位置，是因为工作在什么地方和什么时候做现在已经变得很重要。例如，光照计算是基于大量的面法线的，这要求我们必须根据预先计算好的法线来执行光照计算：要么在背面消除阶段执行光照计算，要么在背面消除阶段将法线存储起来，以便在光照计算阶段使用它们。

正如读者看到的，需要考虑的问题很多。总之，我们想编写出相当优化的代码，同时又要避免失去通用性，否则还不如使用汇编语言来编程。

对多边形进行光照计算之前，有必要讨论以下材质和光源。这涉及的问题很多。首先是使用的模型文件格式。PLG/PLX 格式对材质的支持不多，事实上，它根本不支持。它确实支持固定（constant）着色、恒定（flat）着色、Gouraud 着色和 Phong 着色等标记，但不支持任何描述材质的反射系数等内容的信息。另外，我们的引擎还不支持光源，因此必须采用某种方式添加这种支持。秉承作者的"简单"哲学，作者不知道下一章会考虑什么，但确实知道我们使用的光照模型和材质将非常简单；否则我们只能等待奔腾 10 的面世。下面介绍第 1 版材质定义，可将其用于多边形表面。虽然它用得很少，但还是相当完备的。

8.2.2　定义材质

正如前面讨论的，材质有很多属性，如反射系数和颜色。另外，对材质进行抽象化时，需要考虑要应用的着色方式、纹理图等内容。当前，我们在多边形属性字段中，使用标记来记录很多信息：

```
// 多边形和多边形面的属性
#define POLY4DV1_ATTR_2SIDED              0x0001
#define POLY4DV1_ATTR_TRANSPARENT         0x0002
#define POLY4DV1_ATTR_8BITCOLOR           0x0004
#define POLY4DV1_ATTR_RGB16               0x0008
#define POLY4DV1_ATTR_RGB24               0x0010

#define POLY4DV1_ATTR_SHADE_MODE_PURE         0x0020
#define POLY4DV1_ATTR_SHADE_MODE_CONSTANT     0x0020 // 别名
#define POLY4DV1_ATTR_SHADE_MODE_FLAT         0x0040
#define POLY4DV1_ATTR_SHADE_MODE_GOURAUD      0x0080
#define POLY4DV1_ATTR_SHADE_MODE_PHONG        0x0100
#define POLY4DV1_ATTR_SHADE_MODE_FASTPHONG    0x0100 // 别名
#define POLY4DV1_ATTR_SHADE_MODE_TEXTURE      0x0200

// 多边形和多边形面的状态
#define POLY4DV1_STATE_ACTIVE             0x0001
#define POLY4DV1_STATE_CLIPPED            0x0002
#define POLY4DV1_STATE_BACKFACE           0x0004
```

现在，我们要将这些信息交给材质去处理：不在每个多边形中存储这些数据，而是定义大量的材质，在渲染多边形时应用这些材质。图 8.20 说明了材质和多边形之间的关系。这样，我们可以使用多种材质来绘制多边形。在渲染期间，引擎根据多边形中存储的 ID 或指针找到相应的材质，并根据该材质而不是多边形的内部信息来渲染多边形。

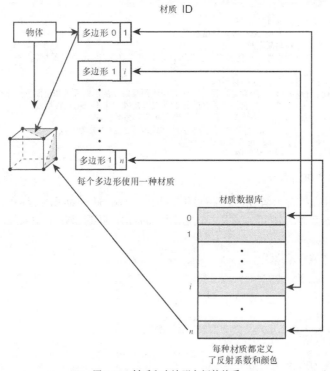

图 8.20 材质和多边形之间的关系

下面是作者创建的第一版材质结构。当然，我们可能对其进行修改，本章很少使用它，但我们必须按这样的方式思考。下面是用于材质结构的#define。

```
// 材质属性，尽可能使其与多边形属性一致
#define MATV1_ATTR_2SIDED               0x0001
#define MATV1_ATTR_TRANSPARENT          0x0002
#define MATV1_ATTR_8BITCOLOR            0x0004
#define MATV1_ATTR_RGB16                0x0008
#define MATV1_ATTR_RGB24                0x0010

#define MATV1_ATTR_SHADE_MODE_CONSTANT  0x0020
#define MATV1_ATTR_SHADE_MODE_EMMISIVE  0x0020  // 别名
#define MATV1_ATTR_SHADE_MODE_FLAT      0x0040
#define MATV1_ATTR_SHADE_MODE_GOURAUD   0x0080
#define MATV1_ATTR_SHADE_MODE_FASTPHONG 0x0100
#define MATV1_ATTR_SHADE_MODE_TEXTURE   0x0200


// 材质状态
#define MATV1_STATE_ACTIVE              0x0001

// defines for material system
#define MAX_MATERIALS                   256
```

下面是材质数据结构：

```
// 第 1 版材质数据结构
typedef struct MATV1_TYP
{
int state;              // 材质的状态
int id;                 // 材质 id，指向材质数组的索引
char name[64];          // 材质名称
int  attr;              // 属性：着色模式、着色方法、环境、纹理以及其他特殊标记

RGBAV1 color;              // 材质颜色
float ka, kd, ks, power;   //对环境光、散射光和镜面反射光的反射系数和镜面反射指数
                           // 它们是独立的标量，很多建模程序都采用这种格式
RGBAV1 ra, rd, rs;         // 预先计算得到的颜色和反射系数的积
                           // 旨在使该数据结构与我们的光照模型更为一致
char texture_file[80];     // 包含纹理的文件的位置
BITMAP texture;            // 纹理图

} MATV1, *MATV1_PTR;
```

其中没有什么奇特的内容。作者喜欢在所有结构中都包含 state、id 和 attr 等字段，但读者应将注意力放在其他字段上，尤其是 color 字段。实际上，它是一个共用体（union），以不同格式存储 r、g、b 和 alpha 值。

```
// RGBA 值
typedef struct RGBAV1_TYPE
{
union
    {
    int rgba;                    // 压缩格式
    UCHAR rgba_M[4];             // 数组格式
    struct {  UCHAR a,b,g,r;  };  // 显式名称格式
    }; // end union

} RGBV1, *RGBV1_PTR;
```

下面的宏用于创建 32 位的 RGBA 值：

```
// 生成 8.8.8.a 格式(alpha 占 8 位)的 32 位颜色值
#define _RGBA32BIT(r,g,b,a) ((a) + ((b) << 8) + ((g) << 16) + (r << 24))
```

注意：我们已经有 macro_RGB32BIT（a, r, g, b），它创建与 DirectX 兼容的 32 位字，但作者不喜欢 alpha 值位于最前面，因为作者发现，在有些情况下，将 alpha 值存储在最后一个字节中将会有所帮助，因此使用 RGBA 格式。

另外，这个结构中还包含反射系数 ka、kd 和 ks 和镜面反射指数 power。很多建模程序都使用 K 来表示反射系数，这里遵循了这种约定。但本章前面推导光照模型时，使用的是 R。另外，在推导光照模型时，颜色和反射系数被合而为一，但在这个数据结构中，它们是分开的。然而，为使模型和数据结构更为一致，数据结构中包含字段 ra、rd 和 rs，它们是颜色和反射系数的乘积。可能需要其中的一种格式、另一种格式或两种都要，因此这里包含了这两种格式。下面是一个使用标量 ka、kd 和 ks 以及 ARGB 颜色来计算 ra、rd 和 rs 的例子（摘自本章后面将介绍的 Caligari trueSpace 物体加载函数）：

```
// 预先计算材质的反射系数
for (int rgb_index=0; rgb_index < 3; rgb_index++)
    {
    // 环境光反射系数
    materials[material_index+num_materials].ra.rgba_M[rgb_index] =
```

```
( (UCHAR)(materials[material_index + num_materials].ka *
(float)materials[material_index +
 num_materials].color.rgba_M[rgb_index] + 0.5) );
// 散射光反射系统
materials[material_index+num_materials].rd.rgba_M[rgb_index] =
( (UCHAR)(materials[material_index + num_materials].kd *
(float)materials[material_index +
 num_materials].color.rgba_M[rgb_index] + 0.5) );

// 镜面光反射系统
materials[material_index+num_materials].rs.rgba_M[rgb_index] =
( (UCHAR)(materials[material_index + num_materials].ks *
(float)materials[material_index +
 num_materials].color.rgba_M[rgb_index] + 0.5) );

} // end for rgb_index
```

最后，该数据结构还支持指定纹理图及其名称。

有了材质数据结构后，需要一个用于存储它们的全局材质库，如下所示：

```
MATV1 materials[MAX_MATERIALS]; // 系统中的材质
int num_materials;              // 当前的材质数
```

非常简单：只需新建材质，将其插入到材质库中，然后应用于多边形。当然，需要解决的问题是，让多边形和引擎同材质关联起来，这将在后面进行。现在，编写一个重置材质库的函数：

```
int Reset_Materials_MATV1(void)
{
// 这个函数重置所有的材质
static int first_time = 1;

// 如果这是第一次调用该函数，则重置所有的材质
if (first_time)
   {
   memset(materials, 0, MAX_MATERIALS*sizeof(MATV1));
   first_time = 0;
   } // end if

// 遍历所有的材质，释放其纹理（如果有的话）
for (int curr_matt = 0; curr_matt < MAX_MATERIALS; curr_matt++)
   {
   // 不管材质是否处于活动状态，都释放与之相关联的纹理图
   Destroy_Bitmap(&materials[curr_matt].texture);
   // 现在可以安全地重置材质
   memset(&materials[curr_matt], 0, sizeof(MATV1));
   } // end if

return(1);
} // end Reset_Materials_MATV1
```

要重置材质库，只需这样调用上述函数即可：

```
Reset_Materials_MATV1();
```

在实际使用材质和支持材质的模型格式之前，作者不知道是否将编写一个设置材质的辅助函数，因此下面来看一个手工设置材质的例子。假设希望材质反射100％的环境光和散射光，颜色为纯蓝，使用恒定着色，没有纹理：

```
// 设置材质数组中的第一个材质
MATV1_PTR m = &Materials[0];
// 重置材质
memset(m, sizeof(MATV1));

m->state = MATV1_ACTIVE;    // 材质状态

m->id = 0;                  // 材质 ID

strcpy(m->name, "blue mat 1"); // 材质名称
m->attr = MATV1_ATTR_2SIDED | MATV1_ATTR_16BIT
| MATV1_ATTR_FLAT; // 属性

m->color.rgba = _RGBA32BIT(0,0,255, 255); // 设置为蓝色
m->ka   = 1.0;  // 将环境光反射系数设置为1.0
m->kd   = 1.0;  // 将散射光反射系数设置为1.0
m->ks   = 1.0;  // 将镜面光反射系数设置为1.0
m->power = 0.0; // 没有使用，将其设置为 0.0

// 这些是实际的 RGBA 颜色，因此将颜色乘以反射系数
m->ra.b = (UCHAR)(m->ka * (float)m->color.b +0.5);
m->rd.b = (UCHAR)(m->ka * (float)m->color.b +0.5);
m->rs.rgba = 0; // 不反射镜面光
```

显然，需要编写一个辅助函数来完成这项任务，但由于不知道将如何定义材质——手工定义还是通过加载物体来定义，还是将这项工作推迟到以后去完成吧。

8.2.3 定义光源

光源的实现有些类似于在没有奴佛卡因（一种局部麻醉剂——译者注）的情况下做牙根管填充手术——非常棘手。一切都好像充满希望，但当您真正去做时，却发现没有足够的处理器周期来计算大量的点积和三角函数。

这可能过于夸张，但读者应该明白了作者的意思。一般而言，优秀的光照引擎应该支持无穷多的各种类型的光源，而光照计算应针对每个像素，并考虑所有的材质属性——实际情况并非如此。即使是最高级的 3D 加速器也只支持不多的光源（大多数情况下为 8～16 个）。然而，有办法避免这种限制，例如使用光源映射，这将在后面介绍。就现在而言，读者需要牢记的是，我们不能执行完美的像素光照计算，同时通常只支持无穷远光源和点光源。另外，所有的光照计算都在三角形顶点上进行，然后使用插值来平滑表面的光照（Gouraud/Phong 着色）。

从上面的介绍可知，读者使用软件编写像素 shader 的美梦已经破灭。下面定义一种基本的光源数据结构，它能够表示本章前面介绍过的 3 种光源。

下面是用于光源数据结构（1.0 版）的#define。注意，这里将聚光灯分为两种，因此后面可以使用标准的和简化的聚光灯模型。

```
// 有关光源的常量
#define LIGHTV1_ATTR_AMBIENT      0x0001    // 环境光源
#define LIGHTV1_ATTR_INFINITE     0x0002    // 无穷远光源
#define LIGHTV1_ATTR_POINT        0x0004    // 点光源
#define LIGHTV1_ATTR_SPOTLIGHT1   0x0008    // 1 类（简单）聚光灯
#define LIGHTV1_ATTR_SPOTLIGHT2   0x0010    // 2 类（复杂）聚光灯

#define LIGHTV1_STATE_ON          1         // 光源打开
#define LIGHTV1_STATE_OFF         0         // 光源关闭

#define MAX_LIGHTS                8         // 最多支持多少个光源
```

基本上，我们需要选择光源的类型，并能够将其状态设置为开或关。下面是光源数据结构：

```
// 光源数据结构 1.0 版
typedef struct LIGHTV1_TYP
{
int state;            // 光源状态
int id;               // 光源 id
int attr;             // 光源类型及其他属性

RGBAV1 c_ambient;     // 环境光强度
RGBAV1 c_diffuse;     // 散射光强度
RGBAV1 c_specular;    // 镜面反射光强度
POINT4D pos;          // 光源位置
VECTOR4D dir;         // 光源方向
float kc, kl, kq;     // 衰减因子
float spot_inner;     // 聚光灯内锥角
float spot_outer;     // 聚光灯外锥角

float pf;             // 聚光灯指数因子

} LIGHTV1, *LIGHTV1_PTR;
```

下面是全局光源数组，它与材质数组极其类似：

```
LIGHTV1 lights[MAX_LIGHTS];   // 光源数组
int num_lights;               // 当前的光源数
```

在实际渲染期间，可能使用材质或光源，也可能两者都使用，还可能两者都不使用，这取决于要使用引擎做什么。现在，我们只是创建以后可能要用到的东西的模型，以免在需要它们时做蠢事。设计 3D 引擎时，预先进行规划至关重要，因为这样在编写引擎时知道各个组件的运行方式。如果等到必须加入某种组件时才去考虑，将为此付出代价。一个这样的典型例子是网络支持，如果等到引擎已经编写好后才想起要加入网络支持，那将是无法实现的。

谈完了设计原则，下面创建一些光源。不同于材质，对于光源需要考虑的问题并不多。光源要么存在要么不存在，使用多少光源以及对光源模拟到什么程度由引擎决定，但我们可以编写一个这样的辅助函数：它创建的光源无需经过很多修改就可使用。基本上，只需根据要创建的光源类型，传递类型、位置和方向等参数即可。另外，由于将使用的光源数不多（4～8 个），因此将支持把数组中的光源打开，然后在光照阶段遍历光源数组，并对打开的光源进行处理。首先，编写一个内务处理函数，它初始化所有光源，将它们关闭。

```
int Reset_Lights_LIGHTV1(void)
{
// 这个函数重置系统中所有的光源
static int first_time = 1;

memset(lights, 0, MAX_LIGHTS*sizeof(LIGHTV1));
// 重置光源数
num_lights = 0;

first_time = 0;

// 成功返回
return(1);

} // end Reset_Lights_LIGHTV1
```

这样，在引擎/游戏的初始化部分，只需调用 Reset_Lights_LIGHTV1()。下面是创建光源的辅助函数：

```
int Init_Light_LIGHTV1(
    int           index,      // 要创建的光源的索引（0 到 MAX_LIGHTS-1）
    int           _state,     // 光源状态
    int           _attr,      // 光源类型及其他属性
    RGBAV1        _c_ambient, // 环境光强度
    RGBAV1        _c_diffuse, // 散射光强度
    RGBAV1        _c_specular,// 镜面反射光强度
    POINT4D_PTR   _pos,       // 光源位置
    VECTOR4D_PTR  _dir,       // 光源方向
    float kc, kl, kq,         // 衰减因子
    float         _spot_inner,// 聚光灯内锥角
    float         _spot_outer,// 聚光灯外锥角
    float         _pf)        // 聚光灯指数因子
{
// 这个函数根据传入的参数初始化光源
// 调用该函数时，为确保创建的光源有效将不需要的参数值设置为 0
if (index < 0 || index >= MAX_LIGHTS)
    return(0);

// 初始化光源
lights[index].state      = _state;          // 光源状态
lights[index].id         = index;           // 光源 id
lights[index].attr       = _attr;           // 光源类型及其他属性
lights[index].c_ambient  = _c_ambient;      // 环境光强度
lights[index].c_diffuse  = _c_diffuse;      // 散射光强度
lights[index].c_specular = _c_specular;     // 镜面反射光强度
lights[index].kc = _kc;                     // 常量、线性和二次衰减因子
lights[index].kl = _kl;
lights[index].kq = _kq;

if (pos)
    VECTOR4D_COPY(&lights[index].pos, _pos; // 光源位置
if (dir)
    {
    VECTOR4D_COPY(&lights[index].dir, _dir; //光源方向
    // 归一化
    VECTOR4D_Normalize(&lights[index].dir);
    } // end if

lights[index].spot_inner  = _spot_inner; // 聚光灯内锥角
lights[index].spot_outer  = _spot_outer; // 聚光灯外锥角
lights[index].pf          = _pf;         // 聚光灯指数因子

// 返回光源索引
return(index);

} // end Create_Light_LIGHTV1
```

这个函数执行错误检查后，将传入的参数值复制到光源结构中，并返回创建的光源的索引。下面使用这个函数来创建几个光源。

1. 创建环境光源

每个场景都可能有环境光源，实际上，我们的第一个实心引擎只使用环境光源。下面是一个创建环境光源的例子：

```
ambient_light = Init_Light_LIGHTV1(0, // 对于环境光源使用索引 0
    LIGHTV1_STATE_ON,                  // 打开光源
    LIGHTV1_ATTR_AMBIENT,              // 环境光源
    _RGBA32BIT(255,255,255,0), 0, 0,   // 纯白色环境光
```

```
        NULL, NULL,                    // 不需要指定位置和方向
        0,0,0,                         // 不需要指定衰减因子
        0,0,0);                        // 聚光灯属性不适用
```

开启光源后，可以通过手工访问状态变量来将其关闭，如下所示：

```
Lights[ambient_light].state = LIGHTV1_STATE_OFF;
```

2．创建无穷远光源（定向光源）

接下来创建一个类似于太阳的无穷远散射光光源。因此将颜色设置为黄色，将其方向设置为指向+y 轴，如图 8.21 所示（注意，所有的方向向量都必须是单位向量）。

```
VECTOR4D sun_dir = {0, -1, 0, 0};

sun_light = Init_Light_LIGHTV1(1,      // 索引为 1
        LIGHTV1_STATE_ON,              // 打开光源
        LIGHTV1_ATTR_INFINITE,         // 无穷远光源
        0, RGBA32BIT(255,255,0,0), 0,  // 纯黄色散射光
        NULL, &sun_dir, // 不需要指定位置，方向为(0,-1,0)
        0,0,0,                         // 不需要指定衰减因子
        0,0,0);                        // 聚光灯属性，不适用
```

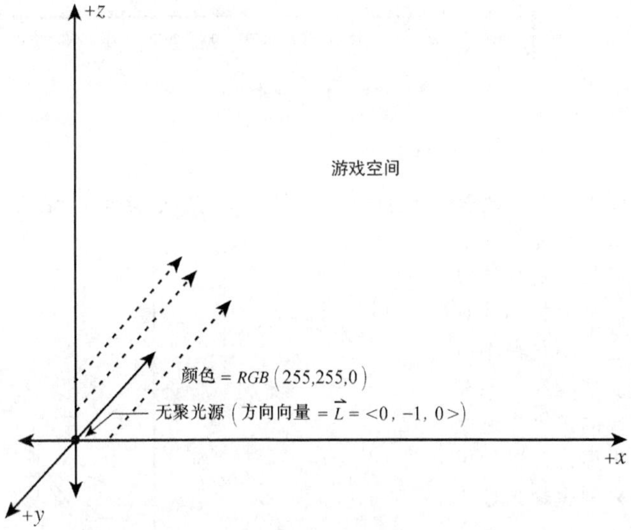

图 8.21　无穷远光源

3．创建点光源

点光源有位置，这里将其放置在+y 轴上离原点 10 000 个单位处，其他参数与前一个光源相同，如图 8.22 所示。

```
VECTOR4D sun_pos = {0, 10000, 0, 0};

sun_light = Init_Light_LIGHTV1(1,          // 索引为 1
        LIGHTV1_STATE_ON,                  // 打开光源
        LIGHTV1_ATTR_POINT,                // 点光源
        0, RGBA32BIT(255,255,0,0), 0,      // 纯黄色散射光
        &sun_pos, NULL,  // 位于 y 轴上，不需要指定方向
        0,1,0,                             // 线性衰减因子为 1
        0,0,0);                            // 聚光灯信息，不适用
```

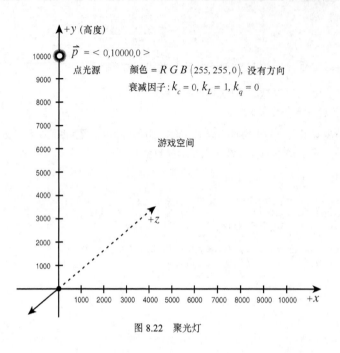

图 8.22　聚光灯

4. 创建聚光灯

最后，创建一个聚光灯。从其数学运算的复杂性可知，实时地渲染时，无法使用完整的聚光灯模型。另外，只能在顶点上执行聚光灯光照计算，因为对每个像素执行这种计算是极其愚蠢的。因此，需要将物体划分成大量的多边形。这并不是说不能编写出使用聚光灯的演示程序，但在游戏中，这是无法实现的，因为速度太慢。但读者也不要失望，可以使用诸如光源映射等技术来创建聚光灯，这将在本书后面介绍。

无论如何，我们来定义一个聚光灯，其位置 **p** 为（1000，1000，-1000），指向原点 **o**（0，0，0），**v** = <-1，-1，1>，强度为最大强度的 50%，颜色为白色，即 RGB =（128，128，128）。它发出的是散射光，内锥（本影）角为 30 度，外锥（半影）角为 60 度，指数因子为 1.0。参见图 8.23，代码如下：

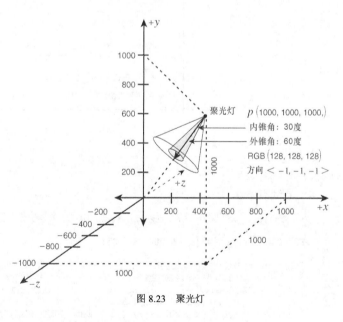

图 8.23　聚光灯

```
VECTOR4D spot_pos = {1000,1000,-1000, 0};
VECTOR4D spot_dir = {-1, -1, 1,0};
```

```
float umbra = 30, penumbra = 60, falloff = 1.0;

int spot_light = Init_Light_LIGHTV1(5,// 光源索引为5
                  LIGHTV1_STATE_ON,    // 打开光源
                  LIGHTV1_SPOTLIGHT1,  // 1 类聚光灯
            _     _0, RGBA32BIT(128,128,128,0), 0, // 强度为50%的白色散射光
                  &spot_pos, &spot_dir,          // 聚光灯位置
                  umbra,penumbra,falloff);       // 聚光灯信息
```

8.3　真实世界中的着色

我们几乎为实际绘制做好了准备。有趣的是，本章介绍的内容有 50% 要等到后面才会被使用。无论如何，这里还是讨论一下在 8/16 位图形模式下着色的实现和优化。在 8 位模式的速度为 16 位模式的 3 倍，因为在这种模式下，无需处理 3 个 RGB 分量，而只需处理单个值——亮度或辉度。

8.3.1　16 位着色

着色首先涉及的是材质和光源。本章前面的模型是基于 RGB 空间的。例如，材质的反射系统是 RGB 值，光源的颜色是 RGB 值，等等。因此，在大多数情况下，可能按本章开头概述的那样来执行光照计算。当然最终的实现可能进行了简化（使用假设条件）。

例如，可能将所有光源都设置为白色的，以提高速度；还可能假定所有物体只受环境光、散射光和发射光属性的影响。然而，不管我们怎样做，都必须在某个时候计算多边形、顶点或像的最终颜色，这意味着必须执行一些数学运算，但作者将尽可能做较少数学运算。需要指出的是，基于每个多边形或顶点执行某种操作没有什么大不了的，但基于每个像素执行任何操作都将是让人无法承受的。

接下来的问题是，对于数学运算，将使用什么样的格式？为什么？我们将使用 16 位 RGB 模式，这意味着需要在某个时候将计算结果转换为 16 位 RGB 模式。那么应该在 16 位模式下执行光照计算还是使用一个更通用的方式避免转换？这是读者必须考虑的问题。对于这个问题，唯一的答案是，使用速度最快的方法。

8.3.2　8 位着色

从数学上说，16 位着色比 8 位着色更容易实现。原因在于，RGB 颜色空间中的强度和屏幕上像素的强度之间存储一一对应的关系。例如，多边形为纯蓝色（RGB=(0, 0, 255)），并反射散射光和环境光。现在假设活动光源的光线强度为 0.5，环境光强度为 0.2。

考虑这种问题的方式有两种。如果材质颜色为蓝色，环境光为红色，则完全在 RGB 空间中工作时，将看不到任何东西，其原因如下：

```
Final_pixelrgb = materialrgb*ambientrgb
= (0,0,255)*(1.0,0,0) = (0,0,0)
```

然而，如果进行简化，假设所有光源都发射某种强度的纯白光，可以简化数学运算。在这种情况下，将能看到多边形。

```
Final_pixelrgb = materialrgb*ambientrgb
= (0,0,255)*(1.0,1.0,1.0) = (0,0,255)
```

注意：在这里，环境光被转换为 0～1 的浮点数，这样，调制计算的结果将位于颜色空间范围内。当然也可以使用 0～255 的格式，但必须对计算结果进行缩小。

8.3.3　一个健壮的用于 8 位模式的 RGB 模型

我们的引擎在很大程度上将使用白色光源以简化计算。现在的问题是，在上述两个 RGB 范例中，最后的像素颜色为 RGB 24 位格式或 $(0...1, 0...1, 0...1)$ 格式，将后者转换为 RGB 24 位格式很容易。我们将 24 位 RGB 颜色值转换为 16 位的，然后在屏幕上显示。

然而，在 8 位模式下，这毫无意义。屏幕颜色不是 RGB 格式，而是颜色索引，这就是问题所在。那么，如何解决呢？如何在索引模式下执行光照计算？

答案很简单。需要一个中间步骤，将 RGB 值转换为颜色索引，然后将其显示到屏幕上。但问题是，只有 256 个颜色索引，因此计算出 RGB 颜色后，需要在调色板中找到与之最接近的颜色索引，将其作为最后的颜色，如图 8.24 所示。假设 RGB 颜色为 $(10, 45, 34)$，调色板中与之最接近的颜色索引为 45，后者对应的 RGB 颜色为 $(10, 48, 40)$——这将是返回的值。但这意味着绘制每一个像素时，都需要找出一个最小平方值并搜索整个调色板。为避免这一点，需要预先计算一个查找表。我们需要做的是：根据 RGB 颜色空间创建一个查找表，它将输入的 RGB 映射到一个索引。RGB 值被用作查找表的索引。

> 提示：使用 8 位颜色模式进行实时着色时，必须使用一个覆盖了很大的 RGB 颜色空间，且有很多着色等级（shade）的调色板。如果使用的调色板只覆盖颜色空间的很小一部分，关照处理的结果将极其丑陋。作者在位图文件 PALDATAxx.BMP|PAL 中提供的调色板是不错的选择，其效果很不错。当然所有的图形都必须使用这些颜色，因为在 8 位模式下只有一个调色板。

无论是在 RGB 8.8.8 模式还是 16 位模式（5.5.5 或 5.6.5 格式）下执行光照计算，都不能创建一个将 8.8.8 RGB 值映射到索引的表——这将占用 4GB 的空间，实在太大了。然而，可以这样做：创建一个将 16 位 RGB 值映射到 8 位索引的查找表，这只需要 64KB 内存——完全负担得起。另外，由于 16 位值可能为 5.5.5 和 5.6.5 格式，因此需要创建两个查找表，每种格式一个。现在，对于输入的 24 位 RGB 值，我们首先将其转换为 16 位的 5.5.5 或 5.6.5 格式。然后根据这个值在查找表中找到相应的单字节索引值，该索引指向调色板中与输入值最接近的 RGB 值，如图 8.25 所示。

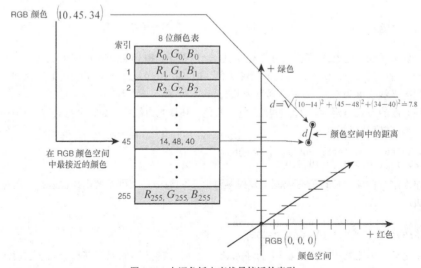

图 8.24　在调色板中查找最接近的索引

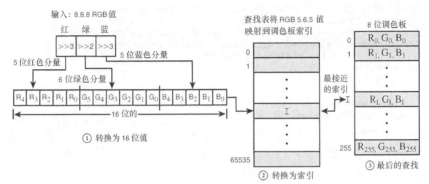

图 8.25 RGB 颜色转换查找表的结构

因此，需要编写一个这样的函数：它将 16 位格式、8 位调色板和指向查找表的指针作为参数，计算转换结果并将其存储到查找表中（可能需要对游戏世界的不同区域使用不同的调色板和查找表；否则作者将在该函数中使用一个全局查找表）。该函数的代码如下：

```
int RGB_16_8_IndexedRGB_Table_Builder(
    int rgb_format,           // RGB 格式，5.6.5 或 5.5.5
    LPPALETTEENTRY src_palette,   // 调色板
    UCHAR *rgblookup)         // 查找表

{
// 这个函数接受 RGB 格式作为参数，其取值为 DD_PIXEL_FORMAT565 或 DD_PIXEL_FORMAT555
// 该参数指定了要为哪种 RGB 颜色格式创建查找表
// RGB 格式为 5.5.5 时，只有 32K 种颜色（不考虑第一位的值）
// 因此查找表只包含 32K 个条目
// 调用该函数时，必须提供预先分配好的查找表存储空间（参数 rgblookup）
// 这个函数不申请内存
// 该函数使用最小平方方法找出 8 位调色板中与各种 16 位 RGB 颜色
// 最接近的颜色索引

// 检查参数
if (!src_palette || !rgblookup)
    return(-1);

// 判断 RGB 颜色格式
if (rgb_format==DD_PIXEL_FORMAT565)
    {
    // 总共有 64k 个条目
    // 执行循环，找出与各种颜色最接近的调色板索引
    // 总共循环 65536*256 次
    for (int rgbindex = 0; rgbindex < 65536; rgbindex++)
    {
    int  curr_index  = -1;        // 当前最接近的颜色索引
    long curr_error  = INT_MAX;   // 最接近的颜色和当前颜色之间的距离

        for (int color_index = 0; color_index < 256; color_index++)
        {
        // 从 rgbindex 中提取 r、g、b
        // 将 5.6.5 格式转换为 8.8.8 格式，因为调色板使用这种格式
        int r = (rgbindex >> 11) << 3;;
        int g = ((rgbindex >> 5) & 0x3f) << 2;
        int b = (rgbindex & 0x1f) << 3;

        // 计算距离
```

```
            long delta_red   = abs(src_palette[color_index].peRed - r);
            long delta_green = abs(src_palette[color_index].peGreen - g);
            long delta_blue  = abs(src_palette[color_index].peBlue - b);
            long error = (delta_red*delta_red) + (delta_green*delta_green) +
                         (delta_blue*delta_blue);
            // 是否更近？
            if (error < curr_error)
               {
               curr_index = color_index;
               curr_error = error;
               } // end if

        } // end for color_index

        // 找到最接近的索引后，将其存储到查找表中
        rgblookup[rgbindex] = curr_index;

   } // end for rgbindex

   } // end if
else
if (rgb_format==DD_PIXEL_FORMAT555)
   {
   // 总共有 32k 个条目 entries，
   // 通过循环查找最接近的索引，总共需要执行 32768*256 次循环
   for (int rgbindex = 0; rgbindex < 32768; rgbindex++)
      {
      int  curr_index = -1;        // 当前最接近的颜色索引
      long curr_error = INT_MAX;   // 当前最小的距离

      for (int color_index = 0; color_index < 256; color_index++)
         {
         // 从 rgbindex 中提取 R、G、B 值
         // 然后将其从 5.5.5 格式转换为 8.8.8 格式，因为调色板使用这种格式
         int r =  (rgbindex >> 10) << 3;;
         int g = ((rgbindex >> 5) & 0x1f) << 3;
         int b =  (rgbindex & 0x1f) << 3;

         // 计算距离
         long delta_red   = abs(src_palette[color_index].peRed - r);
         long delta_green = abs(src_palette[color_index].peGreen - g);
         long delta_blue  = abs(src_palette[color_index].peBlue - b);
         long error = (delta_red*delta_red) + (delta_green*delta_green) +
                      (delta_blue*delta_blue);
         // 是否更近？
         if (error < curr_error)
            {
            curr_index = color_index;
            curr_error = error;
            } // end if
      } // end for color_index

      // 找到最接近的颜色索引后，将其存储到查找表中
      rgblookup[rgbindex] = curr_index;

} // end for rgbindex
} // end if
else
   return(-1); // RGB 颜色格式不对，

// 成功返回
```

```
            return(1);

} // end RGB_16_8_IndexedRGB_Table_Builder
```

16 位可以表示 65536 种颜色，因此我们创建一个查找表，其中包含 0~65535 对应的调色板索引。要使用这个函数，只需像下面那样调用它，当然之前应初始化 DirectDraw 并加载 8 位调色板：

```
// 申请查找表存储空间
UCHAR rgblookup = (UCHAR *)malloc(65536);

// 使用全局 RGB 格式和调色板进行调用
RGB_16_8_IndexedRGB Table_Builder(dd_pixel_format, palette, rgblookuptable);
```

该函数执行后，rgblookup[ ]将是把（5.6.5 格式或 5.5.5 格式的）16 位 RGB 颜色转换为 8 位索引的查找表。我们按通常那样执行光照计算，将结果转换为 16 位的 RGB 颜色，然后像下面这样设置像素的最终颜色：

```
final_pixel_index = rgblookup[final_pixelrgb16];
```

来看看我们有何收获。通过预先计算，我们将转换过程变换为表查找。但对于每个像素仍需要执行一次表查找，这是否可以避免呢？答案是，无论如何这一步也是避免不了的。在 8 位模式下执行光照计算时，必须将结果转换为 8 位索引。当然，可以使用一些技巧。例如，可以创建一个这样的颜色表，其中包含每种颜色的各种着色度，然后将亮度作为索引来将多边形原来的颜色（base color）转换为表中的颜色，但这仍然需要使用索引。从本质上说，如果在 RGB 空间中执行光照计算，都将遇到困难，因为计算本身必须执行，然后需要将结果转换为 8 位索引。

是否可以创建一种面向 8 位的颜色模型，以减少 16 位 RGB 中间步骤？当然，下面介绍这种模型。

8.3.4　一个简化的用于 8 位模式的强度模型

无论在哪种模式下进行着色，计算最终的 RGB 值都会让我们筋疲力尽。然而，如果对光照模型进行简化，避免涉及光源颜色和材质颜色，则可以使用极度简化的 8 位着色模型。其工作原理如下：所有多边形都有一种调色板定义的 RGB 颜色。在调色板包含的是 8 位索引和 8.8.8 格式颜色，让我们忘记所有的 RGB 问题，跳出原来的框框，以相反的方向进行光照处理。也就是说，计算调色板中每种颜色的 256 种强度，然后创建一个由 256 行组成的表，每种调色板颜色一行。每行包含 256 项，每项都是一个调色板索引，该索引对应的颜色与相应强度和颜色的组合最接近，如图 8.26 所示。

这里的关键之处在于，为何计算全部强度值呢？我们计算调色板中有的颜色的各种强度值，然后在执行光照处理时，使用颜色作为行索引，使用强度作为列索引在表中找出相应的颜色。同样，这里也使用查找表，但避免了前述 8 位模型中涉及 16 位 RGB 的中间步骤；同时假设强度值范围为 0~255，这很简单，因为即使它们的范围不是这样，总是可以对其进行缩放。

如果读者看感到迷惑，请看下面的解释。前面的模型从头到尾都使用 RGB 空间，也就说是，在 RGB 空间中执行光照计算，然后使用查找表对 16 位的 RGB 值传进行转换。然而，既然知道不是在 16 位模式下，为何这样做呢？原因在于这种模型更通用。然而，如果从"调色板中有哪些颜色"的角度来考虑问题，便只需创建一个转换表，对于调色板中的每种颜色，该表中包含 256 个值，它们表示这种颜色的强度被调制过的版本。这种方法之所以可行，是因为在 8 位模式下，模型的颜色肯定是调色板中的颜色之一。当然，由于对于每种颜色，使用最小平方匹配的方式确定其 256 种着色（shade）度对应的颜色，因此着色（shade）度不多的颜色将变得很难看。

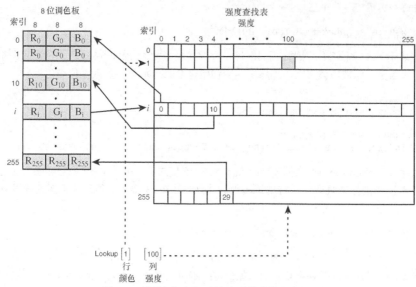

图 8.26　用强度作为索引的颜色转换查找表的结构

稍后将介绍创建这种查找表的函数，但需要指出的是，如果想同时使用这两种技术，需要编写两个不同的 8 位模式着色（shade），其中一个在 RBG 空间中执行所有计算，最后将结果转换为 16 位的 RGB 颜色，并通过 rgblookup[ ] 将其转换为 8 位索引。然而，新模型将使用 2D 查找表，其中第一个索引为颜色，第二个索引为强度，即 rgbintensitylookup[color][intensity]。

要编写创建查找表的函数，只需遍历调色板中所有的颜色，对于每种颜色，计算其 256 种着色度对应的 RGB 值。问题是，计算颜色的 256 种着色度时，是否假定该颜色的强度已经是 100%，进而以此为起点向下降低亮度呢？

例如，假设有一种颜色，其 RGB 值为(100，0，0)，这是一种强度中等的红色。应该假定(100，0，0)是强度最高的红色，并据此创建 256 种着色度不同的红色？还是通过数学运算计算出虚拟颜色(255，0，0)，然后将其作为强度最高的红色，并据此创建 256 种着色度不同的红色？后一种方法更符合用户的意图，且给光照引擎提供的结果更佳。

这些确实是问题，但现在将采用这种方法：对于任何颜色索引，找出其对应的 RGB 值，然后提高该颜色的亮度，使其一个或多个分量达到最大允许的值。然后计算该颜色的 256 种不同亮度，并查找它们对应的调色板索引。这将会使模型变暗，但提供的一个颜色空间更为均匀。下面的例子使用源颜色 c，它计算强度最高的颜色 c^*。

假定：

多边形的颜色 c = RGB（red, green, blue）= RGB（50, 20, 100）

c^* = RGB（red^*, $green^*$, $blue^*$）

第 1 步　确定最大的分量：

最大分量 = blue = 100

第 2 步　将最大分量设置为 255，并计算放大比例：

blue = 100，$blue^*$ = 255，ratio = 255/100 = 2.55

第 3 步　按上述比例放大其他分量：

red* = red * ratio = 50 * 2.55 = 127.5

green* = green * ratio = 20 * 2.55 = 51.0

blue = 255

四舍五入后，c* = RGB（128，51，155），其颜色与原来的颜色相同（即 R:G:B 相同），但强度更高。现在，将其强度视为 100%，并计算 256 种不同强度对应的 RGB 值。这类似于前面编写的函数，但不是查找通用 RGB 值对应的调色板索引，而是查找通过数学计算生成的 RGB 值对应的索引。这种算法的工作原理如下：对于每种颜色（经过强度调制后），假定其强度为 100%，并向下计算 256 种不同的强度值（最后的强度值为 0）及其对应的 RGB 值。对于每个 RGB 值，使用标准的最小平方法找出调色板中与之最接近的索引，并将其存储到查找表的相应行中。例如，如果颜色索引 25 对应的 RGB 为（255，0，0），将在查找表的第 25 行存储下述索引：

[RGB（0, 0, 0）$_{i1}$, RGB（1, 0, 0）$_{i2}$, RGB（2, 0, 0）$_{i3}$,..., RGB（256, 0, 0）$_{i256}$]

其中 RGB（x, x, x）$_i$ 是与 RGB（x, x, x）最接近的颜色索引。

但愿读者不会觉得有关 8 位模式的介绍篇幅过于冗长。8 位模式很复杂，对软件引擎和非加速手持设备来说很有用，因此作者希望读者掌握在游戏中执行颜色转换时，对其输入域和输出范围进行控制的技巧。

下面是根据调色板创建强度表的函数。注意，位深是无关紧要的，因为所有计算都是在 RGB 8.8.8 空间中进行的，而计算结果为 8 位的调色板索引。因此，只需要提供调色板和表数据存储空间（64KB，总共 256 行，每行 256 个强度，每项 1 个字节）。

```
int RGB_16_8_Indexed_Intensity_Table_Builder(LPPALETTEENTRY src_palette,
UCHAR rgbilookup[256][256],  // 查找表
int intensity_normalization=1)
{
// 这个函数根据传入的调色板计算这样一个查找表
// 即行为调色板颜色，列为 0～255 的颜色强度，结果为单字节的调色板索引
// 调用该函数时，必须通过参数 rgbilookup 提供 64k 的存储空间
// 该函数不会申请存储空间
// 该函数遍历调色板中的颜色，palette and then
// 对于其中的每种颜色，在确保 RGB 分量不溢出的情况下最大限度地提高其强度
// 然后向下计算 256 种着色，使用最小平方法
// 找出调色板中与当前颜色和着色度最接近的索引，并将其存储到查找表中相应的位置
// 注意，如果参数 normalization 为 0，函数将不执行强度最大化步骤
int ri,gi,bi;       // 初始颜色
int rw,gw,bw;       // 用于存储临时颜色值
float ratio;        // 缩放比例
float dl,dr,db,dg;  // 256 种着色度之间的强度梯度

// 检查传入的参数
if (!src_palette || !rgbilookup)
   return(-1);

// 对于调色板中的每种颜色,计算最大可能强度
// 然后向下计算出 256 种着色度
for (int col_index = 0; col_index < 256; col_index++)
   {
// 根据调色板索引提取 R、G、B 值
ri = src_palette[col_index].peRed;
gi = src_palette[col_index].peGreen;
bi = src_palette[col_index].peBlue;

// 找出最大的分量，将其设置为 255
// 并根据放大比例相应地放大其他分量
if (intensity_normalization==1)
```

```
    {
    // 红色分量最大?
  if (ri >= gi && ri >= bi)
    {
    // 计算放大比例
    ratio = (float)255/(float)ri;

    // 将强度最大化
    ri = 255;
    gi = (int)((float)gi * ratio + 0.5);
    bi = (int)((float)bi * ratio + 0.5);

    } // end if
else // 绿色分量最大
if (gi >= ri && gi >= bi)
    {
    // 计算放大比例
    ratio = (float)255/(float)gi;

    // 将强度最大化
    gi = 255;
    ri = (int)((float)ri * ratio + 0.5);
    bi = (int)((float)bi * ratio + 0.5);

    } // end if
else // 蓝色分量最大
    {
    // 计算放大比例
    ratio = (float)255/(float)bi;

    // 将强度最大化
    bi = 255;
    ri = (int)((float)ri * ratio + 0.5);
    gi = (int)((float)gi * ratio + 0.5);
    } // end if

} // end if

// 计算强度梯度，以计算该颜色256种着色度对应的RGB值
dl = sqrt(ri*ri + gi*gi + bi*bi)/(float)256;
dr = ri/dl,
db = gi/dl,
dg = bi/dl;

// 初始化临时颜色值变量
rw = 0;
gw = 0;
bw = 0;

// 计算与当前颜色和着色度最接近的调色板索引
// 并将其存储到查找表中相应的位置
for (int intensity_index = 0; intensity_index < 256; intensity_index++)
    {
    int  curr_index = -1;          // 当前最接近的颜色索引
    long curr_error = INT_MAX;     // 当前距离

    for (int color_index = 0; color_index < 256; color_index++)
        {
        // 计算距离
        long delta_red   = abs(src_palette[color_index].peRed   - rw);
        long delta_green = abs(src_palette[color_index].peGreen - gw);
```

```
                  long delta_blue  = abs(src_palette[color_index].peBlue  - bw);
                  long error = (delta_red*delta_red) +
                               (delta_green*delta_green) +
                               (delta_blue*delta_blue);
                  // 是否更近?
              if (error < curr_error)
                  {
                  curr_index = color_index;
                  curr_error = error;
                  } // end if

              } // end for color_index

      // 找到最接近的颜色索引后，将其存储到查找表的相应位置中
      rgbilookup[col_index][intensity_index] = curr_index;

      // 计算下一种着色度对应的 R、G、B 值，并查找它们是否溢出
      if (rw+=dr > 255) rw=255;
      if (gw+=dg > 255) gw=255;
      if (bw+=db > 255) bw=255;

      } // end for intensity_index
      } // end for c_index
      // 成功返回
      return(1);

      } // end RGB_16_8_Indexed_Intensity_Table_Builder
```

要创建这种查找表，可以这样调用上述函数：

```
UCHAR rgbilookup[256][256];
RGB_16_8_Indexed_Intensity_Table_Builder(palette, rgbilookup, 1);
```

假设有一个颜色索引为 12 的多边形，您希望最终颜色为索引 12 和强度 150（最大值为 255）对应的颜色，则可以这样调用上述函数：

```
Final_pixel = rgbilookup[12][15];
```

就是这样简单！

注意：如果将这个函数的最后一个参数 intensity_normalization 设置为 0，将不执行强度最大化步骤。例如，对于颜色 RGB(100，10，10)，将假定其强度是最高的，并向下计算 256 种着色度；而不是将最大分量设置为最大运算值，并相应地放大其他分量，得到 RGB(255，25，255)，然后向下计算 256 种着色度。

8.3.5　固定着色

不知道读者怎样，反正作者已经厌倦了谈论着色，只想去实现它。接下来将创建 8 位和 16 位的着色实现，让读者能够在速度较慢的机器上使用前者，在奔腾 4 以上的机器上使用后者。首先来看固定着色（constant shading），这绝对是最简单的模型，不考虑任何光照效果——没有环境光、散射光等，只是使用某种颜色将多边形绘制为实心的。因此，固定着色根本不考虑光照模型，只是根据多边形颜色的索引或 RGB 值绘制它，这正是实现发射多边形的方式——使用其颜色绘制它。当然，正如前面指出的，发射多边形并不发射光，只是看似这样。要让多边形真正发射光，必须加上光源。

无论如何，我们已经为编写固定着色演示程序做好准备了。接下来将以第 7 章的坦克演示程序为基础，

将其中绘制线框多边形的调用替换为绘制实心多边形的调用。原来的调用（16 位）如下：

```
// 绘制渲染列表
Draw_RENDERLIST4DV1_Wire16(&rend_list, back_buffer, back_lpitch);
```

新的调用如下：

```
//绘制渲染列表
Draw_RENDERLIST4DV1_Solid16(&rend_list, back_buffer, back_lpitch);
```

警告：这里必须为演示程序中的每种物体（坦克、高塔、地面标记）创建新的.PLG 文件，以确保每个多边形有正确的环绕顺序（winding order）和双面标记。这是因为我们要绘制实心物体，因此需要消除背面多边形，避免渲染它们。

更换上述调用后，演示程序如图 8.27 所示，该程序的源文件和可执行文件为 DEMOII8_4.CPP¦EXE（DEMOII8_4_8b.CPP¦EXE）。下面的#define 定义了 PLX/PLG 格式使用的一些标记：

```
// 双面标记
#define PLX_2SIDED_FLAG               0x1000   // 双面
#define PLX_1SIDED_FLAG               0x0000   // 单面

// 着色模式
#define PLX_SHADE_MODE_PURE_FLAG      0x0000   // 固定着色
#define PLX_SHADE_MODE_CONSTANT_FLAG  0x0000   // 别名
#define PLX_SHADE_MODE_FLAT_FLAG      0x2000   // 恒定着色
#define PLX_SHADE_MODE_GOURAUD_FLAG   0x4000   // Gouraud 着色
#define PLX_SHADE_MODE_PHONG_FLAG     0x6000   // Phong 着色
#define PLX_SHADE_MODE_FASTPHONG_FLAG0x6000    // Phong 着色（别名）
```

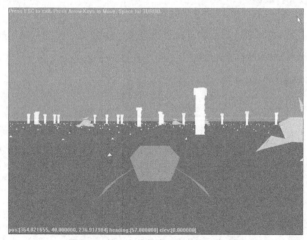

图 8.27　第一个着色演示程序的屏幕截图

当前，该函数 Draw_RENDERLIST4DV1*() 没有考虑着色模型，这是符合逻辑的，因为编写它们时还没有着色模型。PLG/PLX 格式支持指定着色方法，这里使用的是标记 PLX_SHADE_MODE_CONSTANT_FLAG，但函数没有考虑这个标记，因此它不起作用。在下一章编写代码时，将考虑着色方法，在光照模型和光照函数中考虑这些概念。本章介绍了很多新概念，由于篇幅有限，这里只打算使用已有的东西来实现它们，而不重新编写引擎；在下一章将对实现进行改进。

　　该演示程序存在一个重大缺陷：没有按正确的顺序绘制多边形。换句话说，我们需要实现某种深度排序，以便按从后到前的顺序渲染多边形。一种这样的方法是画家算法（painter's algorithm）。这种算法很容易实现，对于简单几何体，它能够对多边形进行排序，以正确的顺序渲染它们。这属于可见性问题，将在本章末尾编写这种算法的代码，为下一章介绍更复杂的可见性和深度缓存算法做准备。简单地说，其主要思想很简单：给定一个渲染列表，根据平均 z 值将多边形按从后到前的顺序排列，然后按这样的顺序渲染它们。这可以解决上述演示程序中的大部分可见性问题。图 8.28 说明了这种处理，这将在本章后面实现。

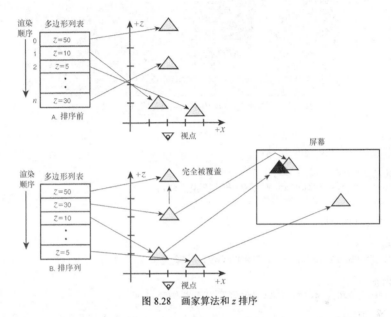

图 8.28　画家算法和 z 排序

8.3.6　恒定着色

　　恒定着色（flat shading）指的是根据多边形上某个像素的光照情况对整个多边形进行着色。换句话说，假设多边形是由一种材质构成的。我们的引擎只处理三角形，在每个多边形中，每个点的面法线都是相同的，因此对于每个多边形，只需对一个顶点执行光照计算，然后根据计算结果对整个多边形进行着色。这就是恒定着色，也叫面片着色（faceted shading）。对于由平面组成的物体，这种方法是可行的；但对于由曲面组成的物体，使用多边形对其进行近似时，这种方法导致物体看起来是由多边形组成的，如图 8.29 所示。如果使用 Gouraud 或 Phong 等平滑着色方法，平面多边形看起来将是平滑的，这将在本章后面介绍。现在介绍实现恒定着色的方法。

　　我们有一个 PLG/PLX 文件加载函数，可以导入简单的模型，这种模型中指定了多边形的着色方法和颜色属性（RGB 值或颜色索引）。但我们还没有执行光照计算的函数，需要考虑如何编写这样的函数。另外，还需要决定在流水线的什么地方执行光照计算。正如前面指出的，光照计算可以在世界坐标系或相机坐标系下进行。还需要解决的问题是：应提供物体级的光照支持、渲染列表级的光照支持还是两者都提供？

　　需要解决的第一个问题是，在流水线的什么位置执行光照处理。下面是前一个演示程序的流水线，其中一些无关的代码被删除，以说明整体流程：

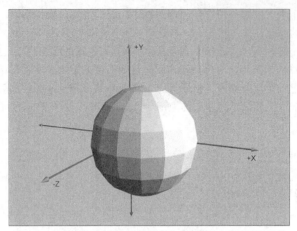

图 8.29　使用多边形来近似物体使得物体好像是由多边形组成的

```
// 重置渲染列表
Reset_RENDERLIST4DV1(&rend_list);

// 创建相机变换矩阵
Build_CAM4DV1_Matrix_Euler(&cam, CAM_ROT_SEQ_ZYX);

// 重置物体
Reset_OBJECT4DV1(&obj);

// 执行世界坐标变换
Model_To_World_OBJECT4DV1(&obj, TRANSFORM_TRANS_ONLY);

// 执行物体剔除
Cull_OBJECT4DV1(&obj, &cam, CULL_OBJECT_XYZ_PLANES))

// 将物体插入到渲染列表中
Insert_OBJECT4DV1_RENDERLIST4DV1(&rend_list, &obj);

// 背面消除
Remove_Backfaces_RENDERLIST4DV1(&rend_list, &cam);

// 执行世界坐标到相机坐标变换
World_To_Camera_RENDERLIST4DV1(&rend_list, &cam);

// 执行相机坐标到透视坐标变换
Camera_To_Perspective_RENDERLIST4DV1(&rend_list, &cam);

// 执行屏幕坐标变换
Perspective_To_Screen_RENDERLIST4DV1(&rend_list, &cam);

// 渲染物体
Draw_RENDERLIST4DV1_Solid16(&rend_list, back_buffer, back_lpitch);
```

　　上述代码将一个物体插入到渲染列表中，同时还执行了很多其他的步骤。首先，引擎执行物体剔除测试，如果物体通过了这种测试，则将其插入到渲染列表中。将物体插入渲染列表后，执行背面消除、世界坐标到相机坐标变换、相机坐标到透视坐标变换和透视坐标到屏幕坐标变换。最后，调用 Draw_RENDERLIST4DV1_Solid16()渲染最后的结果。

从技术上说，可以在调用 Mode_To_World_OBJECT4DV1()之后和调用 Camera_To_Perspective_REN-DERLIST4DV1()之前的任何地方执行光照处理。这是一个两难选择。有两个地方适合放置光照处理代码。可以将其作为物体处理函数，即创建一个独立的函数对物体本身进行光照处理，并在执行物体剔除操作后调用该函数（以免对不可见的物体执行光照处理而浪费时间）。在另一方面，也可以将光照处理代码放到背面消除函数中。这样做的原因是，在背面消除期间已经计算出了多边形的法线，而这些法线对于执行光照处理至关重要。然而，在同一个函数执行背面消除和光照处理可能降低代码的可读性。可以在背面消除期间保存计算得到的法线，供下一步——光照处理阶段——使用。

对于这种问题，没有绝对正确的答案，一切都取决于具体情况。下面编写两个光照函数：一个对物体本身执行光照处理，另一个在背面消除后对渲染列表执行光照处理。

现在暂时不考虑将背面消除和光照处理放在一个函数中，这是因为光照涉及的计算量非常大，只有需要进行严格的优化时才有必要去减少一次额外的法线计算。以后进行优化时，可能考虑将背面消除和光照处理放在一个函数中。就现在而言，我们将对物体和渲染列表执行光照处理，并将光照处理和背面消除分开。

注意：读者可能注意到了，作者总是倾向于对渲染列表而不是物体本身执行操作。原因在于，渲染列表中包含所有要处理的几何体，与对物体逐个进行处理相比，对渲染列表进行处理更为简单明了。

接下来需要考虑一些细节。例如，编写针对物体的光照模块时，需要修改每个多边形的颜色，有用于存储新颜色的空间吗？对于渲染列表，也存在这样的问题。最后，如果要在背面消除函数中执行光照处理，有用于存储多边形法线的空间吗？

首先来解决第一个问题。假设要对其进行光照处理的物体处于世界空间中，将多边形的最终颜色存储到哪里呢？不能覆盖多边形原来的颜色，因为这样做将丢失多边形的初始状态。来看一看数据结构 OBJECT4DV1：

```
// 基于顶点列表和多边形列表的物体
typedef struct OBJECT4DV1_TYP
{
int  id;             // 物体的数字 ID
char name[64];       // 物体的 ASCII 名称
int  state;          // 物体的状态
int  attr;           // 物体的属性
float avg_radius;    // 物体的平均半径，用于碰撞检测
float max_radius;    // 物体的最大半径
POINT4D world_pos;   // 物体在世界坐标系中的位置
VECTOR4D dir;        // 物体的旋转角度，为局部坐标或用户定义的单位方向向量

VECTOR4D ux,uy,uz;   // 记录物体朝向的局部坐标轴，物体旋转时将自动更新

int num_vertices;    // 顶点数
POINT4D vlist_local[OBJECT4DV1_MAX_VERTICES]; // 顶点的局部坐标
POINT4D vlist_trans[OBJECT4DV1_MAX_VERTICES]; // 变换后的顶点坐标
int num_polys;          // 多边形数
POLY4DV1 plist[OBJECT4DV1_MAX_POLYS]; // 多边形数组
} OBJECT4DV1, *OBJECT4DV1_PTR;
```

实际的多边形存储在 plist[ ]中，后者是一个由下述结构组成的数组：

```
// 基于顶点列表的多边形
typedef struct POLY4DV1_TYP
{
int state;      // 状态信息
int attr;       // 物理属性
int color;        // 多边形的颜色
```

```
POINT4D_PTR vlist; // 顶点列表
int vert[3];        // 指向顶点列表的索引
} POLY4DV1, *POLY4DV1_PTR;
```

不幸的是，上述结构中并没有用于存储光照处理后的颜色的空间。我们现在并不打算重新编写引擎。本章将使用现有的引擎和数据结构，下一章再创建新的引擎和数据结构，加入存储着色颜色的变量。因此，这里需要采取一些技巧。

颜色被存储为 32 位的整数，但该整数变量中只有后 16 位包含颜色信息，因为现在支持的颜色模型是 16/8 位的。因此可以将着色颜色存储到前 16 位中。然而，渲染函数使用后 16 位来渲染多边形，因此需要修改物体插入函数，使其假设多边形经过了光照处理，处理后的颜色存储在前 16 位中，因此将物体分解为多边形并将其插入渲染列表中时，将前 16 位作为多边形的颜色。新编写的物体插入函数如下：

```
int Insert_OBJECT4DV1_RENDERLIST4DV2(RENDERLIST4DV1_PTR rend_list,
                                     OBJECT4DV1_PTR obj,
                                     int insert_local=0,
                                     int lighting_on=0)
{
// 将物体转换为一个多边形面列表,
// 然后将可见、活动、没有被剔除和裁剪掉的多边形插入到渲染列表中
// 参数 insert_local 指定使用顶点列表 vlist_local 还是 vlist_trans
// 如果 insert_local 为 1, 将把未变换的原始物体插入到渲染列表中
// 该参数的默认值为 0, 即只插入至少经过了局部坐标到世界坐标变换的物体
// 最后一个参数指出之前是否执行了光照计算
// 光照计算生成的颜色值被存储在前 16 位中
// 如果 lighting_on = 1, 则将多边形插入到渲染列表时,
// 将使用这种颜色值覆盖多边形原来的颜色
// 该物体不处于活动状态、被剔除掉或不可见?
if (!(obj->state & OBJECT4DV1_STATE_ACTIVE) ||
    (obj->state & OBJECT4DV1_STATE_CULLED) ||
    !(obj->state & OBJECT4DV1_STATE_VISIBLE))
return(0);

// 提取物体包含的多边形
for (int poly = 0; poly < obj->num_polys; poly++)
    {
    // 获得多边形
    POLY4DV1_PTR curr_poly = &obj->plist[poly];
    // 多边形是否可见?
    if (!(curr_poly->state & POLY4DV1_STATE_ACTIVE) ||
        (curr_poly->state & POLY4DV1_STATE_CLIPPED ) ||
        (curr_poly->state & POLY4DV1_STATE_BACKFACE) )
    continue; // 进入下一个多边形

// 如果要使用局部坐标, 则改变多边形指向的顶点列表
// 首先保存原来的指针
POINT4D_PTR vlist_old = curr_poly->vlist;
if (insert_local)
    curr_poly->vlist = obj->vlist_local;
else
    curr_poly->vlist = obj->vlist_trans;

// 判断是否需要使用前 16 位中的颜色覆盖原来的颜色
if (lighting_on)
    {
    // 暂时保存颜色
    unsigned int base_color = (unsigned int)(curr_poly->color);
    curr_poly->color = (int)(base_color >> 16);
```

```
        } // end if

// 插入多边形
if (!Insert_POLY4DV1_RENDERLIST4DV1(rend_list, curr_poly))
    {
    // 恢复顶点列表指针
    curr_poly->vlist = vlist_old;

    // 插入失败
    return(0);
    } // end if

// 判断是否需要使用前 16 位中的颜色覆盖原来的颜色
if (lighting_on)
    {
    // 恢复颜色
    curr_poly->color = (int)base_color;
    } // end if

// 恢复顶点列表指针
curr_poly->vlist = vlist_old;

} // end for

// 成功返回
return(1);

} // end Insert_OBJECT4DV1_RENDERLIST4DV12
```

其中的粗体代码保存原来的颜色，然后将前 16 位右移到后 16 位中。这种方法对于 8/16 位模式都是可行的，因为我们并不关心后 16 位的值，只需将物体插入渲染列表中后恢复它们。如果之前执行了光照处理，则认为前 16 位是光照处理后的 RGB 值或颜色索引。无论是在 8 位模式还是 16 位模式下，只需将前 16 位右移到后 16 位中即可。

至此，我们提供了将经过光照处理后的物体插入到渲染列表中的功能（还没有编写光照函数本身），但还未处理另外两种光照处理方式：在背面消除期间和背面消除后对渲染列表执行光照处理。由于处理的是渲染列表，因此可以修改渲染列表中每个多边形的颜色，因为其初始颜色存储在物体中。这样，编写光照函数时，无需考虑颜色覆盖的问题。

前面探讨了在同一个函数中执行背面消除和光照计算的问题，但决定不这样做，以确保代码简单明了。这里的问题是，在独立地执行光照处理时是否可以利用背面消除期间计算出的法线？也就是说，在渲染列表中是否有用于存储法线的空间？图 8.30 说明了三种执行背面消除和光照计算的方式。下面来快速浏览一下 1.0 版的渲染列表数据结构：

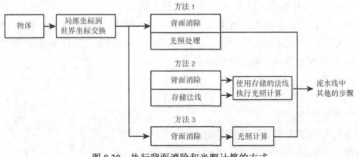

图 8.30 执行背面消除和光照计算的方式

```
typedef struct RENDERLIST4DV1_TYP
{
int state; // 渲染列表的状态
int attr;  // 渲染列表的属性
// 渲染列表是一个指针数组，其中的每个指针都指向
// 一个自包含的、可渲染的多边形面 POLYF4DV1
POLYF4DV1_PTR poly_ptrs[RENDERLIST4DV1_MAX_POLYS];

// 为避免每帧都分配和释放多边形存储空间
// 下面是实际存储多边形面的数组
POLYF4DV1 poly_data[RENDERLIST4DV1_MAX_POLYS];

int num_polys; // 渲染列表中的多边形数目
} RENDERLIST4DV1, *RENDERLIST4DV1_PTR;
```

渲染列表由多边形面而不是简单多边形组成。多边形面结构如下：

```
typedef struct POLYF4DV1_TYP
{
int state;      // 状态信息
int attr;       // 多边形的物理属性
int color;      // 多边形颜色

POINT4D vlist[3];  // 三角形顶点
POINT4D tvlist[3]; // 变换后的顶点
POLYF4DV1_TYP *next; // 指向下一个多边形的指针
POLYF4DV1_TYP *prev; // 指向前一个多边形的指针
} POLYF4DV1, *POLYF4DV1_PTR;
```

　　每个多边形都提供了存储变换前和变换后顶点的空间，没有提供存储法线的空间。因此，虽然在背面消除函数中存储法线信息（而不是在同一个函数中执行背面消除和光照计算）是一个不错的注意，但并没有用于存储这些信息的空间，除非采取某种技巧将法线存储在指针 next 和 prev 中，但这样做太麻烦了。

　　这里想指出的是，原来的数据结构已经不能满足要求。

1. 16 位模式下的恒定着色

　　确定只编写用于物体和渲染列表的光照函数后，接下来需要决定支持哪种类型的光照。本章前面介绍了多种光源类型——从无穷远光源到聚光灯。另外，还介绍了如何创建光源和材质。我们需要编写 16 位和 8 位颜色模式下的代码，首先介绍 16 位的情况。这里只支持这样的光照模式：

- 采用固定着色的多边形不受光照模型的影响。
- 采用恒定着色的多边形将受光源列表中环境光源、无穷远光源、点光源和聚光灯的影响。

　　无论是对于物体还是渲染列表，光照处理方式都相同（对于渲染列表，无需保存原来的颜色，因此可以覆盖原来的颜色）。为不失普遍性，这里先进行笼统的介绍。

　　对于每个多边形，需要检查其属性。如果其 POLY4DV1_ATTR_SHADE_MODE_CONSTANT 标记被设置，则不对它执行光照计算；如果 POLY4DV1_ATTR_SHADE_MODE_FLAT 标记被设置，则对其执行光照计算。如图 8.31 所示，光照引擎 1.0 版的伪代码如下：

第 1 步　计算面法线；

第 2 步　对于光源列表中的每个光源，计算其光照强度；

第 3 步　将所有光照强度相加；

第 4 步　将结果写入到多边形颜色变量的前 16 位中。

　　当然，必须根据本章前面介绍的光源模型来执行光照计算。另外，光照引擎 1.0 版不支持材质的概念，对于每个物体都使用默认材质，因此颜色本身就是反射系数。最后，物体只反射环境光和散射光。

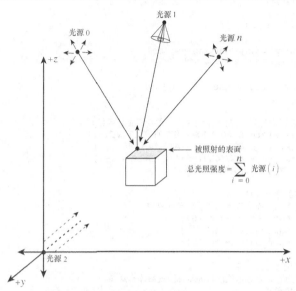

图 8.31　光照算法

下面是根据传入的光源列表对物体执行光照计算的函数：

```
int Light_OBJECT4DV1_World16(OBJECT4DV1_PTR obj,  // 要处理的物体
CAM4DV1_PTR cam,          // 相机位置
LIGHTV1_PTR lights,       // 光源列表（可能有多个）
int max_lights)           // 最大光源数
{
// 16 位光照函数
// 该函数根据传入的光源列表和相机对物体执行光照计算
// 它支持固定着色以及根据环境光源、无穷远光源、点光源和聚光灯进行恒定着色
// 这个函数只是根据光照公式进行计算
// 但使用的是整数，而不是浮点数
// 为何这样做呢？整数和浮点数的运算速度相同，
// 但执行浮点数转换可能消耗大量的 CPU 周期，
// 因此如果计算只涉及整数，将可提高速度
// 另外，1 类聚光灯只不过是一种有方向的点光源，
// 但强度衰减效果使其仍像一个聚光灯
// 2 类聚光灯是这样实现的：
// 根据表面位置和光源方向的相对角度的余弦计算强度
// 这类似于简化后的聚光灯模型，但 pf 必须是整数

unsigned int r_base, g_base, b_base,   // 原来的颜色值
             r_sum,  g_sum,  b_sum,    // 全部光源的总体光照效果
             shaded_color;             // 最后的颜色

float dp,      // 点积
      dist,    // 表面和光源之间的距离
      i,       // 强度
      nl,      // 法线长度
      atten;   // 衰减计算结果

// 检查物体是否被剔除
if (!(obj->state & OBJECT4DV1_STATE_ACTIVE) ||
   (obj->state & OBJECT4DV1_STATE_CULLED) ||
   !(obj->state & OBJECT4DV1_STATE_VISIBLE))
```

```
        return(0);

    // 处理每个多边形
    for (int poly=0; poly < obj->num_polys; poly++)
        {
        // 获取多边形
        POLY4DV1_PTR curr_poly = &obj->plist[poly];

        // 多边形是否有效?
        // 多边形没有被裁剪和剔除掉、处于活动状态、不是背面且可见?
        if (!(curr_poly->state & POLY4DV1_STATE_ACTIVE) ||
            (curr_poly->state & POLY4DV1_STATE_CLIPPED ) ||
            (curr_poly->state & POLY4DV1_STATE_BACKFACE) )
            continue; // 进入下一个多边形

        // 提取指向主列表的顶点索引
        // 多边形不是自包含的，而是基于物体的顶点列表的
        int vindex_0 = curr_poly->vert[0];
        int vindex_1 = curr_poly->vert[1];
        int vindex_2 = curr_poly->vert[2];

        // 使用变换后的多边形顶点列表
        // 因为背面消除只有在进入流水线的世界坐标阶段后才有意义
        // 检查多边形的着色模式
        if (curr_poly->attr & POLY4DV1_ATTR_SHADE_MODE_FLAT ||
            curr_poly->attr & POLY4DV1_ATTR_SHADE_MODE_GOURAUD)
            {
            // 第 1 步：提取多边形颜色的 RGB 值
            if (dd_pixel_format == DD_PIXEL_FORMAT565)
                {
                _RGB565FROM16BIT(curr_poly->color, &r_base, &g_base, &b_base);

                // 转换为 8.8.8 格式
                r_base <<= 3;
                g_base <<= 2;
                b_base <<= 3;
                } // end if
            else
                {
                RGB555FROM16BIT(curr_poly->color, &r_base, &g_base, &b_base);

                // 转换为 8.8.8 格式
                r_base <<= 3;
                g_base <<= 3;
                b_base <<= 3;
                } // end if

            // 初始化总体光照颜色
            r_sum  = 0;
            g_sum  = 0;
            b_sum  = 0;

            // 遍历光源
            for (int curr_light = 0; curr_light < max_lights; curr_light++)
                {
                // 光源是否被打开
                if (lights[curr_light].state)
                    continue;
                // 判断光源类型
                if (lights[curr_light].attr & LIGHTV1_ATTR_AMBIENT)
                    {
```

```
     // 将每个分量与多边形颜色相乘，并除以 256，以确保结果为 0-255 之间
     r_sum+= ((lights[curr_light].c_ambient.r * r_base) / 256);
     g_sum+= ((lights[curr_light].c_ambient.g * g_base) / 256);
     b_sum+= ((lights[curr_light].c_ambient.b * b_base) / 256);
     // 最好只设置一个环境光源
     } // end if
  else if (lights[curr_light].attr & LIGHTV1_ATTR_INFINITE)
     {
     // 无穷远光源，因此需要知道面法线和光源方向

     // 需要计算多边形面的法线
     // 顶点按顺时针方向排列的，因此 u=p0->p1, v=p0->p2, n=uxv
     VECTOR4D u, v, n;

     // 计算 u 和 v
     VECTOR4D_Build(&obj->vlist_trans[ vindex_0 ],
                    &obj->vlist_trans[ vindex_1 ], &u);
     VECTOR4D_Build(&obj->vlist_trans[ vindex_0 ],
                    &obj->vlist_trans[ vindex_2 ], &v);

     // 计算叉积
     VECTOR4D_Cross(&u, &v, &n);

     // 至此，准备工作基本完成，但还需要对法线向量进行归一化
     // 这里存在很大的优化空间
     //为优化这个步骤，可预先计算出所有多边形法线的长度
     nl = VECTOR4D_Length_Fast(&n);

     // 无穷远光源的光照模型如下：
     // I(d)dir = IOdir * Cldir
     // 散射项的计算公式如下：
     // Itotald =   Rsdiffuse*Idiffuse * (n . l)
     // 因此只需要将它们乘起来即可
     // 这里先乘以 128，以避免浮点数计算
     // 这样做不是因为浮点数计算速度更慢，而是浮点数转换可能消耗大量 CPU 周期
     dp = VECTOR4D_Dot(&n, &lights[curr_light].dir);

     // 仅当 dp > 0 时，才需要考虑该光源的影响
     if (dp > 0)
        {
        i = 128*dp/nl;
        r_sum+= (lights[curr_light].c_diffuse.r * r_base * i) /
                (256*128);
        g_sum+= (lights[curr_light].c_diffuse.g * g_base * i) /
                (256*128);
        b_sum+= (lights[curr_light].c_diffuse.b * b_base * i) /
                (256*128);
        } // end if


     } // end if infinite light
  else if (lights[curr_light].attr & LIGHTV1_ATTR_POINT)
     {
     // 执行点光源光照计算
     // 点光源的光照模型如下：
     //                  IOpoint * Clpoint
     //   I(d)point = ————————————————————
     //                  kc +  kl*d + kq*d2
     //
     //   其中 d = |p - s|
     // 除了强度随距离衰减外，几乎与无穷远光源相同
     // 需要计算多边形的法线
```

```
        // 顶点按顺时针方向排列，因此 u=p0->p1, v=p0->p2, n=uxv
        VECTOR4D u, v, n, l;

        // 计算 u 和 v
        VECTOR4D_Build(&obj->vlist_trans[ vindex_0 ],
                       &obj->vlist_trans[ vindex_1 ], &u);
        VECTOR4D_Build(&obj->vlist_trans[ vindex_0 ],
                       &obj->vlist_trans[ vindex_2 ], &v);

        // 计算叉积
        VECTOR4D_Cross(&u, &v, &n);

        // 至此，准备工作基本完成，但还需要对法线向量进行归一化
        // 这里存在很大的优化空间
        // 为优化这个步骤，可预先计算出所有多边形法线的长度
        nl = VECTOR4D_Length_Fast(&n);

        // 计算从表面到光源的向量
        VECTOR4D_Build(&obj->vlist_trans[ vindex_0 ],
                       &lights[curr_light].pos, &l);

        // 计算距离和衰减
        dist = VECTOR4D_Length_Fast(&l);

        // 对于散射光
        // Itotald =   Rsdiffuse*Idiffuse * (n . l)
        // 因此只需要将它们乘起来即可
        // 这里先乘以 128，以避免浮点数计算
        // 这样做不是因为浮点数计算速度更慢，而是浮点数转换可能消耗大量 CPU 周期
        dp = VECTOR4D_Dot(&n, &l);

        //仅当 dp > 0 时，才需要考虑该光源的影响
        if (dp > 0)
           {
           atten = (lights[curr_light].kc + lights[curr_light].kl*dist +
                    lights[curr_light].kq*dist*dist);
           i = 128*dp / (nl * dist * atten );

           r_sum += (lights[curr_light].c_diffuse.r * r_base * i) /
                    (256*128);
           g_sum += (lights[curr_light].c_diffuse.g * g_base * i) /
                    (256*128);
           b_sum += (lights[curr_light].c_diffuse.b * b_base * i) /
                    (256*128);
           } // end if
        } // end if point
    else
    if (lights[curr_light].attr & LIGHTV1_ATTR_SPOTLIGHT1)
       {
        // 执行聚光灯光照计算，这里使用简化的模型：
        // 即使用带方向的点光源来模拟聚光灯，因此
        //                 I0point * Clpoint
        //  I(d)point = ─────────────────────
        //                 kc + kl*d + kq*d2
        //
        //  其中 d = |p - s|
        // 除了强度随距离衰减外，几乎与无穷远光源相同
        // 需要计算多边形的法线

        // 顶点按顺时针方向排列，因此 u=p0->p1, v=p0->p2, n=uxv
        VECTOR4D u, v, n, l;
```

```
// 计算 u 和 v
VECTOR4D_Build(&obj->vlist_trans[ vindex_0 ],
               &obj->vlist_trans[ vindex_1 ], &u);
VECTOR4D_Build(&obj->vlist_trans[ vindex_0 ],
               &obj->vlist_trans[ vindex_2 ], &v);

// 计算叉积
VECTOR4D_Cross(&v, &u, &n);

// 至此，准备工作基本完成，但还需要对法线向量进行归一化
// 这里存在很大的优化空间
// 为优化这个步骤，可预先计算出所有多边形法线的长度
nl = VECTOR4D_Length_Fast(&n);

// 计算从表面到光源的向量
VECTOR4D_Build(&obj->vlist_trans[ vindex_0 ],
               &lights[curr_light].pos, &l);

// 计算距离和衰减
dist = VECTOR4D_Length_Fast(&l);

// 对于散射光
// Itotald =   Rsdiffuse*Idiffuse * (n . l)
// 因此只需要将它们乘起来即可
// 这里先乘以 128，以避免浮点数计算
// 这样做不是因为浮点数计算速度更慢，而是浮点数转换可能消耗大量 CPU 周期

// 注意，这里使用的是光源方向，而不是到光源的向量
// 从而类似于聚光灯模型那样考虑了朝向
dp = VECTOR4D_Dot(&n, &lights[curr_light].dir);

//仅当 dp > 0 时，才需要考虑该光源的影响
if (dp > 0)
   {
   atten = (lights[curr_light].kc +
            lights[curr_light].kl*dist +
            lights[curr_light].kq*dist*dist);

   i = 128*dp / (nl * atten );

   r_sum += (lights[curr_light].c_diffuse.r * r_base * i) /
            (256*128);
   g_sum += (lights[curr_light].c_diffuse.g * g_base * i) /
            (256*128);
   b_sum += (lights[curr_light].c_diffuse.b * b_base * i) /
            (256*128);
   } // end if
} // end if spotlight1
else
if (lights[curr_light].attr & LIGHTV1_ATTR_SPOTLIGHT2)
   // 简化的聚光灯模型
   {
   // 执行聚光灯光照计算
   // 简化的聚光灯模型如下:
   //                            IOspotlight * Clspotlight * MAX( (l . s), 0)^pf
   // I(d)spotlight = ────────────────────────────────────────────────────────
   //                            kc + kl*d + kq*d2
   // 其中 d = |p - s|, pf = 指数因子
   // 除了分子中包含与光源和照射点相对角度相关的项外
   // 这几乎与点光源模型相同
```

```
// 需要计算多边形的法线
// 顶点按顺时针方向排列，因此 u=p0->p1, v=p0->p2, n=uxv
VECTOR4D u, v, n, d, s;

// 计算 u 和 v
VECTOR4D_Build(&obj->vlist_trans[ vindex_0 ],
               &obj->vlist_trans[ vindex_1 ], &u);
VECTOR4D_Build(&obj->vlist_trans[ vindex_0 ],
               &obj->vlist_trans[ vindex_2 ], &v);

// 计算叉积
VECTOR4D_Cross(&v, &u, &n);
// 至此，准备工作基本完成，但还需要对法线向量进行归一化
// 这里存在很大的优化空间
// 为优化这个步骤，可预先计算出所有多边形法线的长度
nl = VECTOR4D_Length_Fast(&n);

// 对于散射光
// Itotald =    Rsdiffuse*Idiffuse * (n . l)
// 因此只需要将它们乘起来即可
// 这里先乘以 128，以避免浮点数计算
// 这样做不是因为浮点数计算速度更慢，而是浮点数转换可能消耗大量 CPU 周期
dp = VECTOR4D_Dot(&n, &lights[curr_light].dir);

//仅当 dp > 0 时，才需要考虑该光源的影响
if (dp > 0)
   {
  // 计算从表面到光源的向量
  VECTOR4D_Build( &lights[curr_light].pos,
                  &obj->vlist_trans[ vindex_0 ], &s);

  //计算 s 的长度（到光源的距离），以归一化
  dist = VECTOR4D_Length_Fast(&s);

  // 计算点积项(s . l)
  float dpsl = VECTOR4D_Dot(&s, &lights[curr_light].dir)/dist;

   // 仅当这项为正才进行下述处理
   if (dpsl > 0)
     {
    // 计算衰减
    atten = (lights[curr_light].kc +
            lights[curr_light].kl*dist +
            lights[curr_light].kq*dist*dist);

    // 为提高速度，pf 必须是大于 1.0 的整数
    float dpsl_exp = dpsl;

    // 计算整数次方
    for (int e_index = 1;
        e_index < (int)lights[curr_light].pf; e_index++)
        dpsl_exp*=dpsl;

    // 现在 dpsl_exp 存储的是(dpsl)^pf，即(s . l)^pf

    i = 128*dp * dpsl_exp / (nl * atten );

    r_sum += (lights[curr_light].c_diffuse.r * r_base * i) /
            (256*128);
    g_sum += (lights[curr_light].c_diffuse.g * g_base * i) /
```

```
                              (256*128);
            b_sum += (lights[curr_light].c_diffuse.b * b_base * i) /
                              (256*128);
         } // end if
      } // end if
   } // end if spot light
 } // end for light

   // 确保颜色分量不溢出
   if (r_sum > 255) r_sum = 255;
   if (g_sum > 255) g_sum = 255;
   if (b_sum > 255) b_sum = 255;

   // 写入颜色
   shaded_color = RGB16Bit(r_sum, g_sum, b_sum);
   curr_poly->color = (int)((shaded_color << 16) | curr_poly->color);

   } // end if
else // POLY4DV1_ATTR_SHADE_MODE_CONSTANT
   {
   // 采用固定着色, 将原来的颜色复制到前 16 位中
   curr_poly->color = (int)((curr_poly->color << 16) | curr_poly->color);
   } // end if

   } // end for poly

// 成功返回
return(1);

} // end Light_OBJECT4DV1_World16
```

这个光照函数以简单的方式实现了本章开头讨论的内容。它首先根据像素格式提取多边形颜色的 RGB 分量，并将每个分量转换为 8 位格式。然后进入光照计算循环。如果多边形采用固定着色，则跳过它并进入下一个多边形；否则根据光源列表对多边形执行光照计算。这个算法将光源列表中每个处于活动状态的光源的贡献相加，它支持环境光源、点光源、无穷远光源，甚至支持聚光灯，但对其进行了高度优化/简化。在光源数据结构中，有多个针对聚光灯的常量，用于支持简化的聚光灯模型。这个光照系统支持两种聚光灯模型：

● LIGHTV1_ATTR_SPOTLIGHT1——这种聚光灯类似于点光源，只是使用了方向向量。因此可以像点光源那样设置它，但需要使用一个方向向量来指定聚光灯的方向。有趣的是，这种衰减效果很好地模拟了锥体衰减。

● LIGHTV1_ATTR_SPOTLIGHT2——这种聚光灯完整地没有本影和半影的聚光灯模型。本章前面介绍了两种聚光灯模型，其中一种将指数因子作为点积项的指数，这实现了聚光灯光照强度减弱效果。设置这种聚光灯时，只需指定指数因子 pf，而不指定本影角和半影角。另外，pf 必须是大于 1.0 的整数。在上述函数中，使用乘法来计算幂，因为 exp() 的开销非常高。

将光源数据库中所有光源的贡献相加，然后根据像素格式将最终的 RGB 值转换为 5.6.5 或 5.5.5 格式，并将其复制到多边形颜色字段的前 16 位中，以免覆盖多边形原来的颜色。

警告：执行光照计算时，RGB 分量可能会溢出，因此一定要检查溢出情况，避免分量超过 255 或最大值。当然使用内联函数来完成这种检测。

调用这个函数很简单，只需指定物体、相机（现在未使用，但以后可能需要）、光源列表和光源列表中的光源数即可。下面的调用假设光源存储在全局数组 lights 中，其中包含 3 个光源：

```
// 执行光照计算
Light_OBJECT4DV1_World(&obj_marker, &cam, lights, 3);
```

执行上述调用后，将对物体执行光照计算，并将每个多边形经过光照处理后的颜色存储到颜色字段的前 16 位中。这样，新的物体插入函数 Insert_OBJCET4DV1_RENDERLIST4DV2() 将能够正确运行。

对渲染列表执行光照计算的函数的逻辑与此相同，其原型如下：

```
int Light_RENDERLIST4DV1_World16(
        RENDERLIST4DV1_PTR rend_list,  // 要处理的渲染列表
        CAM4DV1_PTR cam,      // 相机
        LIGHTV1_PTR lights,  // 光源列表（可能有多个）
        int max_lights);     // 最大光源数
```

该函数的调用方式与物体光照函数相同，但必须在执行背面消除后且渲染列表为世界坐标或相机坐标时调用它。

下面来看一个光照演示程序。图 8.32 是演示程序 DEMOII8_5.CPP|EXE 的屏幕截图。这个演示程序创建了一个环境光源、点光源、无穷远光源和 1 类聚光灯，并将它们放置到游戏世界中。该演示程序启动时，所有光源都将被启用，用户将看到这些光源的照射效果。另外，坦克的垂直稳定器（vertical stabilizer）有发射光（即使用固定着色），因此看起来像一个光源，但不影响其他物体。有关如何控制该演示程序，请参阅表 8.2。

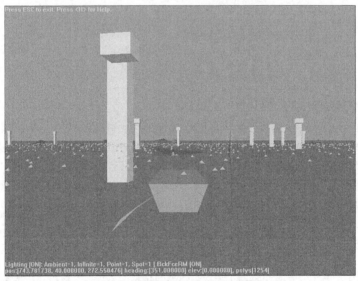

图 8.32　光照引擎演示程序的屏幕截图

表 8.2　　　　　　　　　　　　　　如何控制演示程序

键	功能	键	功能
A	开/关环境光源	右箭头键	让玩家向右转
I	开/关无穷远光源	左箭头键	让玩家向左转
P	开/关点光源	上箭头键	玩家前进
S	开/关聚光灯	上箭头键	玩家后退
W	在线框模式和实心模式之间切换	空格键	加速
B	开/关背面消除	H	打开 Help 菜单
L	开/关光照引擎	Esc	退出程序

提示：要编译该演示程序，应包含文件 T3DLIB.CPP¦H ~ T3DLIB6.CPP¦H，当然还有 DEMOII8_5.CPP。

作者喜欢光源在游戏世界中不断移动，尤其是点光源和聚光灯，它们是彩色的。请尝试修改光源的设置，如颜色等。这是一个软件演示程序，它在 16 位模式下实时地实现彩色光源，很不错。

2．8 位模式下的恒定着色

在 8 位模式下实现着色是一种挑战，其原因很多。首先，只能用 8 位来存储颜色，但主要原因在于，只有一个调色板。无论采用何种方式来对表面执行光照计算，最终的颜色都是 8 位的，且来自最初的调色板。在 8 位模式下实现 shader 的方式有两种，可以采用通用方法（作者就是这样做的），也可以针对 8 位模式增加约束条件并进行简化。例如，限制光源为白色的，从而将光源简化为只有强度而没有颜色，等等。本章前面创建了两个颜色查找表（参见图 8.24～8.26），完全可以使用第二个查找表，其中每行是一种颜色的 256 种不同的着色度，可以使用下述方式来查找颜色和着色度对应的索引：

```
shaded_color = rgbilookup[color][shade];
```

当然，颜色和着色度的取值范围为 0～255，查找结果为调色板中最接近的索引。

然而，作者现在还不想重写光照系统。作者认为 16 位光照的速度足够快，暂时不想针对 8 位光照进行优化，我们将支持这种方式，但不采用本征（natively）方式进行支持。好消息是，编写 8 位光照模块只需在 16 位光照模块的基础上添加和删除一些代码。进攻计划如下：不再需要考虑像素模式；只考虑多边形的颜色索引。根据颜色索引，从系统调色板中找出其对应的 RGB 值，然后使用这些值（每个分量 8 位）来执行光照计算。执行完光照计算后，将最终的 RGB 值转换为 5.6.5 值，然后使用它在 RGB_16_8_IndexedRGB_Table_Builder() 创建的查找表中查找相应的颜色索引。整个过程如图 8.33 所示。

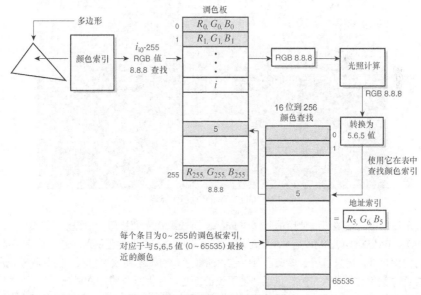

图 8.33 8 位 RGB 光照处理过程

由于篇幅有限，同时该函数与前一个函数基本相同，这里不打算列出其完整的代码。这个函数的原型如下：

```
int Light_OBJECT4DV1_World(OBJECT4DV1_PTR obj,  // 要处理的物体
    CAM4DV1_PTR cam,       // 相机
    LIGHTV1_PTR lights,   // 光源列表（可能有多个）
    int max_lights);      // 最大光源数
```

注意：对于 8/16 位函数，本书采用这样的命名约定，即 16 位的函数版本末尾包含"16"。这两种版本的函数的功能相同，代码类似，但名称有所不同。当然，可以将这两种函数合而为一，但将它们分开旨在减少函数中的代码，并提高函数的速度。

下面是用于渲染列表的函数。同样，其运行方式与 16 位版本相同：

```
int Light_RENDERLIST4DV1_World(RENDERLIST4DV1_PTR rend_list,
//要处理的渲染列表
    CAM4DV1_PTR cam,       // 相机
    LIGHTV1_PTR lights,   // 光源列表（可能有多个）
    int max_lights);      // 最大光源数
```

有关 8 位光照系统的演示程序，请参阅 DEMOII8_5_8b.CPP|EXE。除了颜色是 8 位的外，这个演示程序与 16 位演示程序相同（控制方式也相同）。与 16 位演示程序相比，光照效果并不太差，图 8.34 是这个演示程序的屏幕截图。

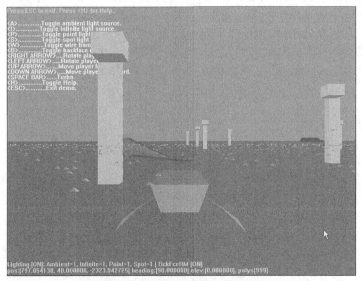

图 8.34　8 位光照演示程序的屏幕截图

在这个演示程序中，光照系统使用的是《Windows 游戏编程大师技巧》中提供的默认 8 位调色板——PALDATA2.PAL。PALDATA2.BMP 是一个空位图，可用来加载和查看调色板的颜色。读者可能会说，这看起来是个不错的调色板，但只适用于该调色板中包含的颜色。对于不在该调色板中的某种着色度的紫红色，查找与之最接近的颜色时，结果将为棕色或其他可怕的颜色，光照效果将非常糟糕。

解决这种问题的方法是，使用一个这样的调色板，它覆盖的颜色空间非常小，但覆盖的强度空间非常大。例如，编写类似于 Doom 的游戏时，可以使用一个包含很多灰色和棕色等颜色的调色板，其中每种颜色的着色度数目为 8～16 个。这样，调色板中将包含每种颜色的各种着色度，查找表中将不会包含怪异的条目。

接下来介绍如何在光栅化阶段使用其他渲染模型对恒定着色模型进行改进。

8.3.7 Gouraud 着色概述

读者可能注意到了，当前我们只支持恒定着色。这意味着使用同一种颜色来选择整个多边形，这使得整个多边形看起来位于同一个平面内。

当然，对于由小平面组成的物体，这是可行的。例如，对于立方体，这种光照模型很不错；但对于球体，结果却很糟糕，如图 8.35 所示。需要采取一种方式，让表面的颜色平滑地变化，使其看起来是平滑的。请看图 8.36，其中的球体与前一个图中相同，但使用的是 Gouraud 着色，因此看起来更为平滑。图 8.36 中的立方体使用的也是 Gouraud 着色，但由于看起来更平滑，效果更糟糕。因此，对于由小平面组成的物体，不应使用 Gouraud 着色使其平滑化。

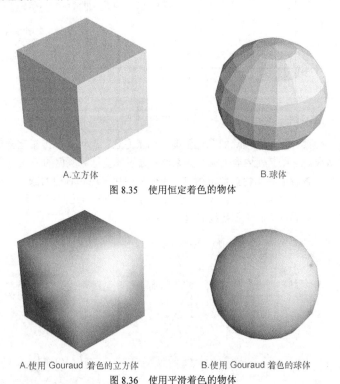

A.立方体   B.球体

图 8.35　使用恒定着色的物体

A.使用 Gouraud 着色的立方体   B.使用 Gouraud 着色的球体

图 8.36　使用平滑着色的物体

那么 Gouraud 着色是如何工作的呢？请看图 8.37，对于每个多边形，都计算其所有顶点的颜色和强度。对于共享多个顶点的多边形，对其法线进行平均。然后，像通常那样执行光照计算，得到每个顶点的最终颜色。接下来是比较有趣的部分：不使用单种颜色来渲染多边形，而是根据每个顶点的颜色，使用插值来计算多边形内部各点的颜色，如图 8.38 所示。看起来像是对多边形的每个像素进行了着色，虽然实际上并没有这样做。

当然，这种着色方法也有缺点。着色是在光栅化每个多边形时进行的，因此是在屏幕空间中执行的，因此存在透视变形。幸运的是，肉眼并不能分辨出这种变形（至少不像纹理那样严重），因此效果还不错。另一个问题是，在光栅化期间需要执行插值算法，这种算法的开销很高。然后，执行纹理映射时也需要插值，因此可以同时执行这些插值操作。

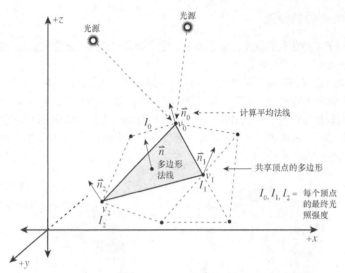

图 8.37　Gouraud 着色

最后，没有规定一定要计算每个顶点的颜色强度。如果愿意，也可以手工指定颜色强度，即指定颜色或预先计算静态光照效果。介绍其他内容之前，先来看看通过插值计算颜色的公式。请看图 8.38，其中有一个平底三角形，标出了各种值。颜色插值很简单：首先初始化左边和右边的颜色，在多边形光栅化函数执行绘制操作时，根据每条边上的当前位置(x, y)以及三角形左边和右边的强度梯度（它是坐标 y 的函数）计算当前扫描线的强度。然后在绘制该扫描线时进行插值。

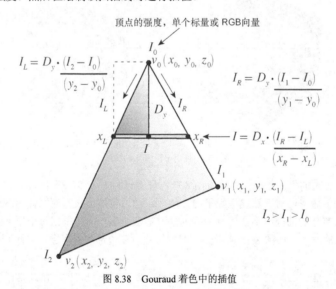

图 8.38　Gouraud 着色中的插值

读者对此应非常熟悉，它是一种标准插值算法，被用于从颜色到纹理图等各种东西的插值。本书将大量使用这种插值算法。下一章讨论仿射几何学（affine）纹理映射时，将深入探讨这种插值算法，如果读者现在还不太明白，到那时将会明白。

8.3.8 Phong 着色概述

Gouraud 着色是一种事实标准，市面上 99％的图形加速器都使用这种方法。它看起来很不错，但也存在没有考虑透视的缺点。Phong 着色解决了这种问题，它对每个像素执行着色计算。它不是在屏幕空间中通过插值来计算多边形中每个点的颜色，而是在屏幕空间中通过插值来计算多边形中每个点的法线，然后根据这些法线来执行光照计算，如图 8.39 所示。Phong 着色的真实感比 Gouraud 着色强些。它提高了镜面反射效果，使用 Gouraud 着色无法得到明显的镜面反射区域，因为它只是沿扫描线从一个值增加（降低）到另一个值，而 Phong 着色是针对像素的，每个像素都可能发生变化。

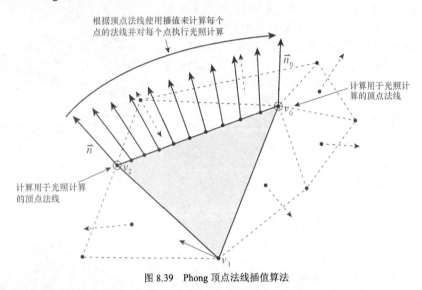

图 8.39　Phong 顶点法线插值算法

Phong 着色的缺点是，使用硬件都可能难以实现，更不用说使用软件了，因此本书不实现它。但在介绍高级光照处理时，将使用一些技巧来实现类似于 Phong 着色的镜面反射区域。

8.4　深度排序和画家算法

至此，详细介绍了有关 3D 方面的知识，但有一点未做详细讨论，那就是可见性和渲染顺序。在 3D 领域，经常会出现术语“可见性”，它通常指的是“多边形能够被看到吗”？但也有另一层意思：“多边形是按正确的顺序绘制的吗”？关键之处在于，虽然执行了物体剔除和背面消除，但生成多边形列表并将其传递给渲染函数时，多边形的排列顺序为其输入顺序。渲染函数不知道应以什么样的顺序绘制多边形。我们将花几章的篇幅来讨论决定绘制顺序的复杂算法，找出剔除更多几何体的方法。如果读者长时间地运行演示程序，将知道绘制顺序为何至关重要；同时注意到，本应该在后面的物体却在前面或者本应该在前面的物体却在后面——退一万步讲，这至少很混乱。在线框模式下，这不是什么问题；但启用着色后，这便成了大问题。

提示：别忘了，在 3D 图形学中，不绘制看不到的物体。

接下来实现一种最简单的渲染算法——画家算法，然后介绍使用这种算法的演示程序。这样，使用纹理映射和光照时，将不会因为渲染顺序不正确产生视觉上的人工痕迹。

下面讨论画家算法，它模拟了画家的绘画过程：先绘制背景，然后在背景上绘制前景，如图 8.40 所示。这样，离视点较近的物体将自动覆盖背景。

实现多边形渲染时只需使用这种算法即可。我们知道渲染列表中每个多边形的 z 值，因此，可以根据 z 值将多边形按从后到前的顺序排列，然后按这样的顺序绘制它们，如图 8.28 所示。如果不出现如图 8.41 所示的异常情况，这种方法是可行的。有时候，长多边形和相互重叠的多边形等不能被正确渲染。然而，这不成其为问题，因为当前我们只是想让图形看起来更正确。另外，只要确保多边形较小且不是凹的（如图 8.42 所示），画家算法是可行的。事实上，很多 3D 游戏使用的都是画家算法或其变种，因为它简单易行。

图 8.40　画家的绘画过程

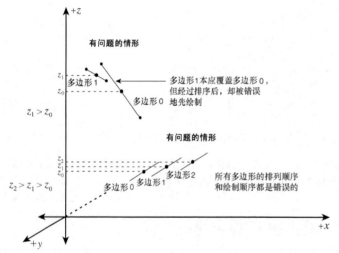

图 8.41　z 排序不可行的情形

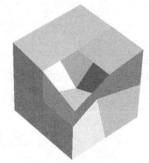

图 8.42　凹多面体导致画家算法遇到大量的异常情形

注意：实际上，本章后面将讨论的 z 缓存算法是基于像素的画家算法实现。

那么，如何使用我们当前的系统和数据结构来实现画家算法呢？有两种方法，一种方法在渲染列表中对多边形进行排序，并相应地移动多边形在渲染列表中的位置。另一种方法是，新建一个列表，其中的索引/指针指向渲染列表中的多边形，然后对该列表进行排序。第一种方法看起来更容易，但移动实际数据的效率较低。

另外，渲染列表中可能包含被禁用的多边形，没有必要对其进行排序。因此，我们将创建一个指针数组，其中的每个指针都指向渲染列表中的一个多边形；然后对指针数组进行排序，并渲染指针数组而不是渲染列表本身。图 8.43 说明了这种方法。

渲染列表

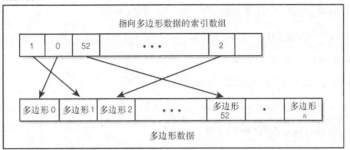

图 8.43　根据指向多边形的索引数组而不是多边形数据本身进行渲染

从原来的渲染列表数据结构可知，它正是以这种方式实现的。

```
// 这是一个指针数组
typedef struct RENDERLIST4DV1_TYP
{
int state;  // 渲染列表的状态
int attr;  // 渲染列表属性
// 渲染列表时一个指针数组
//其中每个指针都指向一个自包含的、可渲染的多边形面 POLYF4DV1
POLYF4DV1_PTR poly_ptrs[RENDERLIST4DV1_MAX_POLYS];

// 为避免每帧都为多边形分配和释放内存空间
// 多边形面被存储在 POLYF4DV1 poly_data[RENDERLIST4DV1_MAX_POLYS]中
int num_polys;  // 渲染列表中的多边形数

} RENDERLIST4DV1, *RENDERLIST4DV1_PTR;
```

从上述粗体代码可知，渲染列表实际上就是一个间接数组，可以使用它来排序。因此我们只需要排序算法，这里使用内置的快速排序算法，其函数原型如下：

```
void qsort(void *base,      // 目标数组的起始位置
      size_t num,       // 数组的长度（单位为元素）
      size_t width,     // 元素的长度，单位为字节
      int (cdecl *compare )(const void *elem1, // 比较函数
      const void *elem2 ) );  // 和要对其内容进行比较的指针
```

提示：快速排序的复杂度为 $O(n*\log n)$，它是一种递归排序算法：将列表划分成几部分，对各个部分进行排序，然后将它们重新组装起来。

上述函数看似使用起来很简单，但涉及到指针时很麻烦。从比较函数的原型可知，它接受两个指针，它们分别指向要对其进行比较的内容。在这里，要比较的内容本身也是指针。这意味着在比较函数中，const void *是指向多边形面的指针的指针。这有些棘手，必须正确地进行处理。

另外，这里有必要讨论一些比较函数本身。我们要比较的是两个多边形的 z 值，但是哪种 z 值呢？这可以是三角形 3 个顶点的最大 z 值、最小 z 值或平均 z 值。由于对哪种 z 值进行比较更合适随具体情况而异，因此这里通过标记来指定使用哪种 z 值。排序算法根据标记来决定使用哪种 z 值进行比较，其代码如下：

```
void Sort_RENDERLIST4DV1(RENDERLIST4DV1_PTR rend_list, int sort_method)
{
// 这个函数根据 z 值对渲染列表中的多边形进行排序
// 具体的排序方式由参数 sort_method 指定
switch(sort_method)
```

```
{
case SORT_POLYLIST_AVGZ:  //  根据所有顶点的平均 z 值进行排序
        {
        qsort((void *)rend_list->poly_ptrs,
              rend_list->num_polys, sizeof(POLYF4DV1_PTR),
              Compare_AvgZ_POLYF4DV1);
        } break;
case SORT_POLYLIST_NEARZ: // 根据最小 z 值进行排序
        {
        qsort((void *)rend_list->poly_ptrs,
              rend_list->num_polys, sizeof(POLYF4DV1_PTR),
              Compare_NearZ_POLYF4DV1);
        } break;
case SORT_POLYLIST_FARZ:  //  根据最大 z 值进行排序
        {
        qsort((void *)rend_list->poly_ptrs,
              rend_list->num_polys, sizeof(POLYF4DV1_PTR),
              Compare_FarZ_POLYF4DV1);
        } break;

default: break;

} // end switch

} // end Sort_RENDERLIST4DV1
```

排序标记如下：

```
#define SORT_POLYLIST_AVGZ  0 //按平均 z 值排序
#define SORT_POLYLIST_NEARZ 1 //按最小 z 值排序
#define SORT_POLYLIST_FARZ  2 //按最大 z 值排序
```

最后，下面是一个范例比较函数（对平均 z 值进行比较）：

```
int Compare_AvgZ_POLYF4DV1(const void *arg1, const void *arg2)
{
// 这个函数对两个多边形的平均 z 值进行比较
// 深度排序算法将使用这个函数
float z1, z2;
POLYF4DV1_PTR poly_1, poly_2;
// 解除多边形指针引用
poly_1 = *((POLYF4DV1_PTR *)(arg1));
poly_2 = *((POLYF4DV1_PTR *)(arg2));

// 计算第一个多边形的平均 z 值
z1 = (float)0.33333*(poly_1->tvlist[0].z + poly_1->tvlist[1].z + poly_1-
>tvlist[2].z);

// 计算第二个多边形的平均 z 值
z2 = (float)0.33333*(poly_2->tvlist[0].z + poly_2->tvlist[1].z + poly_2-
>tvlist[2].z);
// 对 z1 和 z2 进行比较，以便将多边形按 z 值降序排列

if (z1 > z2)
    return(-1);
else
    if (z1 < z2)
return(1);
else
    return(0);
} // end Compare_AvgZ_POLYF4DV1
```

最后一个问题是，应该在什么地方调用排序算法？这很重要——必须根据相机坐标进行排序，因为此时所有多边形都处于投影前的最终位置。因此，需要在世界坐标到相机坐标变换之后和相机坐标到透视坐标变换之前进行排序，如下所示：

```
// 背面消除
Remove_Backfaces_RENDERLIST4DV1(&rend_list, &cam);

// 一次性对整个场景执行光照计算
Light_RENDERLIST4DV1_World16(&rend_list, &cam, lights, 3);

// 执行世界坐标到相机坐标变换
World_To_Camera_RENDERLIST4DV1(&rend_list, &cam);
// 对多边形列表进行排序
Sort_RENDERLIST4DV1(&rend_list, SORT_POLYLIST_AVGZ);

// 执行相机坐标到透视坐标变换
Camera_To_Perspective_RENDERLIST4DV1(&rend_list, &cam);

// 执行屏幕变换
Perspective_To_Screen_RENDERLIST4DV1(&rend_list, &cam);
```

有关这种算法的使用范例，请参阅 DEMOII8_6.CPP|EXE（8 位版本为 DEMOII8_6_8b.CPP|EXE），图 8.44 是这个演示程序运行时的屏幕截图。正如读者看到的，现在多边形被正确地排序，场景看起来是正确的（从很大程度上说是这样的）。请读者尝试在游戏世界中漫游（控制方法与前一个演示程序相同），看看是否会出现画家算法不灵的情形。另外，尝试修改排序算法，从根据平均 z 值排序改为根据最大或最小 z 值进行排序。

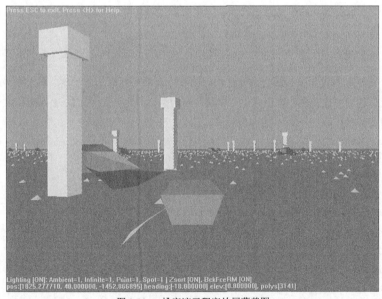

图 8.44　z 排序演示程序的屏幕截图

提示：处于简化的目的，这里对渲染列表中的多边形进行排序，但这并不一定是提供正确渲染顺序的最快方式，这取决于数据集。也可以分别对每个物体的多边形进行排序，然后根据包围球决定将物体插入到渲染列表的什么位置。换句话说，只要物体是凸形的且彼此不重叠，便可以在将物体插入渲染列表中时根据其中心位置确定其位置，来得到正确的渲染顺序，从而极大地减少排序时间。当然，仅对于太空游戏等室外游戏，这种方法才管用，在这种游戏中多边形位置不合适的情况较少，不会带来太大的麻烦。

8.5 使用新的模型格式

虽然到目前为止，模型格式一直不是什么大问题，但现在有必要支持更高级的模型格式。手工创建立方体和工兵（mech warrior）完全是两码事，后者通常无法使用手工方法创建。到目前为止我们一直使用的是.PLG/PLX 格式，现在需要支持其他一些文件格式。.PLG/PLX 格式很不错，它易于理解、操控和分析，但市面上没有任何建模程序支持这种格式，因此其用途有限。接下来编写另外两个分析器，用于分析一些最新的文件格式。

为此，需要在效率和教学效果（education）之间做出选择，当然是教学效果更重要。这里的要点在于，二进制分析器不那么直观，因此作者将使用 ASCII 文件格式，让读者能够查看和手工修改数据。这样，读者将能够自己编写二进制版本的加载函数。这里只编写两个新的加载函数：一个用于支持 3D Studio MAX ASCII 格式.ASC，另一个用于支持 Caligari trueSpace .COB（4.0 版以上）格式。附带光盘中提供了一些有关这两种格式的讨论文章。

这两种格式都有优缺点，但它们提供了这样的灵活性：使用工具创建 3D 模型（加载已有的模型），然后将它们以这些格式导出。当然，即使没有 Max 和 trueSpace，也可以使用转换程序来将工具保存的模型转换为其他格式。介绍文件加载函数之前，先来看一个用于帮助分析文本文件的 C++类（它更像一个 C 类）和辅助函数。

8.5.1 分析器类

无论是编写 ASCII 还是二进制格式的文件加载函数，在很大程度上说都是一个文件 I/O 练习。因此有必要编写一组让您能够加载文件、查找标记、剔除字符的函数。由于要处理的是 ASCII 文件，这里将编写一个具有如下功能的分析器：

- 打开/关闭文件；
- 读取一行文本；
- 从文本行中剔除字符；
- 获得由空格隔开的标记；
- 忽略注释字符后面的内容；
- 计算行数；
- 模式匹配。

图 8.45 是分析器系统的结构图。从图中可知，具备这些功能的分析器将对我们大有帮助。下面讨论模式匹配，这是分析器唯一有趣的方面。

需要一个模式匹配系统，以便能够在给定的文本行中搜索简单的正则表达式。例如，假设文本缓冲区中包含下列一行内容：

```
static char *buffer = "Polys: 10 Vertices: 20";
```

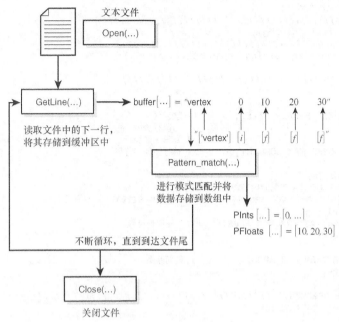

图 8.45 分析器系统的结构图

从中可以知道，"Ploys:"的后面是多边形数（一个整数），然后是"Vertices:"和顶点数（一个整数）。然而，由于其中的分号和其他不相关的字符，scanf()之类的函数无法对其进行分析，因此需要编写一个模式匹配函数来帮助分析。为此，可编写一个这样的模式匹配函数：

```
Pattern_Match(buffer, "['Polys: '] [i] ['Vertices: '] [i]"));
```

上述模式匹配函数依次查找并使用字符串"Polys:"、一个整数、字符串"Vertices:"和一个整数。介绍分析器类后，将讨论模式匹配语言。

还需要编写能够完成剔除字符、替换字符等任务的函数。基本上，我们需要一组比 C/C++提供的更健壮的字符串操作。这样的现成类有很多，但如果要使用引擎和类，可以自己编写 MOD——读者之所以阅读本书是想知道所以然。

下面是分析器类的定义：

```
// parser class //////////////////////////////////////////
class CPARSERV1
{
public:
// 构造函数 //////////////////////////////////////////////
CPARSERV1();
// 析构函数 //////////////////////////////////////////////
~CPARSERV1() ;
// 重置文件系统 //////////////////////////////////////////
int Reset();
// 打开文件 //////////////////////////////////////////////
int Open(char *filename);
// 关闭文件 //////////////////////////////////////////////
int Close();
```

```
// 读取一行 //////////////////////////////////////////
char *Getline(int mode);
// 设置注释字符串///////////////////////////////////////
int SetComment(char *string);
// 查找模式 /////////////////////////////////////////
int Pattern_Match(char *string, char *pattern, ...);

// 变量声明 ////////////////////////////////////////
public:
FILE *fstream;                          // 文件指针
char buffer[PARSER_BUFFER_SIZE];        // 缓存区
int  length;                            // 当前行长度
int  num_lines;                         // 处理了多少行
char comment[PARSER_MAX_COMMENT];       // 单行注释字符串

// 模式匹配参数存储空间
// 函数 pattern()返回时，匹配的内容将存储在这些数组中
char  pstrings[PATTERN_MAX_ARGS][PATTERN_BUFFER_SIZE]; //任何字符串
   int num_pstrings;
   float pfloats[PATTERN_MAX_ARGS];     // 任何浮点数
   int num_pfloats;

   int pints[PATTERN_MAX_ARGS];         //任何整数
   int num_pints;

}; // end CLASS CPARSERV1 ////////////////////////////////////////////
typedef CPARSERV1 *CPARSERV1_PTR;
```

正如前面指出的，这是一个非常简单的 C++类。作者讨厌在教学中使用 C++，因为光看 C++代码可能根本不知道其含义，因此作者总是尽可能少用 C++。下面来看一下其中的方法。

正如读者看到的，这个分析器系统非常简单。类中包含以下函数：

● int Open（char *filename）——打开传入的文件路径指定的文件；如果成功则返回 1，否则返回 0；

● int Reset()——重置整个分析器，关闭所有的文件，并重置所有的变量；

● in Close()——调用函数 Reset()；

● char *Getline(int mode)——文件被打开后，该函数读取文件中的下一行；如果有下一行，则返回该行，否则返回 NULL。其中操作模式的取值如下：

```
#define PARSER_STRIP_EMPTY_LINES     1   // 删除空行
#define PARSER_LEAVE_EMPTY_LINES     2   // 保留空行
#define PARSER_STRIP_WS_ENDS         4   // 删除行尾的空格
#define PARSER_LEAVE_WS_ENDS         8   // 保留行尾的空格
#define PARSER_STRIP_COMMENTS        16  // 删除注释
#define PARSER_LEAVE_COMMENTS        32  // 保留注释
```

函数 Getline()返回指向当前行的指针，该行将被存储到类变量 buffer 中。

● int SetComment（char *string）——用于设置注释字符串，注释行以这样的字符串打头。可以包含除空格之外的任何字符，最多包含 16 个字符。在大多数情况下，字符串"#"、";"和"//"是不错的注释标记，默认为"#"。

● int Pattern_Match（char *string, char *pattern, …）——这个函数是所有函数中最复杂的，它在传入的字符串中查找与传入的模式匹配的子串。虽然 Pattern_Match()是分析器类的一个方法，但它允许您传入任何字符串，在其中查找模式匹配。表 8.3 解释了模式匹配语言。

模式	含义	模式	含义
[i]	与整数匹配	[s<d]	与长度小于 d 个字符的任何字符串匹配
[f]	与浮点数匹配	[s>d]	与长度大于 d 个字符的任何字符串匹配
[s=d]	与包含 d 个字符的任何字符串匹配	['ssss...s']	与单引号中的字符串匹配

表 8.3 模式匹配语言

例如，要匹配下列内容：

```
"Vertex 3 34.56 23.67 10.90"
```

可使用模式"['Vertex'] [f] [f] [f]"。但是，匹配的字符串将被存储到哪里呢？在分析器类的末尾，有一些用粗体表示的变量和数组。例如，匹配浮点数时，浮点数本身和浮点数数目将被存储到下述变量中：

```
int pfloats[PATTERN_MAX_ARGS];
int num_pfloats;
```

对于前面的模式匹配范例，num_floats = 3，pfloats[] = {34.56, 23.67, 10.90}。

注意：读者可能注意到了函数 Pattern_Match()的参数列表。以后将通过该参数列表返回上述数组中的值，这里之所以没有这样做是因为现在使用这些数组是可行的，以后读者将发现这是一种不错的特性，进而实现它。

模式匹配函数存在两个缺点。它只能处理由空格分开的标记，对于下面这样的字符串：

```
"Vertex 3: 20.9, 90.8, 100.3"
```

这个模式匹配函数不管用。但辅助函数可帮助解决这种问题。下面介绍用于简化工作的辅助函数。

8.5.2　辅助函数

下面是一个小型字符串处理辅助函数库，它们位于 T3DLIB6.CPP|H 中。这些函数可单独使用，也可和分析器一起使用。

首先介绍字符剔除函数：

```
// 从字符串中删除字符
int StripChars(char *string_in, char *string_out, char *strip_chars,
               int case_on=1);
```

这个函数接受要对其进行字符剔除的字符串、用于存储处理结果的字符串、要剔除的字符以及大小写标记作为参数。下面的例子从字符串中剔除"："和"，"：

```
StripChars("Vertex 3: 20.9, 90.8, 100.3", buffer,":,", 1);
```

结果为"Vertex 3 20.9 90.8 100.3"。

接下来看替换字符的函数：

```
// 替换字符串中的字符
int ReplaceChars(char *string_in, char *string_out,
                 char *replace_chars, char rep_char, int case_on=1);
```

上述函数用于替换字符，它接受的参数与函数 StripChars()类似，但多了一个 char 参数，该参数用于指定替换字符。对于下面的字符串：

```
"Vertex #3: 20.9,90.8,100.3"
```

如果使用函数 StripChars()剔除其中的 "#"、","和 ":"，结果将如下：

```
"Vertex 320.990.8100.3"
```

这里的问题是，剔除这些字符后，字符串粘在了一起。而我们想使用空格将它们分开，为此可使用函数 ReplaceChars()：

```
ReplaceChars("Vertex #3: 20.9,90.8,100.3",
buffer,"#:,", ' ', 1);
```

结果为：

```
"Vertex  3  20.9 90.8 100.3"
```

这正是我们希望的。这样，便可以使用 Pattern_Match（buffer,"[i] [f] [f] [f]"）来匹配第一个整数和接下来的 3 个浮点数。

下面是一些删除空格字符的函数：

```
// 删除字符串开头的所有空格
char *StringLtrim(char *string);

// 删除字符串末尾的所有空格
char *StringRtrim(char *string);
```

接下来的两个函数分别判断字符串是否可以转换为浮点数和整数，如果可以，则返回转换后的值。它们自己执行模式匹配,如果传入的字符串不是浮点数或整数,这两个函数将分别返回 FLT_MIN 和 INT_MIN，这是 limits.h 中定义的错误。

```
// 将字符串转换为浮点数
float IsFloat(char *fstring);

//将字符串转换为整数
int IsInt(char *istring);
```

下面是函数 IsFloat()的代码，其中包含很多分析技巧：

```
float IsFloat(char *fstring)
{
// 检查字符串是否是浮点数，如果是则对其进行转换
// 否则返回 FLT_MIN
// 字符串要能被转换为浮点数，必须是下面这样的格式:
//[whitespace] [sign] [digits] [.digits] [ {d | D | e | E }[sign]digits]
char *string = fstring;
// [whitespace]
while(isspace(*string)) string++;

// [sign]
if (*string=='+'||*string=='-')string++;

// [digits]
while(isdigit(*string)) string++;
```

```
// [.digits]
if (*string =='.')
    {
string++;
while(isdigit(*string)) string++;
    }

// [ {d | D | e | E }[sign]digits]
if (*string =='e'||*string=='E'||*string=='d'||*string=='D')
    {
string++;
// [sign]
if (*string=='+'||*string=='-')string++;
// [digits]
while(isdigit(*string)) string++;
    }

// 经过上述处理后，如果到达了字符串末尾，则可以转换为浮点数
if (strlen(fstring) == (int)(string - fstring))
return(atof(fstring));
else
return(FLT_MIN);
} // end IsFloat
```

作者并不想讨论分析问题。作者讨厌它，并想避开它。这里介绍它只是为了避免给读者提供一个黑盒式分析器，然后编写神奇的函数来加载新的模型格式。现在，读者应对这些函数的功能有了大概的了解。另外，辅助函数确实很有用！作为一个例子，演示程序 DEMOII8_7.CPP|EXE（图 8.46 是其屏幕截图）让您能够加载文本文件，对其进行分析，在其中查找模式。

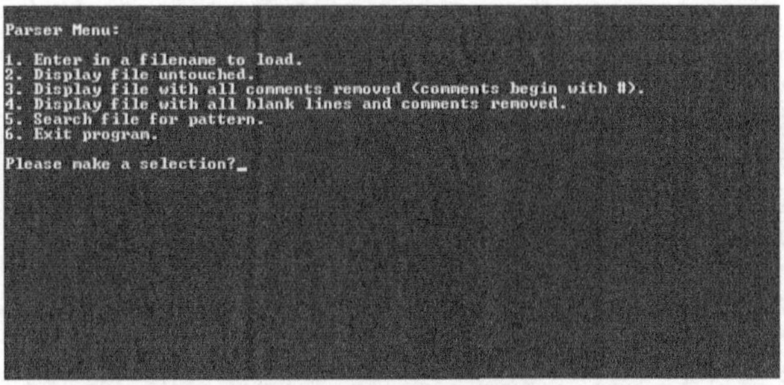

图 8.46 分析器测试程序

在附带光盘中，本章对应的目录中包含两个文本文件：TEST1.TXT 和 TEST2.TXT，其内容如下：

```
# test 1
object name: tank
num vertices: 4

vertex list:
0 10 20
5 90 10
3 4 3
1 2 3

end object # this is a comment!

# test 2
```

```
This is a line...
# I am commented out!
And this a 3ʳᵈ...
```

请运行该程序，加载文件名，然后打印各种分析函数的处理结果。尝试在文件 TEST1.TXT 使用模式 "[i] [i] [i]"。查看该程序的代码，它演示了如何使用分析器和辅助函数。

8.5.3　3D Studio MAX ASCII 格式.ASC

3D Studio MAX ASCII 格式.ASC 是一种非常简单的格式，它包含顶点和多边形信息以及每个多边形的材质。不幸的是，它不包含纹理信息和反射信息，因此对于纹理化物体，.ASC 格式不够强大。但这种格式比.PLG 好得多，实际上，99％的 3D 建模程序都支持以这种格式导出模型，因此使用这种格式可以简化工作。另一方面，在.ASC 格式中，无法选择多边形的着色模型，因为它对着色模型的支持很有限。有关文件格式的细节，请参阅第 6 章。下面是一个表示标准立方体的.ASC 文件：

```
Ambient light color: Red=0.3 Green=0.3 Blue=0.3
Named object: "Cube"
Tri-mesh, Vertices: 8     Faces: 12
Vertex list:
Vertex 0:  X:-1.000000      Y:-1.000000      Z:-1.000000
Vertex 1:  X:-1.000000      Y:-1.000000      Z:1.000000
Vertex 2:  X:1.000000       Y:-1.000000      Z:-1.000000
Vertex 3:  X:1.000000       Y:-1.000000      Z:1.000000
Vertex 4:  X:-1.000000      Y:1.000000       Z:-1.000000
Vertex 5:  X:1.000000       Y:1.000000       Z:-1.000000
Vertex 6:  X:1.000000       Y:1.000000       Z:1.000000
Vertex 7:  X:-1.000000      Y:1.000000       Z:1.000000
Face list:
Face 0:    A:2 B:3 C:1 AB:1 BC:1 CA:1
Material: "r255g255b255a0"
Smoothing:  1
Face 1:    A:2 B:1 C:0 AB:1 BC:1 CA:1
Material: "r255g255b255a0"
Smoothing:  1
Face 2:    A:4 B:5 C:2 AB:1 BC:1 CA:1
Material: "r255g255b255a0"
Smoothing:  1
Face 3:    A:4 B:2 C:0 AB:1 BC:1 CA:1
Material: "r255g255b255a0"
Smoothing:  1
Face 4:    A:6 B:3 C:2 AB:1 BC:1 CA:1
Material: "r255g255b255a0"
Smoothing:  1
Face 5:    A:6 B:2 C:5 AB:1 BC:1 CA:1
Material: "r255g255b255a0"
Smoothing:  1
Face 6:    A:6 B:7 C:1 AB:1 BC:1 CA:1
Material: "r255g255b255a0"
Smoothing:  1
Face 7:    A:6 B:1 C:3 AB:1 BC:1 CA:1
Material: "r255g255b255a0"
Smoothing:  1
Face 8:    A:6 B:5 C:4 AB:1 BC:1 CA:1
Material: "r255g255b255a0"
Smoothing:  1
Face 9:    A:6 B:4 C:7 AB:1 BC:1 CA:1
Material: "r255g255b255a0"
Smoothing:  1
```

```
Face 10:     A:1 B:7 C:4 AB:1 BC:1 CA:1
Material:  "r255g255b255a0"
Smoothing:  1
Face 11:     A:1 B:4 C:0 AB:1 BC:1 CA:1
Material:  "r255g255b255a0"
Smoothing:  1
```

要读取这种文件格式，需要编写一个执行下述步骤的分析器：

第 1 步　读取物体名、顶点数和多边形数；

第 2 步　读取顶点列表；

第 3 步　读取每个多边形的定义及其 RGB 材质颜色信息。

这种文件格式并不复杂，分析起来很容易。其缺点是，不能指定多边形是单面还是双面的、不支持纹理映射信息和光照模型信息等；实际上这种格式只提供了每个多边形的颜色。因此我们的阅读器必须对诸如光照模型等方面进行假设。就现在而言，我只是想编写一个这样的阅读器：在 8 位或 16 位图形模式下加载 .ASC 文件，然后相应地设置数据结构的内容，并将光照等方面的信息设置为默认值。在此之前，先来看一下多边形的定义，确保读者掌握了这方面的内容：

```
Face 10:     A:1 B:7 C:4 AB:1 BC:1 CA:1
Material:  "r255g255b255a0"
Smoothing:  1
```

这是一个面（10）。它由顶点 A、B 和 C 构成，这些顶点的实际编号分别是 1、7 和 4。文本 AB、BC 和 CA 描述了多边形顶点的环绕方向（我们没有使用），"smoothing"指出是否对多边形法线进行平均（也没有使用）。有关这种格式的完整描述，请参阅附带光盘中的目录 3D_DOSC\File Formats\。

下面是加载函数的原型：

```
int Load_OBJECT4DV1_3DSASC(OBJECT4DV1_PTR obj,   // 执行物体的指针
                           char *filename,       // ASC 文件的名称
                           VECTOR4D_PTR scale,   // 初始缩放因子
                           VECTOR4D_PTR pos,     // 初始位置
                           VECTOR4D_PTR rot,     // 初始旋转角度
                           int vertex_flags)     // 顶点重新排序标记
```

这个函数的原型与 .PLG 加载函数几乎相同，只是多了参数 vertex_flags。这个参数让您在加载时对物体进行控制。使用建模程序创建物体时，坐标常常会被反转（invert）或交换，环绕顺序导致多边形方向朝后，等等。这个参数让您能够在加载物体是对这些方面进行修改。例如，我们的引擎使用左手坐标系，而建模程序使用的可能是右手坐标系，在这种情况下必须反转 z 轴。参数 vertex_flags 可以有下列值通过逻辑 OR 运算组合而成：

```
#define VERTEX_FLAGS_INVERT_X          1 // 反转 x 轴
#define VERTEX_FLAGS_INVERT_Y          2 // 反转 y 轴
#define VERTEX_FLAGS_INVERT_Z          4 // 反转 z 轴
#define VERTEX_FLAGS_SWAP_YZ           8 // 从 RHS 变换为 LHS
#define VERTEX_FLAGS_SWAP_XZ           16
#define VERTEX_FLAGS_SWAP_XY           32
#define VERTEX_FLAGS_INVERT_WINDING_ORDER 64 // 反转环绕顺序
```
在环绕顺序被颠倒时，这样加载物体 CUBE.ASC：
```
int Load_OBJECT4DV1_3DSASC(&obj, "CUBE.ASC",
                           NULL, NULL, NULL,
                           VERTEX_FLAGS_INVERT_WINDING_ORDER);
```

警告：这个阅读器只能读取 ASCII .ASC 文件。不要使用它来读取二进制文件，否则将崩溃。

该函数的代码太长，这里无法列出它们，请参阅附带光盘中的 T3DLIB.CPP。这个函数的代码之所以很长，是由于包含大量的错误处理代码，虽然这些错误在文件被正确加载时根本不会发生。

有关使用这个函数的例子，请参阅 DEMOII8_8.CPP|EXE，图 8.47 是这个演示程序的屏幕截图。它让您能够通过菜单从磁盘加载任何 .ASC 物体，您必须指定文件的完整路径。下面是作者创建的一些物体，它们存储在目录 T3DIICHAP08\中：

- SHPERE01.ASC（坐标 YZ 互换，环绕顺序反转）；
- CAR01.ASC（坐标 YZ 互换，环绕顺序反转）；
- HAMMER02.ASC。

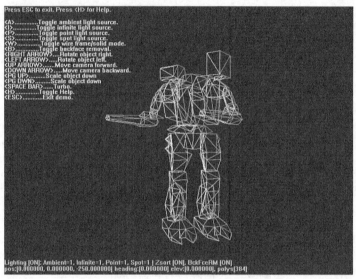

图 8.47　使用 3D Studio .ASC 加载函数的演示程序

警告：不能加载这样的物体：其顶点或多边形数目超过了引擎的处理能力。当前最大顶点数和多边形数都为 1024：

```
#define OBJECT4DV1_MAX_VERTICES    1024
#define OBJECT4DV1_MAX_POLYS       1024
```

这些 #define 位于库模块 T3DLIB5.H 中。

另外，文件加载对话框中包含让您能够对 YZ 坐标进行互换以及反转环绕顺序的复选框。要正确地加载物体，可能需要设置这些复选框。

8.5.4　TrueSpace ASCII.COB 格式

"决不要低估魔戒（magic ring）的威力"，这句话也适用于 trueSpace 5+。如果不是这样，根本不要考虑它。经过长久的思索和权衡后，作者发现 Caligari .COB 格式是除 Microsoft .X 文件外，市面上最好的静态文件格式。它功能强大，支持我们需要的所有信息，其中包括材质的概念。使用这种文件格式，只需要将合适的材质应用于物体，便可以选择应用于多边形的着色模型。另外，COB 格式还支持纹理等。当然，如果读者没有 trueSpace，要以 .COB 格式导出模型，需要使用阅读器或转换程序（如

Polytrans）。作者不打算编写.3DS 阅读器。使用这种格式简直是一场灾难，我讨厌晦涩而过时的格式。如果读者要使用.3DS 格式，必须自己编写阅读器。事实上，这种格式也没有那么糟糕，只是它是二进制的，难以查看其内容。

虽然第 6 章讨论过.COB 格式（有关这种格式的详细分析，请参阅附带光盘的 3D_DOCS\File Formats\），这里还是来看一下一个简单物体的.COB 文件的内容。该文件名为 CLIGARI_COB_FORMAT_EXAMPLE01.COB，其描述的物体如图 8.49 所示。

这是在 trueSpace 中创建的一个立方体，其中一个面被贴上了纹理。下面是这个 ASCII 文件的内容，作者加上了一些空行。另外，重要的内容使用粗体，并删除了一些高级区段，如简要描述（thumbnail）和辐射度，因此详细的内容请参阅原文件。由于原文件过长，这里无法列出。下面来看看这种格式：

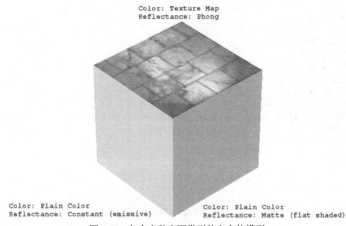

图 8.48　包含多种表面类型的立方体模型

```
Caligari V00.01ALH
PolH V0.08 Id 18661892 Parent 0 Size 00001060
Name Cube,1
center 0 0 0
x axis 1 0 0
y axis 0 1 0
z axis 0 0 1

Transform
1 0 0 1.19209e-007
0 1 0 0
0 0 1 -1
0 0 0 1

World Vertices 8
1.000000 -1.000000 0.000000
1.000000 -1.000000 2.000000
1.000000 -1.000000 0.000000
1.000000 -1.000000 2.000000
1.000000 1.000000 0.000000
1.000000 1.000000 0.000000
1.000000 1.000000 2.000000
1.000000 1.000000 2.000000
```

```
Texture Vertices 6
0.000000 0.000000
0.000000 1.000000
0.000000 0.000000
0.000000 1.000000
1.000000 0.000000
1.000000 1.000000

Faces 12
Face verts 3 flags 0 mat 4
<0,0> <1,1> <3,5>
Face verts 3 flags 0 mat 4
<0,0> <3,5> <2,4>
Face verts 3 flags 0 mat 0
<0,1> <2,5> <5,4>
Face verts 3 flags 0 mat 0
<0,1> <5,4> <4,0>
Face verts 3 flags 0 mat 1
<2,2> <3,3> <6,5>
Face verts 3 flags 0 mat 1
<2,2> <6,5> <5,4>
Face verts 3 flags 0 mat 0
<1,0> <7,1> <6,5>
Face verts 3 flags 0 mat 0
<1,0> <6,5> <3,4>
Face verts 3 flags 0 mat 2
<4,4> <5,0> <6,1>
Face verts 3 flags 0 mat 2
<4,4> <6,1> <7,5>
Face verts 3 flags 0 mat 3
<0,4> <4,2> <7,3>
Face verts 3 flags 0 mat 3
<0,4> <7,3> <1,5>
Mat1 V0.06 Id 18659348 Parent 18661892 Size 00000102
mat# 1
shader: phong  facet: auto32
rgb 0.00784314,1,0.0352941
alpha 1 ka 0.1 ks 0.1 exp 0 ior 1
ShBx V0.03 Id 18659349 Parent 18659348 Size 00000383
Shader class: color
Shader name: "plain color" (plain)  - this is an example of a non-textured material
Number of parameters: 1
colour: color (2, 255, 9)
Flags: 3
Shader class: transparency
Shader name: "none" (none)
Number of parameters: 0
Flags: 3
Shader class: reflectance
Shader name: "constant" (constant)   this material is constant shaded, or emmisive
to us
Number of parameters: 0
Flags: 3
Shader class: displacement
Shader name: "none" (none)
Number of parameters: 0
Flags: 3

Mat1 V0.06 Id 18658628 Parent 18661892 Size 00000085
mat# 2
shader: phong  facet: auto32
```

```
rgb 1,0,0
alpha 1  ka 0.1  ks 0.1  exp 0  ior 1
ShBx V0.03 Id 18658629 Parent 18658628 Size 00000427
Shader class: color
Shader name: "plain color" (plain)   again a plain colored material
Number of parameters: 1
colour: color (255, 0, 0)
Flags: 3
Shader class: transparency
Shader name: "none" (none)
Number of parameters: 0
Flags: 3
Shader class: reflectance
Shader name: "matte" (matte)   this material is flat shaded in our engine
Number of parameters: 2
ambient factor: float 0.1
diffuse factor: float 1
Flags: 3
Shader class: displacement
Shader name: "none" (none)
Number of parameters: 0
Flags: 3

Mat1 V0.06 Id 18657844 Parent 18661892 Size 00000101
mat# 3
shader: phong  facet: auto32
rgb 0.0392157,0.0117647,1
alpha 1  ka 0.1  ks 0.5  exp 0  ior 1
ShBx V0.03 Id 18657845 Parent 18657844 Size 00000522
Shader class: color
Shader name: "plain color" (plain)   again a colored material
Number of parameters: 1
colour: color (10, 3, 255)
Flags: 3
Shader class: transparency
Shader name: "none" (none)
Number of parameters: 0
Flags: 3
Shader class: reflectance
Shader name: "plastic" (plastic)   this means use gouraud shading
Number of parameters: 5
ambient factor: float 0.1
diffuse factor: float 0.75
specular factor: float 0.5
roughness: float 0.1
specular colour: color (255, 255, 255)
Flags: 3
Shader class: displacement
Shader name: "none" (none)
Number of parameters: 0
Flags: 3

Mat1 V0.06 Id 18614788 Parent 18661892 Size 00000100
mat# 4
shader: phong  facet: auto32
rgb 1,0.952941,0.0235294
alpha 1  ka 0.1  ks 0.1  exp 0  ior 1
ShBx V0.03 Id 18614789 Parent 18614788 Size 00000515
Shader class: color
Shader name: "plain color" (plain)   a plain colored material
Number of parameters: 1
```

```
colour: color (255, 243, 6)
Flags: 3
Shader class: transparency
Shader name: "none" (none)
Number of parameters: 0
Flags: 3
```
Shader class: reflectance
Shader name: "phong" (phong)   actually use a phong shader in our engine
```
Number of parameters: 5
ambient factor: float 0.1
diffuse factor: float 0.9
specular factor: float 0.1
exponent: float 3
specular colour: color (255, 255, 255)
Flags: 3
Shader class: displacement
Shader name: "none" (none)
Number of parameters: 0
Flags: 3
```

Mat1 V0.06 Id 18613860 Parent 18661892 Size 00000182
mat# 0
```
shader: phong  facet: auto32
rgb 1,0.952941,0.0235294
```
alpha 1 ka 0.1 ks 0.1 exp 0 ior 1
texture: 36D:\Source\models\textures\wall01.bmp
```
offset 0,0  repeats 1,1  flags 2
ShBx V0.03 Id 18613861 Parent 18613860 Size 00000658
```
Shader class: color
Shader name: "texture map" (caligari texture)   this means this material is a texture map
file name: string "D:\Source\models\textures\wall01.bmp"   here the texture
```
Number of parameters: 7
S repeat: float 1
T repeat: float 1
S offset: float 0
T offset: float 0
animate: bool 0
filter: bool 0
Flags: 3
Shader class: transparency
Shader name: "none" (none)
Number of parameters: 0
Flags: 3
```
Shader class: reflectance
Shader name: "phong" (phong)   the shader for this material should be phong
```
Number of parameters: 5
ambient factor: float 0.1
diffuse factor: float 0.9
specular factor: float 0.1
exponent: float 3
specular colour: color (255, 255, 255)
Flags: 3
Shader class: displacement
Shader name: "none" (none)
Number of parameters: 0
Flags: 3
END  V1.00 Id 0 Parent 0 Size      0
```

这种格式很容易理解。下面解释其中的一些细节，以便读者知道如何编写阅读器。读取.COB 文件的基本步骤如下：

第 1 步 读取文件开头的第一行。

第 2 步 读取名称、中心位置、x 轴、y 轴和 z 轴。这些内容定义了对物体的局部变换。这种变换必须应用于物体的顶点，因为出于精确度的考虑，导出 trueSpace 物体时，其顶点坐标是未经变换的。换句话说，当您在 trueSapce 中旋转或移动立方体时，建模程序记录变换并渲染物体，但保留原来的立方体——以免降低精确度。

第 3 步 读取变换行和随后的矩阵。这是局部坐标到世界坐标的变换矩阵，在大多数情况下，这是一个单位矩阵，但我们将支持应用这个矩阵以及前一个矩阵，以确保模型位于建模程序要将其置到的位置，且处于正确的朝向。

第 4 步 读取 World Vertices 行，然后按 x、y、z 顺序读取顶点列表。

第 5 步 读取 Texture Vertices 行，然后读取每个顶点的 $<u, v>$ 纹理坐标。在.COB 格式中，对纹理坐标进行了压缩。也就是说，一般而言每个三角形应该有 3 对纹理坐标，但.COB 格式好像重用了重复的 (u, v) 值，因此对于包含 100 个三角形的网格，大多数情况下并没有 300 对纹理坐标。采用的是什么样的压缩逻辑作者并不知道。但这无关紧要，只需将纹理坐标读入一个数组，然后将这些值存储到最终的纹理坐标数组中即可（我们的引擎中还没有纹理坐标数组，因此暂时不管它）。

注意：纹理坐标是要粘贴到多边形表面上的纹理中的样本点。在大多情况下，纹理的坐标系如图 8.49 所示。其中 u 表示 x 轴，v 表示 y 轴，同时 99% 的纹理都是方形的。因此，要将图中的纹理映射到一对三角形上，可以使用图中所示的纹理坐标。这将在本书后面详细介绍。

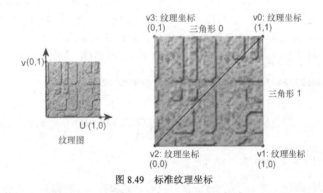

图 8.49 标准纹理坐标

第 6 步 读取 Face 行，然后读取每个多边形面。面可以有很多顶点，但我们将确保所有导出的面都只有 3 个顶点，因此 Face 行如下：

```
Face verts 3 flags ff mat mm
```

其中 *ff* 和 *mm* 分别是标记和材质号。标记无关紧要，不用管它；但材质号非常重要。材质号最小为 0，它指出了应将哪种材质应用于多边形面。分析文件时，必须记录材质号，以便后面读取材质时可以进行合理的安排。

接下来是多边形面本身，它是一组顶点索引，格式为 $<v1, t1><v2, t2>$······第一个数字是三角形各个顶点的索引，第二个数字是纹理坐标。因此 $<1, 2><9, 5><3, 8>$ 的含义是，这个三角形是由顶点 1、9 和 3 组成，这些顶点的纹理坐标分别是 2、5 和 8，呈一一对应的关系。

第 7 步 现在问题变得有些棘手。我们必须读取材质（它们可能并不是按顺序排列的）。由于我们的引擎不是硬件引擎，因此不打算支持每种材质选项。需要以某种方式支持下列属性：

```
#define MATV1_ATTR_2SIDED                  0x0001
#define MATV1_ATTR_TRANSPARENT             0x0002
#define MATV1_ATTR_8BITCOLOR               0x0004
#define MATV1_ATTR_RGB16                   0x0008
#define MATV1_ATTR_RGB24                   0x0010

#define MATV1_ATTR_SHADE_MODE_CONSTANT     0x0020
#define MATV1_ATTR_SHADE_MODE_EMMISIVE     0x0020 // 别名
#define MATV1_ATTR_SHADE_MODE_FLAT         0x0040
#define MATV1_ATTR_SHADE_MODE_GOURAUD      0x0080
#define MATV1_ATTR_SHADE_MODE_FASTPHONG    0x0100
#define MATV1_ATTR_SHADE_MODE_TEXTURE      0x0200
```

很少建模程序在多边形列表或材质中提供了双面信息，因此通过读取模型文件无法知道多边形的双面属性。另外，所有的建模型程序都使用 RGB 值来表示材质属性，因此需要在加载模型时根据模式计算色深。在.COB 文件中只能指定上述以粗体显示的属性。幸运的是，.COB 格式的材质支持允许导出很多这样的内容，即可以使用它们来指定要将哪种光照模型用于多边形。

例如，假设我们创建了一个船舶模型，并希望引擎对其使用固定着色，而对其他物体使用 Gouraud 着色。为此，需要应用合适的材质，以便能够提取这样的信息。如果建模程序不支持某种导出这种信息的方式，必须采取更巧妙的方式。例如，可以这样规定，任何灰色多边形都是发射多边形，同时根据灰度，将颜色值设置为 0～15。

我们无需这样做，因为可以使用建模程序指定材质属性。然而，建模程序中的材质着色模式和我们所需的着色模式之间并非是 1:1 对应的，稍后将讨论这种问题。现在讨论实际编码。使用哪种建模程序无关紧要，只要将物体作为 trueSpace 4.0+ .COB 物体导出即可。编码方式如下。

首先，找到材质。材质都以类似于下面的内容打头（第二行是材质号）：

```
Mat1 V0.06 Id 142522724 Parent 18646020 Size 00000182
mat# 0
```

这是材质 0 的定义，使用材质 0 的多边形都将使用这种材质。接下来我们感兴趣的几行如下：

```
rgb 0.0392157,0.0117647,1
alpha 1 ka 0.1 ks 0.5 exp 0 ior 1
```

其中第一行是材质的颜色；第二行是 alpha 值、反射系数和其他几种信息，如表 8.4 所示。

表 8.4　　　　　　　　　　.COB 材质中 Alpha 行的变量

变量	含义	取值范围	变量	含义	取值范围
alpha	透明度	0～1	exp	镜面反射指数	0～1
ka	环境光反射系数	0～1	ior	折射率	（我们没有使用）
ks	镜面光反射系数	0～1			

下面介绍如何提取着色处理模型信息。在前面列出的.COB 文件中，每种材质定义中都有 4 行为粗体，如下所示：

```
Shader class: color
Shader name: "plain color" (plain)
.
.
.
.
Shader class: reflectance
Shader name: "phong" (phong)
.
.
```

需要特别注意这些文本行。Shader class: color 和 Shader Class: reflectance 是进行编码时需要考虑的关键内容。确定多边形是普通彩色（plain color）多边形（即使用固定、恒定、Gouraud 或 Phong 着色）还是被贴上了纹理的多边形。

首先，需要知道着色模型。为此，只需找到这样的文本行：

```
Shader class: color
```

然后找到这样的文本行：

```
Shader name: "xxxxxx" (xxxxxx)
```

对于普通彩色多边形，上述两个 xxxxx 分别是"Plain color"和"plain"；而对于纹理，两个 xxxxx 分别是"texture map"和"caligari"。然后查找：

```
Shader class: reflectance
```

为确定着色类型，我们查找这样的文本行：

```
Shader name: "xxxxxx" (xxxxxx)
```

然后根据上述文本行中的值相应地设置着色系统，如表 8.5 所示。

表 8.5　　　.COB shader 模型和引擎使用的 shader 模型之间的对应关系

.COB shader 模型	引擎使用的 shader 模型
"constant"	MATV1_ATTR_SHADE_MODE_CONSTANT
"matte"	MATV1_ATTR_SHADE_MODE_FLAT
"plastic"	MATV1_ATTR_SHADE_MODE_GOURAUD
"phong"	MATV1_ATTR_SHADE_MODE_FASTPHONG
"texture map"	MATV1_ATTR_SHADE_MODE_TEXTURE

注意：纹理映射必须同其他模式结合使用，以便对纹理进行着色。

在建模程序中，无法导出有关模型的信息。例如，如果使用 MAX 来创建游戏世界，如何指出门是门呢？这与前面的情形类似，虽然没那么糟糕，但不得不承认这确实是个问题。我们必须找到在这种文件格式中对有关模型的信息进行编码的方法。

鉴于读者已经茫然失措，下面简要地重申一下在 trueSpace 建立我们的.COB 阅读器能够读取的模型。首先，按通常那样建立物体模型，然后将材质应用于物体。如果希望多边形是普通彩色的，保留材质颜色"plain color"，而不要将其修改为"texture map"。然后在模型的反射部分，根据要采用何种着色方法，选择反射模型 constant、matte、plastic 或 Phong。当前，我们的引擎只支持固定着色和恒定着色。如果要给表面贴上纹理，只需像通常那样做即可，建模程序将把颜色设置为"texture"，并应用指定的纹理。然后，需要设置反射模型，指定如何对纹理执行着色。当然，我们的引擎现在还不支持纹理，因此不要尝试这样做。

至此，对.COB 文件格式的讨论就结束了，但如何处理材质呢？事实上，加载.COB 物体时，材质被加载到材质库中，如图 8.50 所示。然而，这存在两个问题。首先，我们的引擎还没有使用材质，而只使用了光源。其次，两个物体使用的材质可能有相同的，因此需要考虑材质重用的问题。当然，由于之前使用的 3D 文件格式不支持材质，因此我们的引擎没有使用材质。

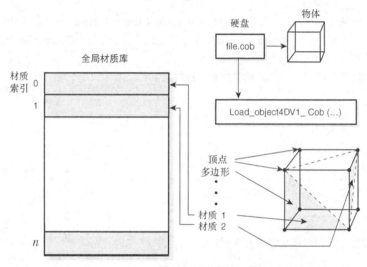

提取材质并将其插入到材质库中

图 8.50　.COB 阅读器将材质加载到全局材质库中

　　警告：由于我们的引擎只能处理三角形，因此必须将所有.COB 物体导出为三角形，所以导出之前，必须将所有物体划分成三角形。

　　读者对.COB 格式有一定的了解后，下面来看一下文件加载函数的原型。除了新增了一些功能外，它与.ASC 加载函数几乎相同：

```
int Load_OBJECT4DV1_COB(OBJECT4DV1_PTR obj,  // 指向物体的指针
            char *filename,       // Caligari COB 文件名称
            VECTOR4D_PTR scale,   // 初始缩放因子
            VECTOR4D_PTR pos,     // 初始位置
            VECTOR4D_PTR rot,     // 初始旋转角度
            int vertex_flags)     // 环绕顺序反转和变换标记
```

唯一的不同之处在于，新增了参数 vertex_flags，可以将这个参数设置为下述值的逻辑 OR 组合，以启用局部变换或世界变换：

```
#define VERTEX_FLAGS_TRANSFORM_LOCAL         512   // 如果文件格式中包含局部变
                                                   //换，则执行这种变换
#define VERTEX_FLAGS_TRANSFORM_LOCAL_WORLD 1024   // 如果文件格式中包含世界变
                                                   //换，则执行这种变换
```

下面是一个加载.COB 物体的例子，其中参数 vertex_flags 的设置适用于大多数建模程序导出的.COB 物体：

```
Load_OBJECT4DV1_COB(&obj_tank, "D:/Source/models/cobs/hammer03.cob",
                    &vscale, &vpos, &vrot,
                    VERTEX_FLAGS_SWAP_YZ | VERTEX_FLAGS_TRANSFORM_LOCAL );
```

这里指定了缩放向量、位置向量和旋转向量，这些参数是可选的。

至此，对.COB 文件格式的讨论就结束了。有关这种文件格式的规范，请参阅附带光盘中的目录 3D_DOCS\File Formats\，各个函数的代码请参阅文件 T3DLIB6.CPP¦EXE。有关使用该加载函数的例子，请参阅程序 DEMOII8_9.CPP¦EXE，它与加载.ASC 文件的演示程序完全相同，只是加载的是.COB 文件。

另外，文件加载对话框中包含这样的复选框：让您能够将 YZ 坐标互换，反转环绕顺序，启用局部变换和世界变换。为正确地加载物体，可能需要设置这些复选框。最后，我们只为每个物体提供 1024 个顶点和 1024 个多边形的存储空间。下面是一些可用于加载的.COB 物体：

- SPHERE01.COB（互换 YZ 坐标，反转环绕顺序）；
- CAR01.COB（互换 YZ 坐标，执行局部变换和世界变换）；
- HAMMER03.COB（互换 YZ 坐标，执行局部变换和世界变换）。

警告：创建.COB 文件时，一定要将物体划分为三角形，同时加载函数只能读取一个物体。另外，一定要将每个多边形的颜色设置为"plain color"，将反射模型设置为"matte"，以便执行恒定着色（当前我们的引擎只支持这种着色方法）。

8.5.5　Quake II 二进制.MD2 格式概述

Quake II .MD2 格式是最流行的 3D 动画格式之一。这种格式是为 Quake II（即游戏）设计的，诸如 Max 和 trueSpace 等建模程序不支持它。有用于创建和查看这种格式模型的工具，这将在以后介绍；当前，读者只需对这种格式支持哪些信息有大概的了解。.MD2 文件表示一个 Quake II 游戏模型，包含一组顶点、动画帧、皮肤（skin）等信息。每个.MD2 文件都是一个完整的 Quake II 角色动画集，包含该角色的每种动作（行走、死亡、射击、转身等）的动画序列，总共 384 帧。

皮肤是方形纹理图，通常是.PCX 文件格式，大小为 256×256，被用作模型的纹理。所有的纹理都包含在同一个皮肤中，通过使用纹理坐标从中切取所需的纹理。图 8.51 和 8.52 是一个应用于.MD2 网格的皮肤。

图 8.52 是一个.MD2 模型的实际网格（使用 Milkshape 3D 查看）。这个模型是从 http://www.planetquake.com/polycount 下载的，这是一个很不错的提供模型下载的地方。当然，如果要将这里提供的模型用于商业游戏中，必须得到许可。

.MD2 格式还支持简单的压缩方案，如偏移（offset bias）、浮点数的 delta 编码等。总之，这是一种易于分析和理解的格式。当然，它是二进制的，但很不错。本书后面

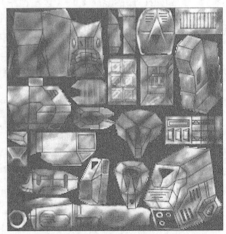

图 8.51　一个 Quake II .MD2 格式的皮肤

介绍动画时将使用这种格式。这种格式唯一的缺点是不支持材质，因此我们加载这种格式的物体时，必须应用默认材质，让光照引擎知道如何处理模型。

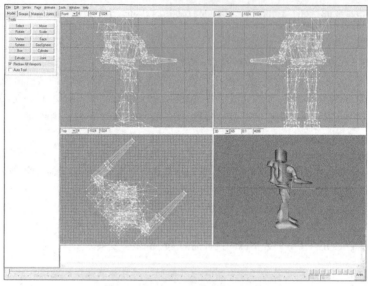

图 8.52　Quake II .MD2 网格中的一帧

8.6　3D 建模工具简介

在本章结束之前，简要地介绍一些对于建模和转换工作很有帮助的工具（附带光盘中包含其中一些工具的评估版）：

● **Caligari trueSpace 4.0+**（建模程序）——如图 8.53 所示，这是作者最喜欢的建模程序之一。它速度快，易于使用，价格合理，能够以很多文件格式导出模型。更详细的信息请访问 http://www.caligari.com。

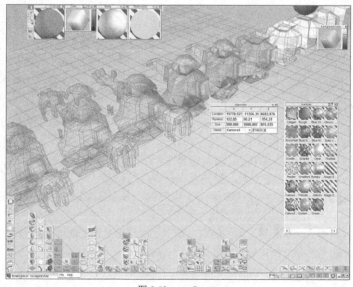

图 8.53　trueSpace

● **3D Studio Max 3.0+**（建模程序）——如图 8.54 所示，简而言之，Max 非常棒，可用于制作游戏、电影和任何您能想到的东西。不过，2500～5000 美元的价格可能会让您望而却步。更详细的信息请访问 http://www.discreet.com/products/3dsmax/。

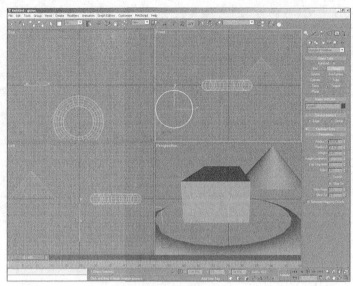

图 8.54　Gmax Game Studio

● **Gmax**——类似于 3D Studio Max，如图 8.54 所示。这是一个有趣的产品。从表面上看，它是免费的，但实际上是 3D Studio Max 的简化版。作者对其了解不多，但绝对值得购买。您可以以游戏开发人员的身份获得使用许可，更详细的信息请访问 http://www.discreet.com/products/gmax/。

● **Blender**（建模程序）：如图 8.55 所示，这是一个免费建模程序，但公司 NaN 处于暂时歇业状态，在作者看来，"产品免费发送，只收取技术支持费"的运营理念是行不通的。这个建模程序很是了得，真心希望设计厂商能将其转让给他人，或通过重新包装后作为产品出售。更详细的信息请访问 http://www.blender.nl。

● **Milkshape** 3D（建模程序、查看程序和导出器）：如图 8.52 所示，这是一个功能非常强大的工具，是专门针对游戏文件格式设计的。它是一个开放源代码工具，很多人在对其进行改进，这有好处也有坏处。好处在于它几乎是免费的，坏处在于没有专门介绍该产品的网站。一个长期介绍给软件的网站是 http://www.swissquake.ch/chumbalum-soft/index.html。

● **Deep Exploration**（查看程序、导出器和建模程序）：如图 8.56 所示，这是作者见到的最强大的工具，其界面可谓鬼斧神工，让用户能够在各种模式下查看数据。更详细的信息请访问 http://www.righthemisphere.com。

● **Polytrans**（查看程序和导出器）：它是功能最完备的导入/导出系统之一，几乎支持每一种 3D 格式，但对游戏文件格式的支持不强。详细信息请访问 http://www.okino.com/conv/conv.htm。

● **WorlCraft Editor**（关卡编辑器）：如图 8.57 所示，它是数不胜数的 mod 和众多游戏（如 Half-Life）的幕后功臣。可以使用它来创建游戏世界，然后将其导入到引擎中。当前，我们并不需要这样的工具，但创建室内游戏时将需要使用它。有很多致力于介绍 WorldCraft 的网站，其中 http://www.valve-erc.com/一直在从事这方面的工作。

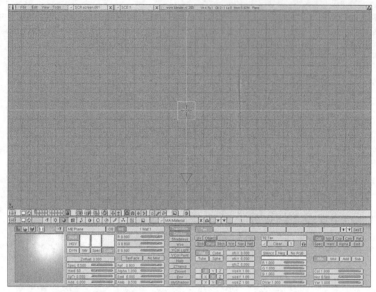

图 8.55   Blender

下面是一些很不错的提供模型资源的 3D 网站：

- http://www.planetquake.com/polycount/；
- http://www.web3d.org/vrml/vft.htm；
- http://www.gmi.edu/~jsinger/free3dmodels.htm。

通常，作者使用 trueSpace 和 Max 来建模，使用 Deep Exploration 来完成转换和处理工作。不过，Milkshape 3D 的功能比看起来的强大得多，作者将继续使用它。

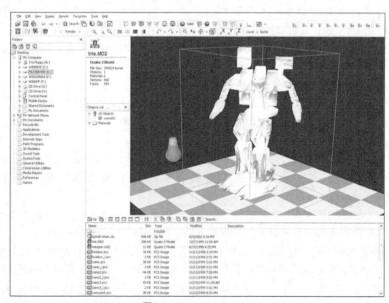

图 8.56   Deep Exploration

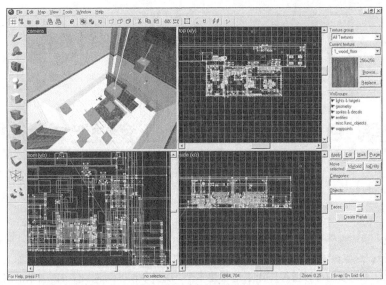

图 8.57　WorldCraft Editor

8.7　总　　结

　　本章的内容很棘手，涉及到理论和实践。本章介绍的内容很多，包括基本光照理论、材质、光源、大量的数学公式、着色、深度排序和新的模型格式等。读者的头脑中可能充斥了各种想法，后面将向读者提供实现这些想法的机会。接下来的一章包含的内容少得多，将讨论像素级着色、纹理映射，并详细介绍三角形的光栅化。到下一章结束时，我们的 3D 引擎将全面支持纹理映射和光照（当然，这是一种室外游戏引擎）。

第 9 章　插值着色技术和
仿射纹理映射

作者刚完成本章的编码工作。仅核心引擎需要修改和添加的代码就超过 15 000 行，另外演示程序的代码大约有 5000 行，这应该能够满足本章的要求。作者的目的不是给读者提供一个可行的 3D 引擎，然后说"祝您玩得愉快"，而是要引导读者循序渐进地创建多个 3D 引擎，以阐述创建 3D 引擎的思路。

作者对 16 位核心引擎的性能非常满意，因此本章可能是最后一次介绍 8 位模式，以后将不再需要它。到进行这种过渡时，作者将阐述具体的理由。本章将介绍的内容如下：

- 讨论新的引擎；
- 更新 3D 数据结构；
- 重新编写物体加载函数；
- 多边形光栅化回顾；
- 实现 Gouraud 着色；
- 基本的采样理论；
- 实现仿射（affine）纹理映射；
- 对纹理进行光照处理；
- 函数清单；
- 8 位和 16 位模式下的优化策略。

9.1　新 T3D 引擎的特性

在上一章结束时，我们的引擎能够使用光照系统来渲染实心物体，该光照系统采用恒定着色光照模型，支持环境光源、无穷远光源、点光源和聚光灯。另外，还编写了材质系统，并编写了几个文件加载函数和支持函数，用于加载 3D Studio .ASC 和 Caligari .COB 文件。只有 Gouraud 着色和基本纹理映射没有处理，这将在本章完成。

如果读者认为这两项工作没有什么大不了的，您就错了。原因在于编写纹理映射模块和 Gouraud 着色模块本身并不难，难的是以有效的方式将其集成到引擎中。编写一个这样的程序并不难：在相机前面旋转3D 立方体，并使用特定的光源和纹理对其进行处理；难的是编写一个支持任何相机、光源、模型、纹理、分辨率、位深、文件格式等通用的系统。这正是我们一直在追求的目标。集成 Gouraud 着色和纹理映射是一个巨大的挑战，需要重新编写引擎，在数据结构、光照模块、模型加载函数中考虑一些棘手的细节。另外，还需要进行优化，例如，预先计算法线的长度以方便对多边形执行恒定着色处理，将每个光源的数学运算结果存储到高速缓存中以提高速度。

虽然前一章花了很大的篇幅讨论材质和材质数据库，但并没有为将完整的材质系统集成到引擎中做好充分准备。要支持纹理、纹理坐标和完整的 Gouraud 着色处理，必须对数据结构进行修改，提供很多数据结构的 2.0 版（这将在稍后进行）。然而，这样做的一项副作用是，必须重新编写所有的函数——至少是那些涉及 3D 的函数。

当然，在很多情况下，只需修改函数原型和复制代码；但有些情况下，必须考虑数据结构中新增的元素。另外，还必须对光照系统的设计和颜色信息流程进行修改，即为每个多边形提供用于存储光照处理后的颜色的空间。

此时速度问题将显现出来。在需要优化代码而又无法使用易于理解的代码来实现优化时，作者将讨论这一点。换句话说，在某些地方（如纹理映射模块中），作者不得不使用低级（low-level）技巧来提供性能，当然不是使用汇编语言，而是使用 SIMD（单指令多数据）指令来执行并行处理，这样至少可以将速度提高 4 倍。有关这方面的内容将在第 16 章介绍。

总之，新的引擎版本支持在 8 位和 16 位模式下对单色多边形进行 Gouraud 着色和光照处理以及对纹理映射多边形进行恒定着色。下面来讨论一些新的引擎软件。这不会太长，因为作者不喜欢在不涉及多少理论的情况下堆砌大量的代码。不过话又说回来，如果不知道自己要做什么，理论就没有多大帮助，因此这里先介绍一下新引擎。

警告：2.0 版引擎假设在 16 位模式下 RGB 颜色格式为 5.6.5。之所以这样做是因为动态地判断 RGB 颜色格式会降低性能。可以使用条件编译来支持两种 RGB 颜色格式，但坦率地说，当前几乎没有使用 5.5.5 格式的图形卡，因此这样做没有意义。

9.2　更新 T3D 数据结构和设计

首先，新的库模块如下：
- T3DLIB7.CPP——包含核心 C/C++ 函数；
- T3DDLIB7.H——头文件。

和往常一样，编译本章的程序时，必须链接所有的库模块：T3DLIB1.CPP～T3DLIB7.CPP。正如前面指出的，本章旨在添加 Gouraud 着色和仿射纹理映射功能（仿射纹理映射是线性的，不涉及透视修正）。在本章中，作者面临的困境是，虽然从表面上看，实现 Gouraud 着色和仿射纹理映射很简单，但通过深入分析将发现，为支持新的光照和纹理映射特性，必须对数据结构做重大修改。这样做的副作用是，必须重新创建所有的函数。

提示：C++ 拥趸可能会说，使用 C++ 时这没有什么大不了的！然而，这确实是个问题；是的，只需派生出另一个类，然后在其中实现新增的内容；但问题正是必须派生出另一个类。作者不想实现类层次，而只想使用单组数据结构和函数。从这种意义上说，我们创建该引擎的方式是最为高效的。

令人欣慰的是，在大多数情况下，只需对前一版引擎中相应函数的几行关键代码进行修改即可，当然还需要创建新的函数原型。虽然本章将介绍所有新增的内容，但为避免读者来回翻阅，这里做一下预览，看看新头文件 T3DLIB7.H 中的重要元素及其在引擎中的用途。

警告：读者运行 8 位演示程序时将发现，由于需要计算查找表，可能出现长达 1 分钟的延迟，在此期间读者看到的是黑屏，请不要恐慌。

9.2.1 新的#defines

这里列出用于新的库模块 T3DLIB7.CPP 的#defines，它们都位于头文件 T3DLIB7.H 中。这里按用途将它们分类。下面是一些帮助纹理映射函数绘制三角形的常量：

```
// 为帮助纹理映射函数分析三角形定义的常量
#define TRI_TYPE_NONE           0
#define TRI_TYPE_FLAT_TOP       1
#define TRI_TYPE_FLAT_BOTTOM    2
#define TRI_TYPE_FLAT_MASK      3
#define TRI_TYPE_GENERAL        4
#define INTERP_LHS          0
#define INTERP_RHS          1
#define MAX_VERTICES_PER_POLY   6
```

上述常量被纹理映射函数的状态机用来帮助绘制三角形。读者可以不用关心这些常量，但有趣的是，作者让纹理映射函数渲染常规三角形，而不是将三角形分割成平底三角形和平顶三角形，这些常量可帮助完成这种工作。

接下来的#defines 用于新的多边形结构 POLY4DV2，读者对它们应有似曾相识之感：

```
// 为第 2 版多边形和多边形面结构定义的常量

// 多边形和多边形面的属性
#define POLY4DV2_ATTR_2SIDED          0x0001
#define POLY4DV2_ATTR_TRANSPARENT      0x0002
#define POLY4DV2_ATTR_8BITCOLOR        0x0004
#define POLY4DV2_ATTR_RGB16           0x0008
#define POLY4DV2_ATTR_RGB24           0x0010

#define POLY4DV2_ATTR_SHADE_MODE_PURE      0x0020
#define POLY4DV2_ATTR_SHADE_MODE_CONSTANT   0x0020 // 别名
#define POLY4DV2_ATTR_SHADE_MODE_EMISSIVE   0x0020 // 别名

#define POLY4DV2_ATTR_SHADE_MODE_FLAT      0x0040
#define POLY4DV2_ATTR_SHADE_MODE_GOURAUD    0x0080
#define POLY4DV2_ATTR_SHADE_MODE_PHONG     0x0100
#define POLY4DV2_ATTR_SHADE_MODE_FASTPHONG  0x0100 // 别名
#define POLY4DV2_ATTR_SHADE_MODE_TEXTURE    0x0200

// 新增的
#define POLY4DV2_ATTR_ENABLE_MATERIAL 0x0800 // 根据材质进行光照计算
#define POLY4DV2_ATTR_DISABLE_MATERIAL 0x1000 // 根据多边形颜色进行光照
                //计算（就像以前那样）

// 多边形和多边形面的状态
#define POLY4DV2_STATE_NULL        0x0000
#define POLY4DV2_STATE_ACTIVE       0x0001
#define POLY4DV2_STATE_CLIPPED      0x0002
#define POLY4DV2_STATE_BACKFACE      0x0004
#define POLY4DV2_STATE_LIT        0x0008
```

如果读者仔细地阅读过前一个引擎的代码，应该会发现所有的 POLY4DV2_*常量都与以前的 POLY4DV1_*常量相同——只有几个常量是新增的，它们为粗体。新的#define 让数据结构能够支持材质以及指出多边形是否经过光照处理。之所以需要最后一个常量，是因为现在有多条光照流水线路径，通过使用这个常量，可避免重复对多边形进行光照处理。

接下来的#defines 定义了顶点控制标记，在加载物体时，它们被作为参数传递给物体加载函数。这些标记用于帮助覆盖某些属性（如着色模型）以及提供某种信息（如是否要反转纹理坐标）。

```
// (新增的)用于简单模型格式，指定着色模式
#define VERTEX_FLAGS_OVERRIDE_MASK           0xf000  // 该掩码用于提取值

#define VERTEX_FLAGS_OVERRIDE_CONSTANT 0x1000
#define VERTEX_FLAGS_OVERRIDE_EMISSIVE 0x1000  //别名
#define VERTEX_FLAGS_OVERRIDE_PURE     0x1000
#define VERTEX_FLAGS_OVERRIDE_FLAT     0x2000
#define VERTEX_FLAGS_OVERRIDE_GOURAUD 0x4000
#define VERTEX_FLAGS_OVERRIDE_TEXTURE 0x8000

#define VERTEX_FLAGS_INVERT_TEXTURE_U 0x0080    // 反转纹理坐标 u
#define VERTEX_FLAGS_INVERT_TEXTURE_V 0x0100    // 反转纹理坐标 v
#define VERTEX_FLAGS_INVERT_SWAP_UV    0x0800    // 将纹理坐标 u 和 v 互换
```

后面讨论物体加载函数时，将详细讨论这些标记。接下来的#define 与物体数据结构 OBJECT4DV2 相关，其中大多数常量的值与以前相同，只是名称被改为 OBJECT4DV2_*。有 3 个常量是新增的，它们被显示为粗体。

```
// 为第 2 版物体结构定义的常量
// 现在物体采用动态内存分配方式，但仍指定了最大顶点数和多边形数
#define OBJECT4DV2_MAX_VERTICES    4096
#define OBJECT4DV2_MAX_POLYS       8192

// 物体的状态
#define OBJECT4DV2_STATE_NULL      0x0000
#define OBJECT4DV2_STATE_ACTIVE     0x0001
#define OBJECT4DV2_STATE_VISIBLE     0x0002
#define OBJECT4DV2_STATE_CULLED     0x0004

// 新增的
#define OBJECT4DV2_ATTR_SINGLE_FRAME        0x0001  // 单帧物体（和以前一样）
#define OBJECT4DV2_ATTR_MULTI_FRAME        0x0002  // 多帧物体，用于支持.md2
#define OBJECT4DV2_ATTR_TEXTURES          0x0004  // 指出物体是否包含
                                //带纹理的多边形？
```

OBJECT4DV2_ATTR_SINGLE_FRAME 和 OBJECT4DV2_ATTR_MULTI_FRAME 用于支持包含多帧的物体。我们想实现类似于 Quake II .MD2 格式的"网格动画"，为此，需要使用某种方式对物体进行标记，指出其顶点列表中是否包含多个帧。选择当前帧后，只使用该帧中包含的顶点，虽然顶点与多边形的对应关系、多边形颜色等不变，这将在后面详细介绍。最后，属性 OBJECT4DV2_ATTR_TEXTURES 指出物体的某些多边形被贴上纹理，这可帮助模型进行优化。

接下来的常量指定渲染列表中最多可包含多少个多边形。这可以是任何值，读者可以修改它。不过，作者认为，要达到 15～30 帧/秒的速度，每帧中包含的多边形不能超过 10 000 个，因此将该常量设置为 32 768 足够了。

```
// 为第 2 版渲染列表结构定义的常量
#define RENDERLIST4DV2_MAX_POLYS    32768
```

下面的#defines 很有趣（其中的注释说明了这一点）。从现在开始，将使用更健壮的顶点结构来定义顶点，这种结构不但应包含顶点坐标，还应包含法线、纹理坐标和属性标记。

```
// 为顶点数据结构定义的常量
// 给变换系统和光照系统以提示，以便判断顶点是否有有效的法线（需要旋转）
// 或者是否有纹理坐标（需要进行裁剪）
// 从而最大限度地减少光照处理和渲染的工作量
// 因为通过这些属性可以知道处理的顶点的格式
// 这种格式类似于 Direct3D 的灵活顶点格式，可以存储：
```

```
// 3D 点
// 3D 点 + 法线
// 3D 点 + 法线 + 纹理坐标
#define VERTEX4DTV1_ATTR_NULL      0x0000 // 顶点为空
#define VERTEX4DTV1_ATTR_POINT     0x0001
#define VERTEX4DTV1_ATTR_NORMAL    0x0002
#define VERTEX4DTV1_ATTR_TEXTURE   0x0004
```

作者对新的顶点数据结构 VERTEX4DV1 很满意，它简化了很多工作，将在稍后讨论数据结构时介绍它。

至此，所有新增的#defines 都介绍过了，这并不多。以循序渐进的方式进行学习至关重要，这样将在学习的过程中获得丰富的经验。别忘了，知道不该做什么与知道该做什么同样重要。

9.2.2 新增的数学结构

如果读者查看本书的最新数学库，将发现其中的内容很多。在这方面我们可能走得太远，实际上每章需要的新的数学功能很少，其中只有一些名称更清晰的数据结构是必不可少的。本章需要的是一些整型向量类型，如下所示：

```
// 整型 2D 向量，不带 W 坐标点
typedef struct VECTOR2DI_TYP
{
union
  {
  int M[2]; // 以数组方式存储

  // 以名称存取
  struct
     {
     int x,y;
     }; // end struct

  }; // end union

} VECTOR2DI, POINT2DI, *VECTOR2DI_PTR, *POINT2DI_PTR;

// 整型 3D 向量、不带 w 坐标点
typedef struct VECTOR3DI_TYP
{
union
  {
  int M[3]; // 以数组方式存储

  // 使用名称存取
  struct
     {
     int x,y,z;
     }; // end struct

  }; // end union

} VECTOR3DI, POINT3DI, *VECTOR3DI_PTR, *POINT3DI_PTR;

// 整型 4D 齐次向量、包含 w 坐标的点
typedef struct VECTOR4DI_TYP
{
union
  {
  int M[4]; // 以数组方式存储
```

```
// 通过名称存取
struct
  {
  int x,y,z,w;
  }; // end struct
}; // end union
```

```
} VECTOR4DI, POINT4DI, *VECTOR4DI_PTR, *POINT4DI_PTR;
```

它们只不过是 2D、3D 和 4D 整型向量，用于帮助执行纹理映射或向量格式存储数据。

9.2.3　实用宏

下面是一个不错的浮点数比较函数：

```
// 对浮点数进行比较
#define FCMP(a,b) ( (fabs(a-b) < EPSILON_E3) ? 1 : 0)
```

使用下面的代码来比较浮点数是一种糟糕的做法：

```
float f1, f2;
```

```
// 将 f1 和 f2 设置为相同的值
```

```
if (f1==f2)
  {
  // 执行逻辑
  }
```

问题存在于 if 条件语句中。虽然在您看来 $f1$ 和 $f2$ 可能相等，但由于四舍五入或精度不够，$f1$ 和 $f2$ 可能存在一些数字"噪声"，这样虽然从数学上说它们相等，但在比较时情况可能并非如此。因此，一种更好的做法是计算它们的绝对差，并将其同一个接近于 0 的值（如 0.001 和 0.0001）进行比较。实际上，这两个数都是 0，因为浮点数最多只精确到小数点后的 4～5 位。这就是为何使用 FCMP()宏的原因。

接下来的内联宏是复制函数，用于复制对象 VERTEX4DV1。从技术上说，这种对象并不需要复制运算符，但作者想在优化之前将问题说清楚。

```
inline void VERTEX4DTV1_COPY(VERTEX4DTV1_PTR vdst, VERTEX4DTV1_PTR vsrc)
{ *vdst = *vsrc; }
```

```
inline void VERTEX4DTV1_INIT(VERTEX4DTV1_PTR vdst, VERTEX4DTV1_PTR vsrc)
{ *vdst = *vsrc; }
```

最后一个内联函数用于计算向量长度，其速度比以前的版本要快。唯一的不同之处在于，原来的 VECTOR4D_Length_Fast()通过调用函数来计算 3D 距离，这增加了函数调用开销。下面是改进后的版本：

```
inline float VECTOR4D_Length_Fast2(VECTOR4D_PTR va)
{
// 这个函数计算原点到点(x, y, z)的距离
int temp; // 用于交换
int x,y,z; // 用于计算距离

// 确保所有的值皆为正
x = fabs(va->x) * 1024;
y = fabs(va->y) * 1024;
z = fabs(va->z) * 1024;
```

```
// 排序
if (y < x) SWAP(x,y,temp)
if (z < y) SWAP(y,z,temp)
if (y < x) SWAP(x,y,temp)

int dist = (z + 11 * (y >> 5) + (x >> 2) );

// 计算的距离误差小于 8%
return((float)(dist >> 10));

} // end VECTOR4D_Length_Fast2
```

9.2.4 添加表示 3D 网格数据的特性

更新 3D 数据结构可能是最费劲的。问题在于直接给出最终的结果是毫无意义的，因此作者循序渐进地介绍每个版本，在每个版本中只添加完成工作所需的东西。但这样做的工作量很大。

在前一章中，我们实现了一个光照系统，它支持对每个多边形进行固定着色和恒定着色。文件格式 PLG/PLX 和.COB 都支持指定多边形的属性，而.ASC 格式只支持顶点、多边形和颜色。PLG/PLX 格式让我们能够使用下述标记手工设置多边形的着色方法：

```
// 用于改进 PLG 文件格式，以支持 PLX 的常量
// 面描述符仍为 16 位，但格式如下：
// d15            d0
//  CSSD | RRRR| GGGG | BBBB

// C 是 RGB/索引颜色标记
// SS 指定着色模式
// D 是双面标记
// 在 RGB 颜色模式下，RRRR、GGGG 和 BBBB 是红、绿、蓝分量
// 在 8 位模式下，GGGGBBBB 为 8 位的颜色索引
// 用于简化测试的掩码？
#define PLX_RGB_MASK       0x8000 // 用于提取 RGB/索引颜色模式的掩码
#define PLX_SHADE_MODE_MASK 0x6000 // 用于提取着色模式的掩码
#define PLX_2SIDED_MASK     0x1000 // 用于提取双面标记的掩码
#define PLX_COLOR_MASK 0x0fff // xxxxrrrrggggbbbb，每个 RGB 分量 4 位
                     // xxxxxxxxiiiiiiii，8 位颜色索引

// 用于在提取多边形的颜色模式下检测其值
#define PLX_COLOR_MODE_RGB_FLAG    0x8000   // 多边形使用的是 RGB 颜色
#define PLX_COLOR_MODE_INDEXED_FLAG 0x0000  // 多边形使用的是 8 位颜色索引

// 双面标记
#define PLX_2SIDED_FLAG        0x1000  // 多边形是双面的
#define PLX_1SIDED_FLAG        0x0000  // 多边形是单面的

// 多边形的着色模式
#define PLX_SHADE_MODE_PURE_FLAG    0x0000 // 固定着色
#define PLX_SHADE_MODE_CONSTANT_FLAG 0x0000 // 别名
#define PLX_SHADE_MODE_FLAT_FLAG    0x2000 // 恒定着色
#define PLX_SHADE_MODE_GOURAUD_FLAG  0x4000 // Gouraud 着色
#define PLX_SHADE_MODE_PHONG_FLAG    0x6000 // Phong 着色
#define PLX_SHADE_MODE_FASTPHONG_FLAG 0x6000 // Phong 着色
```

对于.COB 模型，我们根据 "Shader class: color" 后面一行中的内容来确定多边形是着色的（colored）还是纹理映射的，根据 "Shader class: reflectance" 后面一行的内容来确定着色方法。.COB 物体加载函数中的注释说明了这种规则：

```
// 现在需要知道着色模型
// 为此, 首先需要找到 "Shader class: color", then after this line is:
// 然后找到其后面的 "Shader name: "xxxxxx" (xxxxxx)"
// 对于不带纹理的多边形, xxxxx 为"plain color"和"plain"
// 对于带纹理的多边形, 为"texture map"和"caligari texture"
// 然后找到"Shader class: reflectance"
// 并查看它后面的"Shader name: "xxxxxx" (xxxxxx)"
// 然后根据 xxxxxx 的值确定着色模式:
// "constant" -> MATV1_ATTR_SHADE_MODE_CONSTANT
// "matte"  -> MATV1_ATTR_SHADE_MODE_FLAT
// "plastic" -> MATV1_ATTR_SHADE_MODE_GOURAUD
```

然而, 还存在一个光照计算方面的小问题。在多边形结构中, 并没有提供存储光照处理后多边形最终颜色的空间。换句话说, 多边形的初始颜色以 8/16 位的格式存储在多边形结构的 color 字段中, 在光照计算中, 根据该颜色和光源计算多边形的最终颜色。对渲染列表执行光照计算时, 这不是什么大问题, 因为可以对渲染列表中的任何多边形进行修改。然而, 如果对还没有被插入到渲染列表中的物体进行光照计算, 将遇到麻烦。

原因在于, 不能用光照处理后的颜色覆盖多边形原来的颜色。为解决这种问题, 我们采取的策略是, 将光照处理后的颜色数据存储到 color 字段的前 16 位中, 如图 9.1 所示。

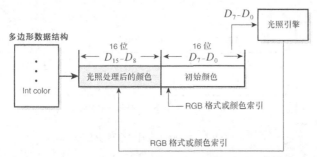

图 9.1　使用多边形结构中 color 字段的前 16 位来存储光照处理后的颜色

这种处理手法很管用, 事实上, 我们可以自豪地说: "真是一个了不起的想法"。然而, 对多边形进行 Gouraud 着色时, 这种方法不再管用。因此, 需要在多边形数据结构中增加一个存储最终颜色的字段。

接下来需要考虑的是 Gouraud 着色算法本身。如图 9.2 所示, 需要知道每个顶点处的法线（这是 Gouraud 着色的关键所在：计算每个顶点处的亮度, 然后进行插值）。这要求我们考虑每个顶点的最终颜色, 因此必须重新考虑如何为每个多边形/顶点提供光照处理后的颜色的空间。

最后, 还需要增加对动画网格（如 Quake II .MD2 格式的动画网格）的支持。图 9.3 说明了这种概念, 从本质上说, 网格动画类似于标准的位图动画——是一系列被渲染的帧。假设有一个由 8 个顶点和 12 个多边形组成的立方体, 其中每个多边形都是由顶点列表中的 3 个顶点定义的, 有特定的颜色和着色模型。现在棘手的是如何添加帧。为此, 我们创建 8 个新的顶点, 它们的排列顺序与原来相同, 但位置有细微的变化；然后用这些新顶点替换原来的顶点。这样多边形的定义、颜色和纹理保持不变, 但物体在移动。

Quake II .MD2 使用的就是这种技术。唯一的规则是, 每个动画帧必须包含相同数量的顶点和多边形。顶点的位置可以变化, 但它们与多边形的关系不变, 即如果多边形 22 由顶点 12、90 和 200 组成, 则在任何一帧中, 该多边形都由这些顶点构成。

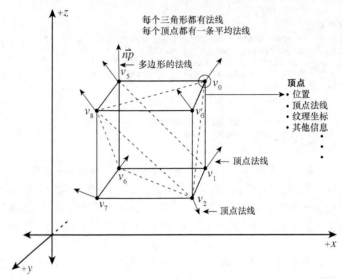

图 9.2　Gouraud 着色要求知道顶点处的法线

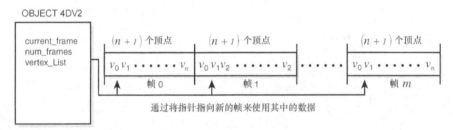

图 9.3　在物体中支持多个网格帧

　　这里不打算创建 .MD2 阅读器，因为本章包含的内容已经很多了。然而，在本书后面我们将支持这种文件格式的动画，同时多帧支持至关重要，因此在数据结构 OBJECT4DV2 中添加了这种功能，并在重新编写函数时考虑了这一点。

　　下面来看看新的顶点和多边形数据结构。

1．顶点数据结构

　　到目前为止，我们还没有 3D 图形学意义上的"顶点"数据类型；在此之前我们的顶点数据类型是 3D 空间中的点，现在需要创建一些更强大的数据结构，以满足当前的需要。另外，还将使用前面定义的 VERTEX4DTV1_ATTR_* 来灵活地控制顶点格式，以便能够创建不同类型的顶点，它们包含的信息不同，但结构和布局相同。下面是新的数据结构 VERTEX4DTV1：

　　注意：如果读者是 Direct3D 程序员，将知道为何灵活的顶点格式如此重要。如果没有这种灵活性，程序员必须使用预定义的顶点格式，这增加了编程工作的难度。

```
// 包含两个纹理坐标和顶点法线的 4D 齐次顶点
// 法线可被解释为向量或点
typedef struct VERTEX4DTV1_TYP
{
union
```

```
{
  float M[12];      // 以数组方式存储

  // 通过名称存取
  struct
    {
    float x,y,z,w;      // 点
    float nx,ny,nz,nw; // 法线（向量或点）
    float u0,v0;        // 纹理坐标

    float i;        // 经过光照处理后的顶点颜色
    int   attr;     // 属性
    };          // end struct

  // 高级类型
  struct
    {
    POINT4D  v;   // 顶点
    VECTOR4D n;   // 法线
    POINT2D  t;   // 纹理坐标
    };

  }; // end union

} VERTEX4DTV1, *VERTEX4DTV1_PTR;
```

这是一个共用体，可以存储多种类型的数据，具体在其中如何存储数据，取决于您要如何编写算法。例如，如果想将顶点数据视为数据流（像 Direct3D 中那样），可以将数据存储为数组——M[ ]就是为此而设计的。同样，为让您能够使用名称来存取数据，其中提供了各种顶点数据的显式名称：

- **x、y、z、w**——顶点的坐标；
- **nx、ny、nz、nw**——顶点法线（稍后将详细介绍）；
- **u0、v0**——2D 纹理坐标；
- **I**——顶点的颜色或亮度；
- **attr**——顶点标记，指出了顶点的内容及其包含哪些信息。

另外，还可以以另一种结构方式存储，该结构中包含字段 v、u 和 t，它们分别是顶点坐标、法线和纹理坐标。要获得 3D 点的地址，可以使用下述代码：

```
VERTEX4DTV1 p1;

&p1.v
```

要获得 3D 点中 x 坐标的地址，可以这样做：

```
&p1.x
```

或

```
&p1.v.x
```

这样，可以将顶点坐标、法线或纹理坐标作为一个整体来传递，也可以访问各个分量。现在，创建顶点时，可以指定其法线（对光照计算来说至关重要）和纹理坐标，但仅当需要它们时才这样做。顶点类型是使用 attr 字段来指定的。例如，如果希望顶点支持 3D 点和法线，但不支持纹理坐标，可以这样设置 attr：

```
VERTEX4DTV1 p1;
p1.attr = VERTEX4DTV1_ATTR_POINT | VERTEX4DTV1_ATTR_NORMAL;
```

该字段只是提供了一项信息，让您和您的函数知道顶点中的哪些信息有效，并不能阻止您访问 3D 点、法线和纹理坐标。

2. 新的内部 PLOY4DV2 结构

下一个经过重大修改的数据结构是多边形结构。我们有两个这样的数据结构：一个引用了另一个结构（如物体）中的顶点列表，另一个完全是自包含的，用于构建渲染列表。如图 9.4 所示，其中的 POLY4DV2 引用外部顶点数据，其定义如下：

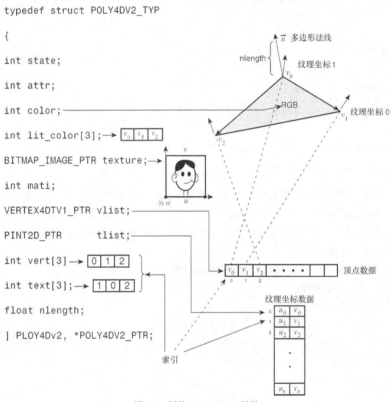

```
typedef struct POLY4DV2_TYP
{
    int state;
    int attr;
    int color;
    int lit_color[3];
    BITMAP_IMAGE_PTR texture;
    int mati;
    VERTEX4DTV1_PTR vlist;
    PINT2D_PTR        tlist;
    int vert[3]
    int text[3];
    float nlength;
} PLOY4Dv2, *POLY4DV2_PTR;
```

图 9.4　新的 POLY4DV2 结构

```
// 2.0 版多边形结构，基于外部顶点列表
typedef struct POLY4DV2_TYP
{
int state;        // 状态信息
int attr;         // 物理属性
int color;        // 多边形的颜色
int lit_color[3]; // 用于存储经过光照处理后的颜色
                  // 对于恒定着色，多边形颜色存储在第一个元素中
                  // 对于 Gouraud 着色，顶点颜色分别存储在三个元素中

BITMAP_IMAGE_PTR texture;
                  // 指向纹理信息的指针，用于简单纹理映射

int mati;         // 新增的，-1 表示没有材质
```

```
VERTEX4DTV1_PTR vlist; // 顶点列表
POINT2D_PTR    tlist; // 新增的，纹理坐标列表
int vert[3];     // 指向顶点列表的索引
int text[3];     // 新增的，指向纹理坐标列表的索引
float nlength;   // 新增的，法线长度

} POLY4DV2, *POLY4DV2_PTR;
```

其中新增或修改过的字段为粗体。下面讨论其中每个字段的用途：

● **lit_colors[3]**——新的光照系统需要支持多边形颜色，在使用 Gouraud 着色时，还需要支持每个顶点的颜色，lit_colors[3]提供了这种特性。对采用恒定着色的多边形执行光照计算时，结果不再被存储到 color 的前 16 位中，而是被存储到 lit_color[0]中。采用 Gouraud 着色时，每个顶点的最终颜色分别被存储在 lit_color[0]、lit_color[1]和 lit_color[2]中。

● **texture**——出于简化的目的，现在仍没有提供全面的材质支持，但对于纹理映射多边形，需要提供存储纹理图的空间。texture 是一个指向纹理图的指针。

● **mati**——这是一个指向材质数据库的索引，供以后支持材质时使用。作者不知道是否会使用它，这里添加它旨在避免某些麻烦。

● **tlist**——这是新增的，用于支持纹理映射。如图 9.4 所示，当纹理图被映射到多边形上时，需要指定纹理坐标。新的 OBJECT4DV2 结构将包含一个纹理坐标数组，tlist 指向该数组，就像 vlist 指向顶点数组一样。在纹理映射阶段，将使用这些纹理坐标。

● **text[3]**——包含指向纹理坐标数组的索引。

● **nlength**——该字段存储了多边形法线向量的长度，以提高光照计算的速度。这是一个小小的优化，但让作者很伤脑筋。在光照引擎中，使用向量 v0->v1 和 v0->v2 的叉积来计算多边形的法线，然后对其进行归一化或计算其长度。

长度计算比点积更让作者担心。这不仅是因为我们使用的是近似值，更重要的是，根本没有必要计算长度，因为当多边形被旋转或平移后，法线长度不会变化。因此，只要总是使用两个相同的向量来计算，便可以预先计算所有多边形的法线长度。另外，在加载物体期间离线计算法线长度时，不必调用实时的长度近似函数（其速度更快），从而获得更高的精度。总之，通过这种优化，可节省不少的 CPU 周期。

提示：读者可能会问，为何不顺带预先计算多边形的法线向量呢？可以这样做，并对其进行归一化，但当物体被变换时，将需要旋转该向量，这将抵消预先计算多边形法线的好处。使用 4×4 矩阵进行旋转的计算量可能等于甚至超过叉积的计算量，因此这看似是个不错的注意，其实预先计算多边形法线毫无帮助，因为需要使用 4×4 矩阵来对法线进行变换，结果可能得不偿失。

3. 新的外部自包含 POLYF4DV2 结构

下一个经过重新修订的多边形结构是完全自包含的 POLYF4DV2，它用于在渲染列表中存储最终的多边形信息。这个结构的定义如下：

```
// 第 2 版的自包含多边形结构，供渲染列表使用
typedef struct POLYF4DV2_TYP
{
int state;       // 状态信息
int attr;        // 多边形的物理属性
int color;       // 多边形的颜色
int lit_color[3]; // 用于存储经过光照处理后的颜色
           // 对于恒定着色，多边形颜色存储在第一个元素中
           // 对于 Gouraud 着色，顶点颜色分别存储在三个元素中
BITMAP_IMAGE_PTR texture; // 指向纹理信息的指针，用于简单纹理映射
```

```
int    mati; // 新增的，-1 表示没有材质

float   nlength; // 新增的，法线长度
VECTOR4D normal; // 新增的，多边形法线

float    avg_z;   // 新增的，平均 z 值，用于简单排序

VERTEX4DTV1 vlist[3];  // 三角形的顶点
VERTEX4DTV1 tvlist[3]; // 变换后的顶点

POLYF4DV2_TYP *next;   // 指向下一个多边形的指针？
POLYF4DV2_TYP *prev;   // 指向前一个多边形的指针？

} POLYF4DV2, *POLYF4DV2_PTR;
```

POLYF4DV2 与 POLY4DV2 几乎完全相同。唯一不同的地方是，它在内部存储了顶点数据，而不是引用外部的顶点列表。另外，VERTEX4DTV1 表示的顶点包含纹理坐标，因此，需要的每个顶点的信息都包含在 vlist[ ]和 tvlist[ ]中。除此之外，其他字段的名称和含义都与 POLY4DV2 中相同。

9.2.5 更新物体结构和渲染列表结构

接下来需要更新的是最大的数据结构。在原来的设计中，我们使用通用的物体结构来表示物体，这种结构中包含物体的顶点和多边形信息。对于在游戏世界中移动的物体而言，这种结构很管用，但对于诸如游戏关卡（game level）等更高级的数据，这种结构还管用吗？在大多数情况下，答案是肯定的。事实上，我们可能使用一系列的物体来表示一个关卡，其中每个物体表示一层楼或一个房间。当然，后面讨论空间划分时，将介绍为支持分层几何（level geometry）的概念需要对物体进行什么样的变换和修改。但就现在而言，这种物体结构是可行的，我们将继续使用。

新版本的物体结构 OBJECT4DV2 与原来的版本几乎相同，但支持纹理坐标、新的属性以及一个全局纹理（稍后将介绍）。然而，最大的不同是，新的 OBJECT4DV2 结构支持多网格动画（帧）。不过现在作者还没有编写任何使用它的代码（需要一个.MD2 阅读器）。图 9.3 说明了 OBJECT4DV2 以及每帧是如何存储的。该结构的定义如下，请将重点放在以粗体显示的字段上：

```
// 第 2 版物体结构，基于一个顶点列表和一个多边形列表
// 该结构有更大的灵活性，支持分帧动画
// 也就是说，它可以存储一个动画网格的数百帧
// 这些帧包含的多边形和几何体相同，但顶点位置不同
// 类似于 Quake II .md2 格式
typedef struct OBJECT4DV2_TYP
{
int id;    // 物体的数字 ID
char name[64]; // 物体的名称
int state;    // 物体的状态
int attr;    // 物体的属性
int mati;    // 新增的，-1 表示没有材质
float *avg_radius; // 包含 OBJECT4DV2_MAX_FRAMES 个元素
                           //物体的平均半径，用于碰撞检测
float *max_radius; //包含 OBJECT4DV2_MAX_FRAMES 个元素，物体的最大半径

POINT4D world_pos;  // 物体在世界坐标系中的位置

VECTOR4D dir;    // 物体在局部坐标系下的旋转角度
          // 坐标或单位方向向量
```

```
VECTOR4D ux,uy,uz;  // 用于记录朝向的局部坐标轴
                    // 物体被旋转时它们将自动更新

int num_vertices;   // 每帧包含的顶点数
int num_frames;     // 新增的，帧数
int total_vertices; // 全部顶点
int curr_frame;     // 当前帧，如果只有一帧，则为 0

VERTEX4DTV1_PTR vlist_local; // 局部顶点数组
VERTEX4DTV1_PTR vlist_trans; // 变换后的顶点数组

// 上述两个指针必须指向顶点列表的开头
VERTEX4DTV1_PTR head_vlist_local;
VERTEX4DTV1_PTR head_vlist_trans;

// 新增的，纹理坐标列表
POINT2D_PTR tlist;          // 3*最大多边形数

BITMAP_IMAGE_PTR texture; // 新增的，指向纹理信息的指针，用于简单纹理映射

int num_polys;              // 物体网格中的多边形数
POLY4DV2_PTR plist;         // 新增的，指向多边形的指针

// 方法 //////////////////////////////////////////////////

// 指定当前帧的功能非常重要，因此将其作为成员函数
// 调用其他函数之前如果没有指定当前帧可能会崩溃
int Set_Frame(int frame);

} OBJECT4DV2, *OBJECT4DV2_PTR;
```

根据其名称以及前面的多边形定义，读者应该能够明白大部分新增字段的含义。大部分被修改/新增的字段都与顶点数组、纹理坐标数组以及多帧支持相关。下面介绍这些字段：

● **avg_radius、max_radius**——现在的物体包含多个帧，每帧中的顶点数据将各不相同，因此平均半径和最大半径随不同的帧而异。因此，avg_radius、max_radius 必须是数组。

● **num_frame**——动画帧数。

● **curr_frame**——当前活动的帧。

● **vlist_local**——指向活动帧的顶点网格的指针。

● **vlist_trans**——指向活动帧的顶点网格（变换后的版本）的指针。

● **head_vlist_local**——指向整个顶点列表的开头位置。

● **head_vlist_trans**——指向整个顶点列表（变换后的版本）的开头位置。

● **tlist**——指向纹理坐标数组开头的指针，对于所有的动画帧，只需要一个纹理坐标数组。另外，请花些时间来了解这个数组中包含的信息。这个数组用于存储整个网格的实际纹理坐标。从几何学上说，最多有 3*num_vertices 个纹理坐标；但实际上可能并没有这么多。例如，立方体网格可能只有纹理坐标（0，0）、（0，1）、（1，0）和（1，1），即总共 4 个纹理坐标；而每个多边形顶点只有一个指向纹理数组的索引，它指出了该顶点使用的纹理坐标。在最糟糕的情况下，每个顶点在包含它的每个多边形中，都有不同的纹理坐标，在这种情况下，将需要 3*num_vertices 个纹理坐标。

下面更详细地介绍网格动画以及上述字段的含义。正如前面指出的，我们初涉动画时，将使用静态多帧动画：加载一系列的网格，然后依次播放显示这些网格，就像实现 2D 位图动画那样。然而，我们对网格动画指定了两个限制条件：首先，所有网格包含的顶点数必须相同；其次，组成每个多边形的定义不能发

生变化。唯一可以改变的是顶点的位置。通过使用这些规则，可以支持 Quake II .MD2 格式。本章不会实现任何动画功能，但将为以后实现这些功能做好准备。

提示：高级动画系统使用基于物理模型的前推或逆推运动学（forward or inverse kinematics）而不是静态网格信息。数学模型根据外力或动画数据对链杆进行变换，这样构成物体的各个子物体将分别运动，形成整个物体的动画。

选择当前帧后，将根据指针 head_vlist_*、num_vertices 和 curr_frame 来找到当前帧的地址。然后，将指针 vlist_local 和 vlist_trans 指向当前帧，这样对 vlist_local 和 vlist_trans 执行操作时操作的将是当前帧，如图 9.5 所示。除此之外，改变当前帧时，还必须存取平均半径和最大半径数组中相应的元素。vlist_local 和 vlist_trans 使得多帧支持非常简单——只是操纵指针而已。

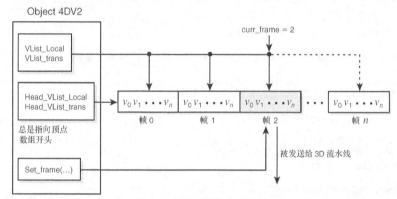

图 9.5　多帧支持的数据流程图

接下来，使用动态分配的数组来提高内存的使用效率以及帮助实现多帧支持。这种方法存在的唯一问题是，并非所有的文件格式都以类似于下面的内容打头：

```
"number of polygons, number of vertices, number of texture coordinates"
```

因此必须使用某种技巧来分配数组（并在读取文件中实际的值后重新分配数组）。例如，需要创建一个 OBJECT4DV2 对象，并加载顶点和多边形，但如果读取的是 .COB 文件格式，一开始并不知道实际上有多少个纹理坐标，因此估计在最糟糕的情况下有多少个顶点坐标。随便说一句，在分配内存空间时，如果不知道要分配多少，可按最糟糕的情况进行分配，以后再重新分配内存，复制原来分配的内存空间中的内容，并释放这些内存。

最后，还需要在 OBJECT4DV2 结构中新增一个方法，用于指定当前帧。如果在没有指定当前帧之前调用其他函数，可能导致系统崩溃。这个方法名为 Set_Frame()。要调用这个函数，只需这样做即可：

```
object.Set_Frame(0);
```

上述代码将当前帧设置为第 0 帧。为让读者了解操作指针有多简单，下面列出了该函数的代码：

```
// 指定当前帧的功能非常重要，因此将其作为成员函数
int OBJECT4DV2::Set_Frame(int frame)
{
// 这个函数指定多帧物体的当前帧
// 如果物体不是多帧的，这个函数将不起作用

// 检查物体是否有效
if (!this)
```

```
    return(0);

// 检查物体是否是多帧的
if (!(this->attr & OBJECT4DV2_ATTR_MULTI_FRAME))
  return(0);

// 物体有效且是多帧的，将指针指向当前帧数据

// 检查参数 frame 的值是否超界
if (frame < 0 )
  frame = 0;
else
if (frame >= this->num_frames)
  frame = this->num_frames - 1;

// 设置当前帧
this->curr_frame = frame;

// 让指针指向顶点列表中相应的帧

this->vlist_local = &(this->head_vlist_local[frame*this->num_vertices]);
this->vlist_trans = &(this->head_vlist_trans[frame*this->num_vertices]);

// 成功返回
return(1);

} // end Set_Frame
```

注意：还有一个外部函数版本：Set_OBJECT4DV2_Frame（OBJECT4DV2_PTR obj, int frame）。它与前面的版本相同，但是常规函数而不是对象的方法。

最后，每个物体都有一个纹理，该纹理被用于整个物体。多边形结构中的纹理指针指定一个用于多边形的纹理，而在物体中，指定一个用于整个物体的纹理。后面可能对此进行修改，但对物体进行纹理映射时，将纹理视为表层将更容易处理。加载物体时，将一个纹理图加载到 OBJECT4DV2 的纹理对象中，然后在加载多边形时，让多边形的内部纹理指针指向 OBJECT4DV2 的内部纹理。如果有材质库就好了，这样可以使用多个纹理，这将在以后再实现。

9.2.6　函数清单和原型

本章修改的函数很多，这里简要地介绍一下。这些函数大部分在以前介绍过，只是现在为 2.0 版。因此，这里只简要地介绍每个函数的用途，而不详细介绍其参数和调用范例，因为它们并非新增的，而只是版本不同而已，读者应该知道如何使用它们。这里介绍它们，旨在让读者知道新的引擎有哪些功能。

这些原型可能让读者感到迷惑，因为对于有些新函数，读者并不知道其功能，但作者仍希望读者仔细阅读其中的每个函数，这样后面讨论理论知识时，读者将对流水线的功能有大概的了解。另外，有些函数只是用于测试，并非最终引擎的一部分——它们只适用于测试 OBJECT4DV1 和 RENDERLIST4DV1。本章不需要使用它们，作者在过渡到数据结构 2.0 版时编写了它们，将其用于测试。这里没有列出这些函数，但 .CPP 和 .H 文件中包含它们。下面是本章中一些很有用的函数原型，它们包含在引擎的 T3DLIB7.CPP|H 模块中，作者将一些用途相似的函数作为一组：

函数：
```
char *Extract_Filename_From_Path(char *filepath, char *filename);
```

用途：从完整的文件路径中提取文件名。

函数：

```
int Set_OBJECT4DV2_Frame(OBJECT4DV2_PTR obj, int frame);
```

用途：设置多网格动画中的当前帧。

函数：

```
int Destroy_OBJECT4DV2(OBJECT4DV2_PTR obj);
```

用途：删除物体，并释放其占用的内存。

函数：

```
int Init_OBJECT4DV2(OBJECT4DV2_PTR obj,   // object to allocate
          int _num_vertices,
          int _num_polys,
          int _num_frames,
          int destroy=0);
```

用途：初始化物体，并为其分配内存。

函数：

```
void Translate_OBJECT4DV2(OBJECT4DV2_PTR obj, VECTOR4D_PTR vt);
```

用途：在 3D 空间中平移物体。

函数：

```
void Scale_OBJECT4DV2(OBJECT4DV2_PTR obj, VECTOR4D_PTR vs, int all_frames=0);
```

用途：对物体的一个或所有帧进行缩放。

函数：

```
void Transform_OBJECT4DV2(OBJECT4DV2_PTR obj, MATRIX4X4_PTR mt,
          int coord_select,
          int transform_basis,
          int all_frames=0);
```

用途：使用传入的矩阵对物体的当前帧或所有帧进行变换。

函数：

```
void Rotate_XYZ_OBJECT4DV2(OBJECT4DV2_PTR obj,
          float theta_x,
          float theta_y,
          float theta_z,
          int all_frames);
```

用途：根据传入的参数对物体的局部坐标轴 x、y 和 z 进行旋转。

函数：

```
void Model_To_World_OBJECT4DV2(OBJECT4DV2_PTR obj,
     int coord_select = TRANSFORM_LOCAL_TO_TRANS, int all_frames=0);
```

用途：对传入的物体执行模型坐标到世界坐标变换。

函数：

```
int Cull_OBJECT4DV2(OBJECT4DV2_PTR obj, CAM4DV1_PTR cam, int cull_flags);
```

用途：在观察流水线中（准确地说是根据视景体）对物体进行剔除。

函数：

```
void Remove_Backfaces_OBJECT4DV2(OBJECT4DV2_PTR obj, CAM4DV1_PTR cam);
```

用途：根据传入的相机，对物体执行背面消除操作。

函数：
```
void Remove_Backfaces_RENDERLIST4DV2(RENDERLIST4DV2_PTR rend_list, CAM4DV1_PTR cam);
```

用途：根据传入的相机，对渲染列表执行背面消除操作。

函数：
```
void Camera_To_Perspective_OBJECT4DV2(OBJECT4DV2_PTR obj, CAM4DV1_PTR cam);
```

用途：根据传入的相机，对物体执行相机坐标到透视坐标变换。

函数：
```
void Perspective_To_Screen_RENDERLIST4DV2(RENDERLIST4DV2_PTR rend_list,
                      CAM4DV1_PTR cam);
```

用途：根据传入的相机，对渲染列表执行透视坐标到屏幕坐标变换。

函数：
```
void Camera_To_Perspective_Screen_RENDERLIST4DV2(RENDERLIST4DV2_PTR rend_list,
                      CAM4DV1_PTR cam);
```

用途：根据传入的相机，对渲染列表执行相机坐标到屏幕坐标变换，相当于将透视变换和屏幕变换合二为一。

函数：
```
void Camera_To_Perspective_RENDERLIST4DV2(RENDERLIST4DV2_PTR rend_list,
                      CAM4DV1_PTR cam);
```

用途：根据传入的相机，对渲染列表执行相机坐标到透视坐标变换。

函数：
```
void World_To_Camera_OBJECT4DV2(OBJECT4DV2_PTR obj, CAM4DV1_PTR cam);
```

用途：根据传入的相机，对物体执行世界坐标到相机坐标变换。

函数：
```
void World_To_Camera_RENDERLIST4DV2(RENDERLIST4DV2_PTR render_list,
                  CAM4DV1_PTR cam);
```

用途：根据传入的相机，对渲染列表执行世界坐标到相机坐标变换。

函数：
```
void Camera_To_Perspective_Screen_OBJECT4DV2(OBJECT4DV2_PTR obj, CAM4DV1_PTR cam);
```

用途：根据传入的相机，对物体执行相机坐标到屏幕坐标变换，即将透视变换和屏幕变换合二为一。

函数：
```
void Perspective_To_Screen_OBJECT4DV2(OBJECT4DV2_PTR obj, CAM4DV1_PTR cam);
```

用途：根据传入的相机，对物体执行透视坐标到屏幕坐标变换。

函数：
```
int Insert_POLY4DV2_RENDERLIST4DV2(RENDERLIST4DV2_PTR rend_list,
                POLY4DV2_PTR poly);
```

```
int Insert_POLYF4DV2_RENDERLIST4DV2(RENDERLIST4DV2_PTR rend_list,
                POLYF4DV2_PTR poly);
```

用途：将传入的多边形插入到渲染列表中。

函数：
```
int Insert_OBJECT4DV2_RENDERLIST4DV2(RENDERLIST4DV2_PTR rend_list,
                OBJECT4DV2_PTR obj,
                int insert_local);
```

用途：将传入的物体分解为多边形，并将它们插入到渲染列表中。

函数：
```
void Reset_OBJECT4DV2(OBJECT4DV2_PTR obj);
```

用途：重置物体的状态值。

函数：
```
int Compute_OBJECT4DV2_Poly_Normals(OBJECT4DV2_PTR obj);
```

用途：计算传入的物体的多边形法线，供光照函数使用。

函数：
```
void Draw_OBJECT4DV2_Wire(OBJECT4DV2_PTR obj,
            UCHAR *video_buffer, int lpitch);

void Draw_OBJECT4DV2_Wire16(OBJECT4DV2_PTR obj,
            UCHAR *video_buffer, int lpitch);
```

用途：使用线框模式将传入的物体渲染到屏幕上。

函数：
```
void Draw_RENDERLIST4DV2_Wire(RENDERLIST4DV2_PTR rend_list,
            UCHAR *video_buffer, int lpitch);

void Draw_RENDERLIST4DV2_Wire16(RENDERLIST4DV2_PTR rend_list,
            UCHAR *video_buffer, int lpitch);
```

用途：使用线框模式将传入的渲染列表渲染到屏幕上。

函数：
```
void Draw_RENDERLIST4DV2_Solid(RENDERLIST4DV2_PTR rend_list,
            UCHAR *video_buffer, int lpitch);

void Draw_RENDERLIST4DV2_Solid16(RENDERLIST4DV2_PTR rend_list,
            UCHAR *video_buffer, int lpitch);
```

用途：将传入的渲染列表渲染到屏幕上，支持固定着色、恒定着色和纹理映射。

函数：
```
float Compute_OBJECT4DV2_Radius(OBJECT4DV2_PTR obj);
```

用途：计算物体中所有帧的平均半径和最大半径。

函数：
```
int Compute_OBJECT4DV2_Vertex_Normals(OBJECT4DV2_PTR obj);
```

用途：计算物体的顶点法线。

函数：
```
int Load_OBJECT4DV2_PLG(OBJECT4DV2_PTR obj, // 指向物体的指针
          char *filename,    // PLG 文件的名称
          VECTOR4D_PTR scale, // 初始缩放因子
          VECTOR4D_PTR pos,   // 初始位置
          VECTOR4D_PTR rot,   // 初始旋转角度
          int vertex_flags=0); // 指定是否反转顶点顺序
```

用途：从磁盘中加载一个.PLG/PLX 格式的 3D 网格文件。

函数：
```
int Load_OBJECT4DV2_3DSASC(OBJECT4DV2_PTR obj,  // 指向物体的指针
          char *filename,    // ASC 文件的名称
          VECTOR4D_PTR scale, // 初始缩放因子
          VECTOR4D_PTR pos,   // 初始位置
          VECTOR4D_PTR rot,   // 初始旋转角度
          int vertex_flags=0); // 指定是否反转顶点顺序
```

用途：从磁盘中加载一个 3D Studio Max .ASC 网格文件，参数 vertex_flags 指定是否要反转顶点环绕顺序。

函数：
```
int Load_OBJECT4DV2_COB(OBJECT4DV2_PTR obj,  // 指向物体的指针
          char *filename,    // Caligari COB 文件的名称
          VECTOR4D_PTR scale, // 初始缩放因子
          VECTOR4D_PTR pos,   // 初始位置
          VECTOR4D_PTR rot,   // 初始旋转角度
          int vertex_flags=0); // 指定是否反转顶点的顺序
                    // 以及执行变换
```

用途：从磁盘中加载一个 Caligari trueSpace 3D .COB 网格文件，支持固定着色、恒定着色、Gouraud 着色和纹理映射。

函数：
```
void Reset_RENDERLIST4DV2(RENDERLIST4DV2_PTR rend_list);
```

用途：重置传入的渲染列表，为下次流水线处理做准备。

函数：
```
int Light_OBJECT4DV2_World16(OBJECT4DV2_PTR obj, // 要处理的物体
      CAM4DV1_PTR cam, // 相机
      LIGHTV1_PTR lights,// 光源列表
      int max_lights);   // 列表包含的最大光源数

int Light_OBJECT4DV2_World(OBJECT4DV2_PTR obj, // 要处理的物体
      CAM4DV1_PTR cam, // 相机
      LIGHTV1_PTR lights, // 光源列表
      int max_lights);   // 列表包含的最大光源数
```

用途：根据传入的相机和光源列表，对物体执行光照处理；它们分别是 8 位版本和 16 位版本。

函数：
```
int Light_RENDERLIST4DV2_World16(RENDERLIST4DV2_PTR rend_list, // 要处理的
                                              //渲染列表

      CAM4DV1_PTR cam,    // 相机
```

```
            LIGHTV1_PTR lights,  // 光源列表
            int max_lights);    // 列表包含的最大光源数

    int Light_RENDERLIST4DV2_World(RENDERLIST4DV2_PTR rend_list, // 要处理的
                                                                  // 渲染列表
            CAM4DV1_PTR cam,      // 相机
            LIGHTV1_PTR lights,   // 光源列表
            int max_lights);      // 列表包含的最大光源数
```

用途：根据传入的相机和光源列表，对渲染列表执行光照处理；它们分别是 8 位版本和 16 位版本。

函数：
```
void Sort_RENDERLIST4DV2(RENDERLIST4DV2_PTR rend_list, int sort_method);
```

用途：根据参数 sort_method 指定的排序方法，对渲染列表执行 z 排序。

函数：
```
int Compare_AvgZ_POLYF4DV2(const void *arg1, const void *arg2);

int Compare_NearZ_POLYF4DV2(const void *arg1, const void *arg2);

int Compare_FarZ_POLYF4DV2(const void *arg1, const void *arg2);
```

用途：排序算法使用的排序方法，Sort_RENDERLIST4DV2()将调用这些方法。

函数：
```
void Draw_Textured_Triangle(POLYF4DV2_PTR face,
          UCHAR *dest_buffer, int mem_pitch);

void Draw_Textured_Triangle16(POLYF4DV2_PTR face,
          UCHAR *dest_buffer, int mem_pitch);
```

用途：用于绘制三角形的低级仿射纹理渲染函数；它们分别是 8 位版本和 16 位版本。

函数：
```
void Draw_Textured_TriangleFS(POLYF4DV2_PTR face,   // 指向多边形面的指针
          UCHAR *_dest_buffer,// 指向视频缓存的指针
          int mem_pitch);     // 每行占据的字节数（320、640 等）

void Draw_Textured_TriangleFS16(POLYF4DV2_PTR face,   // 指向多边形面的指针
          UCHAR *_dest_buffer,  // 指向视频缓存的指针
          int mem_pitch);       // 每行占据的字节数（320、640 等）
```

用途：支持恒定着色的用于绘制三角形的低级仿射纹理渲染函数；它们分别是 8 位版本和 16 位版本。

函数：
```
void Draw_Gouraud_Triangle16(POLYF4DV2_PTR face,   // 指向多边形面的指针
          UCHAR *_dest_buffer, // 指向视频缓存的指针
          int mem_pitch);   // 每行占据的字节数（320、640 等）

void Draw_Gouraud_Triangle(POLYF4DV2_PTR face,      // 指向多边形面的指针
          UCHAR *dest_buffer, // 指向视频缓存的指针
          int mem_pitch);   // 每行的字节数（320、640 等）
```

用途：支持 Gouraud 着色的用于绘制三角形的低级仿射纹理渲染函数；它们分别是 8 位版本和 16 位版本。

函数：

```
void Draw_Top_Tri2_16(float x1, float y1,
        float x2, float y2,
        float x3, float y3,
        int color,
        UCHAR *_dest_buffer, int mempitch);

void Draw_Bottom_Tri2_16(float x1, float y1,
        float x2, float y2,
        float x3, float y3,
        int color,
        UCHAR *_dest_buffer, int mempitch);

void Draw_Top_Tri2(float x1, float y1,
        float x2, float y2,
        float x3, float y3,
        int color,
        UCHAR *_dest_buffer, int mempitch);

void Draw_Bottom_Tri2(float x1, float y1,
        float x2, float y2,
        float x3, float y3,
        int color,
        UCHAR *_dest_buffer, int mempitch);
```

用途：绘制平底三角形和平顶三角形的低级函数，包括 8 位版本和 16 位版本。

函数：
```
void Draw_Triangle_2D2_16(float x1, float y1,
        float x2, float y2,
        float x3, float y3,
        int color,
        UCHAR *dest_buffer, int mempitch);

void Draw_Triangle_2D2(float x1, float y1,
        float x2, float y2,
        float x3, float y3,
        int color,
        UCHAR *dest_buffer, int mempitch);
```

用途：绘制常规三角形的低级函数，包括 8 位版本和 16 位版本。

函数：
```
int Load_Bitmap_File2(BITMAP_FILE_PTR bitmap, char *filename);
```

用途：位图加载函数，支持文件格式.BMP 和.PCX，将其加载到位图文件对象中。

函数：
```
int Load_Bitmap_PCX_File(BITMAP_FILE_PTR bitmap, char *filename);
```

用途：将.PCX 文件加载到位图文件对象中。

9.3　重新编写物体加载函数

作者将不断地重新编写加载函数，这是一项非常麻烦的工作。令人欣慰的是，充分利用文件格式本身后，可使加载函数达到比较完善的程度。.PLG/PLX 和.ASC 格式就属于这种情况，即它们根本不支持引擎新增的特性，因此对于这些格式的加载函数，需要做的修改不多。这里之所以保留它们，是因为它们易于手工处理。另一方面，Caligari .COB 格式能够满足我们的所有需求。

.PLG/PLX 格式支持着色模式（但不支持纹理映射），另外它非常简单，主要用于手工建立物体模型，以便对引擎进行测试。最后，.PLG 格式对 8/16 位的硬编码支持非常麻烦，几乎让作者发疯，但编写 3D 引擎时，从这种格式开始着手是不错的选择，因此这里保留了它。

.ASC 格式只能提供网格数据和颜色，它不支持纹理映射和光照模型等。为支持这些特性（至少是光照），在加载函数中使用了参数 vertex_flags 来指定着色方法。然而，.ASC 和 PLG/PLX 并不支持纹理映射，因为我们无法指定纹理坐标。.COB 格式支持我们所需的各种特性，只有让建模程序使用这种格式导出 3D 模型，才能提供可供引擎使用的光照信息和纹理信息。直觉告诉我，随着本书介绍的深入，将越来越多地使用.COB 格式，越来越少地使用.PLG/PLX 和.ASC 格式。下面来看看新的加载函数及其支持的特性。

9.3.1 更新.PLG/PLX 加载函数

对.PLG/PLX 加载函数所做的修改最少，但这里只列出它的代码，因为它不算太长。所做的修改主要包括对 OBJECT4DV2 结构的支持、访问数据元素的方式以及设置一些新的顶点标记。新结构 VERTEX4DV1 包含一些属性标记，用于指定顶点是否包含 3D 点、法线和纹理坐标。这里介绍对.PLG/PLX 加载函数所做的修改，以便读者在阅读附带光盘中其他的加载函数时不会迷失方向。下面是这个函数的代码，其中重要的代码用粗体显示：

```
int Load_OBJECT4DV2_PLG(OBJECT4DV2_PTR obj, // 指向物体的指针
            char *filename,   // PLG 文件的名称
            VECTOR4D_PTR scale, // 初始缩放因子
            VECTOR4D_PTR pos,   // 初始位置
            VECTOR4D_PTR rot,   // 初始旋转角度
            int vertex_flags) // 顶点标记，用于覆盖某些设置
{
// 这个函数从磁盘中加载 PLG 物体
// 并允许指定非动态物体的位置，对其进行缩放和旋转，以免以后再调用这些函数
// 由于只有一帧，因此加载物体并相应地设置 OBJECT4DV2 的字段

FILE *fp;      // 文件指针
char buffer[256]; // 工作缓冲区

char *token_string;  // 指向从文件中读取的文本的指针，以便对其进行分析

// 回顾 PLG 文件格式
// # 这是注释

// # 物体描述符
// object_name_string num_verts_int num_polys_int

// # 顶点列表
// x0_float y0_float z0_float
// x1_float y1_float z1_float
// x2_float y2_float z2_float
// .
// .
// xn_float yn_float zn_float
//
// # 多边形列表
// surface_description_ushort num_verts_int v0_index_int v1_index_int .. // .
// .
```

```
// surface_description_ushort num_verts_int v0_index_int v1_index_int ..

// 假设每个元素占据一行
// 因此首先找到并读取物体描述符
// 然后找到并读取顶点列表，最后找到并读取多边形列表

// 第1步：清空物体的内容并对其进行初始化
memset(obj, 0, sizeof(OBJECT4DV2));

// 将物体的状态设置为活动和可见
obj->state = OBJECT4DV2_STATE_ACTIVE | OBJECT4DV2_STATE_VISIBLE;

// 设置物体的位置
obj->world_pos.x = pos->x;
obj->world_pos.y = pos->y;
obj->world_pos.z = pos->z;
obj->world_pos.w = pos->w;

// 设置物体包含的帧数
obj->num_frames = 1;
obj->curr_frame = 0;
obj->attr = OBJECT4DV2_ATTR_SINGLE_FRAME;

// 第2步：打开文件以便进行读取
if (!(fp = fopen(filename, "r")))
{
Write_Error("Couldn't open PLG file %s.", filename);
return(0);
} // end if

// 第3步：读取第一行字符串，这是物体描述符
if (!(token_string = Get_Line_PLG(buffer, 255, fp)))
{
Write_Error("PLG file error with file %s (object descriptor invalid).",
        filename);
return(0);
} // end if

Write_Error("Object Descriptor: %s", token_string);

// 分析物体描述符
sscanf(token_string, "%s %d %d",
    obj->name, &obj->num_vertices, &obj->num_polys);

// 为存储顶点数和多边形数的变量分配内存
if (!Init_OBJECT4DV2(obj,  // 为物体分配内存
        obj->num_vertices,
        obj->num_polys,
        obj->num_frames))
  {
  Write_Error("\nPLG file error with file %s (can't allocate memory).",
        filename);
  } // end if

// 第4步：加载顶点列表
for (int vertex = 0; vertex < obj->num_vertices; vertex++)
  {
  // 读取下一个顶点
  if (!(token_string = Get_Line_PLG(buffer, 255, fp)))
    {
    Write_Error("PLG file error with file %s (vertex list invalid).",
```

```
                 filename);
       return(0);
       } // end if

   // 分析顶点数据
   sscanf(token_string, "%f %f %f", &obj->vlist_local[vertex].x,
                     &obj->vlist_local[vertex].y,
                     &obj->vlist_local[vertex].z);
   obj->vlist_local[vertex].w = 1;

   // 执行缩放操作
   obj->vlist_local[vertex].x*=scale->x;
   obj->vlist_local[vertex].y*=scale->y;
   obj->vlist_local[vertex].z*=scale->z;

   Write_Error("\nVertex %d = %f, %f, %f, %f", vertex,
               obj->vlist_local[vertex].x,
               obj->vlist_local[vertex].y,
               obj->vlist_local[vertex].z,
               obj->vlist_local[vertex].w);

   // 每个顶点至少包含一个 3D 点，因此相应地设置属性
   SET_BIT(obj->vlist_local[vertex].attr, VERTEX4DTV1_ATTR_POINT);

   } // end for vertex

// 计算平均半径和最大半径
Compute_OBJECT4DV2_Radius(obj);

Write_Error("\nObject average radius = %f, max radius = %f",
       obj->avg_radius, obj->max_radius);

int poly_surface_desc = 0; // PLG/PLX 面描述符
int poly_num_verts    = 0; // 当前多边形的顶点数(总是为 3)
char tmp_string[8];        // 用于存储面描述符的字符串，将检测其值是否为十六进制的

// 第 5 步：加载顶点列表
for (int poly=0; poly < obj->num_polys; poly++)
  {
  // 读取下一个多边形描述符
  if (!(token_string = Get_Line_PLG(buffer, 255, fp)))
  {
  Write_Error("PLG file error with file %s
       (polygon descriptor invalid).",filename);
  return(0);
  } // end if

  Write_Error("\nPolygon %d:", poly);

  // 每个多边形都有 3 个顶点
  // 因为我们规定所有模型都由三角形组成
  // 读取面描述符、顶点数和顶点列表
  sscanf(token_string, "%s %d %d %d %d", tmp_string,
         &poly_num_verts, // 总为 3
         &obj->plist[poly].vert[0],
         &obj->plist[poly].vert[1],
         &obj->plist[poly].vert[2]);

// 我们允许面描述符为十六进制，在这种情况下，面描述符以"0x"打头
// 对此进行检测
if (tmp_string[0] == '0' && toupper(tmp_string[1]) == 'X')
```

```
    sscanf(tmp_string,"%x", &poly_surface_desc);
else
    poly_surface_desc = atoi(tmp_string);

    // 将多边形的顶点列表指针指向物体的顶点列表
    obj->plist[poly].vlist = obj->vlist_local;

    Write_Error("\nSurface Desc = 0x%.4x, num_verts = %d,
            vert_indices [%d, %d, %d]",
                    poly_surface_desc,
                    poly_num_verts,
                    obj->plist[poly].vert[0],
                    obj->plist[poly].vert[1],
                    obj->plist[poly].vert[2]);

    // 设置顶点列表和多边形的顶点索引后
    // 对面描述符进行分析，以相应地设置多边形的字段

    // 提取面描述符中的数据
    // 首先提取单面/双面设置
    if ((poly_surface_desc & PLX_2SIDED_FLAG))
        {
        SET_BIT(obj->plist[poly].attr, POLY4DV2_ATTR_2SIDED);
        Write_Error("\n2 sided.");
        } // end if
    else
        {
        // 单面
        Write_Error("\n1 sided.");
        } // end else

    // 提取颜色模式和颜色值
    if ((poly_surface_desc & PLX_COLOR_MODE_RGB_FLAG))
        {
        // RGB 4.4.4 模式
        SET_BIT(obj->plist[poly].attr,POLY4DV2_ATTR_RGB16);

        // 提取颜色值，并将其复制到多边形的颜色字段中
        int red   = ((poly_surface_desc & 0x0f00) >> 8);
        int green = ((poly_surface_desc & 0x00f0) >> 4);
        int blue  = (poly_surface_desc & 0x000f);

        // 文件中的颜色数据总是 4.4.4 格式的，但图形卡为 5.5.5 或 5.6.5 格式
        // 虚拟颜色系统将 8.8.8 格式转换为 5.5.5 或 5.6.5 格式
        // 因此我们需要将 4.4.4 值转换为 8.8.8 格式
        obj->plist[poly].color = RGB16Bit(red*16, green*16, blue*16);
        Write_Error("\nRGB color = [%d, %d, %d]", red, green, blue);
        } // end if
    else
        {
        // 多边形使用的是颜色索引模式
        SET_BIT(obj->plist[poly].attr,POLY4DV2_ATTR_8BITCOLOR);

        // 提取最后 8 位，它们是颜色索引
        obj->plist[poly].color = (poly_surface_desc & 0x00ff);

        Write_Error("\n8-bit color index = %d", obj->plist[poly].color);

        } // end else

// 处理着色模式
```

```
int shade_mode = (poly_surface_desc & PLX_SHADE_MODE_MASK);

// 设置多边形的着色模式
switch(shade_mode)
   {
   case PLX_SHADE_MODE_PURE_FLAG: {
   SET_BIT(obj->plist[poly].attr, POLY4DV2_ATTR_SHADE_MODE_PURE);
   Write_Error("\nShade mode = pure");
   } break;

   case PLX_SHADE_MODE_FLAT_FLAG: {
   SET_BIT(obj->plist[poly].attr, POLY4DV2_ATTR_SHADE_MODE_FLAT);
   Write_Error("\nShade mode = flat");

   } break;

   case PLX_SHADE_MODE_GOURAUD_FLAG: {
   SET_BIT(obj->plist[poly].attr, POLY4DV2_ATTR_SHADE_MODE_GOURAUD);

   // 多边形的顶点必须包含法线，因此相应地设置顶点的属性
   SET_BIT(obj->vlist_local[ obj->plist[poly].vert[0] ].attr,
       VERTEX4DTV1_ATTR_NORMAL);
   SET_BIT(obj->vlist_local[ obj->plist[poly].vert[1] ].attr,
       VERTEX4DTV1_ATTR_NORMAL);
   SET_BIT(obj->vlist_local[ obj->plist[poly].vert[2] ].attr,
       VERTEX4DTV1_ATTR_NORMAL);

   Write_Error("\nShade mode = gouraud");
   } break;

   case PLX_SHADE_MODE_PHONG_FLAG: {
   SET_BIT(obj->plist[poly].attr, POLY4DV2_ATTR_SHADE_MODE_PHONG);

   // 多边形的顶点必须包含法线，因此相应地设置顶点的属性
   SET_BIT(obj->vlist_local[ obj->plist[poly].vert[0] ].attr,
       VERTEX4DTV1_ATTR_NORMAL);
   SET_BIT(obj->vlist_local[ obj->plist[poly].vert[1] ].attr,
       VERTEX4DTV1_ATTR_NORMAL);
   SET_BIT(obj->vlist_local[ obj->plist[poly].vert[2] ].attr,
       VERTEX4DTV1_ATTR_NORMAL);

   Write_Error("\nShade mode = phong");
   } break;

   default: break;
   } // end switch

// 设置材质模式，以模拟 1.0 版
SET_BIT(obj->plist[poly].attr, POLY4DV2_ATTR_DISABLE_MATERIAL);

// 将多边形的状态设置为活动的
obj->plist[poly].state = POLY4DV2_STATE_ACTIVE;


// 将多边形的顶点列表指针指向物体的顶点列表
obj->plist[poly].vlist = obj->vlist_local;

// 设置纹理坐标列表
obj->plist[poly].tlist = obj->tlist;
```

```
        } // end for poly

// 计算多边形法线的长度
Compute_OBJECT4DV2_Poly_Normals(obj);

// 对于使用 Gouraud 着色的多边形，计算其顶点法线
Compute_OBJECT4DV2_Vertex_Normals(obj);

// 关闭文件
fclose(fp);

// 成功返回
return(1);

} // end Load_OBJECT4DV2_PLG
```

下面讨论各段用粗体显示的代码，它们是新增或经过修改的。从开头开始，第一段粗体代码如下：

```
// 设置帧数
obj->num_frames = 1;
obj->curr_frame = 0;
obj->attr = OBJECT4DV2_ATTR_SINGLE_FRAME;
```

这段代码提供多帧支持，将当前帧设置为 0；对于单帧物体也必须执行这些操作。接下来为 OBJECT4DV2 分配内存：

```
if (!Init_OBJECT4DV2(obj,   // object to allocate
        obj->num_vertices,
        obj->num_polys,
        obj->num_frames))
  {
  Write_Error("\nPLG file error with file %s (can't allocate memory).",
        filename);
  } // end if
```

函数 Init_OBJECT4DV2() 释放 OBJECT4DV2 原来占用的内存，并为其重新分配内存，代码如下：

```
int Init_OBJECT4DV2(OBJECT4DV2_PTR obj,   // 要为其分配内存的物体
            int _num_vertices,
            int _num_polys,
            int _num_frames,
            int destroy)
{
// 这个函数根据传入的参数值为 OBJECT4DV2 分配内存

// 首先删除物体（如果已经存在的话）
if (destroy)
  Destroy_OBJECT4DV2(obj);

// 首先为顶点列表分配内存
if (!(obj->vlist_local = (VERTEX4DTV1_PTR)malloc(sizeof(VERTEX4DTV1)*
                num_vertices*_num_frames)))
  return(0);

// 清除数据
memset((void *)obj->vlist_local,0,sizeof(VERTEX4DTV1)*
            num_vertices*_num_frames);

if (!(obj->vlist_trans = (VERTEX4DTV1_PTR)malloc(sizeof(VERTEX4DTV1)*
                num_vertices*_num_frames)))
```

```
    return(0);

    // 清除数据
    memset((void *)obj->vlist_trans,0,sizeof(VERTEX4DTV1)*
                        num_vertices*_num_frames);

    // 纹理坐标数总是 3*多边形数
    if (!(obj->tlist = (POINT2D_PTR)malloc(sizeof(POINT2D)*_num_polys*3)))
      return(0);

    // 清除数据
    memset((void *)obj->tlist,0,sizeof(POINT2D)*_num_polys*3);


    // 为半径数组分配内存
    if (!(obj->avg_radius = (float *)malloc(sizeof(float)*_num_frames)))
      return(0);

    // 清除数据
    memset((void *)obj->avg_radius,0,sizeof(float)*_num_frames);


    if (!(obj->max_radius = (float *)malloc(sizeof(float)*_num_frames)))
      return(0);

    // 清除数据
    memset((void *)obj->max_radius,0,sizeof(float)*_num_frames);

    // 为多边形列表分配内存
    if (!(obj->plist = (POLY4DV2_PTR)malloc(sizeof(POLY4DV2)*_num_polys)))
      return(0);

    // 清除数据
    memset((void *)obj->plist,0,sizeof(POLY4DV2)*_num_polys);

    // 设置指针
    obj->head_vlist_local = obj->vlist_local;
    obj->head_vlist_trans = obj->vlist_trans;

    // 设置一些内部变量
    obj->num_frames    = _num_frames;
    obj->num_polys     = _num_polys;
    obj->num_vertices  = _num_vertices;
    obj->total_vertices = _num_vertices*_num_frames;

    // 成功返回
    return(1);

} // end Init_OBJECT4DV2
```

读者可能注意到了，该函数调用了 Destroy_OBJECT4DV2()，后者的代码如下：

```
int Destroy_OBJECT4DV2(OBJECT4DV2_PTR obj)    // 要删除的物体
{
// 这个函数删除传入的物体，这基本上是释放其占用的内存

// 局部顶点列表
if (obj->head_vlist_local)
   free(obj->head_vlist_local);

// 变换后的顶点列表
```

```
if (obj->head_vlist_trans)
  free(obj->head_vlist_trans);

// 纹理坐标列表
if (obj->tlist)
  free(obj->tlist);

// 多边形列表
if (obj->plist)
  free(obj->plist);

// 物体半径数组
if (obj->avg_radius)
  free(obj->avg_radius);

if (obj->max_radius)
  free(obj->max_radius);

// 清除物体的数据
memset((void *)obj, 0, sizeof(OBJECT4DV2));

// 成功返回
return(1);

} // end Destroy_OBJECT4DV2
```

和以往一样，这里有大量的错误检查代码，这可能有些小题大做，但并没有坏处。回到.PLG 加载函数，接下来的一段重要代码设置顶点的属性，指出其包含一个 3D 点：

```
// 顶点至少包含一个 3D 点，相应地设置其属性
SET_BIT(obj->vlist_local[vertex].attr, VERTEX4DTV1_ATTR_POINT);
```

对于每个包含 3D 点的顶点（几乎是全部顶点）都必须这样做，新的灵活的顶点格式允许顶点包含 3D 点、法线和纹理坐标。接下来的一段重要代码用于支持 Gouraud 和 Phong 着色，它们设置多边形的每个顶点，使之能够包含法线，如下所示：

```
// 多边形的顶点必须包含法线，相应地设置顶点属性
SET_BIT(obj->vlist_local[ obj->plist[poly].vert[0] ].attr,
                VERTEX4DTV1_ATTR_NORMAL);
SET_BIT(obj->vlist_local[ obj->plist[poly].vert[1] ].attr,
                VERTEX4DTV1_ATTR_NORMAL);
SET_BIT(obj->vlist_local[ obj->plist[poly].vert[2] ].attr,
                VERTEX4DTV1_ATTR_NORMAL);
```

对于 Gouraud 着色和 Phong 着色（可能不会实现这种着色），必须知道每个顶点的法线，因此这里设置相应的属性，使顶点能够包含法线。最后，调用了计算多边形法线和顶点法线的函数。计算多边形法线的函数在前面介绍过：

```
// 计算多边形法线的长度
Compute_OBJECT4DV2_Poly_Normals(obj);
```

下面的函数计算每个多边形的顶点法线：

```
// 对于使用 Gouraud 着色的多边形，计算其顶点法线
Compute_OBJECT4DV2_Vertex_Normals(obj);
```

下面详细讨论这个新的.PLG/PLX 文件加载函数。

计算用于光照处理的顶点法线

有关光照计算和 Gouraud 着色算法将在下一节介绍，现在暂时不去管它，将注意力集中在顶点法线的计算机制上。问题如下：给定由 p 个多边形和 v 个顶点组成的模型，计算每个顶点的法线。但是，顶点法线的定义是什么呢？对光照处理而言，需要将多边形法线进行平均来计算顶点法线。图 9.6 显示了有一个简单网格以及每个多边形的多边形法线。要计算顶点法线，需要找出包含给定顶点的所有多边形，并根据每个多边形的面积对多边形法线（这里假定为单位法线——译者注）进行加权平均。

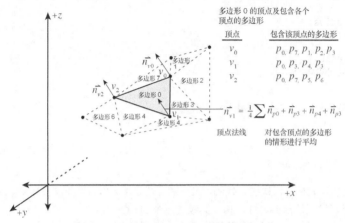

图 9.6　确定包含顶点的多边形并计算顶点法线

例如，假设顶点由两个多边形共享，如图 9.7 所示。多边形 1 的法线权重应比多边形 2 的法线权重大，因为前者的面积比后者大。事实上，在编码中这很容易实现。使用三角形任何两个向量的叉积来计算其法线时，法线的长度与三角形的面积成正比。事实上，法线的长度与这两个向量对应的平行四边形的面积相等，如图 9.8 所示。

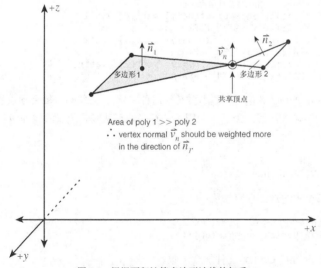

图 9.7　根据面积计算多边形法线的权重

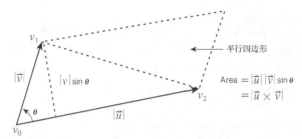

图 9.8　向量 u 和 v 对应的平行四边形的面积为 $|u \times v|$

因此，向量 u 和 v 对应的三角形的面积为 $|u \times v|/2$。因此，计算顶点法线的算法如下：

```
对于网格中的每个顶点 v_i
    v_sum_normal = <0, 0, 0>

    对于包含该顶点的每个多边形 p_i
        v_sum_normal += p_i 的法线
        下一个多边形
    归一化 v_sum_normal
下一个顶点
```

计算并得到顶点法线后，每当对模型进行变换时，必须对顶点法线也进行变换，以确保它们与模型同步；否则顶点法线将毫无用处。这增加了顶点变换操作的计算量，也就是说必须对顶点法线向量也进行变换；这相当于顶点数增加了一倍。不过，仅对采用 Gouraud 着色的多边形来说，才会出现这种情况；如果模型中采用 Gouraud 着色的多边形很少或者没有，这种开销将很小。

下面是在加载物体时离线计算顶点法线的函数：

```c
int Compute_OBJECT4DV2_Vertex_Normals(OBJECT4DV2_PTR obj)
{
// 很多函数都需要使用多边形的顶点法线,
// 其中最重要的是对使用 Gouraud 着色的多变形执行光照计算
// 我们只为使用 Gouraud 着色的多边形计算顶点法线
// 对于每个顶点, 确定共用该顶点的多边形, 然后对这些多边形的法线进行平均, 得到顶点法线
// 为判断是否需要考虑多边形法线, 需检查多边形的着色模式

// 物体是否有效
if (!obj)
  return(0);

// 算法如下: 遍历多边形列表中的每个多边形, 判断它使用的是否是 Gouraud 着色,
// 如果是, 则将其面法线累积到其顶点法线中, 并将记录有多少个多边形包含该顶点的计数器加 1
// 遍历完毕后, 根据计数器的值对累积值进行平均, 得到顶点法线
// 这种算法的复杂度为 O(c*n), 而不是 O(n^2)

// 下述数组用于记录各个顶点有多少个多边形共用
// 遍历结束后, 将累积的顶点法线值除以计数器的值, 得到平均值
int polys_touch_vertex[OBJECT4DV2_MAX_VERTICES];
memset((void *)polys_touch_vertex, 0, sizeof(int)*OBJECT4DV2_MAX_VERTICES);

// 遍历物体的多边形列表, 计算多边形的法线
//将其累积到顶点法线中, 并将共用顶点的多边形数加 1

for (int poly=0; poly < obj->num_polys; poly++)
  {
  Write_Error("\nprocessing poly %d", poly);
```

```
    // 检查多边形是否需要顶点法线
    if (obj->plist[poly].attr & POLY4DV2_ATTR_SHADE_MODE_GOURAUD)
      {
      // 提取指向顶点列表的顶点索引
      // 多边形不是自包含的，而是基于物体的顶点列表的
      int vindex_0 = obj->plist[poly].vert[0];
      int vindex_1 = obj->plist[poly].vert[1];
      int vindex_2 = obj->plist[poly].vert[2];

      Write_Error("\nTouches vertices: %d, %d, %d",
            vindex_0, vindex_1, vindex_2);

      // 需要考虑该多边形的法线
      // 顶点是按顺时针方向排列的，因此 u=p0->p1，v=p0->p2，n=uxv
      VECTOR4D u, v, n;

      // 计算 u 和 v
      VECTOR4D_Build(&obj->vlist_local[ vindex_0 ].v,
            &obj->vlist_local[ vindex_1 ].v, &u);
      VECTOR4D_Build(&obj->vlist_local[ vindex_0 ].v,
            &obj->vlist_local[ vindex_2 ].v, &v);

      // 计算叉积
      VECTOR4D_Cross(&u, &v, &n);

      // 将共用顶点的多边形数加 1
      polys_touch_vertex[vindex_0]++;
      polys_touch_vertex[vindex_1]++;
      polys_touch_vertex[vindex_2]++;

   Write_Error("\nPoly touch array v[%d] = %d, v[%d] = %d, v[%d] = %d",
         vindex_0, polys_touch_vertex[vindex_0],
         vindex_1, polys_touch_vertex[vindex_1],
         vindex_2, polys_touch_vertex[vindex_2]);

      // 将多边形法线累积到顶点法线中
      // 这里没有对多边形法线进行归一化
      // 因为多边形法线的长度为向量 u 和 v 对应的平行四边形的面积
      // 它将被用作加权平均的权重
      VECTOR4D_Add(&obj->vlist_local[vindex_0].n, &n,
            &obj->vlist_local[vindex_0].n);
      VECTOR4D_Add(&obj->vlist_local[vindex_1].n, &n,
            &obj->vlist_local[vindex_1].n);
      VECTOR4D_Add(&obj->vlist_local[vindex_2].n, &n,
            &obj->vlist_local[vindex_2].n);
      } // end for poly

   } // end if needs vertex normals

// 计算出所有顶点法线的累积值后，需要对其进行平均
for (int vertex = 0; vertex < obj->num_vertices; vertex++)
  {
Write_Error("\nProcessing vertex: %d, attr: %d, contributors: %d", vertex,
                obj->vlist_local[vertex].attr,
                polys_touch_vertex[vertex]);

  // 检查顶点是否包含法线，如果有，则对其进行平均
  if (polys_touch_vertex[vertex] >= 1)
    {
    obj->vlist_local[vertex].nx/=polys_touch_vertex[vertex];
```

```
    obj->vlist_local[vertex].ny/=polys_touch_vertex[vertex];
    obj->vlist_local[vertex].nz/=polys_touch_vertex[vertex];

    // 将法线归一化
    VECTOR4D_Normalize(&obj->vlist_local[vertex].n);

    Write_Error("\nAvg Vertex normal: [%f, %f, %f]",
         obj->vlist_local[vertex].nx,
         obj->vlist_local[vertex].ny,
         obj->vlist_local[vertex].nz);

    } // end if

  } // end for

// 成功返回
return(1);

} // end Compute_OBJECT4DV2_Vertex_Normals
```

运行演示程序时，分析结果将被保存到文件 ERROR.TXT 中。读者可以通过查看该文件来了解顶点分析阶段发生的情况。

9.3.2　更新 3D Studio .ASC 加载函数

与前一版相比，.ASC 加载函数的变化不大，因为它不支持纹理、光照处理等。唯一新增的内容是对 OBJECT4DV2 的支持，这在前面讨论 .PLG/PLX 加载函数时介绍过。然而，为提高该加载函数的功能，作者增加了参数 vertex_flags，用于指定物体的光照模型。这个函数的代码太长，这里无法列出，但和 .PLG/PLX 加载函数一样，这个函数也新增了初始化物体和设置顶点类型的功能。该函数的原型如下：

```
int Load_OBJECT4DV2_3DSASC(OBJECT4DV2_PTR obj, // 指向物体的指针
            char *filename,   // ASC 文件的名称
            VECTOR4D_PTR scale, // 初始缩放因子
            VECTOR4D_PTR pos,  // 初始位置
            VECTOR4D_PTR rot,  // 初始旋转角度
            int vertex_flags) // 指定是否需要反转顶点顺序以及设置着色方法
```

新增的功能都是基于参数 vertex_flags 的，下面是为设置该参数而定义的常量：

```
// 新增的用于简单模型格式的常量，用于设置着色方法
#define VERTEX_FLAGS_OVERRIDE_MASK   0xf000 // 用于提取参数值的掩码
#define VERTEX_FLAGS_OVERRIDE_CONSTANT 0x1000
#define VERTEX_FLAGS_OVERRIDE_EMISSIVE 0x1000 //别名
#define VERTEX_FLAGS_OVERRIDE_PURE    0x1000
#define VERTEX_FLAGS_OVERRIDE_FLAT    0x2000
#define VERTEX_FLAGS_OVERRIDE_GOURAUD 0x4000
#define VERTEX_FLAGS_OVERRIDE_TEXTURE 0x8000
```

正如读者看到的，这里定义了用于指定各种着色方法的常量。当前，只支持固定着色、恒定着色和 Gouraud 着色，如该函数中的下述代码所示：

```
// 首先检查是否指定了着色方法
int vertex_overrides = (vertex_flags & VERTEX_FLAGS_OVERRIDE_MASK);

if (vertex_overrides)
  {
  // 哪种着色方法
  if (vertex_overrides & VERTEX_FLAGS_OVERRIDE_PURE)
```

```
        SET_BIT(obj->plist[poly].attr, POLY4DV2_ATTR_SHADE_MODE_PURE);

    if (vertex_overrides & VERTEX_FLAGS_OVERRIDE_FLAT)
       SET_BIT(obj->plist[poly].attr, POLY4DV2_ATTR_SHADE_MODE_FLAT);

    if (vertex_overrides & VERTEX_FLAGS_OVERRIDE_GOURAUD)
      {
      SET_BIT(obj->plist[poly].attr, POLY4DV2_ATTR_SHADE_MODE_GOURAUD);

      // 需要顶点法线
      SET_BIT(obj->vlist_local[ obj->plist[poly].vert[0] ].attr,
           VERTEX4DTV1_ATTR_NORMAL);
      SET_BIT(obj->vlist_local[ obj->plist[poly].vert[1] ].attr,
           VERTEX4DTV1_ATTR_NORMAL);
      SET_BIT(obj->vlist_local[ obj->plist[poly].vert[2] ].attr,
           VERTEX4DTV1_ATTR_NORMAL);
      } // end if

    if (vertex_overrides & VERTEX_FLAGS_OVERRIDE_TEXTURE)
       SET_BIT(obj->plist[poly].attr,POLY4DV2_ATTR_SHADE_MODE_TEXTURE);

    } // end if
```

注意，多边形采用 Gouraud 着色时，将设置其顶点的属性标记 VERTEX4DV1_ATTR_NORMAL，因为在这种情况下需要使用顶点法线。下面的代码演示了如何在加载物体时，将着色方法设置为 Gouraud：

```
Load_OBJECT4DV2_3DSASC(&obj_player, "tie01.asc",
           &vscale, &vpos, &vrot,
           VERTEX_FLAGS_OVERRIDE_GOURAUD);
```

9.3.3 更新 Caligari .COB 加载函数

最后要介绍的是新的.COB 物体加载函数。这个函数的代码非常长，但大部分修改与支持新的 OBJECT4DV2 结构有关。然而，.COB 文件支持纹理坐标和纹理，因此必须在加载函数中添加这种支持。

介绍其代码之前，先来回顾一下我们是处理.COB 文件的。我们根据"Shader class: color"后面一行的内容来确定是否使用纹理映射；然后根据"Shader class: reflectance"后面一行的内容来确定采用固定着色、恒定着色还是 Gouraud 着色。有趣的是，使用纹理时，仍然需要指定着色模式。这个版本的引擎支持对纹理映射多边形进行固定着色和恒定着色。使用 Gouraud 着色时，需要进行插值计算，这将极大地降低纹理映射的速度。这意味着创建.COB 格式的模型时，对于要进行纹理映射的多边形，必须将其颜色设置为"color: texture map"，同时将其反射（reflectance）设置为"constant"（固定着色）或"matte"（恒定着色）。

警告：我们的引擎只支持有一个纹理的物体，纹理的大小为 $m \times m$，其中 m 为 2 的幂，且不能大于 256。

虽然在每个物体中只能使用一个纹理，但这并不意味着不能对物体进行非常漂亮的纹理映射。只需将一个大型（如 128×128 或 256×256 的）表层作为纹理图用于物体，并指定物体的纹理坐标。前一章中的图 8.52 是一个不错的表层，它来自一个 Quake II 模型中。正如读者看到的，在同一个纹理图中，可以包含很多块；使用同一个纹理图时，只需要正确地指定纹理坐标即可。

与前一版相比，新的.COB 加载函数的很多功能相同，但新增了加载和识别纹理的功能。它从.COB 文件中读取纹理信息；基本立方体的纹理信息如下：

```
Texture Vertices 6
0.000000 0.000000
0.000000 1.000000
0.000000 0.000000
```

```
0.000000 1.000000
1.000000 0.000000
1.000000 1.000000
```

在多边形面列表中，每个顶点的第二个分量（粗体）是纹理顶点：

```
Faces 12
Face verts 3 flags 0 mat 4
<0,0> <1,1> <3,5>
Face verts 3 flags 0 mat 4
<0,0> <3,5> <2,4>
Face verts 3 flags 0 mat 0
<0,1> <2,5> <5,4>
Face verts 3 flags 0 mat 0
<0,1> <5,4> <4,0>
Face verts 3 flags 0 mat 1
<2,2> <3,3> <6,5>
Face verts 3 flags 0 mat 1
<2,2> <6,5> <5,4>
Face verts 3 flags 0 mat 0
<1,0> <7,1> <6,5>
Face verts 3 flags 0 mat 0
<1,0> <6,5> <3,4>
Face verts 3 flags 0 mat 2
<4,4> <5,0> <6,1>
Face verts 3 flags 0 mat 2
<4,4> <6,1> <7,5>
Face verts 3 flags 0 mat 3
<0,4> <4,2> <7,3>

Face verts 3 flags 0 mat 3
<0,4> <7,3> <1,5>
```

例如，立方体网格的最后一个多边形（face 11）是一个三角形，由顶点 0、7 和 1 组成，它们对应的纹理顶点分别是 4、3 和 5，相应的纹理坐标为 (1.000000，0.000000)、(0.000000，1.000000) 和 (1.000000，1.000000)。其中每对纹理坐标的格式为 (u, v)：纹理图的 (x, y) 坐标。后面讨论纹理映射时，将更详细的介绍映射细节，现在读者只需要知道指定纹理坐标的方式即可。加载纹理坐标后，还需要加载纹理图。这有些棘手，但只要将一些细节考虑清楚，便能够正确地处理。首先，对于每个物体，只能加在一个纹理。因此，读取包含纹理图的材质时，只加载第一个纹理，而忽略其他的纹理。.COB 加载函数中加载纹理的代码如下：

```
// OBJECT4DV2 只支持一个纹理，虽然我们将加载所有的材质
// 如果是第一个纹理图，则加载它
// 并设置一个标记，禁止加载其他纹理
if (!obj->texture)
   {
   // 第 1 步：为位图分配内存
   obj->texture = (BITMAP_IMAGE_PTR)malloc(sizeof(BITMAP_IMAGE));

   // 根据文件名和全局绝对纹理路径加载纹理
   char filename[80];
   char path_filename[80];
   // 提取文件名
   Extract_Filename_From_Path(materials[material_index +
              num_materials].texture_file, filename);

   // 将文件名和根路径组合起来
   strcpy(path_filename, texture_path);
   strcat(path_filename, filename);
```

```
   // path_filename 现在包含文件名和根路径
   // 加载位图（8/16 位）
   Load_Bitmap_File(&bitmap16bit, path_filename);

   // 创建大小和位深合适的位图
   Create_Bitmap(obj->texture,0,0,
   bitmap16bit.bitmapinfoheader.biWidth,
   bitmap16bit.bitmapinfoheader.biHeight,
   bitmap16bit.bitmapinfoheader.biBitCount);

   // 加载位图图像
   if (obj->texture->bpp == 16)
    Load_Image_Bitmap16(obj->texture,
              &bitmap16bit,0,0,BITMAP_EXTRACT_MODE_ABS);
    else
     {
      Load_Image_Bitmap(obj->texture, &bitmap16bit,0,0,
              BITMAP_EXTRACT_MODE_ABS);
     } // end else 8 bit

  // 卸载位图
 Unload_Bitmap_File(&bitmap16bit);

 // 设置物体的属性，指出物体有纹理
 SET_BIT(obj->attr, OBJECT4DV2_ATTR_TEXTURES);

 } // end if
```

上述代码很重要，它执行了读者必须考虑的一些清理工作。首先，这些代码位于加载所有的多边形并将材质应用于每个多边形的代码之后。在.COB 文件中，使用材质索引来指定应用于多边形的材质，但材质的定义在整个模型被加载后才出现。因此，必须等待加载模型和材质后，再修改与材质相关的参数。我们的引擎并不支持使用材质，但有关纹理的信息包含在材质定义中，因此必须等到加载材质后才能知道这些信息。总之，加载材质时，如果发现它使用了纹理，将执行上述代码。

上述代码首先判断之前是否加载过纹理，如果是这样，则什么也不做；否则进入代码块。该代码块首先调用函数 Extract_Filename_From_Path()从完整的纹理图路径中提取文件名，该函数的代码如下：

```
char *Extract_Filename_From_Path(char *filepath, char *filename)
{
// 这个函数从完整的路径"../folder/.../filname.ext"中提取文件名
// 它从完整路径的最后开始向前扫描，查找第一个"\" 或"/"
// 然后将这里到末尾的内容作为文件名
// 检查路径是否有效
if (!filepath || strlen(filepath)==0)
  return(NULL);

int index_end = strlen(filepath)-1;

// 查找文件名
while( (filepath[index_end]!='\\') &&
    (filepath[index_end]!='/') &&
    (filepath[index_end] > 0) )
   index_end--;

// 将文件名复制到变量 filename 中
memcpy(filename, &filepath[index_end+1],
    strlen(filepath) - index_end);

  // 返回结果
```

```
return(filename);

} // end Extract_Filename_From_Path
```

编写上述函数的原因有两个。首先，C/C++对 ANSI 字符串的支持令人失望，没有从下面这样的完整路径中提取文件名的简单方法：

```
d:\path\...\filename.ext
```

因此，需要编写一个这样的函数。该函数从完整路径的最后开始提取，直到遇到字符\或/位置。因此，像下面这样调用该函数时：

```
Extract_Filename_From_Path("d:\files\atari\object.cob", filename);
```

变量 filename 的值为"object.cob"，这正是我们需要的。这很好，但是否可以不使用完整的路径呢？如果要将纹理放在某个地方该如何办？为提供这种功能，作者决定创建一个纹理根路径，这意味着所有的纹理都必须位于根路径中。在 T3DLIB7.CPP 中，根路径被定义为：

```
char texture_path[80] = "./"; // 纹理的根路径
```

换句话说，将在被执行的.EXE 文件的工作目录下查找纹理。别忘了"./"表示当前目录。因此，所有演示程序使用的多媒体内容都必须存储在其工作目录下。读者创建自己的游戏时，可能需要创建一个 MEDIA\目录，该目录包含如下子目录：

```
TEXTURES\

MODELS\
SOUNDS\
```

并将所有的纹理放在子目录 TEXTURES\中。

编写上述函数的第二个原因更为重要。请看下述.COB 文件中的材质定义：

```
Mat1 V0.06 Id 18623892 Parent 18629556 Size 00000182
mat# 0
shader: phong facet: auto32
rgb 1,0.952941,0.0235294
alpha 1 ka 0.1 ks 0.1 exp 0 ior 1
texture: 36D:\Source\models\textures\wall01.bmp
offset 0,0 repeats 1,1 flags 2
ShBx V0.03 Id 18623893 Parent 18623892 Size 00000658
Shader class: color
Shader name: "texture map" (caligari texture)
Number of parameters: 7
file name: string "D:\Source\models\textures\wall01.bmp"
S repeat: float 1
T repeat: float 1
S offset: float 0
T offset: float 0
animate: bool 0
filter: bool 0
Flags: 3
Shader class: transparency
Shader name: "none" (none)
Number of parameters: 0
Flags: 3
Shader class: reflectance
Shader name: "phong" (phong)
Number of parameters: 5
ambient factor: float 0.1
diffuse factor: float 0.9
```

```
specular factor: float 0.1
exponent: float 3
specular colour: color (255, 255, 255)
Flags: 3
Shader class: displacement
Shader name: "none" (none)
Number of parameters: 0
Flags: 3
END V1.00 Id 0 Parent 0 Size    0
```

从中可以发现，纹理路径是绝对路径。这意味着除非两台计算机的目录结构相同，否则在一台计算机上编写的演示程序将无法在另一台上运行。为避免这种情况发生，作者决定同时使用根目录文件名和通用的纹理路径。

回到新的.COB 加载函数。提取最终的纹理路径和名称后，将加载纹理。为此，调用加载位图的函数，创建一个纹理位图，并将位图文件的内容复制到存储位图的位图图像中。当然，这里检查了位深，并据此（8 位还是 16 位）调用相应的函数。

这里有必要讨论一下位深。有时候，可能需要使用高级包装（wrapper）函数来隐藏 8/16 位的函数，因为检查位深并据此调用相应的函数有点麻烦。这里之所以没有这样做，是因为我们知道当前使用的是 8 位模式还是 16 位模式，没有必要增加额外的函数调用，虽然通过使用函数指针或虚拟函数，可以避免这种函数调用的开销。

接下来需要讨论的是.COB 加载函数的参数 vertex_flags。通过该参数来重新指定光照模型是没有意义的，但可能需要通过它来调整纹理坐标。在建模程序导出的.COB 文件中，纹理坐标可能并非像我们希望的那样。例如，可能需要互换或反转纹理坐标 u 和 v。为增加这种功能，定义了如下顶点标记：

```
// 反转纹理坐标 u
#define VERTEX_FLAGS_INVERT_TEXTURE_U    0x0080
// 反转纹理坐标 v
#define VERTEX_FLAGS_INVERT_TEXTURE_V    0x0100
// 互换纹理坐标 u 和 v
#define VERTEX_FLAGS_INVERT_SWAP_UV      0x0800
```

设置参数 vertex_flags 时，只需使用逻辑 OR 运算将上述标记与其他标记（如 VERTEX_FLAGS_TRANS-FORM_LOCAL_WORLD）组合起来即可。

既然谈到纹理坐标，这里顺便说一句，大多数建模程序导出的纹理坐标的取值范围都是 0～1。换句话说，纹理坐标被归一化。我们的光栅化函数没有采取这种方式，因此在加载函数中将纹理坐标写入纹理数组中时，必须根据纹理的大小对纹理坐标进行缩放。例如，假设被加载的纹理大小为 64×64，而纹理坐标为 (0.2, 0.34)，则必须使用缩放因子 63（64-1）对纹理坐标进行缩放：

$(63*.2, 63*.34) = (12.6, 21.42)$

注意：这里保留了纹理坐标的浮点数格式，这样进行纹理映射时，精度可超过像素级（sub-pixel）。

现在来总结一下新的.COB 加载函数。调用该函数的方法与以前相同。例如，下面的函数调用加载一个包含纹理的战斗机模型，反转纹理坐标 v，并考虑到了 Caligari trueSpace 使用的是右手坐标系的问题（即需要互换坐标 Y 和 Z——译者注）：

```
Load_OBJECT4DV2_COB(&obj_player,"tie02.cob",
         &vscale, &vpos, &vrot,
         VERTEX_FLAGS_INVERT_TEXTURE_V |
         VERTEX_FLAGS_SWAP_YZ |
         VERTEX_FLAGS_TRANSFORM_LOCAL_WORLD );
```

9.4　回顾多边形的光栅化

虽然前面只是粗略地讨论了引擎的基本变化,但占据的篇幅还是不短。主要原因在于引擎涉及的内容很多,也很复杂。对于讨论的每项内容,作者都将尽可能地阐述如何实现之,因此需要做的准备工作很多,请读者耐心对待。讨论 Gouraud 着色和纹理映射之前,先来复习一下多边形的光栅化。《Windows 游戏编程大师技巧》介绍过这个主题,本书前一章也简要地对此做过介绍,但在 3D 图形学领域中,多边形光栅化无处不在,99％的主题都与光栅化、插值或采样有一定的关系,因此有必要深入了解它。

作者重新编写了多边形光栅化函数,使之更为精确;而原来的光栅化函数只能使用整数坐标。另外,还定义了填充规则和其他细节,这里将讨论它们,让读者对其有所了解。

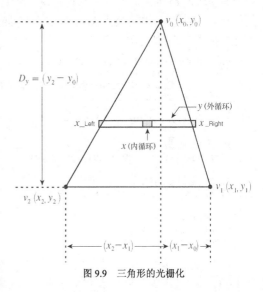

9.4.1　三角形的光栅化

绘制三角形的方法很多,其中包括根据三角形的两条边确定直线的端点,然后使用直线绘制算法(如 Bresenham 算法)或简单插值来填充三角形。作者推荐使用插值算法,它更为简单明了。下面复习一下这种算法。如图 9.9 所示,只需找出三角形光栅化版本覆盖的所有点即可,图中用小圆点表示这些点。找出构成三角形的每条扫描线上各个像素的位置后,三角形的绘制只不过是填充每个点对应的内存而已,如图 9.10 所示。

图 9.9　三角形的光栅化

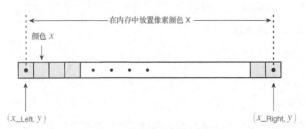

图 9.10　单条扫描线的光栅化

要找出这些点,只需要根据三角形边的斜率进行插值即可。斜率的计算方法如下:

三角形的高度为:

```
dy = (y2 - y0);
```

最上面的顶点同左下角和右下角顶点的 x 坐标差分别是:

```
dx_left_side = (x2 - x0);
dx_right_side = (x1 - x0);
```

因此,三角形左侧边的斜率为:

```
slope_left_side = dy/dx_left_side = (y2 - y0)/(x2 - x0);
```

右侧边的斜率为：

```
slope_right_side = dy/dx_right_side = (y2 - y0)/(x1 - x0);
```

然而，我们需要的并不是斜率。斜率指的是"x 坐标变化一个单位时 y 坐标的变化量"，这意味着沿 x 轴移动一个像素时，沿 y 轴的移动距离等于斜率。我们需要的并非斜率，而是斜率的倒数，即 dx/dy。这是因为我们要通过绘制扫描线来绘制三角形，即每绘制完一条扫描线，将 y 坐标加 1。也就是说 $dy = 1$，因此：

```
dx_left_side = 1 * (x2 - x0)/(y2 - y0);
dx_right_side = 1 * (x1 - x0)/(y2 - y0);
```

这就是平底三角形的绘制算法。平顶三角形的绘制算法与此类型，这里将其留给读者去完成。下面是平底三角形绘制算法的实现代码：

```
void Draw_Triangle(float x0,float y0, // 顶点 0
        float x1,float y1, // 顶点 1
        float x2,float y2, // 顶点 2
        int color)      // 颜色
{
// 这个函数用于对平底三角形进行光栅化

// 计算左侧边的梯度
float dx_left = (x2 - x0)/(y2 - y0);

// 计算右侧边的梯度
float dx_right = (x1 - x0)/(y2 - y0);

// 设置初始值
float x_left = x0;
float x_right = x0;

// 进入光栅化循环
for (int y=y0; y<=y1; y++)
   {
   // 绘制扫描线
   Draw_Line(x_left, x_right, y, color);

   // 计算下一条扫描线起点和终点的 x 坐标
   x_left+=dx_left;
   x_right+=dx_right;

   } // end for y

} // end DRAW_Triangle
```

我们的三角形光栅化函数就是以此为基础的。不过，它存在几个缺点。首先，它是基于浮点数的，这不是问题，因为计算浮点数的速度和整数一样快。但在最终的光栅化阶段，在浮点数和整数之间进行转换时将带来麻烦，稍后将讨论这一点。

真正的问题在于函数 Draw_Line()。我们假定它接受浮点数参数（可能确实是这样），但必须在某个地方将这些浮点数转换为整数，这提出了一个问题：应进行截尾（truncate）还是四舍五入；应使用函数 ceiling() 还是 floor()？这些问题都与填充规则（fill convention）相关。

提示：数学函数 ceiling(x) 返回不小于 x 的最小整数，如图 9.11 所示；而函数 floor(x) 返回不大于 x 的最大整数，如图 9.12 所示。

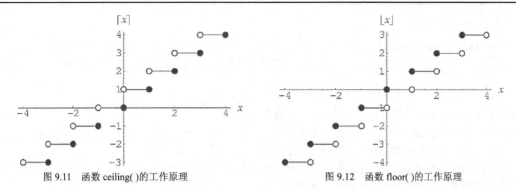

图 9.11　函数 ceiling( )的工作原理　　　　图 9.12　函数 floor( )的工作原理

　　填充规则指的是对多边形进行光栅化时，如何确定需要光栅化的起始像素和终止像素。这很重要，稍后将进行讨论；现在继续讨论光栅化函数的其他细节。

　　除了填充规则外，前述光栅化函数还做了哪些假设呢？

　　1．没有考虑常规三角形，需要解决这种问题。

　　2．没有考虑裁剪（图像空间裁剪或物体空间裁剪），这也需要解决。

　　首先来讨论第一点。在本书中，使用的是《Windows 游戏编程大师技巧》提供的三角形光栅化函数，这些函数将多边形分割成三种三角形，如图 9.13 所示：

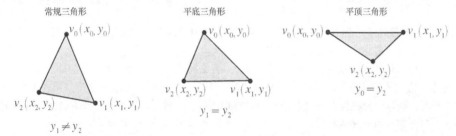

图 9.13　三角形类型

● 平顶三角形；
● 平底三角形；
● 常规三角形。

　　读者现在应该明白了，首先对三角形进行检测，可避免编写通用的可绘制任何三角形的光栅化函数。

　　绘制三角形时，有一个从 y0 到 y1 的内循环。在这个循环中，调整最左边和最右边像素的位置，然后在这两个像素之间绘制一条直线。然而，对于常规三角形，三角形左边或右边的斜率在某个时刻将发生变化。这意味着要么在 y0 到 y1 的循环中加入检测这种情况的代码，要么将常规三角形分割成两个三角形：一个平底三角形和一个平顶三角形。

　　如果采用第二种方法，将回到绘制特殊三角形的情形。如果采用第一种方法——中途修改斜率，则光栅化如图 9.14 所示的三角形时，需要添加如下所示的条件语句：

```
for (y=y0; y < y2; y++)
  {
  Draw_Line(x_left, x_right, y, color);

  x_left+=dx_left;
  x_right+=dx_right;
```

```
// 检测斜率转折点
if (y==y1)
  dx_left = new_dx_left;

} // end for
```

基本上，在循环中需要检测是否到达斜率转折点，如果到达了，则相应地修改斜率。这提出了一个棘手的问题：在斜率转折点，x 值可能存在一定的误差。如图 9.14 所示，到达斜率转折点后，从哪里开始绘制呢？从当前扫描线开始还是下一条扫描线开始？应避免重复绘制像素（重复绘制并没有害处），更重要的是应使用准确的 y 值，即必须这样做：根据顶点 $(x1, y1)$ 来确定下一条扫描线的 y 坐标。也就是说，根据变量 y 的类型（整数还是浮点数），到达斜率转折点后，不要将前一次循环时的 x 值加上 new_dx_left 来得到下一条扫描线起点的 x 坐标，而应根据顶点 $(x1, y1)$ 的位置来计算它。

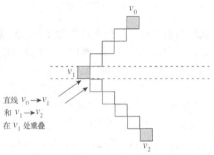

图 9.14　在三角形光栅化期间修改斜率

9.4.2　填充规则

在 3D 引擎中光栅化多边形时，通常旨在绘制实心物体的图像。这意味着多个多边形可能共用顶点。在这种情况下，需要避免重复绘制某些直线。如图 9.15a 所示，两个三角形构成了一个菱形，上面的三角形终止于第 20 行，而下面的三角形起始于第 20 行。因此，要么在绘制上面的三角形时在第 19 行终止，要么绘制下面的三角形是从第 21 行开始。图 9.15b 提供了另一个例子，图中的两个三角形共用一条垂直边，它们组成了一个菱形。同样，应在绘制左边的三角形时终止于第 49 列呢？还是在绘制右边的三角形时从第 51 列开始？这些问题都与填充规则相关。

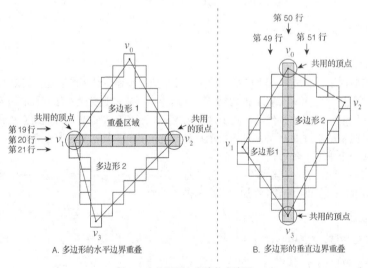

A. 多边形的水平边界重叠

B. 多边形的垂直边界重叠

图 9.15　共用顶点和边的多边形

我们将使用左上（top-left）填充规则，这也是 Direct3D 在光栅化时使用的填充规则。也就是说，渲染对角为 $(0, 0)$ 和 $(5, 5)$ 的矩形时，将不填充第 5 行和第 5 列的像素，如图 9.16 所示。

正如读者预期的，绘制上述矩形时填充了 25 个像素。矩形的宽度为右边 x 坐标减左边 x 坐标，高度为底边 y 坐标减顶边 y 坐标，但最后不填充最后一行和最后一列。

当三角形的边穿过像素中心时，左上填充规则决定采取何种措施。在图 9.17 中，有两个三角形，它们的顶点分别是 $(0, 0)$、$(5, 0)$ 和 $(5, 5)$ 以及 $(0, 5)$、$(0, 0)$ 和 $(5, 5)$。绘制前一个三角形时，将填充 15 个像素（用黑色表示），而绘制后一个三角形时，将填充 10 个像素（用灰色表示），这是因为共用边为第一个三角形的左侧边。

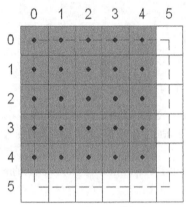

图 9.16　使用左上填充规则的矩形

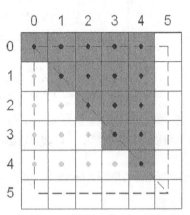

图 9.17　使用左上填充规则的矩形

我们只所以使用这种填充规则，是因为据作者所知，这是标准填充规则。为实现这种填充规则，只需使用 ceil() 函数，将像素坐标调整为整数值。例如，光栅化 y 坐标范围为 $y0$ 到 $y1$ 的平底三角形时，需要这样修改这两个坐标值：

```
ystart = ceil(y0);
yend = ceil(y1) − 1;
```

在循环中计算扫描线的 x 坐标时，需要这样做：

```
xs = ceil(x_left);
xe = ceil(x_right) − 1;
```

总之，需要使用 ceil() 函数计算循环的初始 y 值和终止循环的 y 值；并在绘制每条扫描线之前，使用 ceil() 函数计算端点的 x 坐标。

这很容易，但还遗漏了其他因素吗？是的。在光栅化之前，我们修改了起始 y 值和终止 y 值，因此在计算 x 坐标时，需要考虑这种差别。也就是说，虽然实际的垂直跨度是从 $y0$ 到 $y1$，但使用左上填充规则时，我们根据 $\text{ceil}(y0)$ 和 $\text{ceil}(y1) - 1$ 来计算扫描线起点和终点的 x 坐标，因此需要在 x_left 和 y_right 中考虑这种误差（如果绘制的是平底三角形），如图 9.18 所示。

图中说明了左上填充规则对三角形左侧边的初始 x 值的影响。因此，必须将修改 ystart 带来的影响考虑进来，这很简单，只需要像下面这样做即可：

```
x_left = x_left + (ystart - y0) * dx_left
```

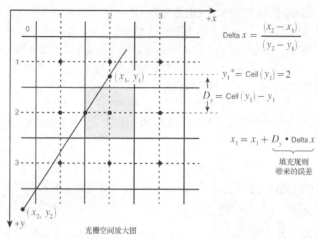

$$\text{Delta } x = \frac{(x_2 - x_1)}{(y_2 - y_1)}$$

$$y_1{}^* = \text{Ceil}(y_1) = 2$$

$$D_y = \text{Ceil}(y_1) - y_1$$

$$x_1 = x_1 + D_y \bullet \text{Delta } x$$

填充规则
带来的误差

光栅空间放大图

图 9.18　考虑修改 ystart 带来的影响，正确地设置 x 的值

换句话说，需要加上将 y0 该为 ceil(y0) 给 x 带来的微小变化。为此，需要计算 ceil(y0) 和 y0 之间的差，然后将其乘以左侧边的梯度，以调整左侧边的初始 x 值。对于右侧边，必须使用相似的方法计算其初始 x 值。

有关光栅化三角形的最后一个细节是，光栅化之前，必须将顶点按从上到下和从左到右的顺序进行排序。

9.4.3　裁剪

编写对三角形进行光栅化的代码之前，需要讨论的最后一个主题是裁剪。本书前面讨论过裁剪多次，这里从三角形光栅化的角度复习一下这个主题。可以根据屏幕矩形对所有三角形进行裁剪，如图 9.19 所示。然而，作者发现这样做利大于弊，一种更好的方法是，在光栅化期间进行裁剪。这很简单，只需根据裁剪类型—— 垂直裁剪、水平裁剪还是不裁剪—— 执行相应的代码块即可，如图 9.20 所示。最简单的情况是不需要裁剪，其次是垂直裁剪。当三角形延伸到屏幕顶边和/或屏幕底边之外时，需要进行垂直裁剪。

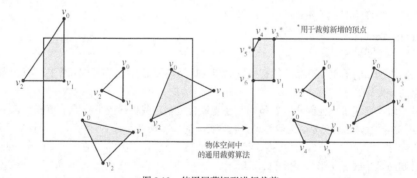

图 9.19　使用屏幕矩形进行裁剪

例如，要根据屏幕顶边（在多数情况下，其方程为 y=0）进行裁剪，只需检查三角形最上面的顶点的 y 坐标是否小于 0。如果是，则将起始 y 值设置为 0，并计算三角形左侧边和右侧边相应的 x 值，如图 9.21 所示。

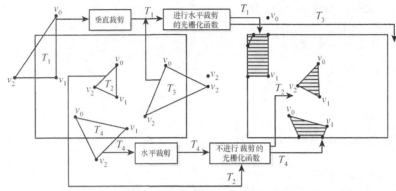

图 9.20　根据几何体使用特殊裁剪函数

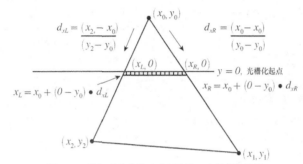

图 9.21　进行垂直裁剪后重新计算 x 坐标的起始值

裁剪三角形底部比裁剪三角形顶部容易得多：只需在到达屏幕的最后一行后停止光栅化即可。

最后一种情况是，光栅化三角形时，起点/终点的 x 坐标在窗口的左边/右边。这类似于使用屏幕顶边进行垂直裁剪：首先使用 x=0 对扫描线进行裁剪——将扫描线起点的 x 坐标设置为 0，然后右侧边的 x 执行类似的测试和裁剪；然后保存裁剪结果并绘制扫描线。

提示：稍后将执行 3D 裁剪，但那时将发现，使用视景体进行 3D 裁剪是不值得的，因为被裁剪后的三角形最多可能有 6 条边。然而，必须使用近裁剪面进行裁剪，这可能导致三角形变成四边形，需要再次将其分割成三角形。这种操作将在渲染列表上进行，被裁剪后变成四边形的三角形并不多，因此工作量不大。

9.4.4　新的三角形渲染函数

回顾了三角形光栅化的一些细节后，接下来看看新的三角形渲染函数，该函数考虑了前面讨论的各种因素。作者几乎是重新编写了 8 位和 16 位模式的三角形渲染函数，主要是因为旧版本不支持浮点数坐标，而新版本支持。另外，还提供了条件编译标记，用于指定光栅化函数的精度；精度越高，光栅化函数的速度越慢。作者认为，就现在而言，与使用汇编语言进行优化相比，使用条件编译是一种更好的选择。这里不打算列出所有函数的代码，而只介绍其中的两个，以说明新增的功能。首先来看看绘制常规三角形的函数（16 位版本），它将三角形分割为两个三角形，并调用绘制平底三角形和平顶三角形的函数来绘制它们：

```
void Draw_Triangle_2D2_16(float x1,float y1,
            float x2,float y2,
            float x3,float y3,
            int color,
```

```
                    UCHAR *dest_buffer, int mempitch)
{
// 这个函数将一个三角形绘制到目标缓存中
// 它将三角形分解为一个平底三角形和一个平顶三角形

float temp_x, // 用于排序
    temp_y,
    new_x;

#ifdef DEBUG_ON
  // 记录渲染状态
  debug_polys_rendered_per_frame++;
#endif

// 判断三角形是否退化为直线
if ((FCMP(x1,x2) && FCMP(x2,x3)) || (FCMP(y1,y2) && FCMP(y2,y3)))
  return;

// 根据 y 坐标升序排列 p1、p2 和 p3
if (y2 < y1)
   {
   SWAP(x1,x2,temp_x);
   SWAP(y1,y2,temp_y);
   } // end if

// 此时 p1 和 p2 的排列顺序是正确的
if (y3 < y1)
   {
   SWAP(x1,x3,temp_x);
   SWAP(y1,y3,temp_y);
   } // end if

// 最后检查 y2 和 y3 哪个大
if (y3 < y2)
   {
   SWAP(x2,x3,temp_x);
   SWAP(y2,y3,temp_y);
   } // end if

// 裁剪测试
if ( y3 < min_clip_y || y1 > max_clip_y ||
   (x1 < min_clip_x && x2 < min_clip_x && x3 < min_clip_x) ||
   (x1 > max_clip_x && x2 > max_clip_x && x3 > max_clip_x) )
   return;

// 检查三角形是否是平顶的
if (FCMP(y1,y2))
   {
   Draw_Top_Tri2_16(x1,y1,x2,y2,x3,y3,color, dest_buffer, mempitch);
   } // end if
else
if (FCMP(y2,y3))
   {
   Draw_Bottom_Tri2_16(x1,y1,x2,y2,x3,y3,color, dest_buffer, mempitch);
   } // end if bottom is flat
else
   {
   // 将常规三角形分割成两个三角形
   new_x = x1 + (y2-y1)*(x3-x1)/(y3-y1);

   // 绘制分割后得到的每个三角形
```

```
    Draw_Bottom_Tri2_16(x1,y1,new_x,y2,x2,y2,color, dest_buffer, mempitch);
    Draw_Top_Tri2_16(x2,y2,new_x,y2,x3,y3,color, dest_buffer, mempitch);
    } // end else

} // end Draw_Triangle_2D2_16
```

该函数与前一版（Draw_Triangle_2D_16()）相同，唯一的差别在于，它接受的是浮点数坐标，且执行的是浮点数计算。接下来看看绘制平底三角形的函数（16 位版本）：

```
void Draw_Bottom_Tri2(float x1,float y1,
            float x2,float y2,
            float x3,float y3,
            int color,
            UCHAR *dest_buffer, int mempitch)
{
// 这个函数用于绘制平底三角形

float dx_right,    // 右侧边的 dx/dy
    dx_left,    // 左侧边的 dx/dy
    xs,xe,      // 扫描线起点和终点的 x 坐标
    height,     // 三角形的高度
    temp_x,     // 排序时使用的临时变量
    temp_y,
    right,      // 用于裁剪
    left;

int iy1,iy3,loop_y;

// 将目标缓存转换为 ushort 类型
USHORT *dest_buffer = (USHORT *)_dest_buffer;

// 下一条扫描线的目标地址
USHORT *dest_addr = NULL;

// 重新计算以 16 位字为单位的 mempitch
mempitch = (mempitch >> 1);

// 检查 x2 和 x3 的顺序
if (x3 < x2)
  {
  SWAP(x2,x3,temp_x);
  } // end if swap

// 计算梯度
height = y3-y1;

dx_left  = (x2-x1)/height;
dx_right = (x3-x1)/height;

// 设置插值初始值
xs = x1;
xe = x1;

#if (RASTERIZER_MODE==RASTERIZER_ACCURATE)
// 执行垂直裁剪
if (y1 < min_clip_y)
  {
  // 计算新的 xs 和 ys
  xs = xs+dx_left*(-y1+min_clip_y);
  xe = xe+dx_right*(-y1+min_clip_y);
```

```
    // 重新设置 y1
    y1 = min_clip_y;

    // 确保遵循左上填充规则
    iy1 = y1;
    } // end if top is off screen
  else
    {
    // 确保遵循左上填充规则
    iy1 = ceil(y1);

    // 调整 xs 和 xe
    xs = xs+dx_left*(iy1-y1);
    xe = xe+dx_right*(iy1-y1);
    } // end else

  if (y3 > max_clip_y)
    {
    // 垂直裁剪
    y3 = max_clip_y;

    // 确保遵循左上填充规则
    iy3 = y3-1;
    } // end if
  else
    {
    // 确保遵循左上填充规则
    iy3 = ceil(y3)-1;
    } // end else
#endif

#if ( (RASTERIZER_MODE==RASTERIZER_FAST) ||
   (RASTERIZER_MODE==RASTERIZER_FASTEST) )
// 执行垂直裁剪
if (y1 < min_clip_y)
   {
   // 计算新的 xs 和 ys
   xs = xs+dx_left*(-y1+min_clip_y);
   xe = xe+dx_right*(-y1+min_clip_y);

   // 重新设置 y1
   y1 = min_clip_y;
   } // end if top is off screen

if (y3 > max_clip_y)
   y3 = max_clip_y;

// 确保遵循左上填充规则
iy1 = ceil(y1);
iy3 = ceil(y3)-1;
#endif

// 计算视频缓存的起始地址
dest_addr = dest_buffer+iy1*mempitch;

// 检查是否需要执行水平裁剪
if (x1 >= min_clip_x && x1 <= max_clip_x &&
  x2 >= min_clip_x && x2 <= max_clip_x &&
  x3 >= min_clip_x && x3 <= max_clip_x)
  {
```

```
// 绘制三角形
for (loop_y = iy1; loop_y <= iy3; loop_y++,dest_addr+=mempitch)
  {
  // 绘制扫描线
  Mem_Set_WORD(dest_addr+(unsigned int)(xs), color,
        (unsigned int)((int)xe-(int)xs+1));

  // 调整扫描线起点和终点的 x 坐标
  xs+=dx_left;
  xe+=dx_right;
  } // end for

} // end if no x clipping needed
else
 {
 // 执行水平裁剪

 // 绘制三角形

 for (loop_y = iy1; loop_y <= iy3; loop_y++,dest_addr+=mempitch)
   {
   // 裁剪
   left  = xs;
   right = xe;

   // 调整扫描线起点和终点
   xs+=dx_left;
   xe+=dx_right;

   // 对扫描线进行裁剪
   if (left < min_clip_x)
   {
   left = min_clip_x;

   if (right < min_clip_x)
     continue;
   }

   if (right > max_clip_x)
    {
    right = max_clip_x;

    if (left > max_clip_x)
      continue;
    }
   // 绘制扫描线
   Mem_Set_WORD(dest_addr+(unsigned int)left, color,
         (unsigned int)((int)right-(int)left+1));
   } // end for
 } // end else x clipping needed
} // end Draw_Bottom_Tri2_16
```

　　同样，这里也使用了这样的命名规则：在主函数名后加上 2，但接口保持不变。该函数支持填充规则和条件编译标记（代码中用粗体表示），这些标记的定义如下：

```
// 这些是为新的光栅化函数定义的条件编译常量
// 为避免编写过多的函数，在函数中根据条件来改变光栅化逻辑
#define RASTERIZER_ACCURATE 0 // 遵循填充规则，精度达到像素级
#define RASTERIZER_FAST   1
#define RASTERIZER_FASTEST 2
```

```
// 指定要求的精度
#define RASTERIZER_MODE    RASTERIZER_ACCURATE
```

要修改条件编译，只需在 T3DLIB7.H 文件中修改上述代码中以粗体显示的内容即可。例如，将 RASTERIZER_ACCURATE 改为 RASTERIZER_FAST，可以提高光栅化函数的速度，但其代价是精度将降低。这个函数实现了前面讨论过的各项特性，渲染平顶三角形的函数与此类似。另外，还有 8 位模式的函数版本，在本章前面函数清单中列出了它们。

接下来简要地讨论一些可对这些光栅化函数进行的优化。

9.4.5　优化

这些光栅化函数的优点是，它们都很小，可优化的空间有限。那么哪些地方需要优化呢？算法是合理的，可供修改的地方不多。光栅化不像排序那样通过使用新的算法可极大地提高效率。另外，内部循环中的代码也很少：只是执行两三次加法以及绘制一条直线而已。唯一可优化的地方是，在数据转换中执行了一些不需要的运算。请看下述代码片段，它是渲染函数中的内循环：

```
// 绘制三角形
for (loop_y = iy1; loop_y <= iy3; loop_y++, dest_addr+=mempitch)
    {
    // 绘制扫描线
    Mem_Set_WORD(dest_addr+(unsigned int) (xs),
            color,(unsigned int) ((int)xe-(int)xs+1));

    // 调整扫描线起点和终点
    xs+=dx_left;
    xe+=dx_right;
    } // end for
```

唯一有待改进的是用粗体表示的代码行，它调用函数 Mem_Set_WORD()。这是一个内联函数，但仍有函数调用开销，可以直接使用内联的 ASM 代码来实现 WORD 移动功能。另一个让作者苦恼的问题是类型转换。作者只在确定是否绘制整条扫描线时遵循了填充规则，在绘制每条扫描线时没有这样做，因为没有对扫描线端点的 x 坐标调用 ceil() 函数，因此有些像素将被重复绘制。调用 ceil() 函数的开销很大。要遵循填充规则，必须使用速度更快的 ceil() 函数，并分析如何执行到整数的转换。这需要使用汇编语言，因为高级语言编译器过于粗造，使用高级语言无法编写出严密的内循环代码。有关使用汇编语言进行优化，将在第 16 章介绍。

这里简要地讨论一下函数 ceil() 和 floor()。这两个函数位于标准 C\C++库中，在多边形光栅化函数的精确版本中，需要每个多边形调用了这两个函数，调用次数可能高达 10～20 000 次，因此有必要提高它们的速度。为此，方法之一是根据参数的可能取值范围编写自己的 ceil() 函数。换句话说，我们知道要渲染的三角形的坐标范围位于 $(0, screen\_width)$ 和 $(0, screen\_height)$ 内，可以据此为 ceil() 和 floor() 创建一个查找表。再次来看看函数 ceil() 的代码：

```
ceil(x) = { if x >= 0:
            if x=int(x) then ceil(x) = x
            else x=int(x)+1

        { if x < 0: ceil(x) = int(x)
```

归根结底，计算 ceil(x) 时，决定性因素是 x 是否包含小数部分。如果是，则结果为下一个整数；否则结果为 x（x>=0 时）。如果 x<0，只需截除小数部分即可。下面是一种算法：

```
inline int Ceiling(float x)
{
if (x < 0) return (int)x;
else
if ((int)x < x) return((int)x+1);

} // end if
```

如果使用内联的浮点数 ASM，只需几条指令便可实现上述算法。函数 floor() 的情况与此类似。这里提供了优化这些数学函数的一些思路。

这里说这么多只是想提醒读者注意这样一个事实：不管浮点数处理器和整数处理器的速度有多快，在最终计算整型像素位置时，都需要付出进行类型转换的代价。这也是有时候采用定点数运算更合理的原因：使用一种数据类型（int）来执行所有的运算，并在光栅化时将前 16 位作为像素的位置。在进行 Gouraud 着色和仿射纹理映射时，作者使用的就是这种方法。

最后，应该将优化的重点放在内部循环中，正如前面指出的，在每一帧中，这些代码可能调用 10~20 000 次。因此，对于那些需要对每个多边形执行的操作，如果能够避免将意义重大。所以，将三角形分割成平底三角形和平顶三角形，然后调用相应的函数来绘制它们的做法有待于优化，后面将采用对于每个多边形调用一个绘制函数的做法。

在编写 Gouraud 着色函数和仿射纹理映射函数时，作者采取的也是这种策略——渲染函数处理常规三角形，不对其进行分割。

光栅化三角形的方法很多，您总是能够进一步提高其速度。如果按这里介绍的方法使用汇编语言、SIMD 等进行优化，可将速度提高大约 2~10 倍。

9.5　实现 Gouraud 着色处理

本章的主题是 Gouraud 着色和仿射纹理映射，但前面的准备工作必不可少。图 9.22 是一个引擎运行时的屏幕截图，请看其中照射到纹理上的彩色光线和采用平滑着色的多边形，是不是非常棒？下面介绍这是如何实现的。

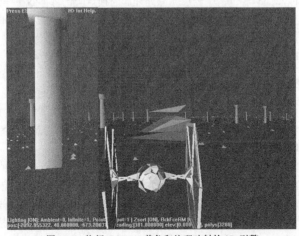

图 9.22　执行 Gouraud 着色和纹理映射的 3D 引擎

正如前一章讨论光照时指出的，Gouraud 着色和恒定着色之间的区别在于，它计算每个顶点处的光照强度，而不是根据每个多边形的法线计算整个多边形的光照强度；在光栅化阶段，将通过插值计算三角形中各点的光照强度。

图 9.23 说明了插值过程。具体地说，根据每个顶点的法线（而不是多边形法线）执行光照计算，然后计算入射光强度的 RGB 值，并将其作为顶点颜色存储在顶点中。然后，使用线性插值计算三角形中各点的颜色，这样便得到了一个使用 Gouraud 着色的三角形。

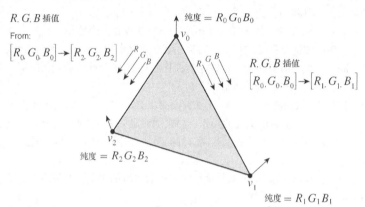

图 9.23　多边形中的 Gouraud 插值

接下来编写 Gouraud 着色引擎，它由两部分组成：

● 第 1 部分——需要一个根据面法线执行光照计算的光照引擎，我们有这样的引擎。因此，只需对每个使用 Gouraud 着色的多边形，根据其每个顶点的法线计算其光照强度。

● 第 2 部分——需要编写一个 Gouraud 光栅化函数，它根据多边行每个顶点的颜色，通过插值计算多边形中其他各点的颜色。

第 1 部分的工作几乎已经完成，我们暂时假设将 OBJECT4DV2 或 RENDERLIST4DV2 传递给光照模块时，它将像以前那样对多边形进行光照处理：执行固定着色处理、恒定着色，现在还有 Gouraud 着色。如果多边形被设置为使用 Gouraud 着色，则经过光照处理后的顶点颜色将存储在 lit_color[0]、lit_color[1]和 lit_color[2]中；如果被设置为使用固定着色和恒定着色，则整个多边形的颜色将存储在 lit_color[0]中。在做出上述假设的前提下，问题将非常简单：只需编写一个整个的三角形光栅化函数，即它将三角形作为一个整体进行光栅化（不对其进行分割——译者注），同时根据顶点的颜色通过插值计算每个像素的颜色。

9.5.1　没有光照时的 Gouraud 着色

本节标题的意思是，不关心顶点的颜色是如何得到的，可以是手工设置的，使用光照引擎计算得到的，从静态场景中查得到的，等等。关键之处在于，渲染三角形时，只需根据顶点的颜色通过插值计算出各个像素的颜色。这个问题很简单，之前已经多次介绍过插值。

图 9.24 说明了如何实现 Gouraud 插值。有一个常规三角形，其顶点为 v0、v1 和 v2，它们的排列顺序如图中所示。另外，假设每个顶点都有一个 8.8.8 格式的 RGB 颜色。那么如何对该三角形进行光栅化呢？我们计算三角形左侧边和右侧边的梯度，用变量 dx_left 和 dx_right 存储它们。这些梯度表示在左侧边和右侧边上，y 坐标变化一个单位时 x 坐标的变化量，因此从一条扫描线移到下一条扫描线时，只需将扫描线起点和终点的 x 坐标分别加上 dx_left 和 dx_right，然后在起点和终点之间绘制一条直线。使用 Gouraud 着色

时，还需要通过插值来计算扫描线端点的颜色，它们是 y 的函数。下面假设颜色为强度，并使用伪代码来完成这项工作。颜色为 RGB 值时与此类似，只是需要执行三次计算，每次计算一个分量。现在暂时不考虑填充规则、顶点排序等问题，以简化插值工作。

这里先介绍手工插值过程，以便读者了解其原理。在最后的函数中，使用的变量名稍有不同；这里使用的变量名只是为了方便讨论。如图 9.24 所示，其中的常规三角形由顶点 v0、v1 和 v2 构成，它们按顺时针方向排列。另外，还有梯度和坐标位置等。下面介绍渲染该三角形的步骤。

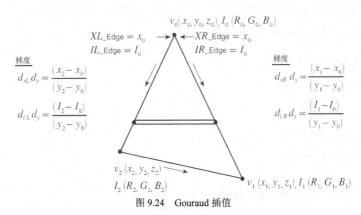

图 9.24　Gouraud 插值

第 1 步　初始化上述设置，并计算左侧边和右侧边的梯度。

下面的变量用于存储三角形左侧边和右侧边上当前点的 x 坐标：

```
xl_edge = x0
xr_edge = x0
```

下面的变量用于存储三角形左侧边和右侧边上当前点的位置颜色强度：

```
il_edge = i0
ir_edge = i0
```

第 2 步　计算左侧边和右侧边上的各种梯度。

下面是左侧边上 x 坐标梯度：

```
dxldy = (x2 - x0)/(y2 - y0)
```

右侧边上 x 坐标梯度与此类似：

```
dxrdy = (x1 - x0)/(y1 - y0)
```

下面计算颜色强度梯度，它们是 y 坐标的函数：

```
dildy = (i2 - i0)/(y2 - y0)
```

右侧边上的颜色梯度与此类似：

```
dirdy = (i1 - i0)/(y1 - y0)
```

第 3 步　进入 y 坐标变化循环，y 坐标从 $y0$ 递增到 $y2$（对应于三角形的上半部分）。

第 4 步　水平光栅化步骤。此时，需要绘制一条扫描线，但由于需要通过水平插值来计算颜色，因此每次只能绘制一个像素。

设置扫描线起点的 x 坐标和强度：

```
i = il_edge
x = xl_edge
```

计算水平强度梯度，它是 x 坐标的函数：

```
dix = (ir_edge - il_edge) / (xr_edge - xl_edge)
```

第 5 步　通过插值计算每个像素的颜色，并使用计算得到的颜色绘制该像素：

```
For (x = xl_edge to xr_edge)
    begin
    setpixel(x,y,i)
    // 更新颜色强度
    i = i + dix
    end
```

第 6 步　进入下一条扫描线。

首先计算扫描线起点和终点的 x 坐标：

```
xl_edge = xl_edge + dxldy
xr_edge = xr_edge + dyrdy
```

然后，计算扫描线起点和终点的颜色强度：

```
il_edge = il_edge + dildy
ir_edge = ir_edge + dirdy
```

最后，重复第 4～5 步。

第 7 步　使用相同的方法处理三角形的下半部分，此时需要更新左侧边的梯度。

请花些时间阅读上述伪代码，直到完全理解它们为止。简单地说，除了需要计算扫描线起点和终点的强度外，这里的光栅化与标准三角形光栅化相同。不是使用相同的颜色来绘制每条扫描线，而是根据扫描线端点的强度，通常插值来计算扫描线上每个像素的强度。下面将上述伪代码转换为粗略的 C\C++代码，以方便读者纵览整个算法：

```
void Draw_Gouraud_Triangle(float x0, float y0, float i0, // 顶点 0
            float x0, float y0, float i0, // 顶点 1
            float x0, float y0, float i0, // 顶点 2
{
// 假设顶点按图 9.24 所示的顺序排列

// 初始化起始位置
xl_edge = x0;
xr_edge = x0;


// 初始化颜色强度
il_edge = i0;
ir_edge = i0;

// 计算各种梯度
dxldy = (x2 - x0)/(y2 - y0);
dxrdy = (x1 - x0)/(y1 - y0);
dildy = (i2 - i0)/(y2 - y0);
dildy = (i1 - i0)/(y1 - y0);

// 进入 y 循环（三角形的上半部分）
```

```
for (y=y0; y < y2; y++)
  {
  // 设置 x 坐标和颜色强度的起始值
  i = il_edge
  x = xl_edge

  // 计算强度的水平梯度, 它是 x 坐标的函数
  dix = (ir_edge - il_edge) / (xr_edge - xl_edge);

  // 通过插值光栅化扫描线的每个像素

  for (x = xl_edge; x < xr_edge; x++)
    {
    // 在(x,y)处使用颜色强度 i 绘制一个像素
    setpixel(x,y,i);

    // 更新颜色强度
    i = i + dix
    } // end for


  // 计算下一条扫描线起点和终点的 x 坐标和颜色强度
  xl_edge = xl_edge + dxldy;
  xr_edge = xr_edge + dyrdy;
  il_edge = il_edge + dildy;
  ir_edge = ir_edge + dirdy;

  } // end for y

// 在这里加上绘制三角形下半部分的代码
// 只需修改左侧边的梯度, 并执行与上面相同的逻辑

} // end Draw_Gouraud_Triangle
```

　　总之, 前面的伪代码和小型 C\C++函数说明了渲染 Gouraud 着色三角形（根据各个顶点的颜色或强度, 通过水平和垂直平滑插值来光栅化三角形）的过程。那么, 实际编程时该如何做呢? 坦率地说, 需要通过插值计算红、绿、蓝分量, 而不是单个强度值。对于每条扫描线, 按从左到右的顺序, 通过插值计算每个像素的 R、G、B 值, 然后根据结果绘制该像素, 如图 9.25 所示。

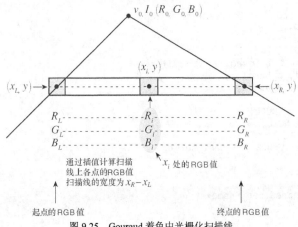

图 9.25　Gouraud 着色中光栅化扫描线

对于这种插值，唯一需要注意的是速度。确定每条扫描线的端点时，需要通常插值计算 6 个颜色分量和两个坐标分量；另外，绘制每条扫描线时，需要通过插值从左到右依次计算每个像素的 RGB 颜色，这涉及 3 个分量，如图 9.25 所示。因此，插值的速度必须足够快。

作者经过两次尝试后，决定使用 16.16 格式的定点数计算。这样做并非因为定点数计算的速度比浮点数快，而是想在绘制像素和计算 RGB 字（word）时避免执行浮点数到整数转换，因为编译器执行这种转换时使用的代码效率不高。虽然这个函数很长，这里还是决定列出其代码，因为它很复杂。为充分利用奔腾处理器的流水线技术（pipelining），采取了类似于 RISC 的方式编写这些代码；为最大限度实现并行性，代码较为冗长。整个函数的代码有 30 页左右，这里没有全部列出，而只列出处理第一种情形的代码，但其中包含读者需要明白的所有内容：

```
void Draw_Gouraud_Triangle16(POLYF4DV2_PTR face,  // 指向多边形面的指针
            UCHAR *_dest_buffer, // 指向视频缓存的指针
            int mem_pitch)       // 每行占据的字节数（320、640 等）
{
// 这个函数绘制使用 Gouraud 着色的多边形
// 它是在仿射纹理映射函数的基础上修改而成的，但通过插值计算 R、G、B 值，而不是纹理坐标
// 我们通过插值计算多边形中各个像素的 R、G、B 值
// 因此 u 表示 R 值，v 表示 G 值，w 表示 B 值

int v0=0,
  v1=1,
  v2=2,
  temp=0,
  tri_type = TRI_TYPE_NONE,
  irestart = INTERP_LHS;

int dx,dy,dyl,dyr,   // 存储差值
  u,v,w,
  du,dv,dw,
  xi,yi,         // 当前的 x 和 y 坐标
  ui,vi,wi,        // 当前的 R、G、B 值
  index_x,index_y,  // 循环变量
  x,y,           // 存储一般性 x 和 y 坐标
  xstart, xend, ystart, yrestart, yend, xl,
  dxdyl, xr, dxdyr, dudyl, ul, dvdyl, vl, dwdyl,
  wl, dudyr, ur, dvdyr, vr, dwdyr, wr;

int x0,y0,tu0,tv0,tw0,  // 顶点的初始坐标和颜色值
  x1,y1,tu1,tv1,tw1,
  x2,y2,tu2,tv2,tw2;

int r_base0, g_base0, b_base0, // 顶点的初始颜色
  r_base1, g_base1, b_base1,
  r_base2, g_base2, b_base2;

USHORT *screen_ptr = NULL,
    *screen_line = NULL,
    *textmap  = NULL,
    *dest_buffer = (USHORT *)_dest_buffer;

#ifdef DEBUG_ON
  // 记录渲染状态
  debug_polys_rendered_per_frame++;
#endif

// 将内存跨距的单位调整为字（除以 2）
```

```
mem_pitch >>=1;

// 判断三角形是否在屏幕内
if ((((face->tvlist[0].y < min_clip_y) &&
    (face->tvlist[1].y < min_clip_y) &&
    (face->tvlist[2].y < min_clip_y)) ||

  ((face->tvlist[0].y > max_clip_y) &&
    (face->tvlist[1].y > max_clip_y) &&
    (face->tvlist[2].y > max_clip_y)) ||

  ((face->tvlist[0].x < min_clip_x) &&
    (face->tvlist[1].x < min_clip_x) &&
    (face->tvlist[2].x < min_clip_x)) ||

  ((face->tvlist[0].x > max_clip_x) &&
    (face->tvlist[1].x > max_clip_x) &&
    (face->tvlist[2].x > max_clip_x)))
    return;

// 判断三角形是否退化为直线
if ( ((face->tvlist[0].x==face->tvlist[1].x) &&
    (face->tvlist[1].x==face->tvlist[2].x)) ||
    ((face->tvlist[0].y==face->tvlist[1].y) &&
      (face->tvlist[1].y==face->tvlist[2].y)))
    return;

// 对顶点进行排序
if (face->tvlist[v1].y < face->tvlist[v0].y)
  {SWAP(v0,v1,temp);}

if (face->tvlist[v2].y < face->tvlist[v0].y)
  {SWAP(v0,v2,temp);}

if (face->tvlist[v2].y < face->tvlist[v1].y)
  {SWAP(v1,v2,temp);}

// 判断三角形是否是平顶的
if (face->tvlist[v0].y==face->tvlist[v1].y)
  {
  // 设置三角形类型
  tri_type = TRI_TYPE_FLAT_TOP;

  // 将顶点按从左到右的顺序排列
  if (face->tvlist[v1].x < face->tvlist[v0].x)
    {SWAP(v0,v1,temp);}
  } // end if
else
// 判断三角形是否是平底的
if (face->tvlist[v1].y==face->tvlist[v2].y)
  {
  // 设置三角形类型
  tri_type = TRI_TYPE_FLAT_BOTTOM;
  // 将顶点按从左到右的顺序排列
  if (face->tvlist[v2].x < face->tvlist[v1].x)
    {SWAP(v1,v2,temp);}
  } // end if
else
  {
  // 肯定是常规三角形
  tri_type = TRI_TYPE_GENERAL;
```

```
      } // end else

// 假定格式为 5.6.5 的
// 不能在内循环中调用函数（那样开销太大）
// 因此如果要支持 5.6.5 和 5.5.5 格式，必须编写两个硬编码版本
_RGB565FROM16BIT(face->lit_color[v0], &r_base0, &g_base0, &b_base0);
_RGB565FROM16BIT(face->lit_color[v1], &r_base1, &g_base1, &b_base1);
_RGB565FROM16BIT(face->lit_color[v2], &r_base2, &g_base2, &b_base2);
// 扩展到 8 位
r_base0 <<= 3; g_base0 <<= 2; b_base0 <<= 3;
// 扩展到 8 位
r_base1 <<= 3; g_base1 <<= 2; b_base1 <<= 3;
// 扩展到 8 位
r_base2 <<= 3; g_base2 <<= 2; b_base2 <<= 3;

// 提取各个顶点的坐标值和 R、B、B 值
x0 = (int)(face->tvlist[v0].x+0.5);
y0 = (int)(face->tvlist[v0].y+0.5);

tu0 = r_base0; tv0 = g_base0; tw0 = b_base0;
x1 = (int)(face->tvlist[v1].x+0.5);
y1 = (int)(face->tvlist[v1].y+0.5);

tu1 = r_base1; tv1 = g_base1; tw1 = b_base1;

x2 = (int)(face->tvlist[v2].x+0.5);
y2 = (int)(face->tvlist[v2].y+0.5);

tu2 = r_base2; tv2 = g_base2; tw2 = b_base2;

// 设置斜率转折点
yrestart = y1;

// 判断三角形类型
if (tri_type & TRI_TYPE_FLAT_MASK)
   {
   if (tri_type == TRI_TYPE_FLAT_TOP)
      {
   // 计算各种差值
   dy = (y2 - y0);
   dxdyl = ((x2 - x0)  << FIXP16_SHIFT)/dy;
   dudyl = ((tu2 - tu0) << FIXP16_SHIFT)/dy;
   dvdyl = ((tv2 - tv0) << FIXP16_SHIFT)/dy;
   dwdyl = ((tw2 - tw0) << FIXP16_SHIFT)/dy;
   dxdyr = ((x2 - x1)  << FIXP16_SHIFT)/dy;
   dudyr = ((tu2 - tu1) << FIXP16_SHIFT)/dy;
   dvdyr = ((tv2 - tv1) << FIXP16_SHIFT)/dy;
   dwdyr = ((tw2 - tw1) << FIXP16_SHIFT)/dy;

   // 垂直裁剪测试
   if (y0 < min_clip_y)
      {
      // 重新计算 y 坐标差值
      dy = (min_clip_y - y0);
      // 计算第一条扫描线起点的各种值
      xl = dxdyl*dy + (x0 << FIXP16_SHIFT);
       ul = dudyl*dy + (tu0 << FIXP16_SHIFT);
      vl = dvdyl*dy + (tv0 << FIXP16_SHIFT);
      wl = dwdyl*dy + (tw0 << FIXP16_SHIFT);
      // 计算第一条扫描线终点的各种值
      xr = dxdyr*dy + (x1 << FIXP16_SHIFT);
```

```
        ur = dudyr*dy + (tu1 << FIXP16_SHIFT);
        vr = dvdyr*dy + (tv1 << FIXP16_SHIFT);
        wr = dwdyr*dy + (tw1 << FIXP16_SHIFT);
        // 计算第一条扫描线的 y 坐标
        ystart = min_clip_y;
        } // end if
     else
        {
        // 不用裁剪
        // 设置第一条扫描线起点和终点的各种值
        xl = (x0 << FIXP16_SHIFT);
        xr = (x1 << FIXP16_SHIFT);
        ul = (tu0 << FIXP16_SHIFT);
        vl = (tv0 << FIXP16_SHIFT);
        wl = (tw0 << FIXP16_SHIFT);
        ur = (tu1 << FIXP16_SHIFT);
        vr = (tv1 << FIXP16_SHIFT);
        wr = (tw1 << FIXP16_SHIFT);
        // 设置第一条扫描线的 y 坐标
        ystart = y0;
        } // end else

  } // end if flat top
else
  {
  // 肯定是平底三角形
  // 计算差值和梯度
  dy = (y1 - y0);
  dxdyl = ((x1 - x0)  << FIXP16_SHIFT)/dy;
  dudyl = ((tu1 - tu0) << FIXP16_SHIFT)/dy;
  dvdyl = ((tv1 - tv0) << FIXP16_SHIFT)/dy;
  dwdyl = ((tw1 - tw0) << FIXP16_SHIFT)/dy;
  dxdyr = ((x2 - x0)  << FIXP16_SHIFT)/dy;
  dudyr = ((tu2 - tu0) << FIXP16_SHIFT)/dy;
  dvdyr = ((tv2 - tv0) << FIXP16_SHIFT)/dy;
  dwdyr = ((tw2 - tw0) << FIXP16_SHIFT)/dy;

  // 垂直裁剪测试
  if (y0 < min_clip_y)
     {
     // 重新计算差值
     dy = (min_clip_y - y0);
     // 计算第一条扫描线起点的各种值
     xl = dxdyl*dy + (x0 << FIXP16_SHIFT);
     ul = dudyl*dy + (tu0 << FIXP16_SHIFT);
     vl = dvdyl*dy + (tv0 << FIXP16_SHIFT);
     wl = dwdyl*dy + (tw0 << FIXP16_SHIFT);
     // 计算第一条扫描终点的各种值
     xr = dxdyr*dy + (x0 << FIXP16_SHIFT);
     ur = dudyr*dy + (tu0 << FIXP16_SHIFT);
     vr = dvdyr*dy + (tv0 << FIXP16_SHIFT);
     wr = dwdyr*dy + (tw0 << FIXP16_SHIFT);
     // 计算第一条扫描线的 y 坐标
     ystart = min_clip_y;
     } // end if
  else
     {
     // 不用裁剪
     // 设置第一条扫描线起点和终点的各种值
     xl = (x0 << FIXP16_SHIFT);
     xr = (x0 << FIXP16_SHIFT);
```

```
      ul = (tu0 << FIXP16_SHIFT);
      vl = (tv0 << FIXP16_SHIFT);
      wl = (tw0 << FIXP16_SHIFT);
      ur = (tu0 << FIXP16_SHIFT);
      vr = (tv0 << FIXP16_SHIFT);
      wr = (tw0 << FIXP16_SHIFT);
      // 设置第一条扫描线的 y 坐标
      ystart = y0;
      } // end else
   } // end else flat bottom
   // 总是检测三角形最下面的部分是否会被裁剪掉
   if ((yend = y2) > max_clip_y)
      yend = max_clip_y;


      // 水平裁剪测试
   if ((x0 < min_clip_x) || (x0 > max_clip_x) ||
      (x1 < min_clip_x) || (x1 > max_clip_x) ||
      (x2 < min_clip_x) || (x2 > max_clip_x))
   {
      // 裁剪版本
   // 让指针 screen_ptr 指向第一条扫描线起点在缓存中的位置
   screen_ptr = dest_buffer + (ystart * mem_pitch);
   for (yi = ystart; yi<=yend; yi++)
      {
      // 计算扫描线起点和终点的 x 坐标
      xstart = ((xl + FIXP16_ROUND_UP) >> FIXP16_SHIFT);
      xend  = ((xr + FIXP16_ROUND_UP) >> FIXP16_SHIFT);
      // 计算扫描线起点和终点的 x 坐标
   ui = ul + FIXP16_ROUND_UP;
   vi = vl + FIXP16_ROUND_UP;
   wi = wl + FIXP16_ROUND_UP;
   // 计算扫描线上的 R、G、B 梯度
   if ((dx = (xend - xstart))>0)
      {
      du = (ur - ul)/dx;
      dv = (vr - vl)/dx;
      dw = (wr - wl)/dx;
      } // end if
   else
      {
      du = (ur - ul);
      dv = (vr - vl);
      dw = (wr - wl);
      } // end else

   //////////////////////////////////////////////////////////////

   // 扫描线起点水平裁剪测试
   if (xstart < min_clip_x)
      {
      // 计算起点移动距离
      dx = min_clip_x - xstart;

      // 重新计算扫描线起点的 R、G、B 值
      ui+=dx*du;
      vi+=dx*dv;
      wi+=dx*dw;

      // 重新设置循环起始条件
      xstart = min_clip_x;
      } // end if
```

```
// 终点水平裁剪测试
if (xend > max_clip_x)
  xend = max_clip_x;

////////////////////////////////////////////////////////////////

// 绘制扫描线
for (xi=xstart; xi<=xend; xi++)
{
// 绘制像素，假设格式为 5.6.5
    screen_ptr[xi] = ((ui >> (FIXP16_SHIFT+3)) << 11) +
              ((vi >> (FIXP16_SHIFT+2)) << 5) +
              (wi >> (FIXP16_SHIFT+3)));

    // 计算下一个像素的 R、G、B 值
    ui+=du;
    vi+=dv;
    wi+=dw;
    } // end for xi

    // 计算下一条扫描线起点和终点的 x 坐标和 R、G、B 值
    xl+=dxdyl;
    ul+=dudyl;
    vl+=dvdyl;
    wl+=dwdyl;
    xr+=dxdyr;
    ur+=dudyr;
    vr+=dvdyr;
    wr+=dwdyr;
    // 让指针 screen_ptr 指向视频缓存的下一行
    screen_ptr+=mem_pitch;
    } // end for y

  } // end if clip

// 三角形没有被裁剪时的绘制代码，由于篇幅有限，将其删除

 } // end if

// 绘制常规三角形的代码，由于篇幅有限，将其删除

} // end Draw_Gouraud_Triangle16
```

上面列出的是 16 位版本的 Gouraud 着色函数——Draw_Gouraud_Triangle16()，它没有涉及光照方面，只是根据 lit_color[ ] 中的顶点颜色，通过插值计算三角形中各个像素的颜色。一个不好的消息是，作者决定从现在开始，在速度至关重要时假定图形卡使用的是 5.6.5 格式。换句话说，在此之前，作者总是检测当前模式或使用函数指针来访问正确的位合并（bit-merging）函数，这会降低速度。由于 99.9％ 的图形卡都使用5.6.5 格式，上述假定不会导致问题。然而，如果读者的图形卡使用的是 5.5.5 格式，可以重新编写代码，以手工方式执行位操作。例如，在前面的函数中，绘制扫描线的代码如下：

```
// 绘制扫描线
for (xi=xstart; xi<=xend; xi++)
  {
  // 绘制像素，假设格式为 5.6.5
  screen_ptr[xi] = ((ui >> (FIXP16_SHIFT+3)) << 11) +
        ((vi >> (FIXP16_SHIFT+2)) << 5) +
        (wi >> (FIXP16_SHIFT+3)));
```

```
// 计算下一个像素的 R、G、B 值
ui+=du;
vi+=dv;
wi+=dw;
} // end for xi
```

这里以手工方式写入 5.6.5 像素。之所以这样做，是因为不愿意在这个内循环中调用任何函数。如果要修改它，必须修改所有在屏幕上绘制像素的代码；这些代码很容易找到，因为它们使用了移位和屏蔽运算，同时作者对其进行了注释。

注意：读者可能想知道，这里为何对于颜色分量使用的变量名为 *u*、*v* 和 *w*。这是因为作者首先编写了纹理映射函数，然后在此基础上编写了 Gouraud Shader，且没有将前者使用的 *u*、*v* 和 *w* 重命名为 *r*、g 和 b。因此，*u*、*v*、*w* 实际上表示的是红、绿、蓝分量。它们只是变量名而已，如果这些变量名让您不舒服，可以修改它们。不过修改量很大，即使使用文本替换，对它们进行修改无疑是自找麻烦。

下面来看一个使用 Gouraud Shader 的演示程序，该演示程序只是绘制三角形而已。图 9.26 是 DEMOII9_1.CPP|:EXE 运行时的屏幕截图。读者可尝试运行该程序，它随机地选择三角形顶点的位置和颜色，然后调用 Gouraud Shader 绘制三角形。

图 9.26 使用 Gouraud Shader 绘制三角形的演示程序

DEMOII9_1_8b.CPP|EXE 是一个使用 8 位版本的 Gouraud Shader 的演示程序。

9.5.2 对使用 Gouraud Shader 的多边形执行光照计算

接下来要做的是，使用光照引擎函数计算每个顶点的光照强度，得到每个顶点的最终 RGB 颜色。调用 Gouraud Shader 而不是标准的恒定 Shader 时，将得到随场景中的光照条件而变化的 Gouraud 着色三角形。下面回顾一下为此需要做哪些工作。我们已经创建了一种新的多边形结构，它包含一个颜色数组，用于存储经过光照处理后的顶点颜色。这个数组名为 lit_color[ ]，包含三个元素，每个三角形顶点一个。因此，我们只需修改对渲染列表或多边形进行光照处理的函数，使之知道如何对使用固定着色、恒定着色和 Gouraud 着色的多边形进行光照计算。

这些函数已经具备对使用固定和恒定着色的多边形进行光照计算的功能。对于使用固定着色的多边形，函数将多边形的颜色复制到 lit_color[0] 中，仅此而已。对于使用恒定着色的多边形，函数使用系统中所有的活动光源，根据多边形的初始颜色和法线进行光照计算；因此，我们只需将这些代码复制到另一个循环中，使该循环对使用 Gouraud 着色的多边形的每个顶点进行光照计算。图 9.27 说明了多边形沿流水线进入光照阶段后，光照引擎对每个多边形执行光照计算的步骤。

从图中可知，为对使用 Gouraud 着色的多边形进行光照计算，只需复制对使用恒定着色的多边形进行光照计算的代码，并对其进行修改，使之使用存储在 VERTEX4DV1 结构中的 *n* 字段中的法线。当然，需要对多边形的每个顶点执行这样的计算，共 3 次。对于这些代码可以进行一些优化，这将在后面讨论。

下面来看看支持 Gouraud 着色的光照函数，这包括 8 位和 16 位模式的版本。

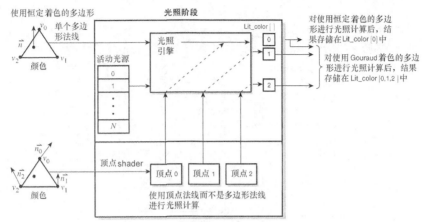

图 9.27 新的光照引擎支持恒定着色和 Gouraud 着色

1. 16 位模式下的 Gouraud 光照计算

正如前面指出的，在光照函数中增加 Gouraud 光照计算支持很简单，只需复制执行恒定光照计算的代码，并对其进行修改，使之使用顶点法线而不是多边形法线，且循环执行这些代码 3 次（每个顶点一次）即可。然而，这将使光照函数变得非常复杂，同时对每个多边形进行光照处理所需的时间将很长。这也是基于软件的、支持 Gouraud 着色的彩色光照系统不多的原因。不过我们编写的光照函数还不错，即使是对于游戏而言，其速度也足够快。

为支持 Gouraud 光照，需要重新编写两个函数：基于物体的光照函数和基于渲染列表的光照函数。这里将介绍基于渲染列表的光照函数，因为我们的大部分工作是在渲染列表级完成的，包括光照计算。虽然在引擎的前一个版本中，提供了 8 位和 16 位模式的基于物体和渲染列表的光照函数，但我们通常使用基于渲染列表的光照函数。然而，对于 Gouraud 光照，必须从优化的角度重新审视这种做法。

请看图 9.28，其中的立方体被表示为物体和渲染列表中独立的多边形。问题在于，表示为 OBJECT4DV2时，立方体只有 8 条顶点法线（因为只有 8 个顶点）；但立方体被分解为多边形并插入到渲染列表中后，将有 36（12*3）条顶点法线。这是由于渲染列表中的每个多边形都是自包含的，完全消除对外部顶点列表的引用。

在 OBJECT4DV2 阶段（此时物体还是一个整体）执行光照计算时，顶点法线数最少；如果等到物体被转换为多边形后，对渲染列表执行光照计算，计算量将增加大约 300%，其中很多顶点法线是重复的。这显然是不能接受的，后面讨论优化时将解决这种问题。

在基于渲染列表的光照函数中，对于每个多边形都需要对 3 个顶点执行光照计算。虽然可以对执行了光照计算的顶点进行标记，以最大限度地减少计算量，这将非常复杂，所以现在暂时不去管它，但读者对此应该心中有数。

复杂的原因在于，对顶点执行光照处理，以便计算顶点的最终颜色并将其存储到 lit_colors[ ] 时，需要使用包含该顶点的多边形的初始颜色。因此，要重用已经执行光照处理的顶点，必须将光照计算分成两步：第一步只计算光照强度，并对顶点进行标记，以免再次对其进行光照处理。第二步是使用多边形的初始颜色对顶点的光照强度进行调制。这将导致代码极其混乱，目前需要处理的问题已经很多，因此暂时不去管它。在后续章节中，将据此对代码进行优化。

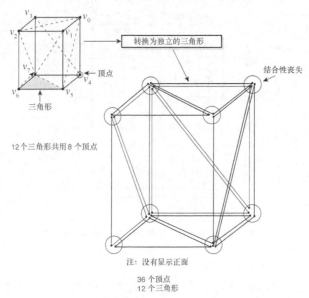

图 9.28　将物体转换为多边形后，顶点结合性将丧失

现在请查看附带光盘中的 16 位光照函数。这些函数的代码太多（超过 30 页），这里无法列出它们。这两个新函数的原型如下：

```
int Light_RENDERLIST4DV2_World16(RENDERLIST4DV2_PTR rend_list,// 渲染列表
         CAM4DV1_PTR cam,   // 相机
         LIGHTV1_PTR lights, // 光源列表
         int max_lights)  // 最大光源数

int Light_OBJECT4DV2_World16(OBJECT4DV2_PTR obj,// 要处理的物体
         CAM4DV1_PTR cam,   // 相机
         LIGHTV1_PTR lights,// 光源列表
         int max_lights)   // 最大光源数
```

它们与前一个版本基本相同，只是针对新的物体结构和渲染列表结构进行了修改而已。下面是函数中使用环境光源和无穷远光源对采用 Gouraud 着色的多边形的每个顶点执行光照处理的代码：

```
if (curr_poly->attr & POLY4DV2_ATTR_SHADE_MODE_GOURAUD) ///////////////////
  {
  // 多边形使用 Gouraud 着色
  // 在流水线的这个阶段，网格已经被分解为三角形
  // 因此如果顶点被多个三角形共享，将被执行光照计算多次
  // 使用 Gouraud 着色时，在物体级执行光照计算更合适
  // 因为此时顶点的共用性没有被破坏，光照计算与使用恒定着色类似
  // 只是需要执行 3 次，每个顶点一次
  // 另外，还有很多可优化的地方，但为确保代码易于理解
  // 这里暂时不管它，以后再进行优化

  // 第 1 步：提取多边形初始颜色的 R、G、B 值
  // 假设颜色格式为 5.6.5
  _RGB565FROM16BIT(curr_poly->color, &r_base, &g_base, &b_base);

  // 扩展成 8 位
  r_base <<= 3;  g_base <<= 2;  b_base <<= 3;
```

```
// 初始化顶点的累积 R、G、B 值
r_sum0 = 0;  g_sum0 = 0;  b_sum0 = 0;
r_sum1 = 0;  g_sum1 = 0;  b_sum1 = 0;
r_sum2 = 0;  g_sum2 = 0;  b_sum2 = 0;

// 优化措施:
// 系统中有多个光源时，很多计算是重复的
// 为最大限度地减少这种计算，作者采取的策略是，将需要重复计算的量设置为最大值
// 然后在光照计算循环中检测这个变量是否为最大值
// 如果是，则计算相应的量，并将其存储到该变量中
// 这样，在以后的光源需要这个数据时，直接使用它即可
for (int curr_light = 0; curr_light < max_lights; curr_light++)
  {
  // 光源是否被处于活动状态
  if (lights[curr_light].state==LIGHTV1_STATE_OFF)
   continue;

  // 判断光源的类型
  if (lights[curr_light].attr & LIGHTV1_ATTR_AMBIENT) ///////////
    {
    // 将光源颜色的各个分量与多边形颜色的相应分量相乘
    // 然后除以 256，使结果的取值范围为 0-255，在代码中使用移位（>> 8）
    ri = ((lights[curr_light].c_ambient.r * r_base) / 256);
    gi = ((lights[curr_light].c_ambient.g * g_base) / 256);
    bi = ((lights[curr_light].c_ambient.b * b_base) / 256);

    // 环境光源对每个顶点的影响相同
    r_sum0+=ri; g_sum0+=gi; b_sum0+=bi;
    r_sum1+=ri; g_sum1+=gi; b_sum1+=bi;
    r_sum2+=ri; g_sum2+=gi; b_sum2+=bi;
    } // end if
  else
  if (lights[curr_light].attr & LIGHTV1_ATTR_INFINITE) //////////
    {
    // 无穷远光源，需要使用顶点法线和光源的方向
    // 顶点法线已经计算好，其长度为 1.0，因此无需重新计算
    // 无穷远光源的光照模型如下:
    // I(d)dir = IOdir * Cldir
    // 对于散射光，计算公式如下:
    // Itotald = Rsdiffuse*Idiffuse * (n . l)
    // 为避免浮点数运算，将 dp 乘以 128
    // 这样做并非浮点数运算速度更慢，而是因为数据类型转换会占用大量的 CPU 周期

    // 需要对每个顶点执行光照计算

    // 顶点 0
    dp = VECTOR4D_Dot(&curr_poly->tvlist[0].n,
            &lights[curr_light].dir);

    // 仅当 dp > 0 时，光源对顶点才有影响
    if (dp > 0)
      {
      i = 128*dp;
      r_sum0+= (lights[curr_light].c_diffuse.r * r_base * i) /
          (256*128);
       g_sum0+= (lights[curr_light].c_diffuse.g * g_base * i) /
          (256*128);
      b_sum0+= (lights[curr_light].c_diffuse.b * b_base * i) /
          (256*128);
      } // end if
```

```
// 顶点 1
dp = VECTOR4D_Dot(&curr_poly->tvlist[1].n,
        &lights[curr_light].dir);

// 仅当 dp > 0 时光源对顶点才有影响
if (dp > 0)
   {
   i = 128*dp;
   r_sum1+= (lights[curr_light].c_diffuse.r * r_base * i) /
      (256*128);
   g_sum1+= (lights[curr_light].c_diffuse.g * g_base * i) /
      (256*128);
   b_sum1+= (lights[curr_light].c_diffuse.b * b_base * i) /
      (256*128);
   } // end if

// 顶点 2
dp = VECTOR4D_Dot(&curr_poly->tvlist[2].n,
        &lights[curr_light].dir);

// 仅当 dp > 0 时光源对顶点才有影响
if (dp > 0)
   {
   i = 128*dp;
   r_sum2+= (lights[curr_light].c_diffuse.r * r_base * i) /
      (256*128);
   g_sum2+= (lights[curr_light].c_diffuse.g * g_base * i) /
      (256*128);
   b_sum2+= (lights[curr_light].c_diffuse.b * b_base * i) /
      (256*128);
   } // end if

} // end if infinite light
```

在上述代码中，r_sum0 到 r_sum2、g_sum0 到 g_sum2 以及 b_sum0 到 b_sum_2，分别用于存储经过光照处理后，顶点 0 到 2 的颜色的红、绿、蓝分量。r_base、g_base、b_base 分别是多边形的初始颜色的 R、G、B 分量。计算方法与使用恒定着色时相同，只是需要重复 3 次。从无穷远光源模型的光照计算代码可知，对于每个顶点的光照计算是相同的。

在新的光照函数中，进行了非常有趣的优化，作者称之为保存计算结果（calculation caching）。通过分析对多边形进行光照处理的循环可以发现，这里涉及到多个光源：环境光源、无穷远光源、点光源等。对于每个光源，以前都重新计算所需的数据；也就是说，需要知道光源到多边形的距离时，重新计算它，需要法线时，重新计算它，等等。这里进行的优化是，存储那些不随光源而异的数据，如多边形法线。这样做可以提高光照计算的速度，但只适用于有多个光源的情况。这里没有存储过多的数据，而只是存储了点光源和聚光灯光照计算中都需要的多边形法线，后面讨论优化时，将采取更为积极的态度。

不幸的是，在执行 Gouraud 着色光照计算的代码中，不能采用这种优化方法；但在执行恒定着色光照计算的代码中可以这样做。下面列出光照函数中采用这种优化方法执行恒定着色光照计算的代码，首先是进入光源循环之前的代码：

```
// 将 n.z 设置为 FLT_MAX，以指出法线未被计算
n.z = FLT_MAX;

// 遍历光源
for (int curr_light = 0; curr_light < max_lights; curr_light++)
   {
```

上述代码将法线向量的一个分量设置为无穷大，指出法线还未计算过。在光照计算循环中，需要使用法线的光照模型包含下述代码：

```
// 检查之前是否计算了多边形法线
if (n.z==FLT_MAX)
  {
  // 需要计算多边形的面法线
  // 顶点按顺时针方向排列，因此 u=p0->p1, v=p0->p2,  n=uxv

  // 计算 u 和 v
  VECTOR4D_Build(&curr_poly->tvlist[0].v, &curr_poly->tvlist[1].v, &u);
  VECTOR4D_Build(&curr_poly->tvlist[0].v, &curr_poly->tvlist[2].v, &v);

  // 计算叉积
  VECTOR4D_Cross(&u, &v, &n);
  } // end if
```

上述代码检查 n.z 是否为 FLT_MAX，如果是，则计算法线；否则不计算。这样，即使系统中有 8 个光源，也只计算法线一次。

提示：采用这种策略确实可以提高速度，前提是系统中有很多光源。然而，游戏中可能只有一两个光源，在这种情况下，这种优化实际上会降低速度。因此，如果要使用这种优化，必须确保其减少的计算量超过了带来的开销。

有关根据光照引擎计算得到的颜色值进行 Gouraud 着色的演示程序，请参阅 DEMOII9_2.CPP|EXE。图9.29 是这个程序运行时的屏幕截图。这个演示程序创建 3 个水分子模型，然后在包含多个光源的场景中旋转它们。3 个水分子模型分别使用固定着色、恒定着色和 Gouraud 着色——您能分别出各个模型使用的是哪种着色方法吗？使用 Gouraud 着色的分子模型看起来较圆润，虽然模型是由多个小平面组成的，这是通过平均计算顶点法线的结果。

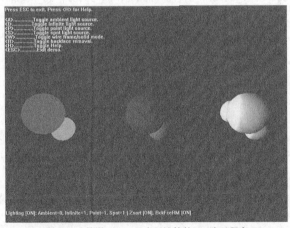

图 9.29 使用 Gouraud 光照计算的 3D 演示程序

2．8 位模式下的 Gouraud 光照计算

在 8 位模式下，问题稍微复杂些。令人不可思议的是，8 位模式下的光照计算几乎与 16 位模式下相同。事实上，8 位版本的光照函数的代码几乎与 16 位版本相同，唯一的差别是，如果多边形使用的是固定或恒

定着色，将使用查找表将最终的 RGB 颜色转换为颜色索引，并将其存储在 lit_color[0]中：

```
curr_poly->lit_color[0] = rgblookup[RGB16Bit565(r_sum, g_sum, b_sum)];
```

查找表的工作原理是，将 5.6.5 格式的 RGB 值作为一个 16 位的索引，根据查找表得到与其最接近的颜色索引。在程序的初始化阶段，调用下述函数来创建查找表：

```
// 创建供光照引擎使用的查找表
RGB_16_8_IndexedRGB_Table_Builder(DD_PIXEL_FORMAT565, // 像素格式
                  palette,  // 调色板
                  rgblookup); // 存储查找表的内存空间
```

这很好，但存在一个问题：对使用 Gouraud 着色的三角形执行光照计算时，将顶点的最终颜色转换为颜色索引是没有意义的，因为接下来进行 Gouraud 插值时，需要使用 RGB 颜色。因此，在 8 位模式下对使用 Gouraud 着色的三角形执行光照计算时，将把顶点的 RGB 颜色存储在数组元素 lit_color[ ]中，就像在 16 位模式下一样。接下来介绍 8 位版本的 Gouraud 着色函数。

在 8 位模式下，绘制使用 Gouraud 着色的三角形的函数如下：

```
void Draw_Gouraud_Triangle(POLYF4DV2_PTR face,// 指向多边形面的指针
        UCHAR *dest_buffer, // 指向视频缓存的指针
        int mem_pitch)  // 每行占据多少个字节（320、640 等）
```

它与 16 位版本基本相同，但将像素绘制到屏幕上的代码不同。这个函数的代码太多，无法全部列出它们，这里只介绍一些重要代码。首先来看 RGB 颜色提取步骤：

```
// 假设像素格式为 5.6.5
// 无法承受在循环中调用函数的开销
// 如果要支持 5.6.5 和 5.5.5 格式，需要编写两个硬编码版本
// 虽然将在 8 位模式下进行光栅化，但输入的颜色仍为 RGB 格式
_RGB565FROM16BIT(face->lit_color[v0], &r_base0, &g_base0, &b_base0);
_RGB565FROM16BIT(face->lit_color[v1], &r_base1, &g_base1, &b_base1);
_RGB565FROM16BIT(face->lit_color[v2], &r_base2, &g_base2, &b_base2);

// 扩展到 8 位
r_base0 <<= 3;
g_base0 <<= 2;
b_base0 <<= 3;

// 扩展到 8 位
r_base1 <<= 3;
g_base1 <<= 2;
b_base1 <<= 3;

// 扩展到 8 位
r_base2 <<= 3;
g_base2 <<= 2;
b_base2 <<= 3;
```

这与 16 位版本中完全相同，这是因为在 8 位光照函数中，对使用 Gouraud 着色的三角形进行光照计算时，将顶点的最终颜色以 RGB 5.6.5 格式存储在数组 lit_colors[ ]中，而没有将它们转换为索引。将 RGB 颜色转换为颜色索引只会浪费时间和 CPU 周期，因为无法对颜色索引进行插值。下面是光栅化扫描线的内循环：

```
// 绘制扫描线
for (xi=xstart; xi<=xend; xi++)
  {
  // write textel assume 5.6.5
  screen_ptr[xi] = rgblookup[( ((ui >> (FIXP16_SHIFT+3)) << 11) +
```

```
          ((vi >> (FIXP16_SHIFT+2)) << 5) +
          (wi >> (FIXP16_SHIFT+3)) ) ];
// 设置下一个像素的 R、G、B 值
ui+=du;
vi+=dv;
wi+=dw;
} // end for xi
```

上述代码将 RGB 值转换为 5.6.5 格式，然后将其作为索引，在查找表中找到与之最接近的颜色索引。

这提出了一个哲学式问题。在 8 位模式下，速度要比 16 位模式下慢吗？如果采用简单的彩色光照，则答案是肯定的；如果使用专门为 8 位模式设计的单色光照，则答案是否定的。如果计算机的速度很慢，则不能使用 16 位模式和彩色光照，而只能支持白色光源，同时 Gouraud Shader 函数只需通过插值计算光照强度。在这种情况下，需要创建一个查找表，其中包含 256 种颜色，每种颜色有 256 种着色度，并使用颜色和强度作为这个查找表的索引。具有讽刺意味的是，本书前面创建过一个这样的查找表。因此，如果愿意，可以降低 8 位光照函数的功能，使之只计算每个顶点的光照强度。这样，8 位光栅化函数只需通过插值计算强度，与插值计算 RGB 相比，速度将快 3 倍。在光栅化阶段，根据颜色索引和强度在查找表中找到与之最接近的颜色索引。

还可以进行创新，创建多个查找表以支持彩色光源，如图 9.30 所示。然后，选择与场景中实际光源最接近的光源颜色，并通过相应的查找表来查找光照处理后的颜色。例如，假设只使用白色、红色、绿色、蓝色和橙色光源，则可以创建 5 个查找表，其中包含将各种强度的光照映射到不同颜色的表面时得到颜色索引。因此，可以使用查找表来实现彩色光照，而不影响性能。

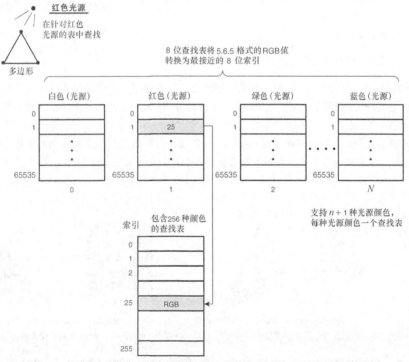

图 9.30　使用多个查找表，其中包含使用常见颜色的光源进行照射后多边形的颜色

然而，完全没有必要在 8 位模式下这样做，因为当前 16 位模式下的速度已经足够快。事实上，使用 8 位模式实际上降低了速度，因为我们首先针对 16 位模式进行编程，然后将其转换为 8 位模式。另一方面，什么时候都可以使用查找表，没有人规定在 16 位模式下不能使用它。例如，如果只使用红色、绿色、蓝色、白色和橙色光源，便可以在 16 位的 Gouraud Shader 中使用单色插值，在函数的入口根据光源的颜色选择正确的查找表，从而避免进行 3 次插值。本书后面进行优化时将使用查找表，现在暂时不去管它。

有关使用 8 位 Gouraud 着色的演示程序，请参阅 DEMOII9_2_8b.CPP|EXE。请运行这个演示程序，它创建 3 个水分子模型，然后在包含多个光源的场景中旋转它们。3 个水分子模型分别使用固定着色、恒定着色和 Gouraud 着色。使用 Gouraud 着色的分子模型看起来更圆润，虽然 3 个模型是一样的。令人惊讶的是，虽然颜色空间有限，但效果还是不错的。

9.6　基本采样理论

您实际上已经完成了纹理映射工作！说正经的，纹理映射与 Gouraud 着色没什么差别，只是通过插值计算纹理坐标而不是颜色。当然，还涉及到一些细节，仅此而已。现在只讨论仿射（线性）纹理映射，完全不涉及透视修正。图 9.31 是一个经典的线性纹理映射和透视修正纹理映射范例，其中使用的纹理是一个棋盘。

然而，大可不必对纹理映射感到恐惧。读者已经知道如何实现纹理映射了。下面从另一个角度来审视插值——通过插值来计算坐标，进而根据坐标采集样本。

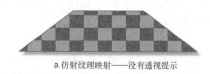

a.仿射纹理映射——没有透视提示

b.透视纹理映射——请注意近处和远处的 3D 透视

图 9.31　线性纹理映射和透视纹理映射

9.6.1　一维空间中的采样

我们要做的是，设计一种对纹理图进行采样的算法，以便对三角形进行渲染时，可以使用采集到的像素对每条扫描线上的每个像素进行着色（color）。图 9.32 针对 3 类三角形（平顶三角形、平底三角形和常规三角形）说明了这一点。

图 9.33 说明了我们要实现的处理过程。我们将一个 m×m（8/16 位颜色）的矩形位图作为纹理映射到任何一个三角形上，这意味着需要考虑三角形的旋转和缩放。为帮助设计这种算法，图 9.33 中对一些感兴趣的点进行了标记。

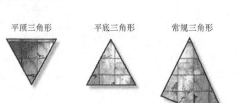

注：根据那条边更长，常规三角形又分为两类

图 9.32　对 3 类基本三角形进行纹理映射

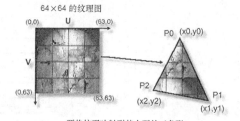

要将纹理映射到其上面的三角形

图 9.33　将 u、v 空间中的纹理映射到三角形上

首先，目标三角形由顶点 p0、p1 和 p2 构成，它们的坐标分别是 $(x0, y0)$、$(x1, y1)$ 和 $(x2, y2)$。另外，在纹理图周围标出了水平轴 u 和垂直轴 v，纹理左上角的坐标为 $(0, 0)$，右下角的坐标为 $(63, 63)$，因为坐

标 u 和 v 的取值范围都为 0～63。然而，在很多情况下，坐标 u 和 v 的取值范围为 0～1（如果被归一化）或 0～2 的幂减 1。

将矩形纹理图以线性方式映射到三角形上只不过是进行插值而已，但插值次数很多，很容易出错或编写出速度很慢的算法。另外，虽然在讨论三角形光栅化和 Gouraud 着色时介绍过插值，但从未从采集数据的角度介绍过它。下面从另一个角度来讨论插值，即旨在采集数据而不是通过插值计算坐标或颜色。从最简单的情况——一维空间中的采样——开始。

图 9.34 是最简单的纹理映射方式：将纹理映射到一条垂直线上。在这个图中，有一个宽 1 像素、高 8 像素的纹理图，我们需要将它映射到一条宽 1 像素、高为任何值的多边形上。该如何办呢？可以求助于采样。

我们需要做的是，对纹理图（这里是一个 1×8 像素的位图）进行采样，并将其映射到一个 1×n 像素的目标多边形上，其中 n 的取值范围为 1 到无穷大。请看图 9.34 中的一些例子。

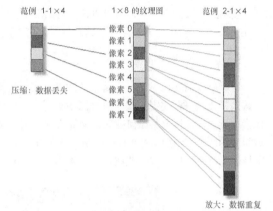

在范例 1 中，目标多边形为 1×4 像素的。在这种情况下，可以在纹理图的每两个像素中采集一个，如图中所示。假设选择像素 0、2、4 和 6，并将它们分别映射到目标多边形的 0、1、2 和 3 处，这样便完成了纹理映射。然而，选择像素 0、2、4 和 6 的决定是如何做出的呢？答案是根据采样比例，它是一个插值因子，计算公式如下：

采样比例 = 纹理图高度 / 目标多边形的高度

因此，在这个例子中，采样比例为：

采样比例 = 8 / 4 = 2.0

也就是说，沿目标多边形的垂直轴每移动 1.0 个像素，必须在纹理图中移动 2.0 个像素。这就是采样比例 2 的含义，因此采样序列为 0、2、4、6。读者可能会说，"等一等，我们丢失了颜色信息"。确实如此，必须丢弃一半的像素。这种采集整数阵列上的像素而不进行平均（滤波）的方法绝对存在问题。如果要编写像 3D Studio Max 这样的高端 3D 建模程序，可能需要对采集的像素进行平均（区域采样），使样本更接近于原始数据。然而，对于游戏和实时软件，第一种技术（点采样）是可行的。下面来看一个走向另一个极端的例子。

在范例 1 中，对纹理图进行了压缩，即目标多边形比纹理图小，因此将丢失信息。另一种情形是，目标多边形比纹理图大，没有足够的信息供多边形使用。在这种情况下，必须重复使用纹理图中的数据。在 3D 游戏中，当带纹理的多边形离视点太近时，看起来像是由很多块组成的。这是因为没有足够的纹理数据，有些采样点被采集多次，从而构成很多小块。请看图 9.34 中的第二个范例，纹理图仍然是 1×8 的，但目标多边形是 1×14 的。显然，在这种情况下，采样比例将小于 1：

采样比例 = 8 /14 = 0.57

因此，在目标多边形中绘制每个像素时，当前采样点与前一个点的距离应为 0.57 个像素。这样，对于目标像素 0～13，对应的采样点序列如下：

- 样本 0：0.57；
- 样本 1：1.14；
- 样本 2：1.71；
- 样本 3：2.28；

图 9.34　一维纹理映射

- 样本 4：2.85；
- 样本 5：3.42；
- 样本 6：3.99；
- 样本 7：4.56；
- 样本 8：5.13；
- 样本 9：5.7；
- 样本 10：6.27；
- 样本 11：6.84；
- 样本 12：7.41；
- 样本 13：7.98。

要得到实际的采样点，可以对计算得到的采样点进行截尾，结果为(0，1，1，2，2，3，3，4，5，5，6，6，7，7)。每个像素被采样大约两次（1/0.57）。

9.6.2　双线性插值

这里顺便简要地讨论一下基本滤波以及它为何重要。在前一个例子中，确定最终的样本像素时，将浮点数采样点进行截尾得到整型采样点。然而，如果考虑采样位置的小数部分，根据一个几何滤波器对多个像素进行采样，情况将如何呢？图 9.35 说明了这一点，它描述了一个采用点采样得到的纹理和一个采用滤波得到的纹理。例如，对于前一个例子中的样本 12，滤波采样使用浮点数采样点 7.41 进行采样；但采用点采样时，将对采样点进行截尾，从而采集纹素（textel pixel）7.0，这将丢失信息。

A. 双线性插进　　　　　　　　　　B. 点采样

图 9.35　点采样和双线性滤波

点采样的速度更快，但效果不好。如果使用如图 9.36 所示的简单 1D 箱形滤波器，并假定像素中心的坐标为整数，则采样点 7.41 将导致箱形滤波器从 7.0 向前移动 0.41 个像素，使滤波器覆盖了像素 7.0 的一部分和像素 8.0 的一部分，覆盖率分别是 59% 和 41%。这样，将使用一个混合函数来计算样本，如下所示：

样本 = 0.59 * 像素 7_{rgb} + 0.41 * 像素 8_{rgb}

上述混合是在 RGB 空间中进行的，最后的样本为像素 7 和 8 的混合颜色。这样，效果将好得多，不会出现锯齿。这种采样方法的缺点是，每次采样都增加了一次插值，即混合运算，而不是进行简单的采样。虽然这没什么大不了的，但确实会降低速度。

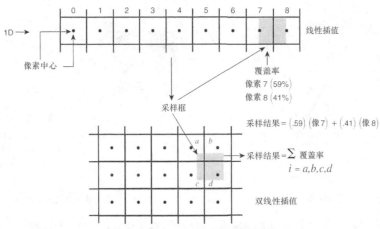

图 9.36　用于双线性插值的简单箱形滤波器

另外，在实际的纹理映射函数中，是在二维空间而不是一维空间内执行这种操作，因此被称为双线性插值。然而，可以使用查找表和其他近似方法来提高其速度。例如，使用定点数进行插值计算时，可以将小数部分的 2～3 位用作混合因子，并创建一个包含每种颜色的各种比例的查找表，然后使用这个表来查找每个混合部分的值，并将它们相加。

提示：现在不打算实现双线性滤波，但以后可能实现它——如果能使其速度足够快的话。坦率地说，双线性滤波通常会使纹理不清晰，避免走样。然而，可以在引擎中预先对纹理进行柔化（softening），以最大限度地避免使用点采样得到的纹理走样。这样将丢失一些细节，但纹理看起来更美观，因此值得这样做。

9.6.3　u 和 v 的插值

我们要实现的算法是，在三角形的左侧边和右侧边上通过插值计算每条扫描线的起点和终点，然后根据合适的纹素绘制扫描线上的每个像素。首先需要给目标三角形的顶点指定纹理坐标，为插值提供参照系。因此，必须给每个顶点制定纹理坐标 (u, v)，如图 9.37 所示。这样，每个顶点都包含 4 个坐标分量 x、y、u 和 v，将根据它们来进行纹理映射。新结构 VERTEX4DV1 支持纹理坐标，而结构 OBJECT4DV2 中也包含存储纹理坐标 u 和 v 的数组，因此定义纹理映射的准备工作已经就绪。

下面讨论一下纹理坐标的范围。纹理图的大小必须是 $m \times m$（其中 m 为 2 的幂），通常为 64×64 像素、128×128 像素或 256×256 像素，这意味着纹理坐标为 0 到 $m-1$。为方便讨论，假设所有纹理图都是 64×64 像素的，因此任何顶点的纹理坐标必须是 $(0\ldots63, 0\ldots63)$。

例如，在图 9.38 中有两个纹理映射的例子。在第一个例子中，三角形的顶点 0、1 和 2 的纹理坐标分别是 $(0, 0)$、$(63, 0)$ 和 $(63, 63)$，这样纹理图的一半将被映射到目标三角形上。在第二个例子中，纹理图被映射到两个相邻的三角形上，这两个三角形构成了一个正方形。纹理坐标被设置成这样：将纹理图的一半映射其中一个三角形上，将另一半映射到另一个三角形上，这样，便将纹理完美地映射到了两个三角形上。另外，这也是使用三角形构建四边形的方法。

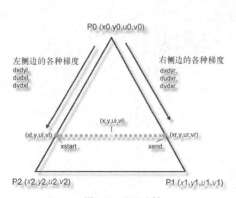

图 9.37　纹理映射

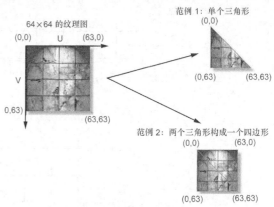

图 9.38　将纹理映射到三角形和四边形上

读者对问题有了直观的认识后，下面来实现其算法。在接下来的分析中，使用的变量名与图 9.37 标出的相同；同时，为方便读者理解程序代码，最后的纹理映射函数中也将使用这些变量名。

在左侧边上，各种梯度如下：

```
dxdyl = (x2 - x0)/(y2 - y0); // 左侧边的 x 坐标梯度
dudyl = (u2 - u0)/(y2 - y0); // 左侧边的 u 纹理坐标梯度
dvdyl = (v2 - v0)/(y2 - y0); // 左侧边的 v 纹理坐标梯度
```

在右侧边上，各种梯度如下：

```
dxdyr = (x1 - x0)/(y2 - y0); // 右侧边的 x 坐标梯度
dudyr = (u1 - u0)/(y2 - y0); // 右侧边的 u 纹理坐标梯度
dvdyr = (v1 - v0)/(y2 - y0); // 右侧边的 v 纹理坐标梯度
```

当然，可优化的地方很多。例如，（y2 - y0）项被使用多次，但只需计算一次即可。另外，更好的方法是，计算（y2 − y0）的倒数，然后使用乘法运算来计算各种梯度。根据梯度进行插值时，必须有初始值作为参照，我们从最上面的顶点（顶点 0）开始，因此这样设置初始值：

```
xl = x0; // 左侧边上 x 坐标的初始值
ul = u0; // 左侧边上纹理坐标 u 的初始值
vl = v0; // 左侧边上纹理坐标 v 的初始值

xr = x0; // 右侧边上 x 坐标的初始值
ur = u0; // 右侧边上纹理坐标 u 的初始值
vr = v0; // 右侧边上纹理坐标 v 的初始值
```

至此，准备工作几乎已经就绪。可以这样沿左侧边和右侧边进行插值：

```
xl+=dxdyl;
ul+=dudyl;
vl+=dvdyl;

xr+=dxdyr;
ur+=dudyr;
vr+=dvdyr;
```

但是，对于每条扫描线，还必须通过线性插值来计算每个像素的纹理坐标 ui 和 vi，然后将它们作为索引，从纹理图中得到相应的纹素。为此，只需计算扫描线起点和终点的纹理坐标 u 和 v，然后使用 dx 来计算扫描线上的 u、v 坐标梯度：

```
xstart = xl;      // 扫描线起点的 x 坐标
xend = xr;        // 扫描线终点的 x 坐标
dx = (xend - xstart); // 差值 dx
du = (ul - ur)/dx;
dv = (vl - vr)/dx;
```

有了 du 和 dv 后，便可以沿扫描线通过插值计算每个像素的纹理坐标，并据此获得纹理图中相应纹素的颜色，然后使用该颜色绘制像素。代码如下：

```
// 设置扫描线起点的纹理坐标
ui = ul;
vi = vl;
// 沿扫描线从左到右进行插值
for (x = xstart; x <= xend; x++)
    {
    // 读取纹素的颜色
    pixel = texture_map[ui][vi];

    // 在(x,y)处绘制像素
    Plot_Pixel(x,y,pixel);

    // 计算下一个像素的纹理坐标 u 和 v
    ui+=du;
    vi+=dv;
    } // end for x
```

仅此而已。当然，在外循环中，还需要沿左侧边和右侧边向下，通过插值计算出每条扫描线的 *xl*、*ul*、*vl*、*xr*、*ur* 和 *vr*。

编写纹理映射函数时，需要解决上述伪代码函数中没有解决的细节；但正如前面指出的，Gouraud 光栅化函数是在纹理映射函数的基础上修改而成的。也就是说，作者首先编写了纹理映射函数，然后将其转换为 Gouraud Shader，因此读者对这个函数已经很熟悉了。另外，纹理映射函数和 Gouraud Shacer 使用的是定点数，这样可避免在内循环中绘制像素时进行浮点数和整数之间的转换，因为作者对编译器不信任。

浮点数运算的速度和整数运算一样快，但有时候，使用编译器生成的代码进行类型转换时，所需的时间可达数学运算的 10～100 倍。

9.6.4　实现仿射纹理映射

至此，读者已经具备了编写纹理映射函数所需的理论知识，下面讨论这些函数的细节，并列出它们的原型和部分代码。作者编写了 8 位版本和 16 位版本的纹理映射函数，其中比较有趣的是对纹理图进行采样以及在屏幕上绘制像素的内循环。Gouraud 光栅化函数通过插值计算 RGB 值，然后使用它来绘制像素；而纹理映射函数通过插值计算纹理坐标，然后根据纹理坐标对纹理图进行采样，并渲染像素，当然这里没有使用双线性滤波。

1. 16 位模式下的纹理映射

16 位的纹理映射函数与 Gouraud Shader 几乎相同，只是绘制像素的内循环有些不同，稍后将介绍。现在来看一下函数的原型及其调用方法：

```
void Draw_Textured_Triangle16(POLYF4DV2_PTR face, // 指向多边形面的指针
        UCHAR *_dest_buffer,// 指向视频缓存的指针
        int mem_pitch) // 每行占据的字节数（320、640 等）
```

少即是多——Stephen Wolfram 认为，使用几行代码就能够描述整个宇宙——在很多情况下，复杂性是从简单性派生而来的。要调用该函数，只需传递一个 POLYF4DV2 包含顶点和纹理图 POLYF4DV2、目标缓

存和内存跨距（memory pitch）。然后，很快便可以在屏幕上看到一个被裁剪过的、带纹理的三角形。

为让读者深入了解如何调用纹理映射函数，下面提供了一个范例，这些代码摘自一个渲染函数：

```
if (rend_list->poly_ptrs[poly]->attr & POLY4DV2_ATTR_SHADE_MODE_TEXTURE)
   {
   // 设置顶点
   face.tvlist[0].x = (int)rend_list->poly_ptrs[poly]->tvlist[0].x;
   face.tvlist[0].y = (int)rend_list->poly_ptrs[poly]->tvlist[0].y;
   face.tvlist[0].u0 = (int)rend_list->poly_ptrs[poly]->tvlist[0].u0;
   face.tvlist[0].v0 = (int)rend_list->poly_ptrs[poly]->tvlist[0].v0;

   face.tvlist[1].x = (int)rend_list->poly_ptrs[poly]->tvlist[1].x;
   face.tvlist[1].y = (int)rend_list->poly_ptrs[poly]->tvlist[1].y;
   face.tvlist[1].u0 = (int)rend_list->poly_ptrs[poly]->tvlist[1].u0;
   ace.tvlist[1].v0 = (int)rend_list->poly_ptrs[poly]->tvlist[1].v0;

   face.tvlist[2].x = (int)rend_list->poly_ptrs[poly]->tvlist[2].x;
   face.tvlist[2].y = (int)rend_list->poly_ptrs[poly]->tvlist[2].y;
   face.tvlist[2].u0 = (int)rend_list->poly_ptrs[poly]->tvlist[2].u0;
   face.tvlist[2].v0 = (int)rend_list->poly_ptrs[poly]->tvlist[2].v0;

   // 指定纹理
   face.texture = rend_list->poly_ptrs[poly]->texture;

// 使用固定着色?
if (rend_list->poly_ptrs[poly]->attr & POLY4DV2_ATTR_SHADE_MODE_CONSTANT)
   {
   // 以固定着色绘制带纹理的三角形
   Draw_Textured_Triangle16(&face, video_buffer, lpitch);
   } // end if
else
   {
   // 以恒定着色绘制三角形
   face.lit_color[0] = rend_list->poly_ptrs[poly]->lit_color[0];
   Draw_Textured_TriangleFS16(&face, video_buffer, lpitch);
   } // end else
```

请注意其中以粗体显示 POLYF4DV2 的代码，它们设置三角形。正如读者看到的，指定了多边形面的每个顶点的坐标 x、y、u 和 v，然后将该多边形面作为参数来调用函数 Draw_Textured_Triangle16()。读者可能注意到了，随后还调用了函数 Draw_Textured_TriangleFS16()，这是支持恒定着色的函数版本，稍后将介绍它。当前，纹理映射函数 Draw_Textured_Triangle16()只支持固定着色。也就是说，在模型中，必须将着色。模式设置为"constant"，然后应用一个纹理。场景中的光源对纹理没有任何影响。稍后将进行改进，第一个版本的纹理映射函数只支持固定着色。接下来看一下函数 Draw_Textured_Triangle16()中的一些重要代码。

下面是纹理映射函数的内循环：

```
// 绘制扫描线
for (xi=xstart; xi<=xend; xi++)
   {
   // 绘制像素
   screen_ptr[xi] = textmap[(ui >> FIXP16_SHIFT) + (
               (vi >> FIXP16_SHIFT) << texture_shift2)];
   // 计算下一个像素的纹理坐标 u 和 v
   ui+=du;
   vi+=dv;
   } // end for xi
```

下面讨论一下以粗体显示的代码。首先，纹理坐标 *ui* 和 *vi* 为 16.16 的定点格式，因此需要执行移位运算，这相当于下述代码：

```
screen_ptr[xi] = textmap[ui + vi * word_pitch]
```

乘以 word_pitch 是通过左移 texture_shift2 实现的；由于纹理图是以先行后列的方式存储的，因此可以使用上述表达式像访问 2D 数组那样访问它。texture_shift2 是如何推导出来的呢？这很简单：它是纹理图宽度的以 2 为底的对数。如果纹理图的大小为 64×64（纹理图总是方形的），则 texture_shift2 为 6，因为 $2^6 = 64$（$\log_2^{64} = 6$）。

稍微有些麻烦的是，作者使用结构 BITMAP_IMAGE 来存储纹理图，虽然这个结构中存储了纹理的宽度和高度，但并没有存储它们的以 2 为底的对数。可以将这些值存储到多边形结构中，或者将它们存储到 BITMAP_IMAGE 结构的某个字段的前 4 位中，但这样做太隐蔽。相反，作者创建了一个 $\log_2$ 查找表：

```
// logbase2ofx[x] = (int)log2 x, [x:0-256]
UCHAR logbase2ofx[257] =
{
0,0,1,1,2,2,2,2,3,3,3,3,3,3,3,3,  4,4,4,4,4,4,4,4,4,4,4,4,4,4,4,4,
5,5,5,5,5,5,5,5,5,5,5,5,5,5,5,5,  5,5,5,5,5,5,5,5,5,5,5,5,5,5,5,5,
6,6,6,6,6,6,6,6,6,6,6,6,6,6,6,6,  6,6,6,6,6,6,6,6,6,6,6,6,6,6,6,6,
6,6,6,6,6,6,6,6,6,6,6,6,6,6,6,6,  6,6,6,6,6,6,6,6,6,6,6,6,6,6,6,6,
7,7,7,7,7,7,7,7,7,7,7,7,7,7,7,7,  7,7,7,7,7,7,7,7,7,7,7,7,7,7,7,7,
7,7,7,7,7,7,7,7,7,7,7,7,7,7,7,7,  7,7,7,7,7,7,7,7,7,7,7,7,7,7,7,7,
7,7,7,7,7,7,7,7,7,7,7,7,7,7,7,7,  7,7,7,7,7,7,7,7,7,7,7,7,7,7,7,7,
7,7,7,7,7,7,7,7,7,7,7,7,7,7,7,7,  7,7,7,7,7,7,7,7,7,7,7,7,7,7,7,7, 8,
};
```

这个表的用法很简单：以 0～256 的任何整数作为索引，便可以得到与其以 2 为底的对数最接近的整数。例如，logbase2ofx[128] = 7，logbase2ofx[129] 也为 7，等等。在纹理映射函数的开头，计算纹理图宽度的以 2 为底的对数，并将结果存储到 texture_shift2 中，然后在纹素时使用它来执行移位运算，这样便可以支持从 1×1 到 256×256 的任何纹理。然而，作者不会使用小于 16×16 的纹理，因为在这种情况下，定点数运算可能不正常。

这又是一个从非常规角度进行思考，使用查找表来提高速度的例子。然而，我们应该创建一个新的 BITMAP 结构，预先计算出纹理宽度的以 2 为底的对数，并将其存储到这个结构中。对于每个多边形执行一次表查找操作没有什么大不了的，但是别忘了，积沙成塔，不断加上稻草也会将骆驼压死。因此，一定要小心，我们在逐渐降低性能。

2．8 位模式下的纹理映射

在 8 位模式下，支持固定着色的纹理映射函数与 16 位版本相同，因为它只是执行采样运算，而没有执行颜色运算。因此，代码并没有太多变化，只是数据类型为 BYTE，而不是 SHORT 而已。除此之外，其他方面完全相同，因此这里不再赘述，这个函数的原型如下：

```
void Draw_Textured_Triangle(POLYF4DV2_PTR face, // 指向多边形面的指针
        UCHAR *_dest_buffer, // 指向视频缓存的指针
        int mem_pitch) // 每行占据的字节数（320、640 等）
```

9.7 更新光照/光栅化引擎以支持纹理

现在来更新光照引擎以支持纹理。从很大程度上说，这项工作已经完成！为支持纹理，几乎不用在光照函数中增加任何代码。不过，确实需要耍一个小花样，且听我细细道来。

对多边形执行光照计算时，我们将多边形的初始颜色作为材质，使用光源对其进行调制。也就是说，红色多边形只反射红色光，等等。然而，我们不能对纹理图的每个像素执行光照计算，而需要玩一个小花样。我们将这样做：对于将被贴上纹理的多边形，将其颜色重新设置为白色(255，255，255)，然后像通常那样对其进行光照计算。然而，到目前为止，作者编写的光栅化函数只支持使用恒定着色的、带纹理的多边形，而不支持使用 Gouraud 着色的、带纹理的多边形，因此带纹理的多边形只能使用固定或恒定着色。回到前面的话题，对于带纹理的多边形，将把它的颜色重新设置为白色，然后像通常那样执行光照计算，并忽略多边形是带纹理的。

这样，多边形将反射照射到其上的所有光线，这正是我们希望的。在光栅化阶段，绘制带纹理的多边形时，从纹理图中采集合适的纹理，并用经过光照处理后的多边形颜色对其进行调制。接下来看看 16 位和 8 位实现。

1. 在 16 位纹理映射函数中添加光照处理功能

在 16 位模式下，对于使用恒定着色且带纹理的多边形，光照处理和光栅化流程如图 9.39 所示。绘制这种多边形的函数的原型如下：

```
void Draw_Textured_TriangleFS16(POLYF4DV2_PTR face, // 指向多边形面的指针
        UCHAR *_dest_buffer, // 指向视频缓存的指针
        int mem_pitch)     // 每行占据的字节数（320、640 等）
```

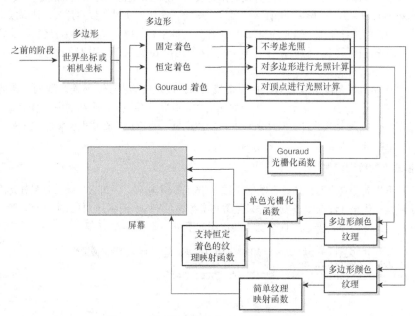

图 9.39 对纹理进行光照处理和光栅化的流水线

　　这个函数的原型与只支持固定着色的版本相同，只是函数名中包含"FS"，以指出它支持恒定着色。下面摘录其中的一些代码，让读者明白是如何对纹理进行着色的。前面讲过，光照函数假定多边形的颜色为白色，然后进行光照计算，并将结果存储在 lit_color[0]中。因此，我们只需对纹素颜色进行调制（将其与光照处理后的多边形颜色相乘），换句话说，对纹理进行光照处理。首先来看看支持固定着色的纹理映射函数的内循环代码：

```
// 绘制扫描线
for (xi=xstart; xi<=xend; xi++)
  {
  // 绘制像素
  screen_ptr[xi] = textmap[(ui >> FIXP16_SHIFT) +
              ((vi >> FIXP16_SHIFT) << texture_shift2)];
  // 计算下一个像素的纹理坐标 u 和 v
  ui+=du;
  vi+=dv;
  } // end for xi
```

下面是新的内循环代码，它使用光照处理后的颜色对纹素进行调制：

```
// 绘制扫描线
for (xi=xstart; xi<=xend; xi++)
  {
  // 绘制像素
  // 首先读取纹素
  textel = textmap[(ui >> FIXP16_SHIFT) +
          ((vi >> FIXP16_SHIFT) << texture_shift2)];

  // 提取纹素颜色的 R、G、B 值
  r_textel = ((textel >> 11)    );
  g_textel = ((textel >> 5) & 0x3f);
  b_textel =  (textel    & 0x1f);

  // 使用经过光照处理后的多边形颜色进行调制
  r_textel*=r_base;
  g_textel*=g_base;
  b_textel*=b_base;

  // 最后绘制像素 hence we need to divide
  // 前面将 R、G、B 分别放大了 32、64 和 32 倍，因此需要将它们分别除以 32、64 和 32
  // 但由于需要将结果进行移位，以放到 5.6.5 字中
  // 因此可以利用移位来完成
  screen_ptr[xi] = ((b_textel >> 5) +
          ((g_textel >> 6) << 5) +
          ((r_textel >> 5) << 11));

  // 计算下一个像素的纹理坐标 u 和 v
  ui+=du;
  vi+=dv;
  } // end for xi
```

　　上述内循环将极大地降低性能。为支持恒定纹理映射，所需要完成的工作量比以前增加了 10 倍，但令人惊讶的是，只要游戏中使用恒定着色且带纹理的物体不多，这还是可行的。内循环完成的工作如下：从纹理图中提取纹素，然后使用光照引擎提供的多边形颜色对其进行调制，最后在屏幕上绘制像素。其中最费时的操作是移位运算。如果使用汇编语言，可极大地提高性能；如果使用 SIMD（单指令多数据）指令，可将速度提高 4 倍。最后，通过使用查找表，可避免一些数学运算。

　　图 9.40 是演示程序 DEMOII9_3.CPP|EXE 运行时的屏幕截图。它使用的引擎支持彩色光照、纹理映射

和恒定着色，场景中有多个光源，带纹理的立方体在不断旋转。

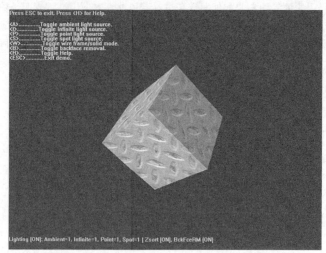

图 9.40　支持彩色光照和纹理映射的 16 位引擎

2．在 8 位纹理映射函数中添加光照处理功能

支持恒定着色的 8 位纹理映射函数与 16 位版本几乎相同，但内循环除外，而神奇的地方正是内循环。先来看看这个函数的原型：

```
void Draw_Textured_TriangleFS(POLYF4DV2_PTR face,// 指向多边形面的指针
        UCHAR *_dest_buffer,// 指向视频缓存的指针
        int mem_pitch)      // 每行占据的字节数（320、640 等）
```

为理解作者使用的算法，请参阅图 9.41。8 位光照存在的问题是，我们使用的是 RGB 光照，而不是单色光照，这就像在汽车快速行驶踩刹车。之所以支持 8 位模式，只是想提高速度。但在这种模式下支持 RGB 光照的原因有两个。首先，您可能需要 8 位的 RGB 光照引擎，例如，您可能是位 GameBoy Advance 程序员。其次，总是可以 RGB 光照计算简化为单色光照计算，但执行相反的转换难得多，因此作者决定将重点放在健壮性而不是速度上。

在 8 位模式下，对使用恒定着色且带纹理的多边形进行光栅化时，存在的问题是，不能对颜色进行调制，因为访问 8 位纹理图时，我们处于颜色索引空间中。当然，可以采取这种愚蠢的做法：从纹理图中读取纹素的颜色索引，在调色板中查找其对应的 RGB 值，然后使用 lit_color[0] 中的 RGB 颜色对其进行调制，再将结果转换为颜色索引，然后长舒一口气，说在 8 位模式下，速度比 RGB 模式下慢两倍。然而，可以采用更巧妙的方法。

请看图 9.41，作者采取的策略是，创建一个包含任何两种颜色的乘积的查找表。在 16 位模式下，这个查找表将包含 2^{32}（40 亿）个条目。然而，在 8 位模式下，可以采取一些技巧来缩小这个查找表。

在 8 位模式下，只有 256 种颜色。因此可以创建一个 65536 行的查找表，它将涵盖所有 RGB 颜色。也就是说，对于任何一种 5.6.5 格式的 RGB 颜色，我们计算该颜色与索引 0～255 的乘积，然后在调色板中找到与结果最接近的颜色索引。例如，假设要使用 RGB 值 (5，10，12) 对颜色索引 26 进行调制。前者是 5.6.5 格式的，取值范围为 (0…31，0…63，0…31)，将其转换为 8.8.8 格式时，结果为 (8，4，8)*(5，10，12) = (40，40，96)。

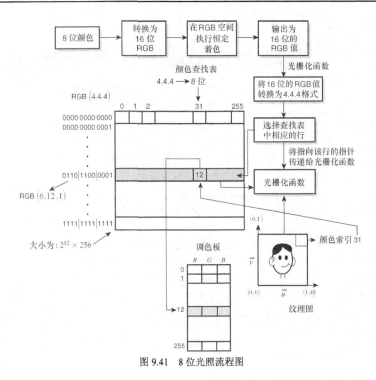

图 9.41　8 位光照流程图

我们首先提取索引 26 对应的 RGB 值，假设为 (90, 12, 60)，它们为 8.8.8 格式。然后将索引 26 对应的 RGB 值与前面的 RGB 颜色（在 8.8.8 格式下，为 (40, 40, 96)）相乘：

```
最终颜色 = (90, 12, 60) * (40, 40, 96) = (3600, 480, 5760)
```

接下来，需要将各分量缩小到范围 0～255 之内，为此需要除以 255，将结果取整，得到 (14, 1, 22)。

这意味着什么呢？上述 RGB 值是使用 5.6.5 RGB 颜色 (5, 10, 12) 对颜色索引 26 进行调制得到的 RGB 颜色。这相当于预先完成了使用一种 RGB 值对一个颜色索引进行光调制的步骤。创建查找表后，便可以根据经过光照处理后的多边形颜色和纹素的颜色索引来查找与调制后的颜色最接近的颜色索引，如下所示：

```
color_lookup[RGBcolor][color_index]
```

其中 RGBcolor 的取值范围为 0～65535，color_index 的取值范围为 0～255。然而，这个表很大——16.7MB。确实需要一个这样大的表吗？答案是否定的。可以采用这样的技巧：将光照引擎可能提供的各种 RGB 值压缩成 4.4.4 格式（红、绿、蓝分量分别有 16 个可能的取值），然后使用它来调制调色板中的 256 个颜色索引。这样，颜色查找表的大小将为 $2^{12} * 256 = 1MB$，这是可以接受的。现在，唯一需要解决的问题是，创建颜色查找表，在使用奔腾 4 CPU 的计算机上，这需要大约 20 秒钟。创建这种查找表的函数如下：

```
int RGB_12_8_Lighting_Table_Builder(LPPALETTEENTRY src_palette,
            UCHAR rgblookup[4096][256])
{
// 这个函数创建一个查找表，供 8 位纹理映射函数使用
// 需要一个这样的表，对于每种经过光照处理的多边形颜色和纹素颜色
// 表中都包含与它们的调制结果最接近的颜色索引
// 然而，这样的查找表将需要包含 256*65536 个条目，这大了点
// 为缩小查找表的规模，我们将光照处理的多边形颜色压缩为 4.4.4 格式
```

```
// 即每个分量只有 16 个不同的取值（共总 12 位）
// 这样查找表的大小将为 256*2^12 = 1MB
// 相对于速度的提高，这是可以接受的
// 另外，这个表是 2 维的，行索引为经过光照处理后的多边形颜色，列索引为纹理的颜色索引
// 这种格式的效率更高，因为查找表是以先行后列的方式存储的
// 同时多边形使用的是恒定着色，
// 因此在纹理映射过程中，经过光照处理的多边形颜色不变，只有纹素的颜色索引不同
// 所以使用 rgblookup[RGBcolor][textel_index]方式访问这个表时，
// 缓存一致性（cache coherence）将非常高
// 最后，调用该函数时，必须提供预先分配好的 rgblookup

// 首先检查指针
if (!src_palette || !rgblookup)
  return(-1);

// 假设使用 RGB 4.4.4 格式，有 4096 个 RGB 值需要计算
for (int rgbindex = 0; rgbindex < 4096; rgbindex++)
  {
  // 对于 0~4095 的每个 RGB 颜色值
  // 需要将其与颜色 0~255 相乘，然后查找与结果最接近的颜色索引
  for (int color_index = 0; color_index < 256; color_index++)
    {
    int curr_index = -1;        // 当前最接近的颜色索引
    long curr_error = INT_MAX; // 当前的距离

    // 从 rgbindex 中提取 R、G、B 值
    int r = (rgbindex >> 8);
    int g = ((rgbindex >> 4) & 0x0f);
    int b = (rgbindex & 0x0f);

    // 将该 RGB 值作为经过光照处理后的多边形颜色
    // 将其乘以纹理颜色（0~255 的颜色索引）
    // 为确保结果在 0~255 的范围内，将其除以 15
    // 这是因为原来的 R、G、B 为 4 位，最大取值为 15
    r = (int)(((float)r *
    (float)src_palette[color_index].peRed) /15);
    g = (int)(((float)g *
    (float)src_palette[color_index].peGreen)/15);
    b = (int)(((float)b *
    (float)src_palette[color_index].peBlue)/15);
    // 在调色板中查找与之最接近的颜色索引
    for (int color_scan = 0; color_scan < 256; color_scan++)
      {
      // 计算与目标颜色之间的距离
      long delta_red = abs(src_palette[color_scan].peRed  - r);
      long delta_green = abs(src_palette[color_scan].peGreen - g);
      long delta_blue = abs(src_palette[color_scan].peBlue - b);
      long error = (delta_red*delta_red) +
            (delta_green*delta_green) +
            (delta_blue*delta_blue);

      // 是否更接近
      if (error < curr_error)
        {
        curr_index = color_scan;
        curr_error = error;
        } // end if
      } // end for color_scan

    // 找到最接近的颜色索引，将其存储到查找表中
    rgblookup[rgbindex][color_index] = curr_index;
```

```
    } // end for color_index
  } // end for rgbindex
// 成功返回
return(1);
} // end RGB_12_8_Lighting_Table_Builder
```

作者使用一个全局变量来存储这个查找表：

```
UCHAR rgblightlookup[4096][256]; // 颜色查找表
```

在 8 位模式下，必须在加载调色板后像下面这样创建这个查找表，然后再调用 3D 光照函数：

```
RGB_12_8_Lighting_Table_Builder(palette,    // 调色板
                rgblightlookup); // 查找表
```

调用该函数时，将全局查找表和全局调色板作为参数，后者是 T3DLIB1.CPP 中变量 palette。

现在回到 8 位模式下支持恒定着色的纹理映射函数。查找表包含 4096 行和 256 列，每行代表一种 4.4.4 RGB 颜色，其中的元素是同该颜色与 256 种颜色索引的乘积最接近的颜色索引。因此，在 8 位纹理映射函数中，首先需要将一个指针指向查找表中与经过光照处理后的多边形颜色对应的那一行，然后在内循环中，根据纹素的颜色索引在该指针指向的一维表中找到调制结果。全部光调制工作都是通过这个表来完成的。内循环的代码如下：

```
// 绘制扫描线
for (xi=xstart; xi<=xend; xi++)
  {
  // 绘制像素
  // 读取纹素的颜色
  textel = textmap[(ui >> FIXP16_SHIFT) +
        ((vi >> FIXP16_SHIFT) << texture_shift2)];
  // 根据纹素颜色在查找表中查找最终的像素颜色，并使用这种颜色绘制像素
  screen_ptr[xi] = lightrow444_8[textel];
  // 计算下一个像素的纹理坐标 u 和 v
  ui+=du;
  vi+=dv;
  } // end for xi
```

Lightrow444_8[ ]是经过光照处理后的多边形颜色对应的行，其中存储了使用经过光照处理后的多边形颜色（假定纹理下面的多边形的初始颜色为白色）对 256 种颜色索引进行调制的结果。也可以将这种技术用于 16 位光照处理，但查找表将非常大，不过可以使用两个查找表，让 16 位函数版本的内循环与上述代码类似。

有关在 8 位模式下支持纹理映射和恒定着色的演示程序，请参阅 DEMOII9_3_8b.CPP|EXE。它支持彩色光照、纹理映射和恒定着色，场景中有多个光源，带纹理的立方体在不断旋转。

9.8　对 8 位和 16 位模式下优化策略的最后思考

本章提到过很多可优化的地方，介绍过很多优化思想，但其中的 90% 都没有实现，因为如果这样做，代码几乎是无法理解的。尽管如此，这里还是要重申其中的一些优化思想，让读者不断地考虑它们。

9.8.1　查找表

有关这种技术三天三夜也讲不完。查找表几乎可用于各个方面，前面的介绍只是蜻蜓点水而已。建议

读者检查所有的算法，如果函数的各种输入组合可存储到一个几 KB 到几 MB 的表中，便这样做。当前，计算机的内存很多，作者使用的计算机有 2GB 的内存，即是游戏使用的查找表有 32～64MB 也不要紧。

数学计算显然是一个可使用查找表的领域，但在 3D 图形学中，还有很多地方也可使用查找表，如颜色映射、纹理映射以及其他相关的操作。另外，可尝试使用级联查找表（cascading lookup table）——让我细细道来。

假设有两个 16 位的输入参数 x 和 y，对于各种 x、y 组合，输出都是一个单字节的值。各种可能的组合数为 2^{32} 个，因此需要使用一个 42 亿字节的查找表——大了点。然而，可以将问题分几个步骤来解决，这样可能首先只需考虑每个操作数的前 8 位，从而可通过一个 64（2^{16}）KB 的表来查找输出，然后再根据输出和余下的 16 位进行另一次表查找。

通过查找表 1 得到的输出可能是 8 位的。8 位的输出加上余下的 16 位数据总共是 24 位，对于每种组合，需要查找一个 1 字节的值，因此此查找表为 1600 万字节。这很大，但与 40 亿相比小得多。关键之处在于，有时候可以使用对数运算来分割搜索/计算空间，因此，如果将问题的输入域划分成两块或更多块，便可以通过 2-n 次查找表来解决问题，这样每次涉及的空间将小得多。

另外，还可以缩小输入数据的取值范围，使其更易于处理。例如，在支持恒定着色的 8 位纹理映射函数中，作者将 5.6.5 格式的 RGB 值转换为 4.4.4 格式，并创建一个查找表用于查找最接近的颜色索引。这个表占用的内存不多，但却极大地提高了处理速度。将 5.6.5 格式的 RGB 值转换为 4.4.4 格式时，颜色空间最多缩小了一半，但在 8 位模式下并不明显。这些技巧是读者应该考虑的。

9.8.2　网格的顶点结合性

虽然在 Gouraud 光照模型中，我们没有在着色代码中实现任何顶点结合性，但这确实有待优化。为何在本来只需对立方体的 8 个顶点进行光照计算时，却对 36 个顶点进行光照计算呢？在物体没有被分解为多边形之前，顶点和多边形之间存在一一对应的关系，因为顶点有多个多边形共用——没有重复的顶点。顶点法线、纹理坐标等也是如此。因此，如果对物体而不是渲染列表执行操作（如光照计算）时性能可得到优化，就应这样做——实际上，我们稍后就将这样做。当然，不应对属于背面的多边形执行光照计算，因此不要一味地蛮干，应考虑最大限度地减少工作量。

9.8.3　存储计算结果

前面讨论光照函数时介绍过这种技术。在光照函数中，作者存储了点光源和聚光灯都需要使用的多边形法线。当然，还可以对很多其他计算结果进行存储，那些被重复计算多次的数据都是候选者。为使代码清晰易懂，可首先将用于存储计算结果的变量或字段设置为无穷大，并在使用之前对其进行检测。如果是无穷大，则执行计算，并将结果存储到该变量中。如果不是，则跳过计算代码。例如，下面是一个没有存储计算结果的函数：

```
// 代码块
f1 = sin(x)*cos(y)+zeta
f2 = f1 * cos(y)
f3 = alpha + beta * sin(x)
```

假设由于外部因素的影响，x、zeta、alpha 和 beta 在循环中会发生变化，只有 y 保持不变。因此，可以存储 cos(y)，如下所示：

```
cosy = cos(y)
```

```
// 代码块
f1 = sin(x)*cosy+zeta
f2 = f1 * cosy
f3 = alpha + beta * sin(x)
```

在上述代码中，我们知道后面肯定要使用 cos(y)，因此计算它。但如果不能确定后面是否要使用它，则应在需要它时再计算，以免浪费时间。例如，前面的代码块可能不会被调用，因此之前计算 cos(y)毫无用处，只是浪费时间。因此，对于不能确定是否将被使用的值，一种更健壮的策略是，将其设置为无穷大（或其他不可能的标记值），并在需要时才计算它：

```
// 初始化
float cosy = FLT_MAX;

//. 代码

// ..其他代码

// 仅当需要使用 cosy 时才执行下述代码
if (cosy == FLT_MAX)
  cosy = cos(y);
```

9.8.4　SIMD

SIMD 表示单指令多数据（single instruction multiple data），它是奔腾 III+体系结构的一部分，让您能够对多个数据流执行相同的操作，这意味着可以同时对 4 对数执行乘法运算等。这非常适合我们在 3D 空间中执行的运算。读者可能会问，"这是不是 MMX？"是也不是。MMX（多媒体扩展）是这种技术的第一代，不算太成功。它只是让奔腾处理器能够同时执行 4 种整型运算，但需要占据浮点数寄存器。而 SIMD 确实很管用。

例如，在奔腾 4 处理器中，通过使用内联的 SIMD 指令和/或编译器特定的内部函数，可以将数学运算和 3D 算法的速度提高 400％。这将在第 16 章简要地介绍。这样，对多边形执行光照计算、Gouraud 着色、纹理映射和变换的速度将快得多。有关这方面的详情，请访问 Intel 的网站：

http://www.intel.com

然后，使用关键字"sse"、"sse2"和"simd"进行搜索。

另外，读者还可以下载 Visual C++处理器补丁（processor pack），使 Visual C++编译器能够支持 SSE（流式 SIMD 扩展）/SSE2（流式 SIMD 扩展 2）指令。下载地址如下：

msdn.microsoft.com/vstudio/downloads/ppack/default.asp

9.9　最后的演示程序

现在是介绍引擎演示程序的时候了。作者对前面的坦克程序感到厌烦，因此在介绍过可使之变得非常酷的技术后，作者花了大约 20 个小时的时间创建了一个很酷的坦克演示程序。将坦克演示程序进行升级，使之具备本章介绍的特性很容易，DEMOII9_4.CPP|EXE 是 16 位版本，而 DEMOII9_4_8b.CPP|EXE 是 8 位版本。图 9.42 是该演示程序的屏幕截图，从中可以看到着色效果很不错。这个演示程序与以前的版本基本相同，但场景中的很多物体使用的是 Gouraud 着色，同时由玩家控制的飞行器带纹理且使用的是恒定着色。和以前一样，可以使用表 9.1 所示的键来控制该演示程序。

图 9.42　使用 Gouraud 着色和纹理映射的坦克演示程序

表 9.1		演示程序 DEMOII9_4xx.CPP|EXE 的控制键	
键	功能	键	功能
A	开/关环境光源	右箭头键	让玩家向右转
I	开/关无穷远光源	左箭头键	让玩家向左转
P	开/关点光源	上箭头键	玩家前进
S	开/关聚光灯	下箭头键	玩家后退
W	在线框模式和实心模式之间切换	空格键	加速
B	开/关背面消除	H	打开 Help 菜单
L	开/关光照引擎	Esc	退出程序

Raider 3D II

现在介绍更有趣的内容。作者将第 1 章的太空游戏进行了修改，使其中的物体为 3D 实心的，图 9.43 是该演示程序的屏幕截图。它支持到现在为止介绍过的所有特性：彩色光源、纹理映射等。它很简单，只是一个技术演示程序，读者可以添加各种特性。这个演示程序的名为 RAIDERS3D_2.CPP\|EXE 和 RAIDERS3D_2B.CPP\|EXE（配色方案稍有不同），要编译它们，必须链接模块库 T3DLIB1.CPP\|H 到 T3DLIB7.CPP\|H。当然，别忘了将所有的多媒体内容复制到可执行文件所在的目录中；另外，所有的纹理图使用的目录名都为：

```
char texture_path[80] = "./";
```

读者可能想将其设置为"TEXTURE/"或其他目录。如果这样做了，必须将所有的纹理放到.EXE 文件所在目录的相应子目录中。

这个游戏与第 1 章介绍的版本类似，但更先进。使用鼠标来移动瞄准十字线，单击鼠标左键进行射击；要退出游戏，可按下 Esc 键。游戏规则非常简单：玩家必须使用粒子束武器消灭来犯之敌，逃脱的敌人达到 25 个后，游戏将结束。要重玩游戏，只需按下回车键即可。还有一些其他引擎控制方式，例如：

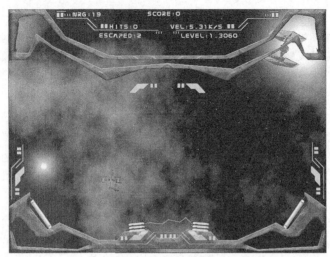

图 9.43　Raider 3D II

- W——开/关线框模式；
- I——开/关点光源（太阳）；
- A——开/关环境光源。

这个游戏虽然很简单，还是有一些有趣的特性值得讨论，以便读者能够将其加入到自己的游戏中。

1. 星空

为实现星空，玩了一些技巧。我们的引擎不支持星星，因此必须手工渲染它们，并在透视方程中使用与引擎中相同的视距和窗口大小。在很大程度上说，这里的逻辑很简单，只是在第 1 章的演示程序 RAIDERS3D.CPP|EXE 的基础上进行了拓展。之所以能够这样做，是因为类似于粒子的星星很小，玩家不会注意到是否对它们执行了光照计算和 z 排序。然而，以后确实需要在引擎中添加对粒子系统的支持，这样就不用完这里介绍的花样了。另一方面，作者不喜欢在整个渲染过程中强制物体像粒子一样简单，因此需要考虑使用一种更好的方法。

2. 能量武器

这确实是一种很酷的特效。一开始，作者只是使用直线来表示武器，但转念一想，如果能让粒子（等离子体）能量武器（energy weapon）看起来像闪电，效果一定不错。为实现武器，作者编写了这样的函数：它接受两个端点（将在它们之间绘制能量束）、能量束将被分割成多少段以及最大振幅作为参数。不可思议的是，只经过一次尝试得到的效果就很不错。

3. 碰撞检测和目标跟踪

碰撞检测很容易。基本上，有一个 2D 空间中的瞄准十字线，玩家在屏幕上移动它。但物体在 3D 空间中，因此需要将每艘飞船的包围框投影到 2D 屏幕空间中，然后检测瞄准十字线的中心是否在包围框内。为此，作者计算每艘飞船的包围框，对包围框的 4 个顶点进行投影，然后检测瞄准十字线是否在包围框内。这里涉及的所有知识都在前面介绍过，只是应用它们而已。然而，这种技术的可实现性至关重要，因为它是根据 2D 位置进行 3D 拾取的基础。读者只需牢记：首先将 3D 图像的包围框投影到屏幕空间中，然后进行碰撞检测。

4. 爆炸

爆炸效果没有作者期望的那样激动人心。算法是这样的：将入侵飞船的多边形网格复制到易于处理的爆炸网格中。然而，这里故意没有利用顶点结合性，逐个地复制多边形，因此有些顶点是重复的。这样做旨在方便在爆炸阶段对物体的各个多边形进行移动或变换。在爆炸阶段，以不同的角度和速度将多边形（爆炸碎片）扔出去。其效果不错，但没有类似于位图爆炸（bitmap explosion）的效果。请读者在多边形爆炸的基础上加上位图爆炸——这个游戏需要这种特性，但作者没有时间，而读者有。

5. 字体引擎

正如读者所知，GDI 的速度非常慢，使用它来显示状态或其他调试信息是可行的，但对于显示游戏文本而言，其速度太慢了。因此，作者为这个游戏编写了一个简单的字体引擎，它使用了两个函数，这两个函数位于 RAIDERS3D_2.CPP 中，而不是库模块中。第一个函数如下：

```
int Load_Bitmap_Font(char *fontfile, BOB_PTR font);
```

它加载一个包含模板字体的位图。字体必须包含 64 个字符，它们分成 4 行，每行 16 个字符；每个字符必须是 16×16 像素的。第一个字符为空格字符，请参阅本章对应目录中的文件 tech_char_set_01.bmp。另外，调用上述字体加载函数时，需要传递一个空的 BOB，用于存储字符，每个字符占据一个动画单元格（animation cell）。

第二个函数用于在屏幕的任何位置显示一个字符串。调用该函数时，需要传递包含位图字体的 BOB、坐标 x 和 y、要显示字符串、水平和垂直间隔以及一个可渲染面，如下所示：

```
int Draw_Bitmap_Font_String(BOB_PTR font,
                int x, int y,
                char *string,
                int hpitch, int vpitch,
                LPDIRECTDRAWSURFACE7 dest);
```

建议读者查看这些函数的代码，以了解它们是如何运行的。在下一章，作者可能对它们做一些改进，然后将其加入到库模块中。

6. 游戏中的光照

本章的主题就是光照处理。这个小型演示程序也涉及了这方面的内容。引擎中有 4 个光源：

● 一个环境光源；

● 一个白色太阳，它是一个点光源，位于游戏空间的右上角区域；

● 一颗红色恒星（sun），它是一个点光源，位于游戏左下角区域中用位图表示的恒星附近；

● 一个能量释放器（energy discharge），它是一个点光源，位于玩家的飞船前方的几百个单位处。仅当玩家使用武器时，这个光源才被激活。

提示：请尝试关闭环境光源，以获得更激动人心的光照效果。

7. 最后的说明

这个游戏使用的功能只是引擎的冰山一角。在这个演示程序的基础上再做些工作，可以创建出一个完整的 3D 太空游戏，向游戏玩家兜售。为此，需要增加关卡、目标和故事情节等，但已有的技术已经足够了。如果对这个引擎进行优化，可将速度提高 10～20 倍。请读者尝试运行这个游戏的红色版本（RAIDERS3D_2.EXE）和绿色版本（RAIDERS3D_2B.EXE），它们只是背景不同而已。

9.10　总　　结

　　本章的篇幅很长，原因在于作者想阐述尽可能多的细节。通过介绍理论知识及其应用，然后编写实现这些功能的代码，我们到达了一个以前从未想过的地方，对这种进步作者很满意。现在，读者即使将本书放到一边，将其中介绍的其他内容抛到脑后，也能够创建出支持 16 位和 8 位模式、纹理映射以及彩色光照的 3D 引擎——这实在是太好了。

　　下一章的篇幅不会这么长，但进入下一章之前，请读者花些时间来真正理解本章的代码，并尝试运行其中的演示程序。作者没有时间进一步完善引擎，并编写非常棒的演示程序；相对于我们这个粗糙的、未经优化的引擎的功能，本章的演示程序使用的功能只是九牛一毛。相信读者一定能够编写出功能令人惊讶的演示程序。

第 10 章　3D 裁剪

前面一直在避开 3D 裁剪，现在必须面对它。没有办法再避开这个问题——倒不是作者想这样做。本章将介绍 3D 裁剪的理论和实践、为何进行 3D 裁剪及其作用，包括以下主题：

- 裁剪简介；
- 裁剪算法；
- 实现视景体裁剪；
- 地形小议。

10.1　裁　剪　简　介

在本书和《Windows 游戏编程大师技巧》第二版中，多次概要地讨论过裁剪。裁剪是 3D 图形学中最重要的主题，如果没有对几何体进行正确的裁剪，不但无法正确显示它，还可能导致除零异常、内存崩溃以及很多其他棘手的问题。为此，这里再次概述一下各种裁剪以及使用每种裁剪的原因。

10.1.1　物体空间裁剪

物体空间裁剪指的是根据特定的裁剪区域对基本图元组成的几何体进行裁剪。裁剪区域可以是 2D 或 3D 的，重要的是，物体空间裁剪是在数学空间中，根据物体、多边形、图元等的数学表示进行的。物体空间裁剪的优点是，其理论非常清晰：根据 2D 或 3D 视野（view extent）对物体或多边形列表进行裁剪，然后将裁剪后的多边形（在我们的引擎中为三角形）传给 3D 流水线中的下一个阶段。

物体空间裁剪的问题在于细节。在我们的引擎中，处理的总是三角形，必须根据 2D 矩形或 3D 视景体对其进行裁剪，这可能生成顶点数超过 3 个的多边形（非三角形）。换句话说，根据每个裁剪面进行裁剪时，都可能给三角形增加新的顶点，使之成为四边形或其他多边形，因此必须将它们重新分割成三角形。这个处理过程可能并不清晰。如果将引擎设计为支持任何多边形，这将不会成为问题，但我们已经基于只支持三角形进行了很多优化。其次，在物体空间系统中进行裁剪涉及到计算直线之间的交点、直线和平面的交点等。这看似容易，但其实有些棘手，需要解决的问题很多。

1. 物体空间中的 2D 裁剪

本书前面执行过物体空间中的 2D 裁剪，长期以来，我们一直在进行这种裁剪。其基本思想是，将直线或三角形投影到视平面上后，根据矩形视平面对其进行裁剪。本书前面介绍过实现这种裁剪的代码，而

《Windows 游戏编程大师技巧》一书对其进行了深入的讨论。我们面临的主要问题是，在 3D 空间中，多边形不但可能穿过近裁剪面，还可能穿过平面 $z = 0$，即其顶点的 z 坐标为负，如图 10.1 所示。在这种情况下，仅使用 2D 裁剪不再有效，必须在物体空间中进行更为积极的 3D 裁剪。

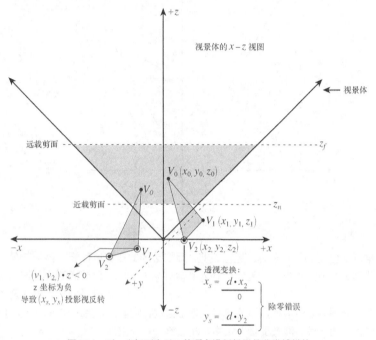

图 10.1　对 z 坐标不大于 0 的顶点进行投影是非常糟糕的

2. 物体空间中的 3D 裁剪

　　如果几何体可以包含任意大小的多边形（如图 10.2 所示），必须根据近裁剪面进行 3D 裁剪。例如，如果多边形足够小，完全在近裁剪面之外，可以通过简单排除将其剔除，如图 10.3 所示。但如果多边形大小处于中等水平，这种方法将不管用。

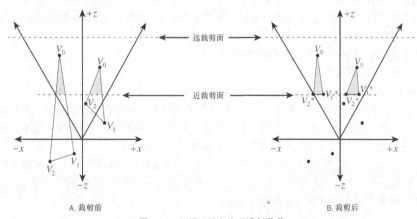

图 10.2　必须对长多边形进行裁剪

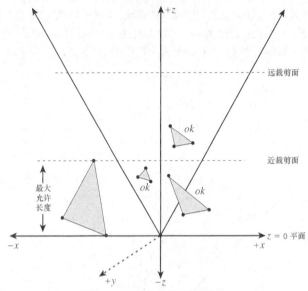

图 10.3　小型多边形可避免裁剪

　　至少需要根据近裁剪面对所有多边形进行裁剪，而多边形被裁剪后可能不再是三角形，而是四边形。因此，必须再次将其分割成三角形，并将它们插入到渲染列表中。在最糟糕的情况下，需要使用近裁剪面对所有多边形进行裁剪，这需要计算直线/平面之间的交点。然而，更棘手的是其中涉及的细节。除需要将裁剪后的多边形重新分割为三角形外，还需要对纹理坐标进行裁剪，以便为 Gouraud 着色提供光照信息。另外还需要计算新顶点的法线。涉及的细节很多，稍后将一一介绍。

　　另一方面，无需使用视景体的其他 5 个面对多边形进行裁剪。如图 10.4 所示，使用远裁剪面对多边形进行裁剪只会浪费时间。通过使用远裁剪面对多边形进行裁剪能得到什么呢？除了浪费时间，什么也得不到，因此我们将排除远裁剪面之外的多边形，而不管其大小如何。如果多边形完全位于远裁剪面之外，我们将剔除它，而不是对其进行裁剪。

　　同样，使用视景体的上、下、左、右裁剪面对多边形进行裁剪也只会浪费时间。原因在于裁剪操作需要很长的时间。裁剪的目的是什么呢？避免投影后的坐标位于 2D 视平面之外，但这又有什么关系呢？可以在光栅化阶段，在图像空间中对多边形进行裁剪，其速度不比 3D 裁剪慢。另外，根据视景体的上、下、左、右裁剪面进行裁剪时，将导致更多的多边形被加入到流水线中。

　　我们将采取图 10.5 所示的步骤进行剔除和裁剪：

　　1. 对所有物体执行剔除操作。

　　2. 执行背面消除。

　　3. 根据视景体对所有多边形进行裁剪。只根据近裁剪面对多边形进行完整的裁剪，并将裁剪后的多边形重新分割为三角形。其他裁剪面只用于执行剔除操作（完全拒绝或接受），即如果多边形完全或部分位于上、下、左、右裁剪面定义的半空间内，则接受它；否则将其剔除。

　　4. 将余下的多边形传递到 3D 流水线的下一个阶段，在光栅化阶段对超出视平面和屏幕空间边界的三角形进行 2D 裁剪。

　　这个系统很容易实现，很管用，速度也非常快。

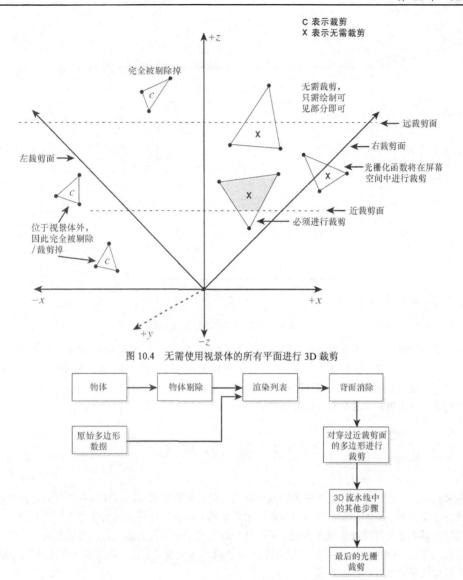

图 10.4　无需使用视景体的所有平面进行 3D 裁剪

图 10.5　3D 裁剪流水线中的步骤

10.1.2　图像空间裁剪

最后，再次重申一下图像空间裁剪的含义。如图 10.6 所示，需要光栅化的多边形超出了视平面/屏幕的 2D 边界。为执行垂直裁剪，只需计算三角形与屏幕上边界的交线（这只需一行代码），并在光栅化循环中从这里开始绘制即可。为执行水平裁剪，需要根据屏幕的左、右边界对每条扫描线进行裁剪，但与使用视景体的上、下、左、右裁剪面对所有三角形进行裁剪（这可能在流水线中增加很多新的多边形）、对其纹理坐标进行裁剪、重新计算法线等相比，这种方法更好。使用近裁剪面对三角形进行裁剪，进而将裁剪后的非三角形重新分割为三角形已经够让人操心了。

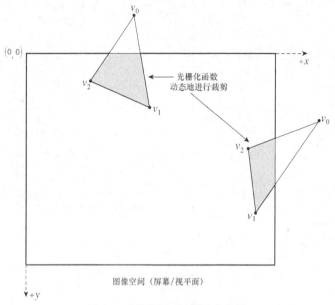

图 10.6　光栅化期间的图像空间裁剪

另一方面，如果采用图像空间裁剪会导致 3D 信息丢失，我们将不会这样做；涉及 z 缓存时，这非常重要。在需要沿多边形边通过插值计算 z 坐标时，必须小心屏幕空间中的操作，在这种情况下，保留顶点的 z 坐标变得至关重要。作者想说的是，最后进行光栅化时，可能发现只有 2D 坐标无法在屏幕空间中进行裁剪。对于这种问题，现在暂时不去管它，以后再考虑。

10.2　裁 剪 算 法

在作者看来，以人名命名裁剪算法是极其可笑的。对于每种裁剪算法，作者在看到它之前都已经想到了——这不是说作者很聪明，而是说对于编写图形算法的人来说，这些算法都是常识性的东西。在计算机图形学领域，以人名给算法命名极其普遍：某人认为她发明了一种新的算法后，将其发表，从此以后，这种算法就以这个人的姓名命名。当然，很多时候，这不是论文作者的意图，她发表了有关该算法的论文后，其他人就将使用其姓名给该算法命名。

裁剪算法过于简单，远未达到将其称为发明的程度。每种算法只是在计算直线交点方面稍微不同，而这些都是常识性的。作者只是根据工作需要编写算法——有时候在重复别人已完成的工作，有时候不是这样。作者想说的是，后面将列出适用的算法，但读者不要认为它们是解决问题的唯一方式。很多时候，当您花几个小时解决某个问题后，却发现已经有人解决过极其类似的问题。对于裁剪，作者希望算法的名称与其内容更为贴切——仅此而已，作者分不清它们是算法名还是律师事务所的名称。

作者认为，要赋予算法以名称，它必须足够复杂，且对该领域中的普罗大众来说并非显而易见的。像二元空间划分法这样的东西应该以发明者的姓名命名，因为它并非显而易见。然而，当您使用一个多边形对另一个多边形进行裁剪时，在一两个小时内能想到各种线段裁剪、顶点分类、位编码、直线的参数化表示等方法，这些内容正是作者要介绍的。

　　发完了牢骚，接下来来介绍裁剪算法。作者将从理论的角度讨论一些最流行的裁剪算法，然后根据需要实现一种算法，该算法融合了很多概念，编写它旨在解决问题。下面首先介绍一些有关裁剪的背景知识。

10.2.1　有关裁剪的基本知识

　　多边形裁剪可简化为线段裁剪，后者又可简化为判断点是否在某个区域内，该区域可以是 2D 的，也可以是 3D 的。图 10.7 从普遍性角度说明了这个问题。场景中的多边形由一组直线/几何体构成，将对场景进行投影，并判断这些实体是否在某种边界内。这可简化为判断各个点是否在边界内。换句话说，所有三角形都由 3 个点组成，这些点定义了 3 条边。虽然这些边使几何体为"实心"或"真实"的，但真正重要的是点。因此，在最低的层次上，只需使用点测试（point testing）判断点(x, y)或(x, y, z)是否在包围区域/体内。

1．2D 空间中的点测试

　　如图 10.7 所示，给定 2D 空间中的点 p0(x, y)和一个由 xmin、xmax、ymin 和 ymax 定义的矩形区域，如果下述不等式成立，则点位于矩形区域内：

{xmin <= x <=xmax}且{ymin <= y <=ymax}

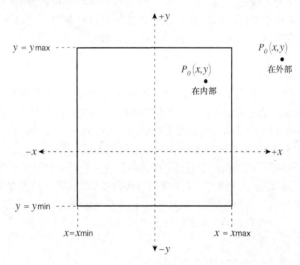

图 10.7　2D 空间中的 2 点测试

2．3D 空间中的点测试

第 1 种情形　裁剪区域为长方体

　　如图 10.8 所示，给定 3D 点 p0(x, y, z)和由 xmin、xmax、ymin、ymax、zmin 和 zmax 定义的长方体，当下述不等式成立时，该点在裁剪区域内部：

{xmin <= x <=xmax}且{ymin <= y <=ymax}且{zmin <= z <=zmax}

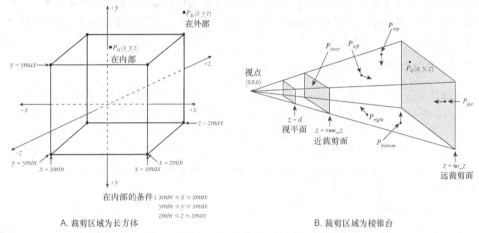

图 10.8　3D 空间中的点测试

由于视景体是一个由 6 个平面构成的棱锥台，因此读者可能会问，为何考虑裁剪区域为长方体的情形呢？确实是这样，但读者可能还记得，本书前面讨论投影时指出过，透视投影具有将视景体校正为长方体的功效。这样，相比于需要根据所有的视景体裁剪面进行裁剪，这种裁剪面更简单。另外，没有人说过裁剪都是根据视景体进行的——可能需要使用游戏空间中的一个立方体或矩形对激光束进行裁剪。

第 2 种情况　视景体为棱锥台

这是我们将进行处理的情形，也是标准情形：视景体由 6 个面构成，必须使用它们对所有几何体进行裁剪。在这种情况下，定义视景体的方法有多种：使用 z 裁剪面的位置以及水平和垂直视野来定义；但不管使用哪种方法，最后都将得到 6 个平面，我们将它们称为 Ptop、Pbottom、Pright、Pleft、Pfar 和 Pnear。另外，假设这些平面都被定义成这样：它们的法线指向视景体的内部。这样，给定点 p0(x, y, z)，我们判断它位于哪个半空间内。正半空间表示点位于裁剪面的内侧，负半空间表示点位于裁剪面外侧（视景体外面）。本书前面介绍过，要判断点位于平面上、正半空间内还是负半空间内，只需将这个点的坐标代入到平面方程中（参见第 4 章和第 5 章）。假设函数 HS(p, pln) 计算点 p 和平面 pln 之间的相对关系，+1 表示点位于正半空间内，–1 表示位于负半空间内，0 表示位于平面上。

这样，需要判断下述不等式是否成立：

{HS(**p0**, **Ptop**) > 0}且{HS(**p0**, **Pbottom**) > 0}且
{HS(**p0**, **Pright**) > 0}且 {HS(**p0**, **Pleft**) > 0} 且
{HS(**p0**, **Pnear**) > 0}且{HS(**p0**, **Pfar**) > 0}

这看似计算量很大，其实并非如此。

3．线段裁剪基础

知道如何判断点是否在裁剪区域（可以是 2D 或 3D 的）内后，接下来介绍如何对三角形顶点定义的直线/边进行裁剪。为此，需要计算线段与无限长直线和/或有限长线段之间的交点。这在第 4 章和第 5 章介绍过，这里不再深入探讨，只是简要地复习一下。

多边形裁剪可简化为线段裁剪，因此这里只介绍如何使用无限长直线（2D 空间）或平面（3D 空间）对线段进行裁剪。完整的裁剪算法只是重复执行线段裁剪过程，使用每个裁剪边界对构成多边形的每条线段进行裁剪而已。当然，对裁剪算法而言，最重要的是要最大限度地减少计算量，但从很大程度上说，这

只是裁剪而已：2D 裁剪、3D 裁剪等。

（1）2D 空间中的线段裁剪

回到线段裁剪的问题，首先介绍 2D 空间的情形。如图 10.9 所示，我们需要使用垂直直线 $x = x$l 对点 p0$(x0, y0)$ 和 p1$(x1, y1)$ 之间的直线进行裁剪。

注意：在大多数情况下，只需使用水平直线或垂直直线对三角形进行裁剪，因此只需讨论这两种情形。

要对直线进行裁剪，需要将直线转换为参数化形式，然后将垂直直线的 x 坐标代入方程来计算交点。推导过程如下：

使用向量表示法时，线段的方程如下：

p = p0 + (p1-p0)*t

使用坐标分量表示法时，线段的方程如下：

x = x0 + (x1 - x0)*t, {0 <= t <= 1}
y = y0 + (y1 - y0)*t, {0 <= t <= 1}

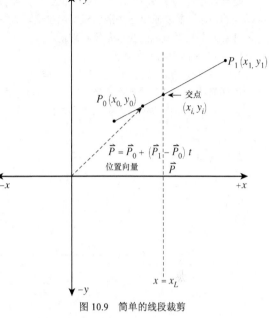

图 10.9　简单的线段裁剪

要判断该线段是否与垂直直线相交，可将垂直直线的 x 坐标（这里为 xL）代入到 x 坐标方程的左边，然后求出 t 的值。如果 $0 <= t <= 1$，则线段与直线相交；否则不相交：

x = x0 + (x1 - x0)*t

将 xL 代入上述方程的左边，结果如下：

xL = x0 + (x1 - x0)*t

计算 t 的值：

(xL - x0)/(x1 - x0) = t

如果 t 在 0 到 1 之间，则线段与直线相交。在前面的直线定义中，t 的取值范围为 0～1；当 t 超出这个范围时，仍然在直线上，但不在 p0 到 p1 的线段上。假设前面计算得到的 t 值位于 0～1 之间，只需将其代入下述方程来计算交点的 y 坐标：

y = y0 + (y1 - y0)*t

这样便得到了线段和直线 x = xL 之间的交点。使用水平线进行裁剪时也很简单，只是使用 y 坐标方程而不是 x 坐标方程来计算 t 值而已。下面来看一下使用水平直线 y = yL 进行裁剪的情况。

将 yL 代入 y 坐标方程的左边，结果如下：

yL = y0 + (y1 - y0)*t

求出 t 的值，结果如下：

(yL - y0)/(y1 - y0) = t

同样，对 t 值进行检查。如果 $0 <= t <= 1$，则表明线段与水平直线相交。将 t 值代入 x 坐标方程来计算交点的 x 坐标：

x = x0 + (x1 - x0)*t

这样，便得到了线段与水平直线之间的交点坐标。

当然，这里需要应用一些常识和拒绝测试。如果端点 **p0** 和 **p1** 重合，则没有必要执行相交测试。同样，试图计算两条水平直线的交点是不合理的。

（2）3D 空间中的线段裁剪

3D 空间中的线段裁剪和 2D 空间中一样简单——这只是一个如何表示平面的问题。到目前为止，还没有使用任何技巧；来看看常规情形：有一个 3D 平面方程和一个参数化 3D 直线方程。图 10.10 定义了这个问题。首先来看平面方程——使用点和法线定义一个平面。

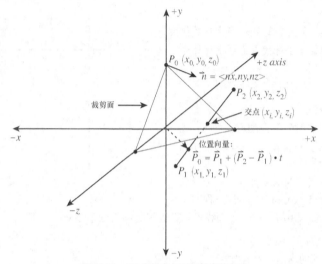

图 10.10　3D 空间中与平面相交的直线

给定平面上的一个点 p0($x0$，$y0$，$z0$) 和平面的法线 n(nx，ny，nz)，则平面方程如下：

```
nx*(x - x0) + ny*(y - y0) + nz*(z - z0) = 0
```

使用向量表示时，**p1** 到 **p2** 的直线方程如下：

```
p = p1 + (p2 - p1)*t, {0 <= t <= 1}
```

使用坐标分量表示法时，线段的方程如下：

```
x = x1 + (x2 - x1)*t
y = y1 + (y2 - y1)*t
z = z1 + (z2 - z1)*t
```

现在需要计算交点。同样，这在第 4 章中介绍过。基本方法是，将用参数化直线方程表示的 x、y 和 z 代入平面方程，然后计算出 t 的值。

平面方程如下：

```
nx*(x - x0) + ny*(y - y0) + nz*(z - z0) = 0
```

将 x、y 和 z 代入上述方程，结果如下：

```
nx*(( x1 + (x2 - x1)*t) - x0) +
ny*(( y1 + (y2 - y1)*t) - y0) +
nz*(( z1 + (z2 - z1)*t) - z0) = 0
```

根据上述方程计算 t 的值，然后将其代入参数化直线方程，计算出 x、y 和 z 的值，这便是交点的坐标。为节省篇幅，这里不再赘述。知道如何计算直线和直线以及直线和平面之间的交点后，裁剪问题就解决了；接下来只需根据具体情况选择一种算法。下面介绍一些比较常见的裁剪算法。

10.2.2　Cohen-Sutherland 裁剪算法

使用 2D 矩形区域或 3D 长方体区域对线段进行裁剪时，Cohen-Sutherland 算法是最流行的方法之一。这种算法由两步组成。

1. 端点分类阶段

在分类阶段，将每条 2D 或 3D 线段进行分类，方法是使用位编码标出每个端点位于内部（FALSE）还是外部（TRUE）。图 10.11 说明了在 2D 空间中使用的分类编码方案。

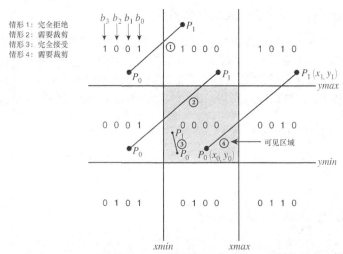

图 10.11　Cohen-Sutherland 裁剪算法使用的分类编码方案

对于 $p0(x0, y0)$ 到 $p1(x1, y1)$ 的线段，对每个端点使用一个 4 位（在 3D 空间为 6 位）的编码进行分类。我们假设端点 $p0$ 的编码为 bitcode0，$p1$ 的编码为 bitcode1。可以采用任何方式对这些位进行编码，表 10.1 给出了一种编码方案——假定 2D 裁剪区域是由左下角(xmin，ymax)和右上角(ymin，ymax)定义的。

对线段的端点进行分类后，进入算法的处理阶段：进行分析和裁剪。

表 10.1　　　　　　　　　　Cohen-Sutherland 算法采用的位编码方案

位编号	为 TRUE 时的含义	位编号	为 TRUE 时的含义
b3	$y>ymax$，位于上边缘上方	b1	$x>xmax$，位于右边缘右方
b2	$y<ymin$，位于下边缘下方	b0	$x<xmin$，位于左边缘左方

2. 处理阶段

在处理阶段，首先判断是否需要完全接受或拒绝线段。这种算法的优点是，通过预先计算避免了编写大量冗余的 if 语句。每个端点都有一个位码，可以使用按位逻辑运算一次性提出多个问题。例如，如果没有分类位码，要判断线段是否在裁剪区域外，需要判断两个端点是否位于裁剪区域的上方、下方、左方和右方，这需要使用大量的 if 语句。但有了分类位码后，这非常简单，可以使用逻辑运算符一次性提出这些问题。下面是完全拒绝/接受的情形。

如果 bitcode0 和 bitcode1 都为 0，则线段 **p0->p1** 位于裁剪区域内，无需进行裁剪，如图 10.11 所示。下面对位码执行逻辑 AND 运算，并通过检查运算结果来做出判断：

```
bc = (bitcode0 & bitcode1)
```

如果 bc > 0，表明两个端点至少都位于某条边界外，可以完全拒绝该线段，如图 10.11 所示。

如果未通过上述测试，问题将更为复杂——线段与裁剪区域边界有一个或两个交点，需要进行裁剪，如图 10.11 所示。进行裁剪的方法很多，其中之一是使用线段穿过的裁剪区域边界对线段进行裁剪，这将新增一条或两条线段，然后对这些线段应用该算法。为计算交点，可以使用分而治之的算法，也可以使用蛮干算法（这也不错）。作者通常使用这种算法的分类方法，然后在第二个阶段在完全拒绝/接受测试失败后，结合使用其他算法。

10.2.3 Cyrus-Beck/梁友栋-Barsky 裁剪算法

这种算法更为通用，适用于使用（2D 或 3D）凸形区域对参数化线段进行裁剪。它基于这样的假设：使用参数化形式表示线段并使用 t 值而不是坐标 (x, y) 或 (x, y, z) 表示交点更自然。这样，可以基于交点的 t 值来执行裁剪，t 值的数量级和取值范围使交点及其属性更为清晰，避免了像 Cohen-Sutherland 算法那样过于纠缠于细节。

来看 2D 空间中的情况，如图 10.12 所示。裁剪区域是由 {xmin，xmax} 和 {ymin，ymax} 定义的，2D 线段的参数化方程如下：

```
p = p1 + (p2 – p1)*t, {0 <= t <= 1}
```

如果令 dx = x2 – x1，dy = y2 – y1，则以坐标分量表示时，上述方程变为：

```
x = x1 + dx*t
y = y1 + dy*t
```

当下述不等式成立时，线段位于裁剪区域内：

```
xmin <= x1 + dx*t <= xmax
ymin <= y1 + dy*t <= ymax
```

这些不等式可简化为：

```
xmin <= (x1 + dx*t)
 -(x1 + dx*t) >= -xmax
 -(y1 + dy*t) >= -ymax
    ymin <= (y1 + dy*t)
```

将 dx*t 和 dy*t 分离出来，结果如下：

```
xmin-x1 <= dx*t
 -dx*t >= -xmax + x1
 -dy*t >= -ymax + y1
    ymin - y1 <= dy*t
```

将上述不等式两边乘以-1，结果如下：

- 左边界不等式（n=0）：-dx*t <= (-xmin + x1)；
- 右边界不等式（n=1）：dx*t <= (xmax - x1)；
- 上边界不等式（n=2）：dy*t <= (ymax - y1)；
- 下边界不等式（n=3）：-dy*t <= (-ymin + y1)。

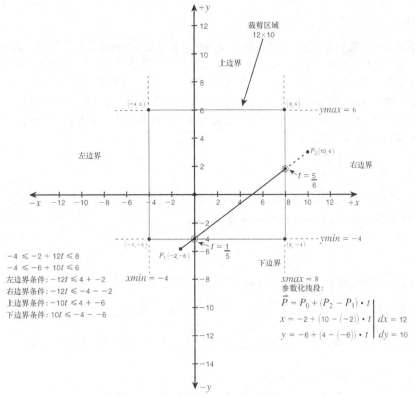

图 10.12　Cyrus-Beck/梁友栋-Barsky 裁剪算法

提示：为正确地变换上述不等式，作者花了不少的时间。将不等式方向反转时很容易出错。在两边同时乘以或除以一个负数后，必须将不等式方向反转。

上述不等式可统称为 $p_n * t < q_n$，其中 n 为不等式的编号，如前所示。这样，将存在下述情形：

情形 1　如果 $p_n = 0$，则线段与边界平行，它们不可能相交；

情形 2　如果 $p_n >= 0$，则线段位于边界内侧；

情形 3　如果 $p_n < 0$，则线段位于边界外侧；

情形 4　如果 $p_n < 0$，则线段穿过边界进入裁剪区域内；

情形 5　如果 $p_n > 0$，则线段穿过边界离开裁剪区域。

只有在情形 4 和情形 5 中，需要将相应的不等式转换为等式，并求解 t 的值：

$t = q_n / p_n$

对于每个不等式都执行上述操作，且令 t 为 r_n，其中 n 为 0、1、2 或 3。

最后，根据线段是通过边界进入裁剪区域（$p_n < 0$）还是离开裁剪区域（$p_n > 0$）将 r_n 分成两组。然后，根据进入裁剪区域的那组 r_n 计算 t1：

$t1 = max(0, r_n)$

根据离开裁剪区域的那组 r_n 计算 t2：

```
t2 = min(1, rₙ)
```

这意味着什么呢？我们首先判断简单拒绝/接受条件是否成立（即是否属于情形 1、2 或 3——译者注），如果不成立，则属于情形 4 和情形 5。在这种情况下，必须计算线段和区域边界的交点处的 t 值。为此，需要将前述 4 个不等式视为等式，并计算 t 值，将结果称为 r_n。然后，根据线段是穿过边界进入还是离开裁剪区域将 r_n 分成两组，再分别根据这两组的 r_n 计算出 $t1$ 和 $t2$，它们是线段与边界的交点的 t 值。

如果 $t1 > t2$，表明线段位于裁剪区域外，无需进行裁剪；否则将 $t1$ 和 $t2$ 分别代入到线段的参数化方程中，得到顶点 pi1 和 pi2：

```
pi1 = p1 + (p2 - p1)*t1
pi2 = p1 + (p2 - p1)*t2
```

它们是被裁剪后的线段的端点。这种算法难以理解，但这仅是对人类而言，对计算机来说，这实际上非常简单。该算法很管用，比 Cohen-Sutherland 好得多，因为它是基于参数化线段的，很容易对其进行转换以用于 3D 空间。

算法举例

为让读者深入理解这种算法，来看一个简单的例子。稍微移动一下图 10.12 所示的裁剪区域，使之为：

```
xmin = -4, xmax = 8
ymin = -4, ymax = 6
```

假定线段保持不变，端点 p1 和 p2 的坐标仍然为 (-2, -6) 和 (10, 4)，坐标方程如下：

```
x = -2 + (10 - (-2))*t = -2 + 12*t
y = -6 + (4- (-6))*t = -6 + 10*t
```

因此 $dx = 12$，$dy = 10$。将这些参数分别代入前面的不等式：

```
-dx*t <= (-xmin + x1)
  dx*t <= (xmax - x1)
dy*t <= (ymax - y1)
 -dy*t <= (-ymin + y1)
```

结果如下：

```
-12*t <= (-(-4) + (-2)) = (2)
  12*t <= (8 - (-2)) = (10)
10*t <= (6 - (-6)) = (12)
 -10*t <= (-(-4) + (-6)) = (-2)
```

因此 p_n、q_n 和 r_n 的值如下：

```
  p0=-12, q0=2, r0=(q0/p0)=-1/6
   p1=12, q1=10, r1=(q1/p1)=5/6
p2=10, q2=12, r2=(q2/p2)=6/5
    p3=-10, q3=-2, r3=(q3/p3)=1/5
```

现在计算 $t1$：

```
t1 = max(0, rₙ) = max(0, -1/6, 1/5) = 1/5
```

接下来计算 $t2$：

```
t2 = min(1, rₙ) = min(1, 5/6, 6/5) = 5/6
```

现在检查条件 $t1 > t2$。如果该条件成立，表明线段在裁剪区域外。从图中和计算结果可知，$t1 < t2$，因此需要将 $t1$ 和 $t2$ 代入参数化线段方程中，得到裁剪后的线段。将 $t1 = 1/5$ 代入方程，结果如下：

```
x1' = -2 + 12*(1/5) = -2 + 2.4 = .4
y1' = -6 + 10*(1/5) = -6 + 10/6 = -4.0
```

将 t2 = 5/6 代入方程，结果如下：

```
x2' = -2 + 12*(5/6) = -2 + 10 = 8
y2' = -6 + 10*(5/6) = -6 + 50/6 = 2.3
```

因此，裁剪后的线段端点为 p0'(0.4，-4.0) '和 p1'(8.0，2.3) '。从图 10.12 可知，这是正确的。

该算法以清晰的方式对一些信息进行分类和组织。具有讽刺意味的是，不知道该算法的程序员编写的很多裁剪函数采用了与该算法相同的信息流程，这表明这种算法确实不错。

这里不打算实现该算法，本书后面讨论优化时，将结合使用 Cohen-Sutherland 算法和本算法进行 2D 裁剪。那么，该算法可用于 3D 裁剪吗？当然。在 3D 空间中，该算法的步骤相同，只是需要使用不等式来判断点位于裁剪面的正半空间还是负半空间中，因此需要使用点积来进行半空间测试。

10.2.4　Weiler-Atherton 裁剪算法

这是本章将介绍的最后一种裁剪算法，它更符合这样一种理念：多边形是由顶点构成的，而顶点要么在裁剪区域内，要么在裁剪区域外。该算法用于使用任何一个多边形对另一个多边形进行裁剪。根据上述规则，如果两个顶点分别位于裁剪区域内和裁剪区域外，则它们定义的多边形边要么是进入裁剪区域，要么是离开裁剪区域。如图 10.13 所示，要裁剪的多边形称为受裁多边形（subject polygon），定义裁剪区域的多边形称为裁剪多边形（clipping polygon）。

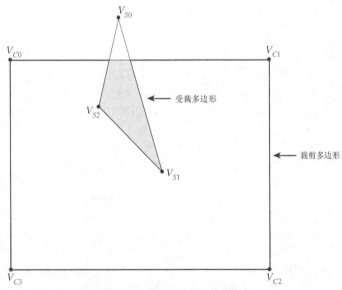

图 10.13　Weiler-Atherton 裁剪算法

要使用这种裁剪算法，必须用顶点列表定义这些多边形，将顶点存储在数组或链表中，并按一致的顺序排列它们——我们假设两个多边形的顶点都顺时针方向排列。该算法从受裁多边形的顶点 0 开始，计算以它为起点的边与裁剪多边形每条边的交点。如果找到了这样的交点，将其插入到受裁多边形和裁剪多边形的顶点列表中（位于交点所在多边形边的两个顶点之间），并使用进入/离开标记指出是进入还是离开裁剪区域时形成的交点。遍历完受裁多边形，并将所有交点插入到顶点列表中后，执行下述步骤来生成裁剪后的多边形：

1. 在受裁多边形的顶点列表中找到第一个进入裁剪区域的交点，将其作为裁剪后的多边形的第一个顶点。

2. 遍历受裁多边形的顶点列表，直到找到下一个交点。在此过程中，将访问过的每个顶点都加入到裁剪后的多边形中。根据定义，该交点必定是离开裁剪区域时形成的。

3. 在裁剪多边形的顶点列表中进行遍历，找到与第 2 步中相同的交点，让两个顶点列表同步。

4. 继续遍历裁剪多边形的顶点列表，直到找到下一个交点，并将在此期间访问的每个顶点加入到裁剪后的多边形中。该交点是在进入裁剪区域时形成的。

5. 如果第 4 步找到的交点不是裁剪后的多边形的第一个顶点，则回到第 2 步（旨在让裁剪后的多边形是闭合的）。

6. 如果第 4 步找到的交点是裁剪后的多边形的第一个顶点，则裁剪后的多边形将是闭合的，但工作可能还未完成。如果裁剪后的多边形包含受裁多边形顶点列表中所有进入裁剪区域的交点，工作便完成了（可使用计算器或标记来判断）；否则，继续遍历受裁多边形的顶点列表，找到下一个进入裁剪区域的交点后跳到第 2 步。

上述算法很不错，适用于使用任何一个多边形对另一个多边形进行裁剪。图 10.14 是一个简单的例子，说明了该算法的流程。

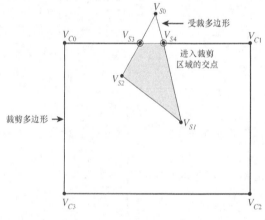

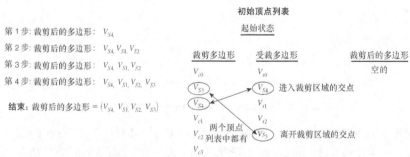

图 10.14　Weiler-Atherton 算法举例

作者不喜欢预先处理多边形顶点列表，然后遍历顶点列表多次的做法。别忘了，我们的引擎处理的是三角形，通常承受不起复杂算法的开销。在大多数情况下，我们将基于上述思想编写一种速度非常快的裁剪算法。下面的算法基于 Weiler-Atherton 算法中进入和离开裁剪区域的概念。

首先判断三角形的第一个顶点在裁剪区域内还是裁剪区域外。如果在裁剪区域内，则输出它；否则，遍历到下一个顶点。如果三角形边的起点和终点的状态不同（一个在裁剪区域内，一个在裁剪区域外），则计算这条边与裁剪区域边界的交点，并输出它。基本上，这只是遍历多边形的每条边，如果其起点位于裁剪区域中，则继续遍历，在离开裁剪区域时输出交点；然后继续遍历，在再次进入裁剪区域时输出交点，并继续遍历。这实际上是 Weiler-Atherton 算法的简化版本，但速度更快。在大多数时候，作者都使用这种算法，因为在知道裁剪多边形和受裁剪多边形都很简单的情况下，为其创建复杂的顶点列表用于裁剪有些小题大做。图 10.15 通过一个简单的例子说明了这种算法。

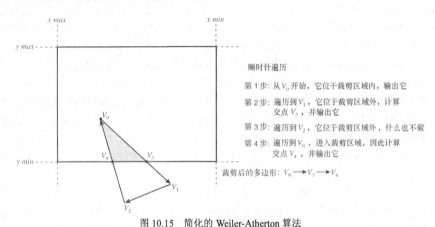

图 10.15　简化的 Weiler-Atherton 算法

10.2.5　深入学习裁剪算法

至此，读者知道如何进行裁剪了。说真的，这并不难——只需使用一种算法或多种算法的组合找出多边形与 2D 或 3D 裁剪边界的交点即可。接下来我们将在引擎中实现 3D 裁剪功能。如果读者想更深入地了解裁剪算法，有一些不错的图书可供参考。它们从学术性的角度讨论了裁剪，虽然对实现实时游戏算法来说用处不大，但它们全面而详细地讨论了算法。下面是作者爱读的一些计算机图形学方面的图书：

- Foley、van Dam、Feiner 和 Hughes 编写的 *Computer Graphics: Principles and Practice*（Addison-Wesley 出版）。
- Foley、van Dam、Feiner、Hughes 和 Philips 编写的 *Introduction to Computer Graphics*（Addison-Wesley 出版）。
- Alan H. Watt 编写的 *3D Computer Graphics*（Addison-Wesley 出版）。
- David F. Rogers 编写的 *Procedural Elements for Computer Graphics*（麦格劳希尔出版）。

10.3　实现视景体裁剪

现在是在 3D 引擎中添加裁剪功能的时候了。基本上，需要在流水线的某个地方根据 3D 视景体对多边形进行裁剪。正如前面指出的，我们的进攻计划是，对多边形进行 3D 裁剪，但尽可能减少分割裁剪后三角形的工作量，只执行必不可少的 3D 裁剪。

那么，在什么情况下必须进行裁剪呢？仅当多边形穿过近裁剪面甚至平面 z=0 时，才必须进行裁剪。如果多边形包含 z 坐标小于或等于 0 的点，对其进行投影将导致除零运算或投影反转，这是不能接受的。

到目前为止，我们一直将视景体的近裁剪面设置为离投影平面和平面 z=0 足够远，以避免多边形穿过它们，因为我们将那些离视点和平面 z=0 太近的物体剔除掉了。然而，现在需要将物体级剔除抛到一边，更多地从多边形列表的角度考虑问题。这些多边形可能引发问题，因为它们可能位于任何地方。

我们将编写一个混合型裁剪/剔除函数，它根据视景体对渲染列表中的多边形进行裁剪——但实际上只根据近裁剪面对顶点进行裁剪。对于穿过上、下、左、右或远裁剪面的多边形，则不去管它。对于完全在这些裁剪面之外的多边形，则将其剔除。当然，被投影后，多边形可能超出 2D 视平面的边界，但光栅化函数将对其进行裁剪，而不会带来任何问题。正如以前指出的，与根据视景体的所有 6 个面对每个多边形进行裁剪相比，这种策略使裁剪更简单，速度更快。根据其他 5 个裁剪面进行裁剪将浪费大量时间。对多边形进行分割、重新计算法线和纹理坐标毫无意义，因为无论如何，在光栅化函数中仍需要完成这些该死的工作。仅当多边形非常长，穿过了近裁剪面，可能在投影期间导致失真或数学运算错误时，才需要进行裁剪。我们采用的方法的优点是，不但将消除背面，还将剔除不在视景体内的多边形。这样，将比以前消除更多的几何体，获得更高的性能。

可在 3D 流水线中的很多地方进行 3D 裁剪：世界坐标空间、相机空间或透视投影空间；这些方法各有优缺点。例如，在世界坐标空间进行裁剪时，可避免将所有几何体都变换为相机坐标，但视景体位于视点处，朝向是任意的；因此裁剪和剔除方法必须更通用。在另一方面，对多边形进行世界坐标到相机坐标变换后，它们的位置是相对于位于原点处的相机的，视景体的各个面都平行或垂直于坐标轴，这使得裁剪更为容易。这以对所有几何体进行相机坐标变换为代价，使裁剪/剔除更容易。如果在执行透视投影后进行裁剪（这有些棘手），几何体被归一化，而视景体也变成了规范的透视视景体——长方体。换句话说，如果执行透视变换后再进行裁剪，将根据长方体而不是棱锥台进行裁剪——这在有关数学和 3D 投影的章节中提过多次。

那么，该如何办呢？将执行透视投影后进行裁剪的方法抛在脑后吧——等到那时候再进行裁剪实在太糟糕，将对那些本不需要进行光照处理的多边形执行光照计算，同时会在流水线中增加 200% 的不会被渲染的多边形，这实在是浪费。可以在世界坐标空间中进行裁剪，但作者不喜欢对视景体进行变换后再进行裁剪的想法。另外，对于被分割的多边形，也需要进行变换。假设场景中有 1000 个多边形，由于裁剪和分割，最后将得到大约 1200 个多边形；这样，将必须对 1200 个多边形进行相机变换。另外，在世界坐标空间中对多边形进行裁剪测试比在相机空间中更复杂，在相机空间中，相机位于原点，观察方向与 z 轴平行。

另一方面，假设在世界坐标空间进行裁剪可消除大约一半的多边形，则只需要对 500 个多边形进行相机变换。上述两个例子表明，这两种方法各有优缺点。作者决定在执行相机变换后进行裁剪/剔除，因为这样更容易理解。另外作者不相信在世界坐标空间中执行裁剪/剔除时可消除那么多多边形。在本书最后介绍优化时，可能尝试采用世界坐标空间裁剪。

总之，我们将在执行相机变换后进行裁剪/剔除：剔除完全在视景体外的多边形，同时只对穿过近裁剪面的多边形进行裁剪。对于穿过上、下、左、右裁剪面的多边形，则不去管它，因为光栅化函数将在图像空间对其进行裁剪。图 10.16 是加入裁剪函数后的流水线。

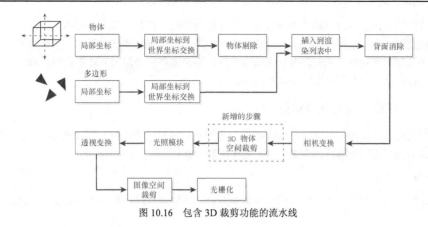

图 10.16　包含 3D 裁剪功能的流水线

10.3.1　几何流水线和数据结构

从图 10.16 可知，以完整物体（或独立多边形）的方式将几何体加载到系统中，对物体进行变换和剔除后，将其转换为多边形，再执行背面消除和另一种变换；然后执行裁剪、剔除和光照处理并在此进行变换，最后将其显示到屏幕上。执行的变换很多。关键之处在于，我们是以物体开始的，对于没有室内环境或室外环境的游戏来说，这很好；但对于有这些东西的游戏来说，这非常糟糕。

我们不能再局限于"物体"，需要创建更适合用于表示地形、室内环境等东西的实体。这也是我们进行光照计算和剔除操作时，很少使用基于物体的函数的原因所在。希望读者从多边形的角度考虑问题，稍后我们将创建一些更高级的数据结构，以支持大型物体。然而，我们不希望这些物体仅仅是一个大型多边形网格，同时希望它们是有序、分类、相关联、分层的。

例如，图 10.17 是一个我们可能要模拟的室外城市游戏（city game）关卡的俯视图。虽然可以将关卡数据存储在一个类似于物体的容器中，但我们希望有另一种数据结构，让我们能够快速剔除几何体的子部件。这是 BSP（二元空间划分）树、入口、四叉树等概念发挥作用的地方。

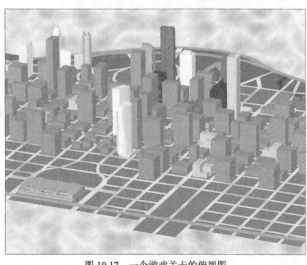

图 10.17　一个游戏关卡的俯视图

要使用这些概念，必须能够高效地实现它们，并在某个地方将其转换为多边形。作者认为，必须考虑要创建的游戏类型，并认识到在各种室内/室外游戏中，裁剪（包括在多边形剔除）至关重要，因此最好能够对多边形进行裁剪和剔除。我们之所以在渲染列表而不是物体中添加对多边形裁剪和剔除的支持，是因为我们不能再假定什么东西都可以用物体数据结构表示了。

10.3.2 在引擎中加入裁剪功能

包含裁剪代码的库模块名为 T3DLIB8.CPP|H，它很小，只有几个函数。和往常一样，这里只概述库模块，而不讨论为何需要这些函数。下面介绍头文件的各个部分。

1. 头文件

为裁剪函数定义的常量不多，它们用于控制裁剪函数的逻辑以及根据哪些裁剪面进行裁剪。这些常量如下：

```
// 多边形裁剪标记
#define CLIP_POLY_X_PLANE          0x0001  // 根据左、右裁剪面进行裁剪
#define CLIP_POLY_Y_PLANE          0x0002  // 根据上、下裁剪面进行裁剪
#define CLIP_POLY_Z_PLANE          0x0004  // 根据远、近裁剪面进行裁剪
#define CLIP_OBJECT_XYZ_PLANES  (CULL_OBJECT_X_PLANE | CULL_OBJECT_Y_PLANE |
        CULL_OBJECT_Z_PLANE)
```

这个库模块中只有两个函数，一个用于裁剪，另一个用于生成地形：

```
void Clip_Polys_RENDERLIST4DV2(RENDERLIST4DV2_PTR rend_list,
                    //要裁剪的渲染列表
CAM4DV1_PTR cam,//相机
int clip_flags);//裁剪标记，要根据哪些裁剪面进行裁剪

int Generate_Terrain_OBJECT4DV2(OBJECT4DV2_PTR obj,   // 指向物体的指针
 float twidth,       // 在世界坐标系中的宽度（X 轴）
 float theight,      // 在世界坐标系中的长度（z 轴）
 float vscale,       // 地形中最大可能高度
 char *height_map_file, // 256 色高位图的文件名
 char *texture_map_file, // 纹理图的文件名
 int rgbcolor,       // 没有纹理时地形的颜色
 VECTOR4D_PTR pos,   // 初始位置
 VECTOR4D_PTR rot,    // 初始旋转角度
 int poly_attr);     // 着色属性
```

接下来讨论裁剪函数的工作原理。

2. 创建裁剪函数

该裁剪函数在相机坐标空间中对渲染列表中的多边形进行裁剪，这意味着相机位于原点，并根据+z 轴调整了裁剪面的位置（如图 10.18 所示）。

下面是在当前的流水线中渲染 3D 图像的函数调用流程：

```
Reset_OBJECT4DV2(&obj);

// 创建一个单位矩阵
MAT_IDENTITY_4X4(&mtrans);

// 对物体进行变换
Transform_OBJECT4DV2(&obj, &mtrans, TRANSFORM_LOCAL_TO_TRANS,1);
```

```
// 局部坐标到世界坐标变换
Model_To_World_OBJECT4DV2(&obj, TRANSFORM_TRANS_ONLY);

// 将物体插入到渲染列表中
Insert_OBJECT4DV2_RENDERLIST4DV2(&rend_list, &obj,0);

// 背面消除
Remove_Backfaces_RENDERLIST4DV2(&rend_list, &cam);

// 世界坐标到相机坐标变换
World_To_Camera_RENDERLIST4DV2(&rend_list, &cam);

////////////////////////////////////////////////////
// 在这里使用视景体对多边形进行裁剪
////////////////////////////////////////////////////

// 一次性对场景执行光照计算
Light_RENDERLIST4DV2_World16(&rend_list, &cam, lights, 4);

// 对多边形列表进行排序
Sort_RENDERLIST4DV2(&rend_list, SORT_POLYLIST_AVGZ);

// 相机坐标到透视坐标变换
Camera_To_Perspective_RENDERLIST4DV2(&rend_list, &cam);

// 屏幕变换
Perspective_To_Screen_RENDERLIST4DV2(&rend_list, &cam);

// 锁定后缓存
DDraw_Lock_Back_Surface();

// 渲染多边形
Draw_RENDERLIST4DV2_Solid16(&rend_list, back_buffer, back_lpitch);

// 解除对后缓存的锁定
DDraw_Unlock_Back_Surface();
```

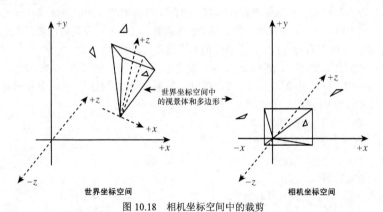

图 10.18 相机坐标空间中的裁剪

作者使用粗体文本指出了要在流水线的什么地方对多边形进行裁剪：执行相机变换之后，但在执行光照计算之前。这很好，通过裁剪，不但可以减少多边形数量，还可避免对被剔除的多边形执行光照计算。

下面讨论为对渲染列表执行裁剪，需要完成哪些工作。渲染列表由两个数据结构组成：一个多边形数组，一个多边形指针数组。使用多边形指针数组旨在提高排序速度，这样无需重新分配和释放存储空间——存储多边形的空间始终保持不变。

（1）根据上/下或左/右裁剪面进行剔除

我们不根据视景体的上/下或左/右裁剪面对多边形进行裁剪，而只是检测多边形是否完全在这些裁剪面的外侧或内侧。如果多边形完全在裁剪面的内侧，则保留不变，并进入下一个多边形；如果完全在外侧，则将其剔除（保留或丢弃裁剪，no-holds-barred clipping），如图 10.19 所示。

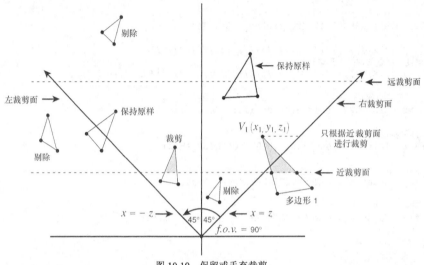

图 10.19　保留或丢弃裁剪

为此，只需要知道检测的三角形的顶点以及裁剪面的位置和朝向。如果知道裁剪面的点法线格式平面方程，可以通过计算法线和平面上的点到顶点的向量的点积，来确定顶点位于哪个半空间中。如果全部三个顶点都位于裁剪面的同一侧，便可以进行简单的拒绝/接受。

我们知道，裁剪面都与相机坐标轴平行或垂直，因此可以根据裁剪面的斜率或视野角来判断顶点是否在视景体内。在如图 10.19 中，根据视景体的右裁剪面来检测多边形 1。我们可以暂时不管 y 坐标，而是考虑 xz 平面。问题是：顶点 $v1(x1, y1, z1)$ 在右裁剪面内侧还是外侧？

在图 10.19 中，视野角为 90 度，这意味着左、右裁剪面与 z 轴之间的夹角都是 45 度，因此右裁剪面的平面方程为 $x=z$。这意味着如果 x1=z1，则顶点 v1 位于裁剪面上；如果 x1>z1，则位于外侧；如果 x1<z1，则位于内侧。

一般而言，视野角为 90 度时，给定顶点 $v(x, y, z)$：

● 如果 $x>z$，则 v 位于右裁剪面外侧；

● 如果 $x<z$，则 v 位于右裁剪面内侧；

● 如果 $x=z$，则 v 位于右裁剪面上。

同样，对于左侧裁剪面：

● 如果 $x>-z$，则 v 位于左裁剪面内侧；

● 如果 $x<-z$，则 v 位于左裁剪面外侧；

● 如果 $x=-z$，则 v 位于左裁剪面上。

上/下裁剪面的情况与此相同，只需将 x 替换为 y 即可。当然，这是一个特例，只适用于视野角为 90 度的情况；但改变视野角只会改变裁剪面的斜率，因此只需稍微修改上述公式，以考虑到视野角。图 10.20 说明了左右裁剪面的一般性情形：

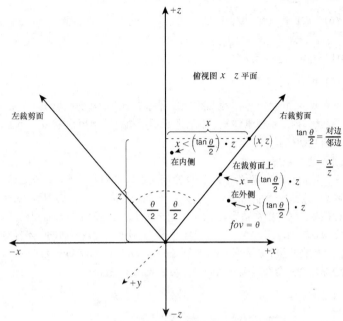

图 10.20　根据裁剪面的斜率进行剔除检测

$$\tan(\theta/2) = |x|/z$$

因此：

$$|x| = \tan(\theta/2) * z$$

换句话说：

- 如果$|x| = \tan(\theta/2)*z$，则顶点位于裁剪面上；
- 如果$|x| < \tan(\theta/2)*z$，则顶点位于裁剪面的正半空间内，即裁剪面内侧；
- 如果$|x| < \tan(\theta/2)*z$，则顶点位于裁剪面的负半空间内，即裁剪面外侧。

需要根据 4 个裁剪面（上、下、左、右）对每个顶点进行测试，看它是否在裁剪面的内侧。这意味着需要根据视野角将每个顶点的坐标 x、y 同坐标 z 进行比较。

这种比较我们做过很多次，读者应该对此很熟悉。如果三角形的所有顶点都在视景体内，则跳到渲染列表中的下一个三角形；如果都在视景体外，则将整个三角形裁剪/剔除掉，并将其标记为"被裁剪掉"：

```
// 裁剪掉完全在视景体外的多边形
SET_BIT(curr_poly->state, POLY4DV2_STATE_CLIPPED);
```

为节省篇幅，作者将在讨论 z 裁剪时再列出函数代码。这里只列出实现前面介绍的测试的代码，下面是检测单个顶点是否在左/右裁剪面内侧的代码：

```
// 由于需要根据左/右裁剪面进行裁剪
// 因此需要根据 FOV 或裁剪面方程来确定在当前 x 值的情况下，
//z 值为多少时点将位于裁剪面外侧
z_factor = (0.5)*cam->viewplane_width/cam->view_dist;

// 顶点 0
```

```
z_test = z_factor*curr_poly->tvlist[0].z;
if (curr_poly->tvlist[0].x > z_test)
  vertex_ccodes[0] = CLIP_CODE_GX;
else
if (curr_poly->tvlist[0].x < -z_test)
  vertex_ccodes[0] = CLIP_CODE_LX;
else
  vertex_ccodes[0] = CLIP_CODE_IX;
```

我们只需知道顶点在裁剪面的哪一侧，然后据此设置每个顶点的裁剪码标记（类似于 Cohen-Sutherland 算法），以跟踪顶点在视景体内还是视景体外。这有助于后面执行简单拒绝/接受。下面介绍根据远/近裁剪面进行裁剪的算法，它要复杂得多。

（2）根据远/近裁剪面进行裁剪

这种裁剪有些棘手。裁剪说起来容易，但在 3D 空间实现起来却非常难。并不是算法或数学计算很难，而是其中的细节非常麻烦。剔除了所有在上、下、左、右裁剪面之外的多边形后，还必须根据远、近裁剪面对余下的多边形进行检测。这种检测很容易，因为这些裁剪面与 x 轴平行，而相机指向+z 轴方向。因此，对于三角形的每个顶点 $vi(xi, yi, zi)$（i 为 0、1、2），只需根据远、近裁剪面的 z 坐标对坐标 zi 进行测试，远、近裁剪面的 z 坐标存储在相机数据结构中，分别是 near_clip_z 和 far_clip_z。

例如，要检测多边形是否完全在远裁剪面外侧，可以使用下述算法：

```
如果(v0.z > far_clip_z)且
  (v1.z > far_clip_z)且
  (v2.z > far_clip_z) 则将多边形(v0, v1, v2)剔除
```

对于近裁剪面，测试算法与此类似：

```
if (v0.z < near_clip_z)且
  (v1.z < near_clip_z)且
  (v2.z < near_clip_z) 则将多边形(v0, v1, v2)剔除
```

我们并不关心三角形穿过远裁剪面，一部分在视景体内，另一部分在视景体外的情况；但确实关心三角形穿过近裁剪面的情形。这个问题避不开的，解决方案如下：

```
for(渲染列表中的每个多边形 P)
begin
for(当前多边形 P 的每个顶点 v)
  begin

  计算顶点 v 的位置：
   1．v 位于视景体内？
   2．v 位于远裁剪面的外侧？
   3．v 位于近裁剪面的外侧？
  end

if(全部 3 个顶点都在近裁剪面或远裁剪面外侧)then(将多边形 P 剔除)

if(如果至少有一个顶点位于视景体内且至少有一个顶点位于近裁剪面外侧)
  then(根据近裁剪面对多边形 P 进行裁剪)

end
```

其中以粗体显示的伪代码是接下来要实现的。我们需要拿出根据近裁剪面对多边形进行裁剪的方法，这意味着必须对穿过近裁剪面进入或离开视景体的每条边进行裁剪。这存在两种情形，如图 10.21 所示。

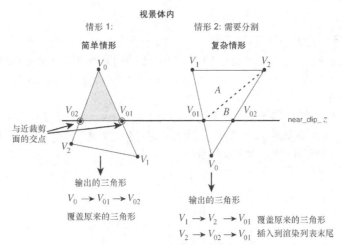

图 10.21　根据近裁剪面进行裁剪的两种情形

情形 1：一个顶点在视景体内，两个顶点在视景体外

这种情形很简单，只需对两条与近裁剪面相交的边进行裁剪，用新顶点覆盖原来的顶点即可。另外，如果三角形带纹理，还需要重新计算纹理坐标。当然，还必须重新计算法线，因为三角形缩小后，法线的长度也将发生变化。为提高光照计算的速度，我们将存储法线的长度，由于其长度发生了变化，因此必须重新计算。

情形 2：两个顶点在视景体内，一个顶点在视景体外

这种情形较复杂。如图 10.21 所示，当三角形有两个顶点位于视景体内，一个顶点位于视景体外时，三角形与近裁剪面之间有两个交点。这意味着裁剪后，三角形变成了四边形，而我们的引擎不能处理四边形，因此必须将其分割。我们需要采取的策略是，将原来的三角形的所有信息复制到一个临时三角形中，然后执行裁剪，并将裁剪得到的四边形分割成两个三角形：A 和 B。然后用三角形 A 覆盖原来的三角形；同时用交点数据更新临时三角形 B。这样，在渲染列表中，原来的三角形将被分割得到的三角形 A 代替，分割得到的另一个三角形 B 必须插入到渲染列表的末尾。

阅读后面的内容之前，读者一定要理解情形 2。简单地说，使用一个平面对三角形进行裁剪时，将得到一个或两个三角形。如果结果为一个三角形，可以用它覆盖原来的三角形，引起的变化不大。如果裁剪后得到两个三角形（A 和 B），则可以使用三角形 A 覆盖原来的三角形，但新增的三角形 B 必须插入到渲染列表末尾。

提示：读者可能认为，使用多边形指针数组而不是多边形链表实在太糟糕。原因在于，由于分割而新增的三角形被插入到渲染列表末尾，但其 z 值与原来的三角形相同，当对多边形进行排序时，必须将其移到渲染列表的前面，这将降低排序的速度。后面将对这种情况进行优化。

最后需要解决的细节是裁剪代码。作者决定组合前面讨论过的各种裁剪算法，编写一种混合算法。我们已经完成了预处理步骤：设置顶点的裁剪码标记；余下的任务是如何计算三角形边与近裁剪面的交点。有两种情形需要处理（一个顶点位于裁剪区域内和两个顶点位于裁剪区域内），作者在代码中分别对其进行处理。在每种情形下，都创建两条与近裁剪面相交的边的参数化线段方程，它们类似于这样：

p = v0 + (v1 - v0)*t

其中 $v0$ 为起点，$v1$ 为终点。

然后将 near_clip_z 代入到线段的 z 坐标参数化方程中，并求解 t：

```
near_clip_z = v0.z + (v1.z - v0.z)*t

t = near_clip_z - v0.z/(v1.z - v0.z)
```

然后将 t 值代入线段的 x、y 坐标参数化方程中，得到交点的 x、y 坐标。对两条边都执行这种操作后，任务就完成了。余下的只是一个清理工作：使用正确的顶点数据和交点覆盖原来的三角形。

（3）计算纹理坐标

余下的一个细节是计算纹理坐标。如果多边形有纹理坐标，也必须对其进行裁剪，幸运的是，可以使用前述 t 值来计算裁剪后的纹理坐标。下面举一个例子。假设有一个属于情形 1 的三角形，如图 10.22 所示。该三角形的每个顶点都有纹理坐标，如图中所示。

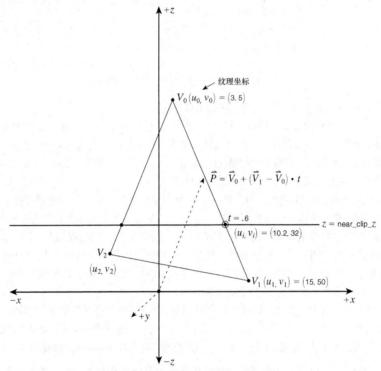

图 10.22　计算裁剪后的三角形的纹理坐标

现在假设我们已经计算出交点，交点的 t 值为 0.6。只需使用它对纹理坐标进行线性插值，计算出裁剪后的纹理坐标。请看图 10.22，顶点 0 的纹理坐标为 $(3，5)$，顶点 1 的纹理坐标为 $(15，50)$。计算裁剪后的纹理坐标的公式如下：

```
u_clipped = u0 + (u1 - u0)*t
v_clipped = v0 + (v1 - v0)*t
```

将纹理坐标代入上述公式，结果如下：

```
u_clipped = 3 + (15 - 3)*(.6) = 10.2
v_clipped = 5 + (50 - 5)*(.6) = 32
```

最后，还需要在两种情形下重新计算多边形法线的长度，因为在光照阶段需要使用法线长度，而它们已经发生了变化。为此，只需对裁剪（并分割）后的每个三角形执行下述代码：

```
// 计算 u 和 v
VECTOR4D_Build(&curr_poly->tvlist[v0].v, &curr_poly->tvlist[v1].v, &u);
VECTOR4D_Build(&curr_poly->tvlist[v0].v, &curr_poly->tvlist[v2].v, &v);

// 计算叉积
VECTOR4D_Cross(&u, &v, &n);

// 计算并存储法线长度
curr_poly->nlength = VECTOR4D_Length_Fast(&n);
```

这是一项棘手的任务，但在每一帧中，需要使用近裁剪面对其进行裁剪的多边形通常只有几百个，作者使用函数 VECTOR4D_Length_Fast 来计算法线长度，它比较粗糙，但速度比计算平方根快得多。

至此，对裁剪的介绍就结束了，来看一看裁剪函数的代码：

```
void Clip_Polys_RENDERLIST4DV2(RENDERLIST4DV2_PTR rend_list,
                CAM4DV1_PTR cam, int clip_flags)
{
// 这个函数使用指定的裁剪面对渲染列表中的多边形进行裁剪
// 并设置多边形的裁剪标记，以免渲染被裁剪掉的多边形
// 该函数只使用远、近裁剪面进行裁剪
// 但将根据上/下、左/右裁剪面进行简单拒绝/接受测试
// 如果多边形完全在视景体外，将被剔除掉
// 这种测试的效率没有基于物体的测试高，因为可见的物体包含可见的多边形
// 但当多边形列表是基于总有一部分可见的大型物体时，对各个多边形进行检测是值得的
// 这个函数假设已经对多边形执行相机变换

// 内部裁剪码
#define CLIP_CODE_GZ    0x0001    // z > z_max
#define CLIP_CODE_LZ    0x0002    // z < z_min
#define CLIP_CODE_IZ    0x0004    // z_min < z < z_max

#define CLIP_CODE_GX    0x0001    // x > x_max
#define CLIP_CODE_LX    0x0002    // x < x_min
#define CLIP_CODE_IX    0x0004    // x_min < x < x_max

#define CLIP_CODE_GY    0x0001    // y > y_max
#define CLIP_CODE_LY    0x0002    // y < y_min
#define CLIP_CODE_IY    0x0004    // y_min < y < y_max

#define CLIP_CODE_NULL 0x0000

int vertex_ccodes[3]; // 用于存储裁剪标记
int num_verts_in;      // 位于视景体内部的顶点数
int v0, v1, v2;        // 顶点索引

float z_factor,        // 用于裁剪计算
   z_test;            // 用于裁剪计算

float xi, yi, x01i, y01i, x02i, y02i, // 交点坐标
   t1, t2,              // 参数化 t 值
   ui, vi, u01i, v01i, u02i, v02i; // 交点纹理坐标

int last_poly_index,   // 渲染列表中最后一个有效的多边形
   insert_poly_index; // 新多边形的插入位置

VECTOR4D u,v,n;         // 用于向量计算
```

```
POLYF4DV2 temp_poly; // 将多边形分割成两个时，用于存储新增的多边形

// 设置 last_poly_index 和 insert_poly_index，使其对应于渲染列表末尾
// 以免分割多边形两次
insert_poly_index = last_poly_index = rend_list->num_polys;

// 遍历渲染列表，对其中的多边形进行裁剪/剔除
for (int poly = 0; poly < last_poly_index; poly++)
  {
  // 获得当前多边形
  POLYF4DV2_PTR curr_poly = rend_list->poly_ptrs[poly];

  // 该多边形有效吗？
  // 仅当多边形处于活动状态、为被裁剪掉且不是背面时才对其进行处理
  if ((curr_poly==NULL) || !(curr_poly->state & POLY4DV2_STATE_ACTIVE) ||
    (curr_poly->state & POLY4DV2_STATE_CLIPPED ) ||
    (curr_poly->state & POLY4DV2_STATE_BACKFACE) )
    continue; // 进入下一个多边形

    // 根据左、右裁剪面进行裁剪/剔除
    if (clip_flags & CLIP_POLY_X_PLANE)
      {
      // 只根据左、右裁剪面进行裁剪/剔除
      // 对于每个顶点，判断它是否在裁剪区域内
      // 并据此设置相应的裁剪码
      // 不对三角形进行裁剪，只进行简单拒绝测试
      // 将在光栅化函数中根据屏幕对多边形进行裁剪
      // 但要剔除完全在视景体外的多边形

      // 由于是根据左/右裁剪面进行裁剪
      // 因此需要根据 FOV 或裁剪面方程来确定，
      // x 和 z 满足什么条件时顶点将在裁剪面的外侧
      z_factor = (0.5)*cam->viewplane_width/cam->view_dist;

      // 顶点 0

      z_test = z_factor*curr_poly->tvlist[0].z;

      if (curr_poly->tvlist[0].x > z_test)
       vertex_ccodes[0] = CLIP_CODE_GX;
      else
      if (curr_poly->tvlist[0].x < -z_test)
       vertex_ccodes[0] = CLIP_CODE_LX;
      else
       vertex_ccodes[0] = CLIP_CODE_IX;

      // 顶点 1

      z_test = z_factor*curr_poly->tvlist[1].z;

      if (curr_poly->tvlist[1].x > z_test)
       vertex_ccodes[1] = CLIP_CODE_GX;
      else
      if (curr_poly->tvlist[1].x < -z_test)
       vertex_ccodes[1] = CLIP_CODE_LX;
      else
       vertex_ccodes[1] = CLIP_CODE_IX;

      // 顶点 2

      z_test = z_factor*curr_poly->tvlist[2].z;
```

```
   if (curr_poly->tvlist[2].x > z_test)
    vertex_ccodes[2] = CLIP_CODE_GX;
   else
   if (curr_poly->tvlist[2].x < -z_test)
    vertex_ccodes[2] = CLIP_CODE_LX;
   else
    vertex_ccodes[2] = CLIP_CODE_IX;

   // 进行简单拒绝测试，即多边形是否完全在左裁剪面或右裁剪面外侧
   if ( ((vertex_ccodes[0] == CLIP_CODE_GX) &&
       (vertex_ccodes[1] == CLIP_CODE_GX) &&
       (vertex_ccodes[2] == CLIP_CODE_GX) ) ||

       ((vertex_ccodes[0] == CLIP_CODE_LX) &&
       (vertex_ccodes[1] == CLIP_CODE_LX) &&
       (vertex_ccodes[2] == CLIP_CODE_LX) ) )

      {
      // 将完全在裁剪面外侧的多边形裁剪掉
      SET_BIT(curr_poly->state, POLY4DV2_STATE_CLIPPED);

      // 进入下一个多边形
      continue;
      } // end if

  } // end if x planes

// 根据上/下裁剪面进行裁剪/剔除
if (clip_flags & CLIP_POLY_Y_PLANE)
   {
   // 只根据上/下裁剪面进行裁剪/剔除
   // 对于每个顶点，判断它是否在裁剪区域内
   // 并据此设置相应的裁剪码
   // 不对三角形进行裁剪，只进行简单拒绝测试
   // 将在光栅化函数中根据屏幕对多边形进行裁剪
   // 但要剔除完全在视景体外的多边形

   // 由于是根据上/下裁剪面进行裁剪
   // 因此需要根据 FOV 或裁剪面方程来确定，
   // y 和 z 满足什么条件时点将在裁剪面的外侧
   z_factor = (0.5)*cam->viewplane_width/cam->view_dist;

   // 顶点 0

   z_test = z_factor*curr_poly->tvlist[0].z;

   if (curr_poly->tvlist[0].y > z_test)
    vertex_ccodes[0] = CLIP_CODE_GY;
   else
   if (curr_poly->tvlist[0].y < -z_test)
    vertex_ccodes[0] = CLIP_CODE_LY;
   else
    vertex_ccodes[0] = CLIP_CODE_IY;

   // 顶点 1

   z_test = z_factor*curr_poly->tvlist[1].z;

   if (curr_poly->tvlist[1].y > z_test)
    vertex_ccodes[1] = CLIP_CODE_GY;
```

```
 else
if (curr_poly->tvlist[1].y < -z_test)
 vertex_ccodes[1] = CLIP_CODE_LY;
else
 vertex_ccodes[1] = CLIP_CODE_IY;

// 顶点 2

z_test = z_factor*curr_poly->tvlist[2].z;

if (curr_poly->tvlist[2].y > z_test)
 vertex_ccodes[2] = CLIP_CODE_GY;
else
if (curr_poly->tvlist[2].x < -z_test)
 vertex_ccodes[2] = CLIP_CODE_LY;
else
 vertex_ccodes[2] = CLIP_CODE_IY;

// 进行简单拒绝测试，即多边形是否完全在上裁剪面或下裁剪面外侧
if ( ((vertex_ccodes[0] == CLIP_CODE_GY) &&
   (vertex_ccodes[1] == CLIP_CODE_GY) &&
   (vertex_ccodes[2] == CLIP_CODE_GY) ) ||

   ((vertex_ccodes[0] == CLIP_CODE_LY) &&
   (vertex_ccodes[1] == CLIP_CODE_LY) &&
   (vertex_ccodes[2] == CLIP_CODE_LY) ) )

  {
  // 将完全在裁剪面外侧的多边形裁剪掉
  SET_BIT(curr_poly->state, POLY4DV2_STATE_CLIPPED);

  // 进入下一个多边形
  continue;
  } // end if

} // end if y planes

// 根据远/近裁剪面进行裁剪/剔除
if (clip_flags & CLIP_POLY_Z_PLANE)
  {
  // 只根据远/近裁剪面进行裁剪/剔除
  // 对于每个顶点，判断它是否在裁剪区域内
  // 并据此设置相应的裁剪码
  // 然后根据近裁剪面对多边形进行裁剪
  // 这最多会增加一个三角形

  // 重置内部顶点计数器，该变量用于对最终的三角形进行分类
  num_verts_in = 0;

  // 顶点 0
  if (curr_poly->tvlist[0].z > cam->far_clip_z)
   {
   vertex_ccodes[0] = CLIP_CODE_GZ;
   }
  else
  if (curr_poly->tvlist[0].z < cam->near_clip_z)
   {
   vertex_ccodes[0] = CLIP_CODE_LZ;
   }
  else
   {
```

```
     vertex_ccodes[0] = CLIP_CODE_IZ;
     num_verts_in++;
     }

    // 顶点 1
    if (curr_poly->tvlist[1].z > cam->far_clip_z)
     {
     vertex_ccodes[1] = CLIP_CODE_GZ;
     }
    else
    if (curr_poly->tvlist[1].z < cam->near_clip_z)
     {
     vertex_ccodes[1] = CLIP_CODE_LZ;
     }
    else
     {
     vertex_ccodes[1] = CLIP_CODE_IZ;
     num_verts_in++;
     }

    // 顶点 2
    if (curr_poly->tvlist[2].z > cam->far_clip_z)
     {
     vertex_ccodes[2] = CLIP_CODE_GZ;
     }
    else
    if (curr_poly->tvlist[2].z < cam->near_clip_z)
     {
     vertex_ccodes[2] = CLIP_CODE_LZ;
     }
    else
     {
     vertex_ccodes[2] = CLIP_CODE_IZ;
     num_verts_in++;
     }

  // 进行简单拒绝测试，即多边形是否完全在远裁剪面或近裁剪面外侧
  if ( ((vertex_ccodes[0] == CLIP_CODE_GZ) &&
    (vertex_ccodes[1] == CLIP_CODE_GZ) &&
    (vertex_ccodes[2] == CLIP_CODE_GZ) ) ||

    ((vertex_ccodes[0] == CLIP_CODE_LZ) &&
    (vertex_ccodes[1] == CLIP_CODE_LZ) &&
    (vertex_ccodes[2] == CLIP_CODE_LZ) ) )

  {
  // 将完全在裁剪面外侧的多边形裁剪掉
  SET_BIT(curr_poly->state, POLY4DV2_STATE_CLIPPED);

  // 进入下一个多边形
  continue;
  } // end if

// 判断是否有顶点在近裁剪面外侧
if ( ( (vertex_ccodes[0] | vertex_ccodes[1] |
    vertex_ccodes[2]) & CLIP_CODE_LZ) )
{
// 至此可以根据近裁剪面进行裁剪了
// 不需要根据远裁剪面进行裁剪，因为即使多边形穿过远裁剪面也不会引发问题
// 裁剪时有两种情形
// 情形 1：三角形有 1 个顶点在近裁剪面内侧，2 个顶点在外侧
```

```
// 情形 2：三角形有 2 个顶点在近裁剪面内侧，1 个顶点在外侧

// 第 1 步：根据内外侧顶点数对三角形进行分类
// 情形 1：简单情形
if (num_verts_in == 1)
  {
  // 需要根据近裁剪面对三角形进行裁剪
  // 对包含内侧顶点的每条边进行裁剪
  // 为此，需要根据边的参数化方程计算它与近裁剪面的交点
  // 然后用交点替换原来位于外侧的三角形顶点，并重新计算纹理坐标（如果有的话）
  // 在这种情形下，不会增加三角形，因此只需用裁剪后的三角形覆盖原来的三角形
  // 在另一种情形下，将得到两个三角形，
  // 因此至少需要将一个三角形插入到渲染列表末尾

  // 第 1 步：找出位于内侧的顶点
  if ( vertex_ccodes[0] == CLIP_CODE_IZ)
   { v0 = 0; v1 = 1; v2 = 2; }
  else
  if (vertex_ccodes[1] == CLIP_CODE_IZ)
   { v0 = 1; v1 = 2; v2 = 0; }
  else
   { v0 = 2; v1 = 0; v2 = 1; }

  // 第 2 步：对每条边进行裁剪
  // 创建参数化线段方程 p = v0 + v01*t
  // 将 near_clip_z 代入 z 坐标分量方程，以求出 t 值
  // 然后将 t 值代入 x、y 坐标分量方程，计算出交点的 x、y 坐标

  // 对三角形边 v0->v1 进行裁剪
  VECTOR4D_Build(&curr_poly->tvlist[v0].v,
          &curr_poly->tvlist[v1].v, &v);

  // 交点的 z 坐标为 near_clip_z，因此 t 值如下
  t1 = ( (cam->near_clip_z - curr_poly->tvlist[v0].z) / v.z );

  // 将 t 值代入 x、y 坐标分量方程，得到交点的 x、y 坐标
  xi = curr_poly->tvlist[v0].x + v.x * t1;
  yi = curr_poly->tvlist[v0].y + v.y * t1;

  // 用交点覆盖原来的顶点
  curr_poly->tvlist[v1].x = xi;
  curr_poly->tvlist[v1].y = yi;
  curr_poly->tvlist[v1].z = cam->near_clip_z;

  // 对三角形边 v0->v2 进行裁剪
  VECTOR4D_Build(&curr_poly->tvlist[v0].v,
          &curr_poly->tvlist[v2].v, &v);

  // 交点的 z 坐标为 near_clip_z，因此 t 值如下
  t2 = ( (cam->near_clip_z - curr_poly->tvlist[v0].z) / v.z );

  // 将 t 值代入 x、y 坐标分量方程，得到交点的 x、y 坐标
  xi = curr_poly->tvlist[v0].x + v.x * t2;
  yi = curr_poly->tvlist[v0].y + v.y * t2;

  // 用交点覆盖原来的顶点
  curr_poly->tvlist[v2].x = xi;
  curr_poly->tvlist[v2].y = yi;
  curr_poly->tvlist[v2].z = cam->near_clip_z;

  // 检查多边形是否带纹理
```

```
// 如果是，则对纹理坐标进行裁剪
if (curr_poly->attr & POLY4DV2_ATTR_SHADE_MODE_TEXTURE)
  {
  ui = curr_poly->tvlist[v0].u0 +
    (curr_poly->tvlist[v1].u0 - curr_poly->tvlist[v0].u0)*t1;
  vi = curr_poly->tvlist[v0].v0 +
    (curr_poly->tvlist[v1].v0 - curr_poly->tvlist[v0].v0)*t1;
  curr_poly->tvlist[v1].u0 = ui;
  curr_poly->tvlist[v1].v0 = vi;

  ui = curr_poly->tvlist[v0].u0 +
    (curr_poly->tvlist[v2].u0 - curr_poly->tvlist[v0].u0)*t2;
  vi = curr_poly->tvlist[v0].v0 +
    (curr_poly->tvlist[v2].v0 - curr_poly->tvlist[v0].v0)*t2;
  curr_poly->tvlist[v2].u0 = ui;
  curr_poly->tvlist[v2].v0 = vi;
  } // end if textured

// 最后，需要重新计算法线长度

// 计算 u 和 v
VECTOR4D_Build(&curr_poly->tvlist[v0].v,
        &curr_poly->tvlist[v1].v, &u);
VECTOR4D_Build(&curr_poly->tvlist[v0].v,
        &curr_poly->tvlist[v2].v, &v);

// 计算叉积
VECTOR4D_Cross(&u, &v, &n);

// 计算并存储法线长度
curr_poly->nlength = VECTOR4D_Length_Fast(&n);

  } // end if
else
if (num_verts_in == 2)
  {

// 对包含外侧顶点的每条边进行裁剪
// 为此，需要根据边的参数化方程计算它与近裁剪面的交点
// 然而，不同于情形 1，这里三角形被裁剪后为四边形，需要划分成两个三角形
// 因此我们用其中一个三角形覆盖原来的三角形，
// 将另一个三角形插入到渲染列表末尾

// 第 0 步：复制多边形
memcpy(&temp_poly, curr_poly, sizeof(POLYF4DV2) );

// 第 1 步：找出位于外侧的顶点
if ( vertex_ccodes[0] == CLIP_CODE_LZ)
  { v0 = 0; v1 = 1; v2 = 2; }
else
if (vertex_ccodes[1] == CLIP_CODE_LZ)
  { v0 = 1; v1 = 2; v2 = 0; }
else
  { v0 = 2; v1 = 0; v2 = 1; }

// 第 2 步：对每条边进行裁剪
// 创建参数化线段方程 p = v0 + v01*t
// 将 near_clip_z 代入 z 坐标分量方程，以求出 t 值
// 然后将 t 值代入 x、y 坐标分量方程，计算出交点的 x、y 坐标

// 对三角形边 v0->v1 进行裁剪
```

```
VECTOR4D_Build(&curr_poly->tvlist[v0].v,
        &curr_poly->tvlist[v1].v, &v);

// 交点的 z 坐标为 near_clip_z，因此 t 值如下
t1 = ( (cam->near_clip_z - curr_poly->tvlist[v0].z) / v.z );

// 将 t 值代入 x、y 坐标分量方程，得到交点的 x、y 坐标
x01i = curr_poly->tvlist[v0].x + v.x * t1;
y01i = curr_poly->tvlist[v0].y + v.y * t1;

// 对三角形边 v0->v2 进行裁剪
VECTOR4D_Build(&curr_poly->tvlist[v0].v,
        &curr_poly->tvlist[v2].v, &v);

// 交点的 z 坐标为 near_clip_z，因此 t 值如下
t2 = ( (cam->near_clip_z - curr_poly->tvlist[v0].z) / v.z );

// 将 t 值代入 x、y 坐标分量方程，得到交点的 x、y 坐标
x02i = curr_poly->tvlist[v0].x + v.x * t2;
y02i = curr_poly->tvlist[v0].y + v.y * t2;

// 计算出交点后，需要用交点 1 覆盖原来三角形的顶点 0
// 这是分割后的两个三角形中的第一个

// 用交点 1 覆盖原来三角形的顶点 0
curr_poly->tvlist[v0].x = x01i;
curr_poly->tvlist[v0].y = y01i;
curr_poly->tvlist[v0].z = cam->near_clip_z;

// 现在需要使用两个交点和原来的顶点 2 创建一个新的三角形
// 该三角形将被插入到渲染列表的末尾
// 但现在暂时将其存储在 temp_poly 中

// 因此保留 v2 不变，用 v01 覆盖 v1，v02 覆盖 v0
 temp_poly.tvlist[v1].x = x01i;
 temp_poly.tvlist[v1].y = y01i;
 temp_poly.tvlist[v1].z = cam->near_clip_z;

 temp_poly.tvlist[v0].x = x02i;
 temp_poly.tvlist[v0].y = y02i;
 temp_poly.tvlist[v0].z = cam->near_clip_z;

// 检查多边形是否带纹理
// 如果是，则对纹理坐标进行裁剪
if (curr_poly->attr & POLY4DV2_ATTR_SHADE_MODE_TEXTURE)
  {
  // 计算多边形 1 的纹理坐标
  u01i = curr_poly->tvlist[v0].u0 +
   (curr_poly->tvlist[v1].u0 - curr_poly->tvlist[v0].u0)*t1;
  v01i = curr_poly->tvlist[v0].v0 +
   (curr_poly->tvlist[v1].v0 - curr_poly->tvlist[v0].v0)*t1;

  // 计算多边形 2 的纹理坐标
  u02i = curr_poly->tvlist[v0].u0 +
   (curr_poly->tvlist[v2].u0 - curr_poly->tvlist[v0].u0)*t2;
  v02i = curr_poly->tvlist[v0].v0 +
   (curr_poly->tvlist[v2].v0 - curr_poly->tvlist[v0].v0)*t2;

  // 覆盖原来的纹理坐标
  // 多边形 1
  curr_poly->tvlist[v0].u0 = u01i;
```

```
            curr_poly->tvlist[v0].v0 = v01i;

            // 多边形 2
            temp_poly.tvlist[v0].u0 = u02i;
            temp_poly.tvlist[v0].v0 = v02i;
            temp_poly.tvlist[v1].u0 = u01i;
            temp_poly.tvlist[v1].v0 = v01i;

            } // end if textured


            // 最后，需要重新计算法线长度

            // 首先计算多边形 1 的法线长度
            // 计算 u 和 v
            VECTOR4D_Build(&curr_poly->tvlist[v0].v,
                    &curr_poly->tvlist[v1].v, &u);
            VECTOR4D_Build(&curr_poly->tvlist[v0].v,
                    &curr_poly->tvlist[v2].v, &v);

            // 计算叉积
            VECTOR4D_Cross(&u, &v, &n);

            // 计算并存储法线长度
            curr_poly->nlength = VECTOR4D_Length_Fast(&n);

            // 现在计算多边形 2（temp_poly）的法线长度
            // build u, v
            VECTOR4D_Build(&temp_poly.tvlist[v0].v,
                    &temp_poly.tvlist[v1].v, &u);
            VECTOR4D_Build(&temp_poly.tvlist[v0].v,
                    &temp_poly.tvlist[v2].v, &v);

            // 计算叉积
            VECTOR4D_Cross(&u, &v, &n);

            // 计算并存储法线长度
            temp_poly.nlength = VECTOR4D_Length_Fast(&n);

            // 现在将多边形 2 插入到渲染列表末尾
            Insert_POLYF4DV2_RENDERLIST4DV2(rend_list, &temp_poly);

            } // end else

        } // end if near_z clipping has occured

      } // end if z planes

    } // end for poly

} // end Clip_Polys_RENDERLIST4DV2
```

作者很少阅读图书中列出的代码，原因是太过晦涩，看不懂。但有时候，作者也会逐行去阅读，尽力去理解代码的功能。作者喜欢抽象的解释和伪代码；但有些人的学习方式与此相反——这就是作者在本书中列出代码的原因。作者想说的是，请逐行阅读该函数的代码，并尽可能理解。它是很多工作的基础，实际上，该函数也很简单，其中很多代码是重复的。

这个函数的用法非常简单，可以像下面这样调用它：

```
Clip_Polys_RENDERLIST4DV2(&rend_list, &cam,
        CLIP_POLY_Z_PLANE | CLIP_POLY_X_PLANE | CLIP_POLY_Y_PLANE);
```

传递渲染列表、相机和控制标记后，其他的工作由函数去完成。可以独立地启用 x、y、z 裁剪，作者倾向于启用这三种裁剪，将那些会带来麻烦的多边形从流水线中剔除。

3．裁剪演示程序

作为使用裁剪函数和阐述普遍原理的例子，作者编写了一个物体在空中旋转的演示程序。它包含在附带光盘中，名为 DEMOII10_1.CPP|EXE。和往常一样，要编译它，需要文件 T3DLIB1.CPP|H 到 T3DLIB8.CPP|H 以及所有的 DirectX .LIB 文件。图 10.23 是该演示程序的屏幕截图，它加载一个物体，将其显示到屏幕上，然后缓慢地旋转。用户可以移动物体，使之远离或靠近视平面，还可以旋转它以及使其移到屏幕之外。

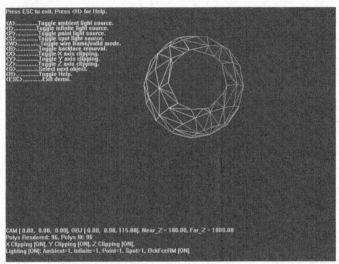

图 10.23　裁剪演示程序的屏幕截图

这个演示程序的目的有两个。首先，进行物体剔除时，不能裁剪或剔除单个多边形，因此如果物体部分位于视景体内，将对整个物体进行光照计算和变换。现在情况不是这样了，因为我们对多边形进行裁剪/剔除。请注意屏幕底端显示的统计信息；屏幕上列出了控制演示程序运行的方法，总体而言，使用箭头键来移动物体，使用 O 键来更换物体，使用 X、Y、Z 键来分别启用/禁用 x、y、z 裁剪。

4．更新光照系统

还有一个与光照系统相关的细节需要解决。在此之前，我们一直在世界坐标系中执行光照计算，光源和几何体的坐标都是世界坐标。然而，现在这样做将浪费大量的 CPU 周期。可以将光照计算推迟到执行裁剪后再进行，以避免对将被裁剪掉的多边形执行光照计算。为此，需要将光源变换为相机坐标（因为被裁剪后，几何体为相机坐标），并在相机坐标空间中执行光照计算。方法有两种。可以重新编写光照函数，根据相机（它是光照函数的一个参数）对光源的位置和方向进行变换。但这样做的问题是，如果基于物体来调用光照函数，将无缘无故地对光源的变换重复多次。一种更好的策略是，单独地将光源变换为相机坐标。

需要考虑的一个细节是，将光源位置和方向变换为相机坐标后，在什么地方存储原来的位置和方向？必须将光源数据结构从 LIGHTV1 升级为 LIGHTV2（2.0 版），并添加存储变换后的光源位置和方向的变量。另外，还需要重新编写每个涉及光源的函数，因为它们现在将使用结构 LIGHTV2 而不是 LIGHTV1。所幸的是，除了将字符串 LIGHTV1 替换为 LIGHTV2 外，几乎不需要做其他修改。来看一下新的 LIGHTV2 结构：

```
// 光源数据结构 2.0 版
typedef struct LIGHTV2_TYP
{
int state; // 光源状态
int id; // 光源 ID
int attr; // 光源类型和其他属性

RGBAV1 c_ambient;   // 环境光强度
RGBAV1 c_diffuse;   // 散射光强度
RGBAV1 c_specular;  // 镜面反射光强度

POINT4D pos;    // 光源位置（世界坐标系下和变化后）
POINT4D tpos;
VECTOR4D dir;   // 光源方向（世界坐标系下和变化后）
VECTOR4D tdir;
float kc, kl, kq;   // 衰减因子
float spot_inner;   // 聚光灯内锥角
float spot_outer;   // 聚光灯外锥角
float pf;           // 聚光灯指数因子

int  iaux1, iaux2;  // 辅助变量，供以后扩展时使用
float  faux1, faux2;
void *ptr;

} LIGHTV2, *LIGHTV2_PTR;
```

其中以粗体显示的是新增的变量，用于存储变换后的光源位置和方向。创建光源时，唯一不同的是，光源在世界坐标系中的位置和方向仍存储在 pos 和 dir 中，但它们的相机坐标版本存储在 tpos 和 tdir 中。问题是，如果对光源进行变换将如何呢？下面是执行这种功能的函数：

```
void Transform_LIGHTSV2(LIGHTV2_PTR lights, // 要变换的光源数组
            int num_lights,    // 要变换的光源数
            MATRIX4X4_PTR mt,  // 变换矩阵
            int coord_select)  // 执行要对哪种坐标进行变换

{
// 这个函数使用指定的矩阵对所有光源进行变换
// 用于将光源放置到相机坐标空间中，
// 以确保在将多边形变换为相机坐标后调用光照函数时，光照计算是正确的
// 后面可能对该函数进行优化，通过判断光源类型来确定是否对其进行旋转
// 然而，场景中的顶点数以千计，少旋转几个点没有什么区别
// 注意：即使不需要对光源进行变换（即将在世界坐标空间中执行光照计算，也必须调用该函数）
// 在这种情况下，仍然必须将 pos 和 dir 的值复制到 tpos 和 tdir 中
// 即调用该函数时，将参数 coord_flag 设置为 TRANSFORM_COPY_LOCAL_TO_TRANS
// 将参数 mt 设置为 NULL

int curr_light; // 当前光源
MATRIX4X4 mr;   // 用于存储消除平移部分的矩阵

// 需要旋转光源的方向向量，但必须消除矩阵中的平移部分，否则结果将是错误的
// 因此复制变换矩阵，并将平移因子设置为 0

if (mt!=NULL)
  {
  MAT_COPY_4X4(mt, &mr);
  // 将平移因子设置为 0
```

```
    mr.M30 = mr.M31 = mr.M32 = 0;
    } // end if

// 要变换哪种坐标
switch(coord_select)
    {
    case TRANSFORM_COPY_LOCAL_TO_TRANS:
        {
        // 遍历所有光源
        for (curr_light = 0; curr_light < num_lights; curr_light++)
            {
            lights[curr_light].tpos = lights[curr_light].pos;
            lights[curr_light].tdir = lights[curr_light].dir;
            } // end for

        } break;

    case TRANSFORM_LOCAL_ONLY:
        {
        // 遍历所有光源
        for (curr_light = 0; curr_light < num_lights; curr_light++)
            {
            // 对局部/世界坐标进行变换，然后将变换结果存回去
            POINT4D presult; // 用于存储每次变换的结果

            // 对每个光源的位置进行变换
            Mat_Mul_VECTOR4D_4X4(&lights[curr_light].pos, mt, &presult);

            // 将结果存回去
            VECTOR4D_COPY(&lights[curr_light].pos, &presult);

            // 对方向向量进行变换
            Mat_Mul_VECTOR4D_4X4(&lights[curr_light].dir, &mr, &presult);

            // 将结果存回去
            VECTOR4D_COPY(&lights[curr_light].dir, &presult);
            } // end for

        } break;

    case TRANSFORM_TRANS_ONLY:
        {
        // 遍历所有的光源
        for (curr_light = 0; curr_light < num_lights; curr_light++)
            {
            // 对变换后的坐标进行变换
            POINT4D presult; // 用于存储每次变换的结果

            // 对光源的位置进行变换
            Mat_Mul_VECTOR4D_4X4(&lights[curr_light].tpos, mt, &presult);

            // 将结果存回去
            VECTOR4D_COPY(&lights[curr_light].tpos, &presult);

            // 对方向向量进行变换
            Mat_Mul_VECTOR4D_4X4(&lights[curr_light].tdir, &mr, &presult);

            // 将结果存回去
            VECTOR4D_COPY(&lights[curr_light].tdir, &presult);
            } // end for
```

```
    } break;

  case TRANSFORM_LOCAL_TO_TRANS:
    {
    // 遍历所有的光源
    for (curr_light = 0; curr_light < num_lights; curr_light++)
      {
      // 对局部/世界坐标进行变换，将结果存储到 tpos 和 tdir 中
      // 这是最常见的调用该函数的方式
      POINT4D presult; // 用于存储变换结果

      // 对光源的位置进行变换
      Mat_Mul_VECTOR4D_4X4(&lights[curr_light].pos, mt,
               &lights[curr_light].tpos);

      // 对方向向量进行变换
      Mat_Mul_VECTOR4D_4X4(&lights[curr_light].dir, &mr,
               &lights[curr_light].tdir);
      } // end for

    } break;

  default: break;

  } // end switch

} // end Transform_LIGHTSV2
```

调用该函数时，需要指定光源列表、光源数、变换矩阵以及对哪种坐标进行变换。该函数执行标准变换，与读者之前看到的变换函数的工作原理相同。在 99% 的情况下，将像下面这样调用它：

```
Transform_LIGHTSV2(lights2, 4, &cam.mcam, TRANSFORM_LOCAL_TO_TRANS);
```

上述调用使用矩阵 cam.mcam 对数组 light2[ ]中的光源进行变换，有 4 个光源需要变换；对存储在 pos 和 dir 中的坐标进行变换，并将结果存储在 tpos 和 tdir 中。创建新的光源数据结构后，在 T3DLIB8.CPP|H 中声明了一个存储光源的新数组：

```
LIGHTV2 lights2[MAX_LIGHTS]; //系统中的光源
```

另外，在头文件中，定义了一些针对新光源数据结构的常量：

```
// 为 2.0 版光源数据结构定义的常量
#define LIGHTV2_ATTR_AMBIENT       0x0001    // 环境光源
#define LIGHTV2_ATTR_INFINITE      0x0002    // 无穷远光源
#define LIGHTV2_ATTR_DIRECTIONAL   0x0002    // 无穷远光源（别名）
#define LIGHTV2_ATTR_POINT         0x0004    // 点光源
#define LIGHTV2_ATTR_SPOTLIGHT1    0x0008    // 1 类聚光灯
#define LIGHTV2_ATTR_SPOTLIGHT2    0x0010    // 2 类聚光灯

#define LIGHTV2_STATE_ON      1     // 开启
#define LIGHTV2_STATE_OFF     0     // 关闭

// 变换控制标志
#desine TRANSFORM_COPY_LOCAL_TO_TRANS 3  // 将 POS 和 dir 中的值复制到 tpos 和 tdir 中，不进行任何变换
```

这些常量的值与 LIGHTV1 版相同，只是名称前缀从 LIGHTV1 变成了 LIGHTV2。另外，还有一个专门为函数 Transform_LIGHTSV2()定义的常量：TRANSFORM_COPY_TO_TRANS，它指定不进行任何变换，而只是将 pos 和 dir 中的值复制到 tpos 和 tdir 中。

最后，必须重新编写所有的光照函数。然而除了名称不同以及执行光照计算时使用 tpos 和 tdir 而不是 pos 和 dir 中的值外，其他方面几乎没有变化。这些函数太大，这里不列出它们的代码，而只列出它们的原型（位于头文件中）：

```
int Light_OBJECT4DV2_World2_16(OBJECT4DV2_PTR obj,  // 要处理的物体
    CAM4DV1_PTR cam,   // 相机
    LIGHTV2_PTR lights, // 光源列表（可能有多个）
    int max_lights);   // 列表中最大光源数

int Light_OBJECT4DV2_World2(OBJECT4DV2_PTR obj,  // 要处理的物体
    CAM4DV1_PTR cam,   // 相机
    LIGHTV2_PTR lights, // 光源列表（可能有多个）
    int max_lights);   // 列表中最大光源数

int Light_RENDERLIST4DV2_World2( RENDERLIST4DV2_PTR rend_list,
                          // 要处理的渲染列表
    CAM4DV1_PTR cam,     // 相机
    LIGHTV2_PTR lights,  // 光源列表（可能有多个）
    int max_lights);     // 列表中最大光源数

int Light_RENDERLIST4DV2_World2_16(RENDERLIST4DV2_PTR rend_list,  //要处理的渲染列表
    CAM4DV1_PTR cam,    // 相机
    LIGHTV2_PTR lights, // 光源列表（可能有多个）
    int max_lights);    // 列表中最大光源数


// 光照系统
int Init_Light_LIGHTV2(LIGHTV2_PTR lights,        // 使用的光源数组（新增的）
    int        index,// 要创建的光源的索引（0 到 MAX_LIGHTS-1）
    int        _state,// 光源状态
    int        _attr, // 光源类型和其他属性
    RGBAV1     _c_ambient, // 环境光强度
    RGBAV1     _c_diffuse, // 散射光强度
    RGBAV1     _c_specular,// 镜面反射光强度
    POINT4D_PTR _pos,    // 光源的位置
    VECTOR4D_PTR _dir,   // 光源的方向
    float      _kc,           // 衰减因子
    float      _kl,
    float      _kq,
    float      _spot_inner, // 聚光灯的内锥角
    float      _spot_outer, // 聚光灯的外锥角
    float      _pf);     // 聚光灯的指数因子

int Reset_Lights_LIGHTV2(LIGHTV2_PTR lights,  // 使用的光源数组（新增的）
             int max_lights);   // 系统中的光源数
```

与前一个版本相比，这些函数唯一不同的地方是，第一个参数是新增的，它是一个指向光源的指针。这让光照系统可以有多组全局光源。

警告：指定光源的位置和方向时，务必使用最后一个分量为 1.0 的点（POINT4D）和向量（VECTOR4D）。否则，当光源被变换时，变换矩阵中的平移部分将无效。

有关调用这些新函数的范例，请参阅演示程序。重新编写光照函数旨在能够在相机坐标空间中执行光照计算，这样便可以将光照计算推迟到多边形数量最少时进行。

10.4 地 形 小 议

进行 3D 裁剪的原因很多，但最主要的原因是最大限度地减少传递给流水线下游的多边形数量，同时避免对 z 坐标小于或等于 0 的多边形进行投影，以免给透视计算带来问题。到目前为止，本书创建的演示程序都是室外的、基于物体的，没有大型多边形和室内环境，因此在很大程度上说不会出现上述情况。然而，我们还不能加载各种游戏关卡、室内环境模型和大型多边形游戏世界，因此无法演示这种问题。作者决定创建一个粗糙的地形引擎函数，它能够生成非常大的地形，然后根据一个高程图（height map）将其分割为三角形。

这存在两个问题。首先，除 OBJECT4DV2 外，我们还没有其他表示 3D 实体的结构，而 OBJECT4DV2 并非设计用于存储大型网格的，但仍可以暂时使用它。然而，真正的问题在于，地形由数千个甚至数百万个多边形组成。不过，通过使用分区算法（sectorizing algorithm）可以剔除 99％ 的多边形；这种算法通过拼贴地形片（terrain patch）来创建大型地形，然后只处理可见的地形片。实际上，每个地形片都是一个物体，这样将有一个大型地形片数组，如图 10.24 所示。

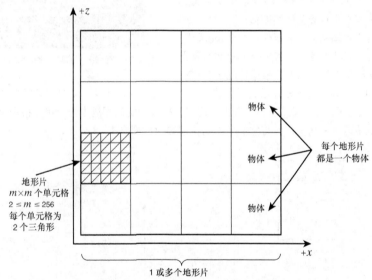

图 10.24 通过将地形划分为物体来创建大型游戏世界

可以将多个物体拼贴起来，以创建大型地形，然后使用物体剔除操作来剔除不可见的地形片。但另一个更严峻的问题是，即使是单个地形片，也可能包含 32×32、64×64 或 256×256 个高度值，这意味着它包含 31×31、63×63 或 255×255 个分片（tile），因为在每一维中，分片数总是比高度值数目少 1。这是因为我们根据高度值来确定包围分片的四边形的顶点，因此每个地形片包含 31^2*2、63^2*2 或 255^2*2 个三角形。

即使进行裁剪和剔除，这么多的三角形也是承受不了的。实际的地形引擎动态地执行详细程度（level-of-detail）分析，将不需要的多边形进行合并，在需要时再将它们分割。观察单个地形片时，如果它包含 64×64 个分片，每个分片由两个三角形组成，模型中将有 8192 个三角形；但经过简化后，实际上可能只需要几百个。这里不打算介绍这种算法，因为它属于地形渲染和建模的范畴。

接下来介绍如何创建简单的地形。只需调用一个函数就可以生成这种地形，该函数将地形存储到物体中，我们可以像处理物体那样处理它。

10.4.1 地形生成函数

生成地形的方法有很多：使用随机数；基于卫星数据，使用颜色高程图，组合使用这些方法等。我们将使用高程图来生成地形。我们的进攻计划是，加载一个 256 色的位图，它表示要模拟的高程场（height field）；同时将一个彩色纹理映射到高程场上，以显示地形。图 10.25 是一个这样的高程场，为让读者能够看清楚，该高程场被放大了很多倍。高程图中的颜色表示高度值。

以这样的方式解释高程图：生成一个以世界坐标系原点(0，0，0)为中心的规则栅格（grid），其中每个单元格顶点处的高度与位图中相应的像素值成正比。例如，颜色索引 0 对应的高度最小，255 对应的高度最大。可以将颜色索引值乘以一个缩放因子，来得到所需的高度范围。例如，图 10.26 是根据一个 4×4 的位图生成的高程场，其中标出了每个顶点处的高度值。

根据数据生成高程场网格只需要使用两个 for 循环，同时要注意"少 1"误差。该算法将每个单元格划分成两个三角形，单元格顶点处的高度是根据颜色索引和缩放因子计算得到的。

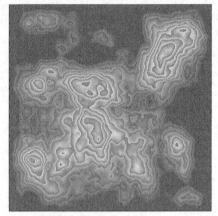

图 10.25　将位图中的颜色索引来用作地形的高度数据

另外，还需要知道高程场的大小，即其宽度和高度（读者可能想称之为宽度和长度）是多少。我们将在 x-z 平面上生成高程场，并根据位图数据来确定高程场中每个单元格顶点处的高度。然后将每个单元格分割成两个三角形，并将它们插入到物体的顶点列表中。

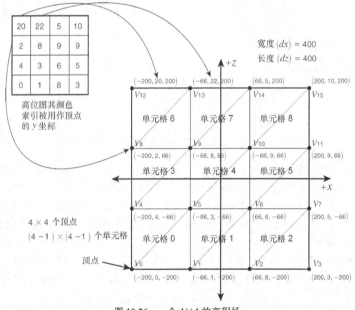

图 10.26　一个 4×4 的高程场

　　前面提到过"少 1"误差。这是什么意思呢？0～10 有多少个整数？11 个。绘制 5 条直线时，将划分出多少个停车位？4 个。这就是"少 1"误差——需要确保计数是正确的。人工生成栅格时这很重要，如果没有减 1，可能浪费内存或导致异常。作者喜欢使用较小的数组来验证算法。通常先验证 1×1 的情况，然后验证 4×4 的情况。验证在 1 和 n 的情况下算法成立后，便可根据归纳法确定所有情况下都是成立的。

　　手工创建物体也不算太糟糕，只需提供要生成的物体的信息即可，而这些信息原本是从磁盘中读取的。需要顶点列表、多边形列表、顶点数和多边形数以及每个多边形的属性。除多边形属性（光照信息和纹理信息）外，其他数据都很简单。必须手工将光照信息和纹理信息传递给地形生成函数，为此定义了下述常量：

```
// 为 2.0 版多边形和多边形面定义的常量

// 多边形和多边形面的属性
#define POLY4DV2_ATTR_2SIDED          0x0001
#define POLY4DV2_ATTR_TRANSPARENT     0x0002
#define POLY4DV2_ATTR_8BITCOLOR       0x0004
#define POLY4DV2_ATTR_RGB16           0x0008
#define POLY4DV2_ATTR_RGB24           0x0010

#define POLY4DV2_ATTR_SHADE_MODE_PURE      0x0020
#define POLY4DV2_ATTR_SHADE_MODE_CONSTANT  0x0020  // 别名
#define POLY4DV2_ATTR_SHADE_MODE_EMISSIVE  0x0020  // 别名

#define POLY4DV2_ATTR_SHADE_MODE_FLAT      0x0040
#define POLY4DV2_ATTR_SHADE_MODE_GOURAUD   0x0080
#define POLY4DV2_ATTR_SHADE_MODE_PHONG     0x0100
#define POLY4DV2_ATTR_SHADE_MODE_FASTPHONG 0x0100  // 别名
#define POLY4DV2_ATTR_SHADE_MODE_TEXTURE   0x0200

// 新增的
#define POLY4DV2_ATTR_ENABLE_MATERIAL  0x0800  // 根据材质进行光照计算
#define POLY4DV2_ATTR_DISABLE_MATERIAL 0x1000  // 根据原来的颜色进行光照计算
                  // 模拟 1.0 版本
```

　　其中以粗体显示的属性常量是我们关心的。下面花些时间来讨论它们。地形生成函数可在 8 位或 16 位模式下生成地形，调用它时必须使用下述常量来指定模式：

```
POLY4DV2_ATTR_8BITCOLOR
POLY4DV2_ATTR_RGB16
```

　　该函数支持固定、恒定和 Gouraud 着色，从几何上说，它们之间没有任何差别，只是使用 Gouraud 着色时需要计算法线。但无需考虑这一点，因为创建网格后，我们将调用下述函数来计算法线：

```
// 计算多边形法线的长度
Compute_OBJECT4DV2_Poly_Normals(obj);

// 为使用 Gouraud 着色的多边形计算顶点法线
Compute_OBJECT4DV2_Vertex_Normals(obj);
```

　　它们分别计算多边形法线（供背面消除和多边形光照计算使用）和顶点法线（供 Gouraud 着色使用）。

　　要设置着色模式，可使用下述常量之一：

```
POLY4DV2_ATTR_SHADE_MODE_EMISSIVE
POLY4DV2_ATTR_SHADE_MODE_FLAT
POLY4DV2_ATTR_SHADE_MODE_GOURAUD
```

　　如果要将纹理映射到地形表面，该如何办呢？需要使用下面的常量启用纹理映射：

```
POLY4DV2_ATTR_SHADE_MODE_TEXTURE
```

然而，在纹理映射被启用时，光栅化函数只支持固定和恒定着色，因此不能采用 Gouraud 着色处理。例如，要在 16 位模式下创建一个使用 Gouraud 着色的地形，可使用下述常量：

```
POLY4DV2_ATTR_RGB16 | POLY4DV2_ATTR_SHADE_MODE_GOURAUD
```

要创建一个使用恒定处理且带纹理的地形，可使用下述常量：

```
POLY4DV2_ATTR_RGB16 |
POLY4DV2_ATTR_SHADE_MODE_FLAT
|POLY4DV2_ATTR_SHADE_MODE_TEXTURE
```

正如读者看到的，只需使用逻辑 OR 运算将属性标记组合起来即可。接下来讨论对纹理映射的支持。

图 10.27 是一个位图，可将其作为纹理映射到地形表面上；它实际上是由程序生成的一个用于地形的纹理图，因此将其映射到地图表面时效果会很不错。这个位图是 256×256 的，但也可以是任何 2 的幂，最小可以为 88 像素。在我们的系统中，光栅化函数支持的最大纹理图为 256×256。

作者采用的方法是，计算输入纹理图的纹理坐标，然后将纹理映射到地形图上。当然，可以使用一个大型纹理图，将其分割成 256×256 的小块，然后将它们映射到多边形上。但就现在而言，前一种方法更简单，因为作者并非要编写一个真正的地形引擎，这里编写地形生成函数只是为了创建裁剪演示程序。总之，要使用纹理，必须将纹理图的文件名（以及提供高度信息的 256 色位图的文件名）传给地形生成函数，该函数将计算纹理坐标，以便将纹理映射到地图表面。这很简单，只是涉及一些细节：地形图的宽度、长度和单元格数。

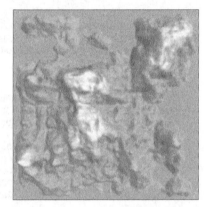

图 10.27　一个用于地形的纹理图

因此，要对地形进行纹理映射，必须传递一个 16 位纹理图的文件名。当然，纹理图应是方形的。地形生成函数将计算地形中每个三角形的纹理坐标，以便将纹理映射到地形表面。

在大多数情况下，地形生成函数接受两个输入文件：一个是 .BMP 格式的 256 色高程图，它应尽可能为方形，通常小于 40×40 像素。这是因为更大的高程图将导致地形的高度值数量超过 40×40 个（四边形数量超过 39×39 个，三角形数量超过 $39^2*2 = 3042$ 个）。对于小型软件引擎而言，这是极限了。

接下来介绍函数代码，并通过几个范例演示如何调用它。

```
int Generate_Terrain_OBJECT4DV2(OBJECT4DV2_PTR obj,      // 指向物体的指针
 float twidth,         // 世界坐标系中的宽度（x 轴）
 float theight,        // 世界坐标系中的长度（z 轴）
 float vscale,         // 最大可能高度值
 char *height_map_file,  // 256 色高程图的文件名
 char *texture_map_file, // 纹理图的文件名
 int rgbcolor,         // 没有纹理时地形的颜色
 VECTOR4D_PTR pos,     // 初始位置
 VECTOR4D_PTR rot,     // 初始旋转角度
 int poly_attr)     // 着色属性
{
// 这个函数生成一个在 x-z 平面上为 width × height 的地形
// 地形的高度值由 256 色的高程图定义，最大可能高度值为 vscale(对应于颜色索引 255)
// 高程图中的每个像素对应于地形中一个单元格顶点，而每个单元格被划分成两个三角形
// 因此，如果高程图大小为 256×256，将有(256-1) x (256-1) 个单元格
// 另外，如果指定了纹理图，它将被映射到地形上，因此将生成纹理坐标
// 这个函数生成 8 位或 16 位的地形，因此调用它时必须指定正确的属性，使其与纹理图位深匹配
```

```
char buffer[256];  // 工作缓冲区

float col_tstep, row_tstep;
float col_vstep, row_vstep;
int columns, rows;

int rgbwhite;

BITMAP_FILE height_bitmap; // 存储高程图

// 第 1 步：清空物体的数据并进行初始化
memset(obj, 0, sizeof(OBJECT4DV2));

// 将物体的状态设置为活动的和可见的
obj->state = OBJECT4DV2_STATE_ACTIVE | OBJECT4DV2_STATE_VISIBLE;

// 设置物体的位置
obj->world_pos.x = pos->x;
obj->world_pos.y = pos->y;
obj->world_pos.z = pos->z;
obj->world_pos.w = pos->w;

// 根据指定的地形位深创建合适的颜色字（color word）
// rgbcolor 总是为 RGB 5.6.5 格式，因此仅当位深为 8 位时才需要向下转换
if (poly_attr & POLY4DV1_ATTR_8BITCOLOR)
  {
  rgbcolor = rgblookup[rgbcolor];
  rgbwhite = rgblookup[RGB16Bit(255,255,255)];
  } // end if
else
  {
  rgbwhite = RGB16Bit(255,255,255);
  } // end else

// 设置帧数
obj->num_frames = 1;
obj->curr_frame = 0;
obj->attr = OBJECT4DV2_ATTR_SINGLE_FRAME;

// 清空位图
memset(&height_bitmap, 0, sizeof(BITMAP_FILE));
memset(&bitmap16bit, 0, sizeof(BITMAP_FILE));

// 第 2 步：加载高程图
Load_Bitmap_File(&height_bitmap, height_map_file);

// 计算基本信息
columns = height_bitmap.bitmapinfoheader.biWidth;
rows    = height_bitmap.bitmapinfoheader.biHeight;

col_vstep = twidth / (float)(columns - 1);
row_vstep = theight / (float)(rows - 1);

sprintf(obj->name ,"Terrain:%s%s", height_map_file, texture_map_file);
obj->num_vertices = columns * rows;
obj->num_polys    = ((columns - 1) * (rows - 1) ) * 2;

// 存储一些结果，供地形跟踪算法使用
obj->ivar1 = columns;
obj->ivar2 = rows;
obj->fvar1 = col_vstep;
```

```
    obj->fvar2 = row_vstep;

  // 分配存储顶点列表和多边形列表的空间
  if (!Init_OBJECT4DV2(obj,    // object to allocate
            obj->num_vertices,
            obj->num_polys,
            obj->num_frames))
    {
    Write_Error("\nTerrain generator error (can't allocate memory).");
    } // end if


  // 加载纹理图(如果有的话)
  if ( (poly_attr & POLY4DV2_ATTR_SHADE_MODE_TEXTURE) && texture_map_file)
    {
    // 从磁盘中加载纹理图
    Load_Bitmap_File(&bitmap16bit, texture_map_file);

    // 创建一个大小和位深合适的位图
    obj->texture = (BITMAP_IMAGE_PTR)malloc(sizeof(BITMAP_IMAGE));
    Create_Bitmap(obj->texture,0,0,
          bitmap16bit.bitmapinfoheader.biWidth,
          bitmap16bit.bitmapinfoheader.biHeight,
          bitmap16bit.bitmapinfoheader.biBitCount);

    // 加载位图图像
    if (obj->texture->bpp == 16)
      Load_Image_Bitmap16(obj->texture,
          &bitmap16bit,0,0,BITMAP_EXTRACT_MODE_ABS);
    else
      {
      Load_Image_Bitmap(obj->texture,
        &bitmap16bit,0,0,BITMAP_EXTRACT_MODE_ABS);
      } // end else 8 bit

    // 计算纹理图的步进因子（stepping factor），供计算纹理坐标时使用
    col_tstep = (float)(bitmap16bit.bitmapinfoheader.biWidth-1) /
        (float)(columns - 1);
    row_tstep = (float)(bitmap16bit.bitmapinfoheader.biHeight-1) /
        (float)(rows - 1);

    // 指出物体带纹理
    SET_BIT(obj->attr, OBJECT4DV2_ATTR_TEXTURES);

    // 卸载位图
    Unload_Bitmap_File(&bitmap16bit);
    } // end if

Write_Error("\ncolumns = %d, rows = %d", columns, rows);
Write_Error("\ncol_vstep = %f, row_vstep = %f", col_vstep, row_vstep);
Write_Error("\ncol_tstep=%f, row_tstep=%f", col_tstep, row_tstep);
Write_Error("\nnum_vertices = %d, num_polys = %d", obj->num_vertices,
      obj->num_polys);

//第 4 步：按先行后列的顺序生成顶点列表和纹理坐标列表
for (int curr_row = 0; curr_row < rows; curr_row++)
  {
  for (int curr_col = 0; curr_col < columns; curr_col++)
    {
    int vertex = (curr_row * columns) + curr_col;
    // 计算顶点坐标
```

```
      obj->vlist_local[vertex].x = curr_col * col_vstep - (twidth/2);
      obj->vlist_local[vertex].y = vscale*((float)
   height_bitmap.buffer[curr_col + (curr_row * columns) ]) / 255;
      obj->vlist_local[vertex].z = curr_row * row_vstep - (theight/2);

      obj->vlist_local[vertex].w = 1;

      // 每个顶点都至少包含一个点，相应地设置其属性
      SET_BIT(obj->vlist_local[vertex].attr, VERTEX4DTV1_ATTR_POINT);

      // 需要纹理坐标？
      if ( (poly_attr & POLY4DV2_ATTR_SHADE_MODE_TEXTURE) && texture_map_file)
        {
         // 计算纹理坐标
         obj->tlist[vertex].x = curr_col * col_tstep;
         obj->tlist[vertex].y = curr_row * row_tstep;

        } // end if

      Write_Error("\nVertex %d: V[%f, %f, %f], T[%f, %f]",
              vertex, obj->vlist_local[vertex].x,
              obj->vlist_local[vertex].y,
              obj->vlist_local[vertex].z,
              obj->tlist[vertex].x,
              obj->tlist[vertex].y);
      } // end for curr_col

   } // end curr_row

// 计算平均半径和最大半径
Compute_OBJECT4DV2_Radius(obj);

Write_Error("\nObject average radius = %f, max radius = %f",
     obj->avg_radius[0], obj->max_radius[0]);

// 第 5 步：生成多边形列表
for (int poly=0; poly < obj->num_polys/2; poly++)
  {
   // 每个单元格有两个三角形，单元格顶点按先行后列的顺序排列
   // 如果顶点数组大小为 mxn，则多边形列表大小为 2x(m-1)x(n-1)

   int base_poly_index = (poly % (columns-1)) +
            (columns * (poly / (columns - 1)) );

   // 当前单元格的左下多边形
   obj->plist[poly*2].vert[0] = base_poly_index;
   obj->plist[poly*2].vert[1] = base_poly_index+columns;
   obj->plist[poly*2].vert[2] = base_poly_index+columns+1;

   //当前单元格的右上多边形
   obj->plist[poly*2+1].vert[0] = base_poly_index;
   obj->plist[poly*2+1].vert[1] = base_poly_index+columns+1;
   obj->plist[poly*2+1].vert[2] = base_poly_index+1;

   // 将多边形顶点列表指向物体的顶点列表
   obj->plist[poly*2].vlist = obj->vlist_local;
   obj->plist[poly*2+1].vlist = obj->vlist_local;

   // 根据参数 poly_attr 相应地设置多边形的属性
   obj->plist[poly*2].attr = poly_attr;
   obj->plist[poly*2+1].attr = poly_attr;
```

```
// 设置多边形的颜色
obj->plist[poly*2].color = rgbcolor;
obj->plist[poly*2+1].color = rgbcolor;

// 检查着色方法是否是 Gouraud 或 Phong，如果是，则需要顶点法线
if ( (obj->plist[poly*2].attr & POLY4DV2_ATTR_SHADE_MODE_GOURAUD) ||
   (obj->plist[poly*2].attr & POLY4DV2_ATTR_SHADE_MODE_PHONG) )
  {
  // 设置顶点的属性，指出它包含法线
  SET_BIT(obj->vlist_local[ obj->plist[poly*2].vert[0] ].attr,
      VERTEX4DTV1_ATTR_NORMAL);
  SET_BIT(obj->vlist_local[ obj->plist[poly*2].vert[1] ].attr,
      VERTEX4DTV1_ATTR_NORMAL);
  SET_BIT(obj->vlist_local[ obj->plist[poly*2].vert[2] ].attr,
      VERTEX4DTV1_ATTR_NORMAL);

  SET_BIT(obj->vlist_local[ obj->plist[poly*2+1].vert[0] ].attr,
      VERTEX4DTV1_ATTR_NORMAL);
  SET_BIT(obj->vlist_local[ obj->plist[poly*2+1].vert[1] ].attr,
      VERTEX4DTV1_ATTR_NORMAL);
  SET_BIT(obj->vlist_local[ obj->plist[poly*2+1].vert[2] ].attr,
      VERTEX4DTV1_ATTR_NORMAL);

  } // end if

// 如果启用了纹理映射，则计算纹理坐标
if (poly_attr & POLY4DV2_ATTR_SHADE_MODE_TEXTURE)
  {
  // 指定多边形使用的纹理
  obj->plist[poly*2].texture = obj->texture;
  obj->plist[poly*2+1].texture = obj->texture;

  // 设置纹理坐标
  // 左下三角形
  obj->plist[poly*2].text[0] = base_poly_index;
  obj->plist[poly*2].text[1] = base_poly_index+columns;
  obj->plist[poly*2].text[2] = base_poly_index+columns+1;

  // 右上三角形
  obj->plist[poly*2+1].text[0] = base_poly_index;
  obj->plist[poly*2+1].text[1] = base_poly_index+columns+1;
  obj->plist[poly*2+1].text[2] = base_poly_index+1;

  // 重新设置多边形颜色，使其反射率更高
  obj->plist[poly*2].color = rgbwhite;
  obj->plist[poly*2+1].color = rgbwhite;

  // 设置纹理坐标属性
  SET_BIT(obj->vlist_local[ obj->plist[poly*2].vert[0] ].attr,
          VERTEX4DTV1_ATTR_TEXTURE);
  SET_BIT(obj->vlist_local[ obj->plist[poly*2].vert[1] ].attr,
          VERTEX4DTV1_ATTR_TEXTURE);
  SET_BIT(obj->vlist_local[ obj->plist[poly*2].vert[2] ].attr,
          VERTEX4DTV1_ATTR_TEXTURE);

  SET_BIT(obj->vlist_local[ obj->plist[poly*2+1].vert[0] ].attr,
          VERTEX4DTV1_ATTR_TEXTURE);
  SET_BIT(obj->vlist_local[ obj->plist[poly*2+1].vert[1] ].attr,
          VERTEX4DTV1_ATTR_TEXTURE);
```

```
        SET_BIT(obj->vlist_local[ obj->plist[poly*2+1].vert[2] ].attr,
                VERTEX4DTV1_ATTR_TEXTURE);

        } // end if

    // 将材质模式设置为不使用材质
    SET_BIT(obj->plist[poly*2].attr, POLY4DV2_ATTR_DISABLE_MATERIAL);
    SET_BIT(obj->plist[poly*2+1].attr, POLY4DV2_ATTR_DISABLE_MATERIAL);

    // 将三角形的状态设置为活动的
    obj->plist[poly*2].state = POLY4DV2_STATE_ACTIVE;
    obj->plist[poly*2+1].state = POLY4DV2_STATE_ACTIVE;

    // 将多边形顶点列表指向物体的顶点列表
    obj->plist[poly*2].vlist = obj->vlist_local;
    obj->plist[poly*2+1].vlist = obj->vlist_local;

    // 设置纹理坐标列表
    obj->plist[poly*2].tlist = obj->tlist;
    obj->plist[poly*2+1].tlist = obj->tlist;

    } // end for poly
#if 0
for (poly=0; poly < obj->num_polys; poly++)
{
Write_Error("\nPoly %d: Vi[%d, %d, %d], Ti[%d, %d, %d]",poly,
        obj->plist[poly].vert[0],
        obj->plist[poly].vert[1],
        obj->plist[poly].vert[2],
        obj->plist[poly].text[0],
        obj->plist[poly].text[1],
        obj->plist[poly].text[2]);

} // end
#endif

// 计算多边形法线长度
Compute_OBJECT4DV2_Poly_Normals(obj);

// 为使用 Gouraud 着色的多边形计算顶点法线
Compute_OBJECT4DV2_Vertex_Normals(obj);

// 成功返回
return(1);

} // end Generate_Terrain_OBJECT4DV2
```

这个函数是在.PLG 加载函数的基础上修改而成的。由于.PLG 加载函数提供了创建 OBJECT4DV2 的模板，因此以它为基础，加入人工生成地形的算法。接下来看看如何调用该函数。下面的例子生成一个 32×32 的地形，地形的大小为 4000×4000，它带纹理并使用恒定着色，使用的高程图文件为 EARTHEHEIGHTMAP01. BMP，纹理图是 256×256×16 的，文件名为 EARTHCOLORMAP01.BMP：

```
VECTOR4D terrain_pos = {0,0,0,0};

Generate_Terrain_OBJECT4DV2(&obj_terrain, // 指向物体的指针
  4000,    // 地形在世界坐标空间中的宽度(x 轴)
  4000,    // 地形在世界坐标空间中的长度(z 轴)
  700,     // 可能的最大高度值
  "earthheightmap01.bmp", // 256 色高程图的文件名
```

```
"earthcolormap01.bmp",  // 纹理图的文件名
RGB16Bit(255,255,255),  // 没有纹理时地形的颜色
&terrain_pos,           // 初始位置
NULL,                   // 初始旋转角度
POLY4DV2_ATTR_RGB16 |
POLY4DV2_ATTR_SHADE_MODE_FLAT | POLY4DV2_ATTR_SHADE_MODE_TEXTURE);
```

这个函数的参数很简单。您指定地形在世界坐标系中的宽度和长度（*x-z* 边界，这里为 4000×4000）以及最大可能高度值（这里为 770）。接下来是磁盘中高程图和纹理图的名称（如果不使用纹理，应将纹理图的文件名设置为 NULL）；然后是地形的颜色（不使用纹理时，必须告诉函数生成什么颜色的地形）。接下来是地形在世界坐标系中的位置（通常 $(0, 0, 0)$ 是不错的选择）；然后是地形的初始旋转角度；最后是多边形属性（这里为恒定着色、16 位模式、使用纹理映射）。

可以创建任意数量的地形物体，如果愿意，可以创建一个大型游戏世界，例如包含 16×16 个地形，每个都是一个物体，然后利用物体剔除功能。但正如前面指出的，作者只是想提供可用于创建大型多边形的东西，以模拟室内或室外环境，而地形物体很管用。

10.4.2　生成地形数据

读者可能会问，如何生成地形数据呢？为此，可创建一个程序。另外，还必须确保用于地形的纹理是合理的。例如，积雪应该在山顶，而水应该是蓝色的。然而，大多数人使用这样的程序来生成地形：它能够生成 .BMP 格式的 256 色高程图以及将被映射到地形表面的纹理图。一个这样的程序是 VistaPro，其最新版本为 4.0。问题是，任何人都有权修改这个程序，因此最好的办法是，在网上搜索 "VistaPro"，找到最新的发行人。另一个可生成地形和高程图的程序是 MetaCreations 的 Bryce，该公司已被 Corel 兼并，因此 Bryce 归 Corel 所有。网上的地形生成程序数不胜数，这里只列出了其中的两个。

10.4.3　沙地汽车演示程序

现在来使用地形纹理映射和裁剪功能，看它们是否管用。为此，作者创建了一个名为 DEMOII10_2.CPP|EXE（8 位版本为 DEMOII10_2_8b.CPP|EXE）的小型演示程序，来模拟荒岛上的沙地汽车。图 10.28 和图 10.29 是该演示程序的屏幕截图。要编译该演示程序，需要使用主 .CPP 文件、文件 T3DLIB1.CPP|H 到 T3DLIB8.CPP|H 以及标准 DirectX .LIB 文件。

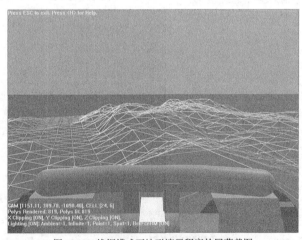

图 10.28　线框模式下地形演示程序的屏幕截图

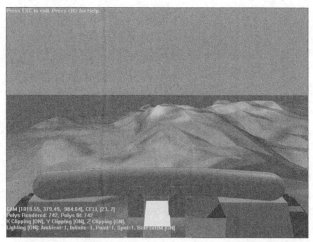

图 10.29　实体模式下使用纹理映射时地形演示程序的屏幕截图

和以往一样，这个演示程序也非常简单。它调用一个函数来生成地形，使用的参数值与前面的函数调用范例中相同；然后通过改变相机位置，让玩家在地形上驾驶沙地汽车。后面将简要地介绍如何跟踪地形。

按 H 键可以显示/关闭帮助信息，其中指出了如何控制演示程序。最重要的是，玩家可以按 X、Y、Z 键来启用/禁用根据 x、y、z 裁剪面进行的 3D 裁剪，然后驾驶沙地汽车，并查看屏幕下面的多边形状态。启用/禁用 x、y、z 裁剪时，请注意流水线状态的变化。

警告：如果禁用根据近裁剪面进行 3D 裁剪，可能导致应用程序崩溃，这是因为在这种情况下，穿过近裁剪面的大型多边形未经裁剪就被投影。这很糟糕，但当然不会损坏计算机。最后，可使用 W 键切换到线框模式，以便能够看到所有的多边形。

地形跟踪算法

地形跟踪（following）算法和虚拟沙地汽车的物理模型是彼此相关的，这里一并介绍它们。问题是这样的：我们使用相机来表示玩家的视点（当然，相机前面是预先渲染好的小型沙地汽车）。玩家驾驶的沙地汽车必须在地形表面，而不能穿入地面，因此需要计算相机所在位置处的地形高度，并将视点相应地往上移，如图 10.30 所示。

解决这种问题的方法很多。可以为沙地汽车创建一个真正的考虑了动量的物理模型，但对于这样简单的问题，这过于复杂。也可以走另一个极端，根据相机所在单元格的最大高度上下移动相机，但效果不会太好。因此作者走了一条中间路线：使用一个基于速度、重力和瞬时加速度（impulse acceleration）的简化物理模型，其中瞬时加速度取决于相机的位置和方向，后面说到沙地汽车时，指的也是相机，反之亦然。这个物理模型的要点如下：

●　沙地汽车有前进速度和前进方向，可使用箭头键来控制它们（玩家按住前进方向键或后退方向键时，加速度为常量）。

●　有一个向下的重力，它始终作用于沙地汽车。因此，沙地汽车在沿 y 向下的速度随时间的增长而加大。

●　有一个向上的作用于沙地汽车的法向力。如果沙地汽车在海平面之下，这个力将其往上推。

●　在任何时候，都根据沙地汽车在世界坐标空间中的位置来确定它在哪个地形单元格之上，并计算该单元格 4 个顶点的平均高度。然后将其同沙地汽车的高度（减去地面间隙）进行比较，如果后者更小，则将一个与高度差成正比的瞬时加速度用于沙地汽车，以提高其向上的速度。同时，对沙地汽车的最大高度进行限制，这样，检测到坡度或高度变化时，沙地汽车会向上跳跃，避免穿入地面。

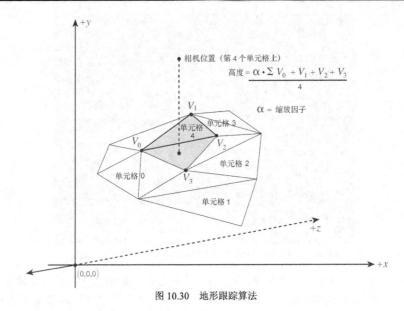

图 10.30　地形跟踪算法

● 　除了修改沙地汽车的高度以跟踪地形外，还根据沙地汽车经过的地形梯度修改沙地汽车/相机的倾斜角，以实现车头根据地形上仰、俯冲的效果。

● 　最后，还有保持物理模型稳定性的代码；在位置或方向变化足够小时，对其不予考虑，以避免振荡。

下面是模拟代码中使用的一些常量和变量：

```
// 为地形定义的常量
#define TERRAIN_WIDTH      4000
#define TERRAIN_HEIGHT     4000
#define TERRAIN_SCALE      700
#define MAX_SPEED          20

// 用于物理模型的变量，修改这些变量的值可获得不同的效果
float gravity  = -.40;  // 重力
float vel_y    = 0;     // 相机/汽车沿 y 轴的速度
float cam_speed = 0;    // 相机/汽车的速度
float sea_level = 50;   // 海平面
float gclearance = 75;  // 相机和地面之间的空隙
float neutral_pitch = 10;  // 相机的仰角
```

下面是地形跟踪算法的代码：

```
// 运动部分///

// 地形跟踪算法确定当前所在的单元格，然后计算其 4 个顶点处的平均高度
// 并根据沙地汽车的当前和地形的平均高度，将沙地汽车往上推

// 一些用于地形跟踪的变量
//ivar1 = columns;
//ivar2 = rows;
//fvar1 = col_vstep;
//fvar2 = row_vstep;

int cell_x = (cam.pos.x + TERRAIN_WIDTH/2) / obj_terrain.fvar1;
int cell_y = (cam.pos.z + TERRAIN_HEIGHT/2) / obj_terrain.fvar1;
```

```
static float terrain_height, delta;

// 检查是否在地形上
if ( (cell_x >=0) && (cell_x < obj_terrain.ivar1) &&
     (cell_y >=0) && (cell_y < obj_terrain.ivar2) )
   {
   // 计算当前单元格顶点的索引
   int v0 = cell_x + cell_y*obj_terrain.ivar2;
   int v1 = v0 + 1;
   int v2 = v1 + obj_terrain.ivar2;
   int v3 = v0 + obj_terrain.ivar2;

   // 计算平均高度
   terrain_height = 0.25 * (obj_terrain.vlist_trans[v0].y +
                 obj_terrain.vlist_trans[v1].y +
                 obj_terrain.vlist_trans[v2].y +
                 obj_terrain.vlist_trans[v3].y) ;

   // 计算高度差
   delta = terrain_height - (cam.pos.y - gclearance);
   // 检测是否穿入地面
   if (delta > 0)
    {
    // 给相机一个作用力
    vel_y+=(delta * (0.025));

    // 检测是否穿入地面，如果是，立刻向上移动
    // 以免穿透几何体
    cam.pos.y+=(delta*.3);

    // 根据前进速度和地形坡度调整仰角
    cam.dir.x -= (delta*.015);

    } // end if

   } // end if

// 减速
if (cam_speed > (0.25) ) cam_speed-=.25;
else
if (cam_speed < (-0.25) ) cam_speed+=.25;
else
  cam_speed = 0;

// 播放发动器声音
DSound_Set_Freq(car_sound_id,8000+fabs(cam_speed)*250);

// 将相机的方向限制在一定范围内
if (cam.dir.x > (neutral_pitch+0.3)) cam.dir.x -= (.3);
else
if (cam.dir.x < (neutral_pitch-0.3)) cam.dir.x += (.3);
 else
  cam.dir.x = neutral_pitch;

// 应用重力
vel_y+=gravity;

// 检查是否在海平面下，如果是，将其置于海平面上
if (cam.pos.y < sea_level)
  {
```

```
    vel_y = 0;
    cam.pos.y = sea_level;
    } // end if

// 移动相机
cam.pos.x += cam_speed*Fast_Sin(cam.dir.y);
cam.pos.z += cam_speed*Fast_Cos(cam.dir.y);
cam.pos.y += vel_y;
```

代码很短。系统的输入为相机当前的位置，仅此而已。系统根据这些信息进行运行。

这个小型演示程序就介绍到这里。读者可对其中的变量进行调整，以模拟从 100 万吨的坦克到水上艇筏的各种东西。另外，只需做少量的工作，就可以以物体的方式加入多个地形片，将该演示程序修改成 3D 赛车、赛艇、冲浪、滑雪等游戏。创建滑雪演示程序确实很简单，例如，可以创建 16 或 32 个地形片，每个包含 32×32 个分片，在世界坐标空间中的大小为 2000×2000，然后将它们拼贴起来，组成一个大型滑道。使用物体剔除函数来剔除位于远裁剪面外侧的地形片，使用裁剪函数来处理视野内的地形片，将滑雪板置于相机的前面，并根据地形高度修改相机高度，这样就成了。

10.5 总　　结

很高兴这一章又结束了。作者已经厌烦了将近裁剪面置于远离视平面的地方以避免负投影的做法；但现在引擎更健壮。此时读者对裁剪算法应该有深入了解，它们一点也不复杂，而只是涉及大量细节而已。另外，添加剔除特性后，可将完全位于视景体外但不是背面的多边形全部剔除，这确实可以提高速度，因此现在引擎的速度更快。最后，本章简要地介绍了地形，并创建了一个小型演示程序，读者只需做少量的工作，便可将其修改为一个水上游戏或越野游戏，当然它很粗糙，不能与 Splashdown 或 V-Rally 同日而语。最后但并非最无关紧要的是，以后将不再提供对 8 位模式的支持。

第 11 章　深度缓存和可见性

本章介绍最基本的隐藏面消除/可见性判断方法之一——z 缓存。和以前一样，本章将重新编写引擎以支持这种技术，并提供两个演示程序，包括以下主要主题：

- 深度缓存和可见性简介；
- 平面方程；
- z 坐标插值；
- $1/z$ 缓存；
- 创建 z 缓存系统；
- 在光栅化函数中加入 z 缓存支持；
- 可能的 z 缓存优化；
- 新软件和 z 缓存演示程序。

11.1　深度缓存和可见性简介

重要的内容先介绍。下列两个概念常常被混为一谈：

- 隐藏面消除；
- 可见面判定。

其原因是，在有些情况下，它们确实是一回事；但在其他情况下却是两码事。例如，在 3D 流水线中执行背面消除时，执行的就是隐藏面消除。在另一方面，裁剪既是隐藏面消除（将不在视景体内的区域裁剪掉），也是可见面判定——判断哪些多边形可见，无需进行裁剪。对于这两个概念之间有何差别这个问题，没有简单的答案。从现在开始，除非明确说消除，否则说到该做什么和不该绘制什么时，指的都是可见面判定（VSD）。很多图书也遵循这样的规则，读者对此不会感到惊讶。另外，讨论 z 缓存时，算法是在像素级进行的，不涉及到面，只涉及到面的组成部分。总之，使用哪个术语无关紧要，在容易发生混淆时，作者将做说明。

现在，读者应该能够得心应手地编写 3D 引擎，本书前面已经介绍过渲染和 3D 流水线的各个主要方面。当然，物理学和博弈（gameplay）不在本书的介绍范围内，本书的重点是变换、光照和多边形渲染。那么现在的情形是什么样的呢？已经有非常先进的光照系统，能够进行纹理映射以及在 2D 和 3D 空间进行裁剪，但多边形模型和环境还过于简单。其原因有两个。首先，由于没有合适的工具和文件格式，没有加载室内关卡（interior level），不过已经具备对其进行渲染的技术。第二个原因更微妙些：不能对多边形进行排序，即绝对准确地确定多边形的绘制顺序。

到目前为止，我们使用画家算法来对多边形进行排序，这种算法根据渲染列表中每个多边形的平均、最小或最大 z 值进行排序。然后，我们像画家那样按从后到前的顺序绘制多边形，在大多数情况下，结果都是正确的。然而，我们知道，这种算法有一些缺点，例如，它不能妥善地处理很长的多边形，即允许多边形相互贯通，如图 11.1 所示。

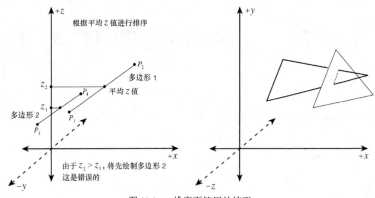

图 11.1　z 排序不管用的情形

好消息是，到目前为止，对于我们使用的 99％的多边形数据，画家算法都是可行的。对于那些主要由物体构成的场景而言，画家算法很管用，在物体不相互重叠且由小型多边形组成时尤其如此。另外，在渲染诸如地形等由规则且不重叠的几何体组成的网格时，这种算法也管用。地形虽然是 3D 的，但从很大程度上说，它只不过是高度变化的 2D 物体而已。

然而，在多边形相互贯通、包含大小各异的几何体时，画家算法（以下称之为 z 排序）可能不管用。我们需要另一种确定多边形渲染顺序的方法。初一想，我们可能决定重新编写 z 排序算法，使之更"聪明"。这实际上是不可能的。例如，可以每次考虑两个多边形，通过测试来确定它们的正确顺序。这类算法通常被称为列表优先顺序算法（list priority algorithm），它还有众多其他的名称，但它们都属于常识性的东西。概括地说，对于经过 z 排序的列表，为确保任何两个多边形的顺序都是正确的，需要做进一步测试。下面介绍 Newell-Sancha 算法使用的一组测试。

请看图 11.2 所示的两个多边形 P1 和 P2，根据最大 z 值对它们进行了 z 排序。因此在列表中，离视点较远的多边形位于前面。

● 测试 1（z-重叠测试）：如果 P1 和 P2 的 z 坐标范围不重叠，则 P1 不可能遮掩 P2。换句话说，如果 $P1_{min}>P2_{max}$，将 P1 绘制到帧缓存中，图 11.2a 说明了这种情形。另一方面，如果 $P1_{min}<P2_{max}$，则 P1 可能遮掩 P2，虽然在列表中 P1 排在前面，首先被绘制。在这种情况下，还需要进行下述测试，如果其中任何一个测试得到肯定回答，则算法结束，P1 不可能遮掩 P2。

● 测试 2（包围框测试）：P1 和 P2 的包围框在 x 轴和 y 轴方向上重叠吗？也就是说，如果 P1 和 P2 的 x 坐标和 y 坐标范围不重叠，则这两个多边形不可能彼此遮掩。图 11.2b 说明了这一点。

● 测试 3（半空间测试）：从视点看，P1 的半空间是否更远？如果是这样，则绘制 P1，结束算法。图 11.2c 说明了这一点。

● 测试 4（半空间测试）：从视点看，P2 的半空间是否更近？如果是这样，则绘制 P1，结束算法。

● 测试 5（透视测试）：P1 和 P2 的透视投影是否重叠？也就是说，对多边形进行投影后，它们的投影是否重叠？如果不重叠，则绘制 P1，结束算法。

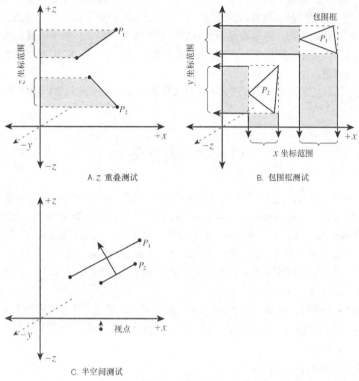

A. z 重叠测试   B. 包围框测试

C. 半空间测试

图 11.2　遮掩测试

　　如果上述测试都没有通过，则交换 P1 和 P2，并标记这一点。如果再次发生需要互换的情况，则表明存在循环遮掩，如图 11.3 所示。在这种情况下，必须将 P1 或 P2 进行分割。

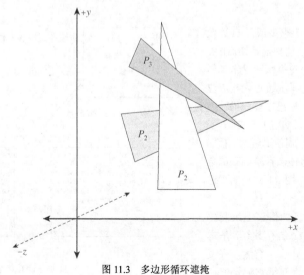

图 11.3　多边形循环遮掩

如果读者没有看懂上述算法，不用担心——没有人会使用它。这里介绍它旨在让读者了解整体流程。基本上，这种算法是不断提出越来越复杂的问题，直到确定正确的顺序为止。这样做值得吗？答案是否定的。如果要得到绝对正确的顺序，您不会使用这种首先带来灾难的算法；如果不想得到绝对正确的顺序，也不会使用这种算法，因为在这种情况下，z 排序是可行的。很多 PS 和 PC 游戏使用的都是 z 排序，而玩家并没有发现有什么问题。

我们需要一种更精致（更简单）的方法来解决按正确顺序进行渲染的问题，避免使用上述复杂的测试。这就是 z 缓存。

11.2　z 缓存基础

具有讽刺意味的是，z 排序为上述所有问题提供了解决方案。对于小型多边形，z 排序很管用，但随着多边形的大小差异越来越大，将出现异常，这是因为排列顺序不正确（如我们在前面分析算法的范例中看到的）。然而，如果基于像素进行 z 排序将如何呢？这样，将不会出现顺序不正确的情况，因为将对最小的屏幕单位（像素）进行排序。这就是 z 缓存的工作原理——它是像素级 z 排序，即像素级画家算法。

令人惊讶的是，这种思想如此简单，让人感觉就像是作弊。这种算法最初是由 Edwin Catmull 于 1974 年发明的，它看似非常简单：

对于大小为 $M \times N$ 的屏幕，创建一个 z 缓存 zbuffer[x, y]，其中包含每个多边形中每个像素被光栅化或扫描转换后的 z 值。z 缓存的大小也是 $M \times N$，被初始化为最大可能 z 值（实际上是无穷远）。

使用 z 缓存的算法如下：

```
for (渲染列表中的每个多边形) begin
    1. 对其进行光栅化，生成 xi、yi、zi
     for(每组 xi、yi、zi)

    2. if(zi < zbuffer[xi, yi]) then(将 zi 写入到 Z 缓存中，
       即 zbuffer[xi, yi] = zi，然后将该像素显示到屏幕上：Plot(xi, yi))

end for
```

简单地说，创建一个整型或浮点数数组，用于记录每个多边形被扫描转换后的 z 值。然而，不是简单地将每个像素显示到屏幕上，而是对像素的 z 值同 z 缓存中相应位置的当前 z 值进行比较。如果在被扫描转换的多边形中，像素(xi, yi) 的 z 值小于 zbuffer[xi, yi]的当前值，则使用新的 z 值 zi 更新 z 缓存中的值，并将该像素绘制到屏幕上；否则，什么也不做。图 11.4 说明了这种算法。

这种算法不断在更远的像素上绘制更近的像素，同时更新 2D z 缓存数组，基本上是一种像素级的画家算法。当然，有很多细节需要解决，后面将介绍它们，但在

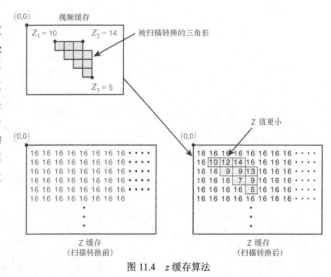

图 11.4　z 缓存算法

此之前先来看它存在一些显而易见的问题。

11.2.1　z 缓存存在的问题

首先，必须找到一种方法，用于计算被光栅化的多边形的 z 值。这可能比较困难，调用光栅化函数时，通常没有多边形的 z 信息。这个问题必须解决，另外还需要决定在哪个坐标空间内计算 z 值。其次，即使能够将 z 值传递到光栅化函数中，计算量也太大了，将把光栅化函数压垮，因为光照计算、纹理映射和裁剪已经使它够呛。最后，z 缓存占据的存储空间与屏幕缓存一样多，甚至更多，因此需要的内存量将增加一倍。

总之，使用 z 缓存后，将降低光栅化函数的速度，重复绘制像素，占用的内存量将至少增加一倍。看起来，z 缓存没有多大帮助。具有讽刺意义的是，要进行透视修正纹理映射，必须计算 z 值，因此无论如何以后都需要使用 z 缓存。至于重新绘制像素的问题，也有办法避免；但使用纯粹的 z 缓存时，重新绘制是不可避免的；因此最好的办法是提高其速度。最后，当前普通计算机至少有 128MB 的内存，而每个像素为 32 位时，800×600 的 z 缓存只占用 2MB 的内存，这没有什么大不了的。

11.2.2　z 缓存范例

实现 z 缓存算法之前，为确保读者理解它，先来看一个简单的例子。假设有一个 10×10 像素的 z 缓存（20 世纪 70 年代末的计算机就能处理了），其中每个元素都是 8 位的整数，因此将对小数值进行四舍五入。可以使用下述数据结构来存储该 z 缓存：

```
UCHAR zbuffer[10][10];
```

或者：

```
UCHAR zbuffer[10*10];
```

使用哪种数据结构无关紧要，只要能够满足要求即可。在这个例子中，假设可以使用表示法 zbuffer[xi][yi] 来存取数组（其中，xi 和 yi 的取值范围为 0～9）。假设有一个 10×10 的屏幕，屏幕缓存也是一个数组，我们将其称为 screen_buffer[ ][ ]，其寻址方案与 z 缓存相同。

将 z 缓存中的元素初始化为一个很大的值，不会将这样的值写入到 z 缓存中，如下所示：

```
zbuffer[][] =

255 255 255 255 255 255 255 255 255 255
255 255 255 255 255 255 255 255 255 255
255 255 255 255 255 255 255 255 255 255
255 255 255 255 255 255 255 255 255 255
255 255 255 255 255 255 255 255 255 255
255 255 255 255 255 255 255 255 255 255
255 255 255 255 255 255 255 255 255 255
255 255 255 255 255 255 255 255 255 255
255 255 255 255 255 255 255 255 255 255
255 255 255 255 255 255 255 255 255 255
```

并将 scree_buffer 的元素全部初始化为 0（即黑色），如下所示：

```
screen_buffer[][]=

0 0 0 0 0 0 0 0 0 0
0 0 0 0 0 0 0 0 0 0
0 0 0 0 0 0 0 0 0 0
0 0 0 0 0 0 0 0 0 0
```

```
0 0 0 0 0 0 0 0 0 0
0 0 0 0 0 0 0 0 0 0
0 0 0 0 0 0 0 0 0 0
0 0 0 0 0 0 0 0 0 0
0 0 0 0 0 0 0 0 0 0
0 0 0 0 0 0 0 0 0 0
```

现在，绘制一个从 $(0, 0)$ 到 $(3, 3)$ 的矩形，其 z 值为 100，颜色为 5。由于 100 小于 255，因此在 z 缓存中，$(0, 0)$ 到 $(3, 3)$ 的元素将被改为 100，同时屏幕缓存中相应区域内的像素颜色将为 5。现在，zbuffer[ ][ ]和 screen_buffer[ ][ ]如下：

```
zbuffer[][] =

100 100 100 100 255 255 255 255 255 255
100 100 100 100 255 255 255 255 255 255
100 100 100 100 255 255 255 255 255 255
100 100 100 100 255 255 255 255 255 255
255 255 255 255 255 255 255 255 255 255
255 255 255 255 255 255 255 255 255 255
255 255 255 255 255 255 255 255 255 255
255 255 255 255 255 255 255 255 255 255
255 255 255 255 255 255 255 255 255 255
255 255 255 255 255 255 255 255 255 255
```

```
screen_buffer[][]=

5 5 5 5 0 0 0 0 0 0
5 5 5 5 0 0 0 0 0 0
5 5 5 5 0 0 0 0 0 0
5 5 5 5 0 0 0 0 0 0
0 0 0 0 0 0 0 0 0 0
0 0 0 0 0 0 0 0 0 0
0 0 0 0 0 0 0 0 0 0
0 0 0 0 0 0 0 0 0 0
0 0 0 0 0 0 0 0 0 0
0 0 0 0 0 0 0 0 0 0
```

注意：以粗体显示的是 zbuffer[ ][ ]和 screen_buffer[ ][ ]中被修改的元素。

接下来再绘制一个 $(2, 2)$ 到 $(5, 4)$ 的矩形，其 z 值为 150，颜色为 8。150 大于 100，但小于 255，因此现在的 zbuffer[ ][ ]和 screen_buffer[ ][ ]如下：

```
zbuffer[][] =

100 100 100 100 255 255 255 255 255 255
100 100 100 100 255 255 255 255 255 255
100 100 100 100 150 150 255 255 255 255
100 100 100 100 150 150 255 255 255 255
255 255 150 150 150 150 255 255 255 255
255 255 255 255 255 255 255 255 255 255
255 255 255 255 255 255 255 255 255 255
255 255 255 255 255 255 255 255 255 255
255 255 255 255 255 255 255 255 255 255
255 255 255 255 255 255 255 255 255 255
```

```
screen_buffer[][]=

5 5 5 5 0 0 0 0 0 0
5 5 5 5 0 0 0 0 0 0
```

```
5 5 5 5 8 8 0 0 0 0
5 5 5 5 8 8 0 0 0 0
0 0 8 8 8 8 0 0 0 0
0 0 0 0 0 0 0 0 0 0
0 0 0 0 0 0 0 0 0 0
0 0 0 0 0 0 0 0 0 0
0 0 0 0 0 0 0 0 0 0
0 0 0 0 0 0 0 0 0 0
```

正如读者看到的，第一个矩形的 z 值小于第二个矩形的，因此重叠的区域不受影响。然而，zbuffer[ ][ ] 和 screen_buffer[ ][ ]中被新矩形覆盖的其他区域被更新。最后，绘制一个从(0，0)的(9，9)的矩形，其 z 值为 50，颜色为 1。现在的 zbuffer[ ][ ]和 screen_buffer[ ][ ]如下：

```
zbuffer[][] =

50 50 50 50 50 50 50 50 50 50
50 50 50 50 50 50 50 50 50 50
50 50 50 50 50 50 50 50 50 50
50 50 50 50 50 50 50 50 50 50
50 50 50 50 50 50 50 50 50 50
50 50 50 50 50 50 50 50 50 50
50 50 50 50 50 50 50 50 50 50
50 50 50 50 50 50 50 50 50 50
50 50 50 50 50 50 50 50 50 50
50 50 50 50 50 50 50 50 50 50

screen_buffer[][]=

1 1 1 1 1 1 1 1 1 1
1 1 1 1 1 1 1 1 1 1
1 1 1 1 1 1 1 1 1 1
1 1 1 1 1 1 1 1 1 1
1 1 1 1 1 1 1 1 1 1
1 1 1 1 1 1 1 1 1 1
1 1 1 1 1 1 1 1 1 1
1 1 1 1 1 1 1 1 1 1
1 1 1 1 1 1 1 1 1 1
1 1 1 1 1 1 1 1 1 1
```

从中可知，整个屏幕缓存和 z 缓存都被更新，在更新方面，这是最糟糕的情况。我们不希望这种情况大量发生，因为这样必须反复绘制像素。然而，与简单的 z 排序相比，z 缓要好得多，使用 z 排序时，总是反复绘制像素，因为它总是绘制整个多边形，而不考虑其他因素。

注意：使用 z 缓存时需要对 z 值进行比较，但这样做得到的补偿是，如果新像素的 z 值更大，则无需绘制它。在基于像素进行纹理映射和光照计算时，这有重大影响。

接下来介绍对多边形进行光栅化时如何计算 z 值。

11.2.3 平面方程法

对多边形进行扫描转换时，如何计算每个像素的 z 值呢？方法有几种，这里只介绍两种最简单的。第一种方法是，在扫描转换时使用平面的定义。我们知道，每个多边形的所有顶点都是共面的。在我们的系统中，所有多边形都必须满足这个要求，这也是三角形的物理特征。因此，对三角形进行扫描转换时，可以先计算该三角形所在平面的平面方程。为此，可以计算三角形的法线，得到点-法线形式的平面方程得，如下所示：

```
nx*(x-x0) + ny*(y-y0) + nz*(z-z0) = 0
```

其中<nx，ny，nz>是多边形的法线，(x0，y0，z0)是多边形上的一个点。

然后将上述方程转换为下述形式：

```
a*x+b*y+c*z + d = 0
```

其中 $a = nx$，$b = ny$，$z = nz$，$d = -(nx*x0+ny*y0+nz*z0)$。

然后求解 z，结果如下：

```
z = -(a*x + b*y + d)/c
```

这样便可以计算 z 值，因为扫描转换函数将生成 x 和 y。这种方法的唯一缺点是，必须计算平面方程和其中的系数，同时，为计算每个像素的 z 值，需要执行两次乘法、一次除法和两次加法运算。当然，可以减少这种计算量。首先，可以使用多边形中预先计算好的面法线；其次，可以使用前向差分和增量计算来简化 z 值的计算，就像 Gouraud 着色和标准三角形扫描转换函数中那样。我们发现，每前进一个像素，x 的值增加 1.0。因此，可以推导出增量计算公式，接下来将对此进行详细介绍。

1．沿 x 轴方向移动时 z 值的变化情况

我们注意到：

```
z_i    = -(a*x + b*y + d)/c
```

移动到当前扫描线的下一个像素时：

```
z_i+1  = -(a*(x+1)+b*y + d)/c
 = -(a*x + a + b*y + d)/c
 = -(a*x + b*y + d)/c + (-a/c)
 =    z_i    + (-a/c)
```

因此，水平移动时，下一个 z 值为前一个 z 值加上常数项 $-a/c$。因此对于每个像素，z 坐标插值被简化为一次加法运算。当然，仍然需要计算每条扫描线上第一个像素的 z 值，但这也可以通过增量算法来完成，因为每向下移动一条扫描线，y 值增加 1.0。

2．沿 y 轴方向移动时 z 值的变化情况

我们注意到：

```
z_i= -(a*x + b*y + d)/c
```

移动到下一条扫描线时：

```
z_i+1 = -(a*x+b*(y+1) + d)/c
 = -(a*x + b*y + b + d)/c
 = -(a*x + B*y + d)/c + (-b/c)
 = z_i + (-b/c)
```

这表明，向下移动一条扫描线时，下一个 z 值为前一个 z 值加上常数项 $-b/c$。图 11.5 说明了对多边形进行扫描转换时，z 值沿 x 轴和 y 轴的变换情况。

虽然使用平面方程来直接计算多边形的 z 值是正确的，但有两个原因使得不能这样做：它只在物体空间中是正确的（后面将再次讨论这一点）；可以像以前那样通过插值来计算 z 值。进行 Gouraud 着色时，根据三角形 3 个顶点的光照强度通过插值来计算每个像素的光照强度；进行仿射纹理映射时，通过插值来计算纹理坐标；可以使用同样的方法来计算 z 值。

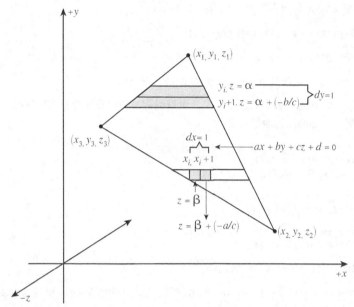

图 11.5 基于共面的增量计算公式

11.2.4 *z* 坐标插值

图 11.6 说明了如何通过插值来计算 *z* 值，其中的三角形是平顶的，对于平底三角形，计算方法与此类似。因此，这里只推导平顶三角形的计算公式，但在最后的软件实现中将处理这两种情况。

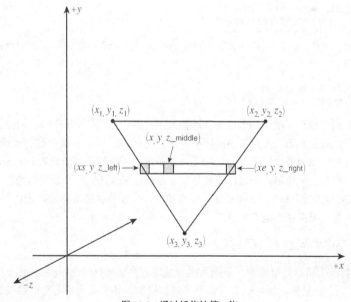

图 11.6 通过插值计算 *z* 值

通过插值计算 z_left、z_right 和 z_middle 的公式如下：

```
z_left = ((y3-y)*z1 + (y-y1)*z3)/(y3-y1);

z_right = ((y3-y)*z2 + (y-y1)*z3)/(y3-y1);

z_middle = ((xe - x)*z_left + (x-xs)*z_right)/(xe-xs);
```

这些公式有点复杂，因为它们不是增量式的。可以很容易地根据这些公式推导出增量版本。首先，推导沿 x 轴方向移动时，z_middle 的增量版本：

```
z_middle_{i+1} = ((xe-x-1)*z_left + (x+1-xs)*z_right)/(xe-xs)
         = ((xe-x)*z_left -z_left +
          (x-xs)*z_right + z_right)/(xe-xs)

     = ((xe-x)*z_left + (x-xs)*z_right +
       z_right-z_left)/(xe-xs)

   = ((xe-x)*z_left + (x-xs)*z_right)/(xe-xs) +
     (z_right-z_left)/(xe-xs)

   = z_middle_i + (z_right-z_left)/(xe-xs)
```

如果令 delta_zx = (z_right − z_left) / (xe − xs)，则沿当前扫描线移动时，下一个像素的 z 值为前一个 z 值加上 delta_zx。换句话说：

```
z_middle_{i+1} = z_middle_i + delta_zx
```

我们再次找到了一种算法，只需执行一次加法运算就可以得到下一个 z 值。然而，对于每条扫描线，还需要计算 z_right 和 z_left。同样，鉴于每向下移动一条扫描线，y 值增加 1.0，因此也可以使用前向差分推导出一种增量算法。这里省略推导过程，直接给出结果：

```
z_left_{i+1} = z_left_i + (z3-z1)/(y3-y1)
z_right_{i+1} = z_right_i + (z3-z2)/(y3-y2)
```

如果令 delta_zyl = (z3 − z1) / (y3 − y1)，delta_zyr = (z3 − z2) / (y3 − y2)，则计算 z_left 和 z_right 的增量公式可简化为：

```
z_left_{i+1} = z_left_i + delta_zyl
z_right_{i+1} = z_right_i + delta_zyr
```

上述公式表明，只需执行一次加法运算就能够得到下一条扫描线的 z_right 和 z_left。

有了插值公式后，只需在新的三角形扫描转换函数使用它们，并对 z 缓存进行处理即可。在此之前，作者要指出两点。首先，前面的推导使用的是标准线性插值，与纹理映射函数和 Gouraud Shader 中所做的完全相同。这两个函数都在三角形内部进行线性插值，因此，只需增加一个要通过插值计算的值——z 值。因此，如果要从空白开始编写代码，上述推导将很有帮助，但没有必要这样做，因为我们已经有类似的代码。其次，前面推导的 z 缓存算法是错误的。

11.2.5　z 缓存中的问题和 1/Z 缓存

当前的 z 缓存算法之所以是错误的，是因为推导是在世界坐标空间或相机坐标空间中进行的。我们使用的是三角形的(x，y，z)坐标，而忘记了三角形已经被投影，其坐标为屏幕空间的投影坐标(x'，y')。这是一个大问题。为明白这一点，请看图 11.7。

在 3D 空间中通过插值计算 z 值毫无用处，因为我们需要根据投影公式绘制 2D 三角形：

```
x_screen = d*x/z
y_screen = d*y/z
```

从图 11.7 可知，我们通过插值计算的是三角形在 3D 空间中的 z 值，但使用的却是投影后的 2D 坐标（x_screen 和 y_screen）。在屏幕空间中，z 值不是线性的，因此存在 z 缓存扭曲（artifacting），就像 Gouraud 着色和仿射纹理映射中一样。然而，在 Gouraud 着色和仿射纹理映射中，情况没有这么糟糕，只要多边形足够小且平行于视平面，扭曲是可以容忍的。使用 z 缓存时，根据投影后的 (x, y) 坐标来计算三角形在 3D 空间中的 z 值有同样的影响，计算得到的 z 值是错误的。如图 11.7 所示，从多边形到投影点的各条射线与视平面的交点沿 x 轴方向是均匀分布的，但这些射线与多边形边的交点并不是均匀分布的。事实上，这些点是按 $1/z$ 均匀分布的。本书后面实现透视修正纹理映射时，将详细介绍这方面的数学计算，现在读者只需要知道在屏幕屏间中，z 不是线性变化的，但 $1/z$ 是线性变化的即可。

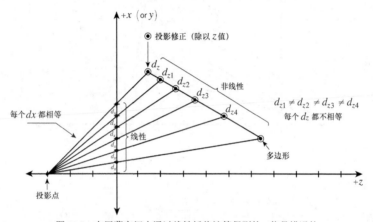

图 11.7　在屏幕空间中通过线性插值计算得到的 z 值是错误的

那么，为何在多边形内部通过插值计算 z 呢？为何不通过插值计算 $1/z$（因为它是线性变化的）？这是一个好主意——后面将这样做。就现在而言，我们将通过线性插值来计算 z，不考虑其扭曲效果，因为事实证明 z 缓存的效果不错。然而，后面进行透视修正纹理映射时，将使用 $1/z$ 缓存，并根据 $1/z$ 的值来计算纹理映射坐标，因此是一举两得。现在，出于简化的目的，使用 z 缓存。

11.2.6　一个通过插值计算 z 和 1/z 的例子

介绍坚持使用标准 z 缓存的原因以及 $1/z$ 缓存的优点后，下面通过一个例子让读者对其有全面的认识。John Carmack 说过，可向任何人提供的一条建议是：要有全面认识，必须深入领会基本原理。

这也是作者一贯坚持的理念。为达此目的，作者进行记录、使用图形和表格，进行检测和编码等，以确保最终理解它。要有"我现在明白了"的感觉，必须经过这些过程；否则，即使对工作原理有了解，也是不全面的。下面通过一个简单的例子来说明 z 缓存和 $1/z$ 缓存。

图 11.8 说明了典型的透视投影。其中垂直轴为 y 轴，水平轴为 z 轴，x 轴垂直于纸面向上。视距为 2；处于简化的目的，我们假设多边形上所有点的 x 坐标都为 0，即多边形位于平面 $x=0$ 上。

有一个需要对其进行投影、光栅化和 z 缓存的三角形。要处理的第一条边是 **p0**（0，12，4）->**p1**（0，5，7）。我们将计算屏幕投影点 **p0'** 和 **p1'**，然后根据它们通过插值来计算投影点 **pa'** 和 **pb'**，但它们的 z 值却是 pa*和 pb*的，这是错误的。首先，列出已知的信息：

p0 = (0,12,4), **p1** = (0,5,7)

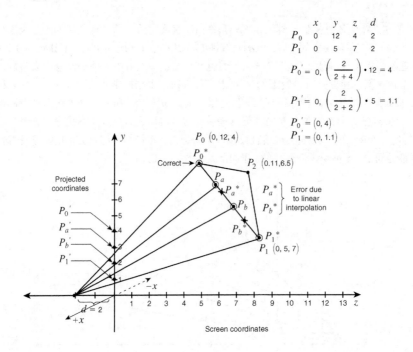

$$
\begin{array}{ccccc}
 & x & y & z & d \\
P_0 & 0 & 12 & 4 & 2 \\
P_1 & 0 & 5 & 7 & 2
\end{array}
$$

$$P_0' = 0, \left(\frac{2}{2+4} \right) \cdot 12 = 4$$

$$P_1' = 0, \left(\frac{2}{2+2} \right) \cdot 5 = 1.1$$

$$P_0' = (0, 4)$$
$$P_1' = (0, 1.1)$$

$$(x_s, y_s) \longrightarrow y_s = \frac{D}{(D+z)} \cdot y$$

$$x_s = \frac{D}{(D+z)} \cdot x$$

图 11.8   透视投影和 z 坐标插值误差分析

使用下述公式对它们进行透视投影：

y' = (d/(d+z))*y

注意，对于 x 也需要执行相同的计算，但在这个例子中，我们假设 $x = 0$。

p0' = (0,(2/(2+4))*12,0) = (0, 4, 0)
p1' = (0,(2/(2+7))*5, 0) = (0, 1.111,0)

我们将根据投影后的坐标通过线性插值来计算 z 值，因此将 **p0'**和 **p1'**的 z 值设置为投影前的 z 坐标：

p0' = (0, 4, 4)
p1' = (0, 1.111, 7)

现在可以进行插值了，首先计算 dy 和 dz：

dy = p1'(y) - p0'(y) = (1.11 - 4.0) = -2.89
dz = p1'(z) - p0'(z) = (7 - 4) = 3

要在屏幕空间中绘制一条从 **p0**'到 **p1**'的直线，只需从 **p0**'开始，每次绘制一个像素，并将 y 值减 1.0，直到到达 **p1**'为止。y 值每增加 1，z 值增加 dz/dy：

```
dz/dy = (3)/(-2.89) = -1.03
```

我们从屏幕空间中的 **p0**'(0，4)开始，然后绘制 3 个像素。表 11.1 列出了每一步的情况。

表 11.1 　　　　　　　　　　　　　　**z 插值范例 1**

迭代	x	y	z
[0]开始	$x = 0$	$y = 4$	$z = 4$
[1] $dy = -1$, $dz/dy = -1.03$	$x = 0$	$y = 3$	$z = 4+1.03 = 5.03$
[2] $dy = -1$, $dz/dy = -1.03$	$x = 0$	$y = 2$	$z = 5.03+1.03 = 6.06$
[3] $dy = -1$, $dz/dy = -1.03$	$x = 0$	$y = 1$	$z = 6.06+1.03 = 7.09$

从图 11.8 可知，在屏幕空间进行插值时，在正确的情况下，计算得到的 **pa**'和 **pb**'的 z 值应分别是 **pa** 和 **pb** 的 z 值；但通过线性插值得到的分别是 **pa*** 和 **pb***的 z 值。这种误差是由于线性插值引起的。多边形边越接近于平行视平面，这种误差越小；反之越大。

从下述的角度很容易理解问题所在：世界坐标到屏幕坐标的变换并非线性的（由于变换时除以了 z），每当 y 值变化一个单位时给 z 值加上一个常量（这里为-1.03）能得到正确结果吗？不能。我们需要基于在屏幕空间呈线性变化的东西进行采样，如 $1/z$，这样投影和插值的影响将相互抵消，使样本呈线性变化。

至此，读者应明白以线性插值来计算 z 值是错误的。如果读者打开 10 本 3D 图形学方面的图书，将发现它们在这方面的内容都是错误的，更准确地说，没有详细讨论这方面的细节。接下来通过线性插值来计算 $1/z$。和前面一样，从投影点开始：

```
p0' = (0, 4, 4)
p1' = (0, 1.11, 7)
```

但将最后一个坐标改为 $1/z$：

```
p0' = (0,4,0.25)
p1' = (0,1.11,.142)
```

现在可以开始插值了。首先计算 dy 和 dz（这里的 z 实际上是 $1/z$）：

```
dy = p1'(y) - p0'(y) = (1.11 - 4.0) = -2.89
dz = p1'(z) - p0'(z) = (1/7 - 1/4) = -.107
```

同样，要在屏幕空间中绘制一条从 **p0**'到 **p1**'的直线，只需从 **p0**'开始，每次绘制一个像素，并将 y 值减 1.0，直到到达 **p1**'为止。y 值每增加 1，z 值增加 dz/dy：

```
dz/dy = (-.107)/(-2.89) = 0.037
```

我们从屏幕空间中的 **p0**'（0，4）开始，然后绘制 3 个像素。表 11.2 列出了每一步的情况。

表 11.2   z 插值范例 2

迭代	x	y	z
[0] 开始	x = 0	y = 4	z = 1/4 = 0.25
[1] dy = -1，dz/dy = -0.037	x = 0	y = 3	z = 0.25-.037 = 0.213
[2] dy = -1，dz/dy = -0.037	x = 0	y = 2	z = .213-.037 = 0.176
[3] dy = -1，dz/dy = -0.037	x = 0	y = 1	z = 0.176+.037 = 0.139

令人惊讶的是，上述结果是正确的。

z 缓存很好理解，但如果通过比较 1/z 来更新 1/z 缓存呢？只需将比较方向反转，即如果像素的 1/z 大于 1/z 缓存中对应的值，则更新 1/z 缓存，并绘制该像素。

11.3 创建 z 缓存系统

有关理论就介绍到这里——作者快被这些小数字弄疯了。接下来实现 z 缓存。我们需要为 z 缓存分配内存，定义 z 缓存的大小，还可能需要一些定义 z 缓存的标记或属性。下面是作者创建的第 1 版 z 缓存数据结构：

```
// 为 z 缓存数据结构定义的常量
#define ZBUFFER_ATTR_16BIT   16
#define ZBUFFER_ATTR_32BIT   32

// z 缓存数据结构
typedef struct ZBUFFERV1_TYP
{
int attr;          // z 缓存的属性
UCHAR *zbuffer; // 指向存储空间的指针
int width;         // 宽度，单位为像素
int height;        // 高度，单位为像素
int sizeq;         // 大小，单位为四元组
} ZBUFFERV1, *ZBUFFERV1_PTR;
```

这个数据结构包含指向 z 缓存的指针、z 缓存的大小（有两个这样的变量，它们的单位分别是"字"和四元组）。字段 height 和 width 表示 z 缓存的高度和宽度，而 sizeq 是实际的四元组数目（每个四元组为 4 个字节）。另外，还有一个属性字段 attr，当前它只记录 z 缓存是 16 位还是 32 位的。就现在而言，我们将使用 32 位的 z 缓存，因此并不需要 attr；但后面进行优化时，可能需要用到它。总之，我们只需要能够对 z 缓存执行下述操作：

- 创建 z 缓存；
- 删除 z 缓存；
- 使用一个值清空/填充 z 缓存（速度要快）。

下面是创建 z 缓存的函数：

```
int Create_Zbuffer(ZBUFFERV1_PTR zb, // 指向 z 缓存结构的指针
        int width,  // 宽度
        int height, // 高度
        int attr)   // 属性
```

```
{
// 这个函数根据指定的参数创建一个 ZBUFFERV1

// 指针 zb 是否有效
if (!zb)
  return(0);

// 是否已经给 zb 指向的 ZBUFFERV1 分配了内存
if (zb->zbuffer)
  free(zb->zbuffer);

// 设置字段
zb->width  = width;
zb->height = height;
zb->attr   = attr;

// z 缓存是 16 位的还是 32 位的
if (attr & ZBUFFER_ATTR_16BIT)
  {
  // 计算四元组数
  zb->sizeq = width*height/2;

  // 分配内存
  if ((zb->zbuffer = (UCHAR *)malloc(width * height * sizeof(SHORT))))
   return(1);
  else
   return(0);

  } // end if
else
if (attr & ZBUFFER_ATTR_32BIT)
  {
  // 计算四元组数
  zb->sizeq = width*height;

  // 分配内存
  if ((zb->zbuffer = (UCHAR *)malloc(width * height * sizeof(INT))))
   return(1);
  else
   return(0);
  } // end if
else
  return(0);

} // end Create_Zbuffer
```

这个函数接受 ZBUFFERV1 指针（它指向要创建的 z 缓存）以及宽度、高度和属性。例如，要创建一个 800×600 的 32 位 z 缓存，可以这样调用它：

```
ZBUFFERV1 zbuffer; // storage for our Z buffer

Create_Zbuffer(&zbuffer, 800, 600, ZBUFFER_ATTR_32BIT);
```

ZBUFFERV1 中 z-buffer 是 UCHAR 类型的，在算法中可以将其转换为任何类型，如 int、float 等。在我们将编写的光栅化函数中，将把它转换为无符号整型。

接下来的函数使用一个值来清空/填充 z 缓存。在每一帧中清除帧缓存时都必须这样做。通常，使用最大可能值或无穷大来填充 z 缓存。该函数如下：

```
void Clear_Zbuffer(ZBUFFERV1_PTR zb, UINT data)
{
// 这个函数使用一个值来清除/设置 z 缓存
// 填充内存时，每次总是填充一个四元组
// 因此，如果 z 缓存是 16 位的，必须使用用来填充的 16 位值的两个拷贝创建一个四元组
// 如果 z 缓存是 32 位的，只需将用于填充的值转换为 UINT 即可

Mem_Set_QUAD((void *)zb->zbuffer, data, zb->sizeq);

} // end Clear_Zbuffer
```

该函数调用了函数 Mem_Set_QUAD()，它位于 T3DLIB1.H 中，是一个内联的汇编语言函数，代码如下：

```
inline void Mem_Set_QUAD(void *dest, UINT data, int count)
{
// 这个函数以每次写入一个 32 位 UINT 值的方式填充/设置内存
// count 为四元组数

_asm
  {
  mov edi, dest  ; edi 指向目标内存
  mov ecx, count ; 要移动的 32 位字数
  mov eax, data  ; 32 位数据
  rep stosd      ; 移动数据
  } // end asm

} // end Mem_Set_QUAD
```

为最大限度地提高清空 z 缓存的速度，这里使用了汇编语言（实际上，也可以使用 SIMD 指令）。调用该函数来清空 z 缓存时，必须将填充数据转换为 UINT。另外，如果 z 缓存是 16 位的，必须创建两个包含最大值的字，并将它们拼接起来，如图 11.9 所示。

例如，使用 16 位 z 缓存时，不能传递最大可能值的 32 位版本，而必须根据最大可能值创建一个 32 位值，使算法能正确地填充相邻的内存单元：

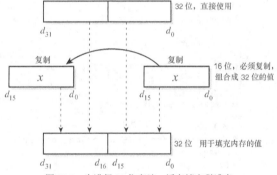

图 11.9 为进行 32 位高速 z 缓存填充做准备

```
USHORT zmax16 = 10000; // say your max is 10000

unsigned int zdata =
  ( ( (unsigned int)zmax16 ) << 16 | (unsigned int)zmax16);
```

下面的例子演示了如何使用 32 位定点数 32 000 来填充 32 位的 z 缓存：

```
Clear_Zbuffer(&zbuffer, (32000 << FIXP16_SHIFT));
```

最后，要删除 z 缓存并释放它占用的内存，可以使用下面的函数：

```
int Delete_Zbuffer(ZBUFFERV1_PTR zb)
{
// 该函数删除 z 缓存并释放它占用的内存

// 检查指针 zb 是否有效
if (zb)
  {
```

```
    // 释放内存
    if (zb->zbuffer)
    free(zb->zbuffer);

    // 清除内存中的数据
    memset((void *)zb,0, sizeof(ZBUFFERV1));

    return(1);

    } // end if
else
    return(0);

} // end Delete_Zbuffer
```

要删除 z 缓存，只需使用指向它的指针来调用函数 Delete_ZBuffer()，该函数将释放 z 缓存占用的内存，并将 z 缓存清除。

提示：通过将 z 缓存抽象化为 ZBUFFERV1 类型，可以提供多个 z 缓存，实现一些特殊效果。

在光栅化函数中加入对 z 缓存的支持

要在光栅化函数中加入对 z 缓存的支持，首先需要确定哪些光栅化函数需要这种支持。当前，我们有下列 4 种光栅化函数：
- 第 1 类：支持固定/恒定着色；
- 第 2 类：支持 Gouraud 着色；
- 第 3 类：支持纹理映射和固定着色；
- 第 4 类：支持纹理映射和恒定着色。

第 1 类光栅化函数是最老的，它们来自《Windows 游戏编程大师技巧》，混合使用整数和浮点数，而不是定点数。这并不是说它们的速度更慢或更快，只是说它们不同于第 2～4 类光栅化函数，后者基于同一个核心光栅化函数/插值函数。一种情况是插值计算颜色（Gouraud Shader），另一种情况是插值计算纹理坐标（纹理映射函数）。首先要做出的决定是，需要对哪些光栅化函数进行升级。作者将对所有光栅化函数进行升级。然而，对于第 1 类光栅化函数，必须重新编写，因为它们没有插值功能，在原来的基础上加入 z 缓存支持很困难。

令人欣慰的是，对其他函数进行升级只需要增加大约 10 行代码。也许更多些，但不会太多。这是因为它们已经包含对多个变量进行插值的代码——在 Gouraud Shader 中，是对 RGB 颜色进行插值；在纹理映射函数中，是对纹理坐标进行插值。我们只需要增加对 z 值进行插值的代码，并在内循环中加入 z 缓存逻辑即可。

1. 更新恒定 Shader 处理函数

在所有光栅化函数中，固定/恒定 Shader 处理函数的更新工作是最艰巨的，因为必须重新编写。作者将以 Gouraud Shader 处理函数为基础来完成这项工作：不进行 RGB 颜色插值，每个像素都使用相同的颜色，并将对某个颜色分量进行插值的代码改为对 z 值进行插值的代码。为此，需要完成两项工作。首先，必须确保新函数接受一个多边形数据结构作为参数，该多边形中包含每个顶点的 x、y、z 坐标。当前，光栅化函数没有以参数方式接受 z 坐标。下面是 T3DLIB7.CPP 中 Draw_RENDERLIST4DV2_Solid16() 的部分代码：

```
void Draw_RENDERLIST4DV2_Solid16(RENDERLIST4DV2_PTR rend_list,
            UCHAR *video_buffer,
```

```
                    int lpitch)
  {
    if (!(rend_list->poly_ptrs[poly]->state & POLY4DV2_STATE_ACTIVE) ||
        (rend_list->poly_ptrs[poly]->state & POLY4DV2_STATE_CLIPPED ) ||
        (rend_list->poly_ptrs[poly]->state & POLY4DV2_STATE_BACKFACE) )
       continue; // 进入下一个多边形
// 需要首先检查是否带纹理，因为带纹理的多边形可能使用固定或恒定着色
// 以便决定调用哪个光栅化函数
if (rend_list->poly_ptrs[poly]->attr & POLY4DV2_ATTR_SHADE_MODE_TEXTURE)
  {

   // 设置顶点坐标
   face.tvlist[0].x = (int)rend_list->poly_ptrs[poly]->tvlist[0].x;
   face.tvlist[0].y = (int)rend_list->poly_ptrs[poly]->tvlist[0].y;
   face.tvlist[0].u0 = (int)rend_list->poly_ptrs[poly]->tvlist[0].u0;
   face.tvlist[0].v0 = (int)rend_list->poly_ptrs[poly]->tvlist[0].v0;

   face.tvlist[1].x = (int)rend_list->poly_ptrs[poly]->tvlist[1].x;
   face.tvlist[1].y = (int)rend_list->poly_ptrs[poly]->tvlist[1].y;
   face.tvlist[1].u0 = (int)rend_list->poly_ptrs[poly]->tvlist[1].u0;
   face.tvlist[1].v0 = (int)rend_list->poly_ptrs[poly]->tvlist[1].v0;

   face.tvlist[2].x = (int)rend_list->poly_ptrs[poly]->tvlist[2].x;
   face.tvlist[2].y = (int)rend_list->poly_ptrs[poly]->tvlist[2].y;
   face.tvlist[2].u0 = (int)rend_list->poly_ptrs[poly]->tvlist[2].u0;
   face.tvlist[2].v0 = (int)rend_list->poly_ptrs[poly]->tvlist[2].v0;


   // 设置纹理
   face.texture = rend_list->poly_ptrs[poly]->texture;

   // 是否使用固定着色
   if (rend_list->poly_ptrs[poly]->attr & POLY4DV2_ATTR_SHADE_MODE_CONSTANT)
     {
     // 以固定着色方式绘制带纹理的三角形
     Draw_Textured_Triangle16(&face, video_buffer, lpitch);
     } // end if
   else
     {
     // 使用恒定着色
     face.lit_color[0] = rend_list->poly_ptrs[poly]->lit_color[0];
     Draw_Textured_TriangleFS16(&face, video_buffer, lpitch);
     } // end else

   } // end if
else
if ((rend_list->poly_ptrs[poly]->attr & POLY4DV2_ATTR_SHADE_MODE_FLAT) ||
   (rend_list->poly_ptrs[poly]->attr & POLY4DV2_ATTR_SHADE_MODE_CONSTANT) )
   {
   // 使用基本的恒定着色光栅化函数绘制三角形
   Draw_Triangle_2D2_16(rend_list->poly_ptrs[poly]->tvlist[0].x,
           rend_list->poly_ptrs[poly]->tvlist[0].y,
         rend_list->poly_ptrs[poly]->tvlist[1].x,
           rend_list->poly_ptrs[poly]->tvlist[1].y,
       rend_list->poly_ptrs[poly]->tvlist[2].x,
           rend_list->poly_ptrs[poly]->tvlist[2].y,
         rend_list->poly_ptrs[poly]->lit_color[0],
             video_buffer, lpitch);

   } // end if
else
```

```
if (rend_list->poly_ptrs[poly]->attr & POLY4DV2_ATTR_SHADE_MODE_GOURAUD)
  {
  // 设置顶点坐标
  face.tvlist[0].x = (int)rend_list->poly_ptrs[poly]->tvlist[0].x;
  face.tvlist[0].y = (int)rend_list->poly_ptrs[poly]->tvlist[0].y;
  face.lit_color[0] = rend_list->poly_ptrs[poly]->lit_color[0];

  face.tvlist[1].x = (int)rend_list->poly_ptrs[poly]->tvlist[1].x;
  face.tvlist[1].y = (int)rend_list->poly_ptrs[poly]->tvlist[1].y;
  face.lit_color[1] = rend_list->poly_ptrs[poly]->lit_color[1];

  face.tvlist[2].x = (int)rend_list->poly_ptrs[poly]->tvlist[2].x;
  face.tvlist[2].y = (int)rend_list->poly_ptrs[poly]->tvlist[2].y;
  face.lit_color[2] = rend_list->poly_ptrs[poly]->lit_color[2];

  // 绘制使用 Gouraud 着色的三角形
  Draw_Gouraud_Triangle16(&face, video_buffer, lpitch);
  } // end if gouraud

} // end for poly

} // end Draw_RENDERLIST4DV2_Solid16
```

该函数有三条主要的执行路径：光栅化使用固定/恒定着色处理的多边形、光栅化使用 Gouraud 着色处理的多边形以及光栅化使用纹理映射的多边形。对于每条执行路径，我们首先设置好参数，然后调用下述函数之一：

- **Draw_Gouraud_Triangle16()**——标准 Gouraud Shader；
- **Draw_Textured_Triangle16()**——支持固定着色的纹理映射函数；
- **Draw_Textured_TriangleFS16()**——支持恒定着色的纹理映射函数；
- **Draw_Triangle_2D2_16()**——对使用固定/恒定着色的多边形进行光栅化的老式函数。

我们将首先修改最后一个函数，但基本上所有这些函数都需要修改，包含 Draw_RENDERLIST4DV2_Solid16()。下面是对使用固定/恒定着色的多边形进行光栅化的函数的新原型：

```
void Draw_Triangle_2DZB_16(POLYF4DV2_PTR face, // 指向多边形面的指针
            UCHAR *_dest_buffer,  // 指向视频缓存的指针
            int mem_pitch,        // 每行占用多少个字节（320、640 等）
            UCHAR *zbuffer,       // 指向 z 缓存的指针
            int zpitch);          // Z 缓存每行占用的字节数
```

它不同于前一个版本。前一个版本接受顶点和颜色作为参数，而不是 POLYF4DV2_PTR。现在，我们需要统一调用方法，使所有光栅化函数的调用方法都相同。新增的其他参数包括指向 z 缓存的指针和 z 缓存的跨距（z 缓存中每行占用的字节数）。光栅化函数确保正确访问 z 缓存，而调用方必须确保 z 缓存足够大。该函数的调用方法如下：

```
// 使用固定着色
face.lit_color[0] = rend_list->poly_ptrs[poly]->lit_color[0];

// 设置顶点坐标
face.tvlist[0].x = (int)rend_list->poly_ptrs[poly]->tvlist[0].x;
face.tvlist[0].y = (int)rend_list->poly_ptrs[poly]->tvlist[0].y;
face.tvlist[0].z = (int)rend_list->poly_ptrs[poly]->tvlist[0].z;

face.tvlist[1].x = (int)rend_list->poly_ptrs[poly]->tvlist[1].x;
face.tvlist[1].y = (int)rend_list->poly_ptrs[poly]->tvlist[1].y;
face.tvlist[1].z = (int)rend_list->poly_ptrs[poly]->tvlist[1].z;
```

```
face.tvlist[2].x = (int)rend_list->poly_ptrs[poly]->tvlist[2].x;
face.tvlist[2].y = (int)rend_list->poly_ptrs[poly]->tvlist[2].y;
face.tvlist[2].z = (int)rend_list->poly_ptrs[poly]->tvlist[2].z;

// 使用基本的恒定着色光栅化函数绘制三角形
Draw_Triangle_2DZB_16(&face, video_buffer, lpitch, zbuffer, zpitch);
```

在上述范例中，将渲染列表中一个多边形的顶点坐标复制到多边形面结构 face 中，多边形颜色被复制到 lit_color[0]中，光栅化使用恒定/固定着色的多边形时，只需要知道多边形的颜色。最后，使用视频缓存 video_buffer 及其跨距 lpitch 以及 z 缓存 zbuffer 及其跨距 zptich 来调用光栅化函数。读者对此应该很熟悉——编写光照/纹理映射模块后，就一直是这样调用其他光栅化函数的。

有关函数 Draw_Triangle_2DZB_16()及其调用方法就介绍到这里。该函数的代码太长，无法全部列出，这里只摘录绘制扫描线的代码，让读者知道是如何使用 z 缓存的：

```
// 将 screen_ptr 指向第一行
screen_ptr = dest_buffer + (ystart * mem_pitch);

// 将 z_ptr 指向第一行
z_ptr = zbuffer + (ystart * zpitch);

for (yi = ystart; yi<=yend; yi++)
  {
  // 计算扫描线的端点
  xstart = ((xl + FIXP16_ROUND_UP) >> FIXP16_SHIFT);
  xend  = ((xr + FIXP16_ROUND_UP) >> FIXP16_SHIFT);

  // 计算 z 的始值
  zi = zl + FIXP16_ROUND_UP;

  // 计算 dz
  if ((dx = (xend - xstart))>0)
    {
    dz = (zr - zl)/dx;
    } // end if
  else
    {
    dz = (zr - zl);
    } // end else

  // 绘制扫描线
  for (xi=xstart; xi<=xend; xi++)
    {
    // 检查当前像素的 z 值是否小于 z 缓存中相应的值
    if (zi < z_ptr[xi])
      {
      // 绘制像素
      screen_ptr[xi] = color;

      // 更新 z 缓存
      z_ptr[xi] = zi;
      } // end if

    // 计算下一个像素的 z 值
    zi+=dz;
    } // end for xi

  // 计算下一条扫描线起点和终点的 x 坐标和 z 坐标
```

```
xl+=dxdyl;
zl+=dzdyl;
xr+=dxdyr;
zr+=dzdyr;

// 将指针 screen_ptr 指向下一行
screen_ptr+=mem_pitch;

// 将指针 z_ptr 指向下一行
z_ptr+=zpitch;
} // end for y
```

上述代码绘制两个 y 值之间的多条扫描线，其中的 z 缓存代码为粗体，它们完全是按照前面介绍的方式做的。首先将当前 z 值同 z 缓存中相应的值进行比较：

```
if (zi < z_ptr[xi])
{
```

如果条件为真，则绘制像素：

```
// 绘制像素
screen_ptr[xi] = color;
```

并更新 z 缓存：

```
// 更新 z 缓存
z_ptr[xi] = zi;
} // end if
```

提示：在确定需要更新 z 缓存后，并没有立刻使用 zi 对其进行更新。这是一种优化技巧。读取某个值后立刻对其进行更新通常是一种糟糕的做法——最好在读写之间放置一些其他的代码。

这就是固定/恒定 Shader 的全部内容。除了增加了通过插值计算 z 值以及通过比较 z 值来更新 z 缓存的代码外，其他内容与前一版相同。

2. 更新 Gouraud Shader

在 Gouraud Shader 中加入 z 缓存支持很容易，因为它已经有插值计算 R、G、B 的代码，只需在后面加上插值计算 z 值的代码即可。新版本的原型如下，它只是名称不同，且新增了两个参数——z 缓存及其跨距：

```
void Draw_Gouraud_TriangleZB16(POLYF4DV2_PTR face,   // 指向多边形面的指针
       UCHAR *_dest_buffer,   // 指向视频缓存的指针
       int mem_pitch,      // 每行占用多少个字节（320、640 等）
       UCHAR *zbuffer,   // 指向 z 缓存的指针
       int zpitch);    // z 缓存中每行的字节数
```

该函数的调用方法与以前相同，只是需要提供指向 z 缓存的指针和 z 缓存的跨距（每行占据的字节数，和固定/恒定 Shader 中一样）。现在来看一下加入 z 缓存支持后，Gouraud Shader 中内循环的代码：

```
screen_ptr = dest_buffer + (ystart * mem_pitch);

// 将指针 z_ptr 指向起始行
z_ptr = zbuffer + (ystart * zpitch);

for (yi = ystart; yi<=yend; yi++)
  {
  // 计算扫描线端点的坐标
  xstart = ((xl + FIXP16_ROUND_UP) >> FIXP16_SHIFT);
  xend  = ((xr + FIXP16_ROUND_UP) >> FIXP16_SHIFT);
```

```
   // 计算 u、v、w 和 z 的起始值
   ui = ul + FIXP16_ROUND_UP;
   vi = vl + FIXP16_ROUND_UP;
   wi = wl + FIXP16_ROUND_UP;
   zi = zl + FIXP16_ROUND_UP;

   // 计算 u、v、w、z 的增量
   if ((dx = (xend - xstart))>0)
   {
   du = (ur - ul)/dx;
   dv = (vr - vl)/dx;
   dw = (wr - wl)/dx;
     dz = (zr - zl)/dx;
   } // end if
   else
   {
   du = (ur - ul);
   dv = (vr - vl);
   dw = (wr - wl);
   dz = (zr - zl);
   } // end else

//////////////////////////////////////////////////////////////////

   // 左裁剪面裁剪测试
   if (xstart < min_clip_x)
   {
   // 计算 dx
   dx = min_clip_x - xstart;

   // 重新计算初值
   ui+=dx*du;
   vi+=dx*dv;
   wi+=dx*dw;
   zi+=dx*dz;

   // 重新设置变量
   xstart = min_clip_x;

   } // end if

   // 右裁剪面裁剪测试
   if (xend > max_clip_x)
     xend = max_clip_x;

//////////////////////////////////////////////////////////////////

   // 绘制扫描线
   for (xi=xstart; xi<=xend; xi++)
   {
     // 检查当前像素的 z 值是否小于 z 缓存中相应的值
     if (zi < z_ptr[xi])
      {
     // 绘制像素
       screen_ptr[xi] = ((ui >> (FIXP16_SHIFT+3)) << 11) +
              ((vi >> (FIXP16_SHIFT+2)) << 5) +
              (wi >> (FIXP16_SHIFT+3)));

     // 更新 z 缓存
     z_ptr[xi] = zi;
```

```
    } // end if
```

```
// 计算下一个像素的 u、v、w、z
ui+=du;
vi+=dv;
wi+=dw;
zi+=dz;
} // end for xi
// 计算下一条扫描线起点和终点的 x、u、v、w、z
xl+=dxdyl;
ul+=dudyl;
vl+=dvdyl;
wl+=dwdyl;
zl+=dzdyl;

xr+=dxdyr;
ur+=dudyr;
vr+=dvdyr;
wr+=dwdyr;
zr+=dzdyr;

// 将指针 screen_ptr 指向视频缓存的下一行
screen_ptr+=mem_pitch;

// 将指针 z_ptr 指向 z 缓存的下一行
z_ptr+=zpitch;

} // end for y
```

同样，对 z 值进行比较的代码用粗体显示。有趣的是，如果像素不用绘制，将节省一些开销。在前一个版本中，绘制像素的代码总是被执行；然而，在支持 z 缓存的版本中，仅当像素的 z 值小于 z 缓存中相应的值时，才绘制像素并更新 z 缓存。因此，为支持 z 缓存，我们需要做更多的工作，但当 z 缓存比较失败时，可节省时间。另外，为插值计算 z 值，每次外循环需要多计算两次加法运算：

```
zl+=dzdyl;
zr+=dzdyr;
```

同时，在每次内循环中需要多计算一次加法运算：

```
zi+=dz;
```

总之，加入 z 缓存支持对速度的影响并不大。事实上，如果运行演示程序，您将发现速度与没有使用 z 缓存时几乎一样快。但通过支持 z 缓存，对每个像素的渲染都是正确的。

3. 更新纹理映射函数

读者可能还记得，我们有两个纹理映射函数。一个用于处理使用固定着色的多边形，即根本不考虑光照，只是将纹理图映射到多边形上。

另一个用于处理使用恒定着色且带纹理的多边形。这个纹理映射函数的名称带后缀 FS，它在执行光照计算时假定多边形的颜色为白色（即 RGB 值为(255，255，255)），并使用光照处理后的颜色对纹理图中每个像素进行调制。

（1）支持固定着色的纹理映射函数

我们需要在这两个纹理映射函数中加入 z 缓存支持，同样这也很简单。只需加入通过插值计算 z 值的代码，并在内循环中进行 z 缓存比较即可。下面是支持固定着色的纹理映射函数的新原型：

```
void Draw_Textured_TriangleZB16(POLYF4DV2_PTR face,  // 指向多边形面的指针
        UCHAR *_dest_buffer,  // 指向视频缓存的指针
        int mem_pitch,      // 每行多少字节（320、640 等）
        UCHAR *zbuffer,     // 指向 z 缓存的指针
        int zpitch);        // z 缓存每行多少字节
```

这个函数的调用方法与以前相同，只是需要设置 face 中的 z 坐标值，同时传递一个指向 z 缓存的指针以及该 z 缓存的跨距（每行占用多少个字节）。同样，这里只列出光栅化代码，其中 z 缓存比较代码以粗体显示：

```
// 将 screen_ptr 指向起始行
screen_ptr = dest_buffer + (ystart * mem_pitch);

// 将指针 z_ptr 指向起始行
z_ptr = zbuffer + (ystart * zpitch);

for (yi = ystart; yi<=yend; yi++)
  {
  // 计算扫描线端点的坐标
  xstart = ((xl + FIXP16_ROUND_UP) >> FIXP16_SHIFT);
  xend  = ((xr + FIXP16_ROUND_UP) >> FIXP16_SHIFT);

  // 计算 u、v 和 z 的起始值
  ui = ul + FIXP16_ROUND_UP;
  vi = vl + FIXP16_ROUND_UP;
  zi = zl + FIXP16_ROUND_UP;

  // 计算 u、v、z 的增量
  if ((dx = (xend - xstart))>0)
  {
  du = (ur - ul)/dx;
  dv = (vr - vl)/dx;
  dz = (zr - zl)/dx;
  } // end if
  else
  {
  du = (ur - ul);
  dv = (vr - vl);
  dz = (zr - zl);
  } // end else

///////////////////////////////////////////////////////////////

  // 左裁剪面裁剪测试
  if (xstart < min_clip_x)
  {
  // 计算 dx
  dx = min_clip_x - xstart;

  // 重新计算初值
  ui+=dx*du;
  vi+=dx*dv;
  zi+=dx*dz;

  // 重新设置变量
  xstart = min_clip_x;

  } // end if
```

```
// 右裁剪面裁剪测试
if (xend > max_clip_x)
xend = max_clip_x;
```

//

```
// 绘制扫描线
for (xi=xstart; xi<=xend; xi++)
 {
   // 检查当前像素的 z 值是否小于 z 缓存中相应的值
   if (zi < z_ptr[xi])
   {
   // 绘制像素
   screen_ptr[xi] = textmap[(ui >> FIXP16_SHIFT) +
               ((vi >> FIXP16_SHIFT) << texture_shift2)];

   // 更新 z 缓存
   z_ptr[xi] = zi;
   } // end if

  // 计算下一个像素的 u、v、z
  ui+=du;
  vi+=dv;
  zi+=dz;
  } // end for xi

// 计算下一条扫描线起点和终点的 x、u、v、z
xl+=dxdyl;
ul+=dudyl;
vl+=dvdyl;
zl+=dzdyl;

xr+=dxdyr;
ur+=dudyr;
vr+=dvdyr;
zr+=dzdyr;

// 将指针 screen_ptr 指向视频缓存的下一行
screen_ptr+=mem_pitch;
  // 将指针 z_ptr 指向 z 缓存的下一行
  z_ptr+=zpitch;

} // end for y
```

　　加入 z 缓存支持是如此简单，让人有罪恶感。并非所有函数的编写工作都像实时彩色光照系统那么难。同样，除了在内循环和外循环中增加了一两次加法运算，用于插值计算 z 值外，其他内容完全相同。

　　（2）支持恒定着色的纹理映射函数

　　现在来看一下支持恒定着色的纹理映射函数。就代码方面而言，支持 z 缓存的 Gouraud Shader 函数是最复杂的，但就技术方面而言，支持恒定着色的纹理映射函数是最复杂的。我们需要一个能够接受 z 缓存及其跨距作为参数的新函数，其原型如下：

```
void Draw_Textured_TriangleFSZB16(POLYF4DV2_PTR face, // 指向多边形面的指针
        UCHAR *_dest_buffer, // 指向视频缓存的指针
        int mem_pitch,     // 每行多少字节（320、640 等）
        UCHAR *zbuffer,    // 指向 z 缓存的指针
        int zpitch);      //z 缓存每行多少字节
```

　　这与前一版本相同，只是调用该函数之前，需要正确地设置多边形的 z 坐标，并在调用该函数时传递

一个指向 z 缓存的指针以及该 z 缓存的跨距（每行占据的字节数）。下面是加入 z 缓存支持后，该函数中光栅化循环的代码，其中 z 缓存代码以粗体显示：

```
// 将 screen_ptr 指向起始行
screen_ptr = dest_buffer + (ystart * mem_pitch);

// 将指针 z_ptr 指向起始行
z_ptr = zbuffer + (ystart * zpitch);

for (yi = ystart; yi<=yend; yi++)
  {
  // 计算扫描线端点的坐标
  xstart = ((xl + FIXP16_ROUND_UP) >> FIXP16_SHIFT);
  xend  = ((xr + FIXP16_ROUND_UP) >> FIXP16_SHIFT);

  // 计算 u、v 和 z 的起始值
  ui = ul + FIXP16_ROUND_UP;
  vi = vl + FIXP16_ROUND_UP;
  zi = zl + FIXP16_ROUND_UP;

  // 计算 u、v、z 的增量
  if ((dx = (xend - xstart))>0)
  {
  du = (ur - ul)/dx;
  dv = (vr - vl)/dx;
  dz = (zr - zl)/dx;
  } // end if
  else
  {
  du = (ur - ul);
  dv = (vr - vl);
    dz = (zr - zl);
  } // end else

  // 绘制扫描线
  for (xi=xstart; xi<=xend; xi++)
  {
  //  检查当前像素的 z 值是否小于 z 缓存中相应的值
  if (zi < z_ptr[xi])
    {
  //  绘制像素
  //  首先获取纹素
  textel = textmap[(ui >> FIXP16_SHIFT) +
          ((vi >> FIXP16_SHIFT) << texture_shift2)];

    // 提取 R、B、G 分量
    r_textel = ((textel >> 11)   );
    g_textel = ((textel >> 5) & 0x3f);
    b_textel =  (textel     & 0x1f);
    // 用光照处理后的颜色调制纹素
    r_textel*=r_base;
    g_textel*=g_base;
    b_textel*=b_base;
    // 最后绘制像素
    // 我们将 R、G、B 分别扩大了 32、64 和 32 倍
    // 因此首先需要将它们分别除以 32、64 和 32
    // 但由于要将它们进行移位，以便组成一个 5.6.5 字
    // 因此在移位时一并完成
    screen_ptr[xi] = ((b_textel >> 5) +
            ((g_textel >> 6) << 5) +
```

```
                    ((r_textel >> 5) << 11));

        // 更新 z 缓存
        z_ptr[xi] = zi;
        } // end if

   // 计算下一个像素的 u、v、z
   ui+=du;
      vi+=dv;
      zi+=dz;
   } // end for xi

   // 计算下一条扫描线起点和终点的 x、u、v、z
   xl+=dxdyl;
   ul+=dudyl;
   vl+=dvdyl;
   zl+=dzdyl;

   xr+=dxdyr;
   ur+=dudyr;
   vr+=dvdyr;
   zr+=dzdyr;

   // 将指针 screen_ptr 指向视频缓存的下一行
   screen_ptr+=mem_pitch;

   // 将指针 z_ptr 指向 z 缓存的下一行
   z_ptr+=zpitch;

} // end for y
```

内循环比较复杂，在 z 缓存比较失败时不绘制像素是件好事；在这种情况下，可避免执行很多代码，将跳过下述计算：

```
// 绘制像素
// 首先获取纹素
textel = textmap[(ui >> FIXP16_SHIFT) +
        ((vi >> FIXP16_SHIFT) << texture_shift2)];

//提取 R、B、G 分量
r_textel = ((textel >> 11)    );
g_textel = ((textel >> 5) & 0x3f);
b_textel =  (textel    & 0x1f);

// 用光照处理后的颜色调制纹素
r_textel*=r_base;
g_textel*=g_base;
b_textel*=b_base;
screen_ptr[xi] = ((b_textel >> 5) +
        ((g_textel >> 6) << 5) +
        ((r_textel >> 5) << 11));

// 更新 z 缓存
z_ptr[xi] = zi;
```

有趣的是，随着光栅化函数越来越复杂，我们以为它们的速度会降低，但结果却是更快，因为将其用于真正的游戏世界时得大于失。在这里，通过 z 缓存比较可避免绘制某些像素，这抵消了插值计算对性能的降低；其结果是，像素得到了正确的渲染，而没有付出任何代价。

4. 更新渲染列表函数

最后一个需要加入 z 缓存功能的函数是渲染列表函数。这个函数接受渲染列表作为参数，根据渲染列表中多边形的类型调用相应的光栅化函数。下面是新版本的渲染列表绘制函数：

```
void Draw_RENDERLIST4DV2_SolidZB16(RENDERLIST4DV2_PTR rend_list,
                  UCHAR *video_buffer,
                   int lpitch,
                  UCHAR *zbuffer,
                  int zpitch)
{
// 16 位版本
// 这个函数绘制渲染列表中所有的多边形
// 它根据多边形的光照模型调用相应的光栅化函数


POLYF4DV2 face; // 用于存储要渲染的多边形

for (int poly=0; poly < rend_list->num_polys; poly++)
  {
  // 当且仅当多边形没有被剔除和裁剪掉、处于活动状态并可见时才渲染它
  // 但在线框引擎中，背面的概念无关紧要
  if (!(rend_list->poly_ptrs[poly]->state & POLY4DV2_STATE_ACTIVE) ||
     (rend_list->poly_ptrs[poly]->state & POLY4DV2_STATE_CLIPPED ) ||
     (rend_list->poly_ptrs[poly]->state & POLY4DV2_STATE_BACKFACE) )
    continue; // 进入下一个多边形

  //需要首先检查是否带纹理，因为带纹理的多边形可能使用固定或恒定着色
  // 以便决定调用哪个光栅化函数
  if (rend_list->poly_ptrs[poly]->attr & POLY4DV2_ATTR_SHADE_MODE_TEXTURE)
    {

    // 设置顶点坐标
    face.tvlist[0].x = (float)rend_list->poly_ptrs[poly]->tvlist[0].x;
    face.tvlist[0].y = (float)rend_list->poly_ptrs[poly]->tvlist[0].y;
    face.tvlist[0].z = (float)rend_list->poly_ptrs[poly]->tvlist[0].z;
    face.tvlist[0].u0 = (float)rend_list->poly_ptrs[poly]->tvlist[0].u0;
    face.tvlist[0].v0 = (float)rend_list->poly_ptrs[poly]->tvlist[0].v0;

    face.tvlist[1].x = (float)rend_list->poly_ptrs[poly]->tvlist[1].x;
    face.tvlist[1].y = (float)rend_list->poly_ptrs[poly]->tvlist[1].y;
    face.tvlist[1].z = (float)rend_list->poly_ptrs[poly]->tvlist[1].z;
    face.tvlist[1].u0 = (float)rend_list->poly_ptrs[poly]->tvlist[1].u0;
    face.tvlist[1].v0 = (float)rend_list->poly_ptrs[poly]->tvlist[1].v0;

    face.tvlist[2].x = (float)rend_list->poly_ptrs[poly]->tvlist[2].x;
    face.tvlist[2].y = (float)rend_list->poly_ptrs[poly]->tvlist[2].y;
    face.tvlist[2].z = (float)rend_list->poly_ptrs[poly]->tvlist[2].z;
    face.tvlist[2].u0 = (float)rend_list->poly_ptrs[poly]->tvlist[2].u0;
    face.tvlist[2].v0 = (float)rend_list->poly_ptrs[poly]->tvlist[2].v0;

    // 设置纹理
    face.texture = rend_list->poly_ptrs[poly]->texture;

    // 是否使用固定着色
    if (rend_list->poly_ptrs[poly]->attr &
      POLY4DV2_ATTR_SHADE_MODE_CONSTANT)
      {
      // 以固定着色方式绘制带纹理的三角形
      Draw_Textured_TriangleZB16(&face, video_buffer,
                 lpitch,zbuffer,zpitch);
```

```
      } // end if
    else
    {
    // 使用恒定着色
    face.lit_color[0] = rend_list->poly_ptrs[poly]->lit_color[0];
    Draw_Textured_TriangleFSZB16(&face, video_buffer,
                    lpitch,zbuffer,zpitch);
    } // end else

   } // end if
  else
  if ((rend_list->poly_ptrs[poly]->attr & POLY4DV2_ATTR_SHADE_MODE_FLAT) ||
   (rend_list->poly_ptrs[poly]->attr &
   POLY4DV2_ATTR_SHADE_MODE_CONSTANT) )
   {
   // 使用固定着色
   face.lit_color[0] = rend_list->poly_ptrs[poly]->lit_color[0];

   // 设置顶点坐标
   face.tvlist[0].x = (float)rend_list->poly_ptrs[poly]->tvlist[0].x;
   face.tvlist[0].y = (float)rend_list->poly_ptrs[poly]->tvlist[0].y;
   face.tvlist[0].z = (float)rend_list->poly_ptrs[poly]->tvlist[0].z;

   face.tvlist[1].x = (float)rend_list->poly_ptrs[poly]->tvlist[1].x;
   face.tvlist[1].y = (float)rend_list->poly_ptrs[poly]->tvlist[1].y;
   face.tvlist[1].z = (float)rend_list->poly_ptrs[poly]->tvlist[1].z;

   face.tvlist[2].x = (float)rend_list->poly_ptrs[poly]->tvlist[2].x;
   face.tvlist[2].y = (float)rend_list->poly_ptrs[poly]->tvlist[2].y;
   face.tvlist[2].z = (float)rend_list->poly_ptrs[poly]->tvlist[2].z;

   // 使用基本的恒定着色光栅化函数绘制三角形
   Draw_Triangle_2DZB_16(&face, video_buffer, lpitch,zbuffer,zpitch);

   } // end if
  else
  if (rend_list->poly_ptrs[poly]->attr & POLY4DV2_ATTR_SHADE_MODE_GOURAUD)
   {
   // 设置顶点坐标
   face.tvlist[0].x = (float)rend_list->poly_ptrs[poly]->tvlist[0].x;
   face.tvlist[0].y = (float)rend_list->poly_ptrs[poly]->tvlist[0].y;
   face.tvlist[0].z = (float)rend_list->poly_ptrs[poly]->tvlist[0].z;
   face.lit_color[0] = rend_list->poly_ptrs[poly]->lit_color[0];

   face.tvlist[1].x = (float)rend_list->poly_ptrs[poly]->tvlist[1].x;
   face.tvlist[1].y = (float)rend_list->poly_ptrs[poly]->tvlist[1].y;
   face.tvlist[1].z = (float)rend_list->poly_ptrs[poly]->tvlist[1].z;
   face.lit_color[1] = rend_list->poly_ptrs[poly]->lit_color[1];

   face.tvlist[2].x = (float)rend_list->poly_ptrs[poly]->tvlist[2].x;
   face.tvlist[2].y = (float)rend_list->poly_ptrs[poly]->tvlist[2].y;
   face.tvlist[2].z = (float)rend_list->poly_ptrs[poly]->tvlist[2].z;
   face.lit_color[2] = rend_list->poly_ptrs[poly]->lit_color[2];

   // 绘制使用 Gouraud 着色的三角形
   Draw_Gouraud_TriangleZB16(&face, video_buffer, lpitch, zbuffer, zpitch);
   } // end if gouraud

 } // end for poly

} // end Draw_RENDERLIST4DV2_SolidZB16
```

请读者花些时间研读它，其中每条控制路径都清晰而简单。这个函数检查当前多边形的类型，然后调用相应的光栅化函数。当然，如果使用 C++，只需对函数进行重载或使用虚函数，根本不需要使用 case 语句。然而，C++对于固定设计来说很不错，但我们的设计是零乱的，因此使用 C++并没有多大帮助。我们只是编写代码，试验算法，并查看结果而已。以后，读者编写代码来实现这些功能时，无疑需要以更有效、更清晰的方式进行。

函数 Draw_RENDERLIST4DV2_SolidZB16()的调用方法与其前身 Draw_RENDERLIST4DV2_Solid16() 相同，只是新增了两个参数：指向 z 缓存的指针以及该 z 缓存的跨距（每行占用多少个字节）。

注意：读者可能会问，为何不将指向 z 缓存结构的指针 ZBUFFERV1_PTR 传递给光栅化函数呢？不这样做旨在确保开放性，如果以后决定对 z 缓存结构 ZBUFFERV1 进行升级，将不会影响到渲染函数。

11.4 可能的 z 缓存优化

在光栅化期间对 z 缓存值的计算已经很简单，没有必要再使用汇编语言（SIMD 指令等）。因此，我们的着眼点应该是更高级的优化。有几种可能的优化，下面来介绍它们。

11.4.1 使用更少的内存

第一种让 z 缓存的速度更高些的方法是使其更小些，即使用 16 位而不是 32 位的 z 缓存。这看起来是个不错的主意，但存取速度可能比 32 位缓存更慢。原因在于奔腾处理器是 32 位的设备，更擅强于每次处理 32 位。虽然每行占据的内存越少，高速缓存的连贯性（coherence）越高，但由于对齐方式（alignment）和其他微妙的因素，16 位存取可能降低性能。另外，为确定像素的前后顺序，用 16 位来表示 z 值已接近最低限度了，这是另一个需要考虑的问题。作者发现，由于 z 缓存比较位于光栅化函数的内循环中，使用 16 位的 z 缓存对性能的提高帮助不大。

11.4.2 降低清空 z 缓存的频率

清空 z 缓存需要一些时间。基本上，它相当于将一个 32 位值写入内存所需时间乘以 z 缓存的大小。例如，假设使用的是奔腾Ⅲ，由于高速缓存和其他作用，它写一次内存需要 4 个时钟周期；再假设时钟频率为 500MHz，则一个时钟周期为 2×10^{-9} 秒（2 纳秒）。如果 z 缓存大小为 800×600，则清空 z 缓存需要的时间为：

```
总时间 =
clocks_per_write * width * height * time_per_clock
= 4*800*600*(2x10⁻⁹ s) = 3.84 毫秒
```

这看似不长，但考虑到 60 帧/秒时每帧只持续 16 毫秒，这已经很长了。这意味着有 24％（3.84/16）的时间被用于清空 z 缓存。这是有害的，必须避免。为此，有几种办法：可以使用矩形记录当前帧不涉及的 z 缓存区域，然后不对这些区域进行清空。这听起来不错，但实际上并不管用。另一种方法是根本不清空 z 缓存。然而，这只能使用 1/z 缓存才能实现。由于使用 1/z 缓存时，只要 z>=1，1/z 的值就不可能大于 1.0，我们可以在每帧中都给 1/z 加上一个偏移量，并在更新 1/z 缓存时，使用包含该偏移量的 1/z。这样，在每一帧中，任何像素的 1/z 都比以前各帧中任何像素的 1/z 大。另外，还需要修改 1/z 缓存的比较方式，即仅当像素的 1/z 大于 1/z 缓存中相应的值时，才绘制该像素。图 11.10 说明了这种方法。

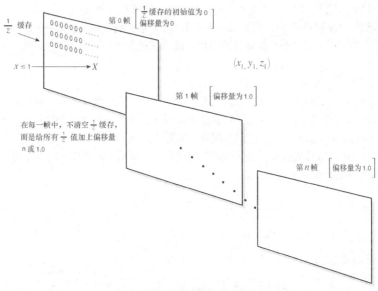

图 11.10　避免清空 1/z 缓存

作为一个例子，这里使用这种技术来绘制两帧。每个像素的 x 和 y 坐标都相同，因此只需要考虑它们的 z 坐标。在每一帧中，都有一系列 x 和 y 坐标相同但 z 坐标不同的像素，以检查这种 1/z 缓存技术是否管用。如果给 1/z 加上偏移量，下一帧将被正确渲染。下面进行验证。

渲染第 0 帧时，1/z 缓存的初始值为 0。各个像素的情况如下：

像素编号	z	1/z	偏移量	最终 1/z（包括偏移量）	像素编号	z	1/z	偏移量	最终 1/z（包括偏移量）
0	10	.100	0	.100	2	5	.200	0	.200
1	12	.083	0	.083					

下面分析第 0 帧的渲染过程。

像素 0 的最终 1/z 为 0.1，大于 0.0，因此被绘制到屏幕上，同时将 1/z 缓存中对应的值修改为 0.1。

像素 1 的最终 1/z 为 0.083，小于 0.1，因此不绘制它，同时 1/z 缓存保持不变。

像素 2 的最终 1/z 为 0.2，大于 0.1，因此绘制它，并将 1/z 缓存中相应的值修改为 0.2。

从上述分析可知，最后被绘制到屏幕上的是离视点最近的像素（像素 2，其 z 值为 5.0）。

渲染第 1 帧时，1/z 缓存中的值为 0.2。各个像素的情况如下：

像素编号	z	1/z	偏移量	最终 1/z（包括偏移量）	像素编号	z	1/z	偏移量	最终 1/z（包括偏移量）
0	5	.200	1.0	1.200	2	3	.333	1.0	1.333
1	2	.5	1.0	1.500					

下面分析第 1 帧的渲染过程。

像素 0 的最终 1/z 为 1.2，大于 0.2，因此绘制它，同时将 1/z 缓存中对应的值修改为 1.2。

像素 1 的最终 1/z 为 1.5，大于 1.2，因此绘制它，同时将 1/z 缓存中对应的值修改为 1.5。

像素 2 的最终 1/z 为 1.33，小于 1.5，因此不绘制它，同时 1/z 缓存保持不变。

从上述分析可知，最后被绘制到屏幕上的是离视点最近的像素（像素 1，其 z 值为 2.0）。

为避免写入延迟，$1/z$ 缓存很不错。唯一的问题是，在某个时刻，$1/z$ 缓存会溢出。这发生在第 n 帧之后，n 为 $1/z$ 缓存在除掉用于存储小数部分后的位后，能存储的最大整数。

11.4.3 混合 z 缓存

下一个优化方法是使用混合 z 缓存。也就是说，这对场景的某一部分使用 z 缓存，对其他部分使用 z 排序。例如，可以对 z 值大于视距 30% 的所有多边形使用 z 排序，因为在大多数时候，这样做不会影响效果；对于 z 值小于视距 30% 的多边形，使用 z 缓存。实际上，这样做的效果非常好。我们首先对较远的多边形进行 z 排序，使用画家算法按从后到前的顺序渲染它们；然后，对于要求顺序绝对正确的较近的多边形，使用 z 缓存。图 11.11 说明了这种方法。

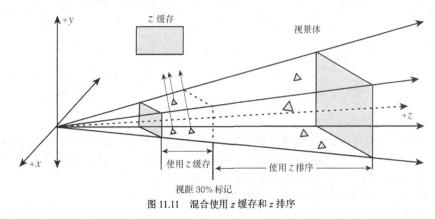

图 11.11　混合使用 z 缓存和 z 排序

11.5　z 缓存存在的问题

最后要说一下 z 缓存的问题。显然，第一个问题是它根本不正确。我们在屏幕空间中使用线性插值来计算并不呈线性变化的值，因此将得到扭曲的结果，但这不是主要问题。z 缓存的主要问题在于，经过透视变换后，z 值并非线性变化的，当视景体非常大时，这将降低精度。换句话说，假设在游戏空间中，远裁剪面离视点的距离为 1 000 000 个单位（对于太空游戏，这完全是合理的）；为准确地表示 1 000 000 个单位，需要 20 位，即使 z 缓存是 32 位的，也只余下 12 位可用于表示 z 值的小数部分。为表示这么大的 z 值范围，降低了 z 缓存的精度。这是 $1/z$ 缓存更好的另一个原因。

11.6　软件和 z 缓存演示程序

首先来说一下软件模块。本章所需的函数和常量都包含在下述库文件中：
- **T3DLIB9.CPP**——C/C++源代码；
- **T3DLIB9.H**——T3DLIB9.CPP 的头文件。

当然，要编译本章的演示程序，除上述两个文件外，还需要 T3DLIB1.CPP|H 到 T3DLIB8.CPP|H。

11.6.1 演示程序 I：z 缓存可视化

首先来看一个技术演示程序。图 11.12 是演示程序 DEMOII11_1.CPP|EXE 的屏幕截图。使用箭头键可以缓慢地移动环境，使用 Z 键可以选择 z 排序或 z 缓存。请选择其中之一，并移动环境使其与玩家物体（player object）相互贯穿；然后在 z 排序和 z 缓存之间来回切换，以了解使用 z 缓存的效果有多么完美。这很好，但如果能够将 z 缓存可视化就更好了。

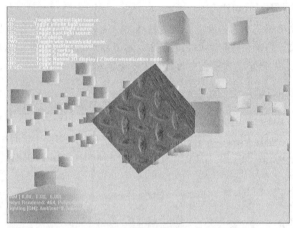

图 11.12 第一个 z 缓存演示程序的屏幕截图

这不难。基本上，作者只是通过一个简单的转换过滤器将 z 缓存复制到帧缓存中，该过滤器将 32 位的 z 值转换为颜色。由于 RGB 是 16 位的，其中高位表示的是红色分量，低位表示的是蓝色分量，这使得 z 缓存相当于一个彩色深度图，红色表示离视点较远，蓝色表示离视点较近，如图 11.13 所示。

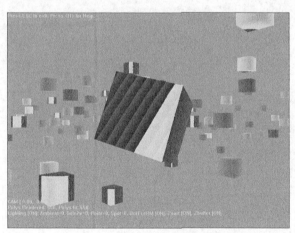

图 11.13 z 缓存可视化模式下的 z 缓存演示

这很不错，它让作者想起了电影 Predator。下面是一些重要的控制方法：

● 箭头键——移动；

● Z——开/关 z 缓存；

- S——开/关 z 排序；
- N——选择物体；
- H——开/关帮助菜单；
- D——在常规渲染和 z 缓存过滤器之间切换；
- Esc——退出演示程序。

要编译该演示程序，需要主.CPP 文件 DEMOII11_1.CPP、库模块 T3DLIB1.CPP|H 到 T3DLIB9.CPP|H，还需要链接 DirectX 库和 WINMM.LIB。

警告：在 z 缓存可视化模式下，将发现颜色是循环的。这是因为 z 值线性地从 0 变化到无穷大，而颜色是 5.6.5 格式的 RGB 值，将 z 值映射到颜色时，当 z 从 0 增加到 65536 时，最后 5 位（表示蓝色分量）将循环 2048 次。然后，总体而言，从蓝色变为红色表示深度增大。

11.6.2 演示程序 II：Wave Raider

为编写这个演示程序，作者以前一章的地形演示程序为基础，对物理模型进行了改进，并进行了水面模拟。z 缓存非常适合用于水面，因为"水面多边形"被绘制在某个水平面上，而摩托艇多边形可穿透水面，看起来部分在水面上，部分在水下。图 11.14 是演示程序 DEMOII11_2.CPP|EXE 的屏幕截图；相对于使用的代码量而言，这很不错。

图 11.14　Wave Raider（非常适合使用 z 缓存来实现穿透水面的效果）

下面是该演示程序的控制方式：
- 回车——发动发动机；
- 右箭头——右转；
- 左箭头——左转；
- 上箭头——踩油门。

以前使用的大部分帮助菜单和引擎控制方式仍然管用：
- Z——开/关 z 缓存；
- S——开/关 z 排序；
- D——在常规渲染方式和 z 缓存过滤器之间切换；

- H——开/关帮助菜单；
- Esc——退出演示程序。

接下来介绍该演示程序的 3 个编程要点。

1．水面赛道

为创建赛道，作者经历了一场小小的恶梦。能够创建高程图的地形生成程序很多，但作者实在太忙，不可能花好几个小时去弄清楚如何使用这些工具来创建赛道。最后，作者找到了两个很有用的程序：

- Terragen——http://www.planetside.co.uk/terragen/；
- Worldmachine——http://students.washington.edu/sschmitt/world/。

这两个程序都有读者可以使用的共享软件版本。作者最后使用 Worldmachine 为这个游戏演示程序创建了高程图。图 11.15 是 Worldmachine 的屏幕截图。

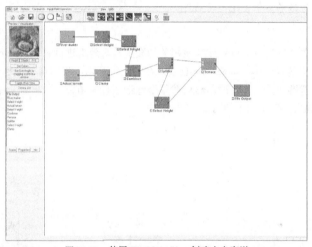

图 11.15　使用 Worldmachine 创建水上赛道

为创建地形，需要使用该程序创建一个高程图和一个纹理图。图 11.16 是灰度格式的高程图，图 11.17 是 Worldmachine 生成的纹理图。高程图是 40×40 的；而纹理图是 256×256 的，但图 11.16 显示的是分辨率更高（512×512）的版本，以便读者能够看清楚。

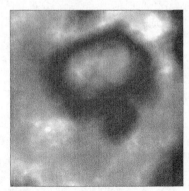

图 11.16　高程图

图 11.17　水上赛道的纹理图

为生成地形做好准备后，调用前一章中的地形生成函数，如下所示：

```
// 生成地形
Generate_Terrain_OBJECT4DV2(&obj_terrain,      // 指向物体的指针
  TERRAIN_WIDTH,         // 地形在世界坐标系中的宽度（沿 x 轴）
  TERRAIN_HEIGHT,        // 地形在世界坐标系中的长度（沿 z 轴）
  TERRAIN_SCALE,         // 地形的最大可能高度
  "water_track_height_04.bmp", // 256 色高程图的文件名
  "water_track_color_03.bmp",  // 纹理图的文件名
  RGB16Bit(255,255,255), // 没有纹理时地形的颜色
  &terrain_pos,          // 初始位置
  NULL,                  // 初始旋转角度
  POLY4DV2_ATTR_RGB16 |
  POLY4DV2_ATTR_SHADE_MODE_FLAT | /*POLY4DV2_ATTR_SHADE_MODE_GOURAUD */
  POLY4DV2_ATTR_SHADE_MODE_TEXTURE );
```

正如读者看到的，生成的地形使用恒定着色。

2. 水波模拟

水波模拟其实很简单，只需使用正弦或其他相关的波函数对地形进行调制（modulate）即可，秘诀在于只调制有水的部分。如果这样考虑，问题并不复杂：在每帧的开始，将用局部坐标表示的初始地形复制到变换后的地形中，以便能够对其进行修改。然后对整个地形运行波函数（稍后将介绍），但只对位于虚拟水平面之下的顶点进行调制。图 11.18 说明了这一点。

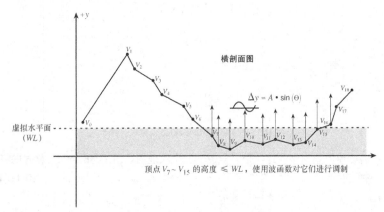

图 11.18　对水平面下的顶点进行调制

下面是对地形中高度小于水平面的顶点进行调制的代码：

```
// 水波生成算法 ///////////////////////////////////////////////

// 使用波函数对地形中每个高度低于水平线的顶点进行调制
for (int v = 0; v < obj_terrain.num_vertices; v++)
  {
  // 只对高度低于水平线的顶点进行调制
  if (obj_terrain.vlist_trans[v].y < WATER_LEVEL)
    obj_terrain.vlist_trans[v].y+=
    WAVE_HEIGHT*sin(wave_count + (float)v/(2*(float)obj_terrain.ivar2+0));
  } // end for v

// 提高改变波形位置
wave_count+=WAVE_RATE;
```

读者可能认为，涉及弹簧常数和波函数等，物理模型一定很复杂。并非如此。只需要一个正弦波和一个计数器。并非编写水波模型不重要，只是有时候可以使用简单的代码来实现特殊效果。

3．摩托艇的物理模型

摩托艇的物理模型与前一章的沙地汽车物理模型相同。基本上，只需修改常量，使摩托艇更有弹性，能够更深入地穿透水面，以演示 z 缓存的用途。从很大程度上说，几乎对物理模型没有做任何修改。玩家启动摩托艇后，地形跟踪算法根据地形情况，将摩托艇往上推或让它下落。有趣的地方在于，通过使用波函数对地形进行调制，使摩托艇看起来随水波上下运动。下面是实现物理模型的代码，摩托艇被放置在相机的前面：

```
// 运动部分 ////////////////////////////////////////////

// 地形跟踪算法确定当前所在的单元格，然后计算其 4 个顶点处的平均高度
// 并根据沙地汽车的当前和地形的平均高度，将摩托艇往上推

// 一些用于地形跟踪的变量
//ivar1 = columns;
//ivar2 = rows;
//fvar1 = col_vstep;
//fvar2 = row_vstep;

int cell_x = (cam.pos.x + TERRAIN_WIDTH/2) / obj_terrain.fvar1;
int cell_y = (cam.pos.z + TERRAIN_HEIGHT/2) / obj_terrain.fvar1;
static float terrain_height, delta;

// 检查是否在地形上
if ( (cell_x >=0) && (cell_x < obj_terrain.ivar1) &&
   (cell_y >=0) && (cell_y < obj_terrain.ivar2) )
  {
  // 计算当前单元格顶点的索引
  int v0 = cell_x + cell_y*obj_terrain.ivar2;
  int v1 = v0 + 1;
  int v2 = v1 + obj_terrain.ivar2;
  int v3 = v0 + obj_terrain.ivar2;

  // 计算平均高度
  terrain_height = 0.25 * (obj_terrain.vlist_trans[v0].y +
             obj_terrain.vlist_trans[v1].y +
             obj_terrain.vlist_trans[v2].y +
             obj_terrain.vlist_trans[v3].y);

  // 计算高度差
  delta = terrain_height - (cam.pos.y - gclearance);

  // 检测是否穿入水面
  if (delta > 0)
   {
   // 给相机一个作用力
   vel_y+=(delta * (VELOCITY_SCALER));

   // 检测是否穿入水面，如果是，立刻向上移动
   // 以免穿透几何体
   cam.pos.y+=(delta*CAM_HEIGHT_SCALER);

   // 根据前进速度和地形坡度调整仰角
   cam.dir.x -= (delta*PITCH_CHANGE_RATE);
```

```
  } // end if

 } // end if

// 减速
if (cam_speed > (CAM_DECEL) ) cam_speed-=CAM_DECEL;
else
if (cam_speed < (-CAM_DECEL) ) cam_speed+=CAM_DECEL;
else
  cam_speed = 0;

// 将相机的方向限制在一定范围内
if (cam.dir.x > (neutral_pitch+PITCH_RETURN_RATE))
   cam.dir.x -= (PITCH_RETURN_RATE);
else
if (cam.dir.x < (neutral_pitch-PITCH_RETURN_RATE))
   cam.dir.x += (PITCH_RETURN_RATE);
  else
   cam.dir.x = neutral_pitch;

// 应用重力
vel_y+=gravity;

// 检查是否在海平面下，如果是，将其置于海平面上
if (cam.pos.y < sea_level)
  {
  vel_y = 0;
  cam.pos.y = sea_level;
  } // end if

// 移动相机
cam.pos.x += cam_speed*Fast_Sin(cam.dir.y);
cam.pos.z += cam_speed*Fast_Cos(cam.dir.y);
cam.pos.y += vel_y;

// 将点光源放置在摩托艇前面
lights2[POINT_LIGHT_INDEX].pos.x = cam.pos.x + 150*Fast_Sin(cam.dir.y);
lights2[POINT_LIGHT_INDEX].pos.y = cam.pos.y + 50;
lights2[POINT_LIGHT_INDEX].pos.z = cam.pos.z + 150*Fast_Cos(cam.dir.y);

// 将摩托艇放在相机前面的水下
obj_player.world_pos.x = cam.pos.x + 120*Fast_Sin(cam.dir.y);
obj_player.world_pos.y = cam.pos.y - 75 + 7.5*sin(wave_count);
obj_player.world_pos.z = cam.pos.z + 120*Fast_Cos(cam.dir.y);
```

编写真正的游戏时，必须让相机始终对准玩家，而不是将相机作为参照系，将玩家置于相机前面。另外，这个物理模型没有摩擦力，因此摩托艇转向的速度非常快。要在物理模型中考虑摩擦力很容易，但作者需要将一些内容留给其他演示程序！

4．音响效果

作者对这个游戏中的音响非常满意。作者将摩托艇、水浪、海洋、水流飞溅以及自己（作为解说员）的声音混合在一起，给玩家以玩游戏的体验。音响效果由三部分组成，下面简要地介绍它们。在游戏中，音响效果非常重要，可能成为游戏有趣还是乏味的分水岭。

（1）解说员

该游戏有 3 个主要部分：解说、下水发令枪响和驾驶摩托艇。启动游戏后，首先是一段解说，然后是摩托艇下水，并有一段解说。

为制作画外音，作者自己进行解说，使用 Sound Forge 以 11kHz、8 位单声道方式进行录制；同时加入一些喧闹声，以增加真实感；最后加入回音。最终效果很不错，朋友们都不敢相信这是我的声音。

（2）水声

水声取自 Sound Ideas General 6000 声音库，这个声音库由 40 张 CD 组成，花了作者大约 2500 美金，不过每个子都花得值。作者使用了较高和较低的两种水波声，以不同的音量并根据摩托艇的速度修改频率。令人惊讶的是，采用 8 位和 11kHz 的采样方式时，水浪声基本上不受影响。当然，水浪声是循环播放的。

（3）摩托艇声音

这是最复杂的部分。使用摩托艇声音旨在营造摩托艇呼啸而过的效果。在现实世界中，很多东西并不发出声音——我们只是想象它发出声音。例如，在电影中，声音被夸张到荒谬的程度。艺术家拍完电影后进行后期制作，旨在让观众看到画面的同时听到声音，即使本来没有声音。

摩托艇有下列几种状态：

- 状态 1——发动机熄火；
- 状态 2——发动机启动（一次）；
- 状态 3——空档（循环）；
- 状态 4——加速（一次）；
- 状态 5——发动机以恒定的速度运转（循环）。

需要发动机启动的声音，作者将 25-HP 外置马达的声音和摩托艇启动的声音混合起来，因为摩托艇启动的声音太小。在空档、加速时使用摩托艇的声音。复杂的地方在于，如何正确地将它们进行混合。为此，作者根据摩托艇的状态、速度以及其他变量来更换声音。例如，当玩家按回车键启动摩托艇时，播放除加速外的其他所有声音。玩家只能听到发动机发动的声音，因为其声音非常大，空档时的声明被覆盖了。然而，此时没有使用状态 5 时的声音，因为摩托艇还是静止的。

当玩家踩油门时，播放加速声音一次，玩家将感觉到摩托艇开始前进。同时，将增加摩托艇的速度。根据摩托艇的速度来调整发动机转动声的频率和音量，速度越快，颠簸越严重，声音越大。玩家松开油门后，将播放空档时的声音。

当然，模拟这些声音的方式很多，除了调整音量外，还有其他地方需要优化；但当前的效果确实不错。

警告：光栅化函数仍存在除零 bug，当退化的三角形被传递给光栅化函数时，演示程序将崩溃。这种情况发生在穿过地形最高处时——那里有青草，位于玩家的左边。

要编译该演示程序，除了主.CPP 文件 DEMOII11_2.CPP 外，还需要库模块 T3DLIB1.CPP|H 到 T3DLIB9.CPP|H，同时需要链接 DirectX 库和 WINMM.LIB。

11.7 总　结

另一个看似复杂的主题又被打得跪地求饶了。学习图形学的技巧是，花些时间在草稿纸上演算范例，理解它，然后所有一切都能解决。现在，我们有了一个相当不错的 3D 引擎，它支持 16 位模式、光照计算、z 缓存和模型加载；速度也相当快，根本不需要优化。以后将继续在引擎中添加功能：完善光照计算、支持层次型物体（如室内关卡）等。从很大程度上说，读者已经掌握了所需 3D 图形学知识的 90%，应感到自豪。

第 四 部 分

高级 3D 渲染

第 12 章　高级纹理映射技术

第 13 章　空间划分和可见性算法

第 14 章　阴影和光照映射

第 12 章　高级纹理映射技术

本章将重点讨论光栅化技术。虽然我们的光栅化内核已经相当高级，但它还不支持 alpha 混合、透视修正纹理映射、纹理滤波、mipmapping、使用 Gouraud 着色处理的纹理映射等。本章将处理这些问题，我们将重新编写所有的光栅化函数。下面是本章将介绍的重要主题：

- 透明度和 alpha 混合；
- 使用 Gouraud 着色处理的纹理映射；
- 透视修正纹理映射；
- $1/z$ 缓存；
- 双线性纹理滤波；
- mipmapping 和三线性纹理滤波；
- 新的物体加载函数；
- 多次渲染。

12.1　纹理映射——第二波

本章编写的光栅化函数如此之多，作者都感觉要爆炸了。仅光栅化函数，代码就有大约 50 000 行，这是因为对于加入到引擎中的每项功能，都编写了一个独立的光栅化函数——作者不想使用通用的光栅化函数，以免降低性能。

编写这些光栅化函数后，提供了一些演示程序。作者认识到，不适合在本章深入探讨光照和阴影——这完全是另一个主题。另外，作者确实想介绍光映射、环境映射和阴影的使用，这需要可用于创建关卡的东西，因此将这些主题推迟到下一章再介绍。在该章中，将介绍空间划分，这样将有关卡编辑工具，供编写光映射演示程序时使用。

本章将介绍很多新技术，如 $1/z$ 缓存、alpha 混合、透视修正纹理映射、mipmapping、双线性和三线性纹理映射等。当然，需要重新编写所有的光栅化函数，本章新增的光栅化函数有 40 多个，编码和调试的工作量很大。作者竭力确保所有光栅化函数的速度都很快，读者将对其速度感到惊讶，而这都是在没有使用汇编语言和进行过多优化的情况下实现的。优化将留到第 16 章去完成。

和以往一样，要编译本章的程序，需要下述新增的库模块和头文件：

- T3DLIB10.CPP——C/C++源文件；
- T3DLIB10.H——头文件。

要编译本章的程序，除上述文件外，还需要包含以前的库模块：T3DLIB1-9.CPP|H；另外还需要链接DirectX .LIB 文件，并正确的设置编译器（生成 Win32 .EXE 文件）。在源代码的开头，都指出了编译程序所需的文件。

在本章中，对于每个主题都将进行简要的介绍，列出重要的实现代码，创建一个演示程序，然后进入下一个主题。有些技术（如三线性滤波）没有实现（或者实现后发现其速度太慢）。

另外，为支持新增的特性，对其他一些函数进行了更新，如地形生成函数、Caligari trueSpace .COB 文件加载函数。和往常一样，这里首先快速地浏览一下头文件，让读者对本章的内容有大致了解。如果读者不能理解这些代码，也不用担心，这里旨在让读者对本章的内容有大致了解。

头文件

下面介绍头文件 T3DLIB10.H。虽然本章后面将详细地介绍这些函数和数据结构，但作者喜欢从介绍全章涉及的全部函数和数据结构开始。首先介绍常量。本章新定义的常量不多，只是定义了一些与定点数运算相关的常量以及一组渲染选项，后面编写一个包罗万象的渲染函数时，需要使用这些渲染选项。

```
// DEFINES ////////////////////////////////////////////////////////

// 用于 alpha 混合的常量
#define NUM_ALPHA_LEVELS          8   // alph 等级数

// 用于 1/z 缓存的常量
#define FIXP28_SHIFT             28   // 用于 1/z 缓存
#define FIXP22_SHIFT             22   // 用于透视修正纹理映射中使用的 u/z 和 v/z

// 用于支持 mipmapping 的新属性
#define POLY4DV2_ATTR_MIPMAP          0x0400  // 多边形是否有 mip 纹理链
#define OBJECT4DV2_ATTR_MIPMAP        0x0008  // 物体是否有 mip 纹理链

///////////////////////////////////////////////////////////////////

// 用于控制渲染函数状态的属性
// 每类控制标记都存储在一个 4 位字节中，这有助于以后扩展

// 不使用 z 缓存，按多边形在渲染列表中的顺序渲染它们
#define RENDER_ATTR_NOBUFFER                  0x00000001

// 使用 z 缓存
#define RENDER_ATTR_ZBUFFER                   0x00000002

// 使用 1/z 缓存
#define RENDER_ATTR_INVZBUFFER                0x00000004

// 使用 mipmapping
#define RENDER_ATTR_MIPMAP                    0x00000010

// 启用 alpha 混合
#define RENDER_ATTR_ALPHA                     0x00000020

// 启用双线性滤波，但只适用于固定着色/仿射纹理映射函数
#define RENDER_ATTR_BILERP                    0x00000040

// 使用仿射纹理映射
#define RENDER_ATTR_TEXTURE_PERSPECTIVE_AFFINE  0x00000100

// 使用完美透视修正纹理映射
```

```
#define RENDER_ATTR_TEXTURE_PERSPECTIVE_CORRECT   0x00000200

// 使用线性分段透视纹理映射
#define RENDER_ATTR_TEXTURE_PERSPECTIVE_LINEAR    0x00000400

// 根据距离混合使用仿射纹理映射和线性分段纹理映射
#define RENDER_ATTR_TEXTURE_PERSPECTIVE_HYBRID1   0x00000800

// 还未实现
#define RENDER_ATTR_TEXTURE_PERSPECTIVE_HYBRID2   0x00001000
```

接下来是一个新增的数据结构，作者称之为渲染场境（rendering context）。使用所需的渲染选项对它进行初始化后，便可以将其作为参数来调用一个可渲染任何东西的函数，而不必像以前那样调用大量不同的渲染函数。下面是这个数据结构的定义：

```
// 这是一种用于表示渲染场境的数据类型
// 我们可以根据需要设置这种数据结构，然后将其作为参数传递给渲染函数
// 从而避免将越来越多的参数传递给渲染函数
typedef struct RENDERCONTEXTV1_TYP
{
int      attr;          // 渲染属性
RENDERLIST4DV2_PTR rend_list; // 指向要渲染的渲染列表的指针
UCHAR *video_buffer;    // 指向视频缓存的指针
int      lpitch;        // 视频缓存的跨距，单位为字节

UCHAR  *zbuffer;        // 指向 z 缓存或 1/z 缓存的指针
int      zpitch;        // z 缓存或 1/z 缓存的跨距
int      alpha_override;  // 用于重新设置所有多边形的 alpha 值

int      mip_dist;      // 最大 mip 距离
int      texture_dist,  // 使用透视/仿射混合模式时，启用仿射纹理映射的距离

// 供以后扩展时使用
int      ival1, ivalu2;
float    fval1, fval2;
void     *vptr;

} RENDERCONTEXTV1, *RENDERCONTEXTV1_PTR;
```

其中的大部分字段读者都不会感到陌生，只有几个字段是新出现的，它们用于支持 mipmapping 和各种经过优化的纹理映射技术，将在讨论相关主题时进行介绍。

接下来介绍全局变量，这里只有一个：帮助执行 alpha 混合的查找表：

```
// 这个查找表中包含各种 RGB 值与某些标量的乘积
extern USHORT rgb_alpha_table[NUM_ALPHA_LEVELS][65536];
```

最后，介绍函数原型，让读者对本章将编写多少个函数以及将完成的工作有大致的了解：

```
// 函数原型 /////////////////////////////////////////////////

// 使用 z 缓存的函数版本
void Draw_Textured_TriangleZB2_16(POLYF4DV2_PTR face, // 指向多边形面的指针
        UCHAR *_dest_buffer, // 指向视频缓存的指针
        int mem_pitch,       // 每行多少个字节（320、640 等）
        UCHAR *zbuffer,      // 指向 z 缓存的指针
        int zpitch);         // z 缓存中每行多少个字节

void Draw_Textured_Bilerp_TriangleZB_16(POLYF4DV2_PTR face,// 指向面的指针
        UCHAR *_dest_buffer, // 指向视频缓存的指针
```

```
        int mem_pitch,      // 每行多少个字节（320、640 等）
        UCHAR *zbuffer,     // 指向 z 缓存的指针
        int zpitch);        // z 缓存中每行多少个字节

void Draw_Textured_TriangleFSZB2_16(POLYF4DV2_PTR face, // 指向面的指针
        UCHAR *_dest_buffer, // 指向视频缓存的指针
        int mem_pitch,      // 每行多少个字节（320、640 等）
        UCHAR *zbuffer,      // 指向 z 缓存的指针
        int zpitch);        // z 缓存中每行多少个字节

void Draw_Textured_TriangleGSZB_16(POLYF4DV2_PTR face,  // 指向面的指针
        UCHAR *_dest_buffer, // 指向视频缓存的指针
        int mem_pitch,      // 每行多少个字节（320、640 等）
        UCHAR *_zbuffer,     // 指向 z 缓存的指针
        int zpitch);        // z 缓存中每行多少个字节

void Draw_Triangle_2DZB2_16(POLYF4DV2_PTR face, // 指向面的指针
        UCHAR *_dest_buffer, // 指向视频缓存的指针
        int mem_pitch,      // 每行多少个字节（320、640 等）
        UCHAR *zbuffer,     // 指向 z 缓存的指针
        int zpitch);        // z 缓存中每行多少个字节

void Draw_Gouraud_TriangleZB2_16(POLYF4DV2_PTR face,   // 指向面的指针
        UCHAR *_dest_buffer,// 指向视频缓存的指针
        int mem_pitch,     // 每行多少个字节（320、640 等）
        UCHAR *zbuffer,     // 指向 z 缓存的指针
        int zpitch);        // z 缓存中每行多少个字节

void Draw_RENDERLIST4DV2_SolidZB2_16(RENDERLIST4DV2_PTR rend_list,
        UCHAR *video_buffer, //指向视频缓存的指针
        int lpitch, // 每行多少个字节（320、640 等）
        UCHAR *zbuffer, // 指向 z 缓存的指针
        int zpitch); // z 缓存中每行多少个字节


// 1/z 缓存版本

void Draw_Textured_TriangleINVZB_16(POLYF4DV2_PTR face, // 指向面的指针
        UCHAR *_dest_buffer, // 指向视频缓存的指针
        int mem_pitch,      // 每行多少个字节（320、640 等）
        UCHAR *zbuffer,     // 指向 z 缓存的指针
        int zpitch);        // z 缓存中每行多少个字节

void Draw_Textured_Bilerp_TriangleINVZB_16(POLYF4DV2_PTR face,//指向面的指针
        UCHAR *_dest_buffer, // 指向视频缓存的指针
        int mem_pitch,      // 每行多少个字节（320、640 等）
        UCHAR *zbuffer,     // 指向 z 缓存的指针
        int zpitch);        // z 缓存中每行多少个字节

void Draw_Textured_TriangleFSINVZB_16(POLYF4DV2_PTR face, // 指向面的指针
        UCHAR *_dest_buffer, // 指向视频缓存的指针
        int mem_pitch,      // 每行多少个字节（320、640 等）
        UCHAR *zbuffer,     // 指向 z 缓存的指针
        int zpitch);        // z 缓存中每行多少个字节

void Draw_Textured_TriangleGSINVZB_16(POLYF4DV2_PTR face,   // 指向面的指针
        UCHAR *_dest_buffer, // 指向视频缓存的指针
        int mem_pitch,      // 每行多少个字节（320、640 等）
        UCHAR *_zbuffer,     // 指向 z 缓存的指针
        int zpitch);        // z 缓存中每行多少个字节
```

```
void Draw_Triangle_2DINVZB_16(POLYF4DV2_PTR face, // 指向面的指针
          UCHAR *_dest_buffer, // 指向视频缓存的指针
          int mem_pitch,    // 每行多少个字节（320、640 等）
          UCHAR *zbuffer,    // 指向 z 缓存的指针
          int zpitch);     // z 缓存中每行多少个字节

void Draw_Gouraud_TriangleINVZB_16(POLYF4DV2_PTR face, // 指向面的指针
          UCHAR *_dest_buffer, // 指向视频缓存的指针
          int mem_pitch,    // 每行多少个字节（320、640 等）
          UCHAR *zbuffer,    // 指向 z 缓存的指针
          int zpitch);     // z 缓存中每行多少个字节

void Draw_Textured_Perspective_Triangle_INVZB_16(POLYF4DV2_PTR face, // 指向面的指针
          UCHAR *_dest_buffer, // 指向视频缓存的指针
          int mem_pitch,    // 每行多少个字节（320、640 等）
          UCHAR *_zbuffer,   // 指向 z 缓存的指针
          int zpitch);     // z 缓存中每行多少个字节

void Draw_Textured_Perspective_Triangle_FSINVZB_16(POLYF4DV2_PTR face, // 指向面的指针
          UCHAR *_dest_buffer,// 指向视频缓存的指针
          int mem_pitch,    // 每行多少个字节（320、640 等）
          UCHAR *_zbuffer,   // 指向 z 缓存的指针
          int zpitch);     // z 缓存中每行多少个字节

void Draw_Textured_PerspectiveLP_Triangle_FSINVZB_16(POLYF4DV2_PTR face, // 指向面的指针
          UCHAR *_dest_buffer, // 指向视频缓存的指针
          int mem_pitch,    // 每行多少个字节（320、640 等）
          UCHAR *_zbuffer,   // 指向 z 缓存的指针
          int zpitch);     // z 缓存中每行多少个字节

void Draw_Textured_PerspectiveLP_Triangle_INVZB_16(POLYF4DV2_PTR face, // 指向面的指针
          UCHAR *_dest_buffer, // 指向视频缓存的指针
          int mem_pitch,    // 每行多少个字节（320、640 等）
          UCHAR *_zbuffer,   // 指向 z 缓存的指针
          int zpitch);     // z 缓存中每行多少个字节

void Draw_RENDERLIST4DV2_SolidINVZB_16(RENDERLIST4DV2_PTR rend_list,
          UCHAR *video_buffer,
        int lpitch,
          UCHAR *zbuffer,
          int zpitch);

// 支持 z 缓存和 alpha 混合
void Draw_Textured_TriangleZB_Alpha16(POLYF4DV2_PTR face, // 指向面的指针
          UCHAR *_dest_buffer, // 指向视频缓存的指针
          int mem_pitch,    // 每行多少个字节（320、640 等）
          UCHAR *zbuffer,    // 指向 z 缓存的指针
          int zpitch,     // z 缓存中每行多少个字节
          int alpha);

void Draw_Textured_TriangleFSZB_Alpha16(POLYF4DV2_PTR face,// 指向面的指针
          UCHAR *_dest_buffer, // 指向视频缓存的指针
          int mem_pitch,    // 每行多少个字节（320、640 等）
          UCHAR *zbuffer,    // 指向 z 缓存的指针
          int zpitch,     // z 缓存中每行多少个字节
          int alpha);

void Draw_Textured_TriangleGSZB_Alpha16(POLYF4DV2_PTR face,// 指向面的指针
          UCHAR *_dest_buffer, // 指向视频缓存的指针
          int mem_pitch,    // 每行多少个字节（320、640 等）
          UCHAR *_zbuffer,   // 指向 z 缓存的指针
```

```
        int zpitch,      // z 缓存中每行多少个字节
        int alpha);

void Draw_Triangle_2DZB_Alpha16(POLYF4DV2_PTR face, // 指向面的指针
        UCHAR *_dest_buffer, // 指向视频缓存的指针
        int mem_pitch,    // 每行多少个字节（320、640 等）
        CHAR *zbuffer,    // 指向 z 缓存的指针
        int zpitch,      // z 缓存中每行多少个字节
        int alpha);

void Draw_Gouraud_TriangleZB_Alpha16(POLYF4DV2_PTR face,  // 指向面的指针
        UCHAR *_dest_buffer, // 指向视频缓存的指针
        int mem_pitch,    // 每行多少个字节（320、640 等）
        UCHAR *zbuffer,    // 指向 z 缓存的指针
        int zpitch,      // z 缓存中每行多少个字节
        int alpha);

void Draw_RENDERLIST4DV2_SolidZB_Alpha16(RENDERLIST4DV2_PTR rend_list,
        UCHAR *video_buffer,
        int lpitch,
          UCHAR *zbuffer,
          int zpitch,
          int alpha_override);

// 支持 1/z 缓存和 alpha 混合
void Draw_Textured_TriangleINVZB_Alpha16(POLYF4DV2_PTR face, // 指向面的指针
        UCHAR *_dest_buffer, // 指向视频缓存的指针
        int mem_pitch,    // 每行多少个字节（320、640 等）
        UCHAR *zbuffer,    // 指向 z 缓存的指针
        int zpitch,      // z 缓存中每行多少个字节
        int alpha);

void Draw_Textured_TriangleFSINVZB_Alpha16(POLYF4DV2_PTR face, // 指向面的指针
        UCHAR *_dest_buffer, // 指向视频缓存的指针
        int mem_pitch,    // 每行多少个字节（320、640 等）
        UCHAR *zbuffer,    // 指向 z 缓存的指针
        int zpitch,      // z 缓存中每行多少个字节
        int alpha);

void Draw_Textured_TriangleGSINVZB_Alpha16(POLYF4DV2_PTR face, // 指向面的指针
        UCHAR *_dest_buffer, // 指向视频缓存的指针
        int mem_pitch,    // 每行多少个字节（320、640 等）
        UCHAR *_zbuffer,    // 指向 z 缓存的指针
        int zpitch,      // z 缓存中每行多少个字节
        int alpha);

void Draw_Triangle_2DINVZB_Alpha16(POLYF4DV2_PTR face, // 指向面的指针
        UCHAR *_dest_buffer, // 指向视频缓存的指针
        int mem_pitch,    // 每行多少个字节（320、640 等）
        UCHAR *zbuffer,    // 指向 z 缓存的指针
        int zpitch,      // z 缓存中每行多少个字节
        int alpha);

void Draw_Gouraud_TriangleINVZB_Alpha16(POLYF4DV2_PTR face, // 指向面的指针
        UCHAR *_dest_buffer, // 指向视频缓存的指针
        int mem_pitch,    // 每行多少个字节（320、640 等）
        UCHAR *zbuffer,    // 指向 z 缓存的指针
        int zpitch,      // z 缓存中每行多少个字节
        int alpha);

void Draw_Textured_Perspective_Triangle_INVZB_Alpha16(POLYF4DV2_PTR face,
```

```
                UCHAR *_dest_buffer,// 指向视频缓存的指针
                int mem_pitch,      // 每行多少个字节（320、640 等）
                UCHAR *_zbuffer,    // 指向 z 缓存的指针
                int zpitch,         // z 缓存中每行多少个字节
                int alpha);

void Draw_Textured_PerspectiveLP_Triangle_INVZB_Alpha16(POLYF4DV2_PTR face,
                UCHAR *_dest_buffer, // 指向视频缓存的指针
                int mem_pitch,       // 每行多少个字节（320、640 等）
                UCHAR *_zbuffer,     // 指向 z 缓存的指针
                int zpitch,          // z 缓存中每行多少个字节
                int alpha);

void Draw_Textured_Perspective_Triangle_FSINVZB_Alpha16(POLYF4DV2_PTR face,
                UCHAR *_dest_buffer, // 指向视频缓存的指针
                int mem_pitch,       // 每行多少个字节（320、640 等）
                UCHAR *_zbuffer,     // 指向 z 缓存的指针
                int zpitch,          // z 缓存中每行多少个字节
                int alpha);

void Draw_Textured_PerspectiveLP_Triangle_FSINVZB_Alpha16(POLYF4DV2_PTR face,
                UCHAR *_dest_buffer, // 指向视频缓存的指针
                int mem_pitch,       // 每行多少个字节（320、640 等）
                UCHAR *_zbuffer,     // 指向 z 缓存的指针
                int zpitch,          // z 缓存中每行多少个字节
                int alpha);

void Draw_RENDERLIST4DV2_SolidINVZB_Alpha16(RENDERLIST4DV2_PTR rend_list,
                UCHAR *video_buffer,
            int lpitch,
                UCHAR *zbuffer,
                int zpitch,
                int alpha_override);

// 不使用缓存的函数
void Draw_Textured_Triangle2_16(POLYF4DV2_PTR face, // 指向面的指针
                UCHAR *_dest_buffer,  // 指向视频缓存的指针
                int mem_pitch);  // 每行多少个字节（320、640 等）

void Draw_Textured_Bilerp_Triangle_16(POLYF4DV2_PTR face, // 指向面的指针
                UCHAR *_dest_buffer, // 指向视频缓存的指针
                int mem_pitch);  // 每行多少个字节（320、640 等）

void Draw_Textured_TriangleFS2_16(POLYF4DV2_PTR face, // 指向面的指针
                UCHAR *_dest_buffer, // 指向视频缓存的指针
                int mem_pitch);  // 每行多少个字节（320、640 等）

void Draw_Triangle_2D3_16(POLYF4DV2_PTR face,  // 指向面的指针
                UCHAR *_dest_buffer,// 指向视频缓存的指针
                int mem_pitch);  // 每行多少个字节（320、640 等）

void Draw_Gouraud_Triangle2_16(POLYF4DV2_PTR face, // 指向面的指针
                UCHAR *_dest_buffer, // 指向视频缓存的指针
                int mem_pitch);  // 每行多少个字节（320、640 等）

void Draw_Textured_TriangleGS_16(POLYF4DV2_PTR face,  // 指向面的指针
                UCHAR *_dest_buffer, // 指向视频缓存的指针
                int mem_pitch);  // 每行多少个字节（320、640 等）

void Draw_Textured_Perspective_Triangle_16(POLYF4DV2_PTR face, // 指向面的指针
                UCHAR *_dest_buffer, // 指向视频缓存的指针
```

```
                    int mem_pitch);    // 每行多少个字节（320、640 等）

void Draw_Textured_PerspectiveLP_Triangle_16(POLYF4DV2_PTR face,
            UCHAR *_dest_buffer, // 指向视频缓存的指针
            int mem_pitch);    // 每行多少个字节（320、640 等）

void Draw_Textured_Perspective_Triangle_FS_16(POLYF4DV2_PTR face,
            UCHAR *_dest_buffer, // 指向视频缓存的指针
            int mem_pitch);    // 每行多少个字节（320、640 等）

void Draw_Textured_PerspectiveLP_Triangle_FS_16(POLYF4DV2_PTR face,
            UCHAR *_dest_buffer, // 指向视频缓存的指针
            int mem_pitch);    // 每行多少个字节（320、640 等）

void Draw_RENDERLIST4DV2_Solid2_16(RENDERLIST4DV2_PTR rend_list,
            UCHAR *video_buffer,
         int lpitch);

// 不使用缓存但支持 alpha 混合的函数
int RGB_Alpha_Table_Builder(int num_alpha_levels,   // alpha 等级数
     USHORT rgb_alpha_table[NUM_ALPHA_LEVELS][65536]); // 查找表

void Draw_Triangle_2D_Alpha16(POLYF4DV2_PTR face,  // 指向面的指针
            UCHAR *_dest_buffer, // 指向视频缓存的指针
            int mem_pitch,    // 每行多少个字节（320、640 等）
            int alpha);
void Draw_Textured_Triangle_Alpha16(POLYF4DV2_PTR face,  // 指向面的指针
            UCHAR *_dest_buffer, // 指向视频缓存的指针
            int mem_pitch,    // 每行多少个字节（320、640 等）
            int alpha);

void Draw_Textured_TriangleFS_Alpha16(POLYF4DV2_PTR face, // 指向面的指针
            UCHAR *_dest_buffer, // 指向视频缓存的指针
            int mem_pitch,    // 每行多少个字节（320、640 等）
            int alpha);

void Draw_Textured_TriangleGS_Alpha16(POLYF4DV2_PTR face,  // 指向面的指针
            UCHAR *_dest_buffer, // 指向视频缓存的指针
            int mem_pitch,    // 每行多少个字节（320、640 等）
            int alpha);

void Draw_Gouraud_Triangle_Alpha16(POLYF4DV2_PTR face,   // 指向面的指针
            UCHAR *_dest_buffer, // 指向视频缓存的指针
            int mem_pitch,    // 每行多少个字节（320、640 等）
            int alpha);

void Draw_RENDERLIST4DV2_Solid_Alpha16(RENDERLIST4DV2_PTR rend_list,
            UCHAR *video_buffer, //指向视频缓存的指针
            int lpitch, //每行多少个字节(320、640 等)
            int alpha_override); //alpha 值

// 新的渲染函数
void Draw_RENDERLIST4DV2_RENDERCONTEXTV1_16(RENDERCONTEXTV1_PTR rc);

// 新的模型加载函数
int Load_OBJECT4DV2_COB2(OBJECT4DV2_PTR obj, // 指向物体的指针
            char *filename,    // Caligari COB 文件的名称
            VECTOR4D_PTR scale, // 初始缩放因子
            VECTOR4D_PTR pos,  // 初始位置
            VECTOR4D_PTR rot,  // 初始旋转角度
            int vertex_flags,  // 顶点顺序反转和变换标记
```

```
        int mipmap=0);         // mipmapping 启用标记
                //1 表示生成 mip 纹理, 0 表示不生成

int Generate_Terrain2_OBJECT4DV2(OBJECT4DV2_PTR obj,  // 指向物体的指针
    float twidth,       // 地形宽度
    float theight,      // 地形长度
    float vscale,       // 最大可能高度
    char *height_map_file, // 256 色高程图的文件名
    char *texture_map_file,// 纹理图的文件名
    int rgbcolor,       // 没有纹理时地形的颜色
    VECTOR4D_PTR pos,   // 初始位置
    VECTOR4D_PTR rot,   // 初始旋转角度
    int poly_attr,      // Shader
    float sea_level=-1, // 海平面高度
    int alpha=-1);      // 海平面下的多边形的 alpha 值

// mipmapping 函数
int Generate_Mipmaps(BITMAP_IMAGE_PTR source,
        BITMAP_IMAGE_PTR *mipmaps, float gamma = 1.01);

int Delete_Mipmaps(BITMAP_IMAGE_PTR *mipmaps, int leave_level_0);
```

12.2　新的光栅化函数

首先要重新编写的是核心渲染函数。我们已经有一组渲染函数，但它们存在一些问题。其中一个主要问题是，在渲染函数中调用三角形光栅化函数时，总是将顶点的各种值截尾成整数，而不是将其保留为浮点数，让光栅化函数以更精确的方式将其转换为定点数。这样做降低了精度。下面是渲染函数将顶点的值传递给三角形光栅化函数之前执行的典型操作：

```
// 设置顶点信息
face.tvlist[0].x = (int)rend_list->poly_ptrs[poly]->tvlist[0].x;
face.tvlist[0].y = (int)rend_list->poly_ptrs[poly]->tvlist[0].y;
```

之所以需要进行截尾，主要原因是用于纹理映射的定点光栅化函数需要使用整型坐标。然而，这样做降低了精度。现在，这个问题得到了解决——所有三角形光栅化函数都接受浮点数作为参数，然后进行四舍五入，将其转换为定点数。

12.2.1　最终决定使用定点数

作者决定使用定点数。在大多数情况下，浮点数的乘除运算比定点数快，但问题是，光栅化从本质上说是一种"位"运算，处理的是 RGB 值、纹理坐标和内存。在这方面，浮点数非常糟糕，在光栅化函数的外循环和内循环对扫描线进行光栅化时，需要在浮点数和整数之间进行转换，其开销是无法承担的。在最糟糕的情况下，浮点数到整数的转换需要 70 个时钟周期，这是完全不能接受的。另外，使用 32 位整数时，可以进行各种使用浮点数无法进行的优化。

因此，除光栅化外，在其他情况下都将使用浮点数。这是最好的选择：在变换和光照计算中使用浮点数，速度更快，精度更高；但在光栅化期间，使用浮点数的开销是无法承担的，因此改用定点数。作者做过试验：编写浮点数、定点数和混合版本的光栅化函数，最终发现 32 位定点数版本的速度要快得多。

然而，为提高小数运算的精度，不能仅使用以前的 16.16 定点数格式，还应补充其他格式，如 4.28 和 10.22，这将在讨论 1/z 缓存和透视修正纹理映射时介绍，它们需要使用新的定点数格式。

总之,从现在开始,我们将在所有光栅化函数中使用定点数;另外,还将在光栅化函数中更严格地遵守左上填充规则。现在,它们的精度超过像素级,纹理映射和实体渲染非常准确。在多边形相邻区域,不会由于错误的填充规则而出现裂缝或重复绘制像素。下面来看一下加入新特性后的光栅化函数。

12.2.2 不使用 z 缓存的新光栅化函数

首先来看一下不使用 z 缓存的光栅化函数。当然,还新增了支持透视修正、alpha 混合和 mipmapping 的光栅化函数,但这里只介绍在原有光栅化函数的基础上修改而成的光栅化函数。下面列出这些函数的原型,并做简要地说明:

```
void Draw_Triangle_2D3_16(POLYF4DV2_PTR face, // 指向面的指针
         UCHAR *_dest_buffer,// 指向视频缓存的指针
         int mem_pitch);     // 每行多少个字节(320、640 等)
```

该函数将使用固定或恒定着色的多边形绘制到屏幕上。它不使用 z 缓存,因此在绘制多边形时不考虑渲染顺序,调用方必须预先对多边形进行排序。在原型方面,除了名称不同外,该函数与 2.0 版完全相同。然而更快、更清晰,精度超过像素级,遵循了左上填充规则。另外,前一个版本将三角形划分成两个:一个平顶三角形和一个平底三角形;但现在它与其他光栅化函数一样,将三角形作为常规三角形进行处理。

```
void Draw_Gouraud_Triangle2_16(POLYF4DV2_PTR face, // 指向面的指针
         UCHAR *_dest_buffer, // 指向视频缓存的指针
         int mem_pitch);   // 每行多少个字节(320、640 等)
```

该函数在前一版本的基础上进行了改进,现在精度超过像素级,更严格地遵守了左上填充规则。

```
void Draw_Textured_Triangle2_16(POLYF4DV2_PTR face, // 指向面的指针
         UCHAR *_dest_buffer,  // 指向视频缓存的指针
         int mem_pitch);    // 每行多少个字节(320、640 等)
```

该函数是在以前的仿射纹理映射函数的基础上改进而成的,现在精度超过像素级,更严格地遵守了左上填充规则。这改善了纹理映射效果,使其看起来更为平滑。

注意:老实说,仿射纹理映射的效果很好,速度很快,作者都不想使用透视修正纹理映射了。

```
void Draw_Textured_TriangleFS2_16(POLYF4DV2_PTR face, // 指向面的指针
         UCHAR *_dest_buffer, // 指向视频缓存的指针
         int mem_pitch);   // 每行多少个字节(320、640 等)
```

该函数是在支持恒定着色的仿射纹理映射函数的基础上改进而成的,现在精度超过像素级,更严格地遵守了左上填充规则。这改善了纹理映射效果,使其看起来更为平滑。

```
void Draw_RENDERLIST4DV2_Solid2_16(RENDERLIST4DV2_PTR rend_list, //绘制渲染列表
         UCHAR *video_buffer, //指向视频缓存的指针
         int lpitch); //每行多少个字节(320、640 等)
```

该函数是调用上述函数(不使用 z 缓存的光栅化函数)的入口。除了不再执行截尾操作外,代码与前一个版本相同,如下所示。

```
void Draw_RENDERLIST4DV2_Solid2_16(RENDERLIST4DV2_PTR rend_list,
                UCHAR *video_buffer,
                int lpitch)
{
// 16 位版本
// 该函数绘制渲染列表中所有的多边形
```

```
// 它根据多边形的光照模型调用相应的光栅化函数

POLYF4DV2 face; // 用于存储当前要渲染的多边形

for (int poly=0; poly < rend_list->num_polys; poly++)
    {
    // 仅当多边形没有被裁剪和剔除掉、处于活动状态且可见时才渲染它
    if (!(rend_list->poly_ptrs[poly]->state & POLY4DV2_STATE_ACTIVE) ||
        (rend_list->poly_ptrs[poly]->state & POLY4DV2_STATE_CLIPPED ) ||
        (rend_list->poly_ptrs[poly]->state & POLY4DV2_STATE_BACKFACE) )
        continue; // 进入下一个多边形

    // 首先检测是否带纹理，因为带纹理的多边形可能使用固定或恒定着色
    // 需要据此调用不同的光栅化函数
    if (rend_list->poly_ptrs[poly]->attr & POLY4DV2_ATTR_SHADE_MODE_TEXTURE)
        {

        // 设置顶点信息
        face.tvlist[0].x = (float)rend_list->poly_ptrs[poly]->tvlist[0].x;
        face.tvlist[0].y = (float)rend_list->poly_ptrs[poly]->tvlist[0].y;
        face.tvlist[0].z = (float)rend_list->poly_ptrs[poly]->tvlist[0].z;
        face.tvlist[0].u0 = (float)rend_list->poly_ptrs[poly]->tvlist[0].u0;
        face.tvlist[0].v0 = (float)rend_list->poly_ptrs[poly]->tvlist[0].v0;

        face.tvlist[1].x = (float)rend_list->poly_ptrs[poly]->tvlist[1].x;
        face.tvlist[1].y = (float)rend_list->poly_ptrs[poly]->tvlist[1].y;
        face.tvlist[1].z = (float)rend_list->poly_ptrs[poly]->tvlist[1].z;
        face.tvlist[1].u0 = (float)rend_list->poly_ptrs[poly]->tvlist[1].u0;
        face.tvlist[1].v0 = (float)rend_list->poly_ptrs[poly]->tvlist[1].v0;

        face.tvlist[2].x = (float)rend_list->poly_ptrs[poly]->tvlist[2].x;
        face.tvlist[2].y = (float)rend_list->poly_ptrs[poly]->tvlist[2].y;
        face.tvlist[2].z = (float)rend_list->poly_ptrs[poly]->tvlist[2].z;
        face.tvlist[2].u0 = (float)rend_list->poly_ptrs[poly]->tvlist[2].u0;
        face.tvlist[2].v0 = (float)rend_list->poly_ptrs[poly]->tvlist[2].v0;


        // 指定纹理
        face.texture = rend_list->poly_ptrs[poly]->texture;

        // 三角形使用固定着色?
        if (rend_list->poly_ptrs[poly]->attr &
            POLY4DV2_ATTR_SHADE_MODE_CONSTANT)
            {
            // 使用固定着色来绘制带纹理的三角形
            Draw_Textured_Triangle2_16(&face, video_buffer, lpitch);
            //Draw_Textured_Perspective_Triangle_16(&face, video_buffer, lpitch);
            } // end if
        else
        if (rend_list->poly_ptrs[poly]->attr & POLY4DV2_ATTR_SHADE_MODE_FLAT)
            {
            // 使用恒定着色
            face.lit_color[0] = rend_list->poly_ptrs[poly]->lit_color[0];
            Draw_Textured_TriangleFS2_16(&face, video_buffer, lpitch);
            //Draw_Textured_Perspective_Triangle_FS_16(&face, video_buffer, lpitch);
            } // end else
        else
            {
            // 必定使用 Gouraud 着色
            face.lit_color[0] = rend_list->poly_ptrs[poly]->lit_color[0];
            face.lit_color[1] = rend_list->poly_ptrs[poly]->lit_color[1];
```

```
      face.lit_color[2] = rend_list->poly_ptrs[poly]->lit_color[2];
      Draw_Textured_TriangleGS_16(&face, video_buffer, lpitch);
      } // end else

   } // end if
else
if ((rend_list->poly_ptrs[poly]->attr & POLY4DV2_ATTR_SHADE_MODE_FLAT) ||
 (rend_list->poly_ptrs[poly]->attr & POLY4DV2_ATTR_SHADE_MODE_CONSTANT) )
   {
   // 使用固定着色处理
   face.lit_color[0] = rend_list->poly_ptrs[poly]->lit_color[0];

   // 设置顶点信息
   face.tvlist[0].x = (float)rend_list->poly_ptrs[poly]->tvlist[0].x;
   face.tvlist[0].y = (float)rend_list->poly_ptrs[poly]->tvlist[0].y;
   face.tvlist[0].z = (float)rend_list->poly_ptrs[poly]->tvlist[0].z;

   face.tvlist[1].x = (float)rend_list->poly_ptrs[poly]->tvlist[1].x;
   face.tvlist[1].y = (float)rend_list->poly_ptrs[poly]->tvlist[1].y;
   face.tvlist[1].z = (float)rend_list->poly_ptrs[poly]->tvlist[1].z;

   face.tvlist[2].x = (float)rend_list->poly_ptrs[poly]->tvlist[2].x;
   face.tvlist[2].y = (float)rend_list->poly_ptrs[poly]->tvlist[2].y;
   face.tvlist[2].z = (float)rend_list->poly_ptrs[poly]->tvlist[2].z;

   // 调用基本光栅化函数来绘制三角形
   Draw_Triangle_2D3_16(&face, video_buffer, lpitch);

   } // end if
else
if (rend_list->poly_ptrs[poly]->attr & POLY4DV2_ATTR_SHADE_MODE_GOURAUD)
   {
   // 设置顶点信息
   face.tvlist[0].x = (float)rend_list->poly_ptrs[poly]->tvlist[0].x;
   face.tvlist[0].y = (float)rend_list->poly_ptrs[poly]->tvlist[0].y;
   face.tvlist[0].z = (float)rend_list->poly_ptrs[poly]->tvlist[0].z;
   face.lit_color[0] = rend_list->poly_ptrs[poly]->lit_color[0];

   face.tvlist[1].x = (float)rend_list->poly_ptrs[poly]->tvlist[1].x;
   face.tvlist[1].y = (float)rend_list->poly_ptrs[poly]->tvlist[1].y;
   face.tvlist[1].z = (float)rend_list->poly_ptrs[poly]->tvlist[1].z;
   face.lit_color[1] = rend_list->poly_ptrs[poly]->lit_color[1];

   face.tvlist[2].x = (float)rend_list->poly_ptrs[poly]->tvlist[2].x;
   face.tvlist[2].y = (float)rend_list->poly_ptrs[poly]->tvlist[2].y;
   face.tvlist[2].z = (float)rend_list->poly_ptrs[poly]->tvlist[2].z;
   face.lit_color[2] = rend_list->poly_ptrs[poly]->lit_color[2];

   // 使用 Gouraud 着色来绘制三角形
   Draw_Gouraud_Triangle2_16(&face, video_buffer, lpitch);

   } // end if gouraud

} // end for poly

} // end Draw_RENDERLIST4DV2_Solid2_16
```

现在使用的是 float：按原样设置顶点的值，不会降低精度。下面来看一下使用 z 缓存的光栅化函数，请暂时将 alpha 混合等新技术抛到脑后。

12.2.3　支持 z 缓存的新光栅化函数

下面列出支持 z 缓存的光栅化函数，其中不包括使用 alpha 混合的函数，因为还没有介绍这种技术。这些函数只是用于替换以前的版本。

```
void Draw_Triangle_2DZB2_16(POLYF4DV2_PTR face, // 指向面的指针
        UCHAR *_dest_buffer, // 指向视频缓存的指针
        int mem_pitch,      // 每行多少个字节（320、640 等）
        UCHAR *zbuffer,     // 指向 z 缓存的指针
        int zpitch);        // z 缓存中每行多少个字节
```

在使用 z 缓存的光栅化函数中，这个函数是最基本的，它使用 z 缓存将三角形绘制到屏幕上，并相应地更新 z 缓存。该函数的精度超过了像素级，并更严格地遵守了左上填充规则。除名称不同外，参数与前一版相同。

```
void Draw_Textured_TriangleZB2_16(POLYF4DV2_PTR face, // 指向多边形面的指针
        UCHAR *_dest_buffer, // 指向视频缓存的指针
        int mem_pitch,      // 每行多少个字节（320、640 等）
        UCHAR *zbuffer,     // 指向 z 缓存的指针
        int zpitch);        // z 缓存中每行多少个字节
```

该函数使用 z 缓存绘制使用固定着色和仿射纹理映射的三角形，其效果比前一个版本更好，因为它的精度超过像素级，且遵守了左上填充规则。同样，调用方法与前一版本相同。

```
void Draw_Textured_TriangleFSZB2_16(POLYF4DV2_PTR face, // 指向面的指针
        UCHAR *_dest_buffer, // 指向视频缓存的指针
        int mem_pitch,      // 每行多少个字节（320、640 等）
        UCHAR *zbuffer,     // 指向 z 缓存的指针
        int zpitch);        // z 缓存中每行多少个字节
```

该函数使用 z 缓存绘制使用恒定着色和仿射纹理映射的三角形，其效果比前一个版本更好，因为它的精度超过像素级，且遵守了左上填充规则。同样，调用方法与前一版本相同。

```
void Draw_Gouraud_TriangleZB2_16(POLYF4DV2_PTR face,   // 指向面的指针
        UCHAR *_dest_buffer,// 指向视频缓存的指针
        int mem_pitch,      // 每行多少个字节（320、640 等）
        UCHAR *zbuffer,     // 指向 z 缓存的指针
        int zpitch);        // z 缓存中每行多少个字节
```

该函数使用 z 缓存绘制使用 Gouraud 着色的三角形，其效果比前一个版本更好，因为它的精度超过像素级，且遵守了左上填充规则。调用方法与前一版本相同。

```
void Draw_RENDERLIST4DV2_SolidZB2_16(RENDERLIST4DV2_PTR rend_list,
            UCHAR *video_buffer,
        int lpitch,
            UCHAR *zbuffer,
            int zpitch);
```

该函数是调用上述函数（使用 z 缓存的光栅化函数）的入口。除了不再执行截尾操作外，其代码与前一个版本相同。

在前一章结束时，我们能够绘制使用固定、恒定或 Gouraud 着色的实心多边形，还能绘制使用仿射纹理映射和固定或恒定着色的多边形。前面介绍的函数也完成这些功能，但精度更高，误差更小。这里不提供使用这些函数的演示程序——它们的效果与以前的函数差别不大。接下来介绍一些效果截然不同的技术。

12.3　使用 Gouruad 着色的纹理映射

这是第一个支持使用 Gouruad 着色的纹理映射的光栅化库版本。作者最初以为使用软件来实现它的速度会很慢，但试验后发现速度足够快。使用定点数的光栅化函数确实很快，为支持 Gouruad 着色需要执行更多的插值运算，这使得内循环更为复杂，但速度并没有降低很多。为支持使用 Gouraud 着色的纹理映射，需要做哪些工作呢？图 12.1 说明了使用固定着色的仿射纹理映射和单色 Gouraud 着色。窍门是将它们合而为一。

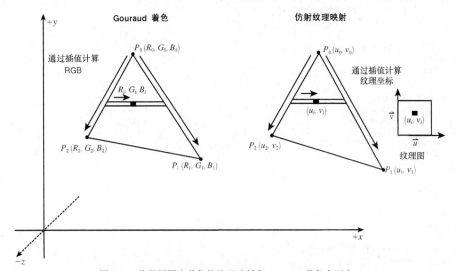

图 12.1　将使用固定着色的纹理映射和 Gouraud 着色合而为一

我们的进攻计划很简单：以绘制单色多边形的 Gouraud 着色函数为基础，加入通过插值计算纹理坐标 u 和 v 的代码。下面是 Gouraud 着色函数（非 z 缓存版本）的内循环代码：

```
// 将指针 screen_ptr 指向起始行
screen_ptr = dest_buffer + (ystart * mem_pitch);

for (yi = ystart; yi < yend; yi++)
   {
   // 计算扫描线端点的 x 坐标
   xstart = ((xl + FIXP16_ROUND_UP) >> FIXP16_SHIFT);
   xend  = ((xr + FIXP16_ROUND_UP) >> FIXP16_SHIFT);

   // 计算 u、v 和 w 的起始值
   ui = ul + FIXP16_ROUND_UP;
   vi = vl + FIXP16_ROUND_UP;
   wi = wl + FIXP16_ROUND_UP;

   // 计算 u、v 和 w 的增量
   if ((dx = (xend - xstart))>0)
   {
   du = (ur - ul)/dx;
   dv = (vr - vl)/dx;
```

```
dw = (wr - wl)/dx;
} // end if
else
{
du = (ur - ul);
dv = (vr - vl);
dw = (wr - wl);
} // end else

// 绘制扫描线
for (xi=xstart; xi < xend; xi++)
{
// 绘制像素
  screen_ptr[xi] = ((ui >> (FIXP16_SHIFT+3)) << 11) +
        ((vi >> (FIXP16_SHIFT+2)) << 5) +
        (wi >> (FIXP16_SHIFT+3));

// 计算下一个像素的 u、v 和 w
ui+=du;
vi+=dv;
wi+=dw;
} // end for xi

    // 计算下一条扫描线端点的 u、v、w 和 x
xl+=dxdyl;
ul+=dudyl;
vl+=dvdyl;
wl+=dwdyl;

xr+=dxdyr;
ur+=dudyr;
vr+=dvdyr;
wr+=dwdyr;

// 将指针 screen_ptr 指向下一行
screen_ptr+=mem_pitch;
} // end for y
```

其中最内面的循环代码（绘制一条扫描线）为粗体，它使用 16.16 定点格式，通过插值计算 R、G、B 分量，并将其存储在变量 u、v 和 w 中。下面的代码段根据定点值生成一个 5.6.5 格式的 16 位 RGB 字，并将其绘制到屏幕上：

```
screen_ptr[xi] = ((ui >> (FIXP16_SHIFT+3)) << 11) +
        ((vi >> (FIXP16_SHIFT+2)) << 5) +
        (wi >> (FIXP16_SHIFT+3));
```

除此之外，Gouraud Shader 没有其他特别之处。下面来看看仿射纹理映射函数中的插值代码：

```
// 将指针 screen_ptr 指向起始行
screen_ptr = dest_buffer + (ystart * mem_pitch);

for (yi = ystart; yi < yend; yi++)
  {
  // 计算扫描线端点的 x 坐标
  xstart = ((xl + FIXP16_ROUND_UP) >> FIXP16_SHIFT);
  xend  = ((xr + FIXP16_ROUND_UP) >> FIXP16_SHIFT);

  // 计算 u 和 v 的起始值
  ui = ul + FIXP16_ROUND_UP;
  vi = vl + FIXP16_ROUND_UP;
```

```
// 计算 u 和 V 的增量
if ((dx = (xend - xstart))>0)
   {
du = (ur - ul)/dx;
dv = (vr - vl)/dx;
} // end if
else
   {
  du = (ur - ul);
  dv = (vr - vl);
} // end else

// 绘制扫描线
for (xi=xstart; xi < xend; xi++)
{
// 绘制像素
  screen_ptr[xi] = textmap[(ui >> FIXP16_SHIFT) +
             ((vi >> FIXP16_SHIFT) << texture_shift2)];

// 计算下一个像素的 u 和 v
ui+=du;
vi+=dv;
} // end for xi

// 计算下一条扫描线端点的 u、v 和 x
xl+=dxdyl;
ul+=dudyl;
vl+=dvdyl;

xr+=dxdyr;
ur+=dudyr;
vr+=dvdyr;

// 将指针 screen_ptr 指向下一行
screen_ptr+=mem_pitch;
} // end for y
```

同样，绘制像素的代码也很简单。将定点数纹理坐标 ui 和 vi 从 16.16 定点格式转换为整数，然后使用它们来访问纹理图，再将纹素写入到内存中，仅此而已。因此，将这两个函数合并成一个不应太难。读者需要牢记的是，我们使用 Gouraud 着色来处理纹理，但和使用恒定着色的纹理映射函数中一样，我们假定纹理下面的多边形最初的颜色为白色，据此执行光照计算，然后使用光照处理后的多边形颜色来调制纹理颜色。图 12.2 说明了这个处理过程中的数据流程。

基本上，同时执行 Gouraud 着色和纹理映射。Gouraud 着色部分通过插值计算 R、G、B（用变量 u、v、w 表示），而纹理映射部分通过插值计算 u 和 v（用变量 s 和 t 表示）。最后是

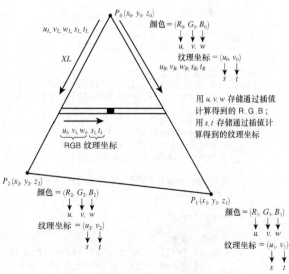

图 12.2　Gouraud 纹理映射函数中的插值计算流程

存取纹素和颜色调制。下面是从完成后的 Gouraud 纹理映射函数中摘录的代码：

```
// 将指针 screen_ptr 指向起始行
screen_ptr = dest_buffer + (ystart * mem_pitch);

for (yi = ystart; yi < yend; yi++)
  {
  // 计算扫描线端点的 x 坐标
  xstart = ((xl + FIXP16_ROUND_UP) >> FIXP16_SHIFT);
  xend  = ((xr + FIXP16_ROUND_UP) >> FIXP16_SHIFT);

  // 计算扫描线起点的 u、v、w、s 和 t
  ui = ul + FIXP16_ROUND_UP;
  vi = vl + FIXP16_ROUND_UP;
  wi = wl + FIXP16_ROUND_UP;

  si = sl + FIXP16_ROUND_UP;
  ti = tl + FIXP16_ROUND_UP;
  // 计算 u 和 v 的增量
  if ((dx = (xend - xstart))>0)
    {
    du = (ur - ul)/dx;
    dv = (vr - vl)/dx;
    dw = (wr - wl)/dx;

    ds = (sr - sl)/dx;
    dt = (tr - tl)/dx;
    } // end if
  else
    {
    du = (ur - ul);
    dv = (vr - vl);
    dw = (wr - wl);

    ds = (sr - sl);
    dt = (tr - tl);

    } // end else

  // 绘制扫描线
  for (xi=xstart; xi < xend; xi++)
    {
    // 首先读取纹素
    textel = textmap[(si >> FIXP16_SHIFT) +
            ((ti >> FIXP16_SHIFT) << texture_shift2)];

    // 提取 R、G、B 分量
    r_textel = ((textel >> 11)    );
    g_textel = ((textel >> 5) & 0x3f);
    b_textel =  (textel    & 0x1f);

    // 使用 Gouraud 着色得到的颜色对纹素进行调制
    r_textel*=ui;
    g_textel*=vi;
    b_textel*=wi;

    // 最后绘制像素
    screen_ptr[xi] = ((b_textel >> (FIXP16_SHIFT+8)) +
            ((g_textel >> (FIXP16_SHIFT+8)) << 5) +
            ((r_textel >> (FIXP16_SHIFT+8)) << 11));
```

```
// 计算下一个像素的 u、v、w、s、t
ui+=du;
vi+=dv;
wi+=dw;

si+=ds;
ti+=dt;

} // end for xi

// 计算下一条扫描线起点的 u、v、w、x、s 和 t
xl+=dxdyl;
ul+=dudyl;
vl+=dvdyl;
wl+=dwdyl;

sl+=dsdyl;
tl+=dtdyl;

xr+=dxdyr;
ur+=dudyr;
vr+=dvdyr;
wr+=dwdyr;

sr+=dsdyr;
tr+=dtdyr;

// 将指针 screen_ptr 指向下一行
screen_ptr+=mem_pitch;

} // end for y
```

和以往一样，内循环代码用粗体显示。它首先提取要对其进行 Gouraud 着色的纹素：

```
r_textel = ((textel >> 11)    );
g_textel = ((textel >> 5) & 0x3f);
b_textel =  (textel     & 0x1f);
```

现在，r_textel、g_textel 和 b_textel 中存储的是以 5.6.5 格式表示的纹素的 RGB 值。需要将它们分别乘以对多边形进行 Gouraud 着色得到的颜色的 R、G、B 分量，代码如下：

```
r_textel*=ui;
g_textel*=vi;
b_textel*=wi;
```

现在暂停一会儿，来看看定点数运算情况。进行颜色调制之前，r_textel、g_textel 和 b_textel 不是定点数，而是整数，它们的取值范围分别是 0～31、0～63 和 0～31。然而，ui、vi 和 wi 是定点数，将定点数和整数相乘时，结果为定点数。现在，r_textel、g_textel 和 b_textel 存储的是对纹理进行 Gouraud 着色后得到的颜色的 R、G、B 分量，且为定点数，因此需要从这三个变量中提取正确的数据。为此，需要对它们进行缩放和移位，然后通过组合得到最终的像素颜色，然后绘制它。下面的代码通过位运算来进行缩放和移位，并将 R、G、B 分量格式化为 5.6.5 格式，然后绘制到屏幕上：

```
screen_ptr[xi] = ((b_textel >> (FIXP16_SHIFT+8)) +
        ((g_textel >> (FIXP16_SHIFT+8)) << 5) +
        ((r_textel >> (FIXP16_SHIFT+8)) << 11));
```

注意：例如，将定点数 10 和 10 相加时，结果为定点数 20，这与将定点数 10 乘以 2 等效。下面来看看其原因。使用 16.16 格式时，定点数 10 为 10*65536（这是因为它将被存储在前 16 位中，这相当于左移 16 位，即乘以 2^{16}——译者注）。因此，将两个定点数 10 相加时，结果为：

$$(10*65536) + (10*65536) = (20*65536) = (2*10*65536) = 2*(10*65536)$$

因此，将定点数乘以或除以整数时，结果仍为定点数。

Gouraud 纹理映射函数进行光栅化时，对于每个像素，只需执行三次乘法运算和几次加法/移位运算，因此速度非常快。这就是作者坚持使用定点数的原因——如果在这个函数中使用浮点数，浮点数转换的开销将让您承担不起。

读者可能在考虑提高该函数的速度的方法。方法有很多，但就算法而言，该函数的代码几乎是最优的，这意味着为完成工作，它所做的工作量几乎是最少的。可以采用两种位缩放（bit-scaling）操作，但从很大程度上说，要得到相同的结果，几乎没有办法再减少工作量了。

使用查找表可能会有所帮助，但它们会带来存储空间的问题，我不能确定是否有这么多的内存供它们使用。最明显的方法是，创建一个查找表，在其中存储了各种纹素颜色和 Gouraud 插值计算得到的各种 RGB 值的乘积。这个表将非常大，因为需要包含两个 5.6.5 格式 RGB 值的全部组合，一共有 65536*665536 = 2^{32} 组合，大约是 40 亿。这太大了。另一种方法是，压缩颜色空间，例如将其压缩到 12 位，这将有 $2^{12}*2^{12}$ 种组合，大约是 1670 万。这仍然太大，而颜色空间却缩小了很多。并非不能使用查找表，但可能是不明智的。要提高上述代码的速度，只能重新调整顺序和进行其他微妙的修改——其结构已经非常好了。

下面是不使用 z 缓存的 Gouraud 纹理映射函数的原型：

```
void Draw_Textured_TriangleGS_16(POLYF4DV2_PTR face,  // 指向多边形面的指针
          UCHAR *_dest_buffer, // 指向视频缓存的指针
          int mem_pitch)      // 每行多少个字节（320、640 等）
```

其调用方法与恒定着色版本相同，但由于它使用 Gouraud 着色和纹理映射，因此您必须设置纹理坐标 u 和 v 以及顶点颜色，后者必须存储在顶点颜色数组 lit_color[ ]中。下面是该函数的 z 缓存版本：

```
void Draw_Textured_TriangleGSZB_16(POLYF4DV2_PTR face,// 指向多边形面的指针
          UCHAR *_dest_buffer, // 指向视频缓存的指针
          int mem_pitch,      // 每行多少个字节（320、640 等）
          UCHAR *_zbuffer,    // 指向 z 缓存的指针
          int zpitch);        // z 缓存中每行多少个字节
```

同样调用该函数时，必须设置多边形的纹理坐标和顶点颜色，另外还需要指定 z 缓存及其跨距。例如，下面的代码摘自一个渲染函数，它们为调用 Gouraud 纹理映射函数做准备：

```
// 设置顶点坐标和纹理坐标
face.tvlist[0].x = (float)rend_list->poly_ptrs[poly]->tvlist[0].x;
face.tvlist[0].y = (float)rend_list->poly_ptrs[poly]->tvlist[0].y;
face.tvlist[0].z = (float)rend_list->poly_ptrs[poly]->tvlist[0].z;
face.tvlist[0].u0 = (float)rend_list->poly_ptrs[poly]->tvlist[0].u0;
face.tvlist[0].v0 = (float)rend_list->poly_ptrs[poly]->tvlist[0].v0;

face.tvlist[1].x = (float)rend_list->poly_ptrs[poly]->tvlist[1].x;
face.tvlist[1].y = (float)rend_list->poly_ptrs[poly]->tvlist[1].y;
face.tvlist[1].z = (float)rend_list->poly_ptrs[poly]->tvlist[1].z;
face.tvlist[1].u0 = (float)rend_list->poly_ptrs[poly]->tvlist[1].u0;
face.tvlist[1].v0 = (float)rend_list->poly_ptrs[poly]->tvlist[1].v0;

face.tvlist[2].x = (float)rend_list->poly_ptrs[poly]->tvlist[2].x;
```

```
face.tvlist[2].y = (float)rend_list->poly_ptrs[poly]->tvlist[2].y;
face.tvlist[2].z = (float)rend_list->poly_ptrs[poly]->tvlist[2].z;
face.tvlist[2].u0 = (float)rend_list->poly_ptrs[poly]->tvlist[2].u0;
face.tvlist[2].v0 = (float)rend_list->poly_ptrs[poly]->tvlist[2].v0;

// 指定纹理
face.texture = rend_list->poly_ptrs[poly]->texture;

// 设置顶点颜色
face.lit_color[0] = rend_list->poly_ptrs[poly]->lit_color[0];
face.lit_color[1] = rend_list->poly_ptrs[poly]->lit_color[1];
face.lit_color[2] = rend_list->poly_ptrs[poly]->lit_color[2];
```

由于 Gouraud 着色和纹理映射都介绍过多次，因此这里介绍 Gouraud 纹理映射的步伐非常快，我们只是将这两种技术合并到一个函数中而已。

有关使用 Gouraud 纹理映射的演示程序，请参阅 DEMOII12_1.CPP|EXE，图 12.3 是该演示程序运行时的屏幕截图。它在屏幕上显示一组从左到右分别使用固定、恒定和 Gouraud 着色且都带纹理的物体，让读者能够看到质量有何不同。要更换物体，可按 1、2 和 3 键。对于带角的物体，Gouraud 纹理映射并没有多大帮助，但对于圆润的物体，它确实有很大的影响。

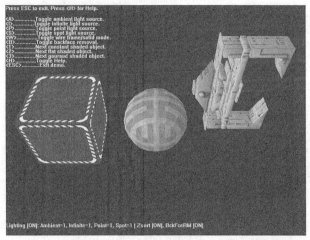

图 12.3　使用 Gouraud 纹理映射函数的演示程序的屏幕截图

12.4　透明度和 alpha 混合

说实话，对于在引擎中加入透明度支持会不会极大地降低速度，作者有些担心。从理论上说，alpha 混合/透明度只不过是简单的混合操作。给定两个像素 p_source1(r, g, b) 和 p_source2(r, g, b) 和混合因子（我们将其称为 alpha，其取值范围为 0～1），计算最终像素 p_final(r, g, b)（将前两个像素混合起来）的公式如下：

p_final = (alpha)*(p_source1) + (1-alpha)*(p_source2)

每个像素实际上都由三个分量 r、g 和 b 组成，因此上述公式实际上是这样的：

p_finalr = (alpha)*(p_source1r) + (1-alpha)*(p_source2r)

```
p_finalg = (alpha)*(p_source1g) + (1-alpha)*(p_source2g)
p_finalb = (alpha)*(p_source1b) + (1-alpha)*(p_source2b)
```

如果 alpha = 1，则 p_source1 是完全不透明的，p_source2 无论是什么样的都无关紧要。同样，如果 alpha = 0，则 p_source1 是完全透明的，而 p_source2 是完全不透明的。最后，如果 alpha = 0.5，将按 50/50 的方式混合 p_source1 和 p_source2。这就是透明度/alpha 混合技术的基础。我们面临的主要问题有三个：

- 如何能够以足够快的速度执行这种复杂的数学运算？
- 如何在引擎中支持 alpha 混合？即如何指出多边形有 alpha 值？
- 如何处理 DirectX 在读取后缓存时速度将降低 30 倍的问题？

后两个问题将推迟到后面去解决，因为它们是更为高级的问题；现在只解决第一个问题。

对于每个像素，alpha 混合都涉及 6 次乘法运算和 3 次加法运算。在大量使用 alpha 混合的情况下，仅这些运算就让我们承担不起，因此蛮干（brute force）是绝对行不通的。我们确实可以在光栅化循环中对每个像素执行 alpha 混合运算，但这是不能接受的。有更好的办法，这就是查找表。

12.4.1 使用查找表来进行 alpha 混合

我们面临的问题时，为支持 alpha 混合，计算量很大，如下所示：

```
p_finalr = (alpha)*(p_source1r) + (1-alpha)*(p_source2r)
p_finalg = (alpha)*(p_source1g) + (1-alpha)*(p_source2g)
p_finalb = (alpha)*(p_source1b) + (1-alpha)*(p_source2b)
```

这包括 6 次乘法运算和 4 次加法运算（其中一次是计算常量 1-alpha）。这不仅仅是数学运算的问题：除了对像素执行上述计算外，还需要提取颜色分量值，因为它们是以 RGB 格式存储的。因此，我们将创建一个这样的查找表：通过它可以根据两个 5.6.5 格式的 RGB 值和一个 0～255 的 alpha 值得到混合结果，如图 12.4 所示。当然，我们再次面临困境：查找表非常大。下面来计算查找表的大小。

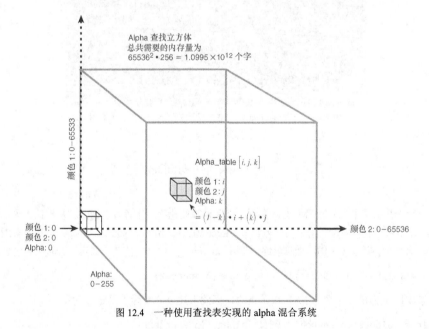

图 12.4　一种使用查找表实现的 alpha 混合系统

查找表的输入有三个：
- 颜色 1：RGB 格式，长 16 位；
- 颜色 2：RGB 格式，长 16 位；
- 混合因子：0～255，长 8 位。

因此，查找表需要存储颜色 1、颜色 2 和混合因子的各种组合的结果，总组合数为：

$$65536 * 65536 * 256 = 1.0995 \times 10^{12}$$

不用说，如果不进行调整，这种方法是不可行的。下面从另一个角度来考虑这个问题。再来看看 alpha 混合的计算公式：

```
p_finalr = (alpha)*(p_source1r) + (1-alpha)*(p_source2r)
p_finalg = (alpha)*(p_source1g) + (1-alpha)*(p_source2g)
p_finalb = (alpha)*(p_source1b) + (1-alpha)*(p_source2b)
```

如果不考虑一次性解决整个问题，可以将重点放在子问题上。在上述公式中，主要的计算是将 alpha 因子以及 1-alpha 分别与 R、G、B 分量相乘。我们可以创建一个包含 65536 个条目的查找表，每个条目都是特定 alpha 值（如 0.5）和不同 5.6.5 格式的 RGB 值相乘的结果，如图 12.5 所示。

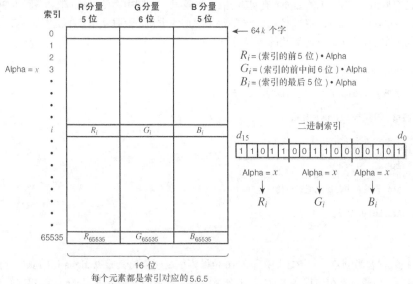

图 12.5　一个效率更高的 alpha 查找表系统

有了上述查找表后，要计算 alpha 为 0.5 时两个像素的混合结果，只需执行两次表查找操作和一个加法运算，如下所示：

```
p_final = alphatable[p_source1] + alphatable[p_source2];
```

通过使用一个包含 65536 个条目，每个条目占用 16 位的查找表，我们将下述计算：

```
p_finalr = (alpha)*(p_source1r) + (1-alpha)*(p_source2r)
p_finalg = (alpha)*(p_source1g) + (1-alpha)*(p_source2g)
```

```
p_finalb = (alpha)*(p_source1b) + (1-alpha)*(p_source2b)
```

转换为了如下运算：

```
p_final = alphatable[p_source1] + alphatable[p_source2];
```

这种运算的速度非常快。然而，您可能需要使用其他的 alpha 值。每个 alpha 查找表的大小为 64K 个字，如果要下面支持 8 种均匀分布的 alpha 值：

```
0, .125, .250, .375, .5, .625, .75, 1.00
```

将需要 8 个 alpha 查找表，总共为 8*64 = 521KB 个字。这是能够承担得起的。

注意：读者可能注意到了，并不需要 alpha 为 0 和 alpha 为 1.0 的查找表。我们可以使用条件逻辑来处理这两种情况：如果 alpha 为 0，则像素是完全透明的，只需要将另一个像素作为计算结果即可；同样，如果 alpha 为 1.0，只需向通常那样绘制像素即可，根本不需要考虑 alpha 混合，因为 alpha 为 1.0 表示完全不透明。就现在而言，为使支持 alpha 混合的光栅化函数更为清晰，我们将使用这两个 alpha 查找表，而不考虑这两种特殊情形。

最后，我们将为一组 0～1 的 alpha 值创建 alpha 查找表，在其中存储 alpha 值和各种 RGB 值的乘积。计算乘积时，我们不计算 alpha 值和 0～65535 的每个整数的乘积，而是从整数中提取 R、G、B 分量，然后将 alpha 值分别同它们相乘。这种算法的伪代码如下：

```
for(0 到 65535 的每个颜色值)
  begin
    将颜色值视为 5.6.5 格式，从中提取 R、G、B 分量

    然后将每个分量与 alpha 值相乘

    r=r*alpha
    g=g*alpha
    b=b*alpha
    最后根据 R、G、B 分量生成一个 16 位的颜色字
    并其存储到查找表中与颜色值对应的位置：

    alphatable[value] = r.g.b

  end
```

alpha 查找表很容易创建。关键之处在于，16 位的索引表示要将其乘以 alpha 值的颜色，但不是将索引与 alpha 值相乘，而是从索引中提取 R、G、B 分量，然后将它们分别乘以 alpha 值，再将它们组合成一个 16 位颜色值。为支持足够多的 alpha 值以便能够正确地进行混合，需要创建多个 alpha 查找表，可能是 8 个或 6 个。作者决定使用 8 个 alpha 查找表，但读者可以通过修改常量来控制 alpha 查找表数目。下面是存储 alpha 查找表的全局数组，它是在 T3DLIB10.CPP 中声明的：

```
USHORT rgb_alpha_table[NUM_ALPHA_LEVELS][65536];
```

当前 NUM_ALPHA_LEVEL 被设置为 8，支持 8 个 alpha 等级，每个等级之间相差 0.125。另外，正如读者看到的，alpha 查找表是按行分布的，每行表示一个不同的 alpha 值，图 12.6 说明了这一点。

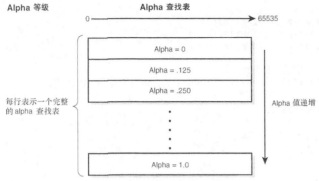

图 12.6 使用多个查找表

下面是用于创建 alpha 查找表的函数 RGB_Alpha_Table_Builder()：

```
int RGB_Alpha_Table_Builder(int num_alpha_levels, // alpha 等级数
USHORT rgb_alpha_table[NUM_ALPHA_LEVELS][65536]) // 查找表
{
// 该函数创建 alpha 查找表
// 创建该查找表的原因如下：
// 不能使用下述公式来对两个 RGB 值进行 alpha 混合
// final = (alpha)*(source1RGB) + (1-alpha)*(source2RGB)
// 原因是需要分别对 R、G、B 分量执行乘法运算
// 这要求首先从源像素中提取 R、G、B，将其分别与 alpha 和 1-alpha 相乘
// 再将结果相加得到最终的像素值
// 为提高上述运算的速度，可使用一个查找表
// 如果将输入的 RGB 视为一个数字，将其与 alpha 因子相乘的结果存储在查找表中
// 便可以将 alpha 混合运算简化为两次查表操作和一次加法运算
// 从而避免 6 次乘法运算和所有的移位运算
// 这个函数创建一个包含 num_alpha_levels 行的查找表
// 每个包含 65536 个条目
// 各个条目为 RGB 值与 alpha 因子的乘积
// 另外，num_alpha_levels 必须是 2 的幂
// 如果 num_alpha_levels 为 8，查找表将包含 8 行
// 每行分别是 65536 种 RGB 值的 8/8、7/8、6/8...1/8、0/8


// 检查指针是否有效
if (!rgb_alpha_table)
  return(-1);

int r,g,b; // 用于存储从 rgbindex 中提取的 R、G、B 分量


float alpha     = 0;
float delta_alpha = EPSILON_E6 + 1/((float)(num_alpha_levels-1));


// 需要 num_alpha_level 行
for (int alpha_level = 0; alpha_level < num_alpha_levels; alpha_level++)
  {
// 假设使用的是 RGB 4.4.4 格式
// 有 65536 个 RGB 需要计算
for (int rgbindex = 0; rgbindex < 65536; rgbindex++)
  {
  // 假设格式为 5.6.5，从 rgbindex 中提取 R、G、B 分量
  _RGB565FROM16BIT(rgbindex, &r, &g, &b);
```

```
// 计算乘积
r = (int)( (float)r * (float)alpha );
g = (int)( (float)g * (float)alpha );
b = (int)( (float)b * (float)alpha );

// 生成 RGB 值，并将其存储到查找表中
rgb_alpha_table[alpha_level][rgbindex] = _RGB16BIT565(r,g,b);

} // end for rgbindex

// 计算下一个 alpha 值
alpha+=delta_alpha;

} // end for row

// 成功返回
return(1);

} // end RGB_Alpha_Table_Builder
```

要使用该函数，只需使用 alpha 等级数和存储 alpha 查找表的数组作为参数调用它即可。在本章中，它们是常量和全局变量，因此这样调用该函数：

```
RGB_Alpha_Table_Builder(NUM_ALPHA_LEVELS, rgb_alpha_table);
```

创建 alpha 查找表后，接下来介绍如何使用它们。

1. 在基本光栅化函数中加入 alpha 混合功能

将 alpha 混合功能加入到基本的非 z 缓存光栅化函数中最为容易，因此从这里开始。首先来回顾一下为何要使用 alpha 混合。使用 alpha 混合旨在透过前面的东西看到后面的东西，如图 12.7 所示。

图 12.7　alpha 混合

图中有一个场景，然后在场景上渲染了一个物体，其 alpha 值大约为 20%。这样，背景占 80%，前景占 20%。这提出了第一个与 alpha 混合和透明性有关的问题：必须先绘制位于透明物体后面的物体。这是很多算法都面临的一个问题。例如，我们可能有一个非常好的算法，它不会重复绘制，即不绘制被其他多边形遮掩的多边形，如图 12.8 所示。问题是，如果前面的多边形是透明的，透过它将看不到任何东西。

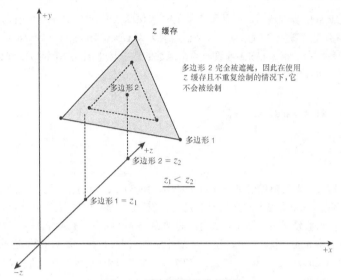

图 12.8　不绘制被遮掩的多边形

另一个问题出现在使用 z 缓存时。假设两个多边形按从前到后的顺序经过 z 缓存测试，即多边形 1 离视点的距离比多边形 2 近，如图 12.9 所示。

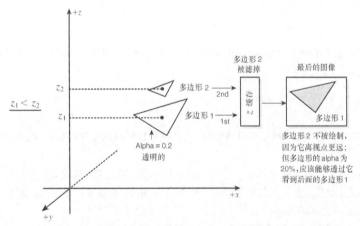

图 12.9　使用 z 缓存时 alpha 混合存在的问题

在这种情况下，多边形 1 将通过 z 缓存测试，进而被绘制到屏幕上，其 z 值被写入到 z 缓存中。但多边形 2 不能通过 z 缓存测试，因此不会被绘制。然而，多边形 1 是透明的，应该能够透过它看到多边形 2。这就是我们面临的困境。解决这些问题的方法有很多。例如，在试图避免重复绘制时，可以不考虑透明的多边形，即无论情况如何都绘制它们。至于 z 缓存的问题，可以按从后到前的顺序大概地排列多边形，然后使用 z 缓存来实现绝对正确的顺序，并在绘制透明多边形时进行 alpha 混合；这样将首先绘制较远的多边形，然后再绘制较近的透明多边形，以便能够进行混合。如果不想浪费时间来给多边形排序，可以对透明多边形进行标记，然后在渲染期间，找出位于透明多边形后面且完全位于其包围框内的多边形，并首先绘制它们，而不考虑 z 顺序。

接下来在光栅化函数中实现透明性，从最简单的光栅化函数开始，它绘制使用固定或恒定着色处理的多边形，不使用 z 缓存，也不进行纹理映射。这个新函数名为 Draw_Triangle_2D3_16()。为支持 alpha 混合，可给函数增加一个参数，用于指定 alpha 等级，并在函数的内循环中加入执行 alpha 混合的代码。首先再来看一下内循环的代码，以制定更新计划：

```
// 绘制扫描线
for (xi=xstart; xi < xend; xi++)
    {
    // 绘制像素
    screen_ptr[xi] = color;
    } // end for xi
```

为支持透明性，需要读取当前的像素 screen_ptr[xi]，将其同 color 进行混合，而不是仅仅将 color 存储到 screen_ptr[xi]中。我们将使用强大的查找表来完成这项工作。假设查找表存储在全局数组中，这样无需在调用函数时传递它；再假设调用光栅化函数时，将传递一个 0 到 NUM_ALPHA_LEVELS – 1 的 alpha 等级（参数 alpha），然后将 alpha 作为索引，让一个指针指向 alpha 查找表数组的第 alpha 行，让另一个指针指向第（NUM_ALPHA_LEVELS – alhpa – 1）行。例如，如果 alpha 等级为 0，则一个指针指向第 0 行，另一个指针指向（NUM_ALPHA_LEVELS – 1）行。设置指针的代码如下：

```
// 根据多边形的 alpha 等级确定要使用的查找表
USHORT *alpha_table_src1 =
    (USHORT *)&rgb_alpha_table[(NUM_ALPHA_LEVELS-1) - alpha][0];
USHORT *alpha_table_src2 =

    (USHORT *)&rgb_alpha_table[alpha][0];
```

现在，只需将屏幕上的像素和要渲染到屏幕上的像素混合起来即可。为此，只需使用利用查找表的混合算法。新的内循环代码如下：

```
for (xi=xstart; xi < xend; xi++)
{
// 绘制像素
screen_ptr[xi] = alpha_table_src1[screen_ptr[xi]] + alpha_table_src2[color];
} // end for xi
```

我们将复杂的 alpha 混合问题简化成了两次表查找和一次加法运算。现在，读者应该知道如何在每个光栅化函数中加入 alpha 混合功能：只需根据 alpha 等级选择 alpha 查找表，然后读取屏幕上的像素，并将其与要渲染的像素/纹素混合起来即可。

（1）在支持简单着色的光栅化函数中加入 alpha 混合功能

支持 alpha 混合、不使用 z 缓存、对使用固定/恒定着色的多边形进行光栅化的函数名为 Draw_Triangle_2D_Alpha16()，其原型如下：

```
void Draw_Triangle_2D_Alpha16(POLYF4DV2_PTR face, // 指向多边形面的指针
        UCHAR *_dest_buffer, // 指向视频缓存的指针
        int mem_pitch,    // 每行多少个字节(320、640 等)
        int alpha);     // alpha 等级
```

除了新增参数 alpha 外，该函数的原型与非 alpha 版相同。参数 alpha 必须为 0 到 NUM_ALPHA_LEVELS–1；否则访问 alpha 查找表数组时将越界，导致内存保护错误。接下来在支持纹理映射和 Gouraud 着色的基本光栅化函数中加入 alpha 混合功能。

（2）在 Gouraud 着色中加入 alpha 混合功能

这很简单，只需使用下述代码行根据 alpha 等级选择 alpha 查找表：

```
// 根据多边形的 alpha 等级确定要使用的查找表
USHORT *alpha_table_src1 =
    (USHORT *)&rgb_alpha_table[(NUM_ALPHA_LEVELS-1) - alpha][0];
USHORT *alpha_table_src2 =

    (USHORT *)&rgb_alpha_table[alpha][0];
```

然后将下述内循环：

```
// 绘制扫描线
for (xi=xstart; xi < xend; xi++)
    {
    // 绘制像素
    screen_ptr[xi] = ((ui >> (FIXP16_SHIFT+3)) << 11) +
            ((vi >> (FIXP16_SHIFT+2)) << 5) +
            (wi >> (FIXP16_SHIFT+3));

    // 计算下一个像素的 u、v、w
    ui+=du;
    vi+=dv;
    wi+=dw;
    } // end for xi
```

修改成这样即可：

```
// 绘制扫描线
for (xi=xstart; xi < xend; xi++)
    {
    // 绘制像素
    screen_ptr[xi] = alpha_table_src1[screen_ptr[xi]] +
            alpha_table_src2[((ui >> (FIXP16_SHIFT+3)) << 11) +
                ((vi >> (FIXP16_SHIFT+2)) << 5) +
                (wi >> (FIXP16_SHIFT+3))];

    // 计算下一个像素的 u、v、w
    ui+=du;
    vi+=dv;
    wi+=dw;
    } // end for xi
```

现在，原来绘制像素的代码被用作索引，用于在 alpha 查找表中查找屏幕像素的贡献。因此，对这种函数进行更新非常简单：将原来绘制像素的代码用作一个 alpha 查找表的索引，并把要将值写入其中的像素地址用作写入目标和另一个 alpha 查找表的索引。下面是支持 alpha 混合的 Gouraud 着色函数的原型：

```
void Draw_Gouraud_Triangle_Alpha16(POLYF4DV2_PTR face,// 指向多边形面的指针
            UCHAR *_dest_buffer, // 指向视频缓存的指针
            int mem_pitch,     // 每行多少个字节
            int alpha);        // alpha 等级
```

同样，与非 alpha 版本相比，唯一的不同是增加了参数 alpha，其取值必须是 0 到 NUN_ALPHA_LEVELS–1。

（3）在仿射纹理映射函数中加入 alpha 混合功能

这与前面介绍的相同，但有三个这样的函数，它们的原型如下：

```
void Draw_Textured_Triangle_Alpha16(POLYF4DV2_PTR face,//指向多边形面的指针
        UCHAR *_dest_buffer, // 指向视频缓存的指针
        int mem_pitch,    // 每行多少个字节（320、640 等）
        int alpha);       // alpha 等级

void Draw_Textured_TriangleFS_Alpha16(POLYF4DV2_PTR face, //指向多边形面的指针
        UCHAR *_dest_buffer, // 指向视频缓存的指针
        int mem_pitch,    // 每行多少个字节（320、640 等）
        int alpha);       // alpha 等级

void Draw_Textured_TriangleGS_Alpha16(POLYF4DV2_PTR face, // 指向多边形面的指针
        UCHAR *_dest_buffer, // 指向视频缓存的指针
        int mem_pitch,    // 每行多少个字节（320、640 等）
        int alpha);       // alpha 等级
```

现在有支持固定着色、恒定着色和 Gouraud 着色的纹理映射函数，它们都支持 alpha 混合（新增的参数为粗体）。作为一个例子，来看一下加入 alpha 混合功能之前和之后，支持固定着色的纹理映射函数的内循环：

```
// 绘制扫描线
for (xi=xstart; xi < xend; xi++)
  {
  // 绘制像素
  screen_ptr[xi] = textmap[(ui >> FIXP16_SHIFT) +
            ((vi >> FIXP16_SHIFT) << texture_shift2)];

  // 计算下一个像素的 u、v
  ui+=du;
  vi+=dv;
  } // end for xi
```

下面是加入 alpha 混合功能后的内循环代码：

```
// 绘制扫描线
for (xi=xstart; xi < xend; xi++)
  {
  // 绘制像素
  screen_ptr[xi] = alpha_table_src1[screen_ptr[xi]] +
          alpha_table_src2[textmap[(ui >> FIXP16_SHIFT) +
              ((vi >> FIXP16_SHIFT) << texture_shift2)]];

  // 计算下一个像素的 u、v
  ui+=du;
  vi+=dv;
  } // end for xi
```

同样，只需将纹素和屏幕像素的颜色作为 alpha 查找表索引，然后将表查找结果相加，并将其绘制到屏幕上即可。下面是调用支持 alpha 混合的光栅化函数的渲染函数：

```
void Draw_RENDERLIST4DV2_Solid_Alpha16(
        RENDERLIST4DV2_PTR rend_list, // 渲染列表
        UCHAR *video_buffer, // 指向视频缓存的指针
        int lpitch,        // 视频缓存中每行的字节数
        int alpha_override); // 重新设置场景的 alpha 值
```

这个函数与以前的版本相同：使用渲染列表、指向视频缓存的指针和视频缓存的跨距来调用它，它将绘制渲染列表中所有的多边形。不过，它新增了一个参数：alpha_override。该参数用于设置绘制每个多边形时使用的 alpha 等级。如果 alpha_override 为-1，则不使用它；如果为 0 到 NUM_ALPHA_LEVELS – 1，将根据它来渲染透明多边形。

　　警告：光栅化函数接受一个 alpha 等级作为参数，但这个参数是如何得到的呢？现在是在调用渲染函数时指定的，稍后我们将把它存储到多边形的初始颜色中。

2．在使用 z 缓存的光栅化函数中加入 alpha 混合功能

　　这与在不使用 z 缓存的光栅化函数中加入 alpha 混合功能的方法相同。除了由于 z 缓存测试导致逻辑方面不同外，没有其他的不同。使用 z 缓存时，如果前面透明的多边形先被绘制，位于它后面的多边形将不能通过 z 缓存测试，因此不被绘制，导致渲染结果不正确。为避免出现这种问题，可预先使用 z 排序将多边形按从后到前的顺序排列；也可以在渲染多边形的函数中加入额外的逻辑，以便总是先渲染被透明多边形遮住的多边形。将在本章后面出现这种问题时再去解决。现在，alpha 混合代码只管混合。

　　在所有使用 z 缓存的光栅化函数中加入 alpha 混合功能的方法都相同，因此这里只列出函数原型，然后通过一个例子来说明函数被修改前后的差别。下面是这些函数的原型：

```
void Draw_Textured_TriangleZB_Alpha16(POLYF4DV2_PTR face, // 指向多边形面的指针
        UCHAR *_dest_buffer, // 指向视频缓存的指针
        int mem_pitch,       // 每行多少字节（320、640 等）
        UCHAR *zbuffer,      // 指向 z 缓存的指针
        int zpitch,          // z 缓存中每行多少字节
        int alpha);          // alpha 等级

void Draw_Textured_TriangleFSZB_Alpha16(POLYF4DV2_PTR face,// 指向多边形面的指针
        UCHAR *_dest_buffer, // 指向视频缓存的指针
        int mem_pitch,       // 每行多少字节（320、640 等）
        UCHAR *zbuffer,      // 指向 z 缓存的指针
        int zpitch,          // z 缓存中每行多少字节
        int alpha);          // alpha 等级

void Draw_Textured_TriangleGSZB_Alpha16(POLYF4DV2_PTR face,// 指向多边形面的指针
        UCHAR *_dest_buffer, // 指向视频缓存的指针
        int mem_pitch,       // 每行多少字节（320、640 等）
        UCHAR *_zbuffer,     // 指向 z 缓存的指针
        int zpitch,          // z 缓存中每行多少字节
        int alpha);          // alpha 等级

void Draw_Triangle_2DZB_Alpha16(POLYF4DV2_PTR face, // 指向多边形面的指针
        UCHAR *_dest_buffer, // 指向视频缓存的指针
        int mem_pitch,       // 每行多少字节（320、640 等）
        UCHAR *zbuffer,      // 指向 z 缓存的指针
        int zpitch,          // z 缓存中每行多少字节
        int alpha);          // alpha 等级

void Draw_Gouraud_TriangleZB_Alpha16(POLYF4DV2_PTR face, // 指向多边形面的指针
        UCHAR *_dest_buffer, // 指向视频缓存的指针
        int mem_pitch,       // 每行多少字节（320、640 等）
        UCHAR *zbuffer,      // 指向 z 缓存的指针
        int zpitch,          // z 缓存中每行多少字节
        int alpha);          // alpha 等级
```

　　作为一个例子，来看一下被修改前后，最复杂的、支持 z 缓存和 alpha 混合的函数的内循环代码。这就是支持 Gouraud 着色和纹理映射的光栅化函数，它名为 Draw_Textured_TriangleGSZB_Alpha16()。加入 alpha 混合功能之前，该函数名为 Draw_Textured_TriangleGSZB_16()，其内循环代码如下：

```
// 绘制扫描线
for (xi=xstart; xi < xend; xi++)
  {
```

```
// 绘制像素
// 检查像素的 z 值是否比 z 缓存中相应的 z 值小
if (zi < z_ptr[xi])
  {
// 首先读取纹素
 textel = textmap[(si >> FIXP16_SHIFT) +
           ((ti >> FIXP16_SHIFT) << texture_shift2)];

   // 提取 R、G、B 分量
   r_textel = ((textel >> 11)    );
   g_textel = ((textel >> 5) & 0x3f);
   b_textel = (textel    & 0x1f);

   // 使用 Gouraud 着色处理得到的颜色对纹素进行调制
   r_textel*=ui;
   g_textel*=vi;
   b_textel*=wi;

   // 绘制像素
   screen_ptr[xi] = ((b_textel >> (FIXP16_SHIFT+8)) +
         ((g_textel >> (FIXP16_SHIFT+8)) << 5) +
         ((r_textel >> (FIXP16_SHIFT+8)) << 11));
   // 更新 z 缓存
   z_ptr[xi] = zi;
   } // end if

   // 计算下一个像素的 u、v、w、z、s 和 t
   ui+=du;
   vi+=dv;
   wi+=dw;

   zi+=dz;

   si+=ds;
   ti+=dt;

   } // end for xi
```

下面是加入 alpha 混合功能后的内循环代码：

```
// 绘制扫描线
for (xi=xstart; xi < xend; xi++)
  {
  // 绘制像素
  // 检查像素的 z 值是否比 z 缓存中相应的 z 值小
  if (zi < z_ptr[xi])
    {
  // 首先读取纹素
   textel = textmap[(si >> FIXP16_SHIFT) +
             ((ti >> FIXP16_SHIFT) << texture_shift2)];

     // 提取 R、G、B 分量
     r_textel = ((textel >> 11)    );
     g_textel = ((textel >> 5) & 0x3f);
     b_textel = (textel    & 0x1f);

     // 使用 Gouraud 着色得到的颜色对纹素进行调制
     r_textel*=ui;
     g_textel*=vi;
     b_textel*=wi;
```

```
    // 最后绘制像素
    screen_ptr[xi] = alpha_table_src1[screen_ptr[xi]] +
        alpha_table_src2[((b_textel >> (FIXP16_SHIFT+8)) +
            ((g_textel >> (FIXP16_SHIFT+8)) << 5) +
            ((r_textel >> (FIXP16_SHIFT+8)) << 11))];
    // 更新 z 缓存
    z_ptr[xi] = zi;

    } // end if

    // 计算下一个像素的 u、v、w、z、s 和 t
    ui+=du;
    vi+=dv;
    wi+=dw;

    zi+=dz;

    si+=ds;
    ti+=dt;

    } // end for xi
```

最后，介绍调用支持 alpha 混合和 z 缓存的光栅化函数的渲染函数，它名为 Draw_RENDERLIST4DV2_SolidZB_Alpha16()，原型如下：

```
void Draw_RENDERLIST4DV2_SolidZB_Alpha16(RENDERLIST4DV2_PTR rend_list,
    UCHAR *video_buffer,
    int lpitch,
    UCHAR *zbuffer,
    int zpitch,
    int alpha_override);
```

和以前一样，这个函数接受渲染列表、视频缓存及其跨距、z 缓存及其跨距作为参数，另外还新增了一个参数：alpha_override，它用于指定渲染透明多边形时使用的 alpha 等级，必须为 0 到（NUM_ALPHA_LEVELS – 1）或-1（不指定 alpha 等级）。

DEMOII12_2.CPP|EXE 是一个 alpha 混合演示程序，图 12.10 是其屏幕截图。

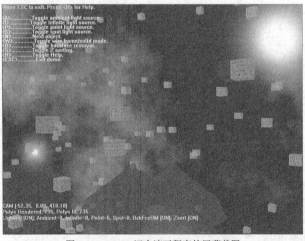

图 12.10　alpha 混合演示程序的屏幕截图

这个演示程序显示大量移动的物体，然后使用变量 alpha_override 在渲染列表级缓慢地提高和降低 alpha 混合因子（我们还不能在物体级设置 alpha 等级）。您还可以启用/禁用 z 排序和其他选项。要编译该演示程序，需要包含所有的库模块（T3DLIB1-10.CPP|H）和 DirectX .LIB 文件，并生成 Win32 .EXE 目标文件。

12.4.2　在物体级支持 alpha 混合功能

接下来需要解决的一个问题是，提供一种设置多边形的 alpha 分量（透明度）的方法。我们在设计颜色数据结构时就考虑到了这一点，该数据结构是在 T3DLIB6.CPP|H 中定义的：

```
typedef struct RGBAV1_TYP
{
union
  {
  int rgba;           // 压缩格式
  UCHAR rgba_M[4];          // 数组格式
  struct { UCHAR a,b,g,r; }; // 显式名称格式
  }; // end union

} RGBAV1, *RGBAV1_PTR;
```

上述数据结构用于表示 32 位的颜色，它支持 8 位的 alpha 值和 RGB 8.8.8 格式。不幸的是，在多边形数据结构中，并没有使用上述数据类型，而是使用一个 32 位的整数类型来存储 16 位格式的颜色，根本没有涉及 alpha。尽管如此，还是有办法的。当前，RGB 颜色是 16 位的值，它存储在多边形数据结构中 color 字段的后 16 位中，因此我们随意使用 color 字段的前 16 位。我们将把 alpha 分量存储在 color 字段的前 8 位中；另外，使用下述属性来指出多边形有 alpha 分量：

```
#define POLY4DV2_ATTR_TRANSPARENT        0x0002
```

该属性是在 T3DLIB7.CPP|H 中定义的。要在多边形中支持 alpha 混合，只需将多边形的属性设置为 POLY4DV2_ATTR_TRANSPARENT 和其他所需的属性，并将 alpha 等级存储在 color 字段的前 8 位中，如图 12.11 所示。

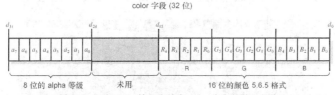

图 12.11　将 alpha 等级存储在 color 字段的前 8 位中

什么事情都不可能一帆风顺，我们现在面临的难题是，需要重新编写物体加载函数，这是无法避免的。除此之外，还需要拿出一种将多边形标记为透明的方法。幸运的是，Caligari trueSpace .COB 文件格式中有一个透明类型（transparency class），使用它即可。和以往一样，需要指定一种规则，以便以半自然的方式使用透明类型来传递所需的信息，作者可不想使用粉红色来表示透明！

首先，需要确定各种版本的 Caligari 建模程序对透明性的支持情况。在 4.0 以上的版本中，通过界面提供了我们所需的支持，因此万事大吉。现在复习一下我们之前是如何对着色模型进行编码的，规则如下：

1．所有的多边形都必须是三角形。

2．对于没有纹理的多边形，其颜色类型（color class）必须设置为 plain color。

3．对于带纹理的多边形，其颜色类型必须设置为 texture map。另外，每个物体只能有一个纹理，纹理

的重复因子必须是(1.0，1.0)。

4. 多边形的着色模式是在反射类型（reflectance class）中设置的。constant 表示固定着色；matte 表示恒定着色处理；plastic 表示 Gouraud 着色。

这些约定很不错，我们可以非常自然地进行建模，指定所需的信息。要支持透明性，我们将使用 Caligari .COB 格式中的透明类型。图 12.12 是在 Caligari trueSpace 中设置透明性时的屏幕截图。

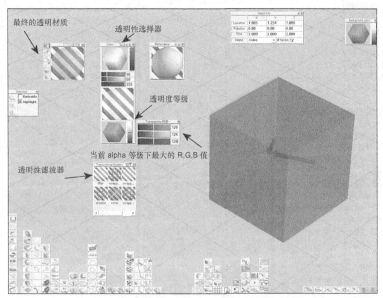

图 12.12 在 Caligari trueSpace 中设置模型的 alpha 值

我们将透明类型设置为 filter，然后将打开透明性控件，使用滑动块来控制多边形（面）的透明度（alpha 值）。例如，图 12.12 中的蓝色立方体的颜色类型被设置为 plain color（没有纹理），反射类型为 matte（恒定着色），透明类型为 filter，透明度被设置为 50%。下面是系统输出的立方体文件（作者将其命名为 CUBEBLUEALPHA_01.COB，并删除了一些无关的数据）：

```
Caligari V00.01ALH
Name Cube
center 1.08471 1.23355 1
x axis 1 0 0
y axis 0 1 0
z axis 0 0 1
Transform
1 0 0 1.08471
0 1 0 1.23355
0 0 1 0
0 0 0 1
World Vertices 8
-1.000000 -1.000000 0.000000
-1.000000 -1.000000 2.000000
1.000000 -1.000000 0.000000
1.000000 -1.000000 2.000000
-1.000000 1.000000 0.000000
1.000000 1.000000 0.000000
1.000000 1.000000 2.000000
```

```
-1.000000 1.000000 2.000000
Texture Vertices 14
0.000000 0.333333
0.000000 0.666667
0.250000 0.333333
0.250000 0.666667
0.500000 0.000000
0.500000 0.333333
0.500000 0.666667
0.500000 1.000000
0.250000 0.000000
0.250000 1.000000
0.750000 0.333333
0.750000 0.666667
1.000000 0.333333
1.000000 0.666667
Faces 12
Face verts 3 flags 0 mat 0
<0,0> <1,1> <3,3>
Face verts 3 flags 0 mat 0
<0,0> <3,3> <2,2>
Face verts 3 flags 0 mat 0
<0,8> <2,2> <5,5>
Face verts 3 flags 0 mat 0
<0,8> <5,5> <4,4>
Face verts 3 flags 0 mat 0
<2,2> <3,3> <6,6>
Face verts 3 flags 0 mat 0
<2,2> <6,6> <5,5>
Face verts 3 flags 0 mat 0
<1,9> <7,7> <6,6>
Face verts 3 flags 0 mat 0
<1,9> <6,6> <3,3>
Face verts 3 flags 0 mat 0
<4,10> <5,5> <6,6>
Face verts 3 flags 0 mat 0
<4,10> <6,6> <7,11>
Face verts 3 flags 0 mat 0
<0,12> <4,10> <7,11>
Face verts 3 flags 0 mat 0
<0,12> <7,11> <1,13>
DrawFlags 0
Unit V0.01 Id 18620117 Parent 18620116 Size 00000009
Units 2
ObRQ V0.01 Id 18620121 Parent 18620116 Size 00000121
Object Radiosity Quality: 0
Object Radiosity Max Area: 0
Object Radiosity Min Area: 0
Object Radiosity Mesh Accuracy: 0
Mat1 V0.06 Id 18855732 Parent 18620116 Size 00000099
mat# 0
shader: phong facet: auto32
rgb 0.227451,0.235294,1
alpha 1 ka 0.1 ks 0.1 exp 0 ior 1
ShBx V0.03 Id 18855733 Parent 18855732 Size 00000462
Shader class: color
Shader name: "plain color" (plain)
Number of parameters: 1
colour: color (58, 60, 255)
Flags: 3
Shader class: transparency
```

```
Shader name: "filter" (plain)
Number of parameters: 1
colour: color (128, 128, 128)
Flags: 3
Shader class: reflectance
Shader name: "matte" (matte)
Number of parameters: 2
ambient factor: float 0.1
diffuse factor: float 1
Flags: 3
Shader class: displacement
Shader name: "none" (none)
Number of parameters: 0
Flags: 3
END V1.00 Id 0 Parent 0 Size    0
```

　　其中我们现在使用的材质类型被显示为粗体。我们只需在.COB 加载函数中加入读取另一个类型（透明类型）的功能，然后对 colour 字段进行分析，从中提取 alpha 等级。但在此之前，需要说明另一个细节。在大多数建模程序（包括 trueSpace）中，alpha/透明度都由三个分量（R、G、B）组成。我们还没有介绍基于颜色的 alpha，我们只是使用 alpha 分量。这里将 R、G、B 分量中最大的值作为 alpha 值。您可以使用 R、G、B 或它们的组合作为 alpha 值，但加载函数将 R、G、B 分量中最大的值作为 alpha 值。最后，.COB 文件中的 alpha 值的取值范围为 0～255，我们必须将其缩放到 0 到（NUM_ALPHA_LEVELS－1）。现在，我们便在模型级提供了 alpha 混合和透明性支持。下面是新的.COB 加载函数的原型，该函数支持 alpha：

```
int Load_OBJECT4DV2_COB2(OBJECT4DV2_PTR obj, // 指向物体的指针
            char *filename,    // Caligari COB 文件的名称
            VECTOR4D_PTR scale, // 初始缩放因子
            VECTOR4D_PTR pos,   // 初始位置
            VECTOR4D_PTR rot,   // 初始旋转角度
            int vertex_flags,   // 顶点顺序反转和变换标记
            int mipmap=0);  // mipmapping 启用标记
                    //1 表示生成 mip 映射，0 表示不生成
```

　　除新增了参数 mipmap（将在后面介绍）外，该函数与前一个版本 Load_OBJECT4DV2_COB()相同。在函数内部，新增了读取.COB 模型的透明类型的代码。该函数的代码如下：

```
///////////////////////////////////////////////////////////////////
// ADDED CODE FOR TRANSPARENCY AND ALPHA BLENDING /////////////////////
///////////////////////////////////////////////////////////////////
// 现在需要知道材质中是否包含透明信息
// 我们决定将使用这种透明类型来设置这种信息
// 为此，必须使用将透明性设置为"filter"，然后使用 RGB 颜色值来设置透明度
// 其中(0,0,0)表明完全透明，（255,255,255）表示完全不透明

// 为读取透明信息，需要在文件中查找类似于下面的内容:
// Shader class: transparency
// Shader name: "filter" (plain)
// Number of parameters: 1
// colour: color (146, 146, 146)
//
// 如果不是透明的，将看到如下信息:
//
// Shader class: transparency
// Shader name: "none" (none)
// Number of parameters: 0
//
// 我们将 R、G、B 中最大的值用作 alphe/透明度值
```

```
// 因此如果 R、G、B 为(255, 255, 255)，则认为多边形完全不透明

// 查找"Shader class: transparency"
while(1)
    {
    // 读取下一行
    if (!parser.Getline(PARSER_STRIP_EMPTY_LINES | PARSER_STRIP_WS_ENDS))
       {
       Write_Error("\nshader transparency class not found in .COB file %s.",
           filename);
       return(0);
       } // end if

       // 查找"Shader class: transparency"
       if (parser.Pattern_Match(parser.buffer,
                   "['Shader'] ['class:'] ['transparency']") )
        {
        // 至此，我们知道下一个"shader name"就是我们所需的
        // 因此，退出循环
        break;
        } // end if

    } // end while

while(1)
    {
    // 读取下一行
    if (!parser.Getline(PARSER_STRIP_EMPTY_LINES | PARSER_STRIP_WS_ENDS))
       {
       Write_Error("\nshader name ended abruptly! in .COB file %s.",
           filename);
       return(0);
       } // end if

    // 删除引号
    ReplaceChars(parser.buffer, parser.buffer, "\"",' ',1);

    // 找到了"name"吗？
    if (parser.Pattern_Match(parser.buffer, "['Shader'] ['name:'] [s>0]" ) )
       {
       // 确定透明性是否被启用
       if (strcmp(parser.pstrings[2], "none") == 0)
         {
         // 将 alpha 属性位设置为 0
         RESET_BIT(materials[material_index + num_materials].attr,
             MATV1_ATTR_TRANSPARENT);

         // 将 alpha 等级设置为 0
         materials[material_index + num_materials].color.a = 0;

         } // end if
       else
       if (strcmp(parser.pstrings[2], "filter") == 0)
        {
        // 将 alpha 属性位设置为 1
        SET_BIT(materials[material_index + num_materials].attr,
            MATV1_ATTR_TRANSPARENT);

       // 查找"color"行，从中提取 alpha 值
       while(1)
          {
          // 读取下一行
```

```
        if (!parser.Getline(PARSER_STRIP_EMPTY_LINES |
                PARSER_STRIP_WS_ENDS))
        {
        Write_Error("\ntransparency color not found in .COB file %s.",
            filename);
        return(0);
        } // end if

        // 删除无关的字符
        ReplaceChars(parser.buffer, parser.buffer, ":(,)",' ',1);
        // 查找类似于"colour: color (146, 146, 146)"的内容
        if (parser.Pattern_Match(parser.buffer,
                "['colour'] ['color'] [i] [i] [i]") )
        {
        // 将 alpha 等级设置为 R、G、B 中最大的
        int max_alpha = MAX(parser.pints[0], parser.pints[1]);
        max_alpha = MAX(max_alpha, parser.pints[2]);

        // 设置 alpha 值
        materials[material_index + num_materials].color.a =
          (int)( (float)max_alpha/255 *
              (float)(NUM_ALPHA_LEVELS-1) + (float)0.5);

        // 截取
        if (materials[material_index + num_materials].color.a
            >= NUM_ALPHA_LEVELS)
        materials[material_index + num_materials].color.a =
              NUM_ALPHA_LEVELS-1;

        break;
        } // end if

      } // end while

    } // end if

    break;
    } // end if

  } // end while
```

其中对 alpha 等级进行转换的代码为粗体。在文件加载函数的最后，将多边形的属性设置为透明的，以便渲染函数调用支持 alpha 混合的光栅化函数来渲染它。下面是设置 alpha 分量和透明属性的代码——请注意 alpha 分量的存储位置，它存储在 color 字段的前 8 位中：

```
// now test for alpha channel
if (materials[ poly_material[curr_poly] ].attr & MATV1_ATTR_TRANSPARENT)
  {
  // set the value of the alpha channel,
  // upper 8-bits of color will be used to hold it
  // lets hope this doesn't break the lighting engine!
  obj->plist[curr_poly].color +=
      (materials[ poly_material[curr_poly] ].color.a << 24);
      // set the alpha flag in polygon
      SET_BIT(obj->plist[curr_poly].attr, POLY4DV2_ATTR_TRANSPARENT);
      } // end if
```

本章前面介绍了基于渲染列表的 alpha 混合，在这种情况下，我们不能通过物体来控制 alpha 等级，而只是设置 alpha_override 的值，然后调用渲染列表函数，将每个多边形都视为透明的，并使用 alpha_override

的值作为 alpha 等级。现在，我们能够在多边形级支持 alpha，演示程序 DEMOII12_3.CPP|EXE 是一个控制 alpha 和透明度的例子。它加载大量透明的球体以及一个以黑白相间棋盘作为纹理的实心球体，这些球体在一个 2D 图像前移动，图 12.13 是该演示程序的屏幕截图。和以往一样，这个演示程序也有帮助菜单。请读者务必尝试分别使用 A 键和 L 键关闭环境光源和无穷远光源。

图 12.13　基于多边形/物体的 alpha 混合演示程序

12.4.3　在地形生成函数中加入 alpha 支持

现在我们能够在多边形级控制 alpha 值了，接下来将其用于地形生成函数中。作者想修改摩托艇模拟程序，使水是透明的。为此，可以采用某种方式在高程图中将多边形标记为透明的，并指定透明度。然而更简单的方法是，将"海平面"和 alpha 等级作为参数传递给地形生成函数；在该函数生成地形时，将位于海平面下的多边形设置为透明的，并将 alpha 值存储在多边形的 color 字段中。为修改地形生成函数，使之支持上述功能，最多只需 5 分钟。下面是 2.0 版地形生成函数的原型：

```
int Generate_Terrain2_OBJECT4DV2(OBJECT4DV2_PTR obj,  // 指向物体的指针
    float twidth,       // 地形宽度
    float theight,      // 地形长度
    float vscale,       // 最大可能高度
    char *height_map_file, // 256 色高程图的文件名
    char *texture_map_file,// 纹理图的文件名
    int rgbcolor,       // 没有纹理时地形的颜色
    VECTOR4D_PTR pos,   // 初始位置
    VECTOR4D_PTR rot,   // 初始旋转角度
    int poly_attr,      // 着色属性
    float sea_level,    // 海平面高度
    int alpha);         // 海平面下的多边形的 alpha 值
```

该函数新增了两个参数：

- float sea_level——海平面，高度小于这个值的多边形都将被设置为透明的。
- int alpha——取值为 0～255，表示水的透明度（0 表示完全透明，255 表示完全不透明）。在函数中，将把这个值缩放为 0 到（NUM_ALPHA_LEVELS – 1）。

要启用透明性支持，将 alpha 设置为大于-1 的整数。这样，函数将根据 sea_level 的值决定将哪些多边形设置为透明的，如图 12.14 所示。

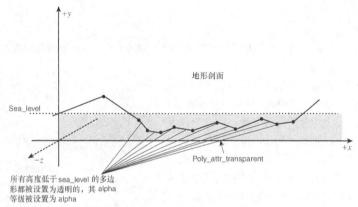

图 12.14 在地形生成函数中加入透明性支持

除了新增的功能外，地形生成函数没有其他变化。下面是支持 alpha 分量的代码，来自地形生成函数的顶点生成部分：

```
// 检查 alpha 的值
if (alpha >=0 )
  {
  // 计算两个多边形的高度
  float avg_y_poly1 = (obj->vlist_local[ obj->plist[poly*2].vert[0] ].y +
          obj->vlist_local[ obj->plist[poly*2].vert[1] ].y +
          obj->vlist_local[ obj->plist[poly*2].vert[2] ].y )/3;

  float avg_y_poly2 = (obj->vlist_local[ obj->plist[poly*2+1].vert[0] ].y +
          obj->vlist_local[ obj->plist[poly*2+1].vert[1] ].y +
          obj->vlist_local[ obj->plist[poly*2+1].vert[2] ].y )/3;


  // 检测多边形 1 是否在海平面下
  if (avg_y_poly1 <= sea_level)
   {
   int ialpha = (int)( (float)alpha/255 *
        (float)(NUM_ALPHA_LEVELS-1) + (float)0.5);

   // 设置 alpha 值
   obj->plist[poly*2+0].color+= (ialpha << 24);

   // 设置多边形的透明标记
   SET_BIT(obj->plist[poly*2+0].attr, POLY4DV2_ATTR_TRANSPARENT);
   } // end if


  // 检测多边形 2 是否在海平面下
  if (avg_y_poly2 <= sea_level)
   {
   int ialpha = (int)( (float)alpha/255 *
        (float)(NUM_ALPHA_LEVELS-1) + (float)0.5);

   // 设置 alpha 值
   obj->plist[poly*2+1].color+= (ialpha << 24);

   // 设置多边形的透明标记
   SET_BIT(obj->plist[poly*2+1].attr, POLY4DV2_ATTR_TRANSPARENT);
```

```
    } // end if

    } // end if
```

为创建演示程序，作者对前一章的摩托艇演示程序进行修改，调用 2.0 版的地形生成函数，并调用支持 z 缓存和 alpha 混合的渲染函数。

另外，还新增了一项特性，这进一步降低了演示程序的速度，但这项特性是必不可少的。水变成透明的后，天空背景是可见的，这是大忌，必须避免。因此，作者在地形后面放置了另一个地形，用作海底。这样，玩家透过海水看到的将是海底，而不是天空背景。实际上，我们渲染了两个地形。然而，这没有让游戏慢到无法玩的程度；但为使其速度足够快，作者将分辨率降低到了 640×480。可以使用 T 键在显示/不显示第二个地形之间进行切换，但如果不显示第二个地形，透过海水看到的将是云彩。图 12.15 是演示程序 DEMOII12_4.CPP|EXE 运行时的屏幕截图。

图 12.15　海水透明且包含海底地形的摩托艇演示程序

运行该演示程序时，透过海水可看到海底。该程序的控制方式与以前的摩托艇演示程序相同：

- 回车键——发动马达；
- 右箭头键——右转；
- 左箭头键——左转；
- 上箭头键——踩油门；
- T——在显示/不显示海底地形之间切换。

另外，大部分帮助菜单和引擎控制方式仍然适用：

- Z——开/关 z 缓存；
- S——开/关 z 排序；
- D——在常规渲染方式和 z 缓存过滤器之间切换；
- H——开/关帮助菜单；
- Esc——退出演示程序。

请尝试开/关各种光源、z 缓存、z 排序等。要编译该程序，除主程序 DEMOII12_4.CPP|H 外，还需要库模块 T3DLIB1-10.CPP|H 以及 DirectX .LIB 文件。

12.5　透视修正纹理映射和 1/z 缓存

我们终于为解决透视修正难题做好了准备。之所以现在才讨论透视修正纹理映射，是因为它依赖于很多基本概念，如 z 缓存和仿射纹理映射；必须先介绍它们。需要先介绍仿射纹理映射的原因是显而易见的，但需要先介绍 z 缓存的原因可能不那么明显。在前一章，我们通过分析证实，1/z 在屏幕空间中是呈线性变化的，并打算使用 1/z 缓存来代替 z 缓存，但没有实现它。实际上，这里介绍这些工具，旨在不仅让读者能够实现透视纹理映射，还能够真正地理解它。作者完全可以提供一个最优的 SIMD（单指令多数据，奔腾 III 以上处理器支持的新指令）透视修正纹理映射函数，但这样做对读者毫无帮助。

本节将介绍透视修正纹理映射的数学推导（使用两种不同的方式）、创建使用 $1/z$ 缓存的光栅化函数，然后基于这些思想实现完美透视修正和分段线性透视修正纹理映射函数。最后，讨论其他一些近似技术和优化方法。

12.5.1 透视纹理映射的数学基础

仿射纹理映射、Gouraud 着色和三角形光栅化函数都是基于线性插值的，如图 12.16 所示。

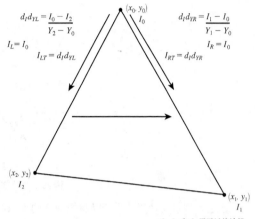

这样的工作我们做过很多次。要沿三角形从上到下通过线性插值计算某个值，将三角形均匀地分割成多个部分，然后从上到下进行插值。一般而言，要通过插值计算 $y0$ 和 $y1$ 之间的 d 值，可以这样做：

```
float d = y0;
float dy = y1 - y0;

float dxdy = d/dy;

for (y=y0; y <= y1; y++)
  {
  // 使用 d

  // 计算下一个 d 值
  d+=dxdy;

  } // end for
```

I_0、I_1 和 I_2 用于插值计算其他位置的值，可以是颜色、纹理坐标，z 值等

图 12.16　标准插值流程

线性插值的问题在于，不能用它来插值计算在屏幕空间中不呈线性变化的量。因此，它不适用于纹理坐标、z 坐标，甚至颜色强度。投影到屏幕时使用的是透视变换，这扭曲了上述数据；但扭曲程度都是可以接受的。从远处观看时，仿射纹理映射的效果很不错；使用线性插值时 Gouraud 着色的效果也不太糟糕；而 z 缓存在大多数时候也管用。然而，它们都是完全错误的。

前一章的分析表明，经过透视变换进入屏幕空间后，我们一直对其进行线性插值的那些量都不再是线性变化的，要让它们仍然是线性的，必须除以 z。也就是说，在屏幕空间中，只有 $1/z$ 是线性变化的，这是所有问题的关键。下面介绍两种常见的透视修正纹理映射的推导方法，让读者能够真正理解其工作原理。

1. 透视修正公式推导方法 1

这种推导方法没有第二种方法严密，但更简明。如图 12.17 所示，我们要将一条线段投影到屏幕上。这条线段是 2D 的，但 3D 线段与此相同，只需假设位于 X-Z 平面内，即 $y = 0$ 即可。这条线段的两个端点的坐标分别是 $(x1, z1)$ 和 $(x2, z2)$。可以用下列方程来表示这条线段：

a*x + b*z = c

计算系数 a、b 和 c 的方法很多，例如可以将 $(x1, z1)$ 和 $(x2, z2)$ 代入上述方程以求解它们：

a*x1 + b*z1 = c
a*x2 + b*z2 = c

可以使用代入法、矩阵、高斯消元法或 TI-92 计算器来求解上述方程；但我们并不需要求解上述系数，而只是想使用这种形式的方程：

a*x + b*z = c

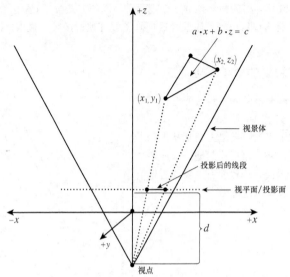

图 12.17　将 3D 线段投影到 2D 空间中

现在，假设要使用透视变换将线段上的点 (x，z) 投影到屏幕上，这意味着只需除以 z（当然还需要乘以视距，这里假设 d 为 1.0，以消除其影响）：

$x_{per} = x/z$

根据上述方程求解 x，结果为：

$x = z* x_{per}$

这相当于解答这样的问题：屏幕空间坐标 x_{per} 对应的 3D 空间是多少？接下来将 x 代入直线方程，结果如下：

$a*x + b*z = c \rightarrow a*(z*x_{per}) + b*z = c$

根据该方程求解 z，结果如下：

$z = c / (a*x_{per} + b)$

对等式两边求倒数，结果如下：

$1/z = (a/c)* x_{per} + (b/c)$

上述方程表明，$1/z$ 和 x_{per} 之间呈线性关系。将 $x_{per} = x/z$ 代入上述方程，结果如下：

$1/z = (a/c)* x/z + (b/c)$

这表明 $1/z$ 和 x/z 之间呈线性关系。这意味要计算 3D 空间中的 x、z、u 等，必须先将它们除以 z，再通过线性插值计算除以 z 后的值，然后将其除以 $1/z$，得到 3D 空间中的值。例如，让我们将纹理坐标 u 代入上述方程，看看如何进行线性插值：

$1/z = (a/c)* u/z + (b/c)$

我们首先计算 $1/z$，并令其为 z'；计算 u/z，并令其为 u'。然后执行线性插值，得到 u' 和 z'，其中 u' 表示通过线性插值得到的 u/z，z' 表示通过线性插值得到的 $1/z$。但我们要的是 u 而不是 u'，为此需要将 u' 除以 z'：

$$u = u'/z' = (u/z) / (1/z) = (u/z) * (z/1) = u$$

因此，我们只需通过插值计算 u'，并将其除以 z' 来得到 u。当然，u 可以是任何量：纹理坐标、颜色值等。对于每个像素，根据 u' 和 v' 计算纹理坐标 u 和 v 需要执行两次除法运算，因此使用透视修正纹理映射时，每个像素增加了两次除法运算。

讨论另一种更严谨的推导方法之前，先从编程的角度来讨论这一点。显然，需要沿三角形边向下插值计算 $1/z$，因此可以从 z 缓存切换到 $1/z$ 缓存，而不丢失任何信息。使用 $1/z$ 缓存时，只需将内循环中的比较运算符小于改为大于即可。实际上，我们将重新考虑要使用的定点格式，以提高小数部分的精度。由于 $1/z$ 不可能大于 1.0，因此没有必要使用原来的 16.16 定点格式——用 16 位表示整数部分，用 16 位表示小数部分，而应将小数点位置左移，几乎将所有位都用来表示小数——格式 4.28 将是一种不错的选择，这将在实现 $1/z$ 缓存时讨论。妥善地处理好实现细节后，每个像素将只增加两次除法运算。这些运算是无法避免的，当然我们可以进行优化和近似。

下面通过一个范例来说明仿射纹理映射和透视修正的情况。这里只考虑在三角形的一条边上通过插值计算一个纹理坐标。两个端点 **p1**(100，100，20) 和 **p2**(50，110，50) 的纹理坐标 u 分别是 0 和 63，如图 12.18 所示。

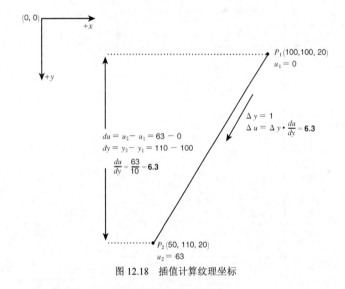

图 12.18　插值计算纹理坐标

在仿射纹理映射中，通过线性插值计算纹理坐标的算法如下：

```
float x1=100, y1=100, z1=20, u1=0,
  x2=50, y2=110, z2=50, u2=63;

float du = u2 - u1;
float dy = y2 - y1;
float dudy = du/dy;
// 计算初始值
float u = u1;

// 插值
for (int y=(int)y1; y <= (int)y2; y++)
  {
  printf("\n@y=%d, u=%f",y,u);
```

```
// 计算下一个 u 值
u+=dudy;
} // end for
```

如果读者运行上述小程序，将得到如表 12.1 所示的错误数据。

表 12.1　　　　　　　　以线性插值方式计算得到的纹理坐标

y 坐标	纹理坐标	y 坐标	纹理坐标
100	$u = 0.000$	106	$u = 37.799$
101	$u = 6.300$	107	$u = 44.099$
102	$u = 12.600$	108	$u = 50.399$
103	$u = 18.900$	109	$u = 56.699$
104	$u = 25.200$	110	$u = 62.999$
105	$u = 31.500$		

在循环中，每次迭代的纹理坐标增量都相同，为 6.3；这里没有考虑 z 坐标，图 12.19 是根据上述数据绘制的图形。

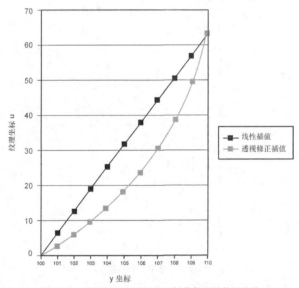

图 12.19　线性插值和透视修正插值得到的数据曲线

u 和 z 之间呈线性关系，这是错误的。现在来看一下该函数的透视修正版本，它在每次迭代中通过线性插值计算 $1/z$ 和 u/z，并将 u/z 除以 $1/z$ 来计算 u：

```
float x1=100, y1=100, z1=20, u1=0,
  x2=50, y2=110, z2=50, u2=63;

float du = u2/z2 - u1/z1;
float dy = y2 - y1;
float dz = 1/z2 - 1/z1;

float dzdy = dz/dy;
float dudy = du/dy;

// 计算初始值
```

```
float u = u1/z1;
float z = 1/z1;

// 插值
for (int y=(int)y1; y <= (int)y2; y++)
  {
  printf("\n@y=%d, 1/z=%f, u/z=%f: u=%f",y, u, z, u/z);

  // 计算下一个 u/z 值
  u+=dudy;

  // 计算下一个 1/z 值
  z+=dzdy;
  } // end for
```

从图 12.19 和表 12.2 可知，纹理坐标不再呈线性变化，而是随 $1/z$ 而异。

表 12.2　　　　　　　　以透视修正插值方式计算纹理坐标

y 坐标	$1/z$	u/z	纹理坐标	y 坐标	$1/z$	u/z	纹理坐标
$y = 100$	$1/z = 0.000$	$u/z = 0.050$	$u = 0.000$	$y = 106$	$1/z = 0.756$	$u/z = 0.032$	$u = 23.624$
$y = 101$	$1/z = 0.126$	$u/z = 0.047$	$u = 2.680$	$y = 107$	$1/z = 0.882$	$u/z = 0.029$	$u = 30.413$
$y = 102$	$1/z = 0.252$	$u/z = 0.044$	$u = 5.727$	$y = 108$	$1/z = 1.008$	$u/z = 0.026$	$u = 38.769$
$y = 103$	$1/z = 0.378$	$u/z = 0.041$	$u = 9.219$	$y = 109$	$1/z = 1.134$	$u/z = 0.023$	$u = 49.304$
$y = 104$	$1/z = 0.504$	$u/z = 0.038$	$u = 13.263$	$y = 110$	$1/z = 1.26$	$u/z = 0.020$	$u = 62.999$
$y = 105$	$1/z = 0.630$	$u/z = 0.035$	$u = 17.999$				

为验证这种算法的正确性，假设两个端点的 z 坐标相同。在这种情况下，将没有透视扭曲，因为这两个端点之间的线段与投影面平行。因此，透视修正插值的结果应与仿射/线性插值的结果相同。来看看是不是这样。将 $z1$ 和 $z2$ 都设置为 20 以消除透视扭曲，然后运行透视修正插值程序，结果如表 12.3 所示。

表 12.3　　　　　　z 坐标相同时通过透视修正插值得到的纹理坐标

y 坐标	$1/z$	u/z	纹理坐标	y 坐标	$1/z$	u/z	纹理坐标
$y = 100$	$1/z = 0.000$	$u/z = 0.050$	$u = 0.000$	$y = 106$	$1/z = 1.890$	$u/z = 0.050$	$u = 37.800$
$y = 101$	$1/z = 0.315$	$u/z = 0.050$	$u = 6.300$	$y = 107$	$1/z = 2.205$	$u/z = 0.050$	$u = 44.100$
$y = 102$	$1/z = 0.630$	$u/z = 0.050$	$u = 12.600$	$y = 108$	$1/z = 2.520$	$u/z = 0.050$	$u = 50.400$
$y = 103$	$1/z = 0.945$	$u/z = 0.050$	$u = 18.900$	$y = 109$	$1/z = 2.835$	$u/z = 0.050$	$u = 56.700$
$y = 104$	$1/z = 1.260$	$u/z = 0.050$	$u = 25.199$	$y = 110$	$1/z = 3.150$	$u/z = 0.050$	$u = 63.000$
$y = 105$	$1/z = 1.575$	$u/z = 0.050$	$u = 31.500$				

如果对表 12.1 和表 12.3 进行比较，将发现其中的纹理坐标相同（当然有很小的浮点误差），这表明我们的算法在任何情况下都是正确的。

2. 透视修正公式推导方法 2

这种推导方法与前一个方法类似，但更严密。这里将使用下述两点之间的插值公式：

```
p = (1 - t)*p1 + (t)*p2
```

注意：p 可以是向量，也可以是标量。

我们需要推导出用 z 表示的 p1 到 p2 之间的插值公式。图 12.20 说明了这种推导过程。

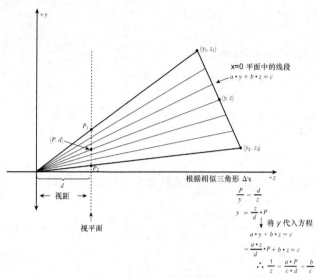

图 12.20 线段插值和透视投影

在图 12.20 中，有两个位于世界坐标空间中的点，它们的坐标分别是 $(y1，z1)$ 和 $(y2，z2)$。将这些点投影到 $z=d$ 的视平面上时，得到点 $(p1，d)$ 和 $(p2，d)$。另外，线段上的任意一点 $(y，z)$ 投影到视平面上时得到点 $(p，d)$。

在 3D 空间中，位于 y-z 平面中 $(x=0)$ 的直线的方程为：

a*y + b*z = c

请看图 12.20，根据三角形相似可知，交点 $(p，d)$ 和 3D 点 $(y，z)$ 具有如下关系：

p/y = d/z

求解 y，结果如下：

y = (p/d)*z

将其代入直线方程，结果如下：

(a*p/d)*z + b*z = c

将等式两边除以 $((a*p/d) + b)$，结果如下：

z = c / ((a*p/d) + b)

在等式两边求倒数，结果如下：

1/z = ((a*p/d) + b)/c = (a*p/c*d) + (b/c)

将变量 p 与其他常量分离，结果如下：

1/z = (a/c*d)*p + (b/c)

因此，点 $(y1，z1)$ 与其投影点 $(p1，d)$ 之间存在如下关系：

1/z1 = (a/c*d)*p1 + (b/c)

点 $(y2，z2)$ 与其投影点 $(p2，d)$ 之间存在如下关系：

```
1/z2 = (a/c*d)*p2 + (b/c)
```

至此，我们确定了端点的情况，还需要确定中间点的情况。为此，将 $p = (1-t)*p1 + (t)*p2$ 代入下述方程：

```
1/z = (a/c*d)*p + (b/c)
```

结果如下：

```
1/z = (a/c*d)*[ (1-t)*p1 + (t)*p2 ] + (b/c)
```

计算乘法后结果如下：

```
1/z = (a/c*d)*p1*(1-t) + (a/c*d)*p2*(t) + (b/c)
```

接下来在等式的右边加上 $(b/c)*t$，再减去 $(b/c)*t$，得到如下结果：

```
1/z = [ (a/c*d)*p1 + (b/c) ]*(1-t) + [ (a/c*d)*p2 + (b/c) ]*(t)
```

请注意其中以粗体显示的项，它们分别与下述等式的右边相同：

```
1/z1 = (a/c*d)*p1 + (b/c)
1/z2 = (a/c*d)*p2 + (b/c)
```

因此，可以用这两个等式的左边（即 $1/z1$ 和 $1/z2$）替换它们，最终结果如下：

```
1/z = [(1/z1)]*(1-t) + [(1/z2)]*(t)
```

这意味着可以在 $1/z1$ 和 $1/z2$ 之间进行线性插值。换句话说，任何 3D 空间量除以 z 的商在屏幕空间中都是呈线性变化的。

至此，读者应该知道为何 $1/z$ 在屏幕空间中是呈线性变化的，同时任何 3D 空间量与 z 的商在屏幕空间中也是呈线性变化的。这一点应该很直观，因为进行屏幕投影时，我们将值除以 z。

12.5.2 在光栅化函数中加入 $1/z$ 缓存功能

读者知道为支持透视修正纹理映射，需要在光栅化函数中通过线性插值计算 $1/z$ 的原因后，接下来需要支持这种功能。这相当简单，但为提高精度，有些工作必须使用定点格式来完成。当前，我们使用的是 16.16 格式，这可以表示 -32768 到 32768 的带符号整数，可以表示的最小小数为 $1/2^{16}$，这大约是 1.5258×10^{-5}，即可以精确到小数点后面 4～5 位。然而，这只是就格式本身而言的。执行乘法运算时，移位精度将急剧降低。因此，我们必须使用另一种定点格式，它更适合表示小于 1.0 的数，即 z 的倒数。现在的问题是，可以用多少位来表示小数部分。

答案是很多，但又不能太多。我们使用 32 位的定点数，其中 1 位用于表示正负号，这意味着还有 31 位可用。当然，如果要表示的数位于 0 到 1.99999999 之间，可以使用 2.30 格式，整数部分的 1 位用于表示正负号，余下的 1 位最大可表示 1，但整数部分的空间太紧张了。作者试验过这种格式，但经常会溢出，因此作者最终决定使用 4.28 格式，即 28 位用于表示小数部分，3 位用于表示整数部分，1 位用于表示正负号。这样，可以表示 -8 到 7 之间的小数，小数部分的精度为 28 位（二进制），对于 $1/z$ 缓存以及以后可能需要实现的插值来说，这足够了。为使用这种格式，在 T3DLIB10.H 中定义了下述变量：

```
#define FIXP28_SHIFT 28
```

作者以使用 z 缓存的光栅化函数为基础，将 z 缓存转换为 $1/z$ 缓存。为编写支持透视修正的光栅化函数，以仿射纹理映射函数为基础，将线性纹理坐标插值改为 u/z 和 v/z 插值，并将插值结果除以 $1/z$ 得到像素的纹理坐标 u 和 v。稍后再介绍这些，先来看看最简单的 $1/z$ 缓存光栅化函数，它绘制使用固定/恒定着色的多边形，且不支持 alpha 混合。该函数的原型如下：

```
void Draw_Triangle_2DINVZB_16(POLYF4DV2_PTR face, // 指向多边形面的指针
                    UCHAR *_dest_buffer, // 指向视频缓存的指针
                    int mem_pitch,    // 每行多少个字节(320、640等)
                    UCHAR *zbuffer,    // 指向 z 缓存的指针
                    int zpitch);     // z 缓存中每行多少字节
```

该函数接受的参数与 z 缓存版本相同，但在内部使用 1/z 缓存。先来回顾一下 1/z 缓存的工作原理。如果有两个像素，其中一个像素的 z 值为 100，另一个为 200，则 z = 100 的像素应覆盖 z = 200 的像素。下面来计算这两个像素的 1/z。

对于 z = 100 的像素：

```
1/z = 1/100 = 0.01
```

对于 z = 200 的像素：

```
1/z = 1/200 = 0.005
```

因此，对于原来内循环中的比较代码：

```
if (zi < screen_ptr[x])
```

需要反转比较方向，使 1/z 更大时胜出：

```
if (zi > screen_ptr[x])
```

这在前一章介绍过了，读者不应对此感到惊讶。还需要修改在每一帧中都对 z 缓存进行初始化的代码。使用 z 缓存时，我们使用最大可能 z 值（如 32000）来填充 z 缓存，代码如下：

```
Clear_Zbuffer(&zbuffer, (32000 << FIXP16_SHIFT));
```

然而，我们不但使用了不同的定点格式，还需要使用 0 来填充 1/z 缓存。因此，需要将清空缓存的代码修改为：

```
Clear_Zbuffer(&zbuffer, 0);
```

提示：使用 1/z 缓存时，可以使用前面介绍过的优化方法：在每帧中给 1/z 加上一个偏移量，以免每帧都清除 1/z 缓存。然而，由于使用的是 4.28 格式，用于表示整数部分的只有 3 位，因此经过几帧后就将溢出。作者决定现在暂时不使用这种优化方法。

接下来的一个问题是 z 缓存本身。需要对 z 缓存数据结构等进行修改吗？答案是否定的，z 缓存只不过是内存而已。然而，确实不能在使用 z 缓存和 1/z 缓存的函数之间共用缓存，否则将引起混乱。

接下来看一下范例光栅化函数中设置 1/z 缓存的代码。下面是使用 z 缓存时，设置顶点的代码：

```
// 设置顶点坐标
x0 = (int)(face->tvlist[v0].x+0.0);
y0 = (int)(face->tvlist[v0].y+0.0);

tz0 = (int)(face->tvlist[v0].z+0.5);

x1 = (int)(face->tvlist[v1].x+0.0);
y1 = (int)(face->tvlist[v1].y+0.0);

tz1 = (int)(face->tvlist[v1].z+0.5);

x2 = (int)(face->tvlist[v2].x+0.0);
y2 = (int)(face->tvlist[v2].y+0.0);
```

```
tz2 = (int)(face->tvlist[v2].z+0.5);
```

其中设置 z 坐标的代码为粗体。下面是使用 1/z 缓存时设置顶点的代码：

```
// 设置顶点坐标
x0 = (int)(face->tvlist[v0].x+0.0);
y0 = (int)(face->tvlist[v0].y+0.0);

tz0 = (1 << FIXP28_SHIFT) / (int)(face->tvlist[v0].z+0.5);

x1 = (int)(face->tvlist[v1].x+0.0);
y1 = (int)(face->tvlist[v1].y+0.0);

tz1 = (1 << FIXP28_SHIFT) / (int)(face->tvlist[v1].z+0.5);
x2 = (int)(face->tvlist[v2].x+0.0);
y2 = (int)(face->tvlist[v2].y+0.0);

tz2 = (1 << FIXP28_SHIFT) / (int)(face->tvlist[v2].z+0.5);
```

新增的内容有两项。首先，现在使用的是定点数。在上述代码中，将 1.0 转换为 4.28 定点格式，然后除以 z。因此，tz0、tz1 和 tz2 为定点数，而在支持 z 缓存的版本中不是。这样做的原因是，z 值为整数，如果直接用它来除以 1，将降低精度；因此执行除法运算之前，必须将 1 转换为定点数。现在，在插值计算 z 的代码中，不再需要左移 FIXP16_SHIFT 位了，因为这些值已经是定点格式了。这样，性能可能会稍有提高。由于 tz0、tz1、tz2 和 1/z 为 4.28 定点格式，因此在光栅化函数中无需进行转换。例如，以前通过插值计算 z 时，需要左移 FIXP16_SHIFT 位，以便将这些值转换为定点数：

```
dy = (y2 - y0);
dzdyl = ((tz2 - tz0) << FIXP16_SHIFT)/dy;
dzdyr = ((tz2 - tz1) << FIXP16_SHIFT)/dy;

dy = (min_clip_y - y0);

// 重新计算初始值
zl = dzdyl*dy + (tz0 << FIXP16_SHIFT);
zr = dzdyr*dy + (tz1 << FIXP16_SHIFT);
```

然而，使用 1/z 缓存时的代码如下：

```
dy = (y2 - y0);
dzdyl = ((tz2 - tz0))/dy;
dzdyr = ((tz2 - tz1))/dy;

dy = (min_clip_y - y0);

// 重新计算初始值
zl = dzdyl*dy + (tz0);
zr = dzdyr*dy + (tz1);
```

不再需要执行移位运算。在内循环中，除了反转了比较方向（以支持 1/z 缓存）外，代码与以前相同。这是因为无论是什么量，插值计算的代码都相同。读者需要牢记的是，设置顶点的方法不同：初始化为 1/z 而不是 z。下面是函数 Draw_Triangle_2DINVZB_16() 中绘制所有扫描线的循环。这些代码表明，使用 1/z 缓存和使用 z 缓存的方法相同，如果有什么不同，那就是速度更快：

```
// 将指针 screen_ptr 指向起始行
screen_ptr = dest_buffer + (ystart * mem_pitch);
```

```
// 将指针 z-ptr 指向起始行
z_ptr = zbuffer + (ystart * zpitch);

for (yi = ystart; yi < yend; yi++)
    {
    // 计算扫描线端点的 x 坐标
    xstart = ((xl + FIXP16_ROUND_UP) >> FIXP16_SHIFT);
    xend  = ((xr + FIXP16_ROUND_UP) >> FIXP16_SHIFT);

    // 计算初始值
    zi = zl;

    // 计算增量
    if ((dx = (xend - xstart))>0)
        {
        dz = (zr - zl)/dx;
        } // end if
    else
        {
        dz = (zr - zl);
        } // end else

    // 绘制扫描线
    for (xi=xstart; xi < xend; xi++)
        {
        // 检查当前 z 值是否大于缓存中的 z 值
        if (zi > z_ptr[xi])
            {
            // 绘制像素
            screen_ptr[xi] = color;

            // 更新 z 缓存
            z_ptr[xi] = zi;
            } // end if
        // 计算下一个像素的 z 值
        zi+=dz;
        } // end for xi

    // 计算下一条扫描线端点的 x、z 值
    xl+=dxdyl;
    zl+=dzdyl;

    xr+=dxdyr;
    zr+=dzdyr;

    // 将指针 screen_ptr 指向下一行
    screen_ptr+=mem_pitch;

    // 将指针 z_ptr 指向下一行
    z_ptr+=zpitch;

    } // end for y
```

现在简要地复习一下，然后看一下所有使用 $1/z$ 缓存的光栅化函数——支持透视修正的函数除外。为正确地实现透视修正纹理映射，需要使用 $1/z$ 缓存；$1/z$ 缓存不比 z 缓存逊色，它更可靠，同时又不会降低性能。然而，为确保 $1/z$ 的精度足够高，需要修改定点格式。对于离视平面很近的多边形，使用 $1/z$ 能够更好地将它们区分开来，这样在可见性判定的准确度将更高。由于 $1/z$ 值一开始就被转换为定点数，因此在光栅化函数中，不用像使用 z 缓存那样执行移位运算。最后，需要在每帧中使用 0 来填充 $1/z$ 缓存，

而不是像 z 缓存那样使用最大可能值来填充。这让我们可以使用偏移量技术，避免在每帧中都清空缓存，从而提高性能。

注意：在支持 alpha 混合的光栅化函数中加入 1/z 缓存功能的方法完全相同，这里不介绍其代码，但将列出它们的原型。

下面是支持 1/z 缓存的光栅化函数的原型。其中不包括支持透视修正的函数，这些函数稍后再介绍。

```
void Draw_Triangle_2DINVZB_16(POLYF4DV2_PTR face, // 指向多边形面的指针
        UCHAR *_dest_buffer, // 指向视频缓存的指针
        int mem_pitch,    // 每行多少字节（320、640 等）
        UCHAR *zbuffer,   // 指向 z 缓存的指针
        int zpitch);      // z 缓存中每行多少字节
```

该函数使用 1/z 缓存绘制标准的彩色三角形。

```
void Draw_Gouraud_TriangleINVZB_16(POLYF4DV2_PTR face,// 指向多边形面的指针
        UCHAR *_dest_buffer, // 指向视频缓存的指针
        int mem_pitch,    // 每行多少字节（320、640 等）
        UCHAR *zbuffer,   // 指向 z 缓存的指针
        int zpitch);      // z 缓存中每行多少字节
```

该函数使用 1/z 缓存绘制使用 Gouraud 着色的三角形。

```
void Draw_Textured_TriangleINVZB_16(POLYF4DV2_PTR face,//指向多边形面的指针
        UCHAR *_dest_buffer, // 指向视频缓存的指针
        int mem_pitch,    // 每行多少字节（320、640 等）
        UCHAR *zbuffer,   // 指向 z 缓存的指针
        int zpitch);      // z 缓存中每行多少字节
```

该函数使用 1/z 缓存和固定着色绘制使用仿射纹理映射的三角形。

```
void Draw_Textured_TriangleFSINVZB_16(POLYF4DV2_PTR face,// 指向多边形面的指针
        UCHAR *_dest_buffer, // 指向视频缓存的指针
        int mem_pitch,    // 每行多少字节（320、640 等）
        UCHAR *zbuffer,   // 指向 z 缓存的指针
        int zpitch);      // z 缓存中每行多少字节
```

该函数使用 1/z 缓存和恒定着色绘制使用仿射纹理映射的三角形。

```
void Draw_Textured_TriangleGSINVZB_16(POLYF4DV2_PTR face, // 指向多边形面的指针
        UCHAR *_dest_buffer,// 指向视频缓存的指针
        int mem_pitch, // 每行多少字节（320、640 等）
        UCHAR *_zbuffer,   // 指向 z 缓存的指针
        int zpitch);       // z 缓存中每行多少字节
```

该函数使用 1/z 缓存和 Gouraud 着色绘制使用仿射纹理映射的三角形。

```
void Draw_RENDERLIST4DV2_SolidINVZB_16(RENDERLIST4DV2_PTR rend_list,
        UCHAR *video_buffer, // 指向视频缓存的指针
        int lpitch,     // 每行多少字节（320、640 等）
        UCHAR *zbuffer, // 指向 z 缓存的指针
        int zpitch);    // z 缓存中每行多少字节
```

这是一个渲染列表函数，它根据多边形的着色和纹理映射信息调用相应的、使用 1/z 缓存的光栅化函数。

接下来列出支持 alpha 混合和 1/z 缓存的函数。除了参数列表末尾增加了参数 alpha_override 外，它们与非 alpha 混合版本相同。同样，这里没有列出支持透视修正的函数，因为我们还未介绍过。

```
void Draw_Triangle_2DINVZB_Alpha16(POLYF4DV2_PTR face, // 指向多边形面的指针
        UCHAR *_dest_buffer, // 指向视频缓存的指针
        int mem_pitch,      // 每行多少字节（320、640 等）
        UCHAR *zbuffer,     // 指向 z 缓存的指针
        int zpitch,         // z 缓存中每行多少字节
        int alpha);         // alpha 等级
```

该函数使用 1/z 缓存绘制标准的彩色三角形。

```
void Draw_Gouraud_TriangleINVZB_Alpha16(POLYF4DV2_PTR face, //指向多边形面的指针
        UCHAR *_dest_buffer, // 指向视频缓存的指针
        int mem_pitch,      // 每行多少字节（320、640 等）
        UCHAR *zbuffer,     // 指向 z 缓存的指针
        int zpitch,         // z 缓存中每行多少字节
        int alpha);         // alpha 等级
```

该函数使用 1/z 缓存绘制使用 Gouraud 着色的三角形。

```
void Draw_Textured_TriangleINVZB_Alpha16(POLYF4DV2_PTR face,//指向多边形面的指针
        UCHAR *_dest_buffer, // 指向视频缓存的指针
        int mem_pitch,      // 每行多少字节（320、640 等）
        UCHAR *zbuffer,     // 指向 z 缓存的指针
        int zpitch,         // z 缓存中每行多少字节
        int alpha);         // alpha 等级
```

该函数使用 1/z 缓存和固定着色绘制使用仿射纹理映射的三角形。

```
void Draw_Textured_TriangleFSINVZB_Alpha16(POLYF4DV2_PTR face,// 指向多边形面的指针
        UCHAR *_dest_buffer, // 指向视频缓存的指针
        int mem_pitch,      // 每行多少字节（320、640 等）
        UCHAR *zbuffer,     // 指向 z 缓存的指针
        int zpitch,         // z 缓存中每行多少字节
        int alpha);         // alpha 等级
```

该函数使用 1/z 缓存和恒定着色绘制使用仿射纹理映射的三角形。

```
void Draw_Textured_TriangleGSINVZB_Alpha16(POLYF4DV2_PTR face, // 指向多边形面的指针
        UCHAR *_dest_buffer, // 指向视频缓存的指针
        int mem_pitch,      // 每行多少字节（320、640 等）
        UCHAR *_zbuffer,    // 指向 z 缓存的指针
        int zpitch,         // z 缓存中每行多少字节
        int alpha);         // alpha 等级
```

该函数使用 1/z 缓存和 Gouraud 着色绘制使用仿射纹理映射的三角形。

```
void Draw_RENDERLIST4DV2_SolidINVZB_Alpha16(RENDERLIST4DV2_PTR rend_list,
        UCHAR *video_buffer, // 指向视频缓存的指针
        int lpitch,         // 每行多少字节（320=640 等）
        UCHAR *zbuffer,     // 指向 z 缓存的指针
        int zpitch,         // z 缓存中每行多少字节
        int alpha_override); // alpha 溢出值
```

这是一个渲染列表函数，它根据多边形的着色和纹理映射信息调用相应的、使用 1/z 缓存的光栅化函数。DEMOII12_5.CPP|EXE 是一个 1/z 缓存技术的演示程序，图 12.21 是其屏幕截图。

通过按 Z 键，可以在 1/z 缓存、z 缓存和不使用深度缓存之间进行切换；按 S 键可以开/关 z 排序。请尝试使用不同的缓存技术，然后将探测器移到物体中，看看哪种技术的精度更高。要编译该演示程序，需要 DEMOII12_5.CPP|H、T3DLIB1-10.CPP|H 和 DirectX .LIB 文件。

图 12.21　1/z 缓存技术演示程序的屏幕截图

提示：务必按 A 键关闭环境光源，这样该演示程序看起来将非常酷。

12.5.3　实现完美透视修正纹理映射

现在，要实现完美（perfect）透视修正纹理映射，只需修改一些代码即可。我们只需以使用 1/z 缓存的仿射纹理映射函数为基础，对插值代码以及计算每个像素的纹理坐标 u 和 z 的代码做些修改。需要修改的地方如下：

● 在初始化阶段，需要计算 u/z、v/z 和 $1/z$。

● 在光栅化函数的内循环中，需要计算纹理坐标 u 和 v。这是通过将 u/z 和 v/z 除以 $1/z$ 得到透视修正纹理坐标 u 和 v 来实现的，这些坐标将用于从纹理图中采集样本。

当然，魔鬼隐藏在细节之中。首先，需要再谈一下定点格式。现在，通过插值计算的不是 u 和 v，而是 u/z 和 v/z，因此要求小数部分的精度高于 16 位（二进制）。然而，不能像 1/z 那样使用 4.28 格式，因为纹理坐标最大可达 255。要表示 0～255 之间的值，至少需要 8 位，加上一个符号位，总共需要 9 位。作者不喜欢奇数，因此使用 10 位来存储整数部分，余下的 22 位用于存储小数部分。

为插值计算 u/z 和 v/z，将使用 10.22 定点格式；为插值计算 1/z，将使用 4.28 定点格式。这意味着将 u/z 和 v/z 除以 $1/z$ 时，是用一个 4.28 格式的定点数去除以一个 10.22 格式的定点数，因此一定要注意执行正确的移位运算。

来看如何设置顶点和 u、v 信息。下面的代码摘自支持 1/z 缓存、透视修正和固定着色的光栅化函数：

```
// 提取顶点信息
x0 = (int)(face->tvlist[v0].x+0.0);
y0 = (int)(face->tvlist[v0].y+0.0);

tu0 = ((int)(face->tvlist[v0].u0+0.5) << FIXP22_SHIFT) /
      (int)(face->tvlist[v0].z+0.5);
tv0 = ((int)(face->tvlist[v0].v0+0.5) << FIXP22_SHIFT) /
      (int)(face->tvlist[v0].z+0.5);

tz0 = (1 << FIXP28_SHIFT) / (int)(face->tvlist[v0].z+0.5);

x1 = (int)(face->tvlist[v1].x+0.0);
y1 = (int)(face->tvlist[v1].y+0.0);
```

```
tu1 = ((int)(face->tvlist[v1].u0+0.5) << FIXP22_SHIFT) /
      (int)(face->tvlist[v1].z+0.5);
tv1 = ((int)(face->tvlist[v1].v0+0.5) << FIXP22_SHIFT) /
      (int)(face->tvlist[v1].z+0.5);

tz1 = (1 << FIXP28_SHIFT) / (int)(face->tvlist[v1].z+0.5);

x2 = (int)(face->tvlist[v2].x+0.0);
y2 = (int)(face->tvlist[v2].y+0.0);
tu2 = ((int)(face->tvlist[v2].u0+0.5) << FIXP22_SHIFT) /
      (int)(face->tvlist[v2].z+0.5);
tv2 = ((int)(face->tvlist[v2].v0+0.5) << FIXP22_SHIFT) /
      (int)(face->tvlist[v2].z+0.5);

tz2 = (1 << FIXP28_SHIFT) / (int)(face->tvlist[v2].z+0.5);
```

常量 FIXP22_SHIFT 的定义如下：

```
#define FIXP22_SHIFT 22
```

请读者花些时间来弄懂这些设置代码。对 $1/z$ 的计算与前面相同，同时将每个顶点的纹理坐标设置为 u/z 和 v/z。首先将 u 和 v 进行移位，将其转换为 10.22 定点格式，然后将其除以 z。正如本章前面证明的，将定点数除以或乘以整数时，结果为定点数，当然条件是不发生上溢或下溢。经过这种初始化后，便可以通过线性插值来计算 $1/z$、u/z 和 v/z 了。

除了最内面的循环外，光栅化函数的代码与以前相同。在内循环中，需要使用纹理坐标 u 和 v 来访问纹理内存，但为支持完美的透视修正纹理映射，需要将 u/z 和 v/z 分别除以 $1/z$ 来计算它们：

```
u = (u/z) / (1/z)
v = (v/z) / (1/z)
```

然而，u/z 和 v/z 为 10.22 定点格式，而 $1/z$ 为 4.28 定点格式，因此它们不能直接相除，而必须在执行除法运算前对一个或两个操作数进行移位，这样得到的 u 和 v 将为简单整型格式，且不会降低精度。下面是绘制扫描线的内循环代码：

```
for (xi=xstart; xi < xend; xi++)
  {
  // 检测当前像素的 1/z 值是否比 1/z 缓存中相应的值大
  if (zi > z_ptr[xi])
    {
    // 绘制像素
    screen_ptr[xi] = textmap[ ((ui << (FIXP28_SHIFT - FIXP22_SHIFT)) / zi) +
( ( ((vi << (FIXP28_SHIFT - FIXP22_SHIFT)) / zi)  << texture_shift2)];

    // 更新 1/z 缓存
    z_ptr[xi] = zi;
    } // end if
    // 计算下一个像素的 u、v、z
    ui+=du;
    vi+=dv;
    zi+=dz;
    } // end for xi
```

其中计算 u 和 v 的代码为粗体。使用仿射纹理映射时，相应的代码如下：

```
screen_ptr[xi] = textmap[(ui >> FIXP16_SHIFT) +
          ((vi >> FIXP16_SHIFT) << texture_shift2)];
```

现在来看除以 z 和移位的问题。为何左移位数为 FIXP28_SHIFT – FIXP22_SHIFT = 6 位呢？请看图 12.22。

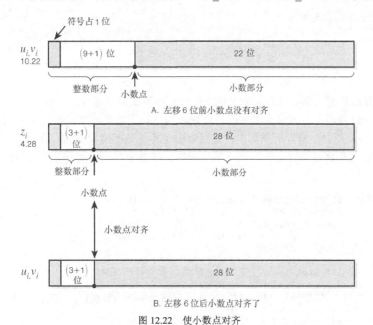

图 12.22　使小数点对齐

ui 和 vi 都是 10.22 格式，而 zi 为 4.28 格式。要使除法运算的结果没有被缩放且为整数，需要将小数点对齐。为此，需要将 ui 和 vi 左移 6 位，以便与 zi 对齐。这是因为在这两种格式中，小数部分相差的位数为：

```
(FIXP28_SHIFT - FIXP22_SHIFT) = (28 - 22) = 6
```

通过移位，被除数和除数都是 4.28 格式。这样，得到的商将为整数，且没有被缩放。

提示：对于纹理寻址，还存在另一种优化方法。访问纹理的代码如下：

texture[u + (v << *n*)]

其中 n 为纹理宽度的以 2 为底的对数，即每行占据的字数。上述移位相当于一次乘法运算。如果预先将 vi 放大纹理宽度倍，则可避免每次计算纹理地址时都执行左移运算，从而将计算纹理地址的速度提高大约 30%。这种优化将在以后再去实现。

有关透视修正纹理映射就介绍到这里。虽然对于每个像素增加两次除法运算并非不可接受的，但稍后将通过多种方法解决这种问题。至少，通过计算除数的倒数，可以将除法转换为乘法。例如：

```
float x,y,c;

// 使用 x、y、c 执行一些计算

x = x/c;
y = y/c;
```

假设每次除法运算需要 15～40 个时钟周期，执行上述代码时将需要 30～80 时钟周期。现在对其做简单的变换：

```
float x,y,c;

// 使用 x、y、c 执行一些计算

float oneoverc = 1/c;

x = x*c;
y = y*c;
```

这包含一次除法运算（需要 15～40 个时钟周期）和两次乘法运算（各需 2～3 个时钟周期），总共需要 34～46 个时钟周期。虽然这里对所需周期数的估计太过悲观了，但通过首先计算倒数，可节省大约 50% 的时钟周期。在最内面循环中，使用除法运算都是不能接受的，必须对其进行优化。在算法方面，唯一可能的优化是进行近似，这将稍后讨论。现在来看一下支持 $1/z$ 缓存和透视修正纹理映射的函数。

```
void Draw_Textured_Perspective_Triangle_INVZB_Alpha16(
             POLYF4DV2_PTR face, // 指向多边形面的指针
             UCHAR *_dest_buffer, // 指向视频缓存的指针
             int mem_pitch,     // 每行多少字节（320、640 等）
             UCHAR *_zbuffer,    // 指向 z 缓存的指针
             int zpitch,        // z 缓存中每行多少字节
             int alpha);        // alpha 等级
```

该函数使用透视修正纹理映射、alpha 混合和固定着色来绘制三角形。

```
void Draw_Textured_Perspective_Triangle_FSINVZB_Alpha16(
         POLYF4DV2_PTR face, // 指向多边形面的指针
         UCHAR *_dest_buffer, // 指向视频缓存的指针
         int mem_pitch,     // 每行多少字节（320、640 等）
         UCHAR *_zbuffer,    // 指向 z 缓存的指针
         int zpitch,        // z 缓存中每行多少字节
         int alpha);        // alpha 等级
```

该函数使用透视修正纹理映射、alpha 混合和恒定着色来绘制三角形。

```
void Draw_Textured_Perspective_Triangle_INVZB_16(
         POLYF4DV2_PTR face, // 指向多边形面的指针
         UCHAR *_dest_buffer, // 指向视频缓存的指针
         int mem_pitch,     // 每行多少字节（320、640 等）
         UCHAR *_zbuffer,    // 指向 z 缓存的指针
         int zpitch);       // z 缓存中每行多少字节
```

该函数使用透视修正纹理映射和固定着色来绘制三角形。

```
void Draw_Textured_Perspective_Triangle_FSINVZB_16(
         POLYF4DV2_PTR face,// 指向多边形面的指针
         UCHAR *_dest_buffer,// 指向视频缓存的指针
         int mem_pitch,     // 每行多少字节（320、640 等）
         UCHAR *_zbuffer,    // 指向 z 缓存的指针
         int zpitch);       // z 缓存中每行多少字节
```

该函数使用透视修正纹理映射和恒定着色来绘制三角形。

为演示透视修正纹理映射，最佳的选择当然是使用室内环境，但我们还没有创建室内环境的有效工具。DEMOII12_6.CPP|EXE 创建了一个非常平的地形，并将一个棋盘纹理映射到地形的上面。这个演示程序表明，仿射纹理映射和透视修正纹理映射之间有天壤之别。图 12.23 是该演示程序运行时的屏幕截图。

图 12.23　透视修正纹理映射演示程序

和以往一样，按箭头键可在地形上漫游，按 T 键可在仿射纹理映射和透视修正纹理映射之间切换。要编译该演示程序，需要 DEMOII12_6.CPP|H、T3DLIB1-10.CPP|H 和 DirectX .LIB 文件。

12.5.4　实现线性分段透视修正纹理映射

虽然可以通过先计算倒数的方式对两次除法运算进行优化，以提高完美纹理映射函数的速度，但除法运算毕竟是除法运算，在大多数情况下，对软件引擎来说这是不能接受的。那么还有其他方法可以提高其速度吗？可以通过近似来提高速度，同时确保视觉效果令人满意吗？近似都是基于误差在可接受范围内这样一个概念的，因此这完全取决于在最后渲染的图像中多大的误差是可以接受的。例如，对于纹理扭曲，第一人称射击游戏和室外地形游戏的容忍程度可能不一样，因此需要考虑各种各样的因素。可以实现一种这样的近似，我们可以对误差范围进行控制，使其在完全仿射纹理映射和完美透视修正纹理映射之间变化。不幸的是，本书中的实现没有这种功能，但如果需要，读者可以添加。

我们将实现的近似叫做线性分段近似（或分段线性近似，这取决于您站在什么角度）。基本上，它是仿射纹理映射和透视修正纹理映射之间的折衷，如图 12.24 所示。

不同于完美透视修正纹理映射，线性分段纹理映射每隔一定间隔（如 16～32 像素）计算像素的准确纹理坐标，然后在这些像素之间进行仿射线性纹理映射。图 12.25 是透视修正采样曲线和线性分段近似的采样曲线。

基本上，我们计算透视修正曲线上的纹理坐标，然后在它们之间进行线性插值。随着采样点数量的不断增多，线性分段近似曲线与透视修正采样曲线将越来越接近，这种技术非常适合用于按需纹理映射。通过控制质量和精度，可避免对每个像素都执行除法运算，而是每隔 n 个像素执行这些除法运算，然后通过线性插值计算这些像素之间的纹理坐标。当物体离视平面较近时，提高近似的精度（增加采样点），当多边形远离视平面时，减少采样点数目，几乎采用仿射纹理映射。

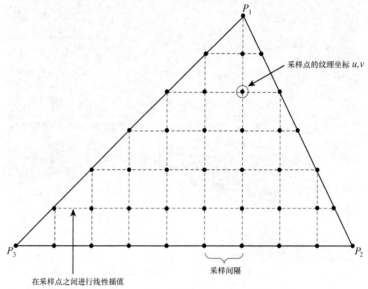

图 12.24　三角形中的线性分段近似采样点

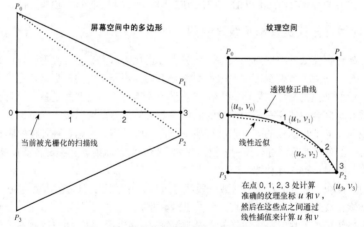

图 12.25　线性分段近似曲线和透视修正曲线

　　实际上，作者发现每隔 16～32 个像素计算准确的纹理坐标时，效果几乎与完美透视修正纹理映射相同，即使是在非常近的地方观察。不好的消息时，这种算法实现起来有些棘手，甚至令人讨厌。编写通用的每隔 n 个像素采样一次的代码是一项比较困难的工作。作者的意思是说，实现分段采样的方法有多种，如图 12.26 所示。

　　● **方法 1**：每个 n 条扫描线计算一次端点的准确纹理坐标，并在每条扫描线上每隔 n 个像素计算一次准确的纹理坐标。

　　● **方法 2**：计算每条扫描线端点的准确纹理坐标，并在每条扫描线上每隔 n 个像素计算一次准确的纹理坐标。

　　● **方法 3**：计算每条扫描线端点的准确纹理坐标，并在每条扫描线上通过线性插值计算纹理坐标。

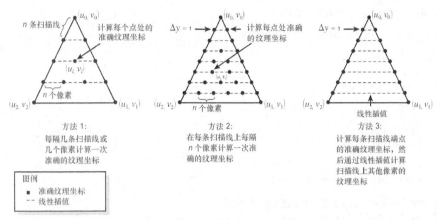

图 12.26 分段线性纹理映射中计算纹理坐标的方法

现在我们实现方法 3，以后可能实现方法 2。原因在于，在刚编写的完美纹理映射函数中包含了计算每条扫描线端点的准确纹理坐标的逻辑，我们只需删除对每个像素计算准确纹理坐标的代码，并根据端点的准确纹理坐标 u 和 v 在每条扫描线上进行线性插值即可。可以实现方法 2，但在每条扫描线上每隔 n 个像素计算一次准确的 u、v 坐标的开销很大，当前还不需要这么高的精度；以后在模型和引擎中涉及室内环境时，如果需要将实现这种方法。

我们将在透视修正纹理映射函数的基础上进行修改：只计算每条扫描线端点的准确纹理坐标，而不计算每个像素的准确纹理坐标；然后根据端点的准确纹理坐标，通过线性插值从左到右依次计算扫描线上每个像素的纹理坐标。

现在来看看实现代码。下面的代码摘自最基本的分段线性纹理映射函数 Draw_Textured_PrespectiveLP_Triangle_INVZB_16()，它是渲染整个三角形的主循环：

```
// 将指针 screen_ptr 指向起始行
screen_ptr = dest_buffer + (ystart * mem_pitch);

// 将指针 z_ptr 指向起始行
z_ptr = zbuffer + (ystart * zpitch);

for (yi = ystart; yi < yend; yi++)
    {
    // 计算扫描线端点的 x 坐标
    xstart = ((xl + FIXP16_ROUND_UP) >> FIXP16_SHIFT);
    xend  = ((xr + FIXP16_ROUND_UP) >> FIXP16_SHIFT);

    // 计算 ul、ur、vl、vr
    ul2 = ((ul << (FIXP28_SHIFT - FIXP22_SHIFT)) / (zl >> 6) ) << 16;
    ur2 = ((ur << (FIXP28_SHIFT - FIXP22_SHIFT)) / (zr >> 6) ) << 16;

    vl2 = ((vl << (FIXP28_SHIFT - FIXP22_SHIFT)) / (zl >> 6) ) << 16;
    vr2 = ((vr << (FIXP28_SHIFT - FIXP22_SHIFT)) / (zr >> 6) ) << 16;

    // 计算 u、v、z 的初始值
    zi = zl + 0;
    ui = ul2 + 0;
    vi = vl2 + 0;
```

```
// 计算 u、v 增量
if ((dx = (xend - xstart))>0)
  {
  du = (ur2 - ul2) / dx;
  dv = (vr2 - vl2) / dx;
  dz = (zr - zl) / dx;
  } // end if
else
  {
  du = (ur2 - ul2) ;
  dv = (vr2 - vl2) ;
  dz = (zr - zl);
  } // end else

// 绘制扫描线
for (xi=xstart; xi < xend; xi++)
{
  // 检查当前像素的 z 值是否大于 z 缓存中相应的值
  if (zi > z_ptr[xi])
    {
    // 绘制像素
    screen_ptr[xi] = textmap[(ui >> FIXP22_SHIFT) +
                ((vi >> FIXP22_SHIFT) << texture_shift2)];

    // 更新 z 缓存
    z_ptr[xi] = zi;
    } // end if
  // 计算下一个像素的 u、v、z
  ui+=du;
  vi+=dv;
  zi+=dz;
  } // end for xi

  // 计算下一条扫描线端点的 u、v、z
  xl+=dxdyl;
  ul+=dudyl;
  vl+=dvdyl;
  zl+=dzdyl;

  xr+=dxdyr;
  ur+=dudyr;
  vr+=dvdyr;
  zr+=dzdyr;

  // 将指针 screen_ptr 指向下一行
  screen_ptr+=mem_pitch;

    // 将指针 z_ptr 指向下一行
    z_ptr+=zpitch;

  } // end for y
```

这些代码脱离了上下文，有些难以理解；但请花些时间慢慢地啃。其中两段重要的代码为粗体。第一段通过除以 $1/z$ 计算当前扫描线端点的准确 u、v 坐标，结果存储在 $ul2$、$vl2$、$ur2$ 和 $vr2$ 中。第二段是扫描线光栅化代码中最内面的循环，它根据 $ul2$、$vl2$、$ur2$ 和 $vr2$，通过线性插值来计算纹理坐标。虽然仍通过除法运算来计算准确的纹理坐标 u 和 v，但现在只是针对每条扫描线而不是每个像素执行这种运算。另外，在每条扫描线上每隔 n 个像素计算一次准确的纹理坐标并不是那么复杂，但也不是那么简单，而且会使内循环非常混乱，因此暂时不去管它。

有关分段线性透视修正纹理映射就介绍到这里，它只是有选择地计算某些像素的准确纹理坐标，然后在这些像素之间通过线性插值计算纹理坐标。下面来看一下支持这种功能的函数（它们都使用 $1/z$ 缓存）：

```
void Draw_Textured_PerspectiveLP_Triangle_FSINVZB_16(
        POLYF4DV2_PTR face,// 指向多边形面的指针
        UCHAR *_dest_buffer, // 指向视频缓存的指针
        int mem_pitch,    // 每行多少字节（320、640 等）
        UCHAR *_zbuffer,   // 指向 z 缓存的指针
        int zpitch);     // z 缓存中每行多少字节
```

该函数支持恒定着色处理和线性分段透视修正纹理映射。

```
void Draw_Textured_PerspectiveLP_Triangle_INVZB_16(
        POLYF4DV2_PTR face, // 指向多边形面的指针
        UCHAR *_dest_buffer, // 指向视频缓存的指针
        int mem_pitch,    // 每行多少字节（320、640 等）
        UCHAR *_zbuffer,   // 指向 z 缓存的指针
        int zpitch);     // z 缓存中每行多少字节
```

该函数支持固定着色和线性分段透视修正纹理映射。

```
void Draw_Textured_PerspectiveLP_Triangle_FSINVZB_Alpha16(
        POLYF4DV2_PTR face, // 指向多边形面的指针
        UCHAR *_dest_buffer, // 指向视频缓存的指针
        int mem_pitch,    // 每行多少字节（320、640 等）
        UCHAR *_zbuffer,   // 指向 z 缓存的指针
        int zpitch,      // z 缓存中每行多少字节
        int alpha);      // the alpha
```

该函数支持恒定着色、线性分段透视修正纹理映射和 alpha 混合。

```
void Draw_Textured_PerspectiveLP_Triangle_INVZB_Alpha16(
        POLYF4DV2_PTR face, // 指向多边形面的指针
        UCHAR *_dest_buffer, // 指向视频缓存的指针
        int mem_pitch,    // 每行多少字节（320、640 等）
        UCHAR *_zbuffer,   // 指向 z 缓存的指针
        int zpitch,      // z 缓存中每行多少字节
        int alpha);      // alpha
```

该函数支持固定着色、线性分段透视修正纹理映射和 alpha 混合。

为比较仿射纹理映射、线性分段近似纹理映射和完美透视修正纹理映射，作者对前一个演示程序进行了更新，使之支持线性分段光栅化函数。图 12.27 是 DEMOII12_7.CPP|EXE 运行时的屏幕截图。

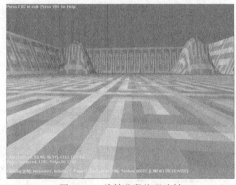

图 12.27 线性分段纹理映射

线性分段纹理映射的效果看起来不太糟糕。该演示程序的控制方法与以前相同：按箭头键移动；按 T 键在仿射、线性分段和完美透视修正纹理映射之间进行切换。

12.5.5 透视修正纹理映射的二次近似

作者要讨论的下一种近似技术叫二次近似（quadratic approximation）。它基于线性分段近似的思想，但不是在每条扫描线上进行线性插值，而是用二次曲线来逼近透视曲线。读者可能认为，这比对每个像素执行两次除法运算更糟，但并非如此。事实上，这几乎与线性分段一样容易，但效果几乎与完美透视修正纹理映射相同。这里不打算实现它，因为还不需要；但如果读者愿意可以实现它。然而，我们将介绍有关其工作原理的每个细节，事实上它非常简单。

首先来定义问题。假设仍计算每条扫描线端点的准确纹理坐标（可能通过乘以倒数来进行除法运算）。我们希望在每条扫描线上进行比线性插值更准确的近似，但又不想采用将扫描线分成多段的方法。解决方案是，在扫描线上从左到右进行插值，但不采用线性插值，而是使用一条通过透视曲线上三个点的曲线，或至少使用一条比线性插值使用的直线更接近于透视曲线的曲线。图 12.28 说明了这一点。

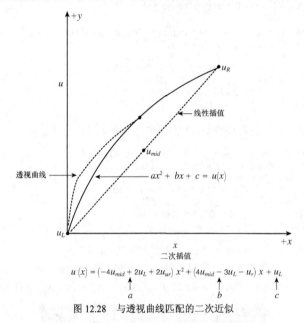

$$u(x) = (-4u_{mid} + 2u_L + 2u_{ur})\, x^2 + (4u_{mid} - 3u_L - u_r)\, x + u_L$$

图 12.28 与透视曲线匹配的二次近似

因此，我们需要一条形状与 c/z 类似的曲线，其中 c 为常量；这是二次曲线的用武之地。我们知道，下面这样的函数表示一条抛物线：

```
a*x² + bx + c = 0
```

例如，图 12.29 说明了下述曲线的外观：

```
f(x) = 1*x² + 2*x + 3
```

我们需要有一种将通用二次曲线 $a*x^2 + b*x + c$ 映射到纹理曲线 c/z 的方法。读者一定要弄懂这种方法，因为它是计算机图形学中很多近似的关键所在。另外，虽然二次曲线是抛物线，但仅当定义域为 $(-\infty, +\infty)$ 时才这样。可以用二次曲线中定义域[i, j]对应的部分来近似。为此，需要计算出二次曲线的系数 a、b 和 c。

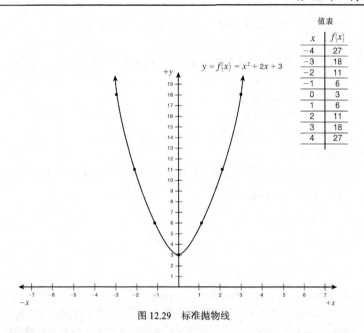

值表	
x	$f(x)$
-4	27
-3	18
-2	11
-1	6
0	3
1	6
2	11
3	18
4	27

图 12.29　标准抛物线

为此，需要确定系数 a、b 和 c，使二次曲线与透视曲线尽可能接近。我们将计算每个端点的纹理坐标，并使用它们来求解 a、b 和 c。这样，二次曲线将经过两个端点，但曲线中间呢？因此还需要其他的信息。有三个未知量（a、b 和 c），但只有两个已知量（ul 和 ur 或 vl 和 vr），它们是扫描线端点的纹理坐标。u 和 v 是独立的，必须分别进行插值，因此需要一条用于插值计算 u 的二次曲线和一条用于插值计算 v 的二次曲线；但 u 和 v 的计算方法相同。

用作插值曲线的二次多项式如下：

f(x) = 1*x² + 2*x + 3

我们还知道两个端点的纹理坐标 ul 和 ur；但由于二次曲线有三个系数，因此还需要另一点的准确纹理坐标 u 和 v，才能计算出系数 a、b 和 c。我们已经知道扫描线两个端点的准确纹理坐标，还将计算中点的准确纹理坐标 u 和 v，如图 12.30 所示。

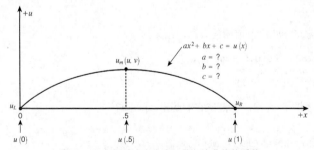

图 12.30　根据端点和中点计算二次曲线的系数

要计算中点的 u 和 v，需要执行两次除法运算，这是不可避免的。为此，需要将当前扫描线的 u/z、v/z 增量（$(u\_z)_i$ 和 $(v\_z)_i$）乘以 0.5 和 dx；还必须计算中点的 $1/z$，用它来除以中点的 u/z 和 v/z，以得到中点的 u 和 v。因此需要将当前扫描线的 $1/z$ 增量（$(1\_z)_i$）乘以 0.5 和 dx；然后将这些值分别与 ul、vl 和 zl（左端

点的 u/z、v/z 和 $1/z$）相加，然后使用除法来计算中点的 u 和 v，如图 12.30 所示。

给定下列信息：

- u_zl、v_zl 和 zl——当前扫描线左端点的 u/z、v/z 和 $1/z$；
- $(1\_z)_r$——当前扫描线的 $1/z$ 增量；
- $(u\_z)_r$——当前扫描线的 u/z 增量；
- $(v\_z)_r$——当前扫描线的 v/z 增量；
- dx——当前扫描线左右端点之间的距离，等于 $x_r - x_l$。

我们需要计算中点的 u 和 v。

首先来计算中点的 $1/z$，因为需要用它来除以中点的 u/z 和 v/z，以得到 u 和 v：

```
1_z_mid = 1/zl + [(1_z)_i * (0.5*dx)]
```

有了中点的 $1/z$ 后，计算中点的 u 和 v：

```
u_mid = u_zl + [(u_z)_i * (0.5*dx)] / 1_z_mid
```

```
v_mid = v_zl + [(v_z)_i * (0.5*dx)] / 1_z_mid
```

虽然解释如何计算中点的 u 和 v 犹如解释麦田里的怪圈一样难，但具体计算却很简单。我们只需要该死的中点 u 和 v！有了它们后，回到二次近似。我们需要计算 u 插值曲线和 v 插值曲线的系数，但计算方法相同，因此只需推导出 u 插值曲线系数的计算方法，便可以使用相同的方法来计算 v 插值曲线的系数。另外，在不失普遍性的情况下，我们假设扫描线起点和终点的 x 坐标为 0 和 1（而不是 xl 和 xr）来计算系数。

给定扫描线左端点的纹理坐标 u 为 ul，右端点为 ur，中点为 u_{mid}，需要计算下述二次曲线的系数 a0、b0 和 c0：

```
f(x) = a0*x² + b0*x + c0
```

将（0, ul）和（1, ur）代入上述方程，可得如下结果：

```
 f(0) = a0*0² + b0*0 + c0 = ul
c0 = ul
  f(1) = a0*1² + b0*1 + c0 = ur
a0 + b0 + c0 = ur
```

将 $c0 = ul$ 代入最后一个等式，结果为：

```
a0 + b0 + ul = ur
a0 + b0 = (ur - ul)
```

将（0.5, u_{mid}）以及 $c0 = ul$ 代入前面的方程，结果为：

```
 f(0.5)   = a0*0.5² + b0*0.5 + c0 = u_mid
a0*0.25 + b0*0.5 + ul = u_mid
a0*0.25 + b0*0.5 = (u_mid - ul)
```

这样，我们将有下列两个方程，可根据它们解出 a0 和 b0：

```
(1)  * a0 + (1) * b0 = (ur - ul)
(0.25)* a0 + (0.5)* b0 = (u_mid - ul)
```

将第二个方程两边乘以 4，结果如下：

```
(1)* a0 + (1)* b0 = (ur - ul)
(1)* a0 + (2)* b0 = 4*(u_mid - ul)
```

将第二个方程减去第一个方程，结果如下：

```
(1)* a0 + (1)* b0 = (ur - ul)
    (1)* b0 = 4*(u_mid - ul) - (ur - ul)
 = (4*u_mid - 3*ul - ur)
```

因此 $b0 = (4*u_{mid} - 3*ul - ur)$。将 b0 代入第一个方程，结果如下：

```
a0 + (4*u_mid - 3*ul - ur) = (ur - ul)

a0   = (ur - ul) - (4*u_mid - 3*ul - ur)
  = ur - ul - 4*u_mid + 3*ul + ur
  = -4*u_mid + 2*ul + 2*ur
```

因此：

```
a0 = (-4*u_mid + 2*ul + 2*ur)
b0 = (4*u_mid - 3*ul - ur)
c0 = ul
```

所以 u(x)曲线方程如下：

```
u(x) = a0*x² + b0*x + c0
  = (-4*u_mid + 2*ul + 2*ur)*x² + (4*u_mid - 3*ul - ur)*x + ul
```

纹理坐标 v 的插值曲线与此相同（假设系数为 a1、b1 和 c1）：

```
a1 = (-4*v_mid + 2*vl + 2*vr)
b1 = (4*v_mid - 3*vl - vr)
c1 = vl
```

至此，我们有了纹理坐标 u、v 的插值曲线，更重要的是，现在计算每个像素的纹理坐标时不再需要执行除法运算。我们将两次除法运算换成了 5 次乘法运算和 4 次加法运算，因为现在需要对每个像素执行下列运算：

```
u(x) = a0*x² + b0*x + c0
v(x) = a1*x² + b1*x + c1
```

注意：可以一次性计算 u(x)和 v(x)中的 x^2。

使用前向差分来计算二次多项式的值

实际上，采用蛮干的方法来计算多项式的值时，速度仍比每个像素执行两次除法运算要快，但可以采用一些技巧来进一步提高计算速度，如前向差分，因为插值曲线只有一个变量(x)。要计算前向差分，需要找出 u(x+1) 和 u(x) 之间的关系。我们假设：

```
u(x+1) = u(x) + du
```

其中 du 为前向差分，因此：

```
du = u(x+1) - u(x)
```

使用通用的二次曲线方程来计算 du：

```
du   = [a*(x+1)² + b*(x+1) + c] - [a*x² + b*x + c]
  = [a*x² + 2*a*x + a+ b*x + b + c ] - [a*x² + b*x + c]
  = a*x² + 2*a*x + a+ b*x + b + c - a*x² - b*x - c
  = 2*a*x + a + b
```

因此：

```
u(x+1) = u(x) + (2*a*x+a+b)
```

如果愿意，还可以进一步简化。现在，对于每个像素，计算一个纹理坐标时需要执行两次乘法运算和两次加法运算（如果将 2 和 a 合而为一，可再减少一次乘法运算），因此总共为 4 次乘法运算和 4 次加法运算。与需要 5 次乘法运算和 4 次加法运算的蛮干方法相比，这要好一些，但改进不大。下面对表示 du 的线性方程再进行前向差分。

假设其前向差分为 ddu，则：

```
du(x+1) = du(x) + ddu
```

因此：

```
ddu = du(x+1) - du(x)
```

代入 2*a*x + b + b，结果如下：

```
ddu   = [2*a*(x+1) + a + b  ] - [2*a*x + a + b ]
      = 2*a*x + 2*a + a + b - 2*a*x - a - b
      = 2*a
```

它是一个常量。现在，可以这样来计算 u(x+1)：

```
u(x+1) = u(x) + du
du = du(x) + ddu
```

我们只需首先计算出 u(0) 和 du(0)，然后使用前向差分来进行计算。这样，对于每个像素，插值计算一个纹理坐标需要执行两次加法运算，因此总共需要执行 4 次加法运算。

12.5.6 使用混合方法优化纹理映射

实现仿射、线性分段透视和完美透视纹理映射后，可根据要给什么东西贴上纹理、多边形离视平面的距离以及能接受的扭曲程度，调用不同的纹理映射函数来进行优化。例如，一种可能的方法是，对于离视平面很近的多边形，调用完美透视修正纹理映射函数；对于距离不远不近的多边形，调用线性分段纹理映射函数；对于较远的多边形，调用仿射纹理映射函数，如图 12.31 所示。

这样，即可以获得卓越的性能，又可以获得极好的视觉效果。实现这种优化非常简单。在渲染列表函数中，确定要渲染的多边形的 z 值，然后将其同不同的质量范围（完美、线性和仿射纹理映射）进行比较，并调用合适的纹理映射函数。其伪代码如下：

```
float perfect_range = 1000; // 距离为 0～1000 时使用完美透视修正纹理映射
float piecewise_range = 2000; // 距离为 1000～2000 时使用线性分段纹理映射
float affine_range = 2000;  // 距离大于 2000 时使用仿射纹理映射
// 选择光栅化函数
if (curr_poly->z < perfect_range)
  Perfect_Perspective_Texture_Mapper(curr_poly);
else
if (curr_poly->z > perfect_range && curr_poly->z < linear_range)
  Linear_Piecewise_Perspective_Texture_Mapper(curr_poly);
else
if (curr_poly->z > affine_range)
  Affine_Perspective_Texture_Mapper(curr_poly);
```

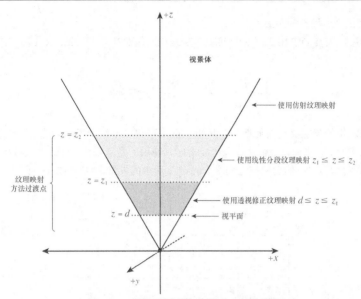

图 12.31　根据距离调用不同的纹理映射函数

在实际的引擎中，函数名和访问顶点信息的方法与此不同，但重要的是这种算法。这确实是一种很好的优化方法，作者在最后的高级包装（wrapper）函数中实现了它，但只混合使用线性分段和仿射纹理映射函数，因为它们的速度快得多。这种选择可以通过编程实现，这样，调用高级函数时可选择优化方法（或不进行优化）。

为演示这种优化方法，作者手工实现了上述算法，因为我们还没有介绍包装函数；介绍该函数之前，需要讨论其他一些概念。该演示程序的文件名为 DEMOII12_8.CPP|EXE，图 12.32 是其运行时的屏幕截图。

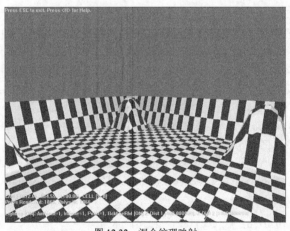

图 12.32　混合纹理映射

可以按下列键来修改使用完美、线性分段和仿射纹理映射的距离范围：
- 　1：加大第一个过渡点的距离；
- 　2：缩小第一个过渡点的距离；
- 　3：加大第二个过渡点的距离；

● 4：缩小第二个过渡点的距离。

要编译这个程序，需要 DEMOII12_8.CPP|H、T3DLIB1-10.CPP|H 和 DirectX .LIB 文件。

12.6　双线性纹理滤波

双线性纹理滤波指的是在纹理映射期间，从源纹理中采集多个纹素样本，然后通过平均或使用其他滤波器来计算目标像素的值。当前，我们进行纹理映射时，使用的是点采样，即计算纹理坐标 u 和 v，丢弃其小数部分（或进行四舍五入），然后根据它们来访问源纹理中的纹素，如图 12.33 所示。

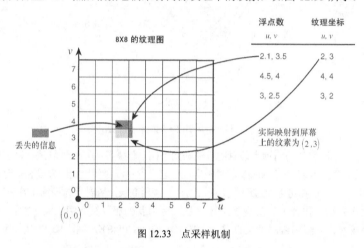

图 12.33　点采样机制

这样做的问题是，本来可用来绘制质量更高的图像的信息被丢弃了。这正是双线性插值（滤波）发挥作用的地方：不丢弃小数部分，而是根据纹理坐标 u、v 采集纹理图中相应点周围的像素，并以线性方式对它们进行平均或滤波。

例如，假设有一个 64×64 的纹理图，如图 12.34 所示，我们要采集周围的 4 个纹素，然后以线性方式（或使用线性插值和加权函数）计算它们的平均值。图 12.34 说明了这种处理方式。我们要根据周围的像素 p0、p1、p2 和 p3 来计算像素 pfinal 的值。可以这样考虑这个问题：pfinal 是一个采样框，它覆盖了一个由像素 p0～p3 组成的 2×2 像素阵列，然后根据对每个像素的覆盖率将像素 p0～p3 相加（当然是在 RGB 空间中）。图 12.34 包含几个范例，下面依次介绍它们。

在不失普遍性的情况下，我们假设像素阵列 p0～p3 位于纹理的左上角。接下来假设纹理坐标 (u, v) 为 $(0, 0)$，如图 12.34a 所示。在这种情况下，采样框与像素 $(0, 0)$ 重叠，因此 p0 占 100%，p1～p3 占 0%。所以，pfinal 等于 p0，用数学方法表示为：

$$p_{final} = (1.0)*p0 + (0.0)*p1 + (0.0)*p2 + (0.0)*p3$$

接下来看图 12.34b。采样框沿 u 轴移动，(u, v) 为 $(0.5, 0)$，即覆盖了像素 p0 和 p1 各 50%。因此，pfinal 为 50% 的 p0 与 50% 的 p1 之和，用数学方法表示为：

$$p_{final} = (0.5)*p0 + (0.5)*p1 + (0.0)*p2 + (0.0)*p3$$

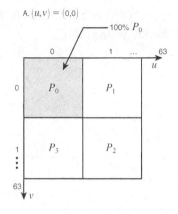

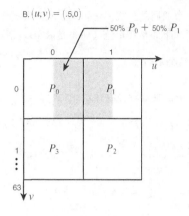

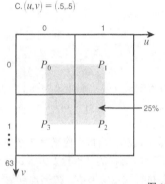

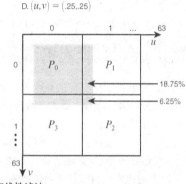

图 12.34　双线性滤波

　　下面来看图 12.34c，这是一种完整的 2D 双线性插值情形，纹理坐标 (u, v) 为 $(0.5, 0.5)$，即采样框覆盖了每个纹素的 25%，用数学方法表示为：

```
pfinal = (0.5)*(0.5)*p0 +
         (0.5)*(0.5)*p1 +
         (0.5)*(0.5)*p2 +
         (0.5)*(0.5)*p3

= (0.25)*p0 + (0.25)*p1 + (0.25)*p2 + (0.25)*p3
```

　　在这种情形下，不但要将每个像素样本乘以 u，还要乘以 v，因此为双线性插值。再来看图 12.34d，其中 $u=0.25$，$v=0.25$，用数学方法表示时，pfinal 如下：

```
pfinal = (1-0.25)*(1-0.25)*p0 +
         (0.25) *(1-0.25)*p1 +
         (0.25) *(0.25)*p2 +
         (1-0.25)*(0.25)*p3

= (0.5625)*p0 + (0.1875)*p1 + (0.0625)*p2 + (0.1875)*p3
```

上述范例表明，只需将下述标准一维插值方法应用于二维空间即可：

```
(x)*value_1 + (1-x)*value_2
```

我们需要一个通用的公式，它让我们能够根据任何 u、v 值对纹理图进行采样，通过双线性插值计算得到最终的像素值。下面是在单色（而不是 RGB）情况下完成这项任务的伪代码：

```
// 单分量双线性纹理插值

// 单色纹理
float texture[TEXT_SIZE[TEXT_SIZE];

float u,v; // 纹理坐标，取值范围为 0 到 TEXT_SIZE - 1

// 计算 u 和 v 的整数部分
int ui = (int)u;
int vi = (int)v;

// 计算 u 和 v 的小数部分
float du = u - ui;
float dv = v - vi;

// 现在可以在纹理中进行采样了

float pfinal = (1-du)*(1-dv)* texture[u] [v]  +
        (du) *(1-dv)* texture[u+1][v]  +
        (du) *(dv) * texture[u+1][v+1] +
        (1-du)*(dv) * texture[u] [v+1];
```

正如读者看到的，双线性插值存在的问题是，需要执行大量的计算。在单色情况下，需要首先计算 u、v 的整数部分和小数部分，然后计算 1 减去小数部分的值，这总共需要执行 4 次加法运算。接下来需要执行 8 次乘法运算，另外为计算 u+1 和 v+1，还需要执行两次加法运算。

因此，对于每个分量，需要执行 6 次加法运算和 8 次乘法运算。而每个像素有 3 个颜色分量，因此总共需要执行 18 次加法运算和 24 次乘法运算，对软件引擎而言，这样的计算量太大了。当然，通过使用一些技巧和优化，可以提高速度，但即使使用查找表，也需要执行大量的插值和数据提取运算。

因此，我们面临的问题是，实现双线性纹理映射/滤波是否值得？其速度相当慢，只能少量地使用，而不能将其应用于所有的多边形。如果想让少量的东西看上去非常美观，这样做是值得的。然而，通过使用模糊（blur）、高斯滤波器等删除高频元素，也可得到这样的效果。当然，这将降低纹理的分辨率，是一种折衷解决方案。

这里只在最基本的光栅化函数——不使用深度缓存、使用 z 缓存或使用 1/z 缓存且支持固定着色和仿射纹理映射的光栅化函数（总共三个）——中实现双线性纹理映射。重新编写所有的纹理映射函数，使之支持双线性纹理映射是毫无意义的，原因是速度太慢，现在这样做不值得。另外，将至少介绍如何修改其中的一个纹理映射函数，让读者在需要时能够修改其他纹理映射函数。

这里介绍如何修改使用 z 缓存、支持固定着色和仿射纹理映射的函数。为此，以函数 Draw_Textured_TriangleZB2_16() 为基础，加入双线性纹理映射功能。下面是修改后的函数原型：

```
void Draw_Textured_Bilerp_TriangleZB_16(POLYF4DV2_PTR face, // 指向多边形面的指针
        UCHAR *_dest_buffer, // 指向视频缓存的指针
        int mem_pitch,    // 每行多少字节（320、640 等）
        UCHAR *_zbuffer,   // 指向 z 缓存的指针
      int zpitch)     // z 缓存中每行多少字节
```

该函数的调用方法与以前的版本相同，但它使用双线性纹理插值。在这个函数中，采用了前面的伪代码算法，但进行了大量的优化，同时使用了定点格式。下面是这个纹理映射函数的内循环代码：

```
// 绘制扫描线
for (xi=xstart; xi < xend; xi++)
  {
  // 检测当前像素的 z 值是否小于 z 缓存中相应的值
  if (zi < z_ptr[xi])
    {
    // 计算 u 和 v 的整数部分
    int uint = ui >> FIXP16_SHIFT;
    int vint = vi >> FIXP16_SHIFT;

    int uint_pls_1 = uint+1;
    if (uint_pls_1 > texture_size) uint_pls_1 = texture_size;

    int vint_pls_1 = vint+1;
    if (vint_pls_1 > texture_size) vint_pls_1 = texture_size;

    int textel00 = textmap[(uint+0)   + ((vint+0) << texture_shift2)];
    int textel10 = textmap[(uint_pls_1) + ((vint+0) << texture_shift2)];
    int textel01 = textmap[(uint+0)   + ((vint_pls_1) << texture_shift2)];
    int textel11 = textmap[(uint_pls_1) + ((vint_pls_1) << texture_shift2)];
    // 提取 R、G、B 分量
    int r_textel00 = ((textel00 >> 11)    );
    int g_textel00 = ((textel00 >> 5) & 0x3f);
    int b_textel00 = (textel00    & 0x1f);

    int r_textel10 = ((textel10 >> 11)    );
    int g_textel10 = ((textel10 >> 5) & 0x3f);
    int b_textel10 = (textel10    & 0x1f);

    int r_textel01 = ((textel01 >> 11)    );
    int g_textel01 = ((textel01 >> 5) & 0x3f);
    int b_textel01 = (textel01    & 0x1f);

    int r_textel11 = ((textel11 >> 11)    );
    int g_textel11 = ((textel11 >> 5) & 0x3f);
    int b_textel11 = (textel11    & 0x1f);

    // 计算 u 和 v（24.8 定点格式）的小数部分
    int dtu = (ui & (0xffff)) >> 8;
    int dtv = (vi & (0xffff)) >> 8;

    int one_minus_dtu = (1 << 8) - dtu;
    int one_minus_dtv = (1 << 8) - dtv;

    // 每个增量有 3 项组成：du、dv 和 textel
    // 但计算 r_textel、g_textel 和 b_textel 时，du 和 dv 是通用的
    // 因此只需计算它们一次
    int one_minus_dtu_x_one_minus_dtv = (one_minus_dtu) * (one_minus_dtv);
    int dtu_x_one_minus_dtv     = (dtu)     * (one_minus_dtv);
    int dtu_x_dtv         = (dtu) * (dtv);
    int one_minus_dtu_x_dtv    = (one_minus_dtu) * (dtv);

    // 现在可以对纹理进行采样了
    int r_textel = one_minus_dtu_x_one_minus_dtv * r_textel00 +
        dtu_x_one_minus_dtv     * r_textel10 +
        dtu_x_dtv        * r_textel11 +
        one_minus_dtu_x_dtv     * r_textel01;

    int g_textel = one_minus_dtu_x_one_minus_dtv * g_textel00 +
        dtu_x_one_minus_dtv     * g_textel10 +
        dtu_x_dtv        * g_textel11 +
```

```
        one_minus_dtu_x_dtv         * g_textel01;

int b_textel = one_minus_dtu_x_one_minus_dtv * b_textel00 +
        dtu_x_one_minus_dtv        * b_textel10 +
        dtu_x_dtv                  * b_textel11 +
        one_minus_dtu_x_dtv        * b_textel01;

// 绘制像素
screen_ptr[xi] = ((r_textel >> 16) << 11) +
        ((g_textel >> 16) << 5) +
        (b_textel >> 16);

// 更新 z 缓存
z_ptr[xi] = zi;
} // end if
```

上述代码计算纹理坐标的小数部分，然后在 RGB 空间计算最终的像素值，并将其绘制到屏幕上。这种算法的问题不在于其固有的复杂性，而在于计算量太大，因此难以优化。实际上，这是一种图像处理算法，不可能实时地完成。如果读者查看代码，将发现进行了大量的优化，如预先计算共用的因子，同时使用了 24.8 定点格式。之所以使用这种格式，是因为计算每个双线性插值项时，需要将三个数相乘，如果其中的两个为 16.16 格式，结果将溢出；为避免溢出，使用了 24.8 格式。双线性插值的效果非常好，这种演示程序看起来特别棒。

下面是另外两个支持双线性插值的纹理映射函数的原型，它们分别使用 1/z 缓存和不进行排序：

```
void Draw_Textured_Bilerp_TriangleINVZB_16(POLYF4DV2_PTR face, // 指向多边形面的指针
        UCHAR *_dest_buffer, // 指向视频缓存的指针
        int mem_pitch,     // 每行多少字节(320、640 等)
        UCHAR *zbuffer,    // 指向 z 缓存的指针
        int zpitch);       // z 缓存中每行多少字节

void Draw_Textured_Bilerp_Triangle_16(POLYF4DV2_PTR face, // 指向多边形面的指针
        UCHAR *_dest_buffer, // 指向视频缓存的指针
        int mem_pitch);     // 每行多少字节(320、640 等)
```

DEMOII12_9.CPP|EXE 是一个使用双线性插值的演示程序，图 12.35 是其运行时的屏幕截图。用户可以按 B 键在点采样和双线性滤波纹理映射之间进行切换，还可以按 N 键来显示下一组物体。要编译该程序，需要 DEMOII12_9.CPP|H、T3DLIB1-10.CPP|H 和 DirectX .LIB 文件。

图 12.35　使用双线性插值可消除锯齿

12.7　Mipmapping 和三线性纹理滤波

Mipmapping 来自成语 multum in parvo，意思是"麻雀虽小，五脏俱全"。Mipmapping 用于解决走样的问题。将纹理映射到多边形上和对纹理进行采样（点采样、双线性滤波等）时，将出现一些与空间信息采样理论相关的怪异现象。进行纹理映射时，可能出现的问题之一是闪烁（sparkling）。当纹理图中的高频元素（即在纹理图中移动时，强度剧烈地变化）进入和离开视野以及纹理图被缩小时，将发生闪烁。基本上，这实际上是高频信息与采样频率时而同相时而异相的表现。

纹理映射的第二个主要问题是低频走样，导致波纹图案。与高频图像生成低频图像时将出现这种现象。图 12.36 是一个使用点采样得到的棋盘图像，注意到其中的波形图案吗？现在来看图 12.37，它描述的是同一个场景，但使用了 Mipmapping 和纹理滤波。波纹现象不那么严重，图像清晰得多。

图 12.36　以点采样方式绘制的图像很糟糕　　　　图 12.37　使用 Mipmapping 和滤波绘制的图像很不错

注意：将两个相同的重复图样（由直线、圆或点阵组成）拼贴起来时，如果它们没有完全对齐，将形成波纹图案（moire pattern）。波纹图案不是图像本身固有的，而是一种错觉。这种图案通常出现在对比度较高或频率较高的区域；将两幅图像拼贴起来时，由于浅色区域和深色区域的相互干扰，也会出现这种图案。

为实现 Mipmapping，需要创建由纹理组成的 mip 链，其中每个纹理的大小都为前一个纹理的 1/4（沿每条轴缩小一半），最后一个纹理的大小为 1×1。另外，这些 mip 纹理都是使用滤波器（平均滤波器、箱形滤波器、高斯滤波器等）生成的。渲染多边形时，根据多边形离视点的距离或多边形被投影后的面积，选择使用合适的 mip 纹理。这样，将最大限度地减少闪烁和低频走样/波形图案。接下来介绍具体的细节。

12.7.1　傅立叶分析和走样简介

这里只简要地介绍傅立叶分析为何重要、它有何功能、能提供什么样的信息以及我们为何关心它。

傅立叶分析将时间域（讨论图形学时，为空间域）中的信号分解为正弦分量。也就是说，在很大程度上说，任何满足 Dirchlet 条件的周期信号都可以分解为一系列频率、振幅和相位各不相同的正弦波。换句话说，任何信号都是由一系列正弦波组成的。因此，任何信号都可以用傅立叶级数来表示，而傅立叶级数是一系列正弦波的和。

通过傅立叶变换，可以提取信号的频率信息，进而计算出信号的组成部分。例如，假设有一个频率为 f（周期 T 为 $1/f$）的正弦波，如图 12.38a 所示。

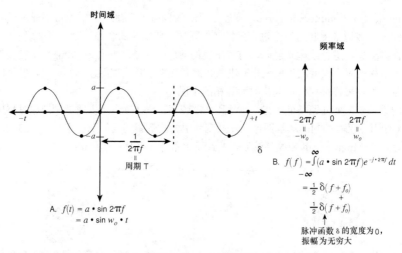

图 12.38　普通的正弦波及其傅立叶变换

这个信号位于时间域中，即其时间（t）函数如下：

f(t) = a*sin(2*π*f*t)

其中 a 为振幅，t 为时间，f 为频率。如果对这个简单的正弦函数进行傅立叶变换，结果将为单个值，它位于频率轴上的 f 处，振幅为 a。因此，用图形来表示傅立叶变换结果时，不使用时间轴，而是使用频率轴。图 12.38b 是对上述正弦函数进行傅立叶变换的结果。如果对下述函数进行傅立叶变换：

f(t) = 10*sin(100*t) + 20*sin(200*t)

将得到两个频率脉冲，它们分别位于频率域中的(100，200)和(-100，-200)处。任何信号都可分解为一系列的正弦波，使用这些正弦波可以重建原来的信号。进行傅立叶变换，将信号从时间域转换到频率域中的运算如下：

$$F\{\ f(t)\ \} = \int_{-\infty}^{+\infty} f(t)*e^{-j*2*\pi*t}dt$$

要计算傅立叶变换，只需对 f(t) 进行积分，其中 j 是一个虚数，等于-1 的平方根。执行 Mipmapping 时，几乎无需知道如何进行傅立叶变换。傅立叶变换只是提供了一种提取信号中频率分量的数学方法，我们本来需要使用这种工具；但已经有人为我们完成了这些工作。下面来讨论结果。

请看图 12.39。图 12.39a 是要对其进行采样的信号（可能是音频、图像或其他东西）。该信号的频率为 $f0$，周期 T0 = $1/f0$。图 12.39b 显示了原来的信号以及以大于 $2*f0$ 的频率采样得到的信号，正如读者看到的，重建的信号与原来的信号几乎相同。将采样频率降低到 $2*f0$ 时，结果如图 12.39c 所示。非常凑巧的是，采样点的值全部为 0，因此重建的信号为水平线。

最后，来看一下图 12.39d，其中的采样频率小于 $2*f0$，因此重建的信号为原始信号的低频走样版本。

使用点采样时，当图像缩小时发生的情况与此相同：最后的图像将发生低频走样。

从很大程度上说，这种问题没有办法避免，不管采样频率多高，都将发生走样。我们能做的只能是尽可能地降低走样程度。为此，采取的技巧是删除高频信息，当纹理的缩小比例非常高时，这种信息会导致走样。这是 Mipmapping 的基本原理：根据原来的纹理创建一系包含的高频信息越来越少的纹理，其中每个纹理的大小都为前一个纹理的 1/4。

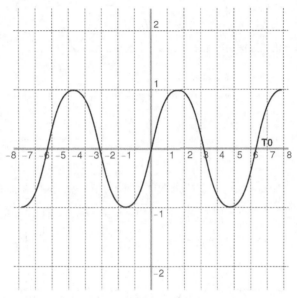

A. 要对其进行采样的信号

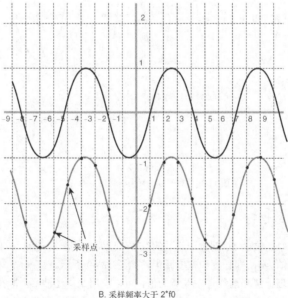

B. 采样频率大于 2*f0

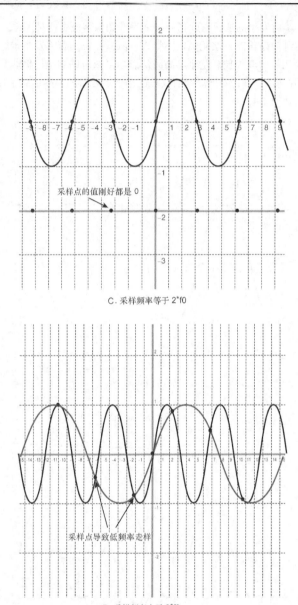

C. 采样频率等于 2*f0

D. 采样频率小于 2*f0

图 12.39　对信号进行采样时发生的情况

12.7.2　创建 mip 纹理链

我们要做的是，根据原始纹理 T0 创建一系列的纹理（通常使用平均滤波）：T1、T2…Tn，其中每个纹理的大小都是前一个纹理的 1/4，即长度和宽度减半，如图 12.40 所示。

要根据前一个 mip 纹理计算当前纹理中纹素的值，可以使用平均滤波器，即在 RGB 空间中，计算纹素 (x, y)、$(x+1, y)$、$(x+1, y+1)$ 和 $(x, y+1)$ 的平均值，然后将结果写入到当前纹理中，如图 12.41 所示。

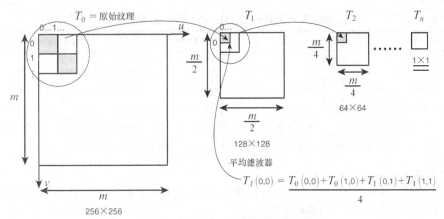

图 12.40　根据原始纹理创建 Mip 纹理链

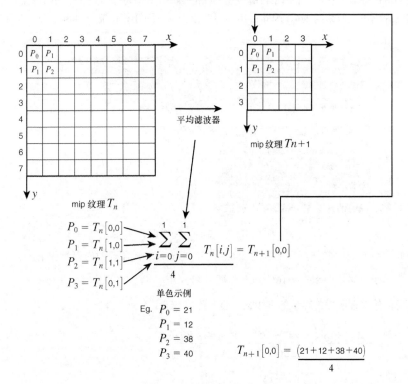

图 12.41　用于创建 mip 纹理的平均滤波器

　　创建 Mip 纹理链时需要遵守一些规则。首先，所有纹理都必须是方形的，且边长为 2 的幂。这样，可以在两个轴上按相同的比例缩小，Mip 纹理链末尾的最后一个纹理总是 1×1 的。另一个约定是，原始纹理为 mip 等级 0，然后依次为 mip 等级 1、2、3、4…n。例如，如果原始纹理的大小为 256×256，则 mip 链中各个纹理的大小如表 12.4 所示。

表 12.4　　　　　　　原始纹理为 256×256 时，各个 Mip 纹理的大小

Mip 纹理	纹理大小	Mip 纹理	纹理大小
T0	256×256	T5	8×8
T1	128×128	T6	4×4
T2	64×64	T7	2×2
T3	32×32	T8	1×1
T4	16×16		

除原始纹理外，mip 等级数为 $log_2^{T0\text{的边长}}$。

在这个例子中，为 $log_2^{256} = 8$。要计算总纹理数，只需将上述结果加 1。因此计算总纹理数的公式为：$log_2^{T0\text{的边长}} + 1$。在这个例子中，总纹理数为 9。

这里纹理要占用多少内存呢？图 12.42 是实际的 mip 纹理，其中每个纹理的大小都是前一个纹理的 1/4。由于每次都将纹理缩小到原来的 1/4，因此占用的内存很少。下面计算在前一个例子中，纹理需要占用多少内存。

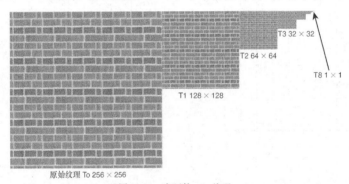

图 12.42　实际的 mip 纹理

初始纹理的大小为 256×256，需要占用 256^2 个字。Mip 纹理链需要的内存量如下：

$$x = 256^2 + 128^2 + 64^2 + 32^2 + 16^2 + 8^2 + 4^2 + 2^2 + 1^2$$

要计算 x 为原始纹理所需内存量的多少倍，将其除以 256^2：

$$\frac{x}{256^2} = \frac{256^2 + 128^2 + 64^2 + 32^2 + 16^2 + 8^2 + 4^2 + 2^2 + 1^2}{256^2}$$

$$= 1.333$$

换句话说，加上 mip 纹理时，每个纹理需要的内存量只增加 33%，代价很小，收益却很高。

知道如何创建 mip 纹理以及它们占用的内存量后，需要拿出一种将其加入到引擎中的方法。作者苦思冥想，考虑过再次修改物体/多边形数据结构，最后终于柳暗花明：只需将纹理指针指向 mip 纹理链而不是单个纹理即可。然而，在每个多边形中设置一个 Mipmapping 标记，并在渲染多边形时，将纹理指针视为执行位图数组的指针，而不是单个位图的指针。这样，便可以使用原来的数据结构。请看图 12.43，以理解这里讨论的方法。

需要对纹理进行 Mipmapping 时，原来的 texture 指针指向 0 级别 mip 纹理。据此分两步创建 mip 纹理链：首先，分配一个位图指针数组，并将原来的 texture 指针指向该数组；然后为每个 mip 纹理分配内存、生成 mip 纹理，并将位图指针数组中的每个元素指向相应 mip 纹理的位图。看起来令人迷惑，其实并非如此。

这种方案存在的唯一问题是，我们强行将物体/多边形的位图图像指针指向了一个位图指针数组。因此，必须非常小心，避免不知道纹理已被 mipmap 化的函数将 0 级纹理视为普通纹理；而知道纹理已被 mipmap 化的函数必须从 mip 纹理链中选择正确的纹理。

这涉及到一些运行阶段细节，稍后将讨论。现在先来看一下生成 mip 纹理的函数：

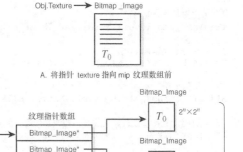

图 12.43　支持 mip 纹理链的纹理指针数组

```c
int Generate_Mipmaps(BITMAP_IMAGE_PTR source,    // 原始纹理
    BITMAP_IMAGE_PTR *mipmaps, // 指向 mip 纹理数组的指针
    float gamma)         // gamma 修正因子
{
// 这个函数创建一个 mip 纹理链
// 调用该函数时，mipmap 指向原始纹理
// 该函数退出时，mipmap 指向一个指针数组，其中包含指向各个 mip 级纹理的指针
// 另外，该函数返回 mip 等级数，如果发生错误，则返回-1
// 最后一个参数 gamma 用于提高 mip 纹理的亮度，因为平均滤波器会降低亮度
// 1.01 通常是不错的选择
// 该参数大于 1.0 时，将提高亮度；小于 1.0 时将降低亮度；为 1.0 时没有影响

BITMAP_IMAGE_PTR *tmipmaps; // 局部变量，指向指针数组的指针

// 第一步：计算 mip 等级数
int num_mip_levels = logbase2ofx[source->width] + 1;

// 为指针数组分配内存
tmipmaps = (BITMAP_IMAGE_PTR *)malloc(num_mip_levels *
    sizeof(BITMAP_IMAGE_PTR) );

// 将元素 0 指向原始纹理
tmipmaps[0] = source;

// 设置宽度和高度（它们相同）
int mip_width = source->width;
int mip_height = source->height;

// 使用平均滤波器生成各个 mip 纹理
for (int mip_level = 1; mip_level <  num_mip_levels; mip_level++)
    {
    // 计算下一个 mip 纹理的大小
    mip_width = mip_width  / 2;
    mip_height = mip_height / 2;
```

```
    // 为位图对象分配内存
    tmipmaps[mip_level] = (BITMAP_IMAGE_PTR)malloc(sizeof(BITMAP_IMAGE) );

    // 创建用于存储 mip 纹理的位图
    Create_Bitmap(tmipmaps[mip_level],0,0, mip_width, mip_height, 16);

    // 让位图可用于渲染
    SET_BIT(tmipmaps[mip_level]->attr, BITMAP_ATTR_LOADED);

    // 遍历前一个 mip 纹理，使用平均滤波器创建当前 mip 纹理
    for (int x = 0; x < tmipmaps[mip_level]->width; x++)
        {
    for (int y = 0; y < tmipmaps[mip_level]->height; y++)
        {
        // 需要计算 4 个纹素的平均值，这些纹素在前一个 mip 纹理中的位置如下：
        // (x*2, y*2)、(x*2+1, y*2)、(x*2,y*2+1)、(x*2+1,y*2+1)
        // 然后将计算结果写入到当前 mip 纹理的(x, y)处
        float r0, g0, b0,       // 4 个样本纹素的 R、G、B 分量
            r1, g1, b1,
            r2, g2, b2,
            r3, g3, b3;

        int r_avg, g_avg, b_avg; // 用于存储平均值

        USHORT *src_buffer  = (USHORT *)tmipmaps[mip_level-1]->buffer,
            *dest_buffer = (USHORT *)tmipmaps[mip_level]->buffer;

        // 提取每个纹素的 R、G、B 值
        _RGB565FROM16BIT( src_buffer[(x*2+0) + (y*2+0)*mip_width*2] ,
                &r0, &g0, &b0);
        _RGB565FROM16BIT( src_buffer[(x*2+1) + (y*2+0)*mip_width*2] ,
                &r1, &g1, &b1);
        _RGB565FROM16BIT( src_buffer[(x*2+0) + (y*2+1)*mip_width*2] ,
                &r2, &g2, &b2);
        _RGB565FROM16BIT( src_buffer[(x*2+1) + (y*2+1)*mip_width*2] ,
                &r3, &g3, &b3);

        // 计算平均值，并考虑 gamma 参数
        r_avg = (int)(0.5f + gamma*(r0+r1+r2+r3)/4);
        g_avg = (int)(0.5f + gamma*(g0+g1+g2+g3)/4);
        b_avg = (int)(0.5f + gamma*(b0+b1+b2+b3)/4);

        // 根据 5.6.5 格式，对 R、G、B 值进行截取
        if (r_avg > 31) r_avg = 31;
        if (g_avg > 63) g_avg = 63;
        if (b_avg > 31) b_avg = 31;

        // 写入数据
        dest_buffer[x + y*mip_width] = _RGB16BIT565(r_avg,g_avg,b_avg);

        } // end for y

    } // end for x

} // end for mip_level

// 让 mipmaps 指向指针数组
*mipmaps = (BITMAP_IMAGE_PTR)tmipmaps;

// 成功返回
```

```
return(num_mip_levels);

} // end Generate_Mipmaps
```

该函数接受三个参数，它们有些棘手。第一个参数是位图指针 source，可以是指向任何有效 BITMAP_IMAGE 对象的指针，切记它是一个指针。第二个参数要复杂些：

```
BITMAP_IMAGE_PTR *mipmaps;
```

这是一个指向 BITMAP_IMAGE 指针的指针。假设物体（或多边形）有一个 texture 指针，它指向一个 BITMAP_IMAGE。现在的问题是，当 mip 纹理函数生成所有的 mip 纹理时，我们要将该指针指向 mip 纹理链本身，为此，需要知道该指针的地址，以便能够修改它，因此需要一个** BITMAP_IMAGE。这就是需要一个指向指针的指针作为参数的原因。我们将让该参数指向 mip 纹理指针数组。

这个函数提供了这样的灵活性：可以将同一个对象作为参数 source 和 mipmap。对于 source 参数，将其设置为指向该对象的指针；对于参数 mipmaps，需要将其设置为指向该对象的指针的地址，这样函数才能对其进行修改。假设您这样调用该函数：

```
Generate_Mipmaps(obj->texture, (BITMAP_IMAGE_PTR *)&obj->texture,1.01);
```

其中 obj 的类型为 OBJECT4DV2_PTR，它有一个 texture 字段，该字段是一个指向 BITMAP_IMAGE 的指针（BITMAP_IMAGE_PTR）。仔细查看上述调用可以发现：我们将该指针作为第一个参数，同时将其地址作为第二个参数，因此对第二个参数进行修改时，将修改 obj->texture 指向的实际值，从而丢失它指向的原始数据。但事实上，并不会丢失任何数据，我们将把 obj->texture 指向的原始位图用作 mip 纹理链中的第一个纹理。在删除 mip 纹理链时，我们重新将该指针指向原始位图。图 12.44 说明了整个处理过程。

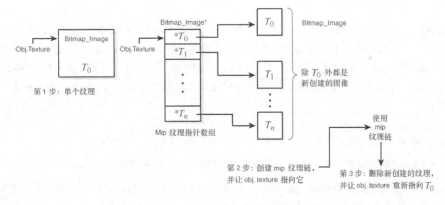

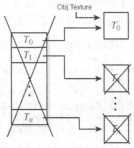

图 12.44　让 obj.texture 指向 mip 纹理链和重新指向 T_0

回到 mip 纹理生成函数——它创建 mip 纹理链：为纹理指针数组分配内存；然后计算下一个 mip 等级的大小，为该 mip 等级分配内存，在 RGB 空间使用平均滤波器来创建该 mip 等级。这一过程不断重复，直到 mip 等级的大小为 1×1 为止，然后函数结束。该函数的最后一个参数（默认值为 1.01）用于设置 gamma 值。使用平均过滤器来不断缩小图像时，其亮度会逐渐降低；因此通常使用 gamma 因子来提高每个 mip 等级的亮度，确保所有 mip 等级的亮度一致。为说明这一点，作者编写了一个演示程序，名为 DEMOII12_10.CPP|H。用户可以选择不同的纹理图，该程序将动态地创建 mip 纹理，并显示它们，如图 12.45 所示。另外，用户还可以修改 gamma 值，以查看其影响。该程序的控制方式如下：

图 12.45　mip 纹理实时生成程序的屏幕截图

- 右箭头键——选择下一个纹理；
- 左箭头键——选择前一个纹理；
- 上箭头键——增大 gamma 值；
- 下箭头键——减小 gamma 值。

提示：每个 mip 纹理都是根据前一个纹理，使用平均滤波器计算得到的，大小从 m×m 变为 m/2×m/2。这将逐渐降低图像的整体强度。在平均滤波处理期间，gamma 因子用作放大因子来提高纹理的亮度，以避免这种问题。

要编译该程序，需要 DEMOII12_10.CPP|H、库文件 T3DLIB1-10.CPP|H 和 DirectX .LIB 文件。

回到前面对函数 Generate_Mipmaps() 的调用。该函数执行后，obj->texture 将指向一个 mip 纹理链，而不是单个位图纹理。因此，如果现在调用光栅化函数，将得到错误的结果。我们需要对使用 Mipmapping 的多边形进行标记，并在调用光栅化函数之前检查这种标记。为此，定义了两个标记，一个用于多边形，一个用于物体：

```
// 支持 mipmapping 的新属性
#define POLY4DV2_ATTR_MIPMAP        0x0400 // 多边形是否有 mip 纹理链

#define OBJECT4DV2_ATTR_MIPMAP      0x0008 // 物体是否有 mip 纹理链
```

加载物体时，如果要对其使用 Mipmapping，必须在其属性中设置该标记；对于多边形也需要这样做。然而，这项工作由哪个函数来完成呢？读者可能猜到了，我们需要另一个支持 Mipmapping 的物体加载函数。由于 Caligari .COB 加载函数用得最多，作者只在这个函数中加入了这种功能。下面是新的函数原型：

```
int Load_OBJECT4DV2_COB2(OBJECT4DV2_PTR obj, // 指向物体的指针
        char *filename,     // Caligari COB 文件的名称
        VECTOR4D_PTR scale,  // 初始缩放因子
        VECTOR4D_PTR pos,    // 初始位置
        VECTOR4D_PTR rot,    // 初始旋转角度
        int vertex_flags,    // 顶点顺序反转和变换标记
        int mipmap=0);  // mipmapping 启用标记
                  //1 表示生成 mip 纹理，0 表示不生成
```

除最后一个参数是新增的外，该函数与前一版本相同，这个参数是一个标记，指出是否要使用

mipmapping。如果该参数为 1，且被加载的物体带有纹理，将使用 mipmapping；如果该参数为 0，将不使用 mipmapping。该物体加载函数非常大，这里无法列出其全部代码，但新增的代码块只有两个。第一个代码块设置物体的 mip 属性：

```
// 需要判断是否使用 mipmapping
// 如果是，则需要创建 mip 纹理链
// 并相应地设置物体和多边形的属性
if (mipmap==1)
   {
   // 设置物体的 mip 属性
   SET_BIT(obj->attr, OBJECT4DV2_ATTR_MIPMAP);

   // 调用 mip 纹理链生成函数
   Generate_Mipmaps(obj->texture, (BITMAP_IMAGE_PTR *)&obj->texture);
   } // end if
```

上述代码在材质分析代码之前。如果多边形带纹理，在设置多边形属性时，将设置 mip 属性，如下所示：

```
if (materials[ poly_material[curr_poly] ].attr & MATV1_ATTR_SHADE_MODE_TEXTURE)
   {
   // 设置着色模式
   SET_BIT(obj->plist[curr_poly].attr, POLY4DV2_ATTR_SHADE_MODE_TEXTURE);

   // 将纹理应用于多边形
   obj->plist[curr_poly].texture = obj->texture;

   // 设置多边形的 mipmap 属性

   if (mipmap)
     SET_BIT(obj->plist[curr_poly].attr,POLY4DV2_ATTR_MIPMAP);

   // 设置纹理坐标属性
   SET_BIT(obj->vlist_local[ obj->plist[curr_poly].vert[0] ].attr,
       VERTEX4DTV1_ATTR_TEXTURE);
   SET_BIT(obj->vlist_local[ obj->plist[curr_poly].vert[1] ].attr,
       VERTEX4DTV1_ATTR_TEXTURE);
   SET_BIT(obj->vlist_local[ obj->plist[curr_poly].vert[2] ].attr,
       VERTEX4DTV1_ATTR_TEXTURE);

} // end if
```

这就是新的物体加载函数中新增的全部内容：创建 mip 纹理和设置 mip 属性。棘手的地方是，如何选择 mip 纹理并将其传递给光栅化函数，稍后将介绍。现在来看一下与 mip 纹理相关的最后一个函数——删除函数：

```
int Delete_Mipmaps(BITMAP_IMAGE_PTR *mipmaps, int leave_level_0)
{
// 这个函数删除数组 mipmaps 中每个指针指向的纹理
// 然后释放该数组占用的内存
// 如果参数 leave_level_0 为 1，则保留 0 级纹理

BITMAP_IMAGE_PTR *tmipmaps = (BITMAP_IMAGE_PTR *)*mipmaps;

// mipmaps 指针是否有效？
if (!tmipmaps)
  return(0);

// 第 1 步：计算 mip 等级数
```

```
int num_mip_levels = logbase2ofx[tmipmaps[0]->width] + 1;

// 遍历并删除每个位图
for (int mip_level = 1; mip_level < num_mip_levels; mip_level++)
    {
    // 释放位图占用的内存
    Destroy_Bitmap(tmipmaps[mip_level]);

    // 释放位图对象本身
    free(tmipmaps[mip_level]);

    } // end for mip_level

// 根据参数 leave_level_0 的值决定是否保留 0 级纹理
if (leave_level_0 == 1)
    {
    // 需要一个指向 0 级纹理的临时指针
    BITMAP_IMAGE_PTR temp = tmipmaps[0];

    // 让 mipmaps 指向 0 级纹理
    *tmipmaps = temp;
    } // end if
else
    {
    // 删除 0 级纹理
    Destroy_Bitmap(tmipmaps[0]);

    // 释放位图对象本身
    free(tmipmaps[0]);

    } // end else

// 成功返回
return(1);

} // end Delete_Mipmaps
```

函数 Delete_Mipmaps()接受两个参数：一个指向位图图像指针的指针以及一个指示保留还是删除 0 级 mip 纹理的标记。这里需要指针地址的原因与 mip 纹理生成函数中类似。我们需要修改指针指向的内容，换句话说，我们需要恢复原样，让指针指向一个 BITMAP_IMAGE，而不是一个纹理指针数组。例如，假设有一个名为 obj 的带纹理的物体，您调用新的物体加载函数来加载它，并将参数 mipmap 设置为 1。该函数将根据物体的纹理创建一个 mip 纹理链，但使用完物体后，需要将其恢复到原样，因此需要删除 mip 纹理链中的元素 1–n，并将指针 texture 重新指向纹理 T0。

这就是需要该指针的地址而不仅仅是该指针的原因。函数 Delete_Mipmaps()的参数 leave_level_0 用于指定是否要删除纹理 0 级纹理。如果该参数为 1，将保留 0 级纹理，并让指针 texture 指向它；如果为 0，将删除一切：mip 纹理数组、所有纹理（包括 0 级纹理），并将 texture 指针设置为 NULL。如果要求完美，则在启用 mipmapping 的情况下加载物体后，在退出程序或代码块时，应使用该物体的 texture 指针作为参数调用函数 Delete_Mipmaps()。

12.7.3　选择 mip 纹理

在渲染时，选择 mip 纹理的方式有两种：基于像素和基于多边形。前者在渲染每个像素时都使用一种算法来决定选择哪个 mip 纹理。完成这项工作的方法有多种，但都过于复杂，无法在软件引擎中实时地完成。我们将始终采用基于多边形来选择 mip 纹理的方法。

　　要找到合适的算法来选择合适的 mip 等级，必须首先牢记为何创建 mip 等级：通过使用平均滤波器每次将纹理缩小到原来的 1/4，然后在被渲染的投影多边形变小时，使用包含的高频信息更少、尺寸更小的纹理图，从而最大限度地降低高频走样（表现为低频走样或波形图案）。

　　将大小为 256×256 的纹理映射到一个 10×10 像素的多边形上是不合理的，这将导致扭曲、闪烁等现象。在这种情况下，使用 8×8 的纹理正合适。选择 mip 等级的算法如下：将多边形投影到屏幕后的面积与 0 级 mip 纹理的面积进行比较，得到纹素数和像素数之比，我们希望这种比例尽可能接近 1:1。换句话说，我们不想将 256×256 的纹理用于 10×10 的多边形，而想使用 8×8 的纹理。同样，我们也不想将 8×8 的纹理用于 30×30 的多边形，在这种情况下，32×32 的纹理更合适。

1. 根据纹素数和像素数之比选择 Mip 等级

　　现在来看一下能否根据每个 mip 等级包含的信息量为前一个等级的 1/4，推导出一个严密的公式。如果纹素数和像素数之比大于 4^n，需要使用第 n 个 mip 等级。从数学上说，计算纹素数和像素数之比的公式如下：

$$\text{mip\_ratio} = \frac{0 级 \text{mip} 纹理的面积（单位为纹素）}{多边形被投影后的面积（单位为像素）}$$

　　例如，假设 0 级 mip 纹理的大小为 256×256，要将纹理映射到其上的多边形为 24×90，则 mip_ratio 如下：

```
mip_ratio = 256*256 / 24*90 = 65536 / 2160 = 30.3
```

　　我们知道，如果 mip_ratio 大于 4^n，则需要使用第 n 个 mip 等级。因此，要找出应使用的 mip 等级，需要计算 $\log_4 30.3$。幸运的是，存在如下所示的对数变换公式：

```
logₐ x = ln x /ln a
```

　　其中 ln 表示自然对数，即以 e = 2.718 为底的对数。

　　将上述变换公式应用于 $\log_4 30.3$，结果如下：

```
log₄30.3 = ln 30.3 / ln 4 = 2.46
```

　　mip 等级为 2.46，这意味着应使用 2 级 mip 纹理。从表 12.4 可知，2 级 mip 纹理的大小为 64×64，即面积为 4096，而多边形面积为 2160，它们的比值小于 4，这表明对于大小为 24×90 的多边形来说，我们选择的 64×64 mip 纹理是最合适的。

　　为证明这种算法可行，再来看两个简单的例子。如果多边形的大小为 200×170，将选择 0 级 mip 纹理，因为其面积与多边形面积的比例小于 4：

```
mip_ratio = (256*256) / (200*170) = 1.927
```

　　这表明应该选择 0 级 mip 纹理（256×256 的纹理）。下面来看另一个极端的例子。假设多边形投影后的大小为 3×4。我们预期应选择 6 或 7 级 mip 纹理，它们的大小分别为 4×4 和 2×2。来看看具体情况：

```
mip_ratio = (256*256) / (3*4) = 5461.33

log₄5461.33    = 6.2
```

　　这表明应选择 6 级 mip 纹理。

　　这种算法存在的唯一问题是，需要计算多边形（三角形）的面积，用它来除纹理的面积，然后执行对数运算，才能得到应选择的 mip 等级。虽然只需要几条指令就能完成，但完全没有必要。实际上，还有一个容易得多的方法，在 99% 的情况下，使用这种方法来选择 mip 等级的效果都不错，而且通过调整，还可以进一步提高准确度。这种方法根据离视点的距离以线性衰减的方式来选择 mip 等级，下面来介绍它。

2. 根据 z 值选择 mip 纹理

　　当多边形变小时，我们需要在 n 个不同的 mip 纹理之间做出选择。通常，多边形离视点越远，它将变得越小。当然，一个离视点很小的多边形和一个离视点很远的大型多边形看起来可能一样大，但这毕竟是极端情况。关键之处在于，可以根据不那么严密的度量值（如距离）而不是纹素数和像素数之比来选择 mip 等级。

　　如图 12.46 所示，我们将设置一个最大 mip 距离，当距离达到或超过这个值时，选择使用最后一个 mip 等级。换句话说，假设最大 mip 距离被设置为 10 000 个单位，则对于（最大或平均）z 坐标大于 10 000 的任何多边形，都将选择使用最高的 mip 等级（大小为 1×1 的纹理）。对于位于 0～10 000 之间的多边形，将根据其 z 坐标与最大 mip 距离之间的比值来选择 mip 等级。

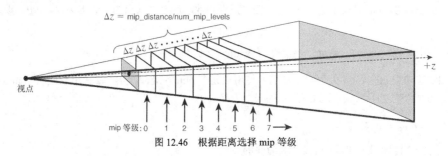

图 12.46　根据距离选择 mip 等级

下面是渲染场境函数 Draw_RENDERLIST4DV2_RENDERCONTEXTV1_16()中选择 mip 等级的代码：

```
// 检查多边形的 mipmap 属性
if (rc->rend_list->poly_ptrs[poly]->attr & POLY4DV2_ATTR_MIPMAP)
  {
  // 检查渲染场境的 mipmap 属性
  if (rc->attr & RENDER_ATTR_MIPMAP)
    {
    // 确定使用哪个 mip 纹理
    // 首先计算该多边形的 mip 纹理链的 mip 等级数
    int tmiplevels =
    logbase2ofx[((BITMAP_IMAGE_PTR *)
        (rc->rend_list->poly_ptrs[poly]->texture))[0]->width];

    // 根据最大 mip 距离和多边形的 z 坐标确定使用哪个 mip 等级
    // 这里使用多边形一个顶点的 z 坐标，读者可能想使用平均 z 值
    int miplevel = (tmiplevels *
            rc->rend_list->poly_ptrs[poly]->tvlist[0].z / rc->mip_dist);

    // 截取计算得到的 mip 等级
    if (miplevel > tmiplevels) miplevel = tmiplevels;

    // 根据 mip 等级选择相应的纹理
    face.texture = ((BITMAP_IMAGE_PTR *)
            (rc->rend_list->poly_ptrs[poly]->texture))[miplevel];
```

```
// 根据 mip 等级, 执行相应次数的"纹理坐标除以 2"运算
for (int ts = 0; ts < miplevel; ts++)
    {
    face.tvlist[0].u0*=.5;
    face.tvlist[0].v0*=.5;

    face.tvlist[1].u0*=.5;
    face.tvlist[1].v0*=.5;

    face.tvlist[2].u0*=.5;
    face.tvlist[2].v0*=.5;
    } // end for

} // end if mipmmaping enabled globally
else // 渲染场景的 mipmap 属性没有被设置
    {
    // 用户没有请求使用 mipmaping, 因此使用 0 级别纹理
    face.texture = ((BITMAP_IMAGE_PTR *)
            (rc->rend_list->poly_ptrs[poly]->texture))[0];

    } // end else

    } // end if
else
    {
    face.texture = rc->rend_list->poly_ptrs[poly]->texture;
    } // end if
```

上述代码块位于调用光栅化函数之前, 它判断是否需要使用 mipmapping。需要考虑的情形有多种。首先是多边形的 mipmap 属性没有被设置, 在这种情况下, 不能使用 mipmpping。其次是多边形的 mipmap 属性被设置, 但没有使用渲染属性请求这种功能。最后是多边形的 mipmap 属性被设置, 同时使用渲染属性请求了这种功能。在代码中必须考虑所有这些情形。下面依次介绍上述代码。首先, 在代码块的开头, 通过计算 0 级纹理宽度的以 2 为底的对数来确定 mip 等级数:

```
int tmiplevels =
    logbase2ofx[((BITMAP_IMAGE_PTR *)

            (rc->rend_list->poly_ptrs[poly]->texture))[0]->width];
```

这段难懂的代码将指针 texture 从纹理指针强制转换为指向纹理指针数组的指针, 然后存取第一个纹理的宽度 (第一个纹理总是 0 级纹理)。如果该纹理的大小为 128×128, 则有 $\log_2 128 = 7$ 个 mip 等级。接下来的代码选择 mip 等级:

```
int miplevel = (tmiplevels * rc->rend_list->poly_ptrs[poly]->tvlist[0].z /

        rc->mip_dist);
```

上述代码根据渲染场境的参数 mip_dist 来缩小范围。该参数指出距离超过多少时, 将使用最高 mip 等级的纹理 (1×1 的纹理)。接下来, 下述代码设置用于 face 的纹理:

```
// 根据 mip 等级选择相应的纹理
face.texture = ((BITMAP_IMAGE_PTR *)
        (rc->rend_list->poly_ptrs[poly]->texture))[miplevel];
```

同样, 这里也对 texture 指针进行了强制转换, 因为需要使用指向纹理指针数组的指针, 而不是纹理指针。face.texure 是一个纹理指针, 因此这里需要解决一些难题。

接下来的代码涉及一个非常重要的细节，我们还没有介绍过。假设纹理坐标 $(u，v)$ 为 $(63，63)$，而 0 级纹理的大小为 $64×64$，则 $(63，63)$ 对应于纹理的右上角。然而，选择另一个 mip 等级后，其大小不再是 $64×64$，而可能是 $8×8$、$2×2$ 等。因此，需要缩小纹理坐标，以便能够正确地进行映射，如图 12.47 所示。

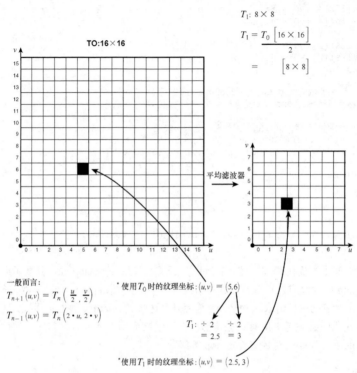

图 12.47　缩小纹理坐标，使之与选择的 mip 等级匹配

执行这种功能的代码根据选择的 mip 等级与 0 级之间相差多少级，然后执行相应次数的"将纹理坐标除以 2（乘以 0.5）"运算，使纹理坐标与选择的纹理图匹配：

```
for (int ts = 0; ts < miplevel; ts++)
  {
  face.tvlist[0].u0*=.5;
  face.tvlist[0].v0*=.5;
  face.tvlist[1].u0*=.5;
  face.tvlist[1].v0*=.5;

  face.tvlist[2].u0*=.5;
  face.tvlist[2].v0*=.5;
  } // end for
```

显然，有更快的计算方法，例如使用其中包含 $(0.5)^{mip\_level}$ 的查找表，将纹理坐标与查找结果相乘，而不是重复执行多次乘法，但就现在而言，上述方法更容易理解。

注意：对纹理坐标、纹理等执行的操作都是针对局部变量 face 的，因此无需考虑恢复到原来状态的问题。

有关 mipmapping 就介绍到这里。读者可能更愿意使用根据面积比率选择 mip 等级的方法，而不是速度更快的第二种方法，使用哪种方法完全由读者决定。介绍演示程序之前，先来看一个调用物体加载函数的例子以及如何设置渲染场境。下面是一个调用物体加载函数的典型范例，其中启用了 mipmapping 功能：

```
// 加载物体
Load_OBJECT4DV2_COB2(&obj_scene, "cube_flat_textured_01.cob",
        &vscale, &vpos, &vrot, VERTEX_FLAGS_SWAP_YZ |
        VERTEX_FLAGS_TRANSFORM_LOCAL ,
        1); // 启用 mipmapping
```

接下来设置渲染场境：

```
// 设置渲染场境
rc.attr = RENDER_ATTR_ZBUFFER
    | RENDER_ATTR_MIPMAP
    | RENDER_ATTR_TEXTURE_PERSPECTIVE_AFFINE;

rc.video_buffer  = back_buffer;
rc.lpitch       = back_lpitch;
rc.mip_dist     = 1500;
rc.zbuffer      = (UCHAR *)zbuffer.zbuffer;
rc.zpitch       = WINDOW_WIDTH*4;
rc.rend_list    = &rend_list;
rc.texture_dist = 0;
rc.alpha_override = -1;

// 渲染场景
Draw_RENDERLIST4DV2_RENDERCONTEXTV1_16(&rc);
```

DEMOII12_11.CPP|EXE 是一个演示 mipmapping 和双线性插值的程序，图 12.48 是该程序运行时的屏幕截图。用户可在 3D 世界中移动，并启用/禁用 mipmapping。

图 12.48　mipmapping 演示程序

使用 mipmapping 后，纹理映射的质量将极大地提高。另外，该演示程序还支持双线性纹理映射，效果非常好。程序的控制方法如下：

● 箭头键——移动；

- B——开/关双线性滤波；
- M——开/关 mipmapping；
- 1 和 2——加大/减小最大 mip 距离；
- N——选择要试验的下一个物体。

请尝试调整最大 mip 距离，以便在不同 mip 等级之间切换。这被称为 mip 跳跃（popping）；发生在多边形内时被称为 mip 分片（banding）。总之，根据距离来选择 mip 等级效果很好，与复杂的面积比率方法相比，其开销小得多。

提示：按 1 和 2 来修改最大 mip 距离。将其设置为 500～1000 时，更换 mip 等级的情况将频繁发生；对于游戏而言，3500 左右是不错的选择。

最后，要编译该程序，需要 DEMOII12_11.CPP|H、T3DLIB1-10.CPP|H 和 DirectX .LIB 文件。

12.7.4 三线性滤波

接下来简要地讨论一下三线性滤波。三线性滤波结合使用双线性插值和 mipmapping，是纹理滤波的极限。首先使用某种技术（很可能是面积技术，因为它的准确度较高）来选择渲染多边形或像素时使用的 mip 等级；最终的结果是类似 4.3 这样的数字，这表明应使用 mip 等级 4 和等级 5。也就是说，将根据 mip 纹理 4 和纹理 5，使用线性插值来计算最终的像素值，公式如下：

```
mip_pixel = (1 - 0.3)* mip_level_pixel_4 + (.3)*mip_level_pixel_5
```

即不是使用一个 mip 纹理，而是根据计算得到的 mip 等级数确定应使用哪两个 mip 纹理，然后根据 mip 等级数的小数部分，对这两个 mip 纹理中相应的纹素进行线性插值，来计算最终的像素值。这就是三线性插值的由来：首先使用双线性插值选择纹理 4 中的纹素；其次使用双线性插值选择纹理 5 中的纹素；最后根据这两个纹素，通过线性插值计算得到最后的像素值。图 12.49 说明了整个处理过程。

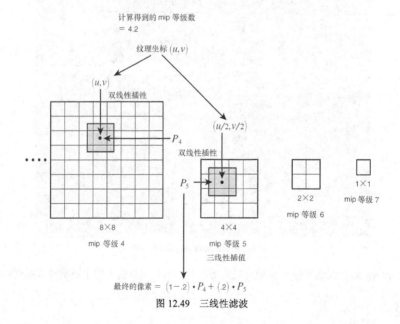

图 12.49　三线性滤波

　　当前，很多引擎/硬件实际上并没有这样做。有些引擎只是使用点采样从纹理 4 和纹理 5 中提取纹素，然后通过线性插值计算出最终的像素值；而其他一些引擎执行上述所有计算。我们本可以立刻实现这种功能，但其速度太慢了。作为练习，读者应该能够实现它。问题在于，最后的插值必须在光栅化函数中进行，这正是导致困境的因素。

12.8　多次渲染和纹理映射

　　令人难以置信的是，使用软件光栅化函数进行多次（multiple pass）渲染是可能的。可以这样考虑这一点：根据设置，当前能够在帧频为 15～30 帧/秒的情况下，每帧渲染大约 1000～3000 个多边形；进行两次渲染时只需将多边形数目减半即可。使用这种技术可以实现很多特殊效果，例如，可以这样来实现水中倒影效果：首先渲染正常的场景，然后渲染透明地倒转的场景，并将其与地平面（假定其表面是光洁的）进行 alpha 混合。

　　通过多次渲染，还可以实现阴影和其他特殊效果。然而，我们只允许最多执行两次渲染，即使场景非常简单，因为这样做将降低帧频。作为一个多次渲染范例，作者创建了一个场景，其中包含一些简单的几何形状，它们放置在一个平面上。为实现倒影效果，首先在不使用 z 缓存的情况下渲染地平面物体；然后将观察矩阵反转，并使用 alpha 混合和 z 缓存渲染倒影；最后使用正常的观察矩阵和 z 缓存对场景进行渲染，并将其视为完全不透明。最终的结果是，通过光洁表面得到了物体的倒影，如图 12.50 所示。

图 12.50　倒影演示程序的屏幕截图

　　该演示程序名为 DEMOII12_12.CPP|EXE。按箭头键可移动环境。要编译该程序，需要 DEMOII12_12.C-PP|H、T3DLIB1-10.CPP|H 和 DirectX .LIB 文件。

12.9　使用单个函数来完成渲染工作

　　开始编写本章时，作者没想到会这么长，虽然作者已决定将有关光照和阴影的内容单列一章。本章的内容比较棘手，这进一步表明，即使是一个非常基本的软件 3D 引擎，也是一个复杂的项目；然而，现在引擎的功能已达到令人惊讶的程度。

现在，代码量已达到难以管理的程度，需要在渲染函数上增加一层，用于绘制渲染列表。当前，有支持排序、z 缓存、$1/z$ 缓存、mipmapping、alpha 混合、透视修正等的光栅函数，数量相当多；归根到底，这是完全不能接受的。图 12.51 说明了这一点。当然，如果您知道需要进行什么样的光栅化，则没有必要增加这一层；然而，现在创建演示程序时，手工调用这些光栅化函数变得过于复杂。

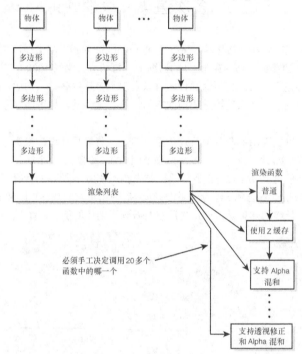

图 12.51　没有统一渲染入口的系统

12.9.1　新的渲染场境

为解决函数调用混乱的问题，作者创建了一个名为渲染场境的数据结构，可以像设置 DirectX 结构那样设置它。我们可以使用诸如视频缓存、z 缓存、渲染标记等信息来填充该数据结构，然后调用一个高级函数，该函数对渲染场境进行分析，并调用合适的光栅化函数来渲染三角形。图 12.52 说明了这一点。

这个数据结构的定义如下（它位于 T3DLIB10.H 中）：

```
typedef struct RENDERCONTEXTV1_TYP
{
int    attr;              // 渲染属性
RENDERLIST4DV2_PTR rend_list; // 指向要渲染的渲染列表的指针
UCHAR *video_buffer;      // 指向视频缓存的指针
int    lpitch;            // 视频缓存的跨距，单位为字节

UCHAR *zbuffer;           // 指向 z 缓存或 1/z 缓存的指针
int    zpitch;            // z 缓存或 1/z 缓存的跨距
int    alpha_override;    // 用于重新设置所有多边形的 alpha 值
```

```
int    mip_dist;           // 最大 mip 距离
int    texture_dist,       // 使用透视/仿射混合模式时，启用仿射纹理映射的距离

// 供以后扩展时使用
int    ival1, ivalu2;
float  fval1, fval2;
void   *vptr;

} RENDERCONTEXTV1, *RENDERCONTEXTV1_PTR;
```

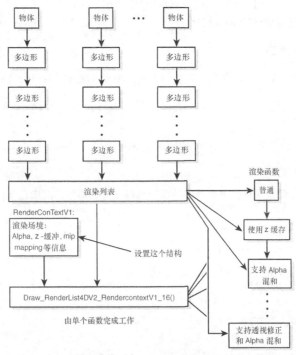

图 12.52　支持渲染场境的新系统

从本质上说，它只是将所有渲染函数的参数列表合并起来了，通过它可以设置渲染帧时需要的所有信息。虽然其中所有字段的含义和用途都是不言自明的，但这里还是要简单地介绍它们，以确保读者对其有正确的认识：

● attr——指定如何进行渲染，即使用哪些选项：z 缓存、不使用 z 缓存、alpha 混合、双线性插值、mipmapping 等。调用渲染函数之前，需要用逻辑运算符 OR 将所需的渲染选项组合起来，并使用它们来设置 attr。稍后将更详细地介绍。

● rend_list——一个指针，指向要渲染的渲染列表。

● video_buffer——指向视频缓存的指针，场景将被渲染到该视频缓存中。

● lpitch——video_buffer 的跨距，单位为字节。

● zbuffer——指向 z 缓存存储区域的指针。您可能使用 z 缓存或 $1/z$ 缓存，但存储空间是相同的。

● zpitch——z 缓存的跨距，单位为字节。

● alpha_override——如果在渲染场境中启用了 alpha 混合，可以将这个变量设置为 0 到 NUM_ALPHA_LEVELS – 1，以重新设置整个场景的 alpha 值；如果不想这样做，则将其设置为-1。

- mip_mist——指定在什么样的距离范围内使用 mipmapping。在距离为 0 到 mip_dist 的范围内，将根据距离以线性方式选择 mip 等级。
- texture_dist 和 texture_dist2——在使用混合纹理映射方法时，它们用于选择纹理映射的控制范围。根据混合模式使用的是完美透视修正、线性分段和仿射纹理映射或者只是使用线性分段和仿射纹理映射，需要设置其中的一个或两个。稍后将做更详细的介绍。
- ival1 和 ival2——两个可随意使用的整数变量。
- fval1 和 fval2——两个可随意使用的浮点数变量。
- vptr——一个可随意使用的 void 指针。

12.9.2　设置渲染场境

接下来讨论如何设置渲染场境。首先，必须创建渲染场景（这通常是单个全局变量，但可能有多个渲染场境）：

```
RENDERCONTEXTV1 rc;
```

对于大型数据结构，使用类似于下面的代码清除其数据是个不错的主意：

```
memset(&rc,0,sizeof(rc));
```

渲染场境的 attr 是关键——只需使用所需的渲染选项设置它即可。渲染选项标记如下所示，它们是在 T3DLIB10.H 中定义的：

```
// 用于控制渲染函数状态的属性
// 每类控制标记都存储在一个 4 位字节中，这有助于以后扩展

// 不使用 z 缓存，按多边形在渲染列表中的顺序渲染它们
#define RENDER_ATTR_NOBUFFER                         0x00000001

// 使用 z 缓存
#define RENDER_ATTR_ZBUFFER                          0x00000002

// 使用 1/z 缓存
#define RENDER_ATTR_INVZBUFFER                       0x00000004

// 使用 mipmapping
#define RENDER_ATTR_MIPMAP                           0x00000010

// 启用 alpha 混合
#define RENDER_ATTR_ALPHA                            0x00000020

// 启用双线性滤波，但只适用于固定着色/仿射纹理映射函数
#define RENDER_ATTR_BILERP                   0x00000040

// 使用仿射纹理映射
#define RENDER_ATTR_TEXTURE_PERSPECTIVE_AFFINE     0x00000100

// 使用完美透视修正纹理映射
#define RENDER_ATTR_TEXTURE_PERSPECTIVE_CORRECT    0x00000200

// 使用线性分段透视纹理映射
#define RENDER_ATTR_TEXTURE_PERSPECTIVE_LINEAR     0x00000400

// 根据距离混合使用仿射纹理映射和线性分段纹理映射
#define RENDER_ATTR_TEXTURE_PERSPECTIVE_HYBRID1    0x00000800
```

```
// 还未实现
#define RENDER_ATTR_TEXTURE_PERSPECTIVE_HYBRID2  0x00001000
```

接下来看一些设置渲染场境的例子。假设要将渲染场境设置为不使用深度缓存（预先对多边形进行 z 排序）。

1. 渲染场境设置范例 1

不使用 alpha 混合和 mipmapping，对于所有多边形都使用仿射纹理映射，设置如下：

```
// 设置渲染场境
rc.attr    = (RENDER_ATTR_NOBUFFER |
            RENDER_ATTR_TEXTURE_PERSPECTIVE_AFFINE);

rc.video_buffer = back_buffer; // 设置视频缓存
rc.lpitch    = back_lpitch;
rc.mip_dist  = 0;
rc.zbuffer   = NULL;
rc.zpitch    = 0;
rc.rend_list = &rend_list; // 渲染列表
rc.texture_dist = 0;
rc.alpha_override = -1;
```

2. 渲染场境设置范例 2

使用 z 缓存、alpha 混合和线性分段透视纹理映射：

```
// 设置渲染场境
rc.attr    = (RENDER_ATTR_ZBUFFER |
            RENDER_ATTR_ALPHA |
            RENDER_ATTR_TEXTURE_PERSPECTIVE_LINEAR);

rc.video_buffer = back_buffer; // 设置视频缓存
rc.lpitch    = back_lpitch;
rc.mip_dist  = 0;
rc.zbuffer   = (UCHAR *)zbuffer.zbuffer; // 现在需要 z 缓存
rc.zpitch    = WINDOW_WIDTH*4;
rc.rend_list = &rend_list;
rc.texture_dist = 0;
rc.alpha_override = -1;
```

3. 渲染场境设置范例 3

接下来设置一个这样的渲染场境：使用 mipmapping，最大 mip 距离为 2000。另外使用完美透视修正纹理映射和 1/z 缓存。

```
// 设置渲染场境
rc.attr    = (RENDER_ATTR_INVZBUFFER |
            RENDER_ATTR_ALPHA |
            RENDER_ATTR_MIPMAP |
            RENDER_ATTR_TEXTURE_PERSPECTIVE_CORRECT);

rc.video_buffer = back_buffer; // 设置视频缓存
rc.lpitch    = back_lpitch;
rc.mip_dist  = 2000; // 最大 mip 距离
rc.zbuffer   = (UCHAR *)zbuffer.zbuffer; // 1/z 缓存
rc.zpitch    = WINDOW_WIDTH*4;
rc.rend_list = &rend_list;
rc.texture_dist = 0;
rc.alpha_override = -1;
```

注意：mip_dist 用于设置最大 mip 距离。多边形离视平面的距离小于 mip_dist 时，将根据距离选择 mip 等级。

4. 渲染场境设置范例 4

来看一个使用混合纹理映射方法的例子。这里使用混合模式 1：当多边形离视平面的距离小于 texture_dist 时，使用线性分段纹理映射；否则使用仿射纹理映射。我们将 texture_dist 设置为 500，这样，对于距离为 0～500 的多边形，将调用线性分段纹理映射函数；对于距离超过 500 的多边形，将使用仿射纹理映射。其他设置与前一个例子中相同。

```
// 设置渲染场境
rc.attr     = (RENDER_ATTR_INVZBUFFER |
            RENDER_ATTR_ALPHA |
            RENDER_ATTR_MIPMAP |
            RENDER_ATTR_TEXTURE_PERSPECTIVE_HYBRID1);

rc.video_buffer = back_buffer; // 设置视频缓存
rc.lpitch     = back_lpitch;
rc.mip_dist   = 2000; // 最大 mip 距离
rc.zbuffer    = (UCHAR *)zbuffer.zbuffer; // 1/z 缓存
rc.zpitch     = WINDOW_WIDTH*4;
rc.rend_list  = &rend_list;
rc.texture_dist = 500;
rc.alpha_override = -1;
```

警告：使用任何形式的透视修正纹理映射时，都必须使用 1/z 缓存，因为普通或 z 缓存光栅化函数不支持这种功能。

12.9.3 调用对渲染场境进行渲染的函数

设置好渲染场境后，需要对其进行渲染。我们需要一个这样的函数：根据渲染场境中的选项透明地完成渲染工作——决定对于每个多边形调用哪个光栅化函数。这个函数包含大量的条件逻辑，为让读者理解它，这里将列出其部分代码。

请注意，有更好的方法来完成这些工作。例如，在内循环中，对于每个多边形都执行一些有条件的运算。这些可以预先计算好，这样便可以通过函数指针来调用低级函数，尽可能地优化该函数。然而，如果这样做，读者将不知道工作是如何完成的，因此现在暂时没有这样进行优化。以后将加入函数指针支持，得到一个更为优化、速度更快的版本。

这个函数的代码太长（15～30 页），这里不能全部列出，而只列出其中的一部分。这个函数通过首先判断调用者请求不使用深度缓存、使用 z 缓存还是 1/z 缓存，对条件逻辑进行了一些优化。下面是处理不使用深度缓存情形的代码，处理其他情形的代码与此类似，为节省篇幅，这里没有列出它们。

```
void Draw_RENDERLIST4DV2_RENDERCONTEXTV1_16(RENDERCONTEXTV1_PTR rc)
{
// 该函数根据渲染场境对渲染列表进行渲染
// 渲染场境中包含渲染时需要的所有信息：
// 是否使用 z 缓存、1/z 缓存、alpha 混合、mipmapping、透视修正、双线性插值等
// 通过该函数能够调用所有的光栅化函数
// 但比分别调用这些函数更好

POLYF4DV2 face; // 用于存储要渲染的多边形
int alpha; // alpha 值

// 需要首先判断各种条件，以最大限度地减少遍历渲染列表时的计算量
// 首先判断渲染方式：不使用深度缓存、使用 z 缓存还是使用 1/z 缓存
```

```
if (rc->attr & RENDER_ATTR_NOBUFFER) ///////////////////////////
{
// 根本不使用深度缓存

for (int poly=0; poly < rc->rend_list->num_polys; poly++)
    {
    // 仅当多边形没有被剔除和裁剪掉、处于活动状态且可见时才对其进行渲染
    if (!(rc->rend_list->poly_ptrs[poly]->state & POLY4DV2_STATE_ACTIVE) ||
       (rc->rend_list->poly_ptrs[poly]->state & POLY4DV2_STATE_CLIPPED ) ||
       (rc->rend_list->poly_ptrs[poly]->state & POLY4DV2_STATE_BACKFACE) )
      continue; // 进入下一个多边形

    // 检测是否在渲染场境中设置了 alpha 值
    if (rc->alpha_override>= 0)
      {
      // 将 alpha 设置为渲染场境中的 alpha 值
      alpha = rc->alpha_override;
      } // end if
    else
      {
      // 提取 alpha 值
      alpha = ((rc->rend_list->poly_ptrs[poly]->color & 0xff000000) >> 24);
      } // end else


    // 首先检测多边形是否带纹理
    // 因为带纹理的多边形可能使用固定或恒定着色，需要据此调用不同的光栅化函数
    if (rc->rend_list->poly_ptrs[poly]->attr & POLY4DV2_ATTR_SHADE_MODE_TEXTURE)
      {
      // 设置顶点信息
      face.tvlist[0].x = (float)rc->rend_list->poly_ptrs[poly]->tvlist[0].x;
      face.tvlist[0].y = (float)rc->rend_list->poly_ptrs[poly]->tvlist[0].y;
      face.tvlist[0].z = (float)rc->rend_list->poly_ptrs[poly]->tvlist[0].z;
      face.tvlist[0].u0 = (float)rc->rend_list->poly_ptrs[poly]->tvlist[0].u0;
      face.tvlist[0].v0 = (float)rc->rend_list->poly_ptrs[poly]->tvlist[0].v0;

      face.tvlist[1].x = (float)rc->rend_list->poly_ptrs[poly]->tvlist[1].x;
      face.tvlist[1].y = (float)rc->rend_list->poly_ptrs[poly]->tvlist[1].y;
      face.tvlist[1].z = (float)rc->rend_list->poly_ptrs[poly]->tvlist[1].z;
      face.tvlist[1].u0 = (float)rc->rend_list->poly_ptrs[poly]->tvlist[1].u0;
      face.tvlist[1].v0 = (float)rc->rend_list->poly_ptrs[poly]->tvlist[1].v0;

      face.tvlist[2].x = (float)rc->rend_list->poly_ptrs[poly]->tvlist[2].x;
      face.tvlist[2].y = (float)rc->rend_list->poly_ptrs[poly]->tvlist[2].y;
      face.tvlist[2].z = (float)rc->rend_list->poly_ptrs[poly]->tvlist[2].z;
      face.tvlist[2].u0 = (float)rc->rend_list->poly_ptrs[poly]->tvlist[2].u0;
      face.tvlist[2].v0 = (float)rc->rend_list->poly_ptrs[poly]->tvlist[2].v0;

      // 检查多边形的 mipmap 属性
      if (rc->rend_list->poly_ptrs[poly]->attr & POLY4DV2_ATTR_MIPMAP)
       {
       // 检查渲染场境的 mipmap 属性
       if (rc->attr & RENDER_ATTR_MIPMAP)
         {
         // 确定使用哪个 mip 纹理

         // 首先计算该多边形的 mip 纹理链的 mip 等级数
         int tmiplevels = logbase2ofx[((BITMAP_IMAGE_PTR *)
          (rc->rend_list->poly_ptrs[poly]->texture))[0]->width];
```

```
   // 根据最大 mip 距离和多边形的 z 坐标确定使用哪个 mip 等级
   // 这里使用多边形一个顶点的 z 坐标，读者可能想使用平均 z 值
   int miplevel = (tmiplevels *
      rc->rend_list->poly_ptrs[poly]->tvlist[0].z / rc->mip_dist);

   // 截取计算得到的 mip 等级
   if (miplevel > tmiplevels) miplevel = tmiplevels;

   // 根据 mip 等级选择相应的纹理
   face.texture = ((BITMAP_IMAGE_PTR *)
     (rc->rend_list->poly_ptrs[poly]->texture))[miplevel];

   // 根据 mip 等级，执行相应次数的"纹理坐标除以 2"运算
   for (int ts = 0; ts < miplevel; ts++)
      {
      face.tvlist[0].u0*=.5;
      face.tvlist[0].v0*=.5;

      face.tvlist[1].u0*=.5;
      face.tvlist[1].v0*=.5;

      face.tvlist[2].u0*=.5;
      face.tvlist[2].v0*=.5;
      } // end for

   } // end if mipmmaping enabled globally
 else // 渲染场境的 mipmap 属性没有被设置
   {
   //用户没有请求使用 mipmaping，因此使用 0 级别纹理
   face.texture = ((BITMAP_IMAGE_PTR *)
         (rc->rend_list->poly_ptrs[poly]->texture))[0];

   } // end else

 } // end if
else
 {
 face.texture = rc->rend_list->poly_ptrs[poly]->texture;
 } // end if

// 使用固定着色?
if (rc->rend_list->poly_ptrs[poly]->attr &
  POLY4DV2_ATTR_SHADE_MODE_CONSTANT)
  {
  // 使用固定着色绘制带纹理的三角形

  if ((rc->attr & RENDER_ATTR_ALPHA) &&
    ((rc->rend_list->poly_ptrs[poly]->attr &
     POLY4DV2_ATTR_TRANSPARENT) || rc->alpha_override>=0) )
     {
     // 使用 alpha 混合

     // 决定调用哪个纹理映射函数
     if (rc->attr & RENDER_ATTR_TEXTURE_PERSPECTIVE_AFFINE)
      {
      Draw_Textured_Triangle_Alpha16(&face, rc->video_buffer,
                    rc->lpitch, alpha);
      } // end if
     else
     if (rc->attr & RENDER_ATTR_TEXTURE_PERSPECTIVE_CORRECT)
      {
```

```
 // 还不支持
 Draw_Textured_Triangle_Alpha16(&face, rc->video_buffer,
                 rc->lpitch, alpha);
 } // end if
else
if (rc->attr & RENDER_ATTR_TEXTURE_PERSPECTIVE_LINEAR)
 {
 // 还不支持
 Draw_Textured_Triangle_Alpha16(&face, rc->video_buffer,
                 rc->lpitch, alpha);
 } // end if
else
if (rc->attr & RENDER_ATTR_TEXTURE_PERSPECTIVE_HYBRID1)
 {
 // 将 z 值与透视修正纹理映射过渡点进行比较
 if (rc->rend_list->poly_ptrs[poly]->tvlist[0].z >
   rc-> texture_dist)
   {
   // 使用仿射纹理映射
   Draw_Textured_Triangle_Alpha16(&face, rc->video_buffer,
                   rc->lpitch, alpha);
   } // end if
  else
   {
   // 使用线性分段纹理映射
   // 还不支持
   Draw_Textured_Triangle_Alpha16(&face, rc->video_buffer,
                   rc->lpitch, alpha);
   } // end if

  } // end if

 } // end if
else
  {
  // 不使用 alpha 混合
  // 使用哪个纹理映射函数?
  if (rc->attr & RENDER_ATTR_TEXTURE_PERSPECTIVE_AFFINE)
   {
   Draw_Textured_Triangle2_16(&face, rc->video_buffer,
                 rc->lpitch);
   } // end if
  else
  if (rc->attr & RENDER_ATTR_TEXTURE_PERSPECTIVE_CORRECT)
   {
   // 还不支持
   Draw_Textured_Triangle2_16(&face, rc->video_buffer,
                 rc->lpitch);
   } // end if
  else
  if (rc->attr & RENDER_ATTR_TEXTURE_PERSPECTIVE_LINEAR)
   {
   // 还不支持
   Draw_Textured_Triangle2_16(&face, rc->video_buffer,
                 rc->lpitch);
   } // end if
  else
  if (rc->attr & RENDER_ATTR_TEXTURE_PERSPECTIVE_HYBRID1)
   {
   // 将 z 值同透视纹理映射过渡点进行比较
   if (rc->rend_list->poly_ptrs[poly]->tvlist[0].z >
```

```
           rc-> texture_dist)
              {
              // 使用仿射纹理映射
              Draw_Textured_Triangle2_16(&face, rc->video_buffer,
                              rc->lpitch);
              } // end if
           else
              {
              // 使用线性分段纹理映射
              // 还不支持
              Draw_Textured_Triangle2_16(&face, rc->video_buffer,
                              rc->lpitch);
              } // end if

           } // end if

        } // end if

     } // end if
  else
  if (rc->rend_list->poly_ptrs[poly]->attr &
   POLY4DV2_ATTR_SHADE_MODE_FLAT)
   {
   // 使用恒定着色
   face.lit_color[0] = rc->rend_list->poly_ptrs[poly]->lit_color[0];

   if ((rc->attr & RENDER_ATTR_ALPHA) &&
     ((rc->rend_list->poly_ptrs[poly]->attr &
      POLY4DV2_ATTR_TRANSPARENT) ||
      rc->alpha_override>=0) )
     {
     // alpha 版本

     // 使用哪个纹理映射函数?
     if (rc->attr & RENDER_ATTR_TEXTURE_PERSPECTIVE_AFFINE)
       {
       Draw_Textured_TriangleFS_Alpha16(&face, rc->video_buffer,
                        rc->lpitch, alpha);
       } // end if
     else
     if (rc->attr & RENDER_ATTR_TEXTURE_PERSPECTIVE_CORRECT)
       {
       // 还不支持
       Draw_Textured_TriangleFS_Alpha16(&face, rc->video_buffer,
                        rc->lpitch, alpha);
       } // end if
     else
     if (rc->attr & RENDER_ATTR_TEXTURE_PERSPECTIVE_LINEAR)
       {
       // 还不支持
       Draw_Textured_TriangleFS_Alpha16(&face, rc->video_buffer,
                        rc->lpitch, alpha);
       } // end if
     else
     if (rc->attr & RENDER_ATTR_TEXTURE_PERSPECTIVE_HYBRID1)
       {
       // 将 z 值同透视纹理映射过渡点进行比较
       if (rc->rend_list->poly_ptrs[poly]->tvlist[0].z >
         rc-> texture_dist)
         {
         // 使用仿射纹理映射
```

```
                 Draw_Textured_TriangleFS_Alpha16(&face, rc->video_buffer,
                                  rc->lpitch, alpha);
            } // end if
        else
            {
            // 使用线性分段纹理映射
            // 还不支持
            Draw_Textured_TriangleFS_Alpha16(&face,
                              rc->video_buffer, rc->lpitch, alpha);
            } // end if

        } // end if

    } // end if
else
    {
    // 不使用 alpha 混合
    // 调用哪个纹理映射函数?
    if (rc->attr & RENDER_ATTR_TEXTURE_PERSPECTIVE_AFFINE)
        {
        Draw_Textured_TriangleFS2_16(&face, rc->video_buffer,
                      rc->lpitch);
        } // end if
    else
    if (rc->attr & RENDER_ATTR_TEXTURE_PERSPECTIVE_CORRECT)
        {
        // 还不支持
        Draw_Textured_TriangleFS2_16(&face, rc->video_buffer,
                      rc->lpitch);
        } // end if
    else
    if (rc->attr & RENDER_ATTR_TEXTURE_PERSPECTIVE_LINEAR)
        {
        // 还不支持
        Draw_Textured_TriangleFS2_16(&face, rc->video_buffer,
                      rc->lpitch);
        } // end if
    else
    if (rc->attr & RENDER_ATTR_TEXTURE_PERSPECTIVE_HYBRID1)
        {
        // 将 z 值同透视纹理映射过渡点进行比较
        if (rc->rend_list->poly_ptrs[poly]->tvlist[0].z >
            rc-> texture_dist)
            {
            // 使用仿射纹理映射
            Draw_Textured_TriangleFS2_16(&face, rc->video_buffer,
                          rc->lpitch);
            } // end if
        else
            {
            // 使用线性分段纹理映射
            // 还不支持
            Draw_Textured_TriangleFS2_16(&face, rc->video_buffer,
                          rc->lpitch);
            } // end if

        } // end if

    } // end if

} // end else
```

```
         else
         {
         // 必然使用 Gouraud 纹理映射
         face.lit_color[0] = rc->rend_list->poly_ptrs[poly]->lit_color[0];
         face.lit_color[1] = rc->rend_list->poly_ptrs[poly]->lit_color[1];
         face.lit_color[2] = rc->rend_list->poly_ptrs[poly]->lit_color[2];

         if ((rc->attr & RENDER_ATTR_ALPHA) &&
           ((rc->rend_list->poly_ptrs[poly]->attr &
             POLY4DV2_ATTR_TRANSPARENT) ||
            rc->alpha_override>=0) )
            {
            // 使用 alpha 混合

            // 应调用哪个纹理映射函数?
            if (rc->attr & RENDER_ATTR_TEXTURE_PERSPECTIVE_AFFINE)
             {
             Draw_Textured_TriangleGS_Alpha16(&face, rc->video_buffer,
                             rc->lpitch, alpha);
             } // end if
            else
            if (rc->attr & RENDER_ATTR_TEXTURE_PERSPECTIVE_CORRECT)
             {
             // 还不支持
             Draw_Textured_TriangleGS_Alpha16(&face, rc->video_buffer,
                             rc->lpitch, alpha);
             } // end if
            else
            if (rc->attr & RENDER_ATTR_TEXTURE_PERSPECTIVE_LINEAR)
             {
             // 还不支持
             Draw_Textured_TriangleGS_Alpha16(&face, rc->video_buffer,
                             rc->lpitch, alpha);
             } // end if
            else
            if (rc->attr & RENDER_ATTR_TEXTURE_PERSPECTIVE_HYBRID1)
              {
              // 将 z 值同透视纹理映射过渡点进行比较
              if (rc->rend_list->poly_ptrs[poly]->tvlist[0].z >
                rc-> texture_dist)
                {
                // 使用仿射纹理映射
                Draw_Textured_TriangleGS_Alpha16(&face,
                              rc->video_buffer, rc->lpitch, alpha);
                } // end if
              else
                {
                // 使用线性分段纹理映射
                // 还不支持
                Draw_Textured_TriangleGS_Alpha16(&face,
                              rc->video_buffer, rc->lpitch, alpha);
                } // end if

              } // end if

            } // end if
         else
            {
            // 不使用 alpha 混合
            // 应调用哪个纹理映射函数?
            if (rc->attr & RENDER_ATTR_TEXTURE_PERSPECTIVE_AFFINE)
```

```
        {
        Draw_Textured_TriangleGS_16(&face, rc->video_buffer,
                    rc->lpitch);
        } // end if
      else
      if (rc->attr & RENDER_ATTR_TEXTURE_PERSPECTIVE_CORRECT)
        {
        // 还不支持
        Draw_Textured_TriangleGS_16(&face, rc->video_buffer,
                    rc->lpitch);
        } // end if
      else
      if (rc->attr & RENDER_ATTR_TEXTURE_PERSPECTIVE_LINEAR)
        {
        // 还不支持
        Draw_Textured_TriangleGS_16(&face, rc->video_buffer,
                    rc->lpitch);
        } // end if
      else
      if (rc->attr & RENDER_ATTR_TEXTURE_PERSPECTIVE_HYBRID1)
        {
        // 将 z 值同透视纹理映射过渡点进行比较
        if (rc->rend_list->poly_ptrs[poly]->tvlist[0].z >
          rc-> texture_dist)
          {
          // 使用仿射纹理映射
          Draw_Textured_TriangleGS_16(&face, rc->video_buffer,
                      rc->lpitch);
          } // end if
        else
          {
          // 使用线性分段纹理映射
          // 还不支持
          Draw_Textured_TriangleGS_16(&face, rc->video_buffer,
                      rc->lpitch);
          } // end if

        } // end if

      } // end if

    } // end else

  } // end if
else
if ((rc->rend_list->poly_ptrs[poly]->attr &
  POLY4DV2_ATTR_SHADE_MODE_FLAT) ||
  (rc->rend_list->poly_ptrs[poly]->attr &
  POLY4DV2_ATTR_SHADE_MODE_CONSTANT) )
  {
  // 使用固定着色
  face.lit_color[0] = rc->rend_list->poly_ptrs[poly]->lit_color[0];

  // 设置顶点信息
  face.tvlist[0].x = (float)rc->rend_list->poly_ptrs[poly]->tvlist[0].x;
  face.tvlist[0].y = (float)rc->rend_list->poly_ptrs[poly]->tvlist[0].y;
  face.tvlist[0].z = (float)rc->rend_list->poly_ptrs[poly]->tvlist[0].z;

  face.tvlist[1].x = (float)rc->rend_list->poly_ptrs[poly]->tvlist[1].x;
  face.tvlist[1].y = (float)rc->rend_list->poly_ptrs[poly]->tvlist[1].y;
  face.tvlist[1].z = (float)rc->rend_list->poly_ptrs[poly]->tvlist[1].z;
```

```
    face.tvlist[2].x = (float)rc->rend_list->poly_ptrs[poly]->tvlist[2].x;
    face.tvlist[2].y = (float)rc->rend_list->poly_ptrs[poly]->tvlist[2].y;
    face.tvlist[2].z = (float)rc->rend_list->poly_ptrs[poly]->tvlist[2].z;

    // 使用基本恒定着色光栅化函数绘制三角形

    // 检测透明性
    if ((rc->attr & RENDER_ATTR_ALPHA) &&
       ((rc->rend_list->poly_ptrs[poly]->attr &
        POLY4DV2_ATTR_TRANSPARENT) || rc->alpha_override>=0) )
      {
      Draw_Triangle_2D_Alpha16(&face, rc->video_buffer, rc->lpitch,alpha);
      } // end if
    else
      {
      Draw_Triangle_2D3_16(&face, rc->video_buffer, rc->lpitch);
      } // end if

    } // end if
 else
 if (rc->rend_list->poly_ptrs[poly]->attr &
    POLY4DV2_ATTR_SHADE_MODE_GOURAUD)
    {
    // 设置顶点信息
    face.tvlist[0].x = (float)rc->rend_list->poly_ptrs[poly]->tvlist[0].x;
    face.tvlist[0].y = (float)rc->rend_list->poly_ptrs[poly]->tvlist[0].y;
    face.tvlist[0].z = (float)rc->rend_list->poly_ptrs[poly]->tvlist[0].z;
    face.lit_color[0] = rc->rend_list->poly_ptrs[poly]->lit_color[0];

    face.tvlist[1].x = (float)rc->rend_list->poly_ptrs[poly]->tvlist[1].x;
    face.tvlist[1].y = (float)rc->rend_list->poly_ptrs[poly]->tvlist[1].y;
    face.tvlist[1].z = (float)rc->rend_list->poly_ptrs[poly]->tvlist[1].z;
    face.lit_color[1] = rc->rend_list->poly_ptrs[poly]->lit_color[1];

    face.tvlist[2].x = (float)rc->rend_list->poly_ptrs[poly]->tvlist[2].x;
    face.tvlist[2].y = (float)rc->rend_list->poly_ptrs[poly]->tvlist[2].y;
    face.tvlist[2].z = (float)rc->rend_list->poly_ptrs[poly]->tvlist[2].z;
    face.lit_color[2] = rc->rend_list->poly_ptrs[poly]->lit_color[2];

    // 使用 Gouraud 着色绘制三角形
    // 检测透明性
    if ((rc->attr & RENDER_ATTR_ALPHA) &&
       ((rc->rend_list->poly_ptrs[poly]->attr &
        POLY4DV2_ATTR_TRANSPARENT) || rc->alpha_override>=0) )
      {
      Draw_Gouraud_Triangle_Alpha16(&face, rc->video_buffer,
                    rc->lpitch,alpha);
      } // end if
    else
      {
      Draw_Gouraud_Triangle2_16(&face, rc->video_buffer, rc->lpitch);
      } // end if

    } // end if gouraud

    } // end for poly

 } // end if RENDER_ATTR_NOBUFFER

 else
```

```
if (rc->attr & RENDER_ATTR_ZBUFFER)//////////////////
{
// 使用 z 缓存时的代码块

} // end if RENDER_ATTR_ZBUFFER
else
if (rc->attr & RENDER_ATTR_INVZBUFFER)
{
// 使用 1/z 缓存时的代码块

} // end if RENDER_ATTR_INVZBUFFER

} // end Draw_RENDERLIST4DV2_RENDERCONTEXTV1_16
```

上述代码检查各种渲染条件，并据此做相应的处理。请注意其中处理 alpha 混合、mipmapping 和混合纹理映射的代码。不可否认，与直接调用合适的光栅化函数相比，这样做的速度更慢，因为调用高级函数将使性能降低大约 1%～3%，但以后我们将把这种损失夺回来，甚至再赚一些。与以手工方式从大量的光栅化函数中选择一个相比，这样做好得多。下面使用前面设置的渲染场境之一来调用该函数：

```
// 渲染场境
Draw_RENDERLISTV2_RENDERCONTEXTV1_16(&rc);
```

这样做是否值得呢？作者认为值得。没有专门演示这个函数的程序，因为可演示的内容太少；但如果读者查看之前的演示程序，将发现它们使用的就是这个函数。

12.10　总　　结

这又是篇幅很长的一章。它涵盖的内容看似不多，但真正去介绍时却急剧膨胀。另外，本章编写的代码比任何一章都多，但都是值得的。现在，引擎的功能非常丰富，可以使用它来编写游戏了。我们添加了透视修正纹理映射、alpha 混合、mipmapping、1/z 缓存等功能，进行了大量的优化，并重新编写了引擎的光栅化接口，以提供单个接口。另外，我们还给.COB 模型加载函数和地形生成函数新增了一些特性。最后，还提供了一些优秀的演示程序，为读者尝试使用这些功能提供了良好的起点。本书旨在让读者深入理解 3D 算法及其实时实现，而不是教授尖端技术。现在的引擎很不错——作者运行一个演示程序时，刚好有人进来，看到如此好的光照和纹理映射效果后，他还以为使用的是硬件引擎呢！事实上，如果本书就此结束，也足以让读者忙活一阵子。但既然已经进行到了这里，为何半途而废呢？

作者唯一感到遗憾的是，系统开始出现 bug 了。代码如此之多，作者几乎没有时间进行详细的测试。当然，本书的演示程序只用作教学辅助手段，读者可以编写自己的引擎，但是发现缺陷总是一件令人不快的事情。作者将尽可能排除这些 bug。当前，让作者烦恼的主要问题是，3D 裁剪函数好像不能妥善地处理大型多边形，不过没有什么东西是十全十美的。下一章将介绍空间划分技术，并开始处理世界几何体。

第 13 章　空间划分和可见性算法

本章介绍空间划分算法，如二元空间划分、包围体层次结构（bounding hierarchical volume）、八叉树、入口（portal）等。另外，还将讨论通用的可见性算法，如潜在可见集（potentially visible set）和遮掩剔除（occlusion culling）。本章内容的技术性非常强，同时篇幅有限，因此只实现其中的两种技术，其中包括 BSP 树。然而，这足以让读者忙活一阵子。下面是本章将介绍的内容：

- 新的游戏引擎库模块；
- 空间划分和可见面判定简介；
- 二元空间划分；
- 潜在可见集合；
- 入口；
- 包围体层次结构和八叉树；
- 遮掩剔除。

13.1　新的游戏引擎模块

本章需要的代码很多，可将其作为一个单独的库模块，它是 T3DLIB11。编译本章的程序时，需要程序的主.CPP 文件、DirectX .LIB 文件和新增的库模块：

- T3DLIB11.CPP——空间划分技术等的 C/C++源文件。
- T3DLIB11.H——头文件。

注意：还必须链接 T3DLIB1-10.CPP|H。

本应该列出源文件和头文件的代码，但篇幅有限，不能这样做。然而，后面将列出本章涉及的每个函数和数据结构——完整的源代码或函数原型。

13.2　空间划分和可见面判定简介

空间划分和可见面判定之间是紧密相联的。3D 世界通常充斥着物体、地形、室内环境（interior）和室外环境（exterior）。问题在于，这些模型网格代表的多边形即使没有数百万（甚至数亿）个，也有数千个。在此之前，我们竭尽全力地找出各种方法，将尽可能多的多边形从渲染流水线中删除。当前，我们的系统在很大程度上说是基于物体的，其中每个物体都是一组多边形。我们首先对这些物体进行变换，然后将其插入到全局性渲染列表中，进而执行其他的变换，如光照处理、裁剪、投影和光栅化等。然而，本书前面指出过，可以使用包围球将位于视景体外的物体剔除，并在将物体传递给渲染流水线之前根据视景体对其进行裁剪，如图 13.1 所示。

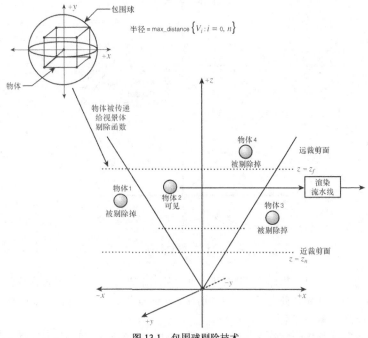

图 13.1　包围球剔除技术

然而，使用这种粗糙的技术时，很多物体并不能被剔除掉，进而得以传递到流水线的下游。例如，对于很长的物体、包含多个部分的物体等，包围球技术的效果并不好。但是，我们没有气馁，通过背面消除将没有背对观察者的多边形从流水线中删除，如图 13.2 所示。

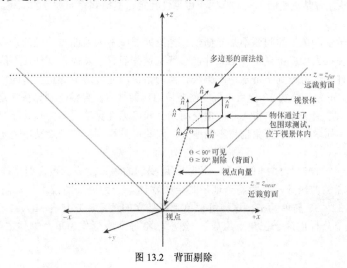

图 13.2　背面剔除

　　最后，将没有被剔除的多边形传递给 3D 裁剪函数，在物体空间中根据视景体对其进行裁剪，并在光栅化期间执行 2D 空间裁剪。裁剪处理是一种基于多边形的剔除，可以将整个多边形剔除掉，如图 13.3 所示。

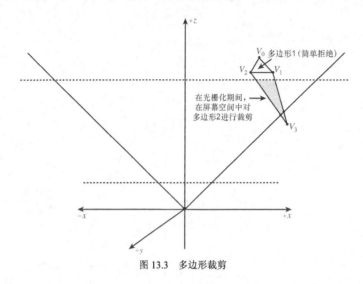

图 13.3　多边形裁剪

　　在很大程度上说，对于基于物体的且物体不多的室外场景来说，这种系统的效果不错，甚至可用于创建粗糙的地形演示程序。关键之处在于，没有利用任何几何信息和常识，这正是本章的主题。我们感兴趣的是下列两个主要问题的解决方案：

　　问题 1：如何对空间/物体进行划分（可能使用预处理或其他假设），以便能够快速地将大部分场景剔除掉，以帮助渲染和可见性判定？

　　问题 2：有办法在游戏中根据任何给定的视点确定哪些多边形可能是可见的，进而只对这些多边形进行处理吗？

　　这两个问题有些地方是重叠的，它们都属于可见性判定、遮掩和空间划分的范畴，这些正是本章要讨论的内容。

　　在计算机图形学中，最大的问题不是光栅化、光照处理或本书前面讨论过的众多其他主题。这些任务当然很重要——在很大程度上说，使用硬件能够解决这些问题。然而，硬件还不能解决本章将讨论的问题，这些问题也许永远得不到一劳永逸的解决。换句话说，在多边形数量不多的情况下，某种技术可能很管用；但当多边形数量增加 10 倍后，可能需要使用新的技术。直线绘制算法就是直线绘制算法——它不关心我们绘制的是房子还是宇宙飞船，但空间划分和可见性算法确实关心其处理的数据集的类型和大小。随着游戏世界的增大，数据集也将不断增大。因此可见性判定和剔除操作生死攸关，因为不渲染是最快的绘制方式。

　　例如，要创建一个 1024×1024 的地形，可以使用我们的地形生成函数，但这样将有大量的多边形被传递给剔除函数和裁剪函数，因为整个地形是一个物体。一种更好的技术是，创建一个系列地形，每个地形基于一个 32×32 的单元格，这样每个单元格独立的地形，它包含 32×32 个分片（32×32×2 个三角形，因为每个分片由两个三角形组成）。然后，将每个地形作为单个物体进行剔除，如图 13.4 所示。

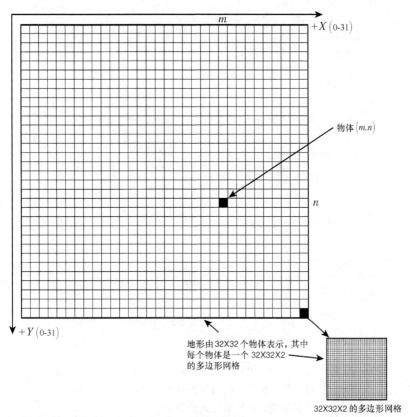

图 13.4　物体的层次型表示

是否可以做得更好呢？将地形分片按 8×8 或 16×16 的方式分组，然后在每组周围加上包围矩形如何？也就是说，可以创建层次型数据结构，用于存储世界数据，这样在剔除或可见性判定阶段，便可以立刻排除大量的数据。对于大型地形、室内环境和太空环境来说，这样做是完全必要的。可以建立包含 100 000 000 个星球系的银河系模型吗？这是可能的：可以存储每个星球系中每个星球的位置；存储一种包含一组参数的算法，它能够动态地生成任意详细程度的星球地形；可以创建每个星球上建筑物、植被等记录。然而，不能在每次迭代中遍历全部 100 000 000 个星球系，并且判断是否需要渲染它们。但是，使用空间划分系统后，只需要几次迭代便可完成这项工作——信不信由您！

本章将介绍多种空间划分技术，首先介绍二元空间划分，它是最常用、功能最强大的算法之一，本章将实现这种算法。为何需要使用这种技术呢？因为处理大型数据集时，不能再在流水线中排除多边形了。

另外，在第一人称射击游戏中，玩家在 99％的时间内都位于由数百个房间组成的游戏关卡中，但只能看到当前房间的几何体（当然，房间可能有窗户）。在很大程度上说，不应渲染其他的房间，因此必须找出处理这类问题的技术和算法。图 13.5 说明了这种可见性问题。

本章将讨论多种技术，有些只从理论上进行探讨，一些是从实际应用的角度探讨，这样读者将能够处理室内/室外渲染涉及的任何问题，至少知道需要做什么以及从哪里着手。

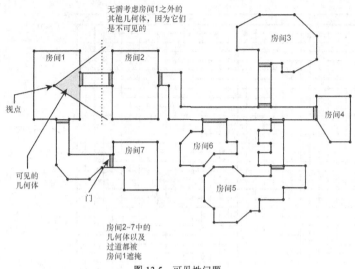

图 13.5　可见性问题

13.3　二元空间划分

二元空间划分（binary space partition，BSP）是一种 3D 空间划分算法，以初始空间（initial space）和离线计算时间（基于一些几何约束条件）换取更高的运行性能。从本质上说，BSP 将一组多边形作为输入，通过一种递归算法，创建一个二叉树结构。这种结构具有很多有趣的特性，让我们能够按正确的从前到后或从后到前的顺序遍历多边形。我们还可以使用这种二叉树来进行碰撞检测或大规模的剔除操作。Doom、Quake 和众多其他第一人称射击游戏都是基于这种数据结构的。BSP 树的基本原理是，使用分隔面将空间划分成凸形子空间。分隔面可能与坐标轴平行，也可能与多边形共面，但关键之处在于，几何体本身被用来划分空间。

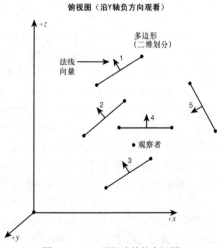

图 13.6　BSP 要解决的基本问题

BSP 好得令人难以置信，下面介绍其工作原理。请看图 13.6 所示的 x-z 平面上的俯视图，其中包含一组多边形，这些多边形可能构成了一个游戏关卡的几何形状。每个多边形都定义了一个平面，它位于该平面上。正如读者看到的，如果将观察者置于图中的任何位置，将不难根据给定的观察方向和视景体确定多边形的绘制顺序，进而正确地渲染场景。

例如，在图 13.7 中，从后到前的渲染顺序为 a、b、c、d、e 和 f。前面介绍的很多方法，如画家算法和 z 缓存，可以解决这种问题。然而，还可以使用另一种方法来解决：使用 BSP 树。BSP 可以提供从任何视点观察时，多边形按从前到后和从后到前排列的顺序以及其他有用的信息。

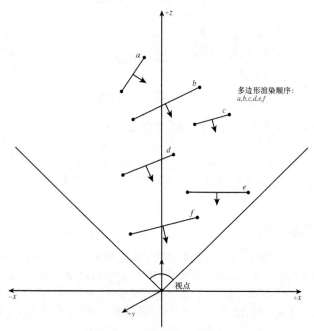

图 13.7　从后到前的渲染顺序

BSP 算法将网格或环境中的所有多边形作为输入，根据分割面将它们划分到凸形子空间中。分割面可以平行于坐标轴、任意的或与多边形共面。下面简要地介绍方法，然后重点讨论最常用的方法。

13.3.1　平行于坐标轴的二元空间划分

图 13.8 描述了一组初始多边形以及使用平行于坐标轴的平面进行空间划分后的结果。正如读者看到的，空间被划分成小型箱体（box），每个箱体中只有一个多边形。如果分割面与多边形相交，通常将多边形分割成两个，并将它们分别加入到分割面对应的两个子空间中。然而，也可以使用另一种方法：在两个子空间（这里为箱体）中都标记该多边形，然后在运行期间将多边形标记为"被处理过"，这样在另一个子空间中将忽略该多边形。另外，根据定义，每个子空间都将是凸形的，因为矩形和立方体是凸形的。BSP 的每个节点都定义了一个凸形子空间，稍后将详细讨论这一点。

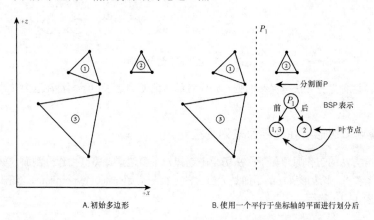

A.初始多边形　　　　　　　　　B.使用一个平行于坐标轴的平面进行划分后

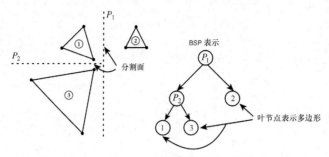

C.使用两个平行于坐标轴的分割面进行划分后

图 13.8　使用平行于坐标轴的分割面进行空间划分

13.3.2　任意平面空间划分

图 13.9 描述了第二种空间划分方法：选择能够更好地将空间划分的分割面。可能需要使用另一种算法来确定分割面，以便能够将多边形均匀地划分到子空间中或使用最少的分割面。这种空间划分的结果是，生成一个 BSP 树，其中每个节点都定义了一个子空间，而每个叶节点都定义了一个凸形子空间。这样从根节点开始，右子节点定义了分割面后面的所有多边形，左子节点定义了前面的所有多边形。BSP 树的叶节点定义了一个凸形子空间，其中包含一个或多个多边形，如图 13.9 所示。

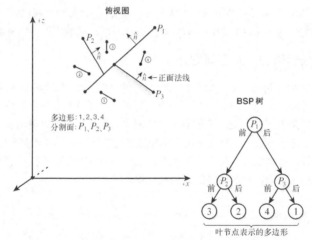

图 13.9　使用任意的分割面

如果读者问，这种划分方法有何帮助呢？则作者的目的便到达了。下面将注意力转移到最后一种空间划分方法。

13.3.3　使用多边形所在的平面来划分空间

这种空间划分方法的工作原理如下：从场景中选择一个多边形，将其用作分割面（就现在而言，选择哪个多边形无关紧要）。多边形所在的平面是无穷大的，被称为超平面（hyperplane）。超平面将空间划分成两个半空间，如图 13.10 所示。

算法根据分割面对场景中的每个多边形进行检测，确定它位于分割面的前面还是后面。如果分割面与多边形相交，则根据交点（两个交点组成一条直线）将其分割成两个多边形，如图 13.11 所示。

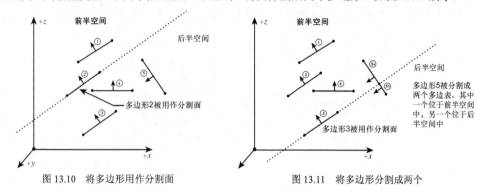

図 13.10　将多边形用作分割面　　　　　　　図 13.11　将多边形分割成两个

注意：超平面是一个多维几何学术语，指的是维数比空间本身少 1 的东西。例如，在 3D 空间中，超平面指的是 2D 平面。在 n 维空间中，超平面的维数为 n–1。

算法完成第一步后，递归地对这一步生成每个多边形列表（分别包含位于分割面前面[前半空间]和后面[后半空间]）进行类似地处理。这一过程将不断重复下去，直到每个多边形都被用作分割面，构建好 BSP 树为止。因此，可以将初始多边形链表作为输入提供给空间划分系统。

例如，图 13.12 说明了两个类似的 BSP 树，它们是根据同一个包含 5 个多边形的场景构建而成的，但第一次选择的分割面不同。算法的第一步是创建一个包含分割面的节点，其两个子节点为多边形链表：其中一个包含分割面前面的多边形，另一个包含后面的多边形。然后对这两个多边形链表进行类似的处理：从中选择一个多边形作为分割面（就现在而言，选择哪个都行），然后对多边形进行划分。这一过程不断重复下去，直到得到如图 13.12b 和图 13.12c 所示的 BSP 树。

构建的 BSP 树具有一些特殊性质，可利用它们来进行渲染、碰撞检测或大规模剔除。例如，使用一种改进的顺序递归访问算法，可以根据任何视点按从后到前的顺序访问多边形。给定 3D 世界中的任何视点，都可以使用一种简单的顺序搜索算法来确定从后到前渲染多边形的准确顺序（类似于完美的画家算法），该算法的时间复杂度为线性。这样做时，不需要对多边形进行排序，也无需使用 z 缓存。

另外，访问二元查找树（binary search tree，BST）中每个节点的查找时间都是线性的，即复杂度为 $O(n)$，因为这可以简化为一个线性堆栈问题。查找单个关键字的复杂度为 $O(\log_2^n)$。

注意：选择哪个多边形作为分割面至关重要，因为选择不好会增加划分次数和/或导致非平衡树（前一个原因更为重要），后面将详细讨论这一点。在大多数情况下，可以使用一种简单的试探方法，每次划分时，随机选择 0.1 % ~ 1% 的多边形作为候选分割面。然后，根据作为参数传递给优化函数的分割次数和是否要求 BSP 树平衡，选择实际用作分割面的多边形。因此，如果有 10 000 个多边形，每次划分时将最多需要尝试 10 ~ 100 个多边形，才能得到接近于最优的结果。

读者对如何创建 BSP 树有大概了解后，接下来介绍具体的细节，列出编写代码的步骤。假设已经使用某种工具或函数创建了一个多边形链表，其中包含要对其进行空间划分的游戏世界或关卡中的所有多边形，且该列表头名为 root，则创建 BSP 树的算法如下：

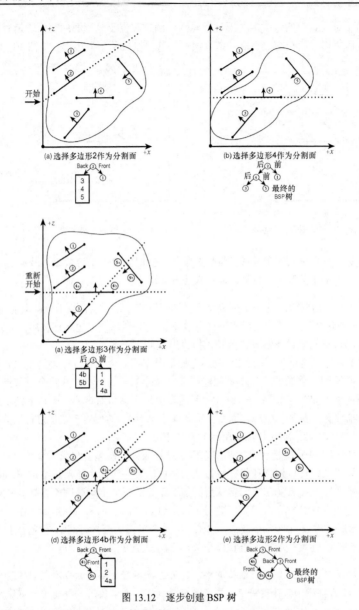

图 13.12　逐步创建 BSP 树

1．使用某种试探方法从链表中选择一个多边形，将其作为分割面。如果列表中没有其他多边形，则算法结束。

2．创建两个子列表，它们分别包含位于分割平面前面和后面的多边形，然后将分割平面对应的 BSP 节点的 front 和 back 指针分别指向它们，如图 13.13 所示。

3．递归处理 front 指针指向的列表。

4．递归处理 back 指针指向的列表。

当然，需要考虑的细节非常多，如何确定多边形位于分割面的前面还是后面？每次划分时应选择哪个多边形作为分割面？使用什么样的数据结构最合适？

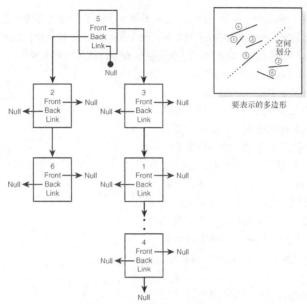

图 13.13　BSP 数据和相关的数据结构

　　注意：前面已经概述了 BSP 树，现在需要处理具体的细节。我们将实现一个 2D BSP 树。当然，BSP 将被用于 3D 引擎中。然而，作者没有时间来创建功能完备的 3D 建模工具，用于生成 3D BSP；同时计算任意平面与多边形的交点更为复杂，与 BSP 树无关。因此，出于简化的目的，作者将创建由线段组成的 BSP 世界，这些线段将被转换为 3D 墙面。然而，所有的建模和 BSP 树创建工作都将在 2D 空间进行，以降低问题的复杂度。将算法推广到 3D 空间只涉及更多的数学运算，读者应该能够完成这种工作。

13.3.4　显示/访问 BSP 树中的每个节点

　　正如前面指出的，BSP 树可用于完成很多工作：渲染、碰撞检测、剔除等。然而，在很多情况下，它被用于根据任意视点位置，确定按从后到前或从前到后渲染游戏关卡中多边形的准确顺序。下面介绍这是如何完成的。

　　幸运的是，显示 BSP 树比构建它容易得多。只需编写一种这样的算法：它使用改进后的二叉树顺序遍历算法；同时提供一个遍历条件，用于根据观察者位于多边形（分割面）的前面还是后面确定查找路径。

　　该算法的工作原理如下：如图 13.14 所示，从 BSP 树的根处开始，根据根多边形的平面方程对视点位置进行检测。如果它位于该平面的前面，则首先递归地遍历 back 分支，访问多边形（显示或处理多边形），然后再递归地遍历 front 分支。

　　相反，如果视点位于分割面的后面，则采取相反的措施：首先递归地遍历 front 分支，访问其中的多边形；然后再递归地遍历 back 分支。

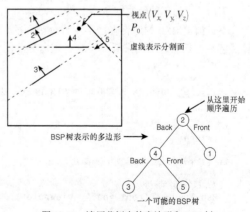

图 13.14　遍历范例中的多边形和 BSP 树

这可能有些令人迷惑，请读者先考虑一会儿，再来看另一个例子。BSP 树的关键之处在于：构建 BSP 树后，不管将视点置于什么地方，视点所在的子空间都是凸形的，且其中包含离视点最近的多边形；该多边形后面的子空间更远。因此，可以利用 BSP 树的这种特性来确定按从后到前渲染多边形的准确顺序。图 13.15 显示了组成 BSP 树的多边形，视点位于 **p0** 处。

首先，我们发现视点位于多边形 1 的前面，因此多边形 1 是最近的。因为如果视点位于多边形 1 的前面，且在前半空间内没有其他的分割面，根据定义该子空间为凸形的，因此多边形 1 是最近的。根据这种特性可知，位于多边形 1 后面的多边形更远，因此访问这些多边形时，可以递归应用这种思想。所以，如果递归地进行搜索，直到到达离视点最远的多边形，然后回溯并绘制每个节点，将可确保多边形的绘制顺序是从后到前的。同样，如果使用相反的搜索策略访问每个节点，将可确保多边形是按从前到后的顺序正确排列的。

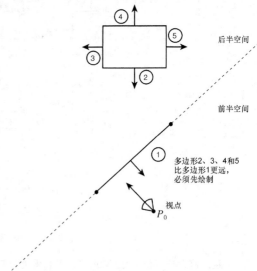

后半空间

前半空间

多边形2、3、4和5
比多边形1更远，
必须先绘制

视点
P_0

图 13.15　当前子空间中的多边形离视点最近

为说明这些概念并加深读者的理解，来看另一个例子。以图 13.14 为例，将上述算法应用于每个多边形，看其是否正确，步骤如下：

1．从多边形 2 开始。视点位于后半空间中，因此首先遍历前半空间。

2．由于多边形 1 没有子节点，因此渲染它，然后回溯（对堆栈执行弹出操作）到多边形 2。

3．渲染多边形 2，然后遍历后半空间。

4．视点位于多边形 4 的前半空间内，因此遍历多边形 4 的后半空间。

5．由于多边形 3 没有子节点，因此渲染它，然后回溯到多边形 4。

6．渲染多边形 4。

7．遍历多边形的前半空间。

8．由于多边形 5 没有子节点，因此渲染它，然后回溯时发现堆栈为空，算法结束。

因此，多边形的绘制顺序为 1、2、3、4 和 5，这是正确的从后到前的顺序。

不管构建 BSP 树时将多边形用作分割面的顺序如何，也不管视点位置和观察方向如何，BSP 树访问算法都是可行的。下面来看一下这种遍历算法的伪代码，假设每个节点都有一个 front 指针和一个 back 指针：

```
void Bsp_Traverse(BSPNODEV1_PTR root, VECTOR4D viewpoint)
{

if (root==NULL)
  return;

if (如果视点位于根多边形的前面)
  {
  // 执行顺序遍历
  Bsp_Traverse(root->back, viewpoint);

  Visit_Polygon(root->poly);
```

```
Bsp_Traverse(root->front, viewpoint);
  }
else
  {
  // 执行顺序遍历
  Bsp_Traverse(root->front, viewpoint);

  Display_Polygon(root->poly);

  Bsp_Traverse(root->back, viewpoint);
  }

  } // end else

} // end Bsp_Traverse
```

非常简单。当然，判断视点位于多边形的前面还是后面需要计算点积。处于简化的目的，这里没有做这样的计算，以便读者能够明白这种遍历算法的优点。

接下来介绍为创建 BSP 演示程序需要提供什么样的数据结构和支持函数，并将它们集成到现有的 3D 引擎中，该引擎支持光照处理、纹理映射和裁剪等。

13.3.5 BSP 树数据结构和支持函数

实现 BSP 树和支持函数没有看起来那么简单——需要做很多决策。即使是创建一个演示这种技术的程序，也不是一项简单的任务。作者决定使一切尽可能简单，以便读者能够理解其中的思想。首先介绍用表示一堵墙/一个 BSP 节点的数据结构，这将揭示第一个需要解决的问题。

当前，我们的 3D 引擎是完全基于三角形而不是四边形的。做出这样的设计决定旨在简化表示、光照处理、裁剪等工作。然而，建立室内环境模型时，三角形并非最好的选择，因为大多数室内环境都是由平面构成的，这些平面通常是四边形。鉴于这一点，作者决定不使用两个三角形来表示一个四边形，而是创建一个包含 4 个（而不是 3 个）顶点的新多边形数据结构，并使用这种新的表示法来完成与 BSP 相关的工作。然后，在遍历 BSP 树时，可以将每个 BSP 多边形节点转换为两个三角形，如图 13.16 所示。

另一方面，作者想使用一个读者非常熟悉的结构，因此，以 POLYF4DV2 为基础，新增一个顶点，并在名称中加入字母 "Q"。下面是用于表示四边形的新多边形数据结构：

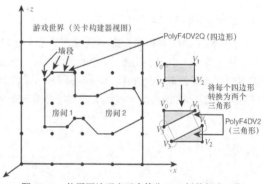

图 13.16 使用四边形表示来简化 BSP 树的创建工作

```
// 一个自包含的四边形数据结构//////
// 用于表示墙面，因为它们是四边形
typedef struct POLYF4DV2Q_TYP
{
int    state;      // 状态信息
int    attr;       // 多边形的物理属性
int    color;      // 多边形的颜色
int    lit_color[4];  // 用于存储经过光照处理后的颜色
          //使用恒定着色时，颜色存储在元素 0 中
          //使用 Gouraud 着色时，顶点颜色存储在元素 0~3 中
BITMAP_IMAGE_PTR texture; // 指向纹理的指针，用于简单纹理映射
```

```
int   mati;    // 材质索引，-1表示没有材质

float nlength;    // 多边形法线的长度
VECTOR4D normal;   // 多边形法线

float avg_z;    // 顶点的平均 z 值，用于 z 排序

VERTEX4DTV1 vlist[4];   // 四边形的顶点
VERTEX4DTV1 tvlist[4];   // 变换后的顶点

POLYF4DV2Q_TYP *next;   // 指向列表中下一个多边形的指针
POLYF4DV2Q_TYP *prev;   // 指向列表中前一个多边形的指针

} POLYF4DV2Q, *POLYF4DV2Q_PTR;s
```

其中与 POLYF4DV2 结构不同的地方为粗体。我们可以使用 POLYF4DV2Q 来表示单个四边形，但还需要将其封装到 BSP 节点中。BSP 节点不仅需要包含一个四边形（表示多边形本身和分割面），还需要包含 front 指针和 back 指针，以便能够构建 BSP 树。用于表示 BSP 节点的数据结构如下：

```
// BSP 节点，所有 BSP 树都是由这种数据结构组成的
typedef struct BSPNODEV1_TYP
{
int   id;   // ID，用于调试
POLYF4DV2Q wall; // 墙面四边形

struct BSPNODEV1_TYP *link; // 指向下一个墙面的指针
struct BSPNODEV1_TYP *front; // 指向 front 子树的指针
struct BSPNODEV1_TYP *back; // 指向 back 子树的指针

} BSPNODEV1, *BSPNODEV1_PTR;
```

BSPNODEV1 是构成 BSP 树的基本单元，图 13.17 对其进行了描述。它由一个四边形、一个用于调试的数字标识符和 3 个指针组成。其中的两个指针（front 和 back）前面讨论过，最后一个名为 link，用于将所有的 BSP 节点链接成一个链表。二元空间划分算法的输入是通过 link 指针链接的墙面数据，因此任何能够根据游戏关卡的墙面数据创建一个链表的程序都是 BSP 的。该链表将被提供给二元空间划分算法进行处理。

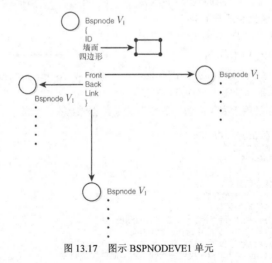

图 13.17 图示 BSPNODEVE1 单元

现在，暂时假设已经使用某个程序或工具，通过输入一组墙面数据，生成了一个用 link 指针链接起来的链表，如图 13.18 所示。下面来编写一个函数，它将这种链表作为输入，创建 BSP 树。

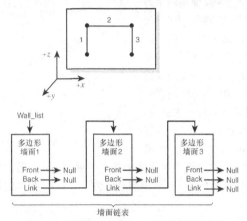

图 13.18　经过处理变成 BSP 树之前的墙面链表

13.3.6　创建 BSP 树

从理论上说，创建 BSP 树并不太难，但涉及指针和内存分配，且共面的墙面有共用的顶点时，问题将变得复杂得多。不过，作者已竭力使函数尽可能清晰易懂。从理论上说，该函数的工作原理如下：它接受墙面链表，将链表中的第一个元素用作分割面，然后将位于该平面前面和后面的墙面分别加入到两个链表中，再将第一个元素的 front 和 back 指针分别指向它们。每个链表是通过墙面数据结构的 link 指针链接起来的。接下来，将每个链表作为输入，递归地调用 BSP 树创建函数。这一过程不断重复下去，直到 front 和 back 指针指向的链表中只有一个多边形或没有多边形位置。至此，BSP 树便创建好了。

在这个处理过程中，有两个主要的难题，同时还有一些特殊情况需要考虑。先来讨论其中的难题。第一个难题是，如何确定多边形位于分割面的前面还是后面。图 13.19 说明了 3 种情形。

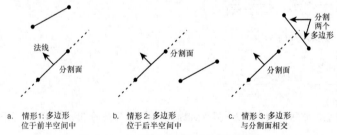

图 13.19　对于每个墙面需要考虑各种情形

情形 1：两个端点都位于分割面的前面。

情形 2：两个端点都位于分割面的后面。

情形 3：一个端点位于分割面的前面，另一个位于分割面的后面，因此需要将多边形分割成两个。

情形 1 和情形 2 检测和处理起来都很容易。在这些情形下，可以根据分割面的面法线和到端点的向量的点积来确定端点位于前面还是后面。位于前面的墙面被加入到 front 链表中，位于后面的多边形被加入到

back 链表中。难以处理的是情形 3。

在这种情况下，需要延长分割面，并计算其与被检测墙前的交点。这很容易，因为墙面被表示为 x-z 面中的 2D 线段，因此计算两个墙面的交点变成了计算两条 2D 直线的交点，如图 13.20 所示。

计算直线交点的方法很多，我们将采用直线方程（而不是参数化方程）的简单方法，因为用参数化形式表示线段需要做额外的工作，而此时这样做在很大程度上说没有任何好处。在实际的 BSP 引擎中，将使用参数化方程，但就现在而言，使用直线方程更容易。另外，创建 BSP 树对时间不敏感（显示它时才对时间敏感），因为将从磁盘中加载 BSP 树，然后使用它，因此增加一些计算量无关紧要。

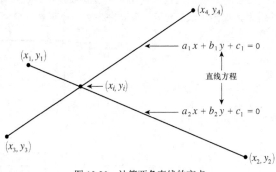

图 13.20　计算两条直线的交点

参见图 13.20 来推导交点的计算公式（读者不应对此感到陌生）。我们需要知道两条直线的方程：

```
a1*x + a1*y = c1
a2*x + a2*y = c2
```

这样，便可以像第 4 章和第 5 章介绍的那样，使用克莱姆法则、矩阵乘法或代入法求解该方程组。作者喜欢使用克莱姆法则，简单地说，该法则指出，可以这样来求解线性方程组：用常量列向量替换系数矩阵中要求解的变量对应的列向量，然后将矩阵视为行列式，并计算它的值；接下来用计算结果去除系数行列式的值，结果便是变量的值。上述方程组的系数矩阵如下：

$$C = \begin{bmatrix} a1 & b1 \\ a2 & b2 \end{bmatrix}$$

因此 $\text{Det}(C) = (a1*b2 - a2*b1)$

要求解 x，需要做如下计算：

$$xi = \frac{\text{行列式}\begin{vmatrix} c1 & b1 \\ c2 & b2 \end{vmatrix}\text{的值}}{(a1*b2 - a2*b1)} = \frac{(b2*c1 - b1*c2)}{(a1*b2 - a2*b1)}$$

使用下述公式，可以计算出 y：

$$yi = \frac{\text{行列式}\begin{vmatrix} a1 & c1 \\ a2 & c2 \end{vmatrix}\text{的值}}{(a1*b2 - a2*b1)} = \frac{(a2*c2 - a2*c1)}{(a1*b2 - a2*b1)}$$

现在唯一的问题是，如何得到直线方程？这很简单，可以使用直线方程的点—斜率形式：

```
m*(x-x0) = (y-y0)
```

其中 m 为斜率，它等于（y1-y0）/（x1-x0）。重新整理上述方程，便可以得到线性形式：

```
 (m)*x + (-1)* y = (m*x0-y0)
```

上述方程属于下述形式：

```
a*x + b*y = c
```

其中 a=m，b=-1，c=（m*x0-y0）。

基于上述推导，下面的函数根据两条直线的端点计算它们的交点：

```
void Intersect_Lines(float x0,float y0,float x1,float y1,
            float x2,float y2,float x3,float y3,
            float *xi,float *yi)
{
// 该函数计算并返回两条直线的交点，它假设直线是相交的
// 该函数能够处理垂直直线和水平直线
// 该函数不太巧妙，只是应用数学运算，但由于这是预处理步骤，因此速度无关紧要
// 如果愿意，也可以使用参数化直线方程，但就这里而言，使用直线方程更简单
// 这里要计算的是两条无穷长直线的交点，而不是线段的交点

float a1,b1,c1, // 直线方程系数常量
    a2,b2,c2,
    det_inv, // 系数矩阵行列式值的倒数
    m1,m2;  // 直线的斜率

// 计算斜率
if ((x1-x0)!=0)
  m1 = (y1-y0) / (x1-x0);
else
  m1 = (float)1.0E+20;   // 表示斜率为无穷大

if ((x3-x2)!=0)
  m2 = (y3-y2) / (x3-x2);
else
  m2 = (float)1.0E+20;   // 表示无穷大斜率

// 计算直线方程系数
a1 = m1;
a2 = m2;

b1 = -1;
b2 = -1;

c1 = (y0-m1*x0);
c2 = (y2-m2*x2);

// 计算行列式值的倒数
det_inv = 1 / (a1*b2 - a2*b1);

// 使用卡莱姆法则来计算 xi 和 yi
*xi=((b1*c2 - b2*c1)*det_inv);
*yi=((a2*c1 - a1*c2)*det_inv);

} // end Intersect_Lines
```

该函数接受两条直线端点的 x、y 坐标和两个用于指向交点坐标的浮点数指针作为参数。

注意：该函数假设两条直线不平行，即相交。如果两条直线是平行的，将发生除零错误，因为两条平行直线的系数行列式的值为 0。这种问题很容易修复，方法是首先判断两条直线是否平行，如果是，则返回一个指出这一点的值。读者调用该函数时，必须确保两条直线不平行。

知道如何计算分割面和墙面的交点后，接下来必须使用交点（xi, yi）将墙面分割成两个墙面，并将其中一个插入到 front 链表中，将另一个插入到 back 链表中。

13.3.7 分割策略

介绍分割策略之前，先来讨论一种优化方法。当墙面与分割面相交时，可以不分割墙面，而是将其原封不动地插入到 front 子树和 back 子树中，同时使用一个字段来记录交点，供以后使用。这样，便无需分割多边形，但有多边形的两个拷贝，它们分别位于 front 子树和 back 子树中。

这看起来好像有问题，但并非如此。遍历 BSP 树时，被访问过的多边形将被标记为访问过。因此，如果多边形有两个拷贝，第一次访问它时将设置被访问标记，这样以后再遇到时将忽略它。另外，多边形可能与多个分割面相交，因此有多个交点。所以，需要使用数组或其他类似的数据结构来记录交点。尽管如此，访问标记算法仍然管用——多边形被访问过后，再次遇到时将忽略它。这将确保遍历 BSP 树时，将按从后到前或从前到后的顺序访问多边形。然而，我们不会这样做，因为它将使本已复杂的工作变得更为复杂。

回到创建 BSP 树的话题，讨论一下特殊情况，这些情况总是会出现。首先，我们假设任何两面墙都不相交，如图 13.21 所示。这不是约束条件，因为要让一堵墙与另一堵墙相交，可以将其表示为两堵墙，交点两边各一堵墙。

Top view

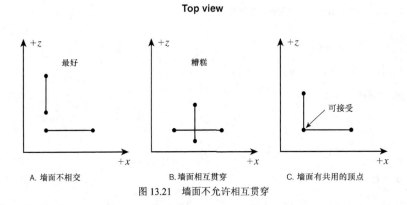

A. 墙面不相交　　　B. 墙面相互贯穿　　　C. 墙面有共用的顶点

图 13.21　墙面不允许相互贯穿

然而另一种常见的情形——两堵墙有共用的顶点——是不可避免的，必须对其进行处理。请看图 13.22，其中有一组共面的多边形墙段。问题是，在计算期间，不将共用顶点视为位于分割面的前面，也不能将其视为位于分割面的后面。在这种情况下，该如何办呢？

答案是这样问自己：两堵墙有共用边意味着什么？这决定了在这种情况下该如何办。如果两堵墙有共用的垂直边，即在俯视图中，它们有共用的端点，这只意味着共用点既不在分割面的前面，也不在分割面的后面。实际上，它位于分割面上，因此必须对墙面的第二个端点进行检测，来确定墙面位于分割面的前面还是后面。

因此，发现墙面与分割面有共用的边或点后，需要根据墙面的第二个端点或边来确定墙面位于分割面的前面还是后面。然而，还有一个小问题：如果第二个端点或边也位于分割面上，该如何办呢？这不成其为问题——事实上，在这种情况下，将墙面视为位于分割面的前面还是后面无关紧要，因为效果是一样的。

然而，对于共面的墙面，还有另一种优化或简化方法：将它们组合起来。例如，对于图 13.22 所示的墙面，为何分别对各个墙面进行计算呢？我们知道（或通过计算知道），它们是共面的，因此可以使用一条线段或一个墙面来表示它们，这样就根本不会发生墙面共面的情况。

当然，这是以简单性为代价的。表示 BSP 节点的数据结构将更复杂，虽然可以将一系列墙面视为单个墙面，但仍必须能够根据其他分割面来分割它们。因此，必须将它们组合到一个共面墙面链表中，就像它们是一个墙面那样来计算交点，然后就像它们是多个墙面那样分割它们，并将其正确地放置到 front 子树或 back 子树中。图 13.23 说明了这一点。同样，这种优化需要做大量的工作，因此我们不去管它。然而，在实际的引擎中，绝对不要怕麻烦，来编写实现这种功能的代码，因为归根结底，这样做是值得的。

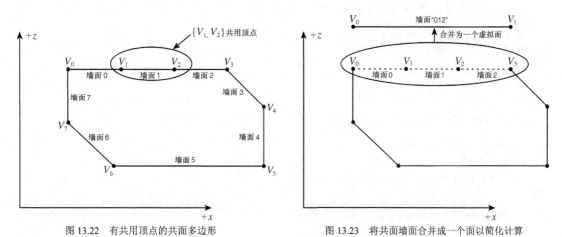

图 13.22　有共用顶点的共面多边形　　　　图 13.23　将共面墙面合并成一个面以简化计算

至此，我们从实现的角度概述了这种算法，下面来看一些创建 BSP 树的函数。该函数将以其他方式生成的墙面链表作为参数，其代码如下：

```
void Bsp_Build_Tree(BSPNODEV1_PTR root)
{
// 这个函数根据墙面链表 root 递归地创建一个 BSP 树
// 它将第一个墙面作为分割面，将墙面链表划分成两个墙面列表
// 然后以相同的方式递归地处理这两个链表
// 这种处理结束后，便创建了 BSP 树，其中的每个节点都包含一个墙面

static BSPNODEV1_PTR next_wall,  // 指向要处理的下一个墙面
        front_wall,    // front 墙面
        back_wall,     // back 墙面
        temp_wall;     // 临时墙面

static float dot_wall_1,          // 墙面的点积
        dot_wall_2,
        wall_x0,wall_y0,wall_z0,  // 用于测试墙面的工作变量
        wall_x1,wall_y1,wall_z1,
        pp_x0,pp_y0,pp_z0,        //用于分割面的工作变量
        pp_x1,pp_y1,pp_z1,
        xi,zi;                    // 分割面和墙面的交点

static VECTOR4D test_vector_1,    // 从分割面到墙面的向量
        test_vector_2;  // 用于判断墙面位于分割面的前面还是后面

static int front_flag = 0,        // 指出墙面位于分割面前面还是后面的标记
        back_flag  = 0,
        index;                    // 循环索引

// 第 1 部分 ///////////////////////////////////////////////////////
```

```
// 检测 BSP 树是否创建好
if (root==NULL)
  return;

// 将 root 节点包含的墙面用作分隔面
next_wall = root->link;
root->link = NULL;

// 剔除分割墙面前两个顶点，以简化计算
pp_x0 = root->wall.vlist[0].x;
pp_y0 = root->wall.vlist[0].y;
pp_z0 = root->wall.vlist[0].z;

pp_x1 = root->wall.vlist[1].x;
pp_y1 = root->wall.vlist[1].y;
pp_z1 = root->wall.vlist[1].z;

// 第 2 部分 //////////////////////////////////////////////

// 检测所有墙面是否都已划分
while(next_wall)
    {
    // 检测墙面位于分割面的前面还是后面

    // 首先计算分割面上两个点到墙面上两个点的向量
    VECTOR4D_Build(&root->wall.vlist[0].v,
        &next_wall->wall.vlist[0].v,
        &test_vector_1);

    VECTOR4D_Build(&root->wall.vlist[0].v,
        &next_wall->wall.vlist[1].v,
        &test_vector_2);

    // 计算上述两个向量与墙面法线的点积
    //并分析点积是正还是负来判断墙面上的点位于哪个半空间中
    dot_wall_1 = VECTOR4D_Dot(&test_vector_1, &root->wall.normal);
    dot_wall_2 = VECTOR4D_Dot(&test_vector_2, &root->wall.normal);

// 第 3 部分 //////////////////////////////////////////////

    // 进行判断

    // 情形 0：分割面和墙面有一个共用点
    // 这是一种特殊情况，必须加以考虑

    // 重置标记
    front_flag = back_flag = 0;

    // 判断是否有共用点
    if (VECTOR4D_Equal(&root->wall.vlist[0].v , &next_wall->wall.vlist[0].v) )
      {
      // 分割面的 p0 和墙面的 p0 重叠
      // 因此只需判断墙面的 p1 位于哪边
      if (dot_wall_2 > 0)
        front_flag = 1;
      else
        back_flag = 1;

      } // end if
    else
    if (VECTOR4D_Equal(&root->wall.vlist[0].v, &next_wall->wall.vlist[1].v) )
```

```
    {
    // 分割面的 p0 和墙面的 p1 重叠
    // 只需判断墙面的 p0 位于哪边
    if (dot_wall_1 > 0)
      front_flag = 1;
    else
      back_flag = 1;

    } // end if
  else
  if (VECTOR4D_Equal(&root->wall.vlist[1].v,&next_wall->wall.vlist[0].v) )
    {
    // 分割面的 p1 与墙面的 p0 重叠
    // 只需判断墙面的 p1 位于哪边

    if (dot_wall_2 > 0)
      front_flag = 1;
    else
      back_flag = 1;

    } // end if
  else
  if (VECTOR4D_Equal(&root->wall.vlist[1].v, &next_wall->wall.vlist[1].v) )
    {
    // 分割面的 p1 与墙面的 p1 重叠
    // 只需判断墙面的 p0 位于哪边

    if (dot_wall_1 > 0)
      front_flag = 1;
    else
      back_flag = 1;

    } // end if

// 第 4 部分  //////////////////////////////////////////////////////

    // 情形 1：两个点积的符号相同，或者 front_flag 或 back_flag 被设置
    if ( (dot_wall_1 >= 0 && dot_wall_2 >= 0) || front_flag )
      {
      // 将墙面插入到 front 链表中
      if (root->front==NULL)
        {
        // 这是第一个节点
        root->front      = next_wall;
        next_wall        = next_wall->link;
        front_wall       = root->front;
        front_wall->link = NULL;

        } // end if
      else
        {
        // 这是第 n 个节点
        front_wall->link = next_wall;
        next_wall        = next_wall->link;
        front_wall       = front_wall->link;
        front_wall->link = NULL;

        } // end else

      } // end if both positive
```

```
// 第 5 部分 ////////////////////////////////////////////////////////////

    else // 墙面位于分割面后面
    if ( (dot_wall_1 < 0 && dot_wall_2 < 0) || back_flag)
     {
     // 将墙面插入到 back 链表中
     if (root->back==NULL)
       {
       // 这是第一个节点
       root->back    = next_wall;
       next_wall     = next_wall->link;
       back_wall     = root->back;
       back_wall->link = NULL;

       } // end if
     else
       {
       // 这是第 n 个节点
       back_wall->link = next_wall;
       next_wall     = next_wall->link;
       back_wall     = back_wall->link;
       back_wall->link = NULL;

       } // end else

     } // end if both negative

    // 情形 2：两个点积的符号相反，必须将墙面分割成两个

// 第 6 部分 ////////////////////////////////////////////////////////////

    else
    if ( (dot_wall_1 < 0 && dot_wall_2 >= 0) ||
      (dot_wall_1 >= 0 && dot_wall_2 < 0))
      { // 分割面与墙面相交，必须将墙面分割成两个

      // 提取墙面的前两个顶点，以简化计算
      wall_x0 = next_wall->wall.vlist[0].x;
      wall_y0 = next_wall->wall.vlist[0].y;
      wall_z0 = next_wall->wall.vlist[0].z;

      wall_x1 = next_wall->wall.vlist[1].x;
      wall_y1 = next_wall->wall.vlist[1].y;
      wall_z1 = next_wall->wall.vlist[1].z;

      // 计算墙面和分割面的交点
      // 交点是在 x-z 平面中计算的
      Intersect_Lines(wall_x0, wall_z0, wall_x1, wall_z1,
            pp_x0,   pp_z0,   pp_x1,   pp_z1,
            &xi, &zi);

      // 需要分割墙面，得到两个新的墙面
      // 然后将这两个墙面加入到 front 或 back 链表中，并删除原来的墙面

      // 处理第一个墙面...

      // 为墙面分配内存
      temp_wall = (BSPNODEV1_PTR)malloc(sizeof(BSPNODEV1));

      // 设置指针
```

```
temp_wall->front = NULL;
temp_wall->back  = NULL;
temp_wall->link  = NULL;

// 多边形法线不变
temp_wall->wall.normal  = next_wall->wall.normal;
temp_wall->wall.nlength = next_wall->wall.nlength;

// 多边形颜色不变
temp_wall->wall.color = next_wall->wall.color;

// 材质不变
temp_wall->wall.mati = next_wall->wall.mati;

// 纹理不变
temp_wall->wall.texture = next_wall->wall.texture;

// 属性不变
temp_wall->wall.attr = next_wall->wall.attr;

// 状态不变
temp_wall->wall.state = next_wall->wall.state;

temp_wall->id = next_wall->id + WALL_SPLIT_ID; // 修改 ID
// 计算顶点坐标
for (index = 0; index < 4; index++)
  {
   temp_wall->wall.vlist[index].x = next_wall->wall.vlist[index].x;
   temp_wall->wall.vlist[index].y = next_wall->wall.vlist[index].y;
   temp_wall->wall.vlist[index].z = next_wall->wall.vlist[index].z;
   temp_wall->wall.vlist[index].w = 1;

   // 复制顶点属性、纹理坐标和法线
   temp_wall->wall.vlist[index].attr = next_wall->wall.vlist[index].attr;
   temp_wall->wall.vlist[index].n    = next_wall->wall.vlist[index].n;
   temp_wall->wall.vlist[index].t    = next_wall->wall.vlist[index].t;
  } // end for index

// 将顶点 1 和 2 的坐标设置为交点的坐标
// 但坐标 y 不变
temp_wall->wall.vlist[1].x = xi;
temp_wall->wall.vlist[1].z = zi;

temp_wall->wall.vlist[2].x = xi;
temp_wall->wall.vlist[2].z = zi;

// 第 7 部分  /////////////////////////////////////////////////////

// 将新的墙面插入到 front 或 back 链表中
if (dot_wall_1 >= 0)
  {
  // 将新墙面插入到 front 链表中
  if (root->front==NULL)
    {
    // 这是第一个节点
    root->front  = temp_wall;
    front_wall   = root->front;
    front_wall->link = NULL;

    } // end if
  else
```

```
          {
          // 这是第 n 个节点
          front_wall->link = temp_wall;
          front_wall    = front_wall->link;
          front_wall->link = NULL;

          } // end else

        } // end if positive
     else
     if (dot_wall_1 < 0)
        {
        // 将新墙面插入到 back 链表中
        if (root->back==NULL)
           {
           // 这是第一个节点
           root->back   = temp_wall;
           back_wall    = root->back;
           back_wall->link = NULL;

           } // end if
        else
           {
           // 这是第 n 个节点
           back_wall->link = temp_wall;
           back_wall    = back_wall->link;
           back_wall->link = NULL;

           } // end else

        } // end if negative

// 第 8 部分 //////////////////////////////////////////////////////

    // 处理第二个新墙面...

    // 为新墙面分配内存
    temp_wall = (BSPNODEV1_PTR)malloc(sizeof(BSPNODEV1));

    // 设置指针
    temp_wall->front = NULL;
    temp_wall->back  = NULL;
    temp_wall->link  = NULL;

    // 面法线不变
    temp_wall->wall.normal  = next_wall->wall.normal;
    temp_wall->wall.nlength = next_wall->wall.nlength;

    // 颜色不变
    temp_wall->wall.color = next_wall->wall.color;

    // 材质不变
    temp_wall->wall.mati = next_wall->wall.mati;

    // 纹理不变
    temp_wall->wall.texture = next_wall->wall.texture;

    // 属性不变
    temp_wall->wall.attr = next_wall->wall.attr;

    // 状态不变
```

```
temp_wall->wall.state = next_wall->wall.state;

temp_wall->id  = next_wall->id + WALL_SPLIT_ID; // 修改 ID
// 计算新墙面的顶点坐标
for (index=0; index < 4; index++)
  {
  temp_wall->wall.vlist[index].x = next_wall->wall.vlist[index].x;
  temp_wall->wall.vlist[index].y = next_wall->wall.vlist[index].y;
  temp_wall->wall.vlist[index].z = next_wall->wall.vlist[index].z;
  temp_wall->wall.vlist[index].w = 1;

  // 复制顶点属性、纹理坐标和法线
  temp_wall->wall.vlist[index].attr = next_wall->wall.vlist[index].attr;
  temp_wall->wall.vlist[index].n    = next_wall->wall.vlist[index].n;
  temp_wall->wall.vlist[index].t    = next_wall->wall.vlist[index].t;

  } // end for index

// 将顶点的坐标 0 和 3 设置为交点的坐标
// 但坐标 y 保持不变
temp_wall->wall.vlist[0].x = xi;
temp_wall->wall.vlist[0].z = zi;

temp_wall->wall.vlist[3].x = xi;
temp_wall->wall.vlist[3].z = zi;

// 将新墙面插入到 front 或 back 链表中
if (dot_wall_2 >= 0)
   {
   // 将墙面插入到 front 链表中
   if (root->front==NULL)
     {
     // 这是第一个节点
     root->front   = temp_wall;
     front_wall    = root->front;
     front_wall->link = NULL;

     } // end if
   else
     {
     // 这是第 n 个节点
     front_wall->link = temp_wall;
     front_wall    = front_wall->link;
     front_wall->link = NULL;

     } // end else


   } // end if positive
else
if (dot_wall_2 < 0)
   {
   // 将墙面插入到 back 链表中
   if (root->back==NULL)
     {
     // 这是第一个节点
     root->back   = temp_wall;
     back_wall    = root->back;
     back_wall->link = NULL;

     } // end if
```

```
    else
    {
    // 这是第 n 个节点
    back_wall->link = temp_wall;
    back_wall    = back_wall->link;
    back_wall->link = NULL;

    } // end else

    } // end if negative
```

// 第 **9** 部分 ///

```
    // 将原来的墙面删除
    temp_wall = next_wall;
    next_wall = next_wall->link;

    // 释放内存
    free(temp_wall);

    } // end else

    } // end while
```

// 第 **10** 部分 ///

```
// 递归地处理 front 和 back 链表
Bsp_Build_Tree(root->front);

Bsp_Build_Tree(root->back);

} // end Bsp_Build_Tree
```

作者将这个函数分成了多个部分，各个部分的功能如下：
- **第 1 部分**：检测当前的 BSPNODEV1 是否为 NULL。如果不是，则提取分割面的顶点。
- **第 2 部分**：根据墙面链表中第一个墙面的两个顶点，使用点积来确定该墙面相对于分割面的位置。
- **第 3 部分**：处理共用端点的特殊情况，并设置相应的标记。
- **第 4 部分**：根据点积的符号确定墙面是否在分割面的前面，如果是，将其加入到 front 链表中。
- **第 5 部分**：根据点积的符号确定墙面是否在分割面的后面，如果是，将其加入到 back 链表中。
- **第 6 部分**：墙面被分割面划分成两部分，因此计算新端点的坐标。
- **第 7 部分**：将分割得到的第一个墙面插入到 front 或 back 链表中。
- **第 8 部分**：将分割得到的第二个墙面插入到 front 或 back 链表中。
- **第 9 部分**：提取并处理下一个墙面。
- **第 10 部分**：处理完墙面链表中所有的墙面后，递归地处理 front 链表和 back 链表。

该函数退出时，BSP 树便创建好了，原来的墙面链表被破坏：内存中的内容不变，但不能再使用 link 指针来遍历墙面链表了。有了 BSP 树后，来看如何显示它。

13.3.8 遍历和显示 BSP 树

前面介绍过遍历 BSP 树的算法，但如何在图形流水线中实现它呢？答案是，将遍历 BSP 树，并在遍历期间将被访问的多边形插入到渲染列表中，然后像处理其他物体一样，将渲染列表传递给流水线中其他的模块。当然，遍历 BSP 树并将每个多边形插入到渲染列表中时，必须将每个四边形分割成两个三角形，并计算三角形的顶点坐标、纹理坐标等，如图 13.24 所示。

　　这种方法的优点是，无需对多边形进行排序，也不用在渲染期间使用 z 缓存；而只需使用改进的顺序遍历算法来插入 BSP 树中的多边形，使其按从后到前的顺序被插入到渲染列表中（类似于画家算法）。多边形的排列顺序将是正确的，因为将在以改进的顺序遍历算法递归地遍历 BSP 树时将多边形插入到渲染列表中，这种方法可确保对于任何视点，多边形的排列顺序都是正确的。下面是遍历 BSP 树并将其中的多边形插入到渲染列表中的函数：

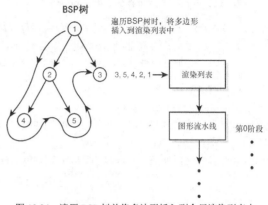

图 13.24　遍历 BSP 树并将多边形插入到全局渲染列表中

```
void Bsp_Insertion_Traversal_RENDERLIST4DV2(RENDERLIST4DV2_PTR rend_list,
    BSPNODEV1_PTR root,
    CAM4DV1_PTR cam,
    int insert_local=0)


{
// 将 BSP 树中的节点转换为多边形面
// 并将可见、处于活动状态、未被剔除和裁剪掉的多边形插入到渲染列表中
// 参数 insert_local 指定使用顶点列表 vlist_local 还是 vlist_trans
// 如果该参数为 1，则插入 BSP 树中未经变换的多边形
// 默认值为 0，即只插入至少经过了局部坐标到世界坐标变换的多边形

// 该函数根据参数 cam 中指定的视点，按从后到前的顺序递归遍历 BSP 树
// BSP 树中多边形的坐标必须是世界坐标

// 该函数检测视点位于当前墙面的前面还是后面，然后执行相应的处理
// 并将每个多边形插入到渲染列表中

static VECTOR4D test_vector;
static float dot_wall;

// 第 1 部分 /////////////////////////////////////////////////////

//Write_Error("\nEntering Bsp_Insertion_Traversal_RENDERLIST4DV2()...");

//Write_Error("\nTesting root...");

// BSP 树是否为空？
if (root==NULL)
   {
   //Write_Error("\nRoot was null...");
   return;
   } // end if

//Write_Error("\nRoot was valid...");

// 检测视点位于当前墙面的前面还是后面
VECTOR4D_Build(&root->wall.vlist[0].v, &cam->pos, &test_vector);

// 计算测试向量和墙面向量的点积
dot_wall = VECTOR4D_Dot(&test_vector, &root->wall.normal);
```

```
//Write_Error("\nTesting dot product...");

// 第2部分   //////////////////////////////////////////////////////

// 如果点积大于 0，则视点位于当前墙面的前面
// 因此递归地处理 back 子树，然后再递归地处理 front 子树
// 否则，执行相反的处理
if (dot_wall > 0)
   {
   // 视点位于当前墙面的前面
   //Write_Error("\nDot > 0, front side...");

   // 处理 back 子树
   Bsp_Insertion_Traversal_RENDERLIST4DV2(rend_list,
                        root->back,
                         cam, insert_local);

   // 将四边形分割成两个三角形
   POLYF4DV2 poly1, poly2;

   // POLYF4DV2 和 POLYF4DV2Q 之间的唯一差别在于：
   // 后者有 4 个顶点而不是 3 个，因此需要将其分割成两个三角形
   // 复制重要的字段
   poly1.state   = root->wall.state;       // 状态信息
   poly1.attr    = root->wall.attr;        // 物理属性
   poly1.color   = root->wall.color;       // 颜色
   poly1.texture = root->wall.texture;      // 指向纹理的指针，用于简单纹理映射
   poly1.mati    = root->wall.mati;        // 材质索引，-1 表示没有材质
   poly1.nlength = root->wall.nlength;      // 多边形法线的长度
   poly1.normal  = root->wall.normal;       // 多边形法线

   poly2.state   = root->wall.state;       // 状态信息
   poly2.attr    = root->wall.attr;        // 物理属性
   poly2.color   = root->wall.color;       // 颜色
   poly2.texture = root->wall.texture;      // 指向纹理的指针，用于简单纹理映射
   poly2.mati    = root->wall.mati;        // 材质索引，-1 表示没有材质
   poly2.nlength = root->wall.nlength;      // 多边形法线的长度
   poly2.normal  = root->wall.normal;       // 多边形法线

   // 四边形的顶点如下
   // v0        v1
   //
   //
   // v3        v2
   // 我们需要创建两个这样的三角形
   //    三角形 1    三角形 2
   // v0        v1          v1
   //
   //
   //
   // v3         v3     v2
   //
   // 其中三角形 1 的顺时针环绕顺序为 v0、v1、v3
   // 三角形 2 的顺时针环绕顺序为 v1、v2、v3
   if (insert_local==1)
      {
      // 设置三角形 1 的顶点坐标
      poly1.vlist[0]  = root->wall.vlist[0];
      poly1.tvlist[0] = root->wall.vlist[0];

      poly1.vlist[1]  = root->wall.vlist[1];
```

```
    poly1.tvlist[1] = root->wall.vlist[1];

    poly1.vlist[2]  = root->wall.vlist[3];
    poly1.tvlist[2] = root->wall.vlist[3];

    // 设置三角形 2 的顶点坐标
    poly2.vlist[0]  = root->wall.vlist[1];
    poly2.tvlist[0] = root->wall.vlist[1];

    poly2.vlist[1]  = root->wall.vlist[2];
    poly2.tvlist[1] = root->wall.vlist[2];

    poly2.vlist[2]  = root->wall.vlist[3];
    poly2.tvlist[2] = root->wall.vlist[3];
    } // end if
  else
    {
    // 设置三角形 1 的顶点坐标
    poly1.vlist[0]  = root->wall.vlist[0];
    poly1.tvlist[0] = root->wall.tvlist[0];

    poly1.vlist[1]  = root->wall.vlist[1];
    poly1.tvlist[1] = root->wall.tvlist[1];

    poly1.vlist[2]  = root->wall.vlist[3];
    poly1.tvlist[2] = root->wall.tvlist[3];

    // 设置三角形 2 的顶点坐标
    poly2.vlist[0]  = root->wall.vlist[1];
    poly2.tvlist[0] = root->wall.tvlist[1];

    poly2.vlist[1]  = root->wall.vlist[2];
    poly2.tvlist[1] = root->wall.tvlist[2];

    poly2.vlist[2]  = root->wall.vlist[3];
    poly2.tvlist[2] = root->wall.tvlist[3];
    } // end if

    //Write_Error("\nInserting polygons...");

    // 将多边形插入到渲染列表中
    Insert_POLYF4DV2_RENDERLIST4DV2(rend_list, &poly1);
    Insert_POLYF4DV2_RENDERLIST4DV2(rend_list, &poly2);

    // 递归处理 front 子树
    Bsp_Insertion_Traversal_RENDERLIST4DV2(rend_list, root->front,
                      cam, insert_local);

    } // end if

// 第 3 部分 /////////////////////////////////////////////////////////

else
   {
   // 视点位于当前墙面的后面
   //Write_Error("\nDot < 0, back side...");

   // 处理 back 子树
   Bsp_Insertion_Traversal_RENDERLIST4DV2(rend_list, root->front,
                     cam, insert_local);
```

```
// 将四边形分割成两个三角形，以便插入到渲染列表中
POLYF4DV2 poly1, poly2;

// POLYF4DV2 和 POLYF4DV2Q 之间的唯一差别在于：
// 后者有 4 个顶点而不是 3 个，因此需要将其分割成两个三角形
// 复制重要的字段
poly1.state   = root->wall.state;      // 状态信息
poly1.attr    = root->wall.attr;       // 物理属性
poly1.color   = root->wall.color;      // 颜色
poly1.texture = root->wall.texture;     // 指向纹理的指针，用于简单纹理映射
poly1.mati    = root->wall.mati;       // 材质索引，-1 表示没有材质
poly1.nlength = root->wall.nlength;     // 多边形法线的长度
poly1.normal  = root->wall.normal;      // 多边形法线

poly2.state   = root->wall.state;      // 状态信息
poly2.attr    = root->wall.attr;       // 物理属性
poly2.color   = root->wall.color;      // 颜色
poly2.texture = root->wall.texture;     // 指向纹理的指针，用于简单纹理映射
poly2.mati    = root->wall.mati;       // 材质索引，-1 表示没有材质
poly2.nlength = root->wall.nlength;     // 多边形法线长度
poly2.normal  = root->wall.normal;      // 多边形法线

// 四边形的顶点如下
// v0         v1
//
//
// v3         v2
// 我们需要创建两个这样的三角形
//    三角形 1           三角形 2
// v0         v1              v1
//
//
//
// v3               v3      v2
//
// 其中三角形 1 的顺时针环绕顺序为 v0、v1、v3
// 三角形 2 的顺时针环绕顺序为 v1、v2、v3
if (insert_local==1)
 {
 // 设置三角形 1 的顶点坐标
 poly1.vlist[0]  = root->wall.vlist[0];
 poly1.tvlist[0] = root->wall.vlist[0];

 poly1.vlist[1]  = root->wall.vlist[1];
 poly1.tvlist[1] = root->wall.vlist[1];

 poly1.vlist[2]  = root->wall.vlist[3];
 poly1.tvlist[2] = root->wall.vlist[3];

 // 设置三角形 2 的顶点坐标
 poly2.vlist[0]  = root->wall.vlist[1];
 poly2.tvlist[0] = root->wall.vlist[1];

 poly2.vlist[1]  = root->wall.vlist[2];
 poly2.tvlist[1] = root->wall.vlist[2];

 poly2.vlist[2]  = root->wall.vlist[3];
 poly2.tvlist[2] = root->wall.vlist[3];
 } // end if
else
 {
```

```
    // 设置三角形 1 的顶点坐标
    poly1.vlist[0]  = root->wall.vlist[0];
    poly1.tvlist[0] = root->wall.tvlist[0];

    poly1.vlist[1]  = root->wall.vlist[1];
    poly1.tvlist[1] = root->wall.tvlist[1];

    poly1.vlist[2]  = root->wall.vlist[3];
    poly1.tvlist[2] = root->wall.tvlist[3];

    // 设置三角形 2 的顶点坐标
    poly2.vlist[0]  = root->wall.vlist[1];
    poly2.tvlist[0] = root->wall.tvlist[1];

    poly2.vlist[1]  = root->wall.vlist[2];
    poly2.tvlist[1] = root->wall.tvlist[2];

    poly2.vlist[2]  = root->wall.vlist[3];
    poly2.tvlist[2] = root->wall.tvlist[3];
    } // end if

//Write_Error("\nInserting polygons...");

    // 将多边形插入到渲染列表中
    Insert_POLYF4DV2_RENDERLIST4DV2(rend_list, &poly1);
    Insert_POLYF4DV2_RENDERLIST4DV2(rend_list, &poly2);

    // 递归地处理 back 子树
    Bsp_Insertion_Traversal_RENDERLIST4DV2(rend_list, root->back,
                        cam, insert_local);

    } // end else

//Write_Error("\nExiting Bsp_Insertion_Traversal_RENDERLIST4DV2()...");

} // end Bsp_Insertion_Traversal_RENDERLIST4DV2
```

和以往一样，函数的实际实现版本与伪代码有天壤之别。正如读者看到的，上述函数比前面介绍的伪代码要复杂得多。下面来看看各个部分的功能：

● **第 1 部分**——检测当前节点是否为 NULL。如果是，则退出；否则计算点积。

● **第 2 部分**——根据点积的符号确定视点（观察者）位于前面还是后面，并据此从两种不同的遍历方法中选择一种。这两种方法处理递归调用不同外，其他内容相同。

● **第 3 部分**——首先通过递归调用处理后面的墙面；然后将多边形分割成两个三角形，复制顶点坐标、纹理坐标和其他信息，并将这两个三角形加入到渲染列表中；最后再通过递归调用来处理后面的墙面。

第 2 部分和第 3 部分相同，只是递归处理 back 和 front 子树的顺序相反。

调用上述函数后，BSP 树中的多边形被插入到渲染列表中；接下来只需像将物体插入到渲染列表中后那样使用渲染流水线即可。

然而，还有两个问题需要解决。首先，读者可能注意到了，该函数有一个名为 insert_local 的参数，它指定将墙面多边形插入到渲染列表中时，是使用局部顶点列表 vlist[ ]还是变换后的顶点列表 tvlist[ ]。BSP 树位于局部空间中，但由于它是一个游戏关卡的网格，局部空间和世界空间可能相同，因此这两个数组中包含的数据可能相同。然而，如果不是这样，且要对 BSP 树进行变换，则只需（以任何顺序）遍历它，并对每个节点进行变换。例如，要对 BSP 树中的每个顶点进行平移，可以编写这样的函数：

```
void Bsp_Translate(BSPNODEV1_PTR root, VECTOR4D_PTR trans)
{
// 这个函数对 BSP 树中的所有墙面进行平移
// 它是递归的，我们并不需要这个函数
// 但它很好地说明了如何以递归方式对 BSP 树和类似的树形结构进行变换
// 这里对局部坐标进行平移，将结果存储到变换后的顶点列表中

static int index; // 循环变量

// 检测 BSP 树是否为空
if (root==NULL)
   return;

// 对 back 子树进行平移
Bsp_Translate(root->back, trans);

// 遍历当前墙面的所有顶点，并对其进行平移
for (index=0; index < 4; index++)
   {
   // 执行平移
   root->wall.tvlist[index].x = root->wall.vlist[index].x + trans->x;
   root->wall.tvlist[index].y = root->wall.vlist[index].y + trans->y;
   root->wall.tvlist[index].z = root->wall.vlist[index].x + trans->z;
   } // end for index

// 对 front 子树进行平移
Bsp_Translate(root->front, trans);

} // end Bsp_Translate
```

然后将 BSP 树的根和一个平移向量作为参数来调用上述函数，这样整个 BSP 树将被平移。

注意：读者可能对递归的效率表示怀疑。作者尝试过将很多函数转换为纯粹的基于堆栈的数据递归，发现编译器的效率与作者所做的一样高。最终，作者发现，如果函数包含函数体，通过堆栈将其转换为数据递归以节省函数调用开销几乎毫无意义。

一个更通用的变换函数是，遍历 BSP 树，并使用一个矩阵来变换所有的顶点。另外，和很多变换函数一样，可以选择对哪种坐标进行变换：对局部坐标进行变换、对变换后的坐标进行变换、对局部坐标进行变换并将结果作为变换后的坐标。下面的函数实现了这些功能：

```
void Bsp_Transform(BSPNODEV1_PTR root, // BSP 树根
          MATRIX4X4_PTR mt, // 变换矩阵
          int coord_select) // 选择变换的坐标
{
// 这个函数遍历 BSP 树，并将变换矩阵应用于每个节点
// 它是递归的，使用顺序遍历
// 当然也可以使用先根顺序（preorder）或后根顺序遍历

// 检测是否达到叶节点
if (root==NULL)
   return;

// 对 back 子树进行变换
Bsp_Transform(root->back, mt, coord_select);

// 遍历当前墙面的所有顶点，并将其变换为相机坐标

// 对哪种坐标进行变换？
```

```
switch(coord_select)
    {
    case TRANSFORM_LOCAL_ONLY:
        {
        // 变换局部/模型坐标，并用变换结果替换原来的坐标
        for (int vertex = 0; vertex < 4; vertex++)
         {
         POINT4D presult; // 用于存储变换结果

         // 对顶点进行变换
         Mat_Mul_VECTOR4D_4X4(&root->wall.vlist[vertex].v, mt, &presult);

         // 将结果存回去
         VECTOR4D_COPY(&root->wall.vlist[vertex].v, &presult);

         // 必要时对顶点法线进行变换
         if (root->wall.vlist[vertex].attr & VERTEX4DTV1_ATTR_NORMAL)
            {
            // 对法线进行变换
            Mat_Mul_VECTOR4D_4X4(&root->wall.vlist[vertex].n,
                     mt, &presult);

            // 将结果存回去
            VECTOR4D_COPY(&root->wall.vlist[vertex].n, &presult);
            } // end if
         } // end for index
        } break;

    case TRANSFORM_TRANS_ONLY:
        {
        // 对变换后的坐标进行变换，并用变换结果替换原来的坐标
        // 数组 vlist_trans[]用于存储累积变换结果
        for (int vertex = 0; vertex < 4; vertex++)
         {
         POINT4D presult; // 用于存储变换结果

         // 对顶点进行变换
         Mat_Mul_VECTOR4D_4X4(&root->wall.tvlist[vertex].v, mt, &presult);

         // 将结果存回去
         VECTOR4D_COPY(&root->wall.tvlist[vertex].v, &presult);

         // 必要时变换顶点法线
         if (root->wall.tvlist[vertex].attr & VERTEX4DTV1_ATTR_NORMAL)
            {
            // 对法线进行变换
            Mat_Mul_VECTOR4D_4X4(&root->wall.tvlist[vertex].n,
                     mt, &presult);

            // 将结果存回去
            VECTOR4D_COPY(&root->wall.tvlist[vertex].n, &presult);
            } // end if
         } // end for index

        } break;

    case TRANSFORM_LOCAL_TO_TRANS:
        {
        // 将局部/模型坐标进行变换，并将结果存储到数组 tvlist[]中
        for (int vertex=0; vertex < 4; vertex++)
         {
```

```
        POINT4D presult; // 用于存储变换结果

        // 对顶点进行变换
        Mat_Mul_VECTOR4D_4X4(&root->wall.vlist[vertex].v, mt,
                    &root->wall.tvlist[vertex].v);

        // 必要时对法线进行变换
        if (root->wall.tvlist[vertex].attr & VERTEX4DTV1_ATTR_NORMAL)
          {
          // 对法线进行变换
          Mat_Mul_VECTOR4D_4X4(&root->wall.vlist[vertex].n, mt,
                      &root->wall.tvlist[vertex].n);
          } // end if

        } // end for index
      } break;

    default: break;

    } // end switch

// 变换 front 子树
Bsp_Transform(root->front, mt, coord_select);

} // end Bsp_Transform
```

该函数接受三个参数：BSP 树的根、变换矩阵和变换选择标记，它以递归的方式执行指定的变换。然而，在大多数情况下，不需要对 BSP 树进行平移、旋转或变换，因为 BSP 树很可能表示的是静态的室内（或室外）游戏关卡数据。在游戏关卡中，只有相机是移动的。

下面的函数删除 BSP 树，它遍历 BSP 树并释放其占用的内存：

```
void Bsp_Delete(BSPNODEV1_PTR root)
{
// 这个函数递归地删除 BSP 树中的所有节点，并将其占用的内存归还给操作系统

BSPNODEV1_PTR temp_wall; // 临时墙面

// 检测是否为叶节点
if (root==NULL)
  return;

// 删除 back 子树
Bsp_Delete(root->back);

// 删除当前节点，但在此之前先保存 front 子树
temp_wall = root->front;

// 释放内存
free(root);

// 将 root 指向为 front 子树
root = temp_wall;

// 删除 front 子树
Bsp_Delete(root);

} // end Bsp_Delete
```

要调用该函数，只需传递 BSP 树的根即可，这样将递归地删除整个 BSP 树。

最后处于诊断的目的，下列函数用于打印整个 BSP 树：

```
void Bsp_Print(BSPNODEV1_PTR root)
{
// 这个函数以顺序递归的方式遍历 BSP 树，并将每个节点的信息打印到屏幕上

// 检测是否为叶节点
if (root==NULL)
   {
   Write_Error("\nReached NULL node returning...");
   return;
   } // end if

// 遍历 back 子树
Write_Error("\nTraversing back sub-tree...");

// 递归调用
Bsp_Print(root->back);

// 访问当前节点
Write_Error("\n\n\nWall ID #%d",root->id);

Write_Error("\nstate   = %d", root->wall.state);      // 状态
Write_Error("\nattr    = %d", root->wall.attr);       // 属性
Write_Error("\ncolor   = %d", root->wall.color);      // 颜色
Write_Error("\ntexture = %x", root->wall.texture);  // 纹理指针
                              // 用于简单纹理映射
Write_Error("\nmati    = %d", root->wall.mati); // 材质索引，-1 表示没有材质

Write_Error("\nVertex 0: (%f,%f,%f,%f)",root->wall.vlist[0].x,
                  root->wall.vlist[0].y,
                  root->wall.vlist[0].z,
                  root->wall.vlist[0].w);

Write_Error("\nVertex 1: (%f,%f,%f, %f)",root->wall.vlist[1].x,
                  root->wall.vlist[1].y,
                  root->wall.vlist[1].z,
                  root->wall.vlist[1].w);

Write_Error("\nVertex 2: (%f,%f,%f, %f)",root->wall.vlist[2].x,
                  root->wall.vlist[2].y,
                  root->wall.vlist[2].z,
                  root->wall.vlist[2].w);

Write_Error("\nVertex 3: (%f,%f,%f, %f)",root->wall.vlist[3].x,
                  root->wall.vlist[3].y,
                  root->wall.vlist[3].z,
                  root->wall.vlist[3].w);

Write_Error("\nNormal (%f,%f,%f, %f), length=%f",root->wall.normal.x,
                     root->wall.normal.y,
                     root->wall.normal.z,
                     root->wall.nlength);

Write_Error("\nTextCoords (%f,%f)",root->wall.vlist[1].u0,
                  root->wall.vlist[1].v0);

Write_Error("\nEnd wall data\n");

// 遍历 front 子树
Write_Error("\nTraversing front sub-tree..");
```

```
Bsp_Print(root->front);

} // end Bsp_Print
```

要调用该函数，只需传递 BSP 树的根即可，但在此之前务必调用 Open_Error_File()打开一个错误通道。至此，我们介绍了 BSP 系统的方方面面，接下来讨论如何将其加入到图形流水线中。

13.3.9　将 BSP 树集成到图形流水线中

将 BSP 树技术加入到图形流水线中并不难，我们将像集成 z 缓存系统那样来加入 BSP 系统。不需要处理物体的函数，因为 BSP 树中包含游戏世界中所有静态组成部分的几何信息。处理 BSP 树的方式与处理其他物体相同，但需要注意的一点是：必须首先将 BSP 树插入到渲染列表中，且不能对渲染列表进行 z 排序，因为这样做将破坏 BSP 树的排列顺序。

当然，如果读者并不想利用 BSP 树具有的从后到前顺序访问特性，而是要将其用于碰撞检测或剔除（稍后讨论），可以以任何顺序（物体之前或之后）插入 BSP 树中的多边形，并启用 z 排序和/或 z 缓存等。事实上，在基于硬件的游戏中，99％都不使用 BSP 树来确定渲染顺序，而是使用它们来进行碰撞检测和剔除。然而，在我们的演示程序中，将按从后到前的顺序遍历 BSP 树，以证明使用 BSP 树可以按从后到前的顺序渲染多边形。

要集成 BSP 功能，只需在渲染循环的开头调用函数 Bsp_Insertion_Traversal_RENDERLIST4DV2()，而不是调用将物体插入到渲染列表中的函数。然而，BSP 树中的多边形将按从后到前的顺序被插入，同时加入到渲染列表中的其他东西将位于这些多边形的前面，因为不存在排序的问题。当然，可以启用 z 缓存，但这有悖于这个例子中使用 BSP 树的初衷（确定从后到前的渲染顺序）。下面的例子说明了在渲染流水线中使用 BSP 功能时的操作顺序（摘自稍后将介绍的演示程序，并删除了无关的代码，让读者能够看到主要的函数调用）：

```
// 启动定时时钟
Start_Clock();

// 清空绘制面(drawing surface)
DDraw_Fill_Surface(lpddsback, 0);

// 读者键盘和其他设备输入
DInput_Read_Keyboard();

// 游戏逻辑...

// 重置渲染列表
Reset_RENDERLIST4DV2(&rend_list);

// 创建相机矩阵
Build_CAM4DV1_Matrix_Euler(&cam, CAM_ROT_SEQ_ZYX);
// 将 BSP 树中的多边形插入到渲染列表中
Bsp_Insertion_Traversal_RENDERLIST4DV2(&rend_list,
                    bsp_root, &cam, 1);

// 执行世界坐标到相机坐标变换
World_To_Camera_RENDERLIST4DV2(&rend_list, &cam);

// 裁剪多边形
Clip_Polys_RENDERLIST4DV2(&rend_list,
    &cam,
```

```
                     ((x_clip_mode == 1) ? CLIP_POLY_X_PLANE : 0) |
                     ((y_clip_mode == 1) ? CLIP_POLY_Y_PLANE : 0) |
                     ((z_clip_mode == 1) ? CLIP_POLY_Z_PLANE : 0) );

// 对整个场景进行光照处理
if (lighting_mode==1)
    {
    Transform_LIGHTSV2(lights2, 4, &cam.mcam, TRANSFORM_LOCAL_TO_TRANS);
    Light_RENDERLIST4DV2_World2_16(&rend_list, &cam, lights2, 4);
    } // end if

// 执行相机坐标到透视坐标变换
Camera_To_Perspective_RENDERLIST4DV2(&rend_list, &cam);

// 执行屏幕变换
Perspective_To_Screen_RENDERLIST4DV2(&rend_list, &cam);

// 锁定后缓存
DDraw_Lock_Back_Surface();

// 设置渲染场境，不使用 z 缓存
rc.attr = RENDER_ATTR_NOBUFFER | RENDER_ATTR_TEXTURE_PERSPECTIVE_AFFINE;

rc.video_buffer   = back_buffer;
rc.lpitch         = back_lpitch;
rc.mip_dist       = 0;
rc.zbuffer        = (UCHAR *)zbuffer.zbuffer;
rc.zpitch         = WINDOW_WIDTH*4;
rc.rend_list      = &rend_list;
rc.texture_dist   = 0;
rc.alpha_override = -1;

// 对场景进行渲染
Draw_RENDERLIST4DV2_RENDERCONTEXTV1_16(&rc);
// 解除对后缓存的锁定
DDraw_Unlock_Back_Surface();

//  交换前后缓存
DDraw_Flip2();
```

正如读者看到的，除了调用一个函数来插入 BSP 树外，调用的其他 3D 流水线函数与以往相同。BSP 演示程序中包含天花板网格和地面网格（实际上是 OBJECT4DV2），首先将它们插入到渲染列表中，然后再插入 BSP 树，因为根据定义，地面和天花板可能被墙面所遮掩。另外，只要天花板和地面各自是共面的，便无需对其进行排序，稍后将讨论这一点。

13.3.10   BSP 关卡编辑器

在 BSP 演示程序中，大约 90％为界面代码，同时包含几个对 BSP 函数的调用。它淋漓尽致地说明了编写界面有多复杂；在大多数情况，界面代码是其封装的程序代码的 10 倍。该演示程序名为 DEMOII13_1.CPP|EXE，它让用户能够使用鼠标来绘制由 2D 墙面构成的游戏关卡的俯视图，图 13.25 是其运行时的屏幕截图。正如读者看到的，该程序的界面主要由三部分组成：右边为控制区域，左边为编辑区域，最顶上的菜单栏用于选择模式和编译、保存以及加载文件等。

注意：要编译该演示程序，需要 DEMOII13_1.CPP、所有的库模块（T3DLIB1-11.CPP|H）以及 DirectX .LIB 文件。另外，还需要用作菜单等的资源文件，该文件名为 DEMOII13_1.RC。

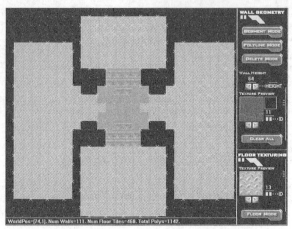

图 13.25　BSP 演示程序运行时的屏幕截图

讨论如何使用该编辑器之前，先介绍使用它时必须遵循的几个约束条件：

● 线段数不能超过 256 条。

● 绘制墙面时，长度不要超过 2～4 个栅格，否则纹理映射将发生扭曲（由于为提高速度使用了仿射纹理映射）。作者发现，在标准第一人称射击游戏中，墙面长度通常为 2～3 个栅格，高度为 128 个栅格。

● 尽可能避免墙段相互贯穿。

● 让关卡尽可能简单——该演示程序一点也不严密，很容易崩溃。

● 编辑器和查看器都在 Windows 模式下运行，在台式机上运行时，要求的最低分辨率为 800×600。当然，和本书中其他的 Windows 应用程序一样，色深必须为 16 位。

1．Doom 演示程序

该演示程序一点也不像 Doom，但这个名称容易记住，因此使用了它。介绍该编辑器的代码和功能之前，先介绍一下如何加载游戏关卡以及在其中移动，步骤如下：

（1）运行可执行文件 DEMOII13_1.EXE。为确保界面完美无缺，务必将颜色模式设置为 16 位，分辨率设置为 800×600 或更高——建议设置为 1024×768。结果如图 13.26 所示。

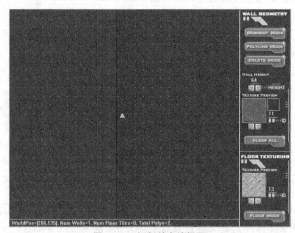

图 13.26　运行关卡编辑器

（2）选择菜单 File/Load .LEV File，如图 13.27 所示。然后在文本框中输入 DOOM01.LEV，如图 13.28 所示，然后单击 OK 按钮。

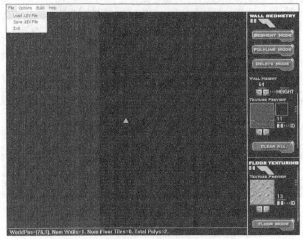

图 13.27　加载关卡

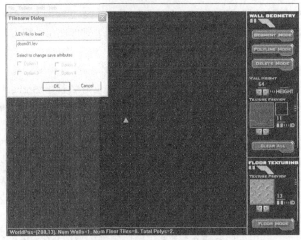

图 13.28　输入关卡文件名

（3）关卡编辑器将加载这个关卡，结果如图 13.25 所示。要将该关卡编译成 BSP 树并查看它，只需使用鼠标选择菜单 Build/Compile .BSP and View，系统将把该关卡编译成 BSP 树，然后切换到 3D 模式，结果如图 13.29 所示。

（4）尝试在关卡中移动，按 A、I 和 P 键开/关光源。如果读者的计算机速度足够快（1.5GHz 或更高），显示将瞬时完成。请尝试在关卡中移动，按 W 键启用/禁用线框模式，并查看每帧的多边形数量。

（5）按 Esc 键返回编辑器界面。重复第 3～5 步，不断进入并退出 3D 模式，这是建模的步骤。

警告：该 BSP 演示程序有几个未解决的 bug：有时候，有些墙面会导致系统挂起或不能正确地显示。因此，请确保关卡尽可能简单，否则应用程序可能终止。

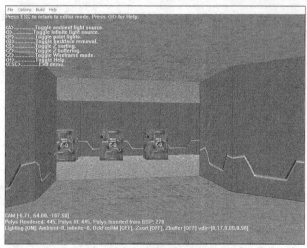

图 13.29　将关卡编辑器切换到 3D 模式

读者对该关卡编辑器的功能有了大概了解后，接下来介绍文件格式、各个控件以及如何使用该编辑器。

2．关卡编辑器的 GUI

决定编写一个基本的关卡编辑器后，作者一开始想使用 Quake 文件格式，但它太复杂了。这种格式涉及的东西太多，而作者喜欢使用简单的文件格式，这有助于读者理解底层的概念，而不是将注意力集中在复杂的文件格式上。

作者咬紧牙关决定编写一个关卡编辑器后，必须决定如何编写它：使用 Visual Basic、Visual C++、Borland Builder、DirectX、GDI 还是其他程序开发软件？在实际工作中，作者使用 Borland Builder 或 Visual Basic 来编写所有的工具，但就该关卡编辑器而言，这样做太麻烦了，也不方便读者对新增功能的理解，因此使用了 Visual C++。

接下来的问题是，应将其编写成 Windows 应用程序还是全屏应用程序。为支持 3D 模式，要求为 DirectX 应用程序；但为编写 GUI，需要使用按钮和控件。作者决定，使用 Windows 控件来提供菜单，其他界面元素则通过手工来完成——即创建自己的按钮，将其用作编辑区域中的控件。与让 Windows 和 DirectX 和平共处相比，这容易得多。总之，上述问题得到了妥善的解决，该编辑器足以满足我们的要求。有关代码稍后再回过头来介绍，现在介绍用户模式下各控件的用途。

该编辑器的目标很简单：让用户能够在 x-z 平面中绘制墙段，它们表示 3D 世界中的 3D 墙面。另外，用户还能够绘制带纹理的地面砖，在 3D 世界中，地面砖使用多边形表示的。因此，从用户的角度看，只需绘制带纹理的墙段和地面砖，然后构建并查看 BSP 树——这非常简单。

下面介绍界面中右边的控件面板上各个控件。如图 13.30 所示，有两个主要的控件组子面板：

- Wall Geometry；
- Floor Texturing。

（1）线段模式

首先介绍 Wall Geometry 面板。图 13.30 中的元素 1（SEGMENT MODE）用于指定要在编辑区域中绘制单条线段。用户单击该按钮后，系统将切换到单线段模式。这种模式的运行方式如下：用户在编辑区域中移动并单击鼠标后，将创建一个节点；松开鼠标按钮后，用户将看到一条随鼠标移动的线段；再次单击鼠标时，将生成一个以当前点为终点的墙段。这种模式适合用于每次绘制一个墙段。如果中途想放弃当前墙段，只需单击鼠标右键。

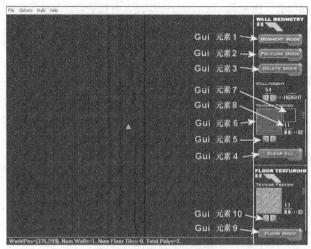

图 13.30　关卡编辑器的界面

（2）折线模式

折线更灵活，在这种模式下，可以连续绘制多条线段。在图 13.30 中，POLYLINE MODE 按钮被标记为元素 2，用户单击该按钮后，编辑器将切换到折线模式。这种模式的运行方式如下：用户在编辑区域中移动并单击鼠标后，将创建一个"起点"；用户松开鼠标按钮并移动鼠标时，将显示下一条线段，要绘制它，只需单击鼠标。用户可以不断地添加线段，要终止折线绘制，只需单击鼠标右键。

（3）删除模式

接下来是墙面删除模式。要切换到这种模式，可单击按钮 DELETE MODE——图 13.30 中的元素 3。进入这种模式后，系统将跟踪编辑区域中离鼠标最近的线段，并通过闪烁来指出这一点。用户只需单击鼠标，便可以删除这条线段。

（4）删除全部

图 13.30 中的元素 4 为 CLEAR ALL 按钮，用于删除整个关卡（包括墙面和地面砖），并重置到初始状态。要删除整个关卡，只需单击该按钮即可。

（5）墙面高度和纹理预览

至此读者知道了如何在编辑器中绘制线段，但它们表示的是什么呢？它们表示垂直于 x-z 面（世界空间）的 3D 墙面，其中每个栅格大约相当于 48 个单位。然而，还没有介绍如何指定墙面的高度和纹理。这些信息是通过 GUI 元素 5 和 6 来控制的。GUI 元素 5 用于控制墙面高度，用户可以单击数值下面的蓝色箭头来修改墙面高度。作者建议将墙面的高度和长度分别设置为 128 和 2 个栅格左右。

对于每个墙面，都有一个纹理被映射到其表面，如果纹理太小，则将其拉伸，而不重复。纹理的大小皆为 128×128，有大约 20 个纹理可供选择。当前使用的纹理显示在 GUI 元素 6 指向的纹理预览窗口中。要更换纹理，可单击预览窗口下面的按钮。所有墙体都使用当前选择的高度和纹理，而不能修改。要修改墙面，唯一的办法是删除它再重新创建。

（6）墙面高度和纹理扫描器

除墙面高度和纹理预览控件外，还有墙面高度和纹理扫描器——图 13.30 中的元素 7 和 8。它们类似于绘图程序中的吸管（eye dropper），用于显示编辑区域中离鼠标最近的墙面的高度和纹理。例如，假设读者绘制一个关卡后，忘记了某个墙面的纹理或高度，只需将鼠标在该墙面上移动，直到墙面闪烁，墙面高度和纹理扫描器将显示这些信息。别忘了，您不能修改墙面，而只能将其删除再重新创建。

（7）地面砖模式

在该关卡编辑器的 GUI 中，FLOOR MODE 按钮是除菜单栏外的最后一个重要组成部分，在图 13.30 中，这被标记为元素 9。绘制关卡时，默认情况下没有地面和天花板。要加入地面砖，必须单击 FLOOR MODE 按钮，以切换到地面砖模式；然后在要加入地面砖的地方单击鼠标，显示在 Floor Texturing 面板的纹理预览窗口中的纹理将被用于该地面砖。如果加入的地面砖不对，可在其上单击鼠标右键来将其删除，但这必须在地面砖模式下才管用。和墙面一样，可以从大约 20 种纹理中选择用于地面砖的纹理，为此可单击地面砖纹理预览窗口下面的左箭头按钮或右箭头按钮（GUI 元素 10）。

（8）菜单栏

菜单栏中包含多个菜单，下面依次介绍它们：

● File——包含三个菜单项：Load .LEV File、Save .LEV File 和 Exit。前两个菜单项用于分别加载和保存 ASCII 格式的 BSP 文件，用户只需输入要加载或保存的文件名（扩展名为.LEV），然后单击 OK 按钮即可；菜单项 Exit 退出程序。

● Options——用于指定要在编辑区域显示哪些东西。有时候，用户可能只想显示墙面或地面砖，或者不想实现栅格，Options 菜单提供了这些功能。该菜单包含三个菜单项：View Grid、View Walls 和 View Floor。通过选择这些菜单项，可以在显示和不显示之间切换。

● Build——该菜单包含两个菜单项，但只有一个是可用的——Compile BSP and View。它用于编译 BSP 关卡并切换到 3D 渲染模式。在 3D 渲染模式下，用户可以按箭头键在关卡中移动，还可以按 H 键来显示帮助菜单。要返回到编辑模式，可按 ESC 键。

● Help——该菜单只包含一个菜单项——About。

注意：相机将被放置在 3D 世界的(0，0，0)处，用一个绿色三角形表示。另外，观察者的高度为当前墙面高度，因此切换到 3D 模式之前，务必将当前墙面高度设置为小于最大的墙面高度，否则观察者的头部将穿过天花板。

（9）有关编辑器和查看关卡的最后说明

有关该编辑器的用法就介绍到这里，但讨论技术方面的内容之前，有必要对几个细节进行说明。在大多数情况下，用户将启动该编辑器，其中包含一个空的关卡；如果要编辑关卡，可使用菜单 File/Load .LEV File 加载它。无论在哪种情况下，用户都将选择墙面高度和纹理，然后将墙面加入到关卡中。然后，用户可能切换到地面砖模式，并加入一些地面砖。要查看关卡，用户修改墙面高度，以指定玩家的视点高度，然后选择菜单 Build/Compile BSP and View，以生成 BSP 并在关卡中漫游。最后，按 Esc 键，以退出 3D 模式，返回到编辑模式。

用户将不断重复上述过程，直到关卡满意为止。有几点读者必须牢记。首先，编辑器将根据用户铺设的地面砖来生成地面和天花板，天花板为地面的倒影，被渲染在关卡中最大墙面高度对应的位置处。另外，建议读者在编译关卡之前将其存盘，因为处理复杂的关卡时，编辑器有时会挂起。

3．BSP 编辑器使用的文件格式

读者知道编辑器的用法后，下面介绍关卡数据是如何存储的。使用的文件格式的扩展名为.LEV，它是一种可供人类阅读的 ASCII 格式，由文件头（header）、墙面列表和地面砖组成。下面是图 13.31 所示的方形房间的文件，该文件名为 BSPEXAMPLE01.LEV，读者可在附带光盘中找到它。

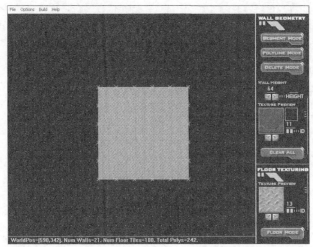

图 13.31   只包含一个方形房间的关卡

```
Version: 1.0

NumSections: 2

Section: walls

NumWalls: 20

240 192 288 192 0 128 11 65535 4169
288 192 336 192 0 128 11 65535 4169
336 192 384 192 0 128 11 65535 4169
384 192 432 192 0 128 11 65535 4169
432 192 480 192 0 128 11 65535 4169
480 192 480 240 0 128 11 65535 4169
480 240 480 288 0 128 11 65535 4169
480 288 480 336 0 128 11 65535 4169
480 336 480 384 0 128 11 65535 4169
480 384 480 432 0 128 11 65535 4169
480 432 432 432 0 128 11 65535 4169
432 432 384 432 0 128 11 65535 4169
384 432 336 432 0 128 11 65535 4169
336 432 288 432 0 128 11 65535 4169
288 432 240 432 0 128 11 65535 4169
240 432 240 384 0 128 11 65535 4169
240 384 240 336 0 128 11 65535 4169
240 336 240 288 0 128 11 65535 4169
240 288 240 240 0 128 11 65535 4169
240 240 240 192 0 128 11 65535 4169

EndSection

Section: floors

NumFloorsX: 27
NumFloorsY: 24


-1 -1 -1 -1 -1 -1 -1 -1 -1 -1 -1 -1 -1 -1 -1 -1 -1 -1 -1 -1 -1 -1 -1 -1 -1 -1 -1-1
-1 -1 -1 -1 -1 -1 -1 -1 -1 -1 -1 -1 -1 -1 -1 -1 -1 -1 -1 -1 -1 -1 -1 -1 -1 -1 -1-1
-1 -1 -1 -1 -1 -1 -1 -1 -1 -1 -1 -1 -1 -1 -1 -1 -1 -1 -1 -1 -1 -1 -1 -1 -1 -1 -1-1
```

```
-1 -1 -1 -1 -1 -1 -1 -1 -1 -1 -1 -1 -1 -1 -1 -1 -1 -1 -1 -1 -1 -1 -1 -1
-1 -1 -1 -1 -1 -1 -1 -1 -1 -1 -1 -1 -1 -1 -1 -1 -1 -1 -1 -1 -1 -1 -1 -1
-1 -1 -1 -1 -1 -1 -1 -1 -1 -1 -1 -1 -1 -1 -1 -1 -1 -1 -1 -1 -1 -1 -1 -1
-1 -1 -1 -1 -1 -1 -1 -1 -1 -1 -1 -1 -1 -1 -1 -1 -1 -1 -1 -1 -1 -1 -1 -1
-1 -1 -1 -1 -1 -1 -1 -1 -1 -1 -1 -1 -1 -1 -1 -1 -1 -1 -1 -1 -1 -1 -1 -1
-1 -1 -1 -1 -1 -1 -1 13 13 13 13 13 13 13 13 13 13 -1 -1 -1 -1 -1 -1 -1
-1 -1 -1 -1 -1 -1 -1 13 13 13 13 13 13 13 13 13 13 -1 -1 -1 -1 -1 -1 -1
-1 -1 -1 -1 -1 -1 -1 13 13 13 13 13 13 13 13 13 13 -1 -1 -1 -1 -1 -1 -1
-1 -1 -1 -1 -1 -1 -1 13 13 13 13 13 13 13 13 13 13 -1 -1 -1 -1 -1 -1 -1
-1 -1 -1 -1 -1 -1 -1 13 13 13 13 13 13 13 13 13 13 -1 -1 -1 -1 -1 -1 -1
-1 -1 -1 -1 -1 -1 -1 13 13 13 13 13 13 13 13 13 13 -1 -1 -1 -1 -1 -1 -1
-1 -1 -1 -1 -1 -1 -1 13 13 13 13 13 13 13 13 13 13 -1 -1 -1 -1 -1 -1 -1
-1 -1 -1 -1 -1 -1 -1 13 13 13 13 13 13 13 13 13 13 -1 -1 -1 -1 -1 -1 -1
-1 -1 -1 -1 -1 -1 -1 -1 -1 -1 -1 -1 -1 -1 -1 -1 -1 -1 -1 -1 -1 -1 -1 -1
-1 -1 -1 -1 -1 -1 -1 -1 -1 -1 -1 -1 -1 -1 -1 -1 -1 -1 -1 -1 -1 -1 -1 -1
-1 -1 -1 -1 -1 -1 -1 -1 -1 -1 -1 -1 -1 -1 -1 -1 -1 -1 -1 -1 -1 -1 -1 -1
-1 -1 -1 -1 -1 -1 -1 -1 -1 -1 -1 -1 -1 -1 -1 -1 -1 -1 -1 -1 -1 -1 -1 -1
-1 -1 -1 -1 -1 -1 -1 -1 -1 -1 -1 -1 -1 -1 -1 -1 -1 -1 -1 -1 -1 -1 -1 -1

EndSection
```

文件的开头为文件的版本号，这里为 1.0。接下来为区段（section）数。当前，所有文件的区段数都为 2（墙面部分和地面部分），但我们将使用这种文件格式，区段数字段提供了扩展功能。作者不喜欢通过对文件进行分析来确定需要分析多少数据，而希望被告知。创建自己的文件格式时，这是一种不错的特性——告诉加载函数，后面有哪些数据。接下来为区段，它们可以包含任何数据，但格式总是这样的：

```
Section: "section name"
.
.
.
EndSection
```

其中的点表示数据，可以是任何东西。区段名告诉加载程序，其中包含的什么信息。在这个例子中，有两种区段：walls 和 floors。墙面区段在前，其中包含一个这样的字段：

```
NumWalls: 20
```

这指出了需要逐行地读取多少个墙面。当前，每个墙面包含 7 个值，格式如下：

```
x0.f y0.f x1.f y1.f elev.f height.f text_id.d color.d attr.d
```

其中 x0.f、y0.f、x1.f 和 y1.f 是线段端点的坐标；evel.f 和 hight.f 是墙面的仰角（elevation）和高度（当前没有使用仰角，其值总是为 0）；最后，text_id.d、color.d 和 attr.d 分别是纹理 ID、颜色和属性。

注意：.f 表示浮点数，.d 表示整数。

例如，在 BSPEXAMPLE01.LEV 中，第一个墙面的数据如下：

```
240 192 288 192 0 128 11 65535 4169
```

这意味着该墙段的起点和终点坐标分别是 (240，192) 和 (288，192)，仰角为 0.0，高度为 128.0，RGB 颜色为 255.255.255，属性为 4169——使用恒定着色处理、双面的、颜色模式为 16 位。

分析完墙面区段后，将遇到关键字 EndSection，然后是地面区段：

```
Section: floors
```

前两行指出了游戏世界的大小，单位为地面砖数（tile）：

```
NumFloorsX: 27
NumFloorsY: 24
```

地面砖是以单个整数存储的，它表示地面砖的纹理 ID；如果为-1，则表示相应的地方没有地面砖。引擎对地面砖进行分析，根据它们在阵列中的位置，生成一个由多边形组成的 OBJECT4DV2，每块地面砖都被划分成两个带纹理的三角形。

有关文件格式就介绍到这里。这种文件格式的优点是，可以使用 ASCII 编辑器对其进行修改，同时可以通过关键字 Section 和 EndSection 添加其他功能，因此非常灵活。

4．关卡编辑器程序

该关卡编辑器是一个典型的七拼八凑式程序，根本没有遵循清晰编程的理念。尽管如此，它还是管用的，我们以后将以它为基础加入更多的功能，供与 BSP 相关的演示程序使用（如果还会编写这样的演示程序的话）。该关卡编辑器有一组编辑关卡时需要执行的函数，它们看似容易，但编写起来极其费力。下面简要地讨论它们。

首先是 GUI。作者必须编写支持鼠标单击、拖动和绘图的按钮处理程序。这里的问题是，由于混合使用了 DirectX 和 GDI/Win32 菜单，因此必须让 Windows 来处理鼠标事件。这意味着鼠标事件将被传递给 WinProc()而不是 DirectInput()，因此必须将其保存，然后在 Game_Main()循环中读取。另外，由于使用 DirectX 来渲染图像，因此 DirectX 和我们的系统每秒渲染 30 次。换句话说，窗口中的绘图操作是实时进行的，同时重画也是实时的——不是静态图像。这是一个问题，设计编辑器时，必须决定是否要实时地更新图像。

接下来的问题是墙面和地面的绘制。作者使用线段和位图来表示墙面和地面纹理，但是使用鼠标来指定准确的位置比较困难。另外，2D 屏幕表示的是 3D 左手坐标系的俯视图（x-z 平面），因此需要选择缩放比例和范围，用于将 2D 数据转换为 3D 数据时对其进行缩放。这种选择和栅格大小等一样，也是半随意的（semi-arbitrary）。

最后，还需要创建一个用于表示墙面和地面的数据结构，供编辑、加载和保存关卡时使用；而不使用更为复杂的 BSPNODEV1。该数据结构如下：

```
// 下面的数据结构用于表示 2D 线段
typedef struct BSP2D_LINE_TYP
    {
    int id;          // ID
    int color;       // 颜色
    int attr;        // 属性（着色模式等）
    int texture_id;  // 纹理索引
    POINT2D p0, p1;  // 线段的端点

    int elev, height; // 墙面高度

    } BSP2D_LINE, *BSP2D_LINE_PTR;
```

该结构只供编辑器用来表示 2D 世界，与 3D 引擎毫无关系。对于地面，只需使用一个 2 维整型数组来表示即可：

```
int floors[BSP_CELLS_Y-1][BSP_CELLS_X-1];
```

用户选择菜单 Build/Complie BSP and View 后，编辑器将执行两项任务。首先，将墙面从 BSP2D_LINE 格式转换为一个 BSPNODEV1 链表。这是由函数 Convert_Lines_To_Walls() 完成的，其代码太长，这里无法列出；它基本上是将 2D 墙面列表转换为一组 3D 多边形，并将它们存储到一个 BSPNODEV1 链表中。然后，该链表的根被传递给 Bsp_Build_Tree()，以创建 BSP 树。

现在，未处理的只有地面和天花板了。唯一需要生成的网格是地面，因为天花板是地面的平移版本，可以使用同一个 OBJECT4DV2 来表示它们。生成地面的函数如下：

```
int Generate_Floors_OBJECT4DV2(OBJECT4DV2_PTR obj, // 指向物体的指针
        int rgbcolor,      // 没有纹理时地面的颜色
        VECTOR4D_PTR pos,// 初始位置
        VECTOR4D_PTR rot,// 初始旋转角度
        int poly_attr);  // 着色模式等属性
```

它接受 5 个参数：指向输出物体的指针、没有纹理时地面砖的颜色（通常为白色）、初始位置、初始旋转角度和地面网格中所有多边形的属性。例如，如果将如图 13.32a 所示的地面砖传递给该函数，将生成类似于图 13.32b 所示的网格，其中的多边形的纹理坐标、属性等被设置好。

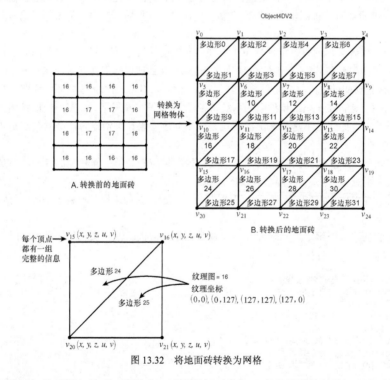

图 13.32　将地面砖转换为网格

生成地面网格后，编辑器切换到 3D 模式，后者类似于我们一直在使用的标准 3D 演示程序模型循环。唯一的差别是，该循环不使用 z 排序或 z 缓存，而是在每帧中按下述顺序将几何体插入到渲染列表中：

1. 地面；
2. 天花板；
3. BSP 树。

只要 BSP 树中多边形树的排列顺序是正确的，这便能保证多边形的渲染顺序是正确的，因为地面和天

花板总是位于 BSP 树中多边形的"后面"。

13.3.11　BSP 的局限性

虽然在运行期间，BSP 树确定多边形渲染顺序的速度快得难以置信，但它并非没有局限性。首先，游戏世界必须是半静态的。这意味着多边形不能旋转，但在有些情况下可以平移。例如，如图 13.33a 所示的视图中包含两面墙，如果将其中一面墙往上移到如图 13.33b 所示的位置，渲染顺序将保持不变。因此，当多边形在其所在的平面内平移时，仍可以使用 BSP 树，但仅此而已。

BSP 树的第二个重要局限性是，不能用于模拟程序或包含大量移动物体的游戏中，因为在这种情况下，每帧都需要重新生成 BSP 树。然而，对于渲染问题而言，BSP 树是一种很不错的解决方案，可用于玩家在静态环境中移动的情形。BSP 树并非只能用于解决渲染问题。

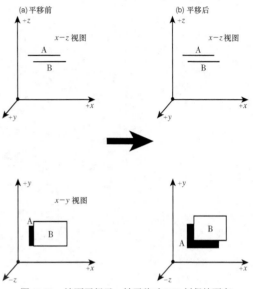

图 13.33　墙面平行于 y 轴平移时 BSP 树保持不变

13.3.12　使用 BSP 树的零重绘策略

给定任何视点，BSP 树可用于确定场景中一组静态多边形从后到前的准确渲染顺序。这是使用一种改进的顺序递归搜索算法，像画家算法那样按从后到前的顺序访问节点实现的。

这种方法存在的问题是，在很多情况下，同一个像素将被绘制多次。这是任何排序或 z 缓存算法都存在的一个大问题：确定正确的渲染顺序后，同一个像素可能被重新绘制很多次（有些情况下，甚至为数百次）。

例如，图 13.34 是一个 x-z 平面视图，其中包含一组多边形。这些多边形已经按从后到前的顺序排列好，或者使用 z 缓存来渲染它们。使用 z 排序时，其中最小的多边形中每个像素都将被其他多边形覆盖；最后次大的多边形中每个像素都将被最大的多边形覆盖。在这个简单的例子中，除最近的多边形外，其他多边形中的每个像素都将被绘制 1 到 $n-1$ 次，其中 n 为多边形的总数。

使用 z 缓存也一样糟糕：不但要重绘像素（如果 z 值更小），还必须检测 z 缓存。虽然使用 z 缓存时，重绘不会那么频繁，但每次都需要读取和/或写入 z 缓存。同样，绘制像素或检测看不到的像素的开销让我们承担不起。因此，必须有一种解决重绘问题的方案。

BSP 树是救命稻草：按从前到后而不是从后到前的顺序遍历 BSP 树，对于访问的每个多边形，屏蔽到屏幕的数据写入——将多边形用作模板缓存。从理论上说，这很不错，但实际上这与 z 缓存没有什么区别——检测条件，如果像素满足条件，则将其写入到屏幕中。这样做确实避免了重绘，但仍需要对每个像素进行检测。现在的问题是，能否以更聪明的方式利用从后到前的顺序。答案是肯定的，一种方法是使用扫描线渲染。

扫描线渲染的工作原理如下：不以逐个像素的方式绘制多边形，而是计算每条扫描线的端点，并将其插入到一个链表或数据结构中。基本上，这相当于不使用对每条扫描线进行光栅化的内循环，而是将扫描线端点数据插入到链表中。对于每个多边形，将其各条扫描线插入到链表中，然后根据 x 和 y 对扫描线进行排序，这样，对于屏幕上的每一行，都有一组扫描线记录。这种处理过程如图 13.35 所示，至此，问题变成了如何处理一组扫描线。如果能够解决单条扫描线的问题，便解决了整个问题，因此我们从这里开始。

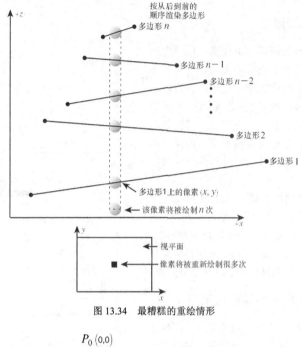

图 13.34　最糟糕的重绘情形

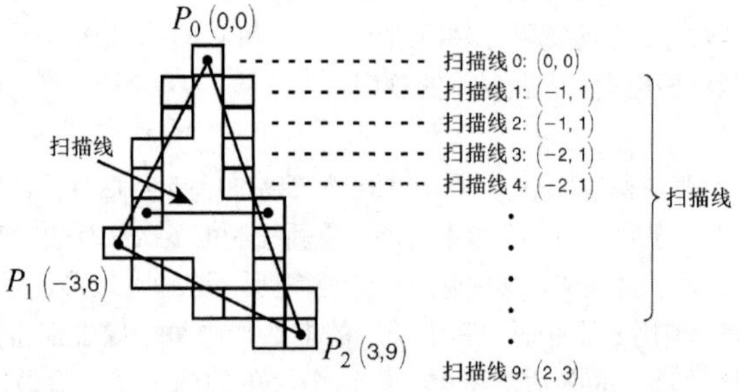

图 13.35　将多边形存储为扫描线而不是动态地渲染它们

　　下面来看看可能出现的各种情形（如图 13.36 所示）：

　　● 　情形 1：第 n 行只有一条扫描线。在这种情形下，只需光栅化该扫描线即可。

　　● 　情形 2：第 n 行有两条扫描线，但它们的 x 坐标范围不重叠。在这种情形下，只需渲染这两条扫描线即可。

　　● 　情形 3：第 n 行有两条扫描线，但第二条完全被第一条遮掩，因此将第二条扫描线丢弃，避免重绘。

　　● 　情形 4：第 n 行有两条扫描线，但第二条被第一条部分遮掩。在这种情形下，根据第一条扫描线对第二条扫描线进行裁剪，然后只绘制第二条扫描线中余下的部分——同样避免了重绘。

　　结合使用扫描线技术和从前到后渲染技术，可实现完美的渲染，同时避免重绘。然而，这是要付出代价的：判断扫描线是否被遮掩或需要进行裁剪，然后将扫描线合并。在涉及纹理坐标等时，这种算法实现起来并不容易；然而，实现不能完全避免重绘的粗糙版本可能是值得的。

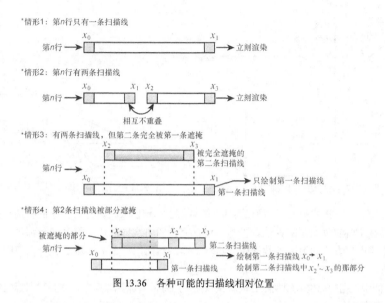

图 13.36　各种可能的扫描线相对位置

13.3.13　将 BSP 树用于剔除

空间划分算法最强大的功能之一是，能够快速地将大量的多边形信息从流水线中剔除。事实上，在大多数情况下，当前人们只将 BSP 树用于剔除和碰撞检测。凸形子空间特性和遍历的线性时间复杂度使得 BSP 树非常适合用于大规模剔除。这里将介绍两种适用于 BSP 树的剔除技术：背面剔除和视景体剔除，前者是一种原子型（atomic）剔除技术，而后者是一种高级（high-level）剔除技术，它利用 BSP 结构来剔除不可见的多边形。

1．背面剔除

在遍历 BSP 树，将多边形插入到渲染列表中的同时，可以进行背面剔除或对多边形进行裁剪。

然而，在大多数情况下，墙面都是双面的，因此标准的背面剔除操作不管用，因为所有的面都将通过剔除检测。如果要在将 BSP 树插入到渲染列表中的同时删除背面多边形，必须采用一种更精确的背面剔除算法。

出于复习的目的，图 13.37 说明了标准的背面剔除方法。如图中所示，首先计算（或引用，如果预先计算好了）多边形的面法线，然后计算该法线向量与到视点的向量的点积。如果这两个向量之间的夹角大于 90 度（点积小于零），则表明多边形是背面。然而，正如前面指出的，这种方法仅适用于单面多边形。

另外，这种背面消除算法没有考虑观察方向向量（view direction vector）。例如，在图 13.38 中，法线和视点向量（view vector）之间的夹角小于 90 度，但如果考虑到观察方向向量可以知道，虽然标准的背面消除算法不会将该多边形剔除，但它实际上是不可见的。

如果在相机空间中执行背面消除，将不会出现这种问题，因为视点向量的方向与+z 轴平行，即为（0，0，1）。在这种情况下，背面剔除将是正确的，不会让多余的多边形传递到流水线的下游。但问题是，仅仅为了剔除就应将多边形变换为相机坐标吗？答案当然是否定的。我们一直是在世界空间中进行背面剔除的，其结果是有些多边形漏网了，在裁剪阶段，这些多边形被简单拒绝。

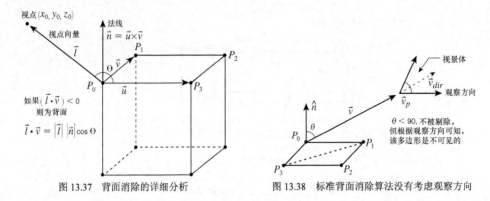

图 13.37　背面消除的详细分析　　　图 13.38　标准背面消除算法没有考虑观察方向

在大多数情况下，BSP 树中的多边形是双面的，因此在遍历 BSP 树并将其中的多边形插入到渲染列表中时，必须使用更严格的背面剔除算法。当然，可以完全忽略这种优化，将多边形都插入到渲染列表中，像以前一样，让渲染列表背面消除函数来完成这项工作。然而，在下一节剔除整个子空间时，这种精彩的优化将派上用场。

为在世界空间中根据视点位置和观察方向解决双面多边形的背面剔除问题，需要知道哪些信息呢？图 13.39 说明了这种背面剔除方法。

首先，需要判断视点位于多边形的前面还是后面；接下来需要计算多边形面法线与视点向量之间的夹角。然而，还必须考虑视景体的视野，换句话说，即使正面法线与观察方向向量（不要将其同视点向量混为一谈，视点向量是从多边形到视点的向量）大于 90 度，多边形也可能在视野中，这是因为视野可能非常开阔，使得在上述条件下，多边形也可见，如图 13.39 所示。

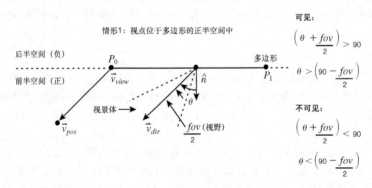

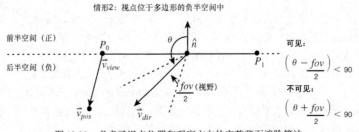

图 13.39　考虑了视点位置和观察方向的完整背面消除算法

因此，执行背面消除计算时，需要考虑视野。我们需要计算或使用多边形的面法线，然后计算它与视点向量的点积，以判断视点位于多边形的前面还是后面。

确定视点位于多边形的哪一边后，需要计算多边形这一面的面法线与观察方向向量的点积，并将其作为最终的判断因子。存在两种情形：视点位于多边形的前面时，如果 $(\theta+FOV/2)>90$，则多边形是可见的，否则是不可见的；视点位于多边形的后面时，如果 $(\theta-FOV/2)<90$，则多边形是可见的，否则不可见。从数学的角度上说，情况如下。

给定：

● 观察方向向量 v_{dir}。

● 视点位置 v_{pos}。

● 多边形面法线向量 n。

● 多边形到视点的向量 v_{view}。

● 面法线 n 和观察方向向量 v_{dir} 之间的交角 θ。

情形 1：如果 v_{pos} 位于多边形的前面，即 $n . v_{view}>0$，则：

可见条件为 $(\theta+FOV/2)>90$。

$n . v_{dir} = |n| * |v_{dir}| * \cos \theta$

假设这两个向量都被归一化，即 $|n|=|v_{dir}|=1$，则：

$n . v_{dir} = \cos \theta$

对等式两边求反余弦，结果如下：

$\theta = \text{arccosine} (n . vdir)$

现在，只将 θ 代入可见条件中，便可以确定是否要剔除多边形。然而，使用 arccosine() 显然不能达到实时的效果。稍后将讨论这一点，现在先来看一下视点位于多边形后面的情形。

情形 2：如果视点 v_{pos} 位于多边形的后面，即 $n . v_{view}<0$，则：

可见条件为 $(\theta- FOV/2)<90$。

θ 的计算方法与情形 1 中相同。将其代入可见条件，便可以判断多边形是否应剔除。

（1）快速计算反余弦

除非读者使用的是量子计算机，否则计算反余弦的开销是令人承担不起的，因为调用数学库函数 arccosine() 无法达到实时的效果。下面详细地介绍另一种技巧：使用查找表。首先介绍一下 arccosine() 的功能。

arccosine() 计算反余弦，即给定一个位于[−1, 1]的值 x，找出函数 $f(x)$，使得 $\cos(f(x))=x$。$f(x)$ 被称为反余弦。例如：

cosine(30) = .866

arccos(.866) = 30 度

可以创建一个查找表，以便快速地计算反余弦。为此，需要使用反余弦作为映射函数，将[−1, 1]的值映射到0～180度的角度。我们知道，查找表索引不能为负数和小数，因此首先需要将范围[−1, 1]平移 1，变成[0, 2]。使用这种索引范围时，查找表只能包含 3 个元素，这几乎毫无用处。我们需要将上述索引范围扩大，使得至少 0～180 的每个整数都有对应的索引。为此，需要将索引范围放大 90 倍，结果为[0, 180]。

计算索引的公式如下：

索引 = (x + 1)*90
其中 x 的取值范围为[-1, 1]。

接下来我们创建一个查找表，其中包含均匀地分布在[-1，1]内的 181 个值的反余弦，反余弦的取值范围为 0~180 度，如图 13.40 所示。

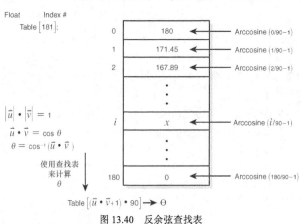

查找表使用反余弦函数将[-1，1]的值映射到0~180度的角度

图 13.40　反余弦查找表

要提高精度，可增加查找表中的条目。例如，将[-1，1]分成 360 等分，但反余弦范围仍为 0~180 度。作者编写了一个完成这项工作的函数。首先来看存储查找表的数组：

```
float dp_inverse_cos[360+2];
```

上述代码定义了一个包含 362 个元素的查找表。之所以定义 362 个元素，是为了避免访问第 360 或 361 个元素时，由于映射期间的浮点数溢出导致数组访问越界。为简化工作，作者还定义了下述宏，它用于计算 x 的反余弦，其中 x 的取值范围为[-1，1]：

```
#define FAST_INV_COS(x)\
  (dp_inverse_cos[(int)(((float)x+1)*(float)180)])
```

下面是生成查找表的函数：

```
void Build_Inverse_Cos_Table(float *invcos,  // storage for table
            int range_scale) // range for table to span

{
// 这个函数创建一个反余弦查找表，用于根据点积计算夹角
// 它将[-1，1]的值映射到索引范围[0，range_scale]
// 然后将范围[-1，1]均匀地划分成 rang_scale + 1 份，并计算每个值的反余弦
// 再将结果存储到一个包含 rang_scale + 1 个元素的 float 数组中
// 查找表的精度为 180/rang_scale，例如，如果 rang_scale 为 360，则精度为 0.5 度

float val = -1; // 起始值

// 创建查找表
for (int index = 0; index <= range_scale; index++)
  {
  // 将下一个元素存储到查找表中
  val = (val > 1) ? 1 : val;
```

```
      invcos[index] = RAD_TO_DEG(acos(val));

      // 计算下一个[-1, 1]的值
      val += ((float)1/(float)(range_scale/2));

      } // end for index

// 增加一个元素，以避免访问数组时越界
invcos[index] = invcos[index-1];

} // end Build_Inverse_Cos_Table
```

在代码的初始化部分，这样调用上述函数：

```
// 创建反余弦查找表
Build_Inverse_Cos_Table(dp_inverse_cos, 360);
```

上述调用指定使用 dp_inverse_cos 来存储查找表。查找表中包含 360 个条目，范围为 0～180 度，即精度为 0.5 度。

要使用该查找表，只需调用前面的宏（它假定查找表中有 362 个元素）：

```
FAST_INV_COS(.5)
```

现在，可以重新编写 BSP 插入函数，使之根据观察方向和视点来剔除多边形。

提示：为何要 362 个元素呢？索引为 0～360，因此需要 361 个元素，但如果无需检查越界情况，很多算法的速度都将提高。我们忽略了由于浮点误差导致索引为 361 的情况，然而，如果将第 362 个元素设置为第 361 个元素的值，可避免检查越界情况。

（2）计算观察方向向量

编写新的 BSP 插入函数之前，还有一个问题需要解决：由于没有对世界空间中的几何体执行世界坐标到相机坐标变换，因此不知道观察方向向量。通常，我们使用欧拉角或 UVN 表示来对世界空间中的几何体进行变换，然后假定相机位于(0, 0, 0)处，朝向为+z 轴，即观察方向向量为(0, 0, 1)。

这需要使用一些技巧，因为我们需要的是观察方向向量。然而，在每帧中计算它非常容易，只需使用相机变换矩阵的逆矩阵对向量(0, 0, 1)进行变换，便可得到观察方向矩阵。然而，变换时不用考虑平移部分，而只需根据旋转角度对向量(0, 0, 1)进行旋转即可。在欧拉模型中，这些角度为 cam.dir.x、cam.dir.y 和 cam.dir.z。当然旋转顺序至关重要，建立相机变换矩阵时，我们调用的是下述函数：

```
Build_CAM4DV1_Matrix_Euler(&cam, CAM_ROT_SEQ_ZYX);
```

这意味着计算观察方向向量时，需要按 XYZ 的顺序（与上述函数中相反）对向量(0, 0, 1)进行旋转，且使用非逆变换。换句话说，需要根据旋转角度 cam.dir.x、cam.dir.y 和 cam.dir.z 创建一个 XYZ 旋转矩阵，然后使用该矩阵对向量(0, 0, 1)进行变换。要创建该变换矩阵，可以这样做：

```
MATRIX4X4 mrot;

Build_XYZ_Rotation_MATRIX4X4(cam.dir.x,
                cam.dir.y,
                cam.dir.z
                &mrot);
```

然后，像下面这样使用上述矩阵对向量(0, 0, 1)进行变换：

```
VECTOR4D vz = {0,0,1,1}; // z = 1, w = 1

Mat_Mul_VECTOR4D_4X4(&vz,
            &mrot,
            &vdir);
```

现在万事具备了。在使用渲染列表背面消除函数也能很好地完成工作的情况下，这样计算向量和消除背面看似增加了很多计算量，但与浪费时间将额外三角形（每个四边形两个）插入到渲染列表中相比，这样做是绝对值得的，更何况对多余的三角形执行世界坐标到相机坐标变换也会浪费时间。在 BSP 树中，所有的墙面都是四边形，它们还没有被分割成三角形，我们应充分利用这一点。

总之，本节虽然很重要，但主要是为下一节讨论视景体剔除做准备，使用视景体剔除可以立刻删除 BSP 树中的整个子树。具备背面消除功能的 BSP 树插入函数的原型如下：

```
void Bsp_Insertion_Traversal_RemoveBF_RENDERLIST4DV2(
        RENDERLIST4DV2_PTR rend_list, // 渲染列表
        BSPNODEV1_PTR root, // 要插入的 BSP 树的根
        CAM4DV1_PTR cam,   // 相机
        int insert_local=0); // 插入标记
```

该函数的调用方法与前一个版本（不支持背面消除）完全相同。执行背面消除的代码完全遵循了前几页介绍的方法，为节省篇幅，这里没有列出其代码，读者可以在附带光盘中找到它（还有本章的其他所有代码）。

DEMOII13_2.CPP|EXE 是一个使用该函数的演示程序，它是一个标准的关卡编辑器，切换到 3D 模式后，用户可以在屏幕的下方看到 BSP 树插入函数传递到流水线下游的多边形数目。读者可以按 C 键在支持背面消除的 BSP 树插入函数和标准 BSP 插入函数之间切换，并改变视点位置，以查看进入渲染列表的多边形数目的增减情况。

注意：要编译该演示程序，需要 DEMOII13_2.CPP、所有库模块（T3DLIB1-11.CPP|H）以及 DirectX .LIB 文件。另外，还需要用于菜单等的资源文件，该文件名为 DEMOII13_2.RC。最后，请使用 DOOM01.LEV 来试验。

注意：运行该演示程序时，读者可能惊讶地发现，走出房间后，仍然有 BSP 树中的多边形被插入到渲染列表中。这实际上是正确的，因为我们执行的是平面剔除，而不是多边形剔除，如图 13.41 所示。要执行多边形剔除，不但需要检测平面是否可见，还需要检测多边形的端点是否在视景体内，这样做的计算量有些大，可能得不偿失。然而，读者可能想尝试一下。

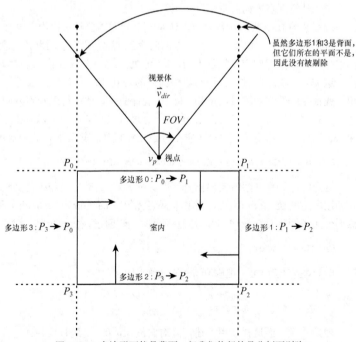

图 13.41　多边形可能是背面，但我们执行的是分割面剔除

2. 视景体剔除

对于 BSP 树，可使用一种比简单背面剔除功能更强大的剔除操作。具有讽刺意义的是，我们在编写背面剔除函数时已经完成了实现这种功能的部分代码。为明白这一点，请看图 13.42。视点位于分割面的负半空间中，由于观察方向向后，分割面是不可见的，更为重要的是，该分割面的整个正半空间面也是不可见的。

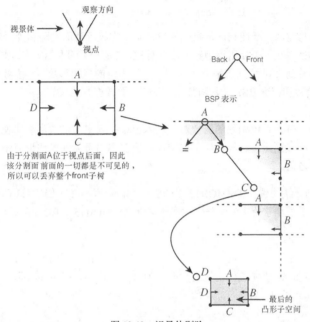

图 13.42　视景体剔除

换句话说，可以丢弃当前节点的整个子树，根本不用考虑它。想象一下功能有多强大吧：给定观察方向，如果从视点看不到前面（或后面）的某个分割面，则不但可以剔除该分割面，还可以剔除它后面（前面）的整个子树。这就是 BSP 树的威力所在，它具有这样的特性：表示的空间被划分为凸形子空间。

为进一步让读者相信这一点，请看图 13.43。这是一个包含两个房间的简单范例（当然，假设已经创建了 BSP 树），视点位于房间 1 中，玩家后面的墙面和房间 2 都不可见。发现墙面 3 不可见后，可以立刻确定它后面的整个子空间都不可见，因此无需沿 BSP 树往下遍历。

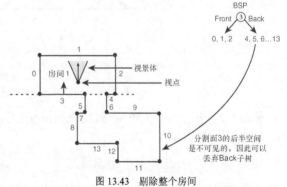

图 13.43　剔除整个房间

实现视景体剔除非常简单——我们已经完成其中部分工作。可以编写一个独立的函数，对被剔除的节点及其子节点进行标记；也可以像背面剔除函数那样，在将 BSP 树插入到渲染列表中的同时执行视景体剔除。实在没有必要遍历 BSP 树两次，我们将把视景体剔除功能和 BSP 树插入操作集成到一个函数中。方法是，将访问 front 或 back 子树的递归调用封装到剔除操作中，换句话说，确定多边形被剔除后，便知道它后面的一切也将被剔除，因此无需通过递归调用函数来遍历 back 子树。这只需修改一行代码。

实现这种功能的函数的原型如下：

```
void Bsp_Insertion_Traversal_FrustrumCull_RENDERLIST4DV2(RENDERLIST4DV2_PTR
  rend_list,
                          BSPNODEV1_PTR root,
                          CAM4DV1_PTR cam,
                          int insert_local=0);
```

该函数的调用方法与前两个函数相同，唯一的差别是，它执行背面剔除和视景体剔除。

DEMOII13_3.CPP|EXE 是一个使用该函数的演示程序。它是一个标准的关卡编辑器，切换到 3D 模式后，用户可以在屏幕的下方看到 BSP 树插入函数传递给流水线下游的多边形数目。读者可以按 C 键在支持视景体剔除的 BSP 树插入函数和标准 BSP 插入函数之间切换，并改变视点位置，以查看进入渲染列表的多边形数目的增减情况。

读者将发现，使用支持视景体剔除的函数时，进入渲染列表中的多边形将比使用支持背面剔除的函数时更少，因为整个子树都被剔除，这样在该子树中，其所在平面可见的多边形将不再像使用简单背面剔除函数时那样，成为漏网之鱼。

注意：要编译该演示程序，需要 DEMOII13_2.CPP、所有库模块（T3DLIB1-11.CPP|H）以及 DirectX .LIB 文件。另外，还需要用于菜单等的资源文件，该文件名为 DEMOII13_2.RC。最后，请使用 DOOM01.LEV 来试验。

最后需要指出的一点是，可以通过判断多边形（而不是其所在的平面）是否在视景体内，使用有限的视景体并启用视景体裁剪，来使视景体剔除的功能更为强大。这样，确定多边形在近（或远）裁剪面之外后，便可以丢弃整个 back 子树，如图 13.44 所示。

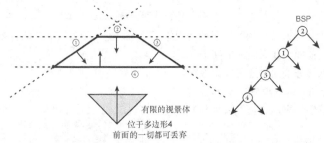

图 13.44　使用有限视景体实现更为积极的视景体剔除

至此，读者应该明白，BSP 树提供了无限的可能性，它确实有局限性，但如果能将其用于系统中，它们将是强大的"同盟国"。

13.3.14　将 BSP 树用于碰撞检测

最后，简要地介绍一下使用 BSP 树进行碰撞检测（本书后面讨论碰撞检测时，将更深入地探讨这个主题）。BSP 树可用于快速判断是否与玩家或其他物体发生碰撞。在大多数情况下，使用包围体（如立方体、球体或圆柱体）来包围玩家或非玩家角色网格，但确定碰撞面后，使用 BSP 树来快速判断是否真的发生了碰撞。

　　BSP 树的优点是，您能够快速地沿 BSP 树遍历 3D 空间，直到找到一个这样的叶节点：物体位于其凸形子空间中。这种操作平均只需 $\log_2^n$ 就能完成，当然，如果 BSP 树是完全不平衡的，将需要 n 步。这是因为，每次迭代时，通过将视点或物体的中心同节点进行比较，便可以排除 3D 空间的一半，直到找到满足条件的叶节点。

　　找到满足条件的叶节点后，便可以根据 BSP 节点的几何形状来检测是否已经（或将要）发生碰撞，方法是扩大包围体或沿法线向量移动 BSP 节点（沿法线方向将分割面往前推），直到发生碰撞为止。

13.3.15　集成 BSP 树和标准渲染

　　仅当读者需要遍历 BSP 树以确定准确的从后到前（或从前到后）的渲染顺序时，本节才显得重要。如果读者对此不感兴趣，这种集成将无关紧要；如果读者对此感兴趣，请继续往下阅读。

1．与 z 排序的集成

　　集成 BSP 树和 z 排序比较棘手，因为 BSP 树中的多边形排列顺序已经是正确的，而 z 排序将重新排列多边形的顺序。然而，在 BSP 关卡编辑器演示程序中，作者采取了类似的做法。作者知道，地面和天花板总是在墙面的"下面"，因此可以像画家那样，先渲染它们，然后在按 BSP 树中的顺序渲染墙面。对于简单的分层场景，可以对背景和前景进行 z 排序，条件是不对 BSP 树中的多边形重新排序。

　　例如，在 BSP 演示程序中，地面多边形都是共面的，因此渲染顺序无关紧要，因为它们之间不可能相互遮掩。然而，如果地面不是平的，即凸起的地方，则必须首先渲染没有凸块的多边形，然后渲染有凸块的多边形。在这种情况下，仍可以使用混合方法来处理：加载包含所有地面多边形的渲染列表，对其进行 z 排序，然后插入 BSP 树。只要 BSP 树中的几何体不比地面上的几何体小（即不存在这样的情况，BSP 树中有一个很小的墙面，可能被地面上的东西遮掩），对渲染列表进行渲染时，便可得到正确的从后到前的顺序。

　　就个人而言，作者不喜欢结合使用 z 排序和 BSP 树，因为除地面、天花板等已经被标记为位于 BSP 树前面或后面的几何体外，这几乎毫无用处。z 缓存是一种更好的方法。

2．与 z 缓存的集成

　　BSP 树渲染旨在确定正确的从后到前的渲染顺序（可能结合使用 PVS 来最大限度地减少多边形重绘），然后在不使用 z 缓存的情况下来绘制多边形。然而，对于可移动的物体，这种方法不管用，因为不可能在每次物体移动后都重新生成 BSP 树（对于复杂的游戏关卡，这需要几秒、几分甚至几小时）。

　　注意：多边形在其所在的平面中移动，且不影响其他 BSP 节点表示的凸形子空间时，无需重新生成 BSP 树。这种特性对于门、电梯等很有用。

　　我们必须找到一种集成 BSP 树渲染和 z 缓存的方法。如果对 BSP 树使用 z 缓存，将有悖于 BSP 渲染的初衷，它旨在通过顺序遍历获得正确的从后到前的渲染顺序。技巧如下：创建特殊的光栅化函数，在其中不对像素的 z 值同 z 缓存进行比较，而总是将像素的 z 值写入到 z 缓存中。也就是说，绘制每个像素时，不执行读取-比较-写入 z 缓存的操作，而只执行写入 z 缓存的操作（直接写入，write-through）。这样便得到了一个 z 缓存，供下一个阶段使用。这样做之所以能够得到正确的 z 缓存，是因为遍历 BSP 树时，将按从后到前的顺序访问多边形，从而按从后到前的顺序根据多边形更新 z 缓存。图 13.45 说明了这一点。

　　例如，下面的代码摘自函数 Draw_Triangle_2DZB_16()，该函数使用 z 缓存绘制采用恒定着色的三角形，但不具备直接写入功能：

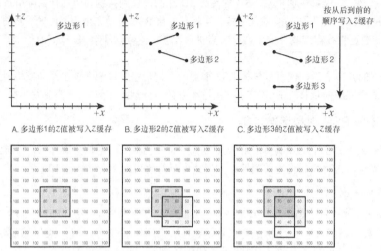

图 13.45 按从后到前的顺序遍历多边形，从而用最小的 z 值更新 z 缓存

```
// 绘制扫描线
for (xi=xstart; xi<=xend; xi++)
   {
   // 检测像素的 z 值是否小于 z 缓存中相应的值
   if (zi < z_ptr[xi])
      {
      // 绘制像素
       screen_ptr[xi] = color;

      // 更新 z 缓存
      z_ptr[xi] = zi;
      } // end if

   // 计算下一个像素的 z 值
   zi+=dz;
   } // end for xi
```

删除 z 值比较功能，并加入直接写入功能后的代码如下：

```
// 绘制扫描线
for (xi=xstart; xi<=xend; xi++)
   {
   // 绘制像素
   screen_ptr[xi] = color;

   // 更新 z 缓存
   z_ptr[xi] = zi;

   // 计算下一个像素的 z 值
   zi+=dz;
   } // end for xi
```

现在，可以使用 z 缓存来渲染移动的物体了。在这个阶段，我们将使用标准的读取-比较-写入算法，但不清除 z 缓存。我们使用渲染 BSP 树中的多边形时生成的 z 缓存来绘制物体。这样，既使用了 BSP 树来确保墙面的正确渲染顺序，同时支持移动的物体，它们可以移动到墙面后，与墙面相互贯穿等。

直接写入 z 缓存的光栅化函数

为支持 z 缓存直接写入功能，需要将其加入到光栅化函数中（只编写了几个这样的函数，供演示程序使用）；定义一个渲染场境常量，用于指定直接写入 z 缓存；编写一个新的渲染场境函数，以正确地调用直接写入 z 缓存的光栅化函数。首先来看指定渲染场境模式"直接写入 z 缓存"的常量：

```
// 使用 z 缓存, 但不比较 z 值, 而是直接将其写入 z 缓存
#define RENDER_ATTR_WRITETHRUZBUFFER        0x00000008
```

接下来，需要编写一些支持直接写入 z 缓存的光栅化函数。这只需删除 z 缓存检测逻辑，直接将像素的 z 值写入 z 缓存即可。作者只编写了 5 个这样的函数，它们分别支持恒定着色、Gouraud 着色、仿射纹理映射和固定着色、仿射纹理映射和恒定着色处理、仿射纹理映射和 Gouraud 着色。这些函数的原型如下，与前一个版本相比，唯一的不同是在函数名中加入了字符串"WT"（表示直接写入）：

```
void Draw_Gouraud_TriangleWTZB2_16(POLYF4DV2_PTR face, //指向多边形面的指针
        UCHAR *_dest_buffer,   // 指向视频缓存的指针
        int mem_pitch,      // 每行多少字节（320、640 等）
        UCHAR *_zbuffer,     // 指向 z 缓存的指针
        int zpitch);        // z 缓存中每行多少字节
```

该函数使用 z 缓存直接写入模式绘制使用 Gouraud 着色且不带纹理的三角形。

```
void Draw_Triangle_2DWTZB_16(POLYF4DV2_PTR face, //指向多边形面的指针
        UCHAR *_dest_buffer,   // 指向视频缓存的指针
        int mem_pitch,      // 每行多少字节（320、640 等）
        UCHAR *_zbuffer,     // 指向 z 缓存的指针
        int zpitch);        // z 缓存中每行多少字节
```

该函数使用 z 缓存直接写入模式绘制使用固定/恒定着色且不带纹理的三角形。

```
void Draw_Textured_TriangleGSWTZB_16(POLYF4DV2_PTR face, //指向多边形面的指针
        UCHAR *_dest_buffer,   // 指向视频缓存的指针
        int mem_pitch,      // 每行多少字节（320、640 等）
        UCHAR *_zbuffer,     // 指向 z 缓存的指针
        int zpitch);        // z 缓存中每行多少字节
```

该函数使用 z 缓存直接写入模式和仿射纹理映射绘制使用 Gouraud 着色的三角形。

```
void Draw_Textured_TriangleFSWTZB2_16(POLYF4DV2_PTR face, //指向多边形面的指针
        UCHAR *_dest_buffer,   // 指向视频缓存的指针
        int mem_pitch,      // 每行多少字节（320、640 等）
        UCHAR *_zbuffer,     // 指向 z 缓存的指针
        int zpitch);        // z 缓存中每行多少字节
```

该函数使用 z 缓存直接写入模式和仿射纹理映射绘制使用恒定着色的三角形。

```
void Draw_Textured_TriangleWTZB2_16(POLYF4DV2_PTR face, //指向多边形面的指针
        UCHAR *_dest_buffer,    // 指向视频缓存的指针
        int mem_pitch,       // 每行多少字节（320、640 等）
        UCHAR *_zbuffer,       // 指向 z 缓存的指针
        int zpitch);         // z 缓存中每行多少字节
```

该函数使用 z 缓存直接写入模式和仿射纹理映射绘制使用固定着色的三角形。

除了不检测 z 值，而是直接将其写入 z 缓存外，这些函数与前一个版本相同。用户必须确保在使用 z 缓存渲染可移动的物体之前，以从后到前的顺序渲染 BSP 树中的多边形。

最后，需要一个新的渲染场境函数，它包含一个处理下述 z 缓存模式的代码块：

RENDER_ATTR_WRITETHRUZBUFFER

这个函数的原型如下：

void Draw_RENDERLIST4DV2_RENDERCONTEXTV1_16_2(RENDERCONTEXTV1_PTR rc);

除支持新的 z 缓存直接写入模式以及知道如何调用直接写入 z 缓存的光栅化函数外，它与前一个版本 Draw_RENDERLIST4DV2_RENDERCONTEXTV1_16() 相同。

最后，下面是一个设置渲染场境，以直接写入 z 缓存模式绘制多边形的例子：

```
// 设置渲染场境，使用直接写入 z 缓存模式
rc.attr = RENDER_ATTR_WRITETHRUZBUFFER |
    RENDER_ATTR_TEXTURE_PERSPECTIVE_AFFINE;
// 清除 z 缓存
Clear_Zbuffer(&zbuffer, (32000 << FIXP16_SHIFT));

rc.video_buffer = back_buffer;
rc.lpitch      = back_lpitch;
rc.mip_dist    = 0;
rc.zbuffer     = (UCHAR *)zbuffer.zbuffer;
rc.zpitch      = WINDOW_WIDTH*4;
rc.rend_list   = &rend_list;
rc.texture_dist = 0;
rc.alpha_override = -1;

// 对场景进行渲染
Draw_RENDERLIST4DV2_RENDERCONTEXTV1_16_2(&rc);
```

除调用的是函数 Draw_RENDERLIST4DV2_RENDERCONTEXTV1_16_2() 外，与以前唯一不同是使用了标记 RENDER_ATTR_WRITETHRUZBUFFER，而不是标记 RENDER_ATTR_ZBUFFER。然而，在渲染静止的多边形之前，仍需要清除 z 缓存。在这次渲染中，将直接把 z 值写入 z 缓存，但仍需要初始化 z 缓存；否则，接下来使用 z 缓存来渲染移动的物体时，结果将不正确。

结合使用 BSP 渲染和 z 缓存的步骤如下：

（1）初始化 z 缓存。

（2）使用 z 缓存直接写入模式渲染所有的静止几何体。这次的渲染顺序必须是从后到前的。

（3）使用 z 缓存渲染移动的几何体。

（4）显示帧。

3．移动物体范例

为编写演示移动物体和 BSP 的程序，作者对关卡编辑器演示程序进行修改，以加载一个 Tron 识别器，并使之在游戏世界中沿圆形轨迹移动。移动方向总是平行于圆形轨迹的切线，如图 13.46 所示。

修改的地方包括：新增了对 z 缓存直接写入模式的支持；在 Game_Main() 中加入了移动物体的代码。这样做旨在向读者证明，这种技术确实管用。该演示程序名为 DEMOII13_4.CPP|EXE，图 13.47a 和 13.47b 是其运行时的屏幕截图（分别为线框模式和实心模式）。它与关卡编辑器演示程序基本相同，但用户通过选择菜单 Build/Compile BSP and View 进入 3D 模式后，将有一个物体在关卡中移动，该物体是使用 z 缓存渲染的。读者可以加载自己创建的任何关卡，如果没有，可以使用 DOOM01.LEV。要运行该演示程序，首先需要选择菜单 File/Load .LEV File 来加载一个关卡，然后选择 Build/Compile BSP and View 切换到 3D 模式。另外，还可以按 z 键来开/关 z 缓存。

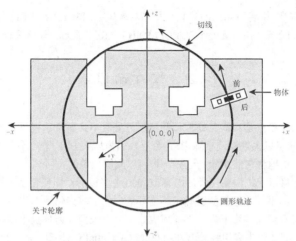

图 13.46　物体的移动轨迹和方向

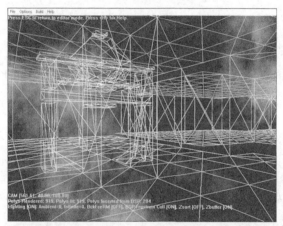

图 13.47a　线框模式下 z 缓存演示程序的屏幕截图

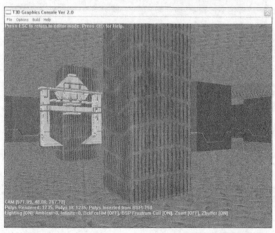

图 13.47b　实心模式下 z 缓存演示程序的屏幕截图

注意：要编译该演示程序，需要 DEMOII13_4.CPP、所有库模块（T3DLIB1-11.CPP|H）以及 DirectX .LIB 文件。另外，还需要用于菜单等的资源文件，该文件名为 DEMOII13_2.RC。最后，请使用 DOOM01.LEV 来试验。

13.4　潜在可见集

我们一直在重复的一个论点是，避免处理那些从视点处看不到（位于视景体外）的几何体是件好事。前面介绍过，使用 BSP 树可以大规模地剔除 BSP 节点，因为如果 BSP 节点不在视景体内，其后面的一切也不在视景体内，可以简单地将它们剔除。这样，将可以删除大量的几何体。

然而，可见的几何体将留下。如果视景体内有 10 000 个多边形，即使使用零重绘技术，仍需要处理那些不需要绘制的多边形。如果一开始就能够确定不需要绘制它们将如何呢？也就是说，给定任何视点，都有一个从该视点可能能够看到的多边形列表将如何呢？可以对大型几何体执行剔除操作，得到位于视景体内的多变形列表，然后以视点作为索引找到潜在可见集（potentially visible set，PVS），只绘制同时位于这两个列表中的多边形。

实现这种理念的方法很多——使用 BSP、八叉树或什么也不用，因此这里将花些时间来讨论它。假设读者使用关卡编辑器创建了如图 13.48 所示的房间。

在这个图中，有 6 个与坐标轴平行的房间，每个房间都由多个多边形构成，房间中可能还有由多边形构成的物体。出于简化的目的，假设网格数据是静态的。现在来创建房间 1 的 PVS。这对应的问题是，在房间 1 中可能能够看到哪些房间？我们可以立刻判断出：在房间 1 中，通过房门（doorway）可以看到房间 1、2、3 和 5。

注意：这里将房间 1 包含在内是因为，视点所在房间内的多边形总是可能可见的。

如图 13.48b 所示，可以将这些房间存储在一个数据结构中，每个房间都有一个列表，其中包含从该房间可能能够看到的所有房间。当然，也可以使用一个 m×m 的邻接矩阵（adjacency matrix）来表示，其中 m 为房间数，矩阵元素(i, j)（i 为行，j 为列）的值表示从房间 i 到房间 j 的可见性。例如，图 13.49 是这个例子的房间邻接图。

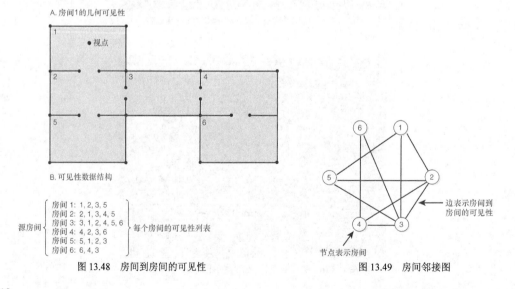

图 13.48　房间到房间的可见性　　　　图 13.49　房间邻接图

下面是该关卡的邻接矩阵表示：

```
   i1 i2 i3 i4 i5 i6
j1 1  1  1  0  1  0
j2 1  1  1  1  1  0
j3 1  1  1  1  1  1
j4 0  1  1  1  0  1
j5 1  1  1  0  1  0
j6 0  0  1  1  0  1
```

从中可知，从任何房间看，关卡中的大部分房间都是可能可见的。从房间 6 中看，可能看到的房间数最少。现在，PVS 的"粒度"为房间，换句话说，可能可见的房间列表中包括视点所在的房间。这很好，我们暂时将这个话题搁下，先来讨论一下如何使用 PVS。

13.4.1　使用潜在可见集

假设读者创建了一个关卡，它包含一组房间，并创建了每个房间的 PVS，利用 PVS 来减少重绘很容易。例如，假设读者使用 BSP 树或其他空间分割系统来表示各个房间。根据视景体进行了剔除操作，包括使用 BSP 剔除删除了环境中大部分多边形。现在，可以将多边形传递到流水线的下游，进行裁剪、光照处理、投影、背面消除等。现在是 PVS 发挥作用的时候了。您首先判断视点位于哪个房间中（这可以使用 BSP 来完成），或者将游戏关卡进行分区（sectorizing），进而判断视点位于哪个单元格（cell）中。假设视点位于房间 6 中，视景体如图 13.50 所示。

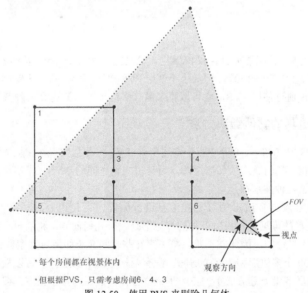

*每个房间都在视景体内

*但根据 PVS，只需考虑房间 6、4、3

图 13.50　使用 PVS 来剔除几何体

即使使用 BSP 剔除，这个模型数据库也可能传递到渲染列表中。然而，通过使用 PVS，几乎可以完全避免重绘。这简单得令人难以置信：您只需确定视点位于哪个房间（这里为房间 6），然后访问包含该房间的 PVS 的数据结构。在这个例子中，我们使用的是邻接矩阵，因此从第 6 列读取所有可能可见的房间：房间 3、4 和 6。

令人惊讶的是，从视景体的角度看，每个房间都是可见的，因此几乎所有的多边形都将传递到流水线中。有些多边形确实会被裁剪掉，但很多完全被房间 6 的墙面遮掩的多边形将被绘制——至少会检测其 z 值。

这是完全不能接受的，如果您的关卡类似于图 13.51（这是一个简单的 Doom 关卡），包含大量的房间，重绘量将非常大——屏幕将被重绘很多次。PVS 是一个不可思议的工具，可以提高渲染速度，几乎可以避免重绘。

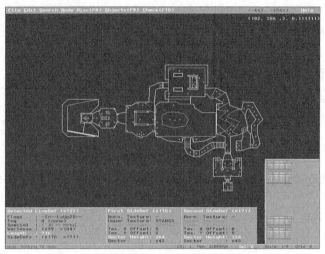

图 13.51　即使是简单 Doom 关卡也可能带来重绘恶梦

有些多边形被部分遮掩，但仍然被包含在 PVS 中。这是完全可以接受的，从作者的经验看，使用前面介绍的 PVS 时，重绘比例最多为 50～150%；但如果不使用 PVS，对于大型关卡，重绘比例很容易达到 1000%～2000%。也就是说，仅仅通过使用 PVS，就可以将帧频（多边形数量）提高（降低）一个数量级。

13.4.2　潜在可见集的其他编码方法

当关卡很大时（包含 10 000～1 000 000 个多边形），PVS 将非常大。在我们的简单范例中，使用了两种方法：每个房间一个相关联的数组或邻接矩阵。对于房间到房间的 PVS（指出房间的可见性，而不是多边形的可见性）而言，这两种技术都是可行的。

如果要对从任何视点看，多边形的可见性信息进行编码，可使用分区技术，根据视点所在的区段（sector），计算每个多边形的可见性。找出可见的多边形是一个几何问题，稍后再介绍，但通常是基于光线和视线（line-of-sight）可见性的，因此并不难。接下来花些时间介绍如何对大型数据进行编码。

假设关卡中有 50 000 个多边形和 100 个房间，则有两种方法可供选择。可以根据视点所在的房间来进行 PVS 编码；也可以将游戏世界划分成小型正方形或立方体，然后为每个正方形或立方体，创建一个可能可见的多边形列表。图 13.52 概括地说明了这一点。

如果使用索引来进行 PVS 编码，则对于给定房间或分区，每个可能可见的多边形都需要一个索引。例如，在前面包含 100 个房间（有 50 000 个多边形）的例子中，从每个房间看，平均大约有 1000 个多边形是可能可见的。这意味着 PVS 的大小为：100 个房间×1000 个可能可见的多边形×4 字节 ＝400K 字节。

这实际上并不太糟糕。当然，还可以做得更好些：使用 3 字节的索引，而不是使用 4 字节（32 位）的整数索引。在另一方面，如果用另一种方式进行 PVS 编码，效率可能更高些。

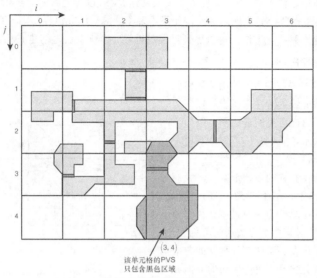

图 13.52　基于分区的 PVS

例如，可以使用一个位表（bit list），其中的各位依次对应于多边形 0~n，如果多边形是可能可见的，则将相应的位设置为 1。换句话说，如果有 10 个多边形，从房间 n 可以看到多边形 0、5 和 6，则房间 n 的 PVS 如下：

1000011000

当然，使用这种位编码时，必须包含所有多边形的可见性值，但确实可以节省内存。使用这种编码方法时，需要的内存量如下：

100 个房间×50 000 个多边形×1 位 ＝625K 字节。

前面不是说需要的内存量更少吗？确实如此，条件是对其进行压缩。在大多数情况下，使用简单的串长（run-length）编码方法（将连续的 0 或 1 进行压缩）可以将 PVS 压缩 1~20 倍，因此，在大多数情况下，实际所需的存储空间大约为 50KB。

总之，如何存储 PVS——使用多边形索引还是位表——取决于您。这两种方法各有利弊，就个人而言，作者不想节省内存，因此喜欢使用多边形索引。

13.4.3　流行的 PVS 计算方法

前面我们一直避开了计算 PVS 的细节，并非因为它很难，而是因为没有放之四海皆准的方法。计算 PVS 的方法很多，这里只介绍两种最流行的技术。

1．基于工具的 PVS

最简单的 PVS 创建方法是手工来完成。例如，假设您创建了一个工具，用它来绘制 2D 世界，然后通过延展（extrude）来得到 3D 世界。每个房间都由一组多边形组成，建立 2D 世界模型后，您进入下一个阶段：手工创建邻接矩阵或其他支持数据结构，用于指出从各个房间看，哪些房间是可见的。这种工作本可以通过直线绘制、泛填充（flood filling）来完成，但为何将问题复杂化呢？如果游戏世界很小，只有 10~50 个房间，可以通过观察，快速地确定每个房间的邻接信息，而无需使用复杂的算法。

推荐读者一开始使用这种方法。手工或使用工具来创建 PVS，以便能够使用 PVS 来完成工作。由于 PVS 通常是离线创建的，因此时间不是问题。然而，如果需要不断修改游戏世界，则不断地重新创建 PVS 将是令人痛苦的。PVS 只是一种优化方法，可以等到对游戏世界完全满意后再创建 PVS。

2．基于入口/光线的 PVS

一种更常见的 PVS 生成方法是，使用单元格到单元格的入口可见性或光线的特性来找出从任何房间、分区或单元格看，可能可见的多边形。例如，请看图 13.53 所示的关卡，其中标出了每个通道，它们被称为入口（portal）。

另外，每个房间都由独立的多边形组成，我们将创建包含多边形的 PVS。从图 13.53 可知，从房间 4 看，房间到房间的可见性为灰色区域。我们要计算更精确的可见性，即标记各个多边形的可见性。为此，可计算从房间 4 出发、到达其他房间的各条光线。这使用手工方式几乎是不可能完成的，但如果将房间 4 的入口视为光源，将其他入口视为遮光板，进而跟踪光锥，将找到所需的东西：图 13.53 所示的黑色区域。

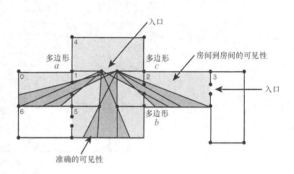

多边形 a、b、c 包含在基于房间的 PVS 中，
但不在基于多边形的 PVS 中

图 13.53　基于多边形的入口可见性

正如读者看到的，使用光线跟踪，确定了从房间 4 的入口出发，经邻接房间进入其他潜在可视房间的光锥，被光线照射到的锥形区域（体）是从房间 4 可能可见的。任何其边位于该区域（体）中的多边形都将包含在房间 4 的 PVS 中。另外，还必须包含房间 1 中的所有多边形，因为它与房间 4 相邻，入口边界与它之间没有其他房间。

使用这种新技术，可避免房间 4 的 PVS 包含房间 0、1、2 和 5 中的所有多边形，而只包含这样的多边形：位于以房间 4 的入口为光源的光锥内或与之相交。在这个例子中，房间 4 的 PVS 包含的多边形数量将减少 30%～50%。例如，多边形 a、b 和 c 不包含在 PVS 中，虽然它们包含在房间到房间的 PVS 中。

这种技术也适用于房间中的物体。物体是由多边形组成的，可以检查它们是否在光锥内。当然，这只适用于静态物体，如果房间中的物体移动，可能变得不可见，但仍将包含在 PVS 中。然而，可以通过创建"阴影"区域，确定一些区段（sector），仅当物体在这些区段中时，才将其包含到 PVS 中。物体移动到区段外后，将被遮住。

正如读者看到的，可以使用 PVS 概念来进行各种优化、处理特殊情况等——这只受限于您的想象力。PVS 的计算是离线完成的，因此，可以根据需要花任意长的时间来确定从给定视点或房间看，哪些多边形是可见的。

如果游戏世界不是基于房间的，没有可将其视为光源（遮光板）的入口（门），该如何办呢？这不是问题，只是需要一些创造力。一种可行的技巧是，根据游戏世界是基于关卡的还是随机 3D 的，将其划分成方块或立方体。然后，随机地在游戏世界中选择数千、数万或数十万个视点，或者根据玩家的移动路线均匀地选择视点；再从每个视点发出到游戏世界中每个多边形的射线。如果至少有一条从视点出发的射线能够不受阻碍地到达多边形的一个顶点，则可以确定从视点看，该多边形是可见的，进而将其加入到视点的 PVS 中。图 13.54 说明了这一点。

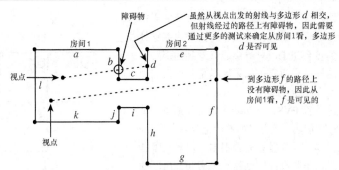

图 13.54 使用光线投射来确定可见性

3. 有关 PVS 的最后思考

对于使用大型多边形数据库的游戏而言，潜在可见集是必不可少的。在运行阶段使用它们的开销几乎为零，同时即使使用最粗糙的编码方法，它们占用的内存量充其量是中型的。PVS 与 BSP 树、八叉树、（尤其是）入口等协同工作。PVS 的计算量可能非常大，这取决于您对 PVS 的精度要求。然而，正如前面指出的，简单的基于工具的 PVS 或基于入口/光线投射的 PVS 只需进行少量的几何和光线跟踪计算。最后，计算出 PVS 后，便可以使用邻接矩阵、数组或位表对其进行编码。

13.5 入　　口

在过去的几年中，入口（portal）吸引了大量的眼球。有趣的是，其首次出现可追溯到 60 年代，因此很多编码员都认为它是自己发明的。两个最著名的入口游戏是 Descent 和 Duke Nukem 3D，如图 13.55 和图 13.56 所示。Descent 是一款 3D 飞行游戏，支持 6 种飞行方向，让玩家能够在好像一望无际的 3D 隧道迷宫中飞行。它支持光照、纹理映射具有非常棒的效果，但令人惊讶的是，游戏世界的渲染速度却非常快。Duke Nukem 3D 是 90 年代中期推出的另一款非常精彩的 3D 游戏，它支持实时光照、纹理映射、多关卡、晋级（stairs）、移动物体等特性，也是一款使用入口技术的产品。入口技术并不神奇，它只不过是一种实时实现的 PVS 策略。

图 13.55 将入口使用到极致的 Descent

图 13.56 Duke Nukem 3D

关键之处在于，即使关卡中有 10 亿个多边形，如果每帧只需绘制两三百个多边形，游戏将非常精彩，好像能够处理大量的数据。其中的技巧在于，只渲染能够看到的那些多边形。入口技术基于这样一个事实：如果环境是基于房间或单元格的，并能够标记到邻接房间的"入口"，可以使用一种巧妙的技术来动态地计算 PVS。下面介绍其工作原理。请看图 13.57，其中有 5 个房间，每扇门都被标记为入口。

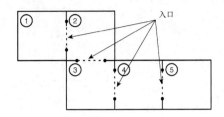

A. 房间布局

对于房间中的任何物体，来看看能否根据入口确定哪些多边形是可见的。首先，至少离线地创建一个房间到房间的可见性列表。之所以这样做是因为，如果从房间 1 看不到房间 5，则没有必要对房间 5 应用入口逻辑。这里使用邻接列表，而不是邻接矩阵，如图 13.57b 所示。有了这些列表后，便可以实时地进行渲染了，步骤如下：

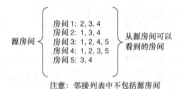

B. 邻接列表

源房间	从源房间可以看到的房间
房间 1: 2, 3, 4	
房间 2: 1, 3, 4	
房间 3: 1, 2, 4, 5	
房间 4: 1, 2, 3, 5	
房间 5: 3, 4	

注意：邻接列表中不包括源房间

图 13.57　根据入口离线计算房间到房间的可见性

1. 确定视点所在的房间/单元格，并保存这种信息。

2. 使用任何技术（BSP、z 缓存、z 排序等）渲染当前房间中的多边形。

3. 对于当前房间的每个入口（我们有一个这样的列表），将定义该入口的平面作为附加裁剪面，来调整视景体，然后进入入口连接的房间，并绘制该房间中的多边形。

深入探讨裁剪细节之前，先来详细介绍上述处理过程。从视点所在的房间开始，渲染该房间中的多边形，然后通过入口列表递归地遍历该房间的邻接列表，但每次进入下一个房间时，都只渲染该房间中从源房间通过入口可以看到的多边形。换句话说，根据入口对视景体进行裁剪，如图 13.58 所示。

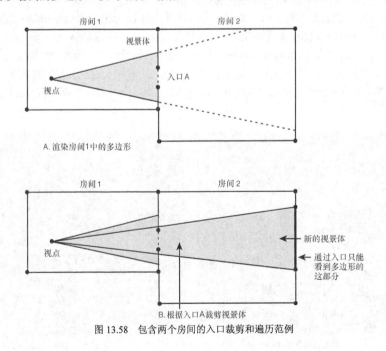

图 13.58　包含两个房间的入口裁剪和遍历范例

下面通过一个 2D 空间中包含两个房间的例子来说明这个处理过程。如图 13.58 所示，房间 1 的邻接列表中包含房间 2，这意味着通过入口这两个房间之间是相互可见的。视点位于房间 1 中，因此根据原始视景体渲染房间 1 中所有的多边形。接下来进入房间 2，因为通过入口 A 可以看到它。然而，需要根据入口的几何形状（这里是 2D 的）对视景体进行调整，新的视景体如图 13.58b 所示。从视点看，只有位于新视景体内的多边形是可见的，其他多边形不可见，不会被渲染。由于根据入口的形状对视景体进行了裁剪，根据定义，从房间 1 中的视点只能看到房间 2 中通过入口可见的多边形。

刚才介绍的入口技术存在两个问题。首先，没有提供 PVS，而只是创建了一个新的视景体。然而，如果有 BSP 树或八叉树，可以根据当前入口剔除整个房间或单元格，从而节省时间。第二个问题更复杂。每次递归到下一个房间，根据入口的几何形状调整视景体后，视景体将从 4 面（还有近裁剪面和远裁剪面）变成 n 面，如图 13.59 所示。

这没什么，可以使用一组平面来实现；真正的问题在于调整视景体后的裁剪：裁剪时间的增加开始抵消渲染时间的减少——裁剪时间如此之长，还不如直接渲染所有的多边形呢！

总之，对于通过过道相连或形状非常规则的游戏世界，入口技术的效果很不错。另外，如果愿意放松裁剪和使用入口平面调整视景体的条件，将可以得到非常高的实时性能。然而，入口技术还是不如 PVS——它怎么可能与 PVS 相比呢？预先知道什么需要绘制什么不需要绘制总是更好。

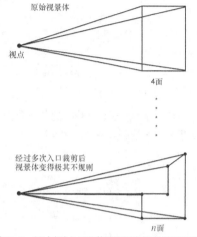

图 13.59 经过多次入口裁剪后视景体变得极其不规则

13.6 包围体层次结构和八叉树

包围体层次结构（bounding hierarchical volumes，BHV）只不过是另一种对物体或几何体进行分组，以实现快速碰撞检测或剔除的方法。事实上，我们从开始到现在一直在使用包围球来进行物体的快速剔除。BHV 只是深化了这种思想，创建一个包围体层次结构，如图 13.60 所示。包围体可以是如图 13.60 所示的球体，可以是平行于坐标轴的立方体，也可以是基于物体的立方体，选择权在您手中。在大多数情况下，使用球体或与坐标轴平行的立方体。

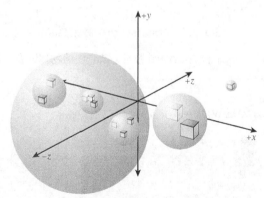

图 13.60 使用包围球体层次结构将物体分组

例如，假设有一组如图 13.61 所示的物体，其中每个物体用其包围球表示。BPV 的理念是，将物体组合成大型集合，这样便可以对整个集合而不是各个组成部分进行剔除。在图 13.61b 中，物体被组合到较小的球体中，而在图 13.61c 中，物体被组合到更小的球体中。

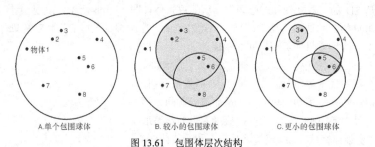

图 13.61　包围体层次结构

可以用类似于图 13.62 的任何数据结构来表示 BHV，但树形结构最合适。然而，在层次结构中，节点的子节点可能超过两个，因此需要使用 *n*-叉树结构，如图 13.62 所示。

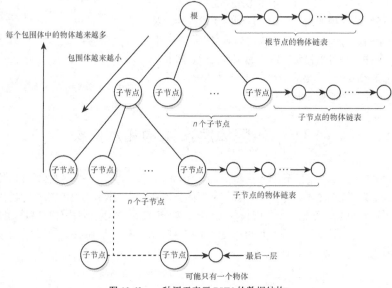

图 13.62　一种用于表示 BHV 的数据结构

每个节点都有球心、半径、指向子节点的指针数组、节点中的物体链表（数组）以及状态信息。下面是可能使用的一套数据结构：

```
// 用于存储物体的物体容器
typedef struct OBJ_CONTAINERV1_TYP
    {
    int state;      // 状态
    int attr;       // 属性
    POINT4D pos;     // 位置
    VECTOR4D vel;    // 速度
    VECTOR4D rot;    // 旋转速度
    int auxi[8];     // 包含 8 个元素的 int 辅助数组
```

```
    int auxf[8];      // 包含 8 元素的 float 辅助数组
    void *aux_ptr;    // 辅助指针
    void *obj;        // 指向 OBJECT4DV2 的指针

    } OBJ_CONTAINERV1, *OBJ_CONTAINERV1_PTR;

// BHV 节点数据结构
typedef struct BHV_NODEV1_TYP
    {
    int state;        // 节点的状态
    int attr;         // 节点的属性
    POINT4D pos;      // 中心
    VECTOR4D radius;  // 沿 x、y、z 轴的半径
    int num_objects;  // 节点中包含多少个物体
    OBJ_CONTAINERV1 *objects[MAX_OBJECTS_PER_BHV_NODE]; // 物体数组

    int num_children; // 子节点数

    BHV_NODEV1_TYP *links[MAX_BHV_PER_NODE]; // 指向子节点的指针数组

    } BHV_NODEV1, *BHV_NODEV1_PTR;
```

上述数据结构适用于包围体为球体、立方体或长方体的情形。半径是用 VECTOR4D 表示的，包围体沿每个轴的长度可以不同。字段 radius 和 attr 一起，使得 BHV_NODEV1 适用于各种不同包围体的情形。将 BHV_NODEV1 做了细微的抽象化，它包含一个更通用的 OBJ_CONTAINERV1，而不是 OBJECT4DV2。另外，OBJ_CONTAINERV1 有一个 void 指针，用于指向一个 OBJECT4DV2，这样，即使 OBJECT4DV2 被修改，仍可以使用上述数据结构。

当然，我们需要一种创建 BHV 树的策略，即在每层如何选择包围球的位置和大小。不过，在此之前，先来讨论如何使用 BHV 树。

13.6.1 使用 BHV 树

假设已经使用包围球（或立方体）创建好了 BHV 树，我们便可以在运行阶段使用它来进行大规模的碰撞检测或剔除。它们之间是彼此相关的，本章的主题是渲染而不是碰撞检测，因此这里只讨论如何使用 BHV 树来进行剔除。

BHV 树的每一层以不同的粒度（coarseness）表示了游戏世界中所有的几何体。在最上面一层，只有一个球体，它包围了整个游戏世界，因此第一步是根据视景体对整个游戏世界进行剔除。这很容易，类似于基于包围球来剔除物体。如果整个根节点都被剔除，则将数组 objects[ ] 中所有的物体都标记为被剔除，无需再进行其他处理。给所有物体设置剔除标记的代码如下：

```
SET_BIT(obj->state, OBJECT4DV2_STATE_CULLED);
```

如果最上面的节点不能被剔除，则遍历子节点，对每个子节点的包围球进行剔除。在每个节点处，可以以深度优先或广度优先的方式递归进行上述处理，如图 13.63 所示。无论采用哪种方式，必要时都能检测整个 BHV 树。读者需要记住的是，如果节点被剔除，该节点中所有的物体都被标记为被剔除，不再遍历其任何子节点。

处理完毕后，每个被剔除的物体都被相应地标记，这样渲染时，在遍历物体的主循环中，可以通过检查 OBJECT4DV2_STATE_CULLED 标记来确定物体是否被剔除。如果物体未被剔除，仍必须执行标准的物体剔除处理，因为 BHV 系统不一定会创建只包含一个物体的包围体。

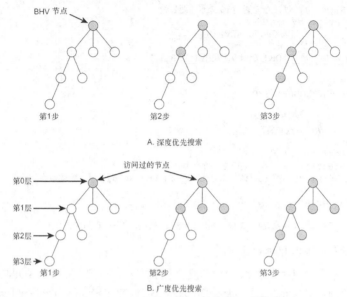

图 13.63　BHV 树的深度优先和广度优先搜索

13.6.2　运行性能

接下来讨论运行性能以及 BHV 为何有助于提高性能。假设有 10 000 个物体，它们均匀地分布在空间中。如果有 4 层包围体，第 0 层为 BHV 树根，包含所有的物体；第 1 层也包含所有的物体，但每个包围体的半径最大为根包围体的 50%，依次类推。

具体情况如下：

● **根**——包围体的半径为 r，包含全部物体。

● **第 1 层**——包围体的半径<=r/2。这一层有一个或多个包围体，我们假设有 5 个，半径都是 r/2，它们在空间中均匀分布，因此每个包围体中有 2000 个物体。

● **第 2 层**——包围体的半径<=r/4。这一层有一个或多个包围体，我们假设有 20 个，半径都是 r/4，它们在空间中均匀分布，因此每个包围体中有 100 个物体。

● **第 3 层**——包围体的半径<=r/8。这一层有一个或多个包围体，我们假设有 200 个，半径都是 r/8，它们在空间中均匀分布，因此每个包围体中有 50 个物体。

这样，BHV 树如图 13.64 所示。接下来将该 BHV 树传递给根据视景体对包围球进行剔除的函数（其代码与 Cull_OBJECT4DV2() 相同）。如果能够根据视景体剔除树根，便可以知道没有一个物体是可见的——原本需要进行 10 000 次包围球测试，现在只需一次测试！然而，除非太阳从西边出来（hell has frozen over），否则不可能整个游戏世界都不可见。我们必须检测 BHV 树的下一层，这是有趣的地方。

根有 5 个子节点，因此需要以深度优先或广度优先的方式遍历这 5 个子节点。我们暂时使用广度优先的方式，这意味着需要依次判断 5 个子节点是否被剔除。如果是，则将节点中所有的物体都标记为被剔除，并将节点标记为访问过，这样便不会访问其子节点。假设 5 个节点中有 4 个被剔除。接下来进入下一层，这需要处理 4 个节点。这个过程将不断重复下去，直到每个需要访问的节点都访问过为止。

遍历结束后，所有可能被剔除的物体都已剔除。一般而言，需要执行几十次剔除测试，相对于原本需要进行 10 000 次测试，这是非常有意义的。这就是 BHV 技术的威力所在。

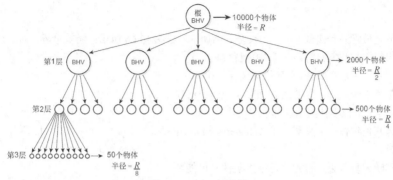

图 13.64　BHV 树范例

然而，显然还有一些可优化的地方。例如，遍历 BHV 树时，同一个物体很可能包含在多个节点中，可能在高层被剔除后再被剔除（或试图将其剔除）。在大多数情况下，这是可以接受的，这主要与任何两个节点之间的重复率有关。

第二个重要的优化方法是，使用一个计数器来记录有多少个物体被剔除（重复剔除只算一次），当计数器等于物体数目后，结束遍历。

13.6.3　选择策略

最后一个难题是选择包围体。本章后面的一节将讨论八叉树，其确定性非常高。广义 BHV 本质上是确定性或试探性的。例如，可以使用工具来手工选择包围体、编写不那么精确的试探算法或编写一种确定性非常高的算法。这里只介绍一些选择包围体的思路。

另外，很多人使用 BHV 来对移动物体进行实时地碰撞检测和剔除，这意味着每当物体离开节点时都必须重新生成 BHV 树，或者每帧都重新生成 BHV 树，采取哪种方法取决于哪种方法更合适。因此，通常使用只有 3～8 层的简单方案。别忘了，我们只是使用 BHV 来提供一些帮助，并不要求它是完美的；而速度始终是最重要的考虑因素。

1. 分而治之

这种策略以均匀的方式将 3D 空间划分为立方体、球体等，每个分区的大小相同。例如，第一步总是将整个空间包含在根 BHV 节点中；第二步将空间均匀地划分为大小相同的立方体——可能是 $16 \times 16 \times 16$ 或 $4 \times 4 \times 4$ 的，然后据此确定包围体的大小。不包含任何物体的分区将不会作为 BHV 节点加入到这一层中。接下来，再次将每个 BHV 节点划分成立方体（或其他几何形状），如图 13.65a 和 13.65b 所示。这种分而治之技术的优点是易于实现，这与八叉树一脉相承（实际上，这样做将创建八叉树）。

图 13.65a　3D 分区的实心视图

图 13.65b　3D 分区的线框视图

2．集群技术

虽然分而治之技术易于实现，但不太灵巧。例如，对于图 13.66 所示的游戏世界，对其进行分区无疑是浪费时间，因为很容易将其划分成三个物体群集。

集群技术使用一种试探算法，它随机地选择一个物体，将离该物体的距离小于集群半径的所有物体作为一个潜在集群，并计算集群中其他物体到该物体的平均半径。然后，继续随机地选择其他物体作为集群种子（cluster seed），并执行同样的逻辑。

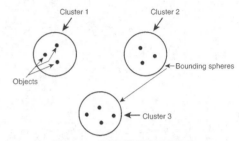

这种过程不断重复下去，直到满足终止条件（可能是选择了 n 个集群种子等）为止。接下来，将最佳的潜在集群作为 BHV 节点，然后以类似的方法找出其他的 BHV 节点。图 13.67 以高度简化的方式说明了这种处理方法，其中有 6 个物体。首先，将每个物体都作为集群种子，发现

图 13.66　没必要进行分区的情形

物体 1 是最佳的，因为它到集群中其他物体的平均距离最小。因此，以物体 1 为中心创建第一个 BHV 节点。接下来，从余下的物体选择一个最佳的，将其作为中心来创建下一个 BHV 节点，依次类推。

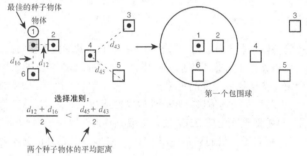

图 13.67　根据到集群中其他物体的平均距离最小来选择种子物体

13.6.4　实现 BHV

作者编写了一个演示 BHV 的程序，它创建一个 3D 世界，加载几百个物体，并将它们随机地放置在 3D 世界中。然后，使用分而治之算法将这些物体分组以创建 BHV 树，BHV 树包含 n 层，其中 n 是可以通过函数参数指定的。执行 BHV 分析的函数是专门针对物体的表示方式而设计的。如果读者查看多物体演示程序的代码将发现，大多数情况下，都只加载了一个物体，然后定义了一个用于物体位置的数组，其中每个元素都指向加载的物体。在 BHV 演示程序中，也使用了这种技巧：创建一个虚拟物体数组，然后根据其中每个元素指定的位置渲染同一个物体。图 13.68 说明了这个虚拟物体数组。

下面是物体容器的定义：

```
typedef struct OBJ_CONTAINERV1_TYP
{
int state;      // 状态
int attr;       // 属性
POINT4D pos;     // 位置
OBJECT4DV2_PTR obj; // 指向 OBJECT4DV2 的指针

} OBJ_CONTAINERV1, * OBJ_CONTAINERV1_PTR;
```

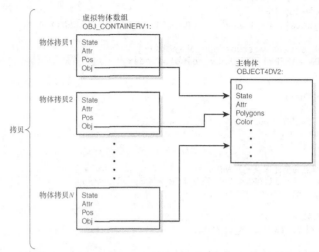

图 13.68　同一个物体的多个拷贝

当然，前面定义的 BHV_NODEV1 被用来表示 BHV 节点。BHV 处理涉及的函数只有两个：一个用于创建 BHV 树，另一个用于根据视景体对 BHV 树进行剔除。创建 BHV 树的函数如下：

```
void BHV_Build_Tree(BHV_NODEV1_PTR bhv_tree,        // 要创建的 BHV 树
    OBJ_CONTAINERV1_PTR bhv_objects, // 指向场景中物体数组的指针
    int num_objects,         // 场景中的物体数目
    int level,           // BHV 树应包含多少层
    int num_divisions,        // 沿每个轴将节点分割成多少份
    int universe_radius)       // 游戏世界的大小
{
// 这个函数使用分而治之算法将物体分组，以创建 BHV 树

Write_Error("\nEntering BHV function...");

// 创建树根吗?
if (level == 0)
  {
  Write_Error("\nlevel = 0");

  // 将节点位置设置为(0, 0, 0)
  bhv_tree->pos.x = 0;
  bhv_tree->pos.y = 0;
  bhv_tree->pos.z = 0;
  bhv_tree->pos.w = 1;

  // 将节点半径设置为游戏世界的半径
  bhv_tree->radius.x = universe_radius;
  bhv_tree->radius.y = universe_radius;
  bhv_tree->radius.z = universe_radius;
  bhv_tree->radius.w = 1;

  Write_Error("\nnode pos[%f, %f, %f], r[%f, %f, %f]",
          bhv_tree->pos.x,bhv_tree->pos.y,bhv_tree->pos.z,
          bhv_tree->radius.x,bhv_tree->radius.y,bhv_tree->radius.z);

  // 创建树根节点，将所有物体都加入到该节点中
  for (int index = 0; index < num_objects; index++)
    {
```

```
        // 判断物体是否已经被剔除
        if (!(bhv_objects[index].state & OBJECT4DV2_STATE_CULLED))
         {
         bhv_tree->objects[bhv_tree->num_objects++] =
             (OBJ_CONTAINERV1_PTR)&bhv_objects[index];
         } // end if

        } // end for index

     // 将所有物体加入到根节点中后，将该节点设置为活动状态
     bhv_tree->state = 1;
     bhv_tree->attr  = 0;

     // 将所有指向子节点的指针都设置为 NULL
     for (int ilink = 0; ilink < MAX_BHV_PER_NODE; ilink++)
        bhv_tree->links[ilink] = NULL;

     // 设置包含的物体数目
     bhv_tree->num_objects = num_objects;

     Write_Error("\nInserted %d objects into root node", bhv_tree->num_objects);
     Write_Error("\nMaking recursive call with root node...");

     // 递归地创建 BHV 树的其他部分
     BHV_Build_Tree(bhv_tree,
            bhv_objects,
            num_objects,
            1,
            num_divisions,
            universe_radius);
    } // end if
 else
   {
    Write_Error("\nEntering Level = %d > 0 block, number of objects = %d",
        level, bhv_tree->num_objects);

    // 检测结束状态
    if (bhv_tree->num_objects <= MIN_OBJECTS_PER_BHV_CELL)
     return;

    // 创建子节点
    // 必须将当前节点划分成多个子节点
    // 然后将物体插入到每个子节点中，再递归调用函数，以创建 BHV 子树

// 创建临时 3D 单元格
BHV_CELL cells[MAX_BHV_CELL_DIVISIONS]
        [MAX_BHV_CELL_DIVISIONS]
        [MAX_BHV_CELL_DIVISIONS];

// 根据半径和中心找出包围体的原点
int x0 = bhv_tree->pos.x - bhv_tree->radius.x;
int y0 = bhv_tree->pos.y - bhv_tree->radius.y;
int z0 = bhv_tree->pos.z - bhv_tree->radius.z;

// 计算单元格沿 x、y、z 轴的大小
float cell_size_x = 2*bhv_tree->radius.x / (float)num_divisions;
float cell_size_y = 2*bhv_tree->radius.y / (float)num_divisions;
float cell_size_z = 2*bhv_tree->radius.z / (float)num_divisions;

Write_Error("\ncell pos=(%d, %d, %d) size=(%f, %f, %f)",
     x0,y0,z0, cell_size_x, cell_size_y, cell_size_z);
```

```
int cell_x, cell_y, cell_z; // 用于存储单元格在 3D 阵列中的位置

// 清空单元格内存
memset(cells, 0, sizeof(cells));

//沿每条轴将空间分成 num_divisions (必须小于 MAX_BHV_CELL_DIVISIONS)等份
// 确定物体的中心位于哪个单元格中
for (int obj_index = 0; obj_index < bhv_tree->num_objects; obj_index++)
  {
  // 计算物体位于哪个单元格中
  cell_x = (bhv_tree->objects[obj_index]->pos.x - x0)/cell_size_x;
  cell_y = (bhv_tree->objects[obj_index]->pos.y - y0)/cell_size_y;
  cell_z = (bhv_tree->objects[obj_index]->pos.z - z0)/cell_size_z;

  // 将物体插入到单元格的物体数组中
 cells[cell_x][cell_y][cell_z].obj_list[cells[cell_x]
 [cell_y][cell_z].num_objects] = bhv_tree->objects[obj_index];

  Write_Error("\ninserting object %d
  located at (%f, %f, %f) into cell (%d, %d, %d)",
      obj_index,
      bhv_tree->objects[obj_index]->pos.x,
      bhv_tree->objects[obj_index]->pos.y,
      bhv_tree->objects[obj_index]->pos.z,
      cell_x, cell_y, cell_z);

  // 将单元格中的物体数加 1
  if (++cells[cell_x][cell_y][cell_z].num_objects >=
    MAX_OBJECTS_PER_BHV_CELL)
cells[cell_x][cell_y][cell_z].num_objects = MAX_OBJECTS_PER_BHV_CELL-1;

  } // end for obj_index

  Write_Error("\nEntering sorting section...");

// 有了单元格后，为每个不为空的单元格创建一个 BHV 节点

for (int icell_x = 0; icell_x < num_divisions; icell_x++)
  {
  for (int icell_y = 0; icell_y < num_divisions; icell_y++)
    {
    for (int icell_z = 0; icell_z < num_divisions; icell_z++)
      {
      // 单元格中有物体吗？
      if ( cells[icell_x][icell_y][icell_z].num_objects > 0)
        {
        Write_Error("\nCell %d, %d, %d contains %d objects",
            icell_x, icell_y, icell_z,
            cells[icell_x][icell_y][icell_z].num_objects);

        Write_Error("\nCreating child node...");

        // 创建一个节点，并将指针指向它
        bhv_tree->links[ bhv_tree->num_children ] =
         (BHV_NODEV1_PTR)malloc(sizeof(BHV_NODEV1));

        // 清空节点的内容
        memset(bhv_tree->links[ bhv_tree->num_children ],
           0, sizeof(BHV_NODEV1) );
```

```
      // 设置节点
      BHV_NODEV1_PTR curr_node =
        bhv_tree->links[ bhv_tree->num_children ];

      // 设置位置
      curr_node->pos.x = (icell_x*cell_size_x + cell_size_x/2) + x0;
      curr_node->pos.y = (icell_y*cell_size_y + cell_size_y/2) + y0;
      curr_node->pos.z = (icell_z*cell_size_z + cell_size_z/2) + z0;
      curr_node->pos.w = 1;

      //半径为 cell_size / 2
      curr_node->radius.x = cell_size_x/2;
      curr_node->radius.y = cell_size_y/2;
      curr_node->radius.z = cell_size_z/2;
      curr_node->radius.w = 1;

      // 设置物体数
      curr_node->num_objects =
        cells[icell_x][icell_y][icell_z].num_objects;

      // set num children
      curr_node->num_children = 0;

      // 设置状态和属性
      curr_node->state     = 1; // 将节点设置为活动状态
      curr_node->attr      = 0;

      // 将物体插入到节点的物体列表中
      for (int icell_index = 0;
        icell_index < curr_node->num_objects; icell_index++)
        {
        curr_node->objects[icell_index] =
        cells[icell_x][icell_y][icell_z].obj_list[icell_index];
        } // end for icell_index

      Write_Error("\nChild node pos=(%f, %f, %f), r=(%f, %f, %f)",
       curr_node->pos.x,curr_node->pos.y,curr_node->pos.z,
       curr_node->radius.x,curr_node->radius.y,curr_node->radius.z);

      // 将子节点数加 1
      bhv_tree->num_children++;

      } // end if

    } // end for icell_z

  } // end for icell_y

} // end for icell_x

Write_Error("\nParent has %d children..", bhv_tree->num_children);

// 为每个节点创建一个 BHV 子树
for (int inode = 0; inode < bhv_tree->num_children; inode++)
  {
  Write_Error("\nfor Level %d, creating child %d", level, inode);

  BHV_Build_Tree(bhv_tree->links[inode],
      NULL, // unused now
      NULL, // unused now
      level+1,
```

```
        num_divisions,
        universe_radius);

    } // end if

  } // end else level > 0

Write_Error("\nExiting BHV...level = %d", level);

} // end BHV_Build_Tree
```

下面是根据视景体对 BHV 树进行剔除的函数：

```
int BHV_FrustrumCull(BHV_NODEV1_PTR bhv_tree, // BHV 树根
     CAM4DV1_PTR cam,        // 相机
     int cull_flags)         // 要考虑的裁剪面
{
// 这个函数是基于矩阵的
// 它根据传入的相机信息对 BHV 树执行视景体剔除
// cull_flags 参数指定需要根据哪些裁剪面进行剔除
// 在对 BHV 进行剔除时，将修改节点的状态信息，供渲染函数参考

// 检查 BHV 树和相机是否有效
if (!bhv_tree || !cam)
  return(0);

// 需要遍历 BHV 树，并进行剔除

// 第 1 步：将节点的包围球球心变换为相机坐标

POINT4D sphere_pos; // 用于存储包围球球心的变换结果

// 对球心坐标进行变换
Mat_Mul_VECTOR4D_4X4(&bhv_tree->pos, &cam->mcam, &sphere_pos);

// 第 2 步：根据剔除标记对节点进行剔除
if (cull_flags & CULL_OBJECT_Z_PLANE)
{
// cull only based on z clipping planes

// 远裁剪面测试
if ( ((sphere_pos.z - bhv_tree->radius.z) > cam->far_clip_z) ||
   ((sphere_pos.z + bhv_tree->radius.z) < cam->near_clip_z) )
   {
   // 整个节点被剔除，需要设置其中每个物体的剔除标记
   for (int iobject = 0; iobject < bhv_tree->num_objects; iobject++)
     {
     SET_BIT(bhv_tree->objects[iobject]->state, OBJECT4DV2_STATE_CULLED);
     } // end for iobject

   // 该节点访问过且被剔除
   bhv_nodes_visited++;

   return(1);
   } // end if

} // end if

if (cull_flags & CULL_OBJECT_X_PLANE)
{
// 只根据左、右裁剪面进行剔除
```

```
// 本可以使用平面方程，但使用三角形相似更容易，因为这是一个 2D 问题
// 如果视角为 90 度，问题将更简单，但这里假设不是

// 根据右裁剪面和左裁剪面来检测包围球上最右边和最左边的点
float z_test = (0.5)*cam->viewplane_width*sphere_pos.z/cam->view_dist;

if ( ((sphere_pos.x - bhv_tree->radius.x) > z_test)  || //位于视景体右边
  ((sphere_pos.x + bhv_tree->radius.x) < -z_test) )  // 位于视景体左边
  {
  // 整个节点被剔除，需要设置节点中每个物体的剔除标记
  for (int iobject = 0; iobject < bhv_tree->num_objects; iobject++)
    {
    SET_BIT(bhv_tree->objects[iobject]->state, OBJECT4DV2_STATE_CULLED);
    } // end for iobject

  // 这个节点被访问过且被剔除
  bhv_nodes_visited++;

  return(1);
  } // end if
} // end if

if (cull_flags & CULL_OBJECT_Y_PLANE)
{
// 只根据上、下裁剪面来进行剔除
// 本可以使用平面方程，但使用三角形相似更容易，因为这是一个 2D 问题
// 如果视角为 90 度，问题将更简单，但这里假设不是

// 根据上裁剪面和下裁剪面检测包围球上最上边的点和最下边的点
float z_test = (0.5)*cam->viewplane_height*sphere_pos.z/cam->view_dist;

if ( ((sphere_pos.y - bhv_tree->radius.y) > z_test)  || // 位于视景体上面
  ((sphere_pos.y + bhv_tree->radius.y) < -z_test) )  // 位于视景体下面
  {
  // 整个节点被剔除，需要设置节点中每个物体的剔除标记
  for (int iobject = 0; iobject < bhv_tree->num_objects; iobject++)
    {
    SET_BIT(bhv_tree->objects[iobject]->state, OBJECT4DV2_STATE_CULLED);
    } // end for iobject

  // 该节点被访问过，且被剔除
  bhv_nodes_visited++;

  return(1);
  } // end if

} // end if

// 至此，我们知道该 BHV 节点没有被剔除
// 因此遍历其子节点，看能否剔除它们
for (int ichild = 0; ichild < bhv_tree->num_children; ichild++)
  {
  // 递归调用
  BHV_FrustrumCull(bhv_tree->links[ichild], cam, cull_flags);

  // 可以跟踪被剔除的物体数，如果所有物体都被剔除，则结束

  } // end ichild

// 指出没有剔除任何物体
return(0);
```

```
} // end BHV_FrustrumCull
```

函数 BHV_FrustrumCull() 按前面概述的方式遍历 BHV 树，并应用 Cull_OBJECT4DV2() 采用的根据视景体对包围球进行剔除的算法。基本上，我们根据 BHV 节点的球心和半径来创建一个包围球，然后检测该包围球是否在视景体内。

警告：在包围体为球体时，使用包围球很不错；但在包围体为立方体的默认情况下，这样做将降低物体被剔除的步伐。这种问题很容易解决：只需编写一个支持立方体的剔除函数。这项工作留给读者去完成，因为根据如何使用 BHV 技术，可能需要很多不同形状的包围体，但对演示而言，使用球体是最容易的。

提示：实现立方体剔除很简单：只需使用包围立方体的 8 个顶点而不是球体的 6 个切点来进行剔除检测即可。

运行函数 BHV_FrustrumCull() 后，物体数组的 state 字段将被修改（剔除位被设置为 0 或 1）。然后，在物体渲染循环中，对物体数组进行检测，进而忽略被剔除的物体。对于没有被剔除的物体则像以往那样进行处理，其中包括进行标准包围球剔除。

图 13.69 是演示程序 DEMOII13_5.EXE|CPP 运行时的屏幕截图。它看起来并不那么激动人心，因为所有的工作都是在幕后完成的，但屏幕上显示的状态和信息很有趣。这些信息包括被剔除的物体数目、被访问的 BHV 节点数以及进入渲染循环的物体数（经过 BHV 剔除后留下的物体数）。要在启用/禁用 BHV 剔除之间切换，可按 B 键。

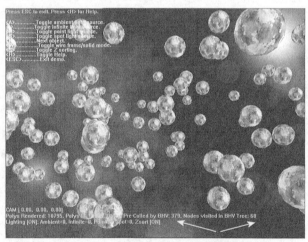

图 13.69　BHV 演示程序的屏幕截图

注意：要编译该演示程序，需要 DEMOII13_5.CPP、所有的库模块（T3DLIB1-11.CPP|H）以及 DirectX .LIB 文件。另外，还需要用作菜单等的资源文件，该文件名为 DEMOII13_5.RC。

13.6.5　八叉树

八叉树是我们刚开发的通过 BHV 系统的特例。事实上，当参数 num_devisions 时，函数 BHV_Build_Tree() 创建的就是八叉树。之所以先编写该函数的代码，是因为它更通用。

这里重申，八叉树是一种特殊的 BHV 树：以平行于坐标轴的平面将每个 BHV 节点划分成 8 个子节点。每个节点的大小相同，形状为立方体。前面的 BHV 系统支持诸如球体等非立方包围体，因为我们在每个节点中，都使用一个向量来存储半径，同时有一个 attr 字段可用于描述包围体的类型。

因此，我们已经有了八叉树系统，无需编写新的代码。然而，有关生成八叉树，有几点需要说明。

八叉树（和 BHV 树）可用于物体或多边形。我们将其用于物体而不是多边形（前面将 BSP 用于多边形，因此这里将 BHV 用于物体），因为对于包含数千个物体的大型室外世界来说，八叉树和 BHV 树确实很有用。

在 3D 空间中，八叉树的每个节点最多有 8 个子节点，然而并没有要求一定要有 8 个子节点。

例如，图 13.70 说明了八叉树 BHV 算法进行空间划分时的几次迭代（2D 投影），其中的数字表示迭代次数。从图中可知，仅当节点包含物体或多边形时，才进一步对其进行划分，这样可以节省内存。如果读者愿意，完全可以在每次迭代时都将每个节点划分成 8 个，在有些节点中不包含任何物体；但作者喜欢仅当节点包含物体时才创建它，否则将其设置为 NULL，前面的函数 BHV_Build_Tree() 就是这样做的。

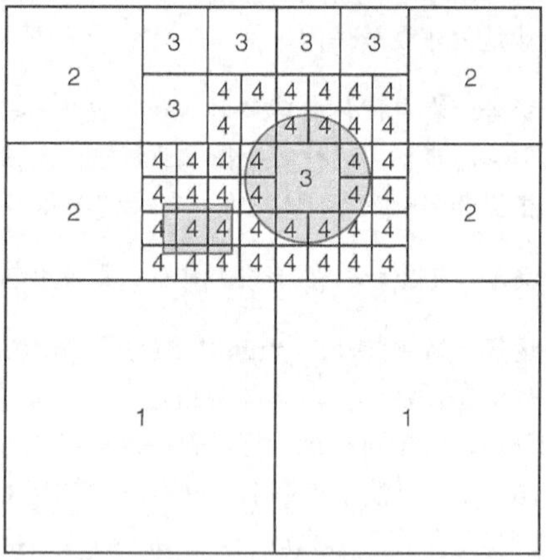

像 BHV 树一样，创建八叉树时也有很多终止条件。可能在节点的大小达到特定的值时终止，也可能在达到

图 13.70　八叉树划分的 2D 表示（从技术上说是四叉树）

特定的层数后终止，还可能在每个节点包含的多边形数目达到特定的值后终止。选择权在读者手中。

总之，八叉树是一种特殊的 BHV 树。要创建八叉树，只需调用函数 BHV_Build_Tree()，并将参数 num_divisions 设置为 2 即可，如下所示：

```
BHV_Build_Tree(&bhv_tree,
        scene_objects,
        NUM_SCENE_OBJECTS,
        0,
        2);
```

根据视景体对八叉树进行剔除的方式与前面介绍的完全相同。使用八叉树而不是其他划分方式（如沿每条轴每个节点划分成 10 份，得到 1000 个球体）的唯一原因是，它很好地模拟了 3D 坐标系统由 8 个象限组成的特性，具有一些很好的特性，更容易处理。

13.7　遮　掩　剔　除

本章要讨论的最后一个主题同样与绘制可见的多边形相关。我们知道，使用 PVS 技术，可以生成从游戏中任何视点可见的多边形列表，然后再根据这些列表来确定在某一帧中需要考虑哪些多边形。然而，如果不使用 PVS，或者由于游戏世界的类型使得 PVS 不可行或不管用，该如何办呢？

还有一种名为遮掩剔除（occlusion culling）的技术，它从另一个角度来解决这种问题。实际上，不想使用有关可见性的静态解决方案时（游戏世界可能频繁变化，PVS、BSP 和八叉树不适合，但有些重要的几何元素，它们很大，会遮掩大部分场景），可使用遮掩剔除技术。

例如，请看图 13.71 所示的 Unreal 2003 的屏幕截图。玩家转身后的屏幕截图如图 13.72 所示。转眼之间，玩家的视线就被一个大型物体遮住；在这种情况下，PVS 不管用（除非基于视角来创建 PVS，但这样做 PVS 将非常大）。入口技术也不管用，但必须采用某种技术来处理这种极其简单的情形，以便不渲染甚至不考虑被物体遮住的多边形。这就是遮掩剔除的基础。

图 13.71　Unreal 2003 中一种视野开阔的情形

图 13.72　玩家转身后的情形

13.7.1　遮掩体

将这种问题具体化，看一看包含城市风景的室外游戏中的情况。图 13.73a 是一个城市风景（实际上是波士顿）的俯视图，其中的小方块表示建筑物网格。这里没有房间、入口等。本可以使用 PVS，但由于没有室内几何体，必须将视景体作为包围单元格来创建每个视点的 PVS。还是将这种技术忘了吧，将注意力放在显而易见的东西上。请注意图 13.73a 中的视点和视景体以及视点前面的大型黑色建筑；在来看图 13.73b，从中可知，该建筑物遮掩了 90% 可能可见的多边形。

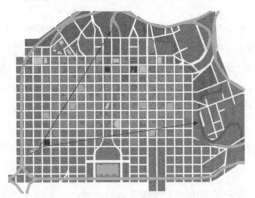

图 13.73a　用于说明遮掩的城市风景

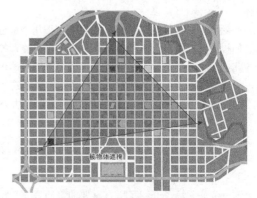

图 13.73b　包含遮掩体的城市风景

因此，如果创建一个遮掩体（occlusion volume），位于该遮掩体内的物体都不可见，便大功告成。当然，创建遮掩体通常并不容易。有很多可用于找出 3D 物体轮廓边界的算法，根据轮廓，可以将很多面进行投影，这些投影定义了一个遮掩体。

位于遮掩体内的一切都被剔除。可以进一步深化这种思想，根据多个遮掩物（occluder）创建多个遮掩体。当然存在一个回报减少点：判断多边形是否位于遮掩体内的时间比绘制多边形还长。然而，并没有规定只能将多边形作为最小的遮掩判断单位，可以对物体、BPS 树、八叉树节点等进行检测，看其是否被遮掩。

13.7.2 选择遮掩物

要使用遮掩剔除技术，接下来的一步是选择遮掩物。需要使用某种方法来选择潜在的遮掩物，甚至可以预先进行处理，计算包围遮掩物的轮廓。用于选择遮掩物的策略很多，它们分为两大类：离线遮掩物选择和运行阶段遮掩物选择。一种离线遮掩物选择策略是，在建模程序中将某些物体标记为潜在遮掩物，这些物体很大或者在玩家玩游戏时会经常遮住玩家的视线。另外，还可能基于每个分区，选择一组潜在的遮掩物。

以在线方式选择遮掩物时，通常包含一个离线选择阶段——至少离线标记一些潜在的遮掩物。在运行阶段，系统将做出这样的判断：将潜在遮掩物加入到遮掩列表，进而将遮掩列表转换为遮掩体，并据此进行裁剪/剔除是否值得。试探方法可能基于每个遮掩物的大小，这意味着只有移动的大型物体、大型地形或大型环境物体才被标记为潜在遮掩物。然后，在运行阶段，系统将潜在遮掩物投影到屏幕空间中，并判断将其用作遮掩物是否值得。接下来介绍一种作者喜欢使用的混合选择方法。

13.7.3 混合型遮掩物选择方法

可以在离线处理或建模阶段选择遮掩物；也可以在运行阶段从一组潜在遮掩物进行选择；还可以动态地进行选择：计算大型物体（多边形）的投影面积，然后判断将其用作遮掩物是否值得。要支持所有这些技术，需要在建模和渲染流水线中做些工作。然后在很多情况下，可以以简单的方法来基于多边形或物体选择遮掩物，其步骤如下：

1. 遍历完全位于视景体内且可能可见的所有物体，选择 n 个最近、最大的物体。
2. 将物体投影到屏幕空间中，并计算投影区域的面积。从中选择 $m(<=n)$ 个投影面积最大的物体。然后计算每个遮掩物的内接矩形（虽然这将导致某些本被遮掩的多边形漏网，但任意多边形或网格相比，对矩形进行投影容易得多）。
3. 将遮掩矩形加入到遮掩体中，然后根据遮掩体对所有物体和多边形进行检测，剔除所有被遮掩的几何体。

实际上，这种算法非常简单：快速选择几个最近、最大的物体或几何体，将其作为潜在遮掩物；然后将它们投影到屏幕空间中，并从中选择一组可能遮掩很大视野的遮掩物。然而，创建遮掩体时，不使用复杂的几何形状，而是使用完全位于每个遮掩物内的内接矩形。然后，对于任何比遮掩物平面远且位于遮掩体内的物体都不予考虑。当然，在以某种层次方式（如 BSP、房间、八叉树等）表示物体/游戏世界时，这种方法的效率最高，因为这样可以一次性判断出大量物体被遮掩，进而不予考虑它们。

13.8 总 结

这一章非常棒，介绍了所有重要的空间划分算法，揭示了其中很多算法的本质，并实现了最重要的几种算法。有了这些知识后，读者可以混合使用它们，创建出自己的算法。事实上，读者将发现，有关该主题，自己拥有的知识已经绰绰有余。

然而，开始编写任何算法之前，读者务必阅读手边有关该主题的所有资料，以免做过多的重复工作——几乎所有的事情都有人尝试过。当然，正如读者知道的，作者提倡亲身去体验各种东西，但如果您时间有限，仔细阅读有关该主题的资料是值得的。

最后，需要警告读者的是，很多算法都是递归的，因此编程时一定要小心，因为递归程序的调试工作非常可怕。

第 14 章　阴影和光照映射

本章介绍一些可提高场景真实感的技术：阴影和光照映射。和以往一样，本章将详细讨论如何使用软件来实现这些技术，包括以下内容：

- 新的游戏引擎库模块；
- 概述；
- 有关阴影的物理学；
- 使用透视图像和广告牌模拟阴影；
- 平面网格阴影映射；
- 光照映射和面缓存技术。

14.1　新的游戏引擎模块

同样本章的函数很多，可将其作为一个独立的库模块。该库模块名为 T3DLIB12.CPP|H，因此要编译本章的程序，需要程序的主.CPP 文件、DirectX 文件以及下述新的库模块：

- T3DLIB12.CPP——支持阴影和光照映射的 C/C++源代码；
- T3DLIB12.H——头文件。

当然，还需要链接库模块 T3DLIB1-11.CPP|H。

14.2　概　　述

之所以推迟到现在才介绍本章的内容，旨在先介绍足够的技术、演示程序和技巧，让读者具备实现这些技术的技能。当然，作者的意思是说，之前已经或多或少地介绍过光照映射，而不是要将读者丢下不管。第 8 章介绍过如何混合纹理和光照效果；至于阴影，我们编写了支持 alpha 混合的光栅化函数，可用于绘制阴影投影。因此，本章要做的工作是，将已有的函数进行系统集成，并添加两项新技术，以便能够编写演示程序。在很大程度上说，读者将能够完成上述工作，因为读者已经知道如何完成这些工作。

为介绍本章的主要主题，最佳的方法是从与阴影相关的物理学着手，然后实现两种阴影技术（这样的技术还有很多，但它们更适用于硬件引擎，还是留给有关 Direct3D/OpenGL 的图书去介绍吧）。从介绍最简单的光照映射和面缓存（surface caching）技术开始，但不在引擎中加入对这种技术的支持。作者之所以做出这样的决定，是因为在引擎中支持光照映射所需的代码是简单范例的 10 倍。如果读者像作者一样，将会认为简单范例比冗长的实现更有意义。

本书带领读者进行的 3D 游戏编程之旅已接近尾声，读者有能力创建能够渲染类似于 Quake/Unreal 游戏世界的软件引擎。阅读本章后，读者将知道如何实现更多的特殊效果，从很大程度上说，读者已经为此做好了准备。

14.3　简化的阴影物理学

有关光子及其如何与表面交互的细节远远超出了模拟阴影的需求范围，但我们至少需要知道如何生成阴影以及它们为何有软阴影和硬阴影，本书前面讨论光照时，将其称为本影（umbra）和半影（penumbra）。

在图 14.1 中，一个圆柱放置在一个平面上，圆柱上面有一个点光源。另外，还有微弱的环境光，因此，无论从什么方向看，圆柱都是可见的。同时圆柱在地面上投下了一个阴影，这是因为它遮住了点光源照射到地面上的部分光线。如果读者仔细查看渲染结果，将发现这导致了一种有趣的二级效应（second-order effect）。

图 14.1　圆柱投下的阴影

通过分析阴影本身，读者将发现，在阴影的中间有一个黑色区域（本影），但在边缘附近阴影开始减弱，形成一个较亮的区域（半影）。另外，半影只出现在远离圆柱底座的阴影边界处，在圆柱底座下则没有。

在圆柱的底座下，阴影非常强，这是我们需要在引擎中模拟（实现）的细节。下面从光子的角度讨论发生的情况。

光线跟踪和强度计算

图 14.2a 是上述圆柱范例的侧视图，其中有一个点光源。通过跟踪光源照射到地面的光线，将发现结果非常简单：点光源将照亮不位于（被圆柱遮住的）阴影区域内的一切。因此，得到如图 14.2b 所示的硬阴影。

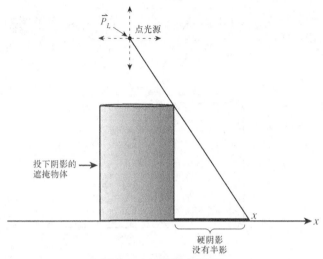

图 14.2a　点光源的光线跟踪

图 14.2b　点光源的光线跟踪

　　如果光源不是点光源，而是球形光源（如图 14.3 所示），情况将如何呢？在这种情况下，在圆柱投下的阴影的 x 轴上，各点的光照强度将不相同：与球形光源上可照射到该点的球面的面积成正比。

　　接收点的光照强度与球形光源上可照射到该点的球面的面积成正比，沿 x 轴移动时，这种面积增加或减少，从而形成半影。向阴影边缘移动时，能照射到测试点的光源表面面积将增加，因此光照强度增加（阴影减弱），图 14.4b 是这种情形的渲染结果。最后，球形光源的尺寸增大时，阴影将减弱，如图 14.4a 和图 14.4b 所示。

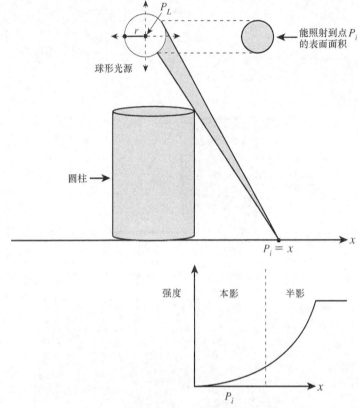

图 14.3　球形光源的光线跟踪

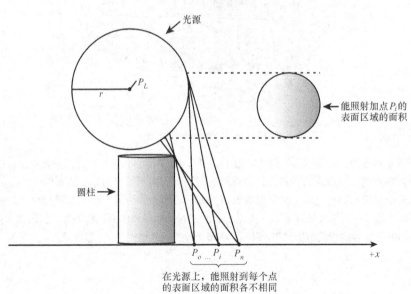

图 14.4a　点光源的尺寸越大，阴影越弱

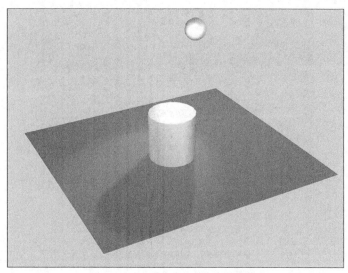

图 14.4b　点光源的尺寸越大，阴影越弱

因此，要正确地模拟本影和半影，必须考虑光源的大小，还要做一些光线跟踪工作。然而，这样做的计算量非常大。当然，并不是说不能这样做，但有必要吗？答案是否定的。编写本书时，很多游戏并不支持阴影；当然也有很多游戏支持，但使用的是硬阴影，没有半影。然而，有些游戏确实使用了软阴影，效果非常好（通常是使用多重纹理映射、像素 Shader 和模板缓存实现的）。

重要的是，在将近 1/4 世纪内，一直有不支持阴影（从物理学上说正确的阴影）的视频游戏，因此有阴影总比没阴影强。虽然我们不打算计算每个像素的光照强度，但可以使用 alpha 混合或其他技巧来创建软阴影。对软件引擎而言，这足够了。

读者从光学的角度知道阴影、本影和半影是如何形成的后，接下来介绍如何创建阴影——从简单阴影到真实感相当高的阴影。

14.4　使用透视图像和广告牌来模拟阴影

就遮光物的几何形状而言，第一种阴影技术生成的几乎不是真正的阴影，但效果非常不错。这里说的是在生成阴影的物体正下方绘制一个阴影位图。图 14.5 是一个角色物体下有透视阴影（广告牌）的典型范例，其中的阴影不过是一个位于角色下方的圆形斑点而已。

最简单的情形是，阴影总是位于角色的正下方，而不考虑光源的位置。稍微复杂点的情形是，当角色沿 y 轴上下移动时（物体高度发生变化），对阴影进行缩放，这样阴影将相应地变大或变小。这种技术也很常见。

另外，很多游戏将物体的投影位图而不是圆用作阴影。例如，图 14.6a 是一架 3D 太空战斗机，而图 14.6b 是以从上往下的方式对战斗机进行投影时得到的阴影位图（当然，绘制阴影时将调整位图的大小）。如果要增加阴影的细节，可以使用这种位图。

图 14.5　一个使用位图或广告牌在角色下方渲染 2D 阴影的例子

图 14.6a　太空战斗机

图 14.6b　战斗机的 2D 投影位图，将用作广告牌阴影纹理

　　然而，这种技术存在问题：对于每个物体，都需要一个阴影位图。这没什么，但阴影为物体的投影位图意味着与朝向相关，当物体旋转时，位图也必须跟着旋转。如果将位图作为纹理映射到多边形广告牌上（如图 14.7 所示），将可以解决这种问题，因为可以旋转广告牌，后者将相应地旋转纹理。然而，刚开始接触阴影时，最好还是对所有的物体都使用同一个阴影位图。以后再尝试对每个物体使用不同的阴影位图，并跟踪物体的朝向变化，进而对阴影进行合适的旋转或变换。

　　在阴影模型中，可以实现的更为复杂的技术是，不但根据物体的高度改变阴影的大小，并考虑某个光源的影响：光源将沿什么方向照射物体，进而将阴影投射到地面上。图 14.8 简要地说明了这种理念。同样，这也简单，因为我们将根据物体中心和光源中心来确定投影线与地面的交点，然后在交点处绘制一个圆形阴影。虽然如此，其效果还是相当不错的。唯一遗漏的内容是，没有对阴影进行错切（shearing）——我们总是绘制同一个位图（可能对其进行了旋转）。下一节介绍平面阴影时，将实现错切功能；现在处于简化的目的，暂时不去管它。

　　现在要做的是，实现前面介绍的每个理念。为此，必须能够绘制广告牌（方形多边形），将指定了透明值（transparent value）的纹理映射到广告牌上。实际渲染阴影时，需要使用这种功能。我们的计划是，使用两个三角形来创建一个正方形，然后将一个用作阴影的黑色圆形区域作为纹理，将其映射到正方形上。然而，在纹理的透明像素处，必须是透明的。这是一个问题，因为我们的光栅化函数还不支持透明功能。因此，必须重新编写某些光栅化函数，加入对这种功能的支持。

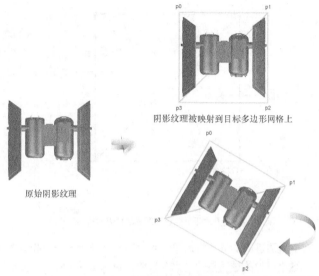

阴影纹理被映射到目标多边形网格上

原始阴影纹理

阴影纹理被映射到目标多边形网格上（旋转后）

图 14.7　将阴影纹理映射到多边形网格上，以简化旋转

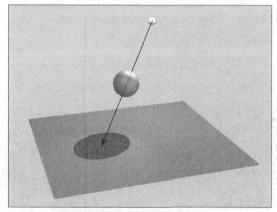

图 14.8　对阴影进行缩放并通过投影来确定其在地面上的位置

14.4.1　编写支持透明功能的光栅化函数

我们几乎为绘制阴影（广告牌）准备就绪。我们将创建一个由两个多边形组成的网格，如图 14.9 所示；然后将阴影纹理映射到该网格上。唯一的问题是，当前所有的纹理映射函数都只能处理不透明的纹理——通过纹理的任何一部分都无法看到后面的物体。

提示：在 3D 游戏编程中，术语广告牌（billboard）指的是一个其上被贴上 2D 图像的多边形，该多边形通常与视平面或其他平面平行。广告牌技术（billboarding）用于在 2D 平面上绘制 3D 物体的 2D 投影，使其看起来很真实。在很多 3D 游戏中，使用广告牌来表示树木、房屋或其他无需用 3D 多边形网格来表示的物体（焰火和爆炸非常适合用广告牌来表示，它们不是由多边形组成的，而是始终面对观察者的 2D 图像）。我们以简单的方式实现广告牌，以便在上面绘制阴影，然后在地面上绘制带阴影纹理的广告牌。

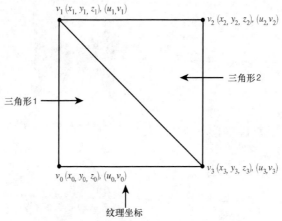

图 14.9　基于由两个多边形组成的简单网格的广告牌

　　在现有的光栅化函数中增加透明支持非常简单。然而，有必要统一一下作者和读者的认识：这里所说的透明并非 alpha 混合。这里所说的透明指的是完全透明，也就是说，对于值为指定值（i_{rgb}）的像素，不对其进行渲染（光栅化）。因此，如果纹理中有一个孔，其中的像素的值为 i_{rgb}，则通过这个孔，将能够看到纹理后面的东西。图 14.10 通过铁栅栏和地形来说明了这一点。

图 14.10　透明纹理映射示例

　　作者视速度如命，不打算使用普通值来表示透明颜色，而是使用 RGB 值（0, 0, 0），这样，在纹理中，透明像素的 16 位颜色值为 0。因此，只需在原来的光栅化函数的内循环中加入这样的比较逻辑即可：

```
if (pixel)
  {
  // 渲染像素
  } // end if
```

如果要使用否定逻辑，可以这样做：

```
if (!pixel)
  {
  // 不绘制
  } // end if
```

　　无论采用哪种方式，0 都是一个很好比较的数字，使用它可以进行大量的优化。将 RGB(0, 0, 0)用作透明颜色的唯一缺点是，它表示的是黑色。如果纹理中有黑色像素，而我们又希望它完全是不透明的，该如何办？将其改为（0，0，1）或（1，1，1）——肉眼将看不出差别。虽然有些人将 RGB(255, 0, 255)（粉红色）用作透明色，但我们使用黑色。

　　这里不打算重新编写每个光栅化函数，因为透明功能用于阴影和光照，而对于阴影而言，无需使用高级着色。然而，为避免过于肤浅，将重新编写足够多的光栅化函数，至少让读者使用 z 缓存进行渲染时，能够使用透明纹理。如果读者要在使用 1/z 缓存的光栅化函数中支持透明纹理，可以自己修改它们（修改一个光栅化函数需要大约 5 分钟）。介绍新的函数原型之前，先来看一下支持透明纹理、使用固定着色的仿射纹理映射函数的主循环，该函数将颜色为 RGB(0, 0, 0)像素视为透明的：

```
// 绘制扫描线
for (xi=xstart; xi < xend; xi++)
  {
  textel = textmap[(ui >> FIXP16_SHIFT) +
          ((vi >> FIXP16_SHIFT) << texture_shift2)];

  //检测像素是否是透明色
  if (textel)
    {
    // 更新 z 缓存
    z_ptr[xi] = zi;
    // 绘制像素
    screen_ptr[xi] = textel;
    } // end if


  // 计算下一个像素的 u、v 和 z
  ui+=du;
  vi+=dv;
  zi+=dz;
  } // end for xi
```

其中新增的代码为粗体，只有一行。为方便读者比较，下面是加入透明支持前该函数中相应的代码：

```
// 绘制扫描线
for (xi=xstart; xi < xend; xi++)
  {
  // 总是更新 z 缓存
  // 绘制像素
  screen_ptr[xi] = textmap[(ui >> FIXP16_SHIFT) +
          ((vi >> FIXP16_SHIFT) << texture_shift2)];

  // 更新 z 缓存
  z_ptr[xi] = zi;

  // 计算下一个像素的 u、v、z
  ui+=du;
  vi+=dv;
  zi+=dz;
  } // end for xi
```

　　新的纹理映射函数读取纹素，并将颜色同 RGB(0, 0, 0)进行比较。如果不是 (0, 0, 0)，则绘制该纹素，并更新 z 缓存。

　　提示：纹素为透明时不更新 z 缓存。它们是透明的，因此对 z 缓存没有影响。

14.4.2 新的库模块

新的光栅化函数位于 T3DLIB12.CPP|H 中。下面列出头文件的内容，供读者参考：

```
// T3DLIB12.H：T3DLIB12.CPP 的头文件

// 防止重复包含
#ifndef T3DLIB12
#define T3DLIB12

// 外部变量 /////////////////////////////////////////////////

extern HWND main_window_handle; // 窗口句柄
extern HINSTANCE main_instance; // 实例

// 原型 ///////////////////////////////////////////////////

// 新的渲染场景函数，调用支持透明功能的光栅化函数
void Draw_RENDERLIST4DV2_RENDERCONTEXTV1_16_3(RENDERCONTEXTV1_PTR rc);

// 使用 z 缓存、直接写入 z 缓存且支持透明功能
void Draw_Textured_TriangleGSWTZB2_16(POLYF4DV2_PTR face, // 多边形面指针
        UCHAR *_dest_buffer,     // 视频缓存指针
        int mem_pitch,          // 每行多少字节（320、640 等）
        UCHAR *_zbuffer,         // 指向 z 缓存的指针
        int zpitch);            // z 缓存中每行多少字节

void Draw_Textured_TriangleFSWTZB3_16(POLYF4DV2_PTR face, // 多边形面指针
        UCHAR *_dest_buffer,     // 视频缓存指针
        int mem_pitch,          // 每行多少字节（320、640 等）
        UCHAR *_zbuffer,         // 指向 z 缓存的指针
        int zpitch);            // z 缓存中每行多少字节

void Draw_Textured_TriangleWTZB3_16(POLYF4DV2_PTR face, // 多边形面指针
        UCHAR *_dest_buffer,     // 视频缓存指针
        int mem_pitch,          // 每行多少字节（320、640 等）
        UCHAR *_zbuffer,         // 指向 z 缓存的指针
        int zpitch);            // z 缓存中每行多少字节

// 使用 z 缓存、支持透明功能
void Draw_Textured_TriangleZB3_16(POLYF4DV2_PTR face, // 多边形面指针
        UCHAR *_dest_buffer,  // 视频缓存指针
        int mem_pitch,          // 每行多少字节（320、640 等）
        UCHAR *_zbuffer,        // 指向 z 缓存的指针
        int zpitch);            // z 缓存中每行多少字节

// 使用 z 缓存、直接写入 z 缓存、支持透明功能和 alpha 混合
void Draw_Textured_TriangleWTZB_Alpha16_2(POLYF4DV2_PTR face, // 多边形面指针
        UCHAR *_dest_buffer,     // 视频缓存指针
        int mem_pitch,          // 每行多少字节（320、640 等）
        UCHAR *_zbuffer,         // 指向 z 缓存的指针
        int zpitch,             // z 缓存中每行多少字节
        int alpha);

void Draw_Textured_TriangleZB_Alpha16_2(POLYF4DV2_PTR face,// 多边形面指针
        UCHAR *_dest_buffer,     // 视频缓存指针
        int mem_pitch,          // 每行多少字节（320、640 等）
        UCHAR *_zbuffer,         // 指向 z 缓存的指针
        int zpitch,             // z 缓存中每行多少字节
        int alpha);
```

```
void Draw_Textured_Triangle_Alpha16_2(POLYF4DV2_PTR face,   // 多边形面指针
        UCHAR *_dest_buffer,      // 视频缓存指针
        int mem_pitch, int alpha); // 每行多少字节（320、640 等）

#endif
```

在头文件中，定义了 6 个新的光栅化函数，除新增了对透明功能的支持外，它们与前一个版本相同。作者重新编写了足够多的函数，让读者能够在使用 z 缓存或不使用深度缓存的情况下，以 alpha 混合和透明的方式绘制纹理。正如读者知道的，我们早已不再手工调用光栅化函数了，而是先设置渲染场境，然后调用渲染场境函数。这个函数的前一个版本为 2.0，现在为 3.0：

```
void Draw_RENDERLIST4DV2_RENDERCONTEXTV1_16_3(RENDERCONTEXTV1_PTR rc);
```

除了名称中包含数字"3"外，这个函数与前一个版本没有任何差别。当然，该函数现在能够调用支持透明功能的光栅化函数。使用透明功能时，速度会稍有降低。本可以增加一个多边形属性，用于指出纹理是否是透明的，然后，使用一条 switch case 语句来判断应调用哪个光栅化函数，但就现在而言这么麻烦不值得。另外，如果这样做，必须在建模程序中通过设置来指出附带的纹理是透明的，而各种有关光照和 alpha 混合的古怪设置已经足够多了。

有关软件就介绍到这里——余下的是数学计算。下面通过演示程序来实现每一种技术。

14.4.3　简单阴影

要实现简单阴影，只需使用 alpha 混合在投下阴影的物体下方绘制一个位图阴影即可。要实现这种效果，首先需要两样东西：阴影纹理和用作广告牌的多边形网格。先来看阴影纹理，它名为 shadow64_64.bmp，大小为 64 像素×64 像素，其中离中心的距离不超过 64 像素的 RGB 值为（16, 16, 16），其他像素为（0, 0, 0）。图 14.11 是这个纹理图的负片版本（negative version），这样虽然看不到被视为透明的部分，但至少能够知道非透明部分的形状。

图 14.11　阴影纹理（反转的负片图像）

接下来，需要创建一个由两个三角形组成的正方形，然后将纹理映射到这个正方形上。另外，为让纹理的非透明部分看起来更像阴影，必须在正方形模型中启用 alpha 混合功能。读者可能还记得，本书前面使用 Caligari .COB 文件格式来支持这种特性。我们将模型的透明性设置为 filter 模式，然后设置透明度。在这个例子中，我们将使用这样的透明度：使阴影纹理看起来较暗，但又不太暗，以避免阴影非常黑。最后，应将广告牌模型的光照模型设置为固定着色，以免阴影反射光。

广告牌模型名为 shadow_poly_01.cob，位于附带光盘中本章对应的目录中。有了广告牌模型和阴影纹理，并设置广告牌模型的 alpha 等级，以便对阴影纹理中非透明部分进行 alpha 混合后，便可以编写演示程序了。

编写演示程序非常容易。为物体创建阴影的步骤如下：

1．使用 z 缓存渲染场景中所有的物体。

2．对于要为其创建阴影的每个物体，使用支持 alpha 混合和透明的纹理映射函数在物体正下方的地形上（如果有的话）渲染广告牌（第 2 遍渲染）。

进行两遍渲染的原因是，要对阴影与地形（或其下面的几何体）进行 alpha 混合，缓存中必须有用于 alpha 混合的图像。另外，由于假设阴影在地面上，因此不但需要确定地面的位置，还需要确定在离地面多高的地方绘制阴影。图 14.12 说明了这些需要考虑的因素。

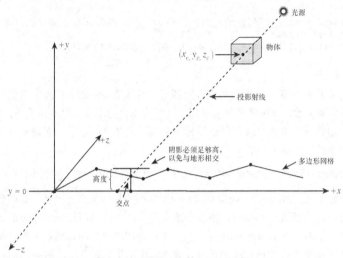

图 14.12　计算在多高的位置渲染阴影

　　在演示程序中，作者使用地形生成函数来创建了一个被冰覆盖的星球和一个绕该星球中心旋转的卫星。渲染过程如下：首先以常规方式渲染地形和卫星；然后渲染第 2 遍，但这次只渲染一个物体——广告牌。广告牌位于卫星的正下方，且与卫星居中对齐；同时根据地形来确定广告牌的高度，以免阴影让 z 缓存无效。当然，如果地形崎岖不平，效果将不会太好，因为无论怎样做，阴影都会与地形相交。

　　下面是演示程序中对阴影进行处理的代码片段：

```
// 重置渲染列表
Reset_RENDERLIST4DV2(&rend_list);

// 重置物体（仅当要进行背面消除和物体剔除时才需要这样做）
Reset_OBJECT4DV2(&shadow_obj);

// 计算阴影在哪个地形单元格上
cell_x = (obj_work->world_pos.x + TERRAIN_WIDTH/2) / obj_terrain.fvar1;
cell_y = (obj_work->world_pos.z + TERRAIN_HEIGHT/2) / obj_terrain.fvar1;

// 计算当前单元格的顶点索引
int v0 = cell_x + cell_y*obj_terrain.ivar2;
int v1 = v0 + 1;
int v2 = v1 + obj_terrain.ivar2;
int v3 = v0 + obj_terrain.ivar2;

// 计算 4 个顶点中最大的 y 坐标
terrain_height = MAX( MAX(obj_terrain.vlist_trans[v0].y,
               obj_terrain.vlist_trans[v1].y),
           MAX(obj_terrain.vlist_trans[v2].y,
               obj_terrain.vlist_trans[v3].y) );

// 更新位置
shadow_obj.world_pos  = obj_work->world_pos;
shadow_obj.world_pos.y = terrain_height+10;

// 创建单位矩阵
MAT_IDENTITY_4X4(&mrot);

// 对物体的局部坐标进行变换
Transform_OBJECT4DV2(&shadow_obj, &mrot, TRANSFORM_LOCAL_TO_TRANS,1);
```

```
// 执行局部坐标到世界坐标变换
Model_To_World_OBJECT4DV2(&shadow_obj, TRANSFORM_TRANS_ONLY);

// 将物体插入到渲染列表中
Insert_OBJECT4DV2_RENDERLIST4DV2(&rend_list, &shadow_obj,0);
```

在上述代码的后面，是设置渲染场境并进行渲染的代码。图 14.13 是演示程序运行时的屏幕截图。该程序名为 DEMOII14_1.CPP|EXE，要编译它，还需要 DirectX .LIB 文件和所有的库模块（T3DLIB1-12.CPP|H）。屏幕上有如何控制该演示程序的帮助信息，基本上，读者可以通过键盘在场景中移动、开/关光源以及在实心模式和线框模式之间切换。

图 14.13　计算阴影演示程序的屏幕截图

14.4.4　缩放阴影

能够模拟阴影后，接下来更进一步，根据 3 个因素来缩放阴影：物体的大小、物体相对于地面的位置（高度）、导致阴影的光源的位置。

物体的大小是常数，可以不用考虑。以后可以使用一个缩放因子来将物体的大小考虑进来，但物体的高度和光源的高度/位置必须实时地考虑。必须推导出一种数学关系，其中考虑了光源和物体离地面的高度，如图 14.14 所示。

如图 14.14 所示，这里假设物体和光源都位于 y 轴上，物体在光源的下方。假设物体的高度为 h_0，半径为 R_0。当光源的高度为 h_1 时，阴影的半径为 R_1；当光源的高度为 h_2 时，阴影的半径为 r_2。假设光源的高度为 h_i 时，阴影的半径为 h_i；这样问题就变成了这样：R_0、R_i、h_0 和 h_i 之间存在什么样关系。

为此，可以利用三角形相似。由原点、h_i 和 r_i 构成的三角形与 h_i、h_0 和 R_0 构成的三角形相似，因此存在如下关系：

$$R_0/R_i = (h_i - h_0)/h_i$$

根据上述方程求解 r_i，结果如下：

$$R_i = R_0 * (h_i / (h_i - h_0))$$

如果光源像太阳一样，位于无穷远处，情况将如何呢？在这种情况下，光线将是平行的，因此阴影的半径为 R_0。

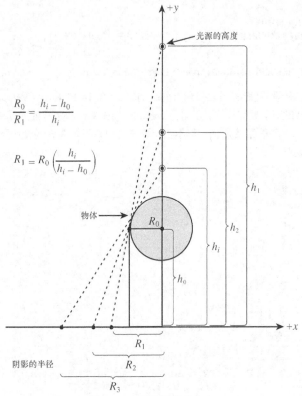

图 14.14　推导阴影缩放公式

从上述公式可知，光源越高，阴影越小；光源越低，阴影越大。

接下来的演示程序将根据一个点光源的实际位置，使用上述公式来缩放阴影；然而，这里只考虑了光源（绿色点光源）的高度。

除了对阴影进行了缩放外，渲染阴影的方法与前面完全相同。下面是完成这项任务的代码片段：

```
// 进行第二遍渲染，绘制阴影

// 重置渲染列表
Reset_RENDERLIST4DV2(&rend_list);

// 重置物体（仅当要进行背面消除和物体剔除时才需要这样做）
Reset_OBJECT4DV2(&shadow_obj);

// 计算阴影在哪个地形单元格上
cell_x = (obj_work->world_pos.x + TERRAIN_WIDTH/2) / obj_terrain.fvar1;
cell_y = (obj_work->world_pos.z + TERRAIN_HEIGHT/2) / obj_terrain.fvar1;

// 计算当前单元格的顶点索引
int v0 = cell_x + cell_y*obj_terrain.ivar2;
int v1 = v0 + 1;
int v2 = v1 + obj_terrain.ivar2;
int v3 = v0 + obj_terrain.ivar2;

// 计算 4 个顶点中最大的 y 坐标
```

```
terrain_height = MAX(  MAX(obj_terrain.vlist_trans[v0].y,
                  obj_terrain.vlist_trans[v1].y),
              MAX(obj_terrain.vlist_trans[v2].y,
                  obj_terrain.vlist_trans[v3].y) );
```

```
// 更新位置
shadow_obj.world_pos   = obj_work->world_pos;
shadow_obj.world_pos.y = terrain_height+25;
```

```
// 根据前面介绍的方法计算阴影的半径
```

```
// 将 hl 设置为绿色点光源的高度
hl = lights2[POINT_LIGHT_INDEX].pos.y;
```

```
// 计算阴影的半径
float rs = ks * ( obj_work->avg_radius[0] *
        (hl/ (hl - obj_work->world_pos.y)) );
```

```
// 生成一个单位矩阵，用于缩放变换
MAT_IDENTITY_4X4(&mrot);
```

```
// 设置 x-z 平面上的缩放比例
mrot.M00 = rs;
mrot.M11 = 1.0;
mrot.M22 = rs;
```

```
// 使用上述缩放矩阵对物体的局部坐标进行变换
Transform_OBJECT4DV2(&shadow_obj, &mrot, TRANSFORM_LOCAL_TO_TRANS,1);
```

```
// 执行局部坐标到世界坐标变换
Model_To_World_OBJECT4DV2(&shadow_obj, TRANSFORM_TRANS_ONLY);
```

```
// 将物体插入到渲染列表中
Insert_OBJECT4DV2_RENDERLIST4DV2(&rend_list, &shadow_obj,0);
```

提示：在上述代码中，计算阴影半径时，乘以了一个常量 ks。这是一个虚构的因子，用于让阴影看起来更合理。有时候，正确并能保证看起来逼真。

新增的代码为粗体，它们只是实现了前面推导的数学公式。作者使用矩阵变换来缩放广告牌。读者可能还记得，对任何顶点进行缩放的矩阵类似于这样：

$$\begin{bmatrix} sx & 0 & 0 & 0 \\ 0 & sy & 0 & 0 \\ 0 & 0 & sz & 0 \\ 0 & 0 & 0 & 1 \end{bmatrix}$$

当然，在这个例子中，只需在 x-z 平面上进行缩放。

图 14.15 是演示程序 DEMOII14_2.CPP|EXE 运行时的屏幕截图。要编译该程序，还需要 T3DLIB1-12.CPP|H 以及 DirectX .LIB 文件。该程序的控制方法与前一个相同，但新增了按键 1 和 2 改变绿色点光源高度的控制方法。读者可尝试改变光源的高度，看阴影有何变化。另外，请按 W 键切换到线框模式，以查看为绘制阴影而渲染的网格——它是一个正方形。

图 14.15　支持阴影缩放的演示程序的屏幕截图

14.4.5　跟踪光源

现在，阴影看起来像阴影了，但它总是一个圆盘——如果物体为小型公共汽车，阴影仍为圆盘，不过这种问题很容易解决。真正的问题在于，阴影总是在投下阴影的物体的正下方，这是错误的。在前一个演示程序中，我们将绿色点光源用作产生阴影的光源，但只根据其高度来计算阴影的半径。现在，我们需要做的是，根据光源和物体的位置，计算阴影在 x-z 平面上的位置。

图 14.16 说明了我们要解决的问题。这里换换花样，使用参数化向量方程而不是三角形相似来解决这个问题。在图 14.16 中，点光源的位置为 P_L，物体中心的位置为 P_0，物体中心在地面上的投影点为 P_s。

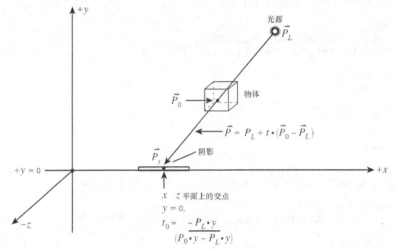

图 14.16　根据光源位置计算阴影的位置

在 3D 空间中，经过光源和物体中心与地面相交的参数化直线方程如下：

$$p_s = p_L + t * (p_0 - p_L)$$

用分量表示时，方程如下：

$$p_s.x = p_L.x + t * (p_0.x - p_L.x)$$
$$p_s.y = p_L.y + t * (p_0.y - p_L.y)$$
$$p_s.z = p_L.z + t * (p_0.z - p_L.z)$$

我们感兴趣的是 y = 0 时，分量 x 和 z 的值。因此，可以令 $P_s.y = 0$，并求解 t 的值，进入将 t 代入其他两个方程，并求解分量 x 和 z 的值。

要求解 t 很容易：

$$p_s.y = p_1.y + t * (p_0.y - p_1.y) = 0$$
因此：

$$t = - p_L.y / (p_0.y - p_L.y)$$

确定 p_s 的坐标后，只需以 p_s 为中心渲染阴影便大功告成了。阴影将随光源的移动而移动，就像是由于物体遮掩而形成的。另外，还需加入缩放阴影的功能。

渲染流水线的实现与前一个演示程序相同：首先渲染地形和物体，然后根据前面推导出的数学公式确定阴影的位置，并使用 alpha 混合来渲染广告牌。该演示程序绘制的阴影相当逼真。

　　当然，还有两个问题需要解决：阴影的形状与物体毫无关系，总是为圆盘；没有对阴影进行错切。稍后将解决这两个问题。

　　来看一下生成阴影的新代码，它们根据光源和物体的位置，计算阴影在 y=0 平面上的位置。下面的代码摘自演示程序 DEMOII14_3.CPP：

```
// 重置渲染列表
Reset_RENDERLIST4DV2(&rend_list);

// 如果飞机座舱在阴影中，则使用第 0 帧中的图像
cockpit.curr_frame = 0;

int v0, v1, v2, v3; // 用于存储顶点索引

VECTOR4D pl, // 光源位置
     po, // 物体位置
     vlo, // 光源到物体的向量
     ps; // 阴影的位置
float  rs, // 阴影半径
     t; // 参数 t

//////////////////////////////////////////////////////////////////
// 绘制物体的阴影

// 重置物体（仅当要进行背面消除和物体剔除时才需要这样做）
Reset_OBJECT4DV2(&shadow_obj);

// 计算阴影在哪个地形单元格上
cell_x = (obj_work->world_pos.x + TERRAIN_WIDTH/2) / obj_terrain.fvar1;
cell_y = (obj_work->world_pos.z + TERRAIN_HEIGHT/2) / obj_terrain.fvar1;

// 计算当前单元格的顶点索引
v0 = cell_x + cell_y*obj_terrain.ivar2;
v1 = v0 + 1;
v2 = v1 + obj_terrain.ivar2;
v3 = v0 + obj_terrain.ivar2;

// 计算 4 个顶点中最大的 y 坐标
terrain_height = MAX(  MAX(obj_terrain.vlist_trans[v0].y,
          obj_terrain.vlist_trans[v1].y),
        MAX(obj_terrain.vlist_trans[v2].y,
          obj_terrain.vlist_trans[v3].y) );

// 更新位置
//shadow_obj.world_pos  = obj_work->world_pos;
shadow_obj.world_pos.y = terrain_height+25;

// 将光源 1 作为投影仪，计算投影的位置
// 使用局部变量使计算更容易理解

// 光源位置
pl = lights2[POINT_LIGHT_INDEX].pos;

// 物体位置
po = obj_work->world_pos;

// 创建从光源到物体的向量
VECTOR4D_Build(&pl, &po, &vlo);

// 计算投影线与平面 y=0 的交点
```

```
// 实际上，阴影离地面有一定的距离
t = -pl.y / vlo.y;

// 计算阴影中心的 x、z 坐标
shadow_obj.world_pos.x = pl.x + t*vlo.x;
shadow_obj.world_pos.z = pl.z + t*vlo.z;

// 接下来根据前面介绍的方法计算阴影的半径

// 光源高度
hl = lights2[POINT_LIGHT_INDEX].pos.y;
// 使用物体的平均半径来计算阴影半径
rs = ks * ( obj_work->avg_radius[0] * (hl/ (hl - obj_work->world_pos.y)) );

// 创建一个单位矩阵
MAT_IDENTITY_4X4(&mrot);

// 设置 x-z 平面上的缩放因子
mrot.M00 = rs;
mrot.M11 = 1.0;
mrot.M22 = rs;

// 将物体的局部坐标进行缩放
Transform_OBJECT4DV2(&shadow_obj, &mrot, TRANSFORM_LOCAL_TO_TRANS,1);

// 执行局部坐标到世界坐标变换
Model_To_World_OBJECT4DV2(&shadow_obj, TRANSFORM_TRANS_ONLY);

// 将物体插入到渲染列表中
Insert_OBJECT4DV2_RENDERLIST4DV2(&rend_list, &shadow_obj,0);
/////////////////////////////////////////////////////////////////
// 检测相机是否在阴影中
VECTOR4D vd;
VECTOR4D_Build(&cam.pos, &shadow_obj.world_pos, &vd);
float d = VECTOR4D_Length_Fast(&vd);

// 检测距离是否小于阴影半径的 1.5 倍
if (d < 1.5*rs)
   cockpit.curr_frame = 1; // 使用较暗的飞机座舱图像
else
   cockpit.curr_frame = 0; // 使用较亮的飞机座舱图像
```

  计算阴影位置的代码几乎与前面介绍的方法完全相同；唯一新增的特性是：当相机位于阴影中时，更换飞机座舱的位图。如果读者玩过第一人称游戏，可能注意到了，当您进入较暗的区域时，玩家角色的光照强度将减弱，这是光照模型（或手工）降低玩家角色的环境光因子实现的，旨在模拟阴影效果。处于好玩的目的，在演示程序中实现了相同的功能。作者使用吉普车来表示飞机座舱，并提供了两个版本：一个较亮，一个较暗。如果相机位于阴影中，则使用较暗的图像；反之则使用较亮的图像，从而营造出飞机座舱位于阴影中的假象。

  在实际的第一人称游戏中，可能使用 3D 几何体来表示飞机座舱、玩家、枪炮等，并让光照模型来进行着色。然而，光照模型并不知道阴影，因此您仍需要检测网格是否在阴影中，进而降低环境光项等，使网格变暗。在上述代码中，执行这种检测并交换位图的代码为粗体。

  在该演示程序中，另一个新增的代码片段是，对于每个点光源（共有两个），都渲染物体的一个阴影，这在执行阴影计算时非常重要。对于每个光源，都需要计算每个物体的阴影；即使使用简单的阴影算法，计算量也将非常大。假设有 50 个物体和 3 个光源，将需要渲染 150 个阴影。虽然每个阴影只是一个带纹理的、由两个多边形组成的网格，但渲染它们时需要进行 alpha 混合，这将对性能带来一定的影响。

最后，为确保作者和读者对渲染算法的认识一致，请看图 14.17 所示的流程图。它说明了渲染流水线，包含如下步骤：

1．渲染地形；

2．渲染光源标记（marker）；

3．渲染物体；

4．光栅化图像；

5．渲染阴影；

6．使用 alpha 混合光栅化图像。

图 14.18 是演示程序 DEMOII14_3.CPP|EXE 运行时的屏幕截图。控制方法与前一个演示程序相同，但除了可以使用按键 1 和键 2 来改变绿色点光源的高度外，还可以使用按键 3 和 4 来改变红色点光源的高度。但请注意，如果光源位置太低，将导致反转投影（inverted projection），出现怪异的现象。另外，请尝试将光源移到离地面非常高的位置，以模拟太阳，这样阴影将在卫星附近，大小与卫星相同。

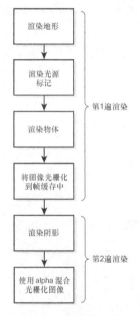

图 14.17　阴影渲染流程图　　　　　　　图 14.18　支持缩放和定位的阴影演示程序的屏幕截图

要编译该演示程序，需要库模块 T3DLIB1-12.CPP|H、主程序文件 DEMOII14_3.CPP|H 以及 DirectX .LIB 文件。

14.4.6　有关模拟阴影的最后思考

使用前面介绍的技术，可以实现一些非常棒的阴影效果。事实上，大多数硬件加速游戏采用的中庸之道都是使用定位、缩放和 alpha 混合来绘制阴影；从这种意义上说，我们做得已经很不错了。

读者可能想加入的最后一种特性是，将以光源为视点对 3D 物体进行投影得到的位图图像作为阴影。这样，阴影的形状将与物体相关。这样做唯一存在的问题是，如果物体旋转，阴影网格也必须跟着旋转。不过，如果旋转是绕 y 轴进行的（如图 14.19 所示），这种问题将很容易解决。

如果物体绕 y 轴旋转，只需将广告牌旋转同样的角度，并将物体的投影位图图像作为纹理。当然，如果物体绕其他轴旋转，阴影看起来将是错误的；但是对很多游戏和物体来说，这种情况不会发生。加入这种功能很容易，只需 2～5 行代码；通过使用投影位图，可使阴影的真实感更强。

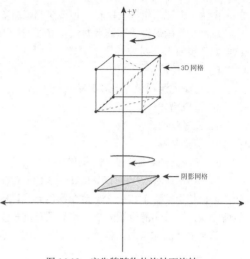

14.5 平面网格阴影映射

现在可以介绍一种更复杂的阴影技术了，它将物体投影到地面上，然后使用灰色和 alpha 混合绘制投影，使之看起来像阴影。图 14.20 说明了从光源出发，将物体网格上的顶点投影到地面上的情形。

图 14.19 广告牌随物体旋转而旋转

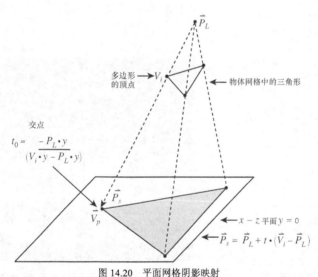

图 14.20 平面网格阴影映射

在前一个例子中，已经解决了这种问题；现在只需使之更为通用。我们要做的是，找出一种变换，将 3D 网格投影到一个平面上（这里为 x-z 平面），然后渲染投影得到的平面网格，并设置着色模式（禁用纹理映射和光照等），使之看起来像阴影。换句话说，我们将渲染物体在地面上的投影，将其作为阴影。

14.5.1 计算投影变换

我们需要的是这样一种变换：根据光源位置将物体网格中的顶点投影到地面上。下面来推导数学公式。

我们要对物体网格中的顶点 v_i 进行投影，光源的位置为 p_L，地面为 y=0 平面。假设地面上的投影点为 p_s，则计算公式如下：

$$p_s = p_L + t * (v_i - p_L)$$

用分量表示时，方程如下：

$$p_s.x = p_L.x + t * (v_i.x - p_L.x)$$
$$p_s.y = p_L.y + t * (v_i.y - p_L.y)$$
$$p_s.z = p_L.z + t * (v_i.z - p_L.z)$$

投影点在 x-z 平面上，因此 $p_s.y = 0$。据此，可以求解 t（将其称为 t_0），然后将其代入其他两个方程，求解出分量 x 和 z。

$$p_s.y = p_L.y + t * (v_i.y - p_L.y) = 0$$

因此：

$$t_0 = -p_L.y / (v_i.y - p_L.y)$$

将其代入其他两个方程，可得如下结果：

$$p_s.x = p_L.x + (-p_1.y / (v_i.y - p_1.y)) * (v_i.x - p_1.x)$$
$$\boldsymbol{p_s.y = 0}$$
$$p_s.z = p_L.z + (-p_L.y / (v_i.y - p_1.y)) * (v_i.z - p_L.z)$$

根据用向量表示的线段方程可知：

$$p_s = p_L + t_0 * (v_i - p_L)$$
$$\quad = p_L + t_0 * v_i - t_0 * p_L$$
$$\quad = t_0 * v_i + p_L * (1 - t_0)$$

这种运算很适合用矩阵来表示，对应的矩阵如下：

$$M_{ps} = \begin{bmatrix} t & 0 & 0 & 0 \\ 0 & t & 0 & 0 \\ 0 & 0 & t & 0 \\ p_l \cdot x*(1-t_0) & p_l \cdot y*(1-t_0) & p_l \cdot z*(1-t_0) & 1 \end{bmatrix}$$

将顶点 v_i 左乘上述矩阵时结果如下：

$$v_i * M_{ps} = [\ t_0 * v_i.x + p_L.x*(1-t_0),\ t_0 * v_i.y + p_L.y*(1-t_0),\ t_0 * v_i.z + p_L.z*(1-t_0)]$$

这表明矩阵是正确的，但问题是，这个矩阵只适用于一个顶点。计算 t_0 的公式中包含 v_i，因此虽然矩阵是正确的，但只适用于 v_i。对于每个顶点 v_i，都需要重新计算 t_0。

看来使用矩阵进行变换并非好主意。最好的方法是，在循环中根据每个顶点的参数化方程求解 t_0，然后将其代入其他两个方程，以求解顶点变换后的 x 和 z 坐标。好消息是，由于这些变换和计算都是在世界空间中进行的，因此只需在计算阴影时进行局部坐标到世界坐标变换，无需决定阴影网格的位置。

假设已经根据物体和光源的位置通过投影计算得到了阴影网格，可以对其进行渲染了。但是，简单地渲染阴影网格并不能使其看起来像阴影，必须修改其 Shader 属性。为使阴影看起来像阴影，处理步骤如下：

1. 将物体网格投影到地面上：对局部坐标进行投影变换，将结果作为变换后的坐标（别忘了，只要不覆盖模型的局部坐标，不管如何对模型进行处理，都不会破坏原来的模型。因此，总是可以对模型进行变换，将变换结果存储在变换后的顶点列表中）。

2. 修改变换得到的阴影网格的光照和 Shader 属性，使其看起来像阴影。为此，只需保存每个多边形的颜色和属性，然后这样设置每个多边形：使用固定着色和 alpha 混合，将 alpha 值设置为大约 50%，不使用纹理。

3．将阴影网格传递给渲染流水线，然后恢复之前保存的颜色和属性。

基本上，我们使用物体本身来生成阴影：将物体网格投影在地面上，再修改网格中多边形的 Shader 属性，使之看起来像阴影，然后渲染它，并恢复原来的属性。

下面是演示程序 DEMOII14_4.CPP 中完成这项工作的代码：

```
// 重置渲染列表
Reset_RENDERLIST4DV2(&rend_list);

/////////////////////////////////////////////////////////////
// 将物体的顶点投影到地面上来得到物体的阴影

// 重置物体（仅当要进行背面消除和物体剔除时才需要这样做）
Reset_OBJECT4DV2(obj_work);

int pcolor[OBJECT4DV2_MAX_POLYS], // 用于保存颜色
  pattr[OBJECT4DV2_MAX_POLYS];   // 用于保存属性

// 保存每个多边形的属性和颜色
for (int pindex = 0; pindex < obj_work->num_polys; pindex++)
  {
  // 保存属性和颜色
  pattr[pindex] = obj_work->plist[pindex].attr;
  pcolor[pindex] = obj_work->plist[pindex].color;

  // 重新设置属性以渲染阴影
  obj_work->plist[pindex].attr  = POLY4DV2_ATTR_RGB16 |
                  POLY4DV2_ATTR_SHADE_MODE_CONSTANT |
                  POLY4DV2_ATTR_TRANSPARENT;
  obj_work->plist[pindex].color  = RGB16Bit(0,0,0) + (2 << 24);

  } // end for pindex

// 创建一个单位矩阵
MAT_IDENTITY_4X4(&mrot);

pl = lights2[POINT_LIGHT_INDEX].pos;

// 对物体的局部/模型顶点坐标进行变换，将结果存储到变换后的顶点列表中
for (int vertex=0; vertex < obj_work->num_vertices; vertex++)
  {
  POINT4D presult; // 用于存储变换结果

  VECTOR4D vi;

  VECTOR4D_Add(&obj_work->vlist_local[vertex].v,&obj_work->world_pos, &vi);

  // 计算 t0
  float t0 = -pl.y / (vi.y - pl.y);
  // 对顶点进行变换
  obj_work->vlist_trans[vertex].v.x = pl.x + t0*(vi.x - pl.x);
  obj_work->vlist_trans[vertex].v.y = 25.0; // pl.y + t0*(vi.y - pl.y);
  obj_work->vlist_trans[vertex].v.z = pl.z + t0*(vi.z - pl.z);
  obj_work->vlist_trans[vertex].v.w = 1.0;

  } // end for index

// 将物体插入到渲染列表中
Insert_OBJECT4DV2_RENDERLIST4DV2(&rend_list, obj_work,0);
```

接下来根据下一个光源来创建和渲染物体的阴影网格，直到考虑了所有的光源为止（在这个例子中，只有两个光源）。然后，恢复网格中多边形的属性和颜色，使网格恢复正常：

```
// 恢复属性和颜色
for (pindex = 0; pindex < obj_work->num_polys; pindex++)
    {
    // 恢复属性和颜色
    obj_work->plist[pindex].attr = pattr[pindex];
    obj_work->plist[pindex].color = pcolor[pindex];
    } // end for pindex
```

渲染顺序与以前相同：首先渲染地形，然后是光源标记和物体本身；接下来进行第二遍渲染——渲染阴影，因为需要将其同背景图像进行 alpha 混合。

这种阴影技术的效果非常好，图 14.21a 和 14.21b 分别是线框模式和实心模式下，这种阴影技术的演示程序的屏幕截图。该演示程序名为 DEMOII14_4.CPP|EXE，要编译它，还需要库模块 T3DLIB1-12.CPP|H 以及 DirectX .LIB 文件。控制方法与前一个演示程序完全相同，强烈建议读者使用 W 键切换到线框模式，以查看使得阴影从几何学上说是正确的错切（skewing）。

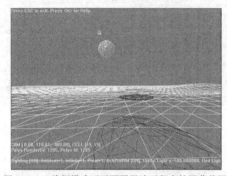 

图 14.21a　线框模式下平面阴影演示程序的屏幕截图　　图 14.21b　实心模式下平面阴影演示程序的屏幕截图

14.5.2　优化平面阴影

现在来说说坏消息：我们渲染了大量不需要渲染的多边形。我们将一个立体模型压缩为二维的，因此可能渲染背面或重叠的几何体。我们要做的是，只对物体轮廓进行投影，以得到阴影网格。

图 14.22 是一个简单立方体及其轮廓。窍门是找出轮廓，这样的方法有很多。轮廓由这样的边组成：共用它的两个多边形相对于光源而言分别是正面和背面。

在图 14.22 中，e_i 是一条轮廓边。它是多边形 p_0 和 p_1 共用的边，相对于光源而言，多边形 p_0 为正面，而 p_1 为背面。因此，我们可以使用这种算法来找出轮廓边，进而得到轮廓。问题是，这种方法只适用于没有孔且其中的几何体相互贯通的物体。这也没什么，但归根结底，这样做值得吗？

也许是的。作者发现，轮廓边方法更适合用于各种基于模板缓存或体阴影（volume shadow）的算法。问题是，在很多情况下，为节省一些时间而花费的时间比直接绘制多边形还长！另一种技巧是，生成阴影时，对每个物体的简化网格进行投影。简化网格中的多边形数量为完整模型的 10%，甚至更少，因此为绘制阴影，性能最多降低 10%——这不赖。

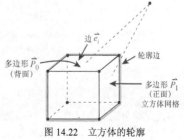

图 14.22　立方体的轮廓

14.6 光照映射和面缓存技术简介

这个主题介绍起来有些难，介绍它之前，请读者先来看一个没有使用光照映射的 3D 场景，如图 14.23a 所示。

接下来请看图 14.23b，发现了差别吗？真是有天壤之别！读者可能觉得这没有什么了不起的，使用我们的 Gouraud Shader 和其他光照系统也能得到类似的效果。事实上，并非如此，原因有两个。首先 Gouraudud 着色是基于顶点的，无法绘制详细的细节；其次，我们无法在墙面、物体上创建阴影其自身的阴影等。这是光照映射发挥作用的领域。

图 14.23a 一个没有使用光照映射的 Quake 关卡　　　　图 14.23b 一个使用光照映射的 Quake 关卡

光照映射是一种古老的技术，其最初的应用可追溯到 8 位图像时代，甚至更早，它基本上是在纹理上映射纹理。其中的技巧很简单：不是实时地执行光照计算，而是通过离线光照计算来计算场景中的光照强度、阴影等。这种工作也可以由艺术师手工绘制出光照效果来完成。通过计算或手工绘制得到的 2D 图像被称为光照图（light map）。

例如，将图 14.24a 所示的纹理和图 14.24b 所示的光照纹理图相乘时，结果如图 14.24c 所示。本书前面介绍光照模型时，做过类似的计算。然而，我们现在要做的是，大范围地应用这种技术，将范围扩大到整个房间和网格。

原始纹理　　　　　光照图　　　　　调制后的纹理

A.　　　　　　　B.　　　　　　　C.

图 14.24 单个纹理的光照映射

光照映射的基本思想是，使用光照纹理图来调制被映射到世界几何体和游戏中物体上的纹理。

读者的第一反应可能是赞不绝口，但接下来可能会问，为何不创建预先经过光照处理的纹理呢？可以这样做，但如果有一个大型环境，环境中有 1000 个墙面/表面，每个墙面都有一个 256×256 的纹理，情况将如何呢？如果初始纹理为如图 14.25 所示的图像，将需要 1000 个这样的拷贝，并预先对其进行光照处理。这无疑是浪费内存。读者可能会反驳，如果使用同一个纹理，仍需要 1000 个光照图！确实如此，但情况并不完全相同。关键之处在于，光照图的分辨率无需与纹理相同。例如，对于 256×256 的纹理，使用 32×32 的光照图时，几乎看不出有任何影响。

图 14.25　墙面纹理

　　图 14.26 是一个使用低分辨率的光照图来调制纹理的例子，其中包含原始纹理、32×32 的光照图和调制后的纹理。是的，看起来有些粗糙，但如果调制前使用滤波器对光照图进行处理，并将结果保存在缓存中，将得到一幅非常完美的图像。也就是说，以分辨率比目标纹理低很多倍的方式存储光照图，然后使用平均滤波器将其解压缩到缓存中，再使用处理后的光照图（假设为 256×256）对纹理（也为 256×256）进行调制。在最糟糕的情况下，每个光照图只占用 32×32 = 1024（单色）字节的内存，而不是 65536 字节内存——少了 64 倍。

图 14.26　使用低分辨率的光照图

　　然而，由于进行解压缩和平均，结果看起来相同。当然，读者可能知道，解压缩只不过是对光照图进行插值而已。重要的是，光线从本质上说是扩散和模糊的，柔的阴影比粗糙的边缘看起来更美观。使用低分辨率的光照图时，在调制之前使用平均滤波器来减少光照图中的锯齿可达到这种目的。

　　光照映射的整个处理过程如图 14.27 所示。首先对光照图进行解压缩，得到分辨率更高的光照图，并将其复制到缓存中（当然，这一步是可选的）。然后使用光照图对纹理进行调制，这意味着将光照图中的像素值与纹理图中的像素值相乘，将结果存储到缓存中，并将其用作最终映射到多边形上的纹理。

　　这就是光照映射的全部内容。使用一个 2D 光照图对一个 2D 纹理进行调制，然后将调制结果作为纹理映射到几何体上。这种技术很不错，因为其开销只是根据原始纹理生成光照映射纹理的计算量。计算量可能相当可观，对于 256×256 的纹理，需要对 64 000 个像素进行计算，每个像素需要执行 1～3 次乘法运算（取决于是单色还是彩色），还有加法运算

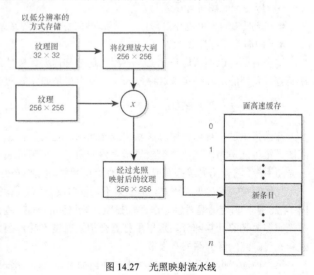

图 14.27　光照映射流水线

以及比较运算（截取）。假设每个像素的计算时间为常数 C_m，则对于 m×n 的纹理和 m×n 的光照图，总计算时间至少为 C_m*m*n。这是很大的计算量，每次对纹理进行光照映射并进行渲染后，我们都将结果丢弃，这是面缓存技术（surface caching）发挥作用的舞台。

14.6.1　面缓存技术

面缓存技术指的是将光照映射计算的结果保存起来。例如，假设在一个房间中，有 10 个纹理需要进行光照映射。如果玩家暂时不会离开这个房间，为何不计算这些纹理的光照纹理映射版本，并将其保存到高速缓存（cache）中供下一帧使用呢？这样，如果高速缓存有所需的光照映射纹理，则无需重新计算。您不但不丢弃光照映射计算结果，还更新计算结果：有纹理需要进行光照映射时，执行相应的计算；光照映射纹理变得陈旧而不再需要时，将其删除。在光照映射中，面缓存技术的工作原理如下：

```
初始化纹理高速缓存，删除其中所有的纹理
Begin Scene
For(场景中的每个纹理 T)
if(面高速缓存中有纹理 T) then 使用它来渲染多边形
else
  Begin
  找到用于纹理 T 的光照图，使用它来调制纹理 T，并将结果存储到高速缓存中
  如果高速缓存已满，删除最近用得最少的纹理
  End else
End Scene
Repeat
```

非常简单。基本上，只是将每次光照映射的计算结果存储到高速缓存中，每当有相同的需求时使用高速缓存中的结果。这样，根据光照图计算出调制后的纹理后，便可以实现漂亮的纹理映射和阴影，而不需要任何开销。这难以置信，但确实如此。

当然，任何如此好的技术都存在问题，例如：

- 光照图应该多大？
- 基于多边形还是面（一组共面的多边形）来指定光照图？
- 应对光照图进行压缩吗？
- 光照图应为单色还是彩色（以实现彩色效果和阴影）？
- 面高速缓存应多大？

这个清单可以不断增长下去。然而，这些都需要经验才能做出的决策，且答案随具体情况而异。就现在而言，我们的目标是实现这种技术，以说明它是如此的简单，而效果又令人惊讶。

14.6.2　生成光照图

前面指出过，可以使用算法来生成光照图，也可以由艺术师手工绘制。如果您决定使用算法来生成光照图，很可能是为了光照映射来显示美妙的阴影、黑暗的裂缝等。为实现这种效果，唯一的途径是使用离线光照系统，它使用光线跟踪或执行其他光照算法，如光子映射（photon mapping）或辐射度方法（radiosity）。

光线跟踪实现起来并不难，但效果不如辐射度方法，后者实际上是计算场景中的能通量（energy flow）。图 14.28 是一幅使用辐射度方法进行光照计算得到的图像，它看起来就像是真的。但对我们来说，所需的只是光照图的光照计算部分。这里不打算介绍辐射度方法，因为它还不是实时的；介绍辐射度方法、光子映射和光线跟踪的优秀图书有很多。

第二种选择也需要使用上述技术：在诸如 Pov-Ray、trueSpace 或 3D Studio Max 等 3D 建模工具中加载

几何体，然后使用这些工具来创建一个经过光照处理的单色场景，再通过改变相机的位置，将其切割成光照图。

最后，也可以让艺术师绘制光照图，通过反复尝试，最后得到栩栩如生的光照图。采用哪种方式完全取决于您，在大多数情况下，作者结合使用这三种方式。例如，id Software 使用自己创建的工具来计算光照图，但众多其他的公司使用现成的工具，如 Pov-Ray 或 3D Studio Max，并编写一个接口或插件来利用其中的光线跟踪或辐射度系统，而不必浪费时间自己编写这样的工具。如果读者只是想熟悉光照映射技术的用法，建议手工绘制映射图，作者编写演示程序时就是这样做的。

图 14.28　使用辐射度方法进行光照计算得到的场景

14.6.3　实现光照映射函数

其实，我们已经编写了光照映射代码，光照映射只不过是使用一个纹理来调制另一个纹理而已，DEMOII8_4.CPP|EXE 正是这样做的，只是对大型纹理来说计算量很大。作者以该演示程序中的代码为基础，对其进行了优化，加入了使用光照图对纹理进行调制的代码。这样，速度非常快，效果也很不错。然而，像这样的算法亟需使用 SIMD（单指令多数据）来优化，这是奔腾 III 以上处理器的一种特性。也许我们会在本书最后一章进行这种优化，但现在暂时不去管它。下面是对纹理进行光照映射的代码段：

```
// 执行光照映射 //////////////////////////////////////////

// 使用光照图对将被映射到目标多边形上的纹理进行调制
// 将结果用作渲染时使用的纹理

USHORT *sbuffer = (USHORT *)texture_copy.buffer;
USHORT *lbuffer = (USHORT *)lightmaps[curr_lightmap].buffer;
USHORT *dbuffer = (USHORT *)obj_terrain.texture->buffer;


// 对纹理进行调制
for (int iy = 0; iy < texture_copy.height; iy++)
  for (int ix = 0; ix < texture_copy.width; ix++)
    {
    int rs,gs,bs;  // 用于存储纹理中像素的 R、G、B 值
    int rl, gl, bl;  //用于存储光照图中像素的 R、G、B 值
    int rf,gf,bf;  // 用于存储调制结果

    // 从纹理中提取像素
    USHORT spixel = sbuffer[iy*texture_copy.width + ix];

    // 提取像素的 R、G、B 值
    _RGB565FROM16BIT(spixel, &rs,&gs,&bs);

    // 从光照图中提取像素
    USHORT lpixel = lbuffer[iy*texture_copy.width + ix];

    // 提取像素的 R、G、B 值
    _RGB565FROM16BIT(lpixel, &rl,&gl,&bl);

    // 计算调制结果
    rf = ( (rs*rl) >> 5 );
    gf = ( (gs*gl) >> 6 );
```

```
bf = ( (bs*bl) >> 5 );

// 将结果重组成一个 RGB 值，并将其写入到缓存中
dbuffer[iy*texture_copy.width + ix] = _RGB16BIT565(rf,gf,bf);

} // end for ix
```

该算法非常简单，它使用 lbuffer 中的光照图对 sbuffer 中的纹理进行调制，并将结果存储到 dbuffer 中。计算是在 RGB 空间中对每个像素进行的，因此需要使用两个嵌套的循环，一个用于 x，一个用于 y。循环遍历纹理空间，提取纹理和光照图中的 RGB 值，将它们相乘，然后将结果存储到目标缓存 dbuffer 中，最后将 dbuffer 作为最终的纹理，将其映射到多边形网格上。

介绍使用光照映射的演示程序之前，先来看一个没有使用光照映射的演示程序，如图 14.29 所示。

这是演示程序 DEMOII14_5.CPP|EXE 的屏幕截图，该演示程序将被用于同光照映射演示程序进行比较。基本上，除了使用吊扇作为生成阴影的物体外，它与演示程序 DEMOII14_4.CPP|EXE 相同。吊扇模型如图 14.30 所示。

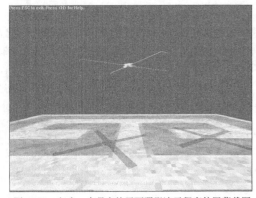

图 14.29　包含一台吊扇的平面阴影演示程序的屏幕截图

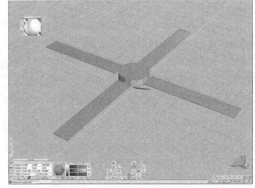

图 14.30　吊扇模型

有了可供比较的演示程序后，来看一看光照映射演示程序，它名为 DEMOII14_6.CPP|EXE，新增了几项内容。首先需要创建吊扇模型，为此，使用的是 trueSpace，花了 5～10 分钟的时间。它由一个圆柱体和 4 块叶片构成，文件名为 fan_01b.cob。其次，需要一个映射到地面（一个动态生成的地形）的纹理，如图 14.31 所示。

最后，需要光照图。这是唯一一项比较棘手的内容。作者使用建模程序 trueSpace 创建了吊扇的俯视图，将其大小设置为 256×256，并在 16 位颜色模式对其进行渲染，如图 14.32 所示。

图 14.31　演示程序中使用的地面纹理

得到 2D 光照图后，在 Paint Shop Pro 中加载它，然后以每次 10 度的方式对其进行旋转，创建一系列的光照图，如图 14.33 所示。有了模型和光照图后，创建演示程序的工作非常简单。

DEMOII14_6.CPP 是一个非常简单的循环：选择一个光照图，使用它来调制地形纹理，然后进入渲染阶段。在渲染阶段中，首先使用经过光照映射后的纹理来渲染地形，然后渲染吊扇的 3D 模型，整个渲染工作是一遍完成的，因为没有使用 alpha 混合。实际的光照映射工作是在纹理调制阶段完成的。光照映射的效果非常好，如图 14.34 所示。要编译该演示程序，除了主文件 DEMOII14_6.CPP 外，还需要 T3DLIB1-12.CPP|H，另外，别忘了链接 DirectX .LIB 文件。

图 14.32　用于绘制吊扇阴影的光照图

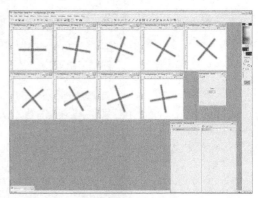

图 14.33　通过旋转和图像处理得到的一系列光照图

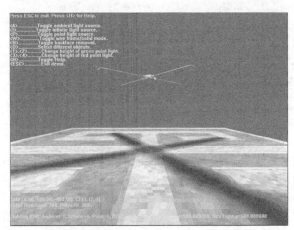

图 14.34　光照映射演示程序运行时的屏幕截图

14.6.4　暗映射（dark mapping）

没有人规定只能绘制阴影——也可以绘制光斑（light）。事实上，光照映射真是用词不当，因为其效果是加暗而不是增亮——调制算法最多只能让像素的亮度保持不变，大多数情况下会使像素变暗。

为创建一个暗映射演示程序，作者对DEMOII14_6.CPP|EXE 进行修改，使之加载反向极性（opposite polarity）光照图。也就是说，对前面的 9 个光照图进行反转（invert）处理，如图 14.35 所示；然后进行模糊化处理，使光亮部分更突出。修改后的演示程序名为DEMOII14_6.CPP|EXE，图 14.36 是它运行时的屏幕截图。如果读者运行这两个演示程序将发现，光源对光照效果的影响不大，这是因为光照效果是使用光照映射实现的。

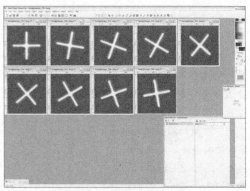

图 14.35　反转后的暗映射图

图 14.36 暗映射演示程序运行时的屏幕截图

14.6.5 光照图特效

在本章结束前，介绍一些使用光照图能够实现的特殊效果。首先，光照图的最大问题是，它们在很大程度上说是静态的，不过这没什么大不了的——没有规定不能创建光照图动画。当然，您必须认识到这会占用大量内存，但在不多的区域中使用光照图动画很容易。例如，可以使用多个光照图来实现闪烁的光源（像 Quake 中那样）、色彩效应等。另外，假设一个大房间被划分为四部分，可以使用光照图来实现开/关一部分中的灯光，而不影响其他部分的效果，条件是光照图不相互重叠。

使用光照图可实现的另一种特效是复杂的阴影动画，它非常棒。例如，当房门打开时，可使用光照图来模拟光线照射到漆黑房间中的效果，当光照强度达到最大值后，再启用正常光照。还可以使用光照图来实现将变化的光线（animation of light）投影到物体上的效果。例如，可以在圆柱体上裹上透明的塑料，并在其中放置一个光源（这是在模型空间中完成的）；然后在 3D 空间中旋转该模型，并将纹理本身用作光照图（这实际上被称为透视纹理，但理念是相同的，也是基于光照映射的）。

最后，一个目前还与之关系不大的领域是程序性（procedural）光照图。通过使用数学公式来生成纹理，然后将其用作光照图，可以实现云彩、烟雾和其他不断变化的效果，这也以某种方式对场景中的光照效果进行了调制。

14.6.6 优化光照映射代码

从算法上说，光照映射代码已经非常好了，但总是有办法可以进一步提高其速度。首先，可以使用查找表来代替乘法运算。然而，当前高速缓存一致性可能降低速度，而乘法运算只需一个时钟周期，因此作者认为这样做并不会有多大帮助。另一种优化方法是，使用 SIMD 指令，这样可以同时执行 4 次光照映射计算。这是绝对可行的，应优先考虑。

暂时抛开调制代码不谈，真正的问题是，如何确保将光照映射功能加入引擎中时，不会使速度降低很多。前面讨论了面高速缓存技术，它用于只生成光照映射纹理一次，然后重用它们，这是最好的优化方法。另外，还应使用较小的纹理图（如 32×32，或分辨率为纹理图的 1/16～1/32），以便高速缓存能够容纳所有的光照图，这样纹理调制阶段的运行速度将非常快。

总之，在作者看来，一个使用面高速缓存和低分辨率光照图（支持单色和彩色），同时支持光照图动画的简单系统，是一个非常强大的系统。

14.7　整 理 思 路

现在，读者能够实时地绘制阴影和进行光照映射了，我敢断定，读者一定会对此着迷。然而，别忘了，在每一帧中可用的 CPU 周期有限，虽然根据每个光源绘制物体的多边形透视阴影的效果非常好，但对于很多物体来说，使用广告牌来绘制阴影可达到同样的效果，尤其是当物体离视点很远时。另外，在使用阴影还是光照映射方面拿不定主意时，应使用光照映射，尤其是对室内场景而言。在软件或硬件引擎中，无论如何进行复杂光照处理，效果都不可与光照映射相媲美。

最后，尝试进行两遍渲染：先从一个角度渲染场景，在从另一个角度渲染场景。可能是先渲染俯视图，然后将其用作地面的光照图？这样，将得到运动的阴影，看起来非常真实。可能性是无限的。

14.8　总　　　结

本章的内容非常棒，只需使用少量的代码便可极大地提高视觉效果。更重要的是，本章表明，摆脱条条框框的束缚，以非常规方式思考的威力有多么强大。

我们知道，使用面缓存技术可以实现令人惊讶的特殊效果：阴影、光照映射、动画等。请牢记这种技术，看其是否适用于游戏和引擎的其他方面，也就是说，以逆向思维、旁门左道或非常规方式行事。

最后，本章将我们的注意力转移到了游戏开发中另一个比较微妙的方面——资源（asset）的创建和工具的使用。作为游戏程序员，必要时必须编写代码，但也别忘了可以让艺术师和工具离线完成某些工作。如果艺术师能够事半功倍地实现同样的效果，谁会在乎有些东西从数学上说是否正确呢？重要的是，知道什么时候该玩技巧，什么时候该真刀真枪。

第 五 部 分

高级动画、物理建模和优化

第 15 章　3D 角色动画、运动和碰撞检测

第 16 章　优化技术

第 15 章　3D 角色动画、运动和碰撞检测

本章讨论如何加载和显示 Quake II .MD2 文件格式的 3D 动画模型。介绍一些 3D 运动技术，概述基本的碰撞检测技术，用于检测模型之间以及模型和环境之间的碰撞，具体内容如下：
- 新的库模块；
- 3D 动画简介；
- 加载 Quake II .MD2 文件；
- 使用 Quake II .MD2 文件制作动画；
- 旋转运动和线性运动；
- 参数化曲线运动；
- 使用脚本来实现运动；
- 3D 碰撞和地形跟踪技术。

15.1　新的游戏引擎模块

同样本章的函数很多，可将其作为一个独立的库模块。该库模块名为 T3DLIB13.CPP|H，因此要编译本章的程序，需要程序的主.CPP 文件、DirectX 文件以及下述新的库模块：
- T3DLIB13.CPP——支持 3D 角色的动画 C/C++源代码；
- T3DLIB13.H——头文件。

当然，还需要链接库模块 T3DLIB1-12.CPP|H。

15.2　3D 动画简介

本章的重点是动画，着重介绍角色动画。作者本打算还介绍骨架（skeletal）动画和运动文件（如 Biovision 等），但由于篇幅有限，只能割爱。当前，我们只能将就地使用关键帧动画和插值。关键帧动画的效果很不错，如果它能满足 Quake 和 Quake II 的要求，就能满足我们的实验性用途（experimental use）。本章重点介绍 3 个与动画相关的主要主题：定义、加载和渲染 Quake II .MD2 模型；3D 模型和物体的运动和定位；用

于表示角色的 3D 模型的碰撞检测技术。

　　本章的大部分代码都与第一个主题相关，即加载和渲染基于 id Software 的 Quake II .MD2 格式的 3D 模型。这些内容是本章中最复杂的。对于本章的其他主题，只从理论上进行探讨，重点是理念而不是实现，因为这些没有什么可说的了——前面从不同的角度介绍了如此多的技术，从现在开始，使用什么样的技术来实现完全由读者决定。

15.3　Quake II .MD2 文件格式

　　Quake II .MD2 文件格式（以下称.MD2）是 id Software 公司为其轰动一时的游戏 Quake II（如图 15.1 所示）开发的。Quake II 将硬件加速带入了游戏开发领域的最前沿，向世界展示了技术的强大威力。Quake II 终结了商业游戏产品使用软件加速的时代，它利用了众多精彩的技术，其中之一是通过关键帧动画和插值实现了更精彩的角色动画。

图 15.1　Quake II 运行时的屏幕截图

　　虽然.MD2 文件没有骨架，也不支持逆向/前向运动学（inverse/forward kinematics），但它分析和理解起来相对比较容易。.MD2 文件优越的地方在于，在 Internet 上，这样的文件数不胜数，还有无数处理这种文件的工具。因此，读者不用愁找不到模型、工具和其他应用程序。

　　注意：一个寻找 Quake II 模型的好去处是 Planet Quake，其网址为：

http://www.planetquake.com/polycount/

　　还有很多可用于处理.MD2 文件的工具，很多这样的工具可在下述网址中找到：

http://www.planetquake.com/polycount/resources/quake2/tools.shtml

　　最后，这种文件格式的技术规范可在下述网址中找到：

http://www.planetquake.com/polycount/resources/quake2/q2frameslist.shtml

　　作者从 Planet Quake 下载了一些模型，它们都是免费的——只要您不用来渔利。列出了每个模型的开发者，如果读者想将模型用于商业游戏中，可与开发者联系，并提出请求。接下来介绍这种文件格式本身。

　　在 Internet 查找有关.MD2 格式的正规描述时，作者遇到了从未遇到的麻烦。我阅读讨论.MD2 格式的每篇文章和每本书籍，在每个范例中，文章的作者总会省略一些重要的细节，因此这里将尽可能详细地介绍这种文件格式，以免读者遇到迟迟不能解决的问题。

我们首先做简要的描述，然后详细探讨其中的细节。.MD2 文件由两个主要部分组成：文件头（header）和数据，如图 15.2 所示。

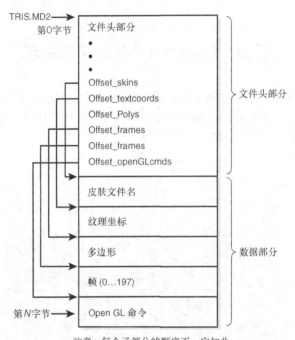

TRIS.MD2 →
第 0 字节

文件头部分
·
·
·
Offset_skins
Offset_textcoords
Offset_Polys
Offset_frames
Offset_frames
Offset_openGLcmds

文件头部分

皮肤文件名

纹理坐标

多边形

帧 (0...197)

数据部分

第 N 字节 → Open GL 命令

注意：每个子部分的顺序不一定如此

图 15.2　Quake II .MD2 文件的基本结构

- 文件头部分——包含模型描述、多边形数、顶点数和动画细节等。
- 数据部分——组成模型的多边形网格的数据，包括所有的多边形、顶点和纹理数据。

提示：在.MD2 文件中，所有的多边形都是三角形，且没有其他的实体。

文件头是标准的文件头，没有什么特别的东西；但数据很有趣：顶点数据定义的不是一帧而是很多帧动画。事实上，每个.MD2 文件包含 198 帧动画，编号为 0～197。

警告：有些模型没有遵循最初的规范，包含 199、200 甚至更多帧动画。然而 id Software 最初的规范要求包含 198 帧。仅对动画帧来说这才有关系，因为索引被用来定义组成步行、奔跑、死亡等动作的帧。

这些帧被解释为由一组模型空间中的顶点组成的多边形网格；模型空间为右手坐标系，原点为(0，0，0)，顶点的环绕方向为逆时针（这在后面将变得非常重要，请牢记）。这些顶点决定了每个动画帧中网格的形状。每个具体的动作（如步行、奔跑、跳跃等）都可能由多帧组成。有关这些将在后面详细介绍，但就现在而言，只需牢记文件开头有一个定义了模型的文件头，根据文件头信息，可以加载帧数据，它们是纯粹的二进制流（binary stream）。

动作是通过顺序播放一系列动画帧实现的。例如，动作"站着不动（standing idle）"由第 0～39 帧组成，因此通过顺序播放这些帧，可以实现"站着不动"的动作。然而，这些帧是关键帧，这意味着如果愿意，可以通过线性插值在这种帧之间计算出其他帧，使动画更为流畅。例如，您可能决定在第 *i* 和 *i*+1 帧之间插入 3 帧，为此，将分别使用权重值 0.25、0.50 和 0.75，根据这两帧中顶点的位置计算出插入帧的顶点位置。

接下来的一项重要内容是纹理图，id Software 的技术人员喜欢将其称为皮肤（skin）。图 15.3 是一个.MD2 模型中的标准皮肤纹理，它是 256 色的，大小为 256×256，文件格式通常为.PCX。我们必须将所有的皮肤转换为 16 位颜色和.BMP 格式的。

图 15.3　一个 Quake II 皮肤

皮肤的意思是，它被用作模型的纹理。每个模型都可能有很多皮肤，颜色和样式各不相同。有趣的是，皮肤并非.MD2 文件的组成部分，在.MD2 文件中，通过文件名来指定皮肤，这种文件位于 Quake II 游戏目录中。在分析.MD2 文件的文件头时，可能发现模型有 3 种皮肤（也许分别为蓝色、梅彩色和血红色）。在这种情况下，您将根据路径和名称来加载.PCX 文件（即纹理）。

15.3.1　.MD2 文件头

下面详细介绍.MD2 文件格式的文件头部分。首先，Internet 上的大部分.MD2 模型经过解压缩后，都将位于同一个目录中，其中包含大量与模型相关的文件，如武器、美工（art）和声音。我们感兴趣的是模型和皮肤，这里重点介绍它们。从 Internet 下载模型或查看附带光盘中的模型时，读者将发现目录中至少包含以下内容：

● TRIS.MD2——包含角色的模型数据的文件。

● WEAPON.MD2——可能有也可能没有，但通常有。该文件是武器模型，也是.MD2 文件。本章不打算介绍武器模型，不过其加载方法与角色模型类似。

接下来将看到很多纹理文件，它们为 256 色，大小为 256×256，文件格式为.PCX，可以使用任何绘图程序（Paint Shop Pro、Photoshop 等）查看它们。这些图像是皮肤，被用作映射到模型上的纹理。之所以要求它们是 256×256 的，是因为在.MD2 文件的数据部分，纹理坐标 u 和 v 的取值范围为 0～255。然而，要使用这些纹理，必须将其转换为 16 位颜色模型，并保存为.BMP 文件（虽然我们也有.PCX 加载函数，但.BMP 更容易）。

另外，还有一些用作图标的小型图像以及用作音效的.WAV 文件。对于这些文件，我们也不感兴趣。我们真正需要的是 TRIS.MD2 文件以及一种或多种皮肤（将其转换为 16 位.BMP 格式）。在大多数情况下，作者从 Polycount 或其他网站下载.MD2 模型，然后将其解压缩到一个目录中。然后查看目录中的图像，从中找出两三种喜欢的皮肤，将其色深增加到 16 位，亮度提高 10～20，再保存为.BMP 文件。文件名无关紧要，因为我们将修改文件头中内置的纹理皮肤的文件名和路径。这是可行的，因为所有的纹理坐标都保持不变（u、v 的取值范围仍为 0～255），纹理也没变，因此不会出现异常。

提示：Quake II .EXE 文件在其所在的目录中查找纹理，因此我们不从路径中提取文件名，而是给.MD2 加在函数提供纹理的.BMP 版本的文件名。

当然，我们不能提供其他皮肤，而只能使用模型指定的皮肤，这样纹理坐标才能与皮肤匹配，进而被正确地映射到模型上。然而，至少可以通过将纹理放在希望的地方，并使用喜欢的名称，来简化纹理访问。

介绍过下载.MD2 文件可在硬盘中找到的文件后，来看看文件头部分和数据部分。首先，请注意.MD2 文件是二进制的，必须以字节为单位进行读取。下面是文件头部分，它总是位于.MD2 文件的开头，从第 0 字节开始：

```
// 这是 Quake II .MD2 文件使用的文件头结构
// 作者对其中的字段进行了注释，以方便读者理解
typedef struct MD2_HEADER_TYP
{
int identifier;   // 指出文件类型，应为 IDP2
int version;      // 本版号，应为 8
int skin_width;    // 用作皮肤的纹理图的宽度
int skin_height;  // 用作皮肤的纹理图的高度
int framesize;    // 每个动画帧的大小，单位为字节
int num_skins;    // 总皮肤数
int num_verts;    // 每帧中的顶点数，所有帧的顶点数都相同
int num_textcoords; // 整个文件中的纹理坐标数，可能多于每帧的顶点数
int num_polys;    // 每个动画帧中的多边形数
int num_openGLcmds; // openGL 命令数，这种命令用于优化渲染，我们不使用
int num_frames;   // 动画帧数

int offset_skins;  // 皮肤数组离文件开头的距离，单位为字节
             // 皮肤数组中存储了皮肤的文件名
             // 每个文件名的长度为 64 字节
int offset_textcoords; // 纹理坐标数组离文件开头的距离，单位为字节
int offset_polys;  // 多边形列表离文件开头的距离，单位为字节

int offset_frames;  // 顶点数组离文件开头的距离，单位为字节

int offset_openGLcmds; // OpenGL 命令数组离文件开头的距离，单位为字节

int offset_end;   // 文件开头到文件末尾的距离，单位为字节

} MD2_HEADER, *MD2_HEADER_PTR;
```

在不同的文献中，上述字段名可能稍有不同，但大多数人都尽可能使用 id Software 最初定义的名称。不过，字段的数据类型和排列顺序必须与上述结构中相同，否则当您加载 TRIS.MD2 文件时，将无法参考文件头中的数据。下面详细介绍每个字段：

● int identifier——这是一个幻数（magic number）字段，指出文件类型为.MD2，其值必须是 little endian 格式的 "IDP2"。换句话说，在使用 Intel 处理器（采用 big endian 格式）的 PC 上，应查找下述值（I 位于最右边）：

```
#define MD2_MAGIC_NUM (('I') + ('D' << 8) + ('P' << 16) + ('2' << 24))
```

● int version——版本号；总是为 8。同样，作者定义了一个用于比较版本号的常量：

```
#define MD2_VERSION  8
```

如果幻数或版本不正确，则要么.MD2 文件被损坏，要么计算机出了问题。

● int skin_width——用作模型皮肤的纹理图的宽度，单位为像素。对于第三方创建的模型，这通常为 256；但也可能为其他值。如果要确保加载函数的健壮性，应查看这个值。

● int skin_height——用作模型皮肤的纹理图的高度，单位为像素。对于第三方创建的模型，这通常为 256；但也可能为其他值。如果要确保加载函数的健壮性，应查看这个值。

在同一个模型中，所有用作皮肤的纹理图大小都相同，因此查看上述两个字段的值后，便可知道所有纹理的大小。在 99％的模型中，上述两个字段的值都是 256。

● int framesize——模型中单个动画帧的大小，单位为字节，如图 15.4 所示。每个帧都由帧头和模型中每个顶点的信息组成。稍后将详细介绍，就现在而言，读者只需牢记每个帧都由帧头和模型的所有顶点组成，帧头指出了如何对顶点进行定位和缩放。遵循 id Software 规范的.MD2 文件通常包含 198 帧。

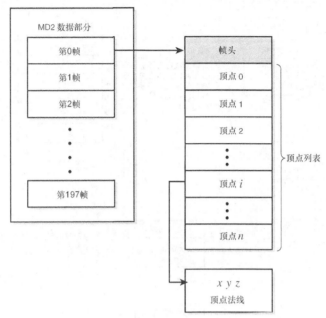

图 15.4　单个动画帧的细节

● int num_skins——这个字段指出了总皮肤数，皮肤用 ASCII 文件名指定，存储在模型文件所在的磁盘目录中。皮肤名称存储在文件头末尾的一个字符串数组中，每个皮肤名都为 64 字节，不足 64 字节时用空字符（0）填满。模型中可能有一个或多个皮肤名，在大多数情况下，这些名称中都包含 Quake II 专用的路径信息，所以我们将忽略它们，在模型所在的目录中手工查找皮肤并对其重命名，然后在加载模型时，传递一个包含皮肤（16 位颜色模式和.BMP 格式）的路径和文件名的字符串。

● int num_verts——单个模型帧中的顶点数，而不是整个文件中的顶点数。由于模型总是由同样的多边形组成，因此每帧中的顶点数相同，唯一变化的是顶点的位置。这是.MD2 格式实现动画的方式。

● int num_textcoords——模型文件中的纹理坐标总数。读者可能认为，每个顶点都需要一个纹理坐标，但可能并非如此。纹理坐标是纹理空间中的一对 u、v 坐标，很多时候，纹理坐标数可能比顶点数多或少，因为多个顶点可能共用一个纹理坐标。可以将纹理坐标视为模型中的所有动画帧需要的各种不同的纹理坐标。在大多数情况下，只有几百个纹理坐标。另外，只有一个纹理坐标集合，由所有动画帧共享，如图 15.5 所示。

● int num_polys——模型（每个动画帧）中的多边形数量。每个动画帧中的多边形数量总是相同的，如果模型中有 800 个多边形，则每个动画帧中也有 800 个多边形。

● int num_openGLcmds——这是 OpenGL 命令数，OpenGL 命令有助于优化硬件渲染，我们将忽略这个字段。使用硬件进行渲染时，通过渲染多边形扇或多边形条带可提高性能，OpenGL 命令指示何时以何种方式进行渲染，渲染多少个等。

● int num_frames——动画帧总数，大多数.MD2 模型为 198。

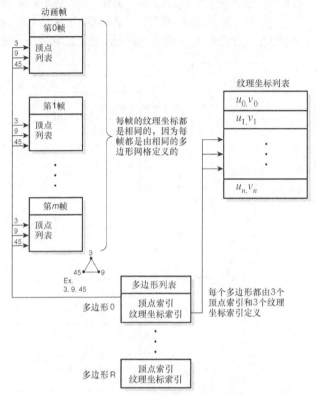

图 15.5　由所有动画帧共享的纹理坐标集合

接下来的几个字段内存偏移量，供读取数据时使用。由于.MD2 文件是二进制的，因此提供这些字段是有道理的。这些字段指出要读取某项数据时，应从.MD2 文件的开头开始跳过多少个字节。然后声明一个包含一个元素的顶点数组，并使用索引来访问其他数据，如图 15.6 所示。

- int offset_skins——指出包含皮肤文件名的皮肤数组离文件开头有多远，单位为字节。每个文件名都是 64 字节。

- int offset_textcoords——指出纹理坐标数组离文件开头有多远，单位为字节。每个纹理坐标都是SHORT，其定义如下：

```
// 一对 u、v 纹理坐标
typedef struct MD2_TEXTCOORD_TYP
{
short u,v; // 纹理坐标
} MD2_TEXTCOORD, *MD2_TEXTCOORD_PTR;
```

因此，每个纹理坐标都是 32 位（4 字节），我们根据 num_textcoords 和上述结构来存取纹理坐标。

- int offset_polys——指出多边形网格数据离文件开头有多远，单位为字节。每个多边形都是用一组顶点索引定义的，这些索引指向组成该多边形的顶点。如果多边形的顶点索引为(12，56，99)，则无论在哪一帧（顶点集）中，该多边形的顶点索引都是(12，56，99)，因此在模型中，对于多边形与顶点索引之间的关系，只需定义一次。显示动画时，我们不断地更换顶点集，但在每个顶点集中，顶点索引保持不变，如图 15.7 所示。

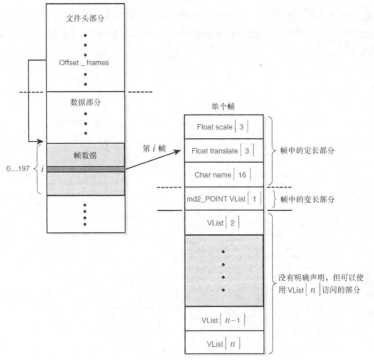

图 15.6　声明一个变长的数据结构模板

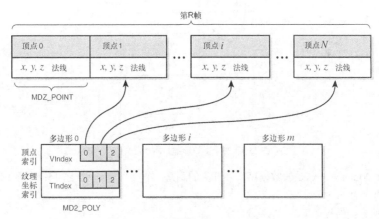

图 15.7　多边形和顶点之间的关系

表示多边形的数据结构如下：

```
// 表示 md2 多边形（三角形）的数据结构
// 由 3 个顶点索引和 3 个纹理坐标索引组成
typedef struct MD2_POLY_TYP
{
unsigned short vindex[3];  // 顶点索引
unsigned short tindex[3];  // 纹理坐标索引
} MD2_POLY, *MD2_POLY_PTR;
```

多边形列表是一个多边形结构数组。每个多边形结构有 6 个元素，前 3 个为 unsigned short（无符号短整数），指定了顶点索引；后 3 个也是 unsigned short，指定了纹理坐标索引。因此，多边形是间接（indirectly）定义的，如图 15.8 所示。

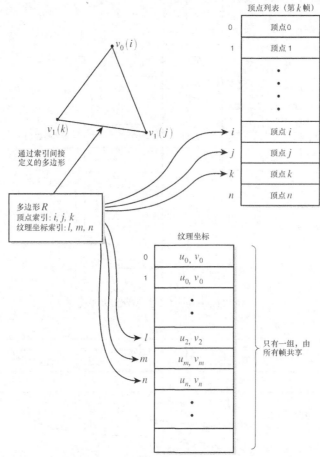

图 15.8　每个多边形都是间接定义的

● int offset_frames——这是帧数据离文件开头的距离，单位为字节，如图 15.9 所示。每个帧由小型帧头和定义该帧的顶点组成。

用于表示帧的数据结构如下：

```
// 表示 MD2 帧的数据结构
// 帧头中包含如何对顶点进行缩放和平移的信息
// 接下来是包含顶点数据的数组，数组的长度是可变的，因此将数组长度定义为 1
// 这样编译器将允许存取第 n 个元素
typedef struct MD2_FRAME_TYP
{
float scale[3];       // 顶点的 x、y、z 的缩放因子
float translate[3];   // 顶点的 x、y、z 的平移因子
char name[16];        // 动画帧的 ASCII 名称
MD2_POINT vlist[1];   // 顶点数组的第一个元素
```

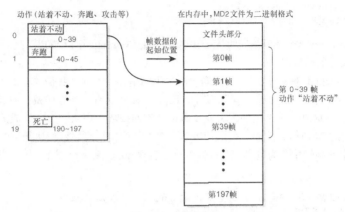

图 15.9　动画帧数组

帧头的后面是顶点数据数组，稍后再介绍，现在先介绍一下帧头。帧头有 4 个字段，第一个是 float scale[3]。

●　float scale[3]——一个包含 3 个元素的 float 数组，它们指定了 x、y、z 缩放因子，用于对帧中的每个顶点进行缩放，因此加载 .MD2 帧时，必须据此对其中的每个顶点进行缩放。x 缩放因子存储在 scale[0] 中，y 缩放因子存储在 scale[1] 中，z 缩放因子在 scale[2] 中。缩放因子的用途有两个：首先，为节省存储空间，每个顶点坐标被压缩为 8 位，因此必须将其放大到正常值；其次，帮助实现动画——要对动作中的帧进行缩放，可以使用缩放因子。

●　float translate[3]——这是一个包含 3 个元素的 float 数组，它们指定了 x、y、z 平移因子，用于对帧中的每个顶点进行平移，因此加载 .MD2 帧时，必须据此对每个顶点进行平移。x 平移因子存储在 translate[0] 中，y 缩放因子存储在 translate[1] 中，z 缩放因子存储在 translate[2] 中。同样，平移因子的用途也是节省存储空间，因为每个顶点坐标被压缩为 8 位，但更重要的是，用于在模型空间中移动每个帧，以实现动画。例如，"跳跃"动作就是这样实现的——平移模型坐标（而不是平移世界位置），并执行局部坐标到世界坐标变换。

图 15.10 说明了帧头指定的要对每个顶点进行的变换。给定顶点 v，下面是执行这种变换的伪代码：

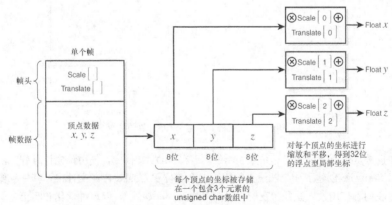

图 15.10　将帧头中的变换信息用于每个顶点

```
v.x = v.x * scale[0] + translate[0];
v.y = v.y * scale[1] + translate[1];
v.z = v.z * scale[2] + translate[2];
```

● char name[16]——这个字段是帧的 ASCII 名称，如 "Terminator T1000"。

最后，下面是实际的帧数据：

● MD2_POINT vlist[1]——这是一个指向顶点数组的指针。然而，我们并不知道有多少个顶点，因此将该数组的大小定义为 1。如果您访问元素 vlist[2]等，编译器将允许这样做，但必须有这样的空间，否则将发生存取违规。这是一种常用的定义变长数据结构的技巧：声明一个指针或数组，然后在知道其长度的情况下使用索引来访问。然而，可以使用单个数据结构模板来表示任何长度的数组。因此，顶点列表 vlist[ ]包含一个动画帧中所有的顶点。每帧中总是包含 num_verts 个顶点，用于表示顶点的数据结构如下：

```
// 用于表示顶点的数据结构，包含 x、y、z 坐标（各占 8 位）和一个顶点法线索引
// 该索引用于从 id software 提供的法线查找表中查找索引
typedef struct MD2_POINT_TYP
{
unsigned char v[3];         // x、y、z 坐标，都被压缩为 1 个字节
unsigned char normal_index; // 指向 id Software 提供的索引查找表的索引（没有使用）
} MD2_POINT, *MD2_POINT_PTR;
```

注意，每个顶点的 x、y、z 坐标都是 unsigned char，即只有 8 位。现在，读者明白了为何要在帧头中提供缩放和平移支持吧。顶点由 x、y、z 坐标（共 3 字节）和 normal_index（1 字节）组成，后者用于支持另一种压缩机制。在每个帧中，每个顶点都有顶点法线，如图 15.11 所示。

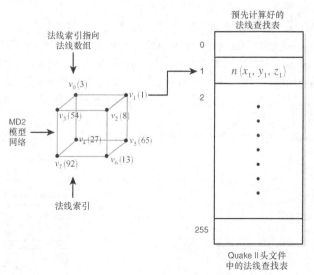

图 15.11　Quake II 中用于光照计算的法线

同样，法线也是基于模型空间坐标系来表示的，但在.MD2 文件中，使用预先计算好的法线数组中索引来指定法线。id Software 创建了一个法线查找表，这个表位于 Quake II 源文件中，其中存储了每个索引对应的法线。虽然我们不使用顶点法线（我们将计算多边形的面法线），但这种优化和间接定义可节省存储空间和提高计算速度。

总之，帧数据是一个包含 198 个元素的帧数组，其起始位置由 offset_frames 指定。每个帧由帧头和顶点数组组成。帧头由缩放因子、平移因子和帧的 ASCII 名称组成，后面是帧的顶点数据。每个顶点由 4 个 1 字节的值组成，其中前 3 个是顶点在模型空间中的 *x*、*y*、*z* 坐标，最后一个指向顶点法线查找表的索引（我们不支持），该查找表包含 256 个元素。

● int offset_openGLcmds——OpenGL 命令离文件开头的距离，单位为字节。这里不使用 OpenGL 命令，因此不考虑这个字段。

● int offset_end——文件末尾到文件开头的距离，单位为字节。这个字段是不必要的，因为我们可以向文件系统查询文件的长度。

下面来编写加载.MD2 文件的代码。

15.3.2　加载 Quake II .MD2 文件

读者可能还记得，我们最初打算使用 OBJECT4DV2 来支持动画，因此在该数据结构中加入了支持多帧的功能。然而，作者后来想，OBEJCT4DV2 只是一个用于渲染网格的容器类，为何让它支持动画、.MD2 文件呢？一种更好的方法是，编写一个提取函数，使用它提取多边形数据，并用这些数据来"填充"一个 OBJECT4DV2，然后将其传递给渲染引擎，这样便可以利用以前编写的渲染函数了。这就是作者最终决定使用的方法。

加载并渲染.MD2 的总体进攻计划如下：

1．加载.MD2 文件，将其转换为一种更易于使用的格式，以便能够从中提取帧，并将其加载到 OBJECT4DV2 中。

2．编写两个支持函数，以便 OBJECT4DV2 能够用于存储.MD2 帧。

3．编写一个提取函数，从.MD2 模型动画中提取指定的帧，将其加载到一个 OBJECT4DV2 中，然后利用已有的引擎像以前那样对 OBJECT4DV2 进行处理。

最初，作者打算将.MD2 文件加载到内存中，然后从中直接提取帧数据，将其加载到 OBJECT4DV2 中，但这意味着需要执行顶点数据的缩放、平移等运算。另外各种压缩和间接数据结构也使得这是一种糟糕的主意。一种更好的方法是，创建另一个适合存储.MD2 数据的容器类（数据结构），并在其中使用已有的表示点、顶点、纹理等的数据结构。这样，访问这个容器类并从中提取帧数据时，速度将非常快。

这里的重点是速度。我们希望任何帧的渲染都能够几乎瞬时完成，同时在不同帧之间切换的开销不多。另外，设计容器类时，还需要有些远见，使其能够支持动画、运动和通用状态信息，就像一个 blitter 对象（BOB）。最后，作者设计的数据结构（容器类）如下：

```
typedef struct MD2_CONTAINER_TYP
{
int state;      // 模型的状态
int attr;       // 模型的属性
int color;      // 没有纹理时的颜色
int num_frames;  // 帧数
int num_polys;   // 多边形数
int num_verts;   // 顶点数
int num_textcoords; // 纹理坐标数

BITMAP_IMAGE_PTR skin;  // 指向纹理的指针

MD2_POLY_PTR polys; // 指向多边形列表的指针
VECTOR3D_PTR vlist; // 指向顶点坐标数组的指针
VECTOR2D_PTR tlist; // 指向纹理坐标数组的指针

VECTOR4D world_pos; // 物体的位置
```

```
VECTOR4D vel;        // 物体的速度

int ivars[8];        // 整型变量
float fvars[8];      // 浮点型变量
int counters[8];     // 通用计数器
void *link;          // 通用 void 指针
int anim_state;       // 动作状态
int anim_counter;   // 通用动作计数器
int anim_mode;      // 播放一次还是循环播放
int anim_speed;     // 值越小，动作切换速度越快
int anim_complete;  // 指出动作是否播放完毕的标记
float curr_frame;   // 当前帧

} MD2_CONTAINER, *MD2_CONTAINER_PTR;
```

对所有字段都做了清晰的注释，其中很多字段与.MD2 文件头中相同。为确保读者和作者对这些字段的认识一致，下面简要地介绍一下：

● int state——这是模型的状态信息，如活着、死亡等。

● int attr——这是模型中多边形的属性，即想如何渲染多边形（Shader 属性）。之所以需要这个字段，是因为.MD2 文件中没有任何有关着色和光照处理的信息，因此我们需要指定如何渲染模型。这个字段用于存储这些属性，将帧数据插入到 OBJECT4DV2 中时，将相应地设置每个多边形的这些属性。在大多数情况下，该字段的值如下：

```
(POLY4DV2_ATTR_RGB16 | POLY4DV2_ATTR_SHADE_MODE_FLAT |
POLY4DV2_ATTR_SHADE_MODE_TEXTURE)
```

即使用 16 位颜色模式、恒定着色，支持纹理映射。

● int color——没有纹理时多边形的颜色。在大多数情况下，将其设置为 RGB（255，255，255），让纹理的反射率最高。

● int num_frames——.MD 模型中的总帧数，通常为 198。这个值直接从.MD2 文件头中复制而来。

● int num_polys——单个动画帧中的多边形数量，取值与.MD2 文件头中相应的字段相同。由于多边形网格为模板，因此每个动画帧中的多边形数量都相同，在每个帧中，唯一变化的是顶点的位置。

● int num_verts——单个动画帧中的顶点数（通常有数百个），每个动画帧的顶点数都相同，唯一变化的是顶点的位置。

● int num_textcoords——可供所有顶点使用的纹理坐标数。在每个动画帧中，使用纹理坐标数组的索引来指定纹理坐标。在大多数情况下，一个.MD2 模型中有两三百个纹理坐标。

● BITMP_IMAGE_PTR skin——指向模型使用的纹理的指针。这个位图是这样得到的：加载模型目录中 256 色、256×256 的皮肤，将其色深增加到 16 位，再保存为.BMP 文件。该位图将被用作纹理，映射到模型上。

下面的字段指定了几何数据的存储位置，但不同于.MD2 文件中，这些几何数据可直接用于渲染——经过了缩放和平移等处理。另外，现在所有的几何数据都是用本书前面定义的数据结构存储的，因此处理起来很容易。

● MD2_POLY_PTR polys——这是一个指向多边形列表的指针。多边形列表是一个结构数组，每个结构都包含一个多边形的顶点索引和每个顶点的纹理坐标索引，就像.MD2 文件中一样。它基本上是一个间接数组，没必要与.MD2 文件中不同。

● VECTOR3D_PTR vlist——这是一个指向顶点坐标列表的指针。每个顶点都是一个 VECTOR3D。这个数组中包含所有动画帧中每个顶点的坐标，数据的存储顺序如图 15.12 所示，即依次为第 0 帧、第 1 帧…

第 n 帧。每帧都有 num_verts 个顶点，每个顶点都是 VECTOR3D。要访问某个帧中的顶点，必须将该帧的编号和 num_verts 的乘积用作基索引（base index）。

图 15.12 顶点列表

● VECTOR2D_PTR tlist——这是一个指向纹理坐标列表的指针。每个纹理坐标都以浮点格式存储在一个 VECTOR2D 中。纹理坐标列表是一个数组，包含 num_textcoords 个元素。

下面的两个字段用于在 3D 空间中对模型进行移动和定位：

● VECTOR4D world_pos——用世界坐标表示的模型位置。
● VECTOR4D vel——模型的速度。

下面的字段用于存储状态信息、执行逻辑等：

● int ivars[8]——整型变量。
● float fvars[8]——浮点型变量。
● int counters[8]——计数器。
● void *link——void 指针。

下面的字段很重要，用于帮助播放动画和跟踪模型状态：

● int anim_state——动画状态，这里指的是当前播放的是哪个动作。id Software 的开发人员拿出了一个要在每个模型中支持的动作清单，包括步行、奔跑、死亡、射击等。然而，在过去的几年中，很多人得到了创造性许可，在这个清单中加入了更多的动作，因此作者不得不查看 Quake II 源代码本身，以了解有多少动作以及这些动作的名称和帧索引，结果如下：

——.MD2 文件总共有 198 帧；
——有 20 种不同的动作；
——每个动作由多个帧组成，它们的帧索引总是相同的。

表 15.1 列出了这些动作及其名称和帧索引。这是作者通过查看 Quake II 源代码和头文件 M_PLAYER.H 后获悉的，这些文件可以在 http://www.fileplanet.com/files/80000/83000.shtml 中找到。

如果上述链接无效，可通过 Google.com 或 Yahoo.com 进行搜索。

表 15.1 MD2 文件格式动画帧的动作规范

动作编号	文本名称	帧索引	动作编号	文本名称	帧索引
0	STANDING_IDLE	0–39	5	PAIN 3	62–65
1	RUN	40–45	6	JUMP	66–71
2	ATTACK	46–53	7	FLIP	72–83
3	PAIN 1	54–57	8	SALUTE	84–94
4	PAIN 2	58–61	9	TAUNT	95–111

动作编号	文本名称	帧索引	动作编号	文本名称	帧索引
10	WAVE	112–122	15	CROUCH PAIN	169–172
11	POINT	123–134	16	CROUCH DEATH	173–177
12	CROUCH STAND	135–153	17	DEATH BACK	178–183
13	CROUCH WALK	154–159	18	DEATH FORWARD	184–189
14	CROUCH ATTACK	160–168	19	DEATH SLOW	190–197

大部分文本名称都描述了动作的含义。例如，Pain 1、Pain 2 和 Pain 3 是模型被打中后感到痛苦的动作；ATTCK 是模型开火的动作。然而，最重要的数据是帧数，它们不会变化。问题是，Internet 上的很多模型都是不正确的，有些动作的帧数更多或更少。这不是什么大问题，但您迟早需要解决，否则动作将有问题。最好的解决方法是，使用一个可设置的帧索引表，这样必要时可以根据模型动态地修改它。作者定义了一组可用于设置 anim_state 的常量：

```
// md2 动画状态
#define MD2_ANIM_STATE_STANDING_IDLE   0 // 站着不动
#define MD2_ANIM_STATE_RUN             1 // 奔跑
#define MD2_ANIM_STATE_ATTACK          2 // 开火/攻击
#define MD2_ANIM_STATE_PAIN_1          3 // 被打中版本 1
#define MD2_ANIM_STATE_PAIN_2          4 // 被打中版本 2
#define MD2_ANIM_STATE_PAIN_3          5 // 被打中版本 3
#define MD2_ANIM_STATE_JUMP            6 // 跳跃
#define MD2_ANIM_STATE_FLIP            7 // 做手势
#define MD2_ANIM_STATE_SALUTE          8 // 敬礼
#define MD2_ANIM_STATE_TAUNT           9 // 嘲笑
#define MD2_ANIM_STATE_WAVE           10 // 挥手致意
#define MD2_ANIM_STATE_POINT          11 // 指向别人
#define MD2_ANIM_STATE_CROUCH_STAND   12 // 不动时蹲下
#define MD2_ANIM_STATE_CROUCH_WALK    13 // 行走时蹲下
#define MD2_ANIM_STATE_CROUCH_ATTACK  14 // 蹲下的同时开火
#define MD2_ANIM_STATE_CROUCH_PAIN    15 // 蹲下时被打中
#define MD2_ANIM_STATE_CROUCH_DEATH   16 // 蹲下时死去
#define MD2_ANIM_STATE_DEATH_BACK     17 // 死亡时向后倒
#define MD2_ANIM_STATE_DEATH_FORWARD  18 // 死亡时向前倒
#define MD2_ANIM_STATE_DEATH_SLOW     19 // 缓慢死去（沿任何方向倒下）
```

注意：读者可能注意到了，其中没有定时信息。基本上，我们让设备来决定播放速度以及是否插入帧；然而，作者加入了这种支持，以简化动画实现工作。

● int anim_counter——用于记录帧数的计数器，该计数器将不断增加，进入下一个动作时清零。

● int anim_mode——指定如何播放 anim_state 指定的动作：播放一次还是循环播放。通常，anim_mode 的取值为下列两个常数之一：

```
// 动作播放模式
#define MD2_ANIM_LOOP        0 // 循环播放
#define MD2_ANIM_SINGLE_SHOT 1 // 播放一次
```

● int anim_speed——动画的实际播放速度，它的值越小，速度越快。

● int anim_complete——指出单次动作是否播放完毕（1 表示完毕，0 表示还没完），用于控制逻辑中。例如，在"跳跃"动作完成后，可能播放着地的声音等。

● float curr_frame——当前渲染的帧。这是一个浮点型变量，而不是整型变量，这很重要。我们将支持在关键帧之间插入其他帧，因此帧编号可以为小数。例如，帧编号 5.4 表示在第 5 帧和第 6 帧之间插入一帧，其中第 6 帧的权重为 40%。本章后面讨论动画和顶点插值时将详细讨论这一点。

下面首先来实现加载函数。我们需要将磁盘中的.MD2 文件加载到内存中，然后读取.MD2 文件头，从中提取所有的信息，将其存储到容器类 MD2_CONTAINER 中，然后释放.MD2 文件占用的内存。对于这样大的函数，作者通常不列出其代码，但这里有充分的理由列出其代码。下面是该函数的代码，其中包含大量的注释，作者删除了大量处理错误和输出的代码，有关该函数的完整代码，请参阅附带光盘：

```
int Load_Object_MD2(MD2_CONTAINER_PTR obj_md2, // 用于存储 MD2 模型数据
      char *modelfile,  //.MD2 模型的文件名
      VECTOR4D_PTR scale, // 初始缩放因子
      VECTOR4D_PTR pos, // 初始位置
      VECTOR4D_PTR rot, // 初始旋转角度（没有实现）
      char *texturefile, // 纹理的文件名
      int attr,       // 光照/模型属性
      int color,      // 没有纹理时的颜色
      int vertex_flags) // 控制顶点排列顺序等
{
// 这个函数加载一个.md2 文件，提取其中所有的数据，将其存储到一个容器类中
// 后面将从该容器类中的帧加载到 OBJECT4V2 中，以便动态地进行渲染

FILE *fp  = NULL; // 指向模型文件的指针
int  flength = -1;  // 用于存储文件长度
UCHAR *buffer = NULL; // 用于存储 md2 文件中的数据

MD2_HEADER_PTR md2_header;  // 指向 md2 文件头的指针


// 首先加载.md2 模型文件
if ((fp = fopen(modelfile, "rb"))==NULL)
   {
   Write_Error("\nLoad_Object_MD2 – couldn't find file %s", modelfile);
   return(0);
   } // end if

// 移动文件末尾
fseek(fp, 0, SEEK_END);

// 确定文件长度
flength = ftell(fp);

// 将.md2 文件读入缓冲区中，并对其进行分析

// 将文件指针重新指向文件开头
fseek(fp, 0, SEEK_SET);
// 分配用于存储文件数据的内存
buffer = (UCHAR *)malloc(flength+1);

// 将数据读入到缓冲区中
int bytes_read = fread(buffer, sizeof(UCHAR), flength, fp);

// 缓冲区的开头为文件头，因此用文件头指针指向它
// 以便能够对其进行分析
md2_header = (MD2_HEADER_PTR)buffer;

// 检查文件类型
if (md2_header->identifier != MD2_MAGIC_NUM ||
```

```
md2_header->version != MD2_VERSION)
   {
   fclose(fp);
   return(0);
   } // end if

// 设置容器类的字段
obj_md2->state      = 0;             // 模型状态
obj_md2->attr       = attr;          // 模型属性
obj_md2->color      = color;         // 没有纹理时的颜色
obj_md2->num_frames  = md2_header->num_frames; // 帧数
obj_md2->num_polys   = md2_header->num_polys; // 多边形数
obj_md2->num_verts   = md2_header->num_verts; // 顶点数
obj_md2->num_textcoords = md2_header->num_textcoords; // 纹理坐标数
obj_md2->curr_frame  = 0;            // 当前帧
obj_md2->skin        = NULL;         // 指向纹理的指针
obj_md2->world_pos   = *pos;         // 在世界坐标系中的位置

// 分配用于存储网格数据的内存
// 指向多边形列表的指针
obj_md2->polys = (MD2_POLY_PTR)malloc(md2_header->num_polys*sizeof(MD2_POLY));
// 指向顶点坐标列表的指针
obj_md2->vlist = (VECTOR3D_PTR)malloc(md2_header->num_frames *
   md2_header->num_verts* sizeof(VECTOR3D));
// 指向纹理坐标列表的指针
obj_md2->tlist = (VECTOR2D_PTR)malloc(md2_header->num_textcoords *
         sizeof(VECTOR2D));

for (int tindex = 0; tindex < md2_header->num_textcoords; tindex++)
   {
   // 将纹理坐标插入到容器类中
   obj_md2->tlist[tindex].x =
      ((MD2_TEXTCOORD_PTR)(buffer+md2_header->offset_textcoords))[tindex].u;
   obj_md2->tlist[tindex].y =
      ((MD2_TEXTCOORD_PTR)(buffer+md2_header->offset_textcoords))[tindex].v;
   } // end for vindex


for (int findex = 0; findex < md2_header->num_frames; findex++)
   {

   MD2_FRAME_PTR frame_ptr =
      (MD2_FRAME_PTR)(buffer + md2_header->offset_frames +
            md2_header->framesize * findex);

   // 提取缩放因子和平移因子
   float sx = frame_ptr->scale[0],
      sy = frame_ptr->scale[1],
      sz = frame_ptr->scale[2],
      tx = frame_ptr->translate[0],
      ty = frame_ptr->translate[1],
      tz = frame_ptr->translate[2];

   for (int vindex = 0; vindex < md2_header->num_verts; vindex++)
      {
      VECTOR3D v; // 临时变量

      // 对顶点坐标进行缩放和平移
      v.x = (float)frame_ptr->vlist[vindex].v[0] * sx + tx;
      v.y = (float)frame_ptr->vlist[vindex].v[1] * sy + ty;
      v.z = (float)frame_ptr->vlist[vindex].v[2] * sz + tz;
```

```
    // 根据传入的数据进行缩放
    v.x = scale->x * v.x;
    v.y = scale->y * v.y;
    v.z = scale->z * v.z;

float temp; // 临时变量，用于坐标互换

    // 检查是否需要反转坐标
    if (vertex_flags & VERTEX_FLAGS_INVERT_X)
       v.x = -v.x;

    if (vertex_flags & VERTEX_FLAGS_INVERT_Y)
       v.y = -v.y;

    if (vertex_flags & VERTEX_FLAGS_INVERT_Z)
       v.z = -v.z;

    if (vertex_flags & VERTEX_FLAGS_SWAP_YZ)
       SWAP(v.y, v.z, temp);

    if (vertex_flags & VERTEX_FLAGS_SWAP_XZ)
       SWAP(v.x, v.z, temp);

    if (vertex_flags & VERTEX_FLAGS_SWAP_XY)
       SWAP(v.x, v.y, temp);

    // 将顶点插入到顶点列表中
    obj_md2->vlist[vindex + (findex * obj_md2->num_verts)] = v;
    } // end vindex

  } // end findex


MD2_POLY_PTR poly_ptr = (MD2_POLY_PTR)(buffer + md2_header->offset_polys);

for (int pindex = 0; pindex < md2_header->num_polys; pindex++)
  {
  // 将多边形插入容器类的多边形列表中
  if (vertex_flags & VERTEX_FLAGS_INVERT_WINDING_ORDER)
     {
     // 反转环绕顺序

     // 顶点
     obj_md2->polys[pindex].vindex[0] = poly_ptr[pindex].vindex[2];
     obj_md2->polys[pindex].vindex[1] = poly_ptr[pindex].vindex[1];
     obj_md2->polys[pindex].vindex[2] = poly_ptr[pindex].vindex[0];

     // 纹理坐标
     obj_md2->polys[pindex].tindex[0] = poly_ptr[pindex].tindex[2];
     obj_md2->polys[pindex].tindex[1] = poly_ptr[pindex].tindex[1];
     obj_md2->polys[pindex].tindex[2] = poly_ptr[pindex].tindex[0];
     } // end if
  else
     {
     // 不改变环绕顺序
     // 顶点
     obj_md2->polys[pindex].vindex[0] = poly_ptr[pindex].vindex[0];
     obj_md2->polys[pindex].vindex[1] = poly_ptr[pindex].vindex[1];
     obj_md2->polys[pindex].vindex[2] = poly_ptr[pindex].vindex[2];
```

```
          // 纹理坐标
          obj_md2->polys[pindex].tindex[0] = poly_ptr[pindex].tindex[0];
          obj_md2->polys[pindex].tindex[1] = poly_ptr[pindex].tindex[1];
          obj_md2->polys[pindex].tindex[2] = poly_ptr[pindex].tindex[2];

       } // end if

    } // end for vindex

// 关闭文件
fclose(fp);

//////////////////////////////////////////////////////////////
// 从磁盘加载纹理
Load_Bitmap_File(&bitmap16bit, texturefile);

// 创建大小和位深合适的位图
obj_md2->skin = (BITMAP_IMAGE_PTR)malloc(sizeof(BITMAP_IMAGE));

// 初始化位图
Create_Bitmap(obj_md2->skin,0,0,
        bitmap16bit.bitmapinfoheader.biWidth,
        bitmap16bit.bitmapinfoheader.biHeight,
        bitmap16bit.bitmapinfoheader.biBitCount);

// 加载位图图像
Load_Image_Bitmap16(obj_md2->skin,&bitmap16bit,0,0,BITMAP_EXTRACT_MODE_ABS);

// 处理完毕，卸载位图
Unload_Bitmap_File(&bitmap16bit);

// 释放临时缓冲区
if (buffer)
   free(buffer);

// 成功返回
return(1);

} // end Load_Object_MD2
```

要调用函数 Load_Object_MD2( )，需要传递一个容器指针（该容器用于存储 MD2 模型中的数据），一个位于磁盘中的.MD2 文件的名称，缩放因子、位置和旋转角度（当前只使用缩放因子和位置），一个用于存储 16 位、256×256 纹理的.BMP 文件的名称，用于模型中多边形属性，基本颜色（没有纹理时多边形的颜色——译者注），以及参数 vertex_flags（指定是否修改环绕顺序和坐标系等）。

这个.MD2 文件加载函数的原型与其他文件加载函数有些类似，读者对其中的参数应该相当熟悉。该函数首先在磁盘中查找指定的.MD2 文件，然后打开它并将其加载到一个大型缓冲区中，然后接入分析阶段：读取文件头中的信息，并根据这些信息从该.MD2 模型中提取所有重要的信息。与此同时，将所有数据以更为清晰、非压缩的方式存储到容器类中，并初始化容器类的所有字段。

vertex_flag 是最重要的参数之一，它让调用者能够修改坐标系和环绕顺序。读者可能还记得，我们使用的是左手坐标系，顶点环绕方向为顺序针，而.MD2 文件使用的是右手坐标系，顶点环绕方向为逆时针。为解决这种问题，只需互换 y 轴和 z 轴；如果不使用上述参数，这种问题解决起来将非常麻烦。加载模型并将其数据提取到 MD2_CONTAINER 中后，便可以实现动画了。为此，需要编写一个从容器中提取一帧，并将其存储到 OBJECT4DV2 中的函数。另外，还需要用于对选择的动作进行控制和执行定时（timing）的支持函数。

15.3.3 使用.MD2 文件实现动画

理解了.MD2 文件格式，将数据从压缩格式转换为更容易处理的格式后，实现动画便是小菜一碟了。完成上述功能的是加载函数和 MD2_CONTAINER 类。使用容器类来调用加载函数的方式如下：

```
// 一些工作向量
static VECTOR4D vs = {4,4,4,1};
static VECTOR4D vp = {0,0,0,1};

// 加载.MD2 模型
Load_Object_MD2(&obj_md2,     // 用于存储.md2 文件数据的容器类
    "./md2/q2mdl-tekkblade/tris.md2", //.MD2 模型的文件名
    &vs, // 缩放因子和位置
    &vp,
    NULL,
    "./md2/q2mdl-tekkblade/blade_black.bmp", //纹理的文件名
    POLY4DV2_ATTR_RGB16 |
    POLY4DV2_ATTR_SHADE_MODE_FLAT |
    POLY4DV2_ATTR_SHADE_MODE_TEXTURE,
    RGB16Bit(255,255,255),
    VERTEX_FLAGS_SWAP_YZ);        // 控制环绕顺序等
```

注意：上面使用的模型名为 "Tekkaman Blade"，可在网站 Polycount 中找到。该模型很好地展示了 Polycount 网站上模型的质量，开发者为 Michael Magarnigal Mellor。

我们将文件 "./md2/q2mdl-tekkblade/tris.md2" 定义的.MD2 模型加载到 MD2_CONTAINER obj_md2 中，使用文件 "./md2/q2mdl-tekkblade/blade_black.bmp" 作为纹理。

渲染时，只需从 obj_md2 中提取指定帧的顶点列表，将其插入到 OBJECT4DV2 的顶点列表中。在渲染过程中，OBJECT4DV2 中的多变形列表、纹理坐标等不变，因为它们是间接数组，同时引用的是顶点索引而不是顶点本身。因此，可以在渲染前创建一个 OBJECT4DV2，将其除顶点列表之外的其他内容设置好。

我们将设置属性、颜色、多边形列表、纹理坐标、纹理图等，但不插入任何顶点，这被称为准备工作。渲染的准备工作就绪后，我们调用一个这样的函数，它从 obj_md2 中提取指定动画帧的顶点，将它们插入到 OBJECT4DV2 中。然后，我们将该 OBJECT4DV2 传递给渲染引擎，后者对其渲染的是什么一无所知。

1. 预处理 OBJECT4DV2

首先介绍根据 MD2_CONTAINER 的内容对 OBJECT4DV2 进行预处理的函数，该函数的代码如下（删除了一些无关的错误显示代码，以节省篇幅）：

```
int Prepare_OBJECT4DV2_For_MD2(OBJECT4DV2_PTR obj, // 指向物体的指针
        MD2_CONTAINER_PTR obj_md2) // 要从中提取帧的容器类
{
// 这个函数对 OBJECT4DV2 进行预处理，以便渲染时只需将顶点数据存储到 OBJECT4DV2 中
// 它分配所需的内存，设置字段，并执行尽可能多的预先计算
// 在每帧中，不同的只有顶点列表

// 清空物体的内容
memset(obj, 0, sizeof(OBJECT4DV2));

// 将状态设置为活动、可见
obj->state = OBJECT4DV2_STATE_ACTIVE | OBJECT4DV2_STATE_VISIBLE;
```

```
// 设置一些其他的信息
obj->num_frames  = 1;  // 总是设置为 1
obj->curr_frame  = 0;
obj->attr        = OBJECT4DV2_ATTR_SINGLE_FRAME | OBJECT4DV2_ATTR_TEXTURES;

obj->num_vertices = obj_md2->num_verts;
obj->num_polys  = obj_md2->num_polys;
obj->texture    = obj_md2->skin;

// 设置物体的位置
obj->world_pos = obj_md2->world_pos;

// 分配内存
if (!Init_OBJECT4DV2(obj,
          obj->num_vertices,
          obj->num_polys,
          obj->num_frames))
 {
 Write_Error("\n(can't allocate memory). ");
 } // end if

// 根据第 0 帧计算平均半径和最大半径
// 这不准确，在执行动作期间，物体的大小可能变化很大

// 重置，以防对应的内存中有残余值
obj->avg_radius[0] = 0;
obj->max_radius[0] = 0;

// 通过循环计算最大半径
for (int vindex = 0; vindex < obj_md2->num_verts; vindex++)
 {

  float dist_to_vertex =
     sqrt(obj_md2->vlist[vindex].x * obj_md2->vlist[vindex].x +
        obj_md2->vlist[vindex].y * obj_md2->vlist[vindex].y +
        obj_md2->vlist[vindex].z * obj_md2->vlist[vindex].z );

  // 将半径累计起来，供后面计算平均半径时使用
  obj->avg_radius[0]+=dist_to_vertex;
  // 更新最大半径
  if (dist_to_vertex > obj->max_radius[0])
    obj->max_radius[0] = dist_to_vertex;

 } // end for vertex

// 计算平均半径
obj->avg_radius[0]/=obj->num_vertices;


// 复制纹理坐标列表
for (int tindex = 0; tindex < obj_md2->num_textcoords; tindex++)
 {
 obj->tlist[tindex].x = obj_md2->tlist[tindex].x;
 obj->tlist[tindex].y = obj_md2->tlist[tindex].y;
 } // end for tindex

// 复制多边形列表
for (int pindex=0; pindex < obj_md2->num_polys; pindex++)
 {
 obj->plist[pindex].vert[0] = obj_md2->polys[pindex].vindex[0];
```

```
obj->plist[pindex].vert[1] = obj_md2->polys[pindex].vindex[1];
obj->plist[pindex].vert[2] = obj_md2->polys[pindex].vindex[2];

//将多边形的顶点列表指向物体的顶点列表
obj->plist[pindex].vlist = obj->vlist_local;

// 设置多边形的属性
obj->plist[pindex].attr = obj_md2->attr;

// 设置多边形的颜色
obj->plist[pindex].color = obj_md2->color;

// 设置多边形的纹理
obj->plist[pindex].texture = obj_md2->skin;
// 设置纹理坐标
obj->plist[pindex].text[0] = obj_md2->polys[pindex].tindex[0];
obj->plist[pindex].text[1] = obj_md2->polys[pindex].tindex[1];
obj->plist[pindex].text[2] = obj_md2->polys[pindex].tindex[2];

// 指出顶点有纹理坐标
SET_BIT(obj->vlist_local[ obj->plist[pindex].vert[0] ].attr,
    VERTEX4DTV1_ATTR_TEXTURE);
SET_BIT(obj->vlist_local[ obj->plist[pindex].vert[1] ].attr,
    VERTEX4DTV1_ATTR_TEXTURE);
SET_BIT(obj->vlist_local[ obj->plist[pindex].vert[2] ].attr,
    VERTEX4DTV1_ATTR_TEXTURE);

// 设置材质模式
SET_BIT(obj->plist[pindex].attr, POLY4DV2_ATTR_DISABLE_MATERIAL);

// 将多边形的状态设置为活动
obj->plist[pindex].state = POLY4DV2_STATE_ACTIVE;

//将多边形的顶点列表指向物体的顶点列表
obj->plist[pindex].vlist = obj->vlist_local;

// 设置纹理坐标列表
obj->plist[pindex].tlist = obj->tlist;

// 提取顶点索引
int vindex_0 = obj_md2->polys[pindex].vindex[0];
int vindex_1 = obj_md2->polys[pindex].vindex[1];
int vindex_2 = obj_md2->polys[pindex].vindex[2];

// 计算多边形的面法线
// 顶点按顺时针方向排列，因为u=p0->p1, v=p0->p2, n=uxv
VECTOR4D u, v, n;

// 计算u和v
u.x = obj_md2->vlist[vindex_1].x - obj_md2->vlist[vindex_0].x;
u.y = obj_md2->vlist[vindex_1].y - obj_md2->vlist[vindex_0].y;
u.z = obj_md2->vlist[vindex_1].z - obj_md2->vlist[vindex_0].z;
u.w = 1;
v.x = obj_md2->vlist[vindex_2].x - obj_md2->vlist[vindex_0].x;
v.y = obj_md2->vlist[vindex_2].y - obj_md2->vlist[vindex_0].y;
v.z = obj_md2->vlist[vindex_2].z - obj_md2->vlist[vindex_0].z;
v.w = 1;

// 计算叉积
VECTOR4D_Cross(&u, &v, &n);
```

```
          // 计算法线长度，并将其存储在 nlength 中
          obj->plist[pindex].nlength = VECTOR4D_Length(&n);

      } // end for poly

// 成功返回
return(1);

} // end Prepare_OBJECT4DV2_For_MD2
```

函数 Prepare_OBJECT4DV2_For_MD2()接受两个参数：一个 OBJECT4DV2 指针和 MD2_CONTAINER 指针，后者存储了.MD2 模型的数据，前者用于接受后者的数据。该函数对 OBJECT4DV2 进行初始化，然后将 MD2_CONTAINER 中不随不同的帧而变化的数据复制到 OBJECT4DV2 中，唯一不复制的是顶点。不要求这个函数的速度很快，因为它是在初始化阶段被调用的，因此速度并不重要。这个函数为 OBJECT4DV2 创建多边形列表、纹理列表，并执行所需的计算，如面法线的长度以及平均半径和最大半径等。

警告：所有多边形法线的长度都是根据第 0 帧计算得到的，播放动画时，始终使用预先计算得到的多边形法线长度。进行光照计算时将考虑多边形法线长度，但这几乎没有什么影响。一种更精确的方法是，存储每个多边形在每帧中的法线长度，但这意味着对于每个多边形，需要一个包含 198 个元素的法线数组，然后在提取某一帧时，复制相应的法线。这样做的渲染结果与前一种方法之间几乎没什么不同。另外，平均半径也是根据第 0 帧计算得到的。

2. 从 MD2_CONTIANER 中提取帧

对 OBJECT4DV2 进行预处理后，余下的工作很简单。只需计算指定帧的顶点在顶点列表中的位置，然后将这些顶点复制到 OBJECT4DV2 中即可，代码如下：

```
int Extract_MD2_Frame(OBJECT4DV2_PTR obj, // 指向物体的指针
    MD2_CONTAINER_PTR obj_md2) // 要从其提取帧的容器类
{
// 这个函数从 MD2 容器类中提取一帧，将其存储到 OBJECT4DV2 中
// 以便能够使用现有的库来进行变换、光照处理和渲染等，从而避免编写新的函数
// 必须承认，这种提取处理是不必要的
// 但由于程序中使用的 MD2 模型较少，渲染时间比提取时间高几个数量级
// 因此提取的影响几乎可以忽略不计
// 该函数还插入新的帧
// 如果 curr_frame 的值不是整数，函数将根据小数部分将两个关键帧混合来生成新的帧

int frame_0,
  frame_1;

// 第 1 步：判断这个帧是否需要通过插值来计算得到

float ivalue = obj_md2->curr_frame - (int)obj_md2->curr_frame;

// 检查 curr_frame 是否为整数
if (ivalue == 0.0)
  {
  // 无需通过插值来计算得到
  frame_0 = obj_md2->curr_frame;

  // 检查 curr_frame 是否溢出
  if (frame_0 >= obj_md2->num_frames)
    frame_0 = obj_md2->num_frames-1;

  // 复制当前帧的顶点列表
```

```
    // 基索引为(obj_md2->num_verts * obj_md2->curr_frame)
    int base_index = obj_md2->num_verts * frame_0;

    // 从基索引指向的顶点开始复制
    for (int vindex = 0; vindex < obj_md2->num_verts; vindex++)
      {
      // 复制顶点
      obj->vlist_local[vindex].x = obj_md2->vlist[vindex + base_index].x;
      obj->vlist_local[vindex].y = obj_md2->vlist[vindex + base_index].y;
      obj->vlist_local[vindex].z = obj_md2->vlist[vindex + base_index].z;
      obj->vlist_local[vindex].w = 1;

      // 每个顶点都由一个 3D 点和一个纹理坐标组成
      // 因此相应地设置其属性
      SET_BIT(obj->vlist_local[vindex].attr, VERTEX4DTV1_ATTR_POINT);
      SET_BIT(obj->vlist_local[vindex].attr, VERTEX4DTV1_ATTR_TEXTURE);

      } // end for vindex

    } // end if
  else
    {
    // 根据 ivalue，使用第 curr_frame 帧和第 curr_frame+1 帧插值计算该帧
    frame_0 = obj_md2->curr_frame;
    frame_1 = obj_md2->curr_frame+1;

    // 检查溢出情况
    if (frame_0 >= obj_md2->num_frames)
      frame_0 = obj_md2->num_frames-1;

    // 检查溢出情况
    if (frame_1 >= obj_md2->num_frames)
      frame_1 = obj_md2->num_frames-1;

    // 计算基索引
    int base_index_0 = obj_md2->num_verts * frame_0;
    int base_index_1 = obj_md2->num_verts * frame_1;

    // 通过插值计算顶点
  for (int vindex = 0; vindex < obj_md2->num_verts; vindex++)
  {
  // 插值计算顶点
  obj->vlist_local[vindex].x =((1-ivalue)*obj_md2->vlist[vindex+base_index_0].x
              + ivalue*obj_md2->vlist[vindex+base_index_1].x);
  obj->vlist_local[vindex].y =((1-ivalue)*obj_md2->vlist[vindex+base_index_0].y
              + ivalue*obj_md2->vlist[vindex+base_index_1].y);
  obj->vlist_local[vindex].z =((1-ivalue)*obj_md2->vlist[vindex+base_index_0].z
              + ivalue*obj_md2->vlist[vindex+base_index_1].z);
  obj->vlist_local[vindex].w =1;
  // 每个顶点都由一个 3D 点和一个纹理坐标组成，
  // 因此相应地设置属性
  SET_BIT(obj->vlist_local[vindex].attr, VERTEX4DTV1_ATTR_POINT);
  SET_BIT(obj->vlist_local[vindex].attr, VERTEX4DTV1_ATTR_TEXTURE);
} // end for vindex

  } // end if

// 成功返回
return(1);

} // end Extract_MD2_Frame
```

函数 Extract_MD2_Frame()也接受两个指针，它们分别指向接受顶点信息的 OBJECT4DV2 和提供这些信息的 MD2_CONTAINER。提取的是 MD2_CONTAINER 中的第 curr_frame 帧。然而需要注意的是，该提取函数执行关键帧插值。

在函数 Extract_MD2()中，开头有一条 if 语句：

```
// 检查 curr_frame 是否为整数
if (ivalue == 0.0)
```

该语句检测 curr_frame 是否包含小数部分。如果没有，则从顶点列表中提取 curr_frame 指定的帧的顶点。例如，如果 curr_frame 为 26，则将顶点列表中第 26 帧的顶点复制到 OBJECT4DV2 中。为此，将 num_verts（每帧的顶点数）乘以 26，将乘积作为基索引，从顶点列表中复制 num_verts 个顶点到 OBJECT4DV2 中，如图 15.12 所示。如果 curr_frame 不是整数，则需要关键帧之间进行顶点混合/插值。

在图 15.13 中，以线条画的方式绘制了步行动作的几个关键帧。要使动画看起来更为流畅，可以在第 i和 i+1 帧之间插入其他帧，这是通过插值计算每个顶点的值/位置实现的。只要没有怪异的情况发生，且每个顶点都做线性运动，插值的结果都将是合乎情理的。这也是.MD2 文件基于的理念。虽然每个文件只有198 帧，它们被用于 20 个不同的动作，但看起来显得内容非常丰富。每个动作平均包含 10（198/20）左右，如果游戏的速度为 60 帧/秒，则每个动作的持续时间为 10/60 = 0.16 秒（160 毫秒）。

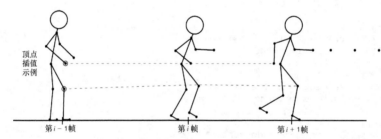

图 15.13　关键帧动画

要降低动作的速度，有两种办法：切换帧之前加入一段延迟或者插入其他帧。如果采用延迟的方法，将每帧连续播放 10 次，可将速度降低 10 倍。然而，动画看起来仍有跳跃感（jerky），因为每个动作包含的帧数太少。一种更好的解决方案是，在关键帧之间插入其他帧，具体地说是通过插值计算顶点的位置。这正是函数 Extract_MD2_Frame()中第二个代码块的功能。

3. 实现帧/顶点插值

函数 Extract_MD2_Frame()的第二个代码块比第一个代码块要复杂一些，这是因为它在两个动画帧之间进行顶点插值。根据 curr_frame 的值选择两个帧。基本上，如果 curr_frame 不是整数，假设为 5.1，则需要将第 5 帧和第 6 帧的顶点进行混合，它们的权重分别是 90% 和 10%。

给定第 0 帧的顶点 v0 和第 1 帧中的顶点 **v1**，根据 curr_frame 的小数部分（ivalue）插值计算新的顶点：

```
vi = v0 * (1 - ivalue) + v1 * (ivalue)
```

代码中正是这样做的。作者将 curr_frame 为整数作为特例进行处理的唯一原因是为提高速度。也就是说，如果 curr_frame 为整数，则没有必要进行插值计算，从而避免了执行一些乘法和加法运算。

curr_frame 可以是 0～197 之间的任何值，必要时，函数 Extract_MD2_Frame( )将通过插值计算出新的帧，并将其加入到 OBJECT4DV2 中。

问题的最后一部分是选择动作和帧的逻辑。

4. 添加基于状态的动画支持

现在，我们能够从磁盘中加载.MD2 文件，将其转换为更易于使用的 MD2_CONTAINER 类，从中提取帧，并将其存储到 OBJECT4DV2 中。本可以就此打住，调用渲染函数来渲染 OBJECT4DV2。然而，考虑到表 15.1 列出的动画帧，如果有一个能够对 MD2_CONAINTER 进行初始化，并控制动作播放方式（播放一次还是循环播放）的函数，那该多好。这样在游戏中，便可以根据游戏命令角色奔跑、跳跃、站着不动等，而无需使用硬编码。下面来编写完成这些任务的函数——它们非常简单。

为此，需要两样东西：一个用于表示动作的简单数据结构以及两个指定动作和更新 MD2_CONTAINER 中字段的函数。先来介绍存储动作的数据结构。动作数据结构由起始帧、终止帧、插帧频率（interpolation rate）和切换速度（animation speed）组成。

```
// 存储动作的起始帧和结束帧以及插帧频率
typedef struct MD2_ANIMATION_TYP
    {
    int  start_frame; // 起始帧和结束帧
    int  end_frame;
    float irate;    // 插帧频率
    int  anim_speed;  // 切换速度
    } MD2_ANIMATION, *MD2_ANIMATION_PTR;
```

字段 start_frame 和 end_frame 用于存储如表 15.1 所示的索引，这里有必要解释一下字段 irate 和 anim_speed。irate 是插值频率，即在两个关键帧之间应插入多少帧。例如，如果 irate 为 0.1，则需要在第 5 帧和第 6 帧之间插入如下帧：

5.0, 5.1, 5.2, 5.3 … 5.9, 6.0

在大多数情况下，将 irate 设置为 0.25 或 0.5 的效果都不错。应尽可能使用非循环小数，例如，0.33 就是一种糟糕的选择。字段 anim_speed 是一个计数器，用于在游戏运行时控制动作切换速度。将其设置为 0 时，将立刻切换到下一个动作，设置为 1 时将在播放一帧后再切换到下一个动作，依次类推。接下来需要做的是，创建一个动作结构数组，每个结构都包含如表 15.1 所示的帧索引：

```
MD2_ANIMATION md2_animations[NUM_MD2_ANIMATIONS] =
{
// 格式为：起始帧（0～197）、结束帧(0～197)、
// 插帧频率（0～1，1 表示不插帧）、
// 切换速度(0～10，切换速度从 0～10 依次降低)

{0,39,0.5,1},       // MD2_ANIM_STATE_STANDING_IDLE   0
{40,45,0.5,2},      // MD2_ANIM_STATE_RUN             1
{46,53,0.5,1},      // MD2_ANIM_STATE_ATTACK          2
{54,57,0.5,1},      // MD2_ANIM_STATE_PAIN_1          3
{58,61,0.5,1},      // MD2_ANIM_STATE_PAIN_2          4
{62,65,0.5,1},      // MD2_ANIM_STATE_PAIN_3          5
{66,71,0.5,1},      // MD2_ANIM_STATE_JUMP            6
{72,83,0.5,1},      // MD2_ANIM_STATE_FLIP            7
{84,94,0.5,1},      // MD2_ANIM_STATE_SALUTE          8
{95,111,0.5,1},     // MD2_ANIM_STATE_TAUNT           9
{112,122,0.5,1},    // MD2_ANIM_STATE_WAVE            10
{123,134,0.5,1},    // MD2_ANIM_STATE_POINT           11
{135,153,0.5,1},    // MD2_ANIM_STATE_CROUCH_STAND    12
```

```
{154,159,0.5,1},     // MD2_ANIM_STATE_CROUCH_WALK      13
{160,168,0.5,1},     // MD2_ANIM_STATE_CROUCH_ATTACK    14
{169,172,0.5,1},     // MD2_ANIM_STATE_CROUCH_PAIN      15
{173,177,0.25,0},    // MD2_ANIM_STATE_CROUCH_DEATH     16
{178,183,0.25,0},    // MD2_ANIM_STATE_DEATH_BACK       17
{184,189,0.25,0},    // MD2_ANIM_STATE_DEATH_FORWARD    18
{190,197,0.25,0},    // MD2_ANIM_STATE_DEATH_SLOW       19
};
```

在大多数情况下，作者将插帧频率设置为 0.5，将动作切换速度设置为 1。有了动作数据结构后，需要两个指定和播放动作的函数。下面是指定动作的函数：

```
int Set_Animation_MD2(MD2_CONTAINER_PTR md2_obj, // 容器类
        int anim_state,          // 播放哪个动作
        int anim_mode = MD2_ANIM_LOOP) // 播放模式，播放一次还是循环播放
{
// 这个指定要播放的动作，并相应地设置容器类
md2_obj->anim_state  = anim_state;
md2_obj->anim_counter = 0;
md2_obj->anim_speed  = md2_animations[anim_state].anim_speed;
md2_obj->anim_mode   = anim_mode;

// 设置起始帧
md2_obj->curr_frame  = md2_animations[anim_state].start_frame;

// 设置播放完毕标记
md2_obj->anim_complete = 0;
// 成功返回
return(1);

} // end Set_Animation_MD2
```

函数 Set_Animation_MD2()接受指向 MD2_CONTAINER 的指针以及动画状态和动画模式。例如，假设已经将模型加载到 MD2_CONTAINER obj_md2 中，要指定动作并以循环模式播放它，可以这样做：

```
Set_Animation_MD2(&obj_md2,
        MD2_ANIM_STATE_RUN,
        MD2_ANIM_LOOP);
```

我们还需要切换动作和修改 MD2_CONTAINER 中 curr_frame 字段，完成这种任务的函数如下：

```
int Animate_MD2(MD2_CONTAINER_PTR md2_obj) // MD2 容器类
{
// 根据状态和插值频率确定接下来要播放的帧

// 更新动作计数器
if (++md2_obj->anim_counter >= md2_obj->anim_speed)
  {
  // 重置计数器
  md2_obj->anim_counter = 0;

  // 通过加上插帧频率来计算接下来要播放的帧
  md2_obj->curr_frame+=md2_animations[md2_obj->anim_state].irate;

  // 判断动作是否播放完毕
  if (md2_obj->curr_frame > md2_animations[md2_obj->anim_state].end_frame)
    {
    // 判断是播放一次还是重复播放
```

```
// 如果是前者，则播放最后 1 帧，如果是后者，则播放第 1 帧
if (md2_obj->anim_mode == MD2_ANIM_LOOP)
  {
  // 播放第 1 帧
  md2_obj->curr_frame = md2_animations[md2_obj->anim_state].start_frame;
  } // end if
else
  {
  // MD2_ANIM_SINGLE_SHOT
  md2_obj->curr_frame = md2_animations[md2_obj->anim_state].end_frame;

  // 设置播放结束标记
  md2_obj->anim_complete = 1;
  } // end else

  } // end if sequence complete

 } // end if time to animate

// 成功返回
return(1);

} // end Animate_MD2
```

　　要调用函数 Animate_MD2()，只需使用一个指向容器类的指针即可。该函数不涉及插帧，只考虑切换到当前动作的速度以及播放一次还是循环播放。

　　有关.MD2 文件格式就介绍到这里。现在，我们能够加载.MD2 文件，将其转换为 OBJECT4DV2，制作并渲染动画。下面来看一个演示这些技术的程序。

15.3.4　.MD2 演示程序

　　图 15.14 是一个加载.MD2 文件，进而播放动画的演示程序的屏幕截图。它描述了 DEMOII15_1.CPP|EXE 以线框模式和实体模型运行时的情况。该演示程序从光盘/硬盘中加载一个.MD2 文件，然后播放其中的动作。控制方法如下：

- 1——前一个动作；
- 2——下一个动作；
- 3——播放当前动作一次；
- 4——循环地播放当前动作；
- H——打开/关闭屏幕上的帮助信息；
- 箭头键——移动相机；
- Esc——退出程序。

　　其他控制方法请参阅屏幕上的帮助信息。如果读者不喜欢当前的定时方式，可修改数组 md2_animations[ ] 中的 irate 和 anim_speed。最后，要编译该程序，需要 DEMOII15_1.CPP|H 和所有的库文件（T3DLIB1-13.CPP|H），还需要链接 DirectX .LIB 文件。当然，在附带光盘中，有一个已经编译好的.EXE 文件。

　　警告：和其他演示程序一样，该程序也使用了子目录中的资源文件（.MD2 文件和纹理）。将附带光盘中的内容复制到硬盘中时，请不要修改目录结构。程序中使用的路径是相对的，因此子目录相对于.EXE 文件所在根目录的位置必须正确。

图 15.14　.MD2 演示程序运行时的屏幕截图

15.4　不基于角色的简单动画

到目前为止，本书一直在狂热地编写核心代码，本节将改变这种做法，只概述余下的主题，而不深入探讨。其原因在于，《Windows 游戏编程技巧》和本书前面以某种方式探讨过这些内容。尽管如此，作者还是要简要地介绍这些主题，因为很多人总是将简单问题复杂化，作者希望读者认识到，这些主题并不复杂——读者只需知道解决方法即可。下面介绍如何移动物体，以实现动画。

前面介绍了如何实现基于.MD2 的角色动画，接下来只介绍如何将物体视为点以移动它。可以使用角色动画技术和下面将介绍的思想来实现完整的动画系统，也就是说，使物体看起来像在行走或旋转，同时通过播放动画帧，使角色执行步行等动作。

15.4.1 旋转运动和平移运动

先介绍可对 3D 物体执行的两种最基本的运动：旋转和平移。要让物体边移动边转动或者固定在一个地方旋转（如炮塔），可使用旋转运动；要将物体从一个地方移到另一个地方，只能使用平移运动。

1．旋转物体

要旋转物体，可以根据 x、y、z 轴旋转角度创建一个旋转变换矩阵，然后将该矩阵应用于物体。我们在很多演示程序中这样做过了，这里要做的是创建一种高级功能来驱动旋转。

另外，还需要考虑对模型的局部坐标还是变换后的坐标进行变换。读者可能还记得，所有模型都有一组局部/模型坐标，它们存储在数组 vlist[ ] 中，这是模型的原始副本。对物体进行变换时，可以对其局部坐标进行变换，也可以复制这些坐标，并将变换结果存储在变换后的坐标数组 tvlist[ ] 中。后一种方法的效果不错，然而，在每帧中的变换结果都将丢失，物体不能"记住"您对其执行的任何处理结果。

尽管如此，这种方法通常优于对模型坐标本身进行变换，因为对模型坐标进行变换时，模型的顶点坐标将被修改，另外由于误差的累积，经过数千或数万次变换后，模型将退化（degrade）。

因此，最好的方法是，使用一个旋转变量来存储物体的当前旋转角度，然后在每帧中，根据该变量对局部坐标进行变换，并将结果存储在数组 tvlist[ ] 中，用于渲染，如图 15.15 所示。

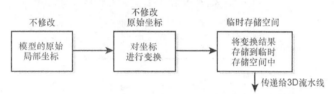

图 15.15 对局部坐标进行变换，并将结果存储到其他数组中

当然，这种方法的缺点是，在每帧中都必须对模型进行变换。例如，假设加载模型时，使其主轴与系统的+z 轴平行，则需要创建一个变量（假设为 rot_y），用于存储模型绕 y 轴的旋转角度。在每帧中，需要更新变量 rot_y，使用它来创建一个绕 y 轴旋转的变换矩阵，然后据此对本地坐标进行旋转，并将结果存储在变换后的顶点列表中。因此，如果模型有 1000 个顶点，则在每帧中都需要将这 1000 个顶点从模型坐标变换为世界坐标。这就是您需要付出的代价，但原始模型不会被破坏。

提示：如果为节省时间，不可能在每帧中都执行这些变换，可以直接修改模型坐标。然而，可能每经过 10 000 次变换后，都应使用原始的模型顶点来刷新模型的区部坐标，以减少由于数值误差导致的退化。

总之，作者建议尝试使用这两种方法，以了解哪种方法的效果更好。另外，花些时间来编写这样的函数是绝对值得的：命令物体每隔一段时间或一定的帧数后旋转某种角度，然后停下来。与为.MD2 系统编写动画控制代码一样，读者可能还需要编写一些辅助函数，来启动物体的旋转，让物体以某种速度在每帧中旋转。

2．沿直线移动物体

让物体沿直线移动很容易，因为这只不过是平移而已。然而，实现这种移动的方法很多，其中一种方法是，根据速度向量 v 和物体的位置向量 P，在每帧中执行如下变换：

P = P + v

这样，物体将从起点 P 沿向量 **v** 向前移动。然而，如果要将物体从 P_0 移到 P_1 该如何办呢？这也很简单：只需创建一个向量方程，然后以参数化方式沿该向量平移物体，如下所示：

给定 P_0 和 P_1，将物体的世界位置设置为 P_0，然后应用如下变换：

$$P = P_0 + t * (P_1 - P_0)$$

其中 t 为 $[0, 1.0]$。

正如读者看到的，当 t 从 0 变化到 1.0 时，位置 P 从 P_0 沿直线移到 P_1。移动速度取决于单位时间内 t 的变化量。这是一个参数化方程，图 15.16 说明了这种移动方法。

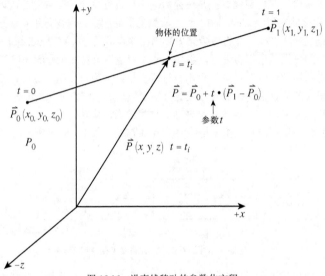

图 15.16　沿直线移动的参数化方程

15.4.2　复杂的参数化曲线移动

虽然从几何学上说，直线非常优美，但沿直线运动太单调。接下来要介绍的一种平移运动是，沿更复杂的参数化曲线移动。

注意：所有运动都可以使用基于物体的质量、加速度和环境的实时物理模型来实现，其效果看起来非常真实。然而，这里只讨论简单确定性运动，几乎不考虑各种物理量。

创建曲线运动轨迹和直线参数轨迹一样容易：只是需要使用更复杂的参数化方程。例如，要让物体沿螺旋形轨迹向上移动（如图 15.17 所示），可以使用查找表，但更好的方法是，根据运动轨迹的参数化方程来确定物体的位置。下面来推导该曲线的参数化方程。

给定位置 P，假设运动轨迹在 x-z 平面上的投影为

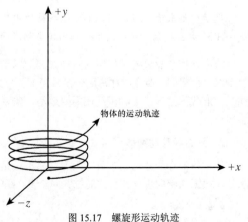

图 15.17　螺旋形运动轨迹

圆或椭圆，中心为 P_0，则参数化方程如下：

```
p.x = p₀.x + r₁*cos(2*PI*c*t)
p.z = p₀.z + r₂*sin(2*PI*c*t)
p.y = p₀.y + b*t;
```

其中 $r1$ 和 $r2$ 是分别是投影椭圆沿 x 轴和 z 轴的半径，c 为沿椭圆移动的速度，t 为参数，b 为垂直方向的运动速度。假设 $b=c=r1=r2=1$，$p0=[0, 0, 0]$，则参数化方程如下：

```
p.x = cos(2*PI*t)
p.z = sin(2*PI*t)
p.y = t;
```

如果 t 的取值范围为[0, 1]，则运动轨迹为向上的螺旋线，其 y 坐标取值范围为[0, 1]，投影是以原点为圆心的圆。

这就是创建复杂曲线轨迹的全部内容。大多数曲线轨迹可以使用正弦/余弦曲线来创建，但还可以使用多项式、贝塞尔曲线或样条线来创建更复杂的运动轨迹。读者可能还记得，前面实现透视纹理映射时，我们使用二次曲线来近似透视曲线，进而在扫描线端点进行插值。可以使用类似的插值方法来实现运动：根据运动轨迹曲线（建议使用简单的样条线），创建用于计算 x、y、z 坐标的参数化方程，然后据此计算物体在该曲线上的位置，让物体沿曲线移动。当然，这需要将很多曲线段组合在一起，但这没什么大不了的。

注意：对于 3D 空间中的物体（如太空战斗机），在将其沿某种轨迹移动的同时，可能还需要让其旋转。这很容易实现：只需绕运动轨迹的切线对物体进行旋转即可。

15.4.3　使用脚本来实现运动

这里要介绍的最后一种运动技术是使用脚本，方法是创建一个小型程序，其中包含一个指示游戏角色如何运动的指令集。脚本系统的基本思想是，创建有关角色的小型脚本或行为，然后使用脚本引擎对指令进行分析，并指示角色采取相应的行动，如图 15.18 所示。

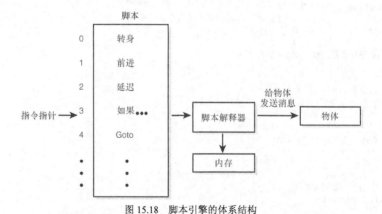

图 15.18　脚本引擎的体系结构

使用脚本，可以创建极其复杂的行为，让游戏角色以非常复杂的方式移动和执行动作；如果使用硬编码或运动轨迹，这些几乎是不可能实现的。另外，还可以创建类似于 C 语言的高级脚本语言，用于对角色本身进行编程。

注意：更多有关游戏脚本技术的知识，请参阅 Alex Varanese 和 John Romero 编写的 *Game Scripting Master*（Premier Press），它是市面上有关该主题的最佳图书。

例如，下面来定义一种支持直线运动、绕任何轴旋转和延迟（delay）的脚本语言。每个指令都是用一条记录（数据结构）来表示的。我们将创建一个由指令数组组成的小型脚本程序，然后编写一个读取并执行指令的分析器/引擎。首先，下面是一种用于表示指令的数据结构：

```
// 一种可能的指令数据结构
typedef struct OPCODE_TYP
{
int   opcode; // 指令的操作码
float op1;  // 浮点型操作数
VECTOR3D op2;  // 向量操作数
} OPCODE, *OPCODE_PTR;
```

每条指令都由一个操作码（opcode）和两个操作数组成。对于有些指令，需要指定操作数，有些则不需要。下面是一些操作码：

```
#define OP_MOVE          0 // 移动
#define OP_ROTATE_X      1 // 绕 x 轴旋转
#define OP_ROTATE_Y      2 // 绕 y 轴旋转
#define OP_ROTATE_Z      3 // 绕 z 轴旋转
#define OP_DELAY         4 // 延迟
#define OP_END          -1 // 退出程序
```

对于每个操作码，需要定义字段 op1 和 op2 的含义。下面是一种可能的方式：

- OP_MOVE——op2 表示移动后的位置，op1 表示速度（0 可能表示非常慢，1 可能表示非常快）。
- OP_ROTATE_*——在所有的旋转指令中，op1 表示旋转角度（单位为度），角度可以为正，也可以为负。
- OP_DELAY——op1 表示延迟帧数，必须是整数。
- OP_END——模式（pattern）引擎遇到该指令后，将停止执行模式。

这很容易，下面来实现一个简单的状态机，它这样执行程序：

```
int  instruction_ptr = 0; // 指令指针
int  fetch       = 1;   // 用于判断是否取回下一条指令
OPCODE instr;           // 用于存储下一条指令

// 下述 while 循环实际上位于函数或主循环中

while(1)
{
// 如果准备就绪，则取回下一条指令
if (fetch)
  {
  instr = pattern[instruction_ptr];
  fetch = 0;
  } // end if

// 根据操作码执行相应的操作
switch(instr.opcode)
  {
  case OP_MOVE:    // 移动
  {
  // 将物体移到 instr.op2 处

  } break;
```

```
case OP_ROTATE_X:    // 绕 x 轴旋转
{
// 绕 x 轴旋转 instr.op1 度
} break;
case OP_ROTATE_Y:    // 绕 y 轴旋转
{
// 绕 y 轴旋转 instr.op1 度
} break;
case OP_ROTATE_Z:    // 绕 z 轴旋转
{
// 绕 z 轴旋转 instr.op1 度
} break;

case OP_DELAY:       // 延迟
{
// 从 instr.op1 往下倒计时
} break;

case OP_END:         // 退出程序
{
// 退出循环，终止程序等
} break;

default: break;

} // end switch

} // end while
```

代码很少，但读者应明白了其中的思想。当然，每个行为执行完成后，将把标记 fetch 重新设置为 1，这样将取回下一条指令。还需要编写一个程序，下面是沿正方形移动的程序：

```
OPCODE program[] = {
{OP_MOVE, 1, 100,0,0 },
{OP_MOVE, 1, 100,100,0 },
{OP_MOVE, 1, 0,100,0 },
{OP_MOVE, 1, 100,0,0 },
{OP_DELAY,100, 0,0,0 },
};
```

这个例子虽然非常简单，但重要的是，它演示了如何使用高级脚本（命令）来控制游戏角色的低级运动。

15.5 3D 碰撞检测

作者本打算专门辟出一章来介绍碰撞检测，但最后还是将这些篇幅用于在讨论图形学算法和渲染上，因为它们更重要，尤其是对本书而言。归根结底，碰撞检测只不过是一种几何问题，用于判断两个物体是否相交（碰撞）的算法有很多。这里要倡导的是，尽可能使其简单：在 99% 的情况下，使用简单的包围球、包围长方体等的效果不逊于有些复杂的碰撞算法。下面介绍一些基本思想。

15.5.1 包围球和包围圆柱

第一种碰撞检测方法是，对于每个物体，创建一个包围它的包围球或包围圆柱，然后检测这些包围体是否发生碰撞。假设有两个物体：A 和 B，如图 15.19 所示。

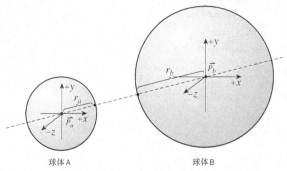

图 15.19　使用包围球来执行碰撞检测

每个物体都包含在一个包围球内，这两个包围球的半径分别是 r_a 和 r_b。要检测是否会发生碰撞，只需判断球心之间的距离是否小于 r_a+r_b，也就是说：

```
if(dist_xyz(p_a, p_b) < (r_a + r_b))
    {
    //发生了碰撞
    } //end if
```

其中 $dist_{xyz}()$ 计算 p_a 和 p_b 之间的 3D 距离。

当然，如果物体本身与球形相差甚远，如长管或板子，使用包围球的效果不会太好。然而，根据作者编写快速动作游戏的经验，在这些情况下可以使用"紧缩"球体，即将包围球缩小到正常情况下的 50%～70%。

另外，对于长条形物体，可以使用其他包围体，如圆柱。只要圆柱的朝向相同，便可以以类似的方法来检测碰撞，如图 15.20 所示。

图中有两个圆柱体：A 和 B，它们的半径分别是 r_a 和 r_b。然而，要检测碰撞，需要执行两种测试：在 y 轴上是否重叠（就这个例子而言）；在半径方向上是否重叠。伪代码如下：

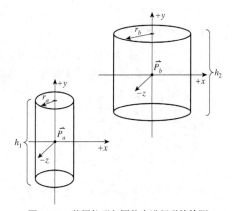

图 15.20　使用柱形包围体来进行碰撞检测

```
if (dist_xyz(p_a, p_b) < (r_a + r_b) &&
    (fabs(p_a.y - p_b.y) < (h_1 + h_2) / 2))
    {
    //发生了碰撞
    } //end if
```

其中 $dist_{xz}()$ 计算 p_a 和 p_b 在 x-z 平面内的 2D 距离。

当然，还可以使用与问题更相符的其他包围体，如与坐标轴或物体轴平行的包围长方体。使用不同的包围体时，碰撞检测的方法是类似的——通过一系列几何测试来判断物体是否重叠。

注意：有一些很不错的有关碰撞检测几何学的图书，如 Philip J. Schneider 和 David H. Eberly 编写的 *Geometric Tools for Computer Graphics*（Morgan Kaufmann Press）以及 *Graphics and Game Programming Gems* 系列图书。

15.5.2　使用数据结构来提高碰撞检测的速度

有关碰撞检测，最后要介绍的内容与优化相关。碰撞检测技术像数学公式：我们都知道，很多书介绍，每个人都使用。实时游戏和理论碰撞检测算法之间的区别在于速度。

例如，假设游戏世界中有 1000 个物体（物体、子弹等）——在第一人称射击游戏和太空游戏中，这种情况很容易出现。要对这 1000 个物体进行碰撞检测，需要执行 1000×1000 = 1 000 000 次碰撞检测计算。如果所有物体都是武器，游戏空间中将充斥着粒子，物体总数高达 10 000 个，将需要执行 10 000×10 000 = 100 000 000 次碰撞检测计算。显然，在这种情况下，提高直线交点计算函数和包围体碰撞检测函数的速度于事无补。作者想说的是，必须从不同的角度来解决碰撞检测问题，即使用空间划分技术。

前面讨论空间划分时介绍过 BSP 树和八叉树，同时指出过，这些数据结构不但可用于图形渲染，还可用于碰撞检测，现在读者知道其原因了吧。使用这些数据结构，可以将物体划分到不同的单元格或区域中，使得每个区域中只有两三百个甚至更少的物体，从而减少了碰撞检测的计算量。

例如，以包含 10 000 个物体的游戏空间为例，假设经过空间划分后，每个单元格中最多有 50 个物体。因此，只需处理 10 000/50 = 200 个单元格，在每个单元格中，需要执行 50×50 次碰撞检测，总共为 200×2500 = 500 000 次碰撞检测。

相对于 100 000 000 次，这少得多。换句话说，通过使用空间划分技术，将需要执行 100 000 000 次碰撞检测的问题简化为只需 500 000 次，计算量为原来的 0.05%（500 000/100 000 000）。

这种跳出条条框框进行思考的方式，正是进行碰撞检测时所需要的。不要将重点放在检测包围长方形或多边形相交的算法上，而应从通用碰撞检测算法着手，思考解决问题的办法。

15.5.3　地形跟踪技术

最后要讨论的一个主题让作者遇到了很多问题。编写使用地形的游戏时，必须让坦克、游戏角色等紧贴地形。在本书的大部分地形演示程序中，我们使用了一个非常简单（而有效）的物理模型，它计算移动物体的中心位于哪个地形分片的上方，确定该分片的顶点的高度，然后根据物体和地形的高度差抬高或降低物体。

这样做的效果不错，只需要 10 行代码。然而，问题是，物体并没有紧贴地面。换句话说，如果您观察物体，将发现它被正确地抬高和降低，但并没有紧贴地面。下面介绍如何解决这种问题。

图 15.21 显示了一个需要紧贴的地形分片。一种可能的地形跟踪算法的步骤如下：

1．计算当前地形分片的顶点的平均高度，将其作为物体的高度；如果要提高准确度，应计算从物体中心出发的射线与当前地形分片的交点。当然，如果要绝对准确，应计算从轮廓或物体接触点（而不是物体中心）出发的射线与当前地形分片的交点。然后，将物体的高度设置为交点的高度，从而相应地抬高或降低物体。

2．另一个需要考虑的因素是物体的旋转方向。有两种根据物体的接触点来解决这种问题的方法。然而，一种简捷方法是：计算当前地形分片的法线向量，然后对物体进行旋转，使其法线向量与地形分片的法线向量平行。为此，需要计算物体法线和地形分片法线之间的交角，计算方法有很多，其中之一是使用点积。计算出需要旋转的角度后，必须据此创建一个旋转矩阵，并使用它对物体进行变换，使物体的法线与地形分片的法线平行。

由于篇幅有限，这些实现细节留给读者去完成，这里只介绍一下大概步骤：首先将物体平移到正确的高度；然后对物体进行旋转，使其法线与当前地形分片的法线平行。

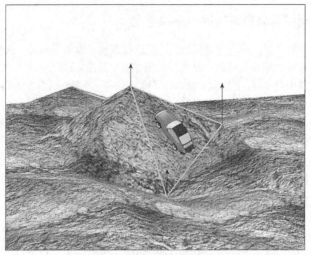

图 15.21　要解决的地形跟踪问题

15.6　总　　结

本章介绍了 3D 角色模型动画以及如何移动物体。就运动和一般意义的动画而言，本书前面的章节做了大量的介绍，但有必要梳理一下，虽然这些内容很基础。最后，本章介绍了一些基本的 3D 碰撞检测技术，讨论了一些用于高级系统的理念。

下一章是本书的最后一章，将介绍一些适用于我们的引擎的优化技术，同时讨论奔腾 III 以上处理器支持的 SIMD（单指令多数据）指令。

第 16 章　优 化 技 术

id Software 的 John Carmack 说，"光速令人讨厌"，这是本章风格的真实写照：没有最快，只有更快。事实上，光速不过是海市蜃楼——在银河系中，不可能以光速运动。作者宁愿将其视为速度极限，当某个物种进化到能够突破光速的极限时，它们很可能足够聪明，不会毁灭银河系。

本章介绍一些优化技术，它们远不如突破光速极限那么复杂。这里不打算介绍低级优化技术，因为它们实现起来太耗时，而是将重点放在利用新的技术和工具来帮助完成游戏开发中优化阶段的工作。另外，在本章的最后，将介绍如何从 Intel 获得价值 250 美金的免费图书。本章将讨论的主题如下：

- 优化技术简介；
- 使用 Visual C++和 Intel VTune 剖析代码；
- 使用 Intel C++编译器；
- 单指令多数据编程初步；
- 通用优化技巧。

16.1　优化技术简介

撰写本章之前，作者做了深入的思考和研究，最终决定推翻原来的计划，从一个全新的角度撰写本章。最初，作者打算介绍一些标准内容，讨论如何对循环和代码进行优化。然而，这样的内容作者在以前的图书中介绍过，同时与稍后将讨论的内容相比，作者对这些信息是否更重要表示怀疑。作者想介绍一些真正称得上"技巧"（非常识性）的知识，让读者阅读本章后能够去尝试一些新东西。有鉴于此，作者决定将目光从具体细节转移到技术上，并自问，在优化代码时，我使用了哪些工具呢？随后，作者对众多游戏程序员进行了调查，结果令人惊讶而担忧——他们从未使用过这些工具/技术，甚至从未听说过它们。作者终于找到了很多人都不了解的东西，这些很适合在本章进行介绍。

下面提出几个问题。如果读者对其中任何一个问题做出了否定回答，则肯定会从本章受益。

- **问题 1**：实际使用过 Microsoft Visual C++内置的剖析工具吗？
- **问题 2**：实际使用过 Intel 的优化工具 VTune 吗？
- **问题 3**：安装并使用过 Intel 提供的针对 Microsoft Visual C++的优化 C++编译器插件吗？
- **问题 4**：编写过 SSE 或 SSE2 代码吗？它们分别是用于奔腾 III 和奔腾 4 的流式单指令多数据扩展（Streaming Single Instruction Extensions）第 1 版和第 2 版的简称。
- **问题 5**：阅读过 Intel 奔腾 III/4 体系结构和软件开发手册吗？该手册可通过网络免费获得，Intel 还提供免费邮寄服务。

通过对大约 20 名游戏开发人员的调查发现，90％的被调查者对上述全部问题都做出了否定回答。这在作者的意料之中，但更为令人惊震的是，50％的专业游戏程序员也对大部分问题做出了否定回答。这意味着不但大部分游戏开发人员没有使用真正的优化工具，而且他们以缓慢地模式运行奔腾 III/4 处理器，没有充分利用 SIMD 和并行执行单元提供的超级标量体系结构（scalar architecture）。Darth Vader 说过，"您的不信教让我惊震"。有鉴于此，本章将向读者表明，尝试使用这些工具和技术是多么容易——随后，一个全新的世界将展现在您面前。

当然，本章最后将给读者施一些魔法，兑现书名中所说的技巧。

16.2　使用 Microsoft Visual C++和 Intel VTune 剖析代码

在以前，可以在调用函数之前调用一个定时函数，通过调用数千次来计算函数的执行时间。或者，您可能这样做：对程序进行优化后，重新编译并运行它，尝试性地对程序进行测试。当然，这些方法现在仍然可行，对于小型程序来说效果也不错。然而，在使用先进处理器和优化编译器，且软件系统中包含系统调用、.DLL、API 和程序员代码的情况下，使用这种方法来确定从哪里着手进行优化将非常繁琐，且几乎是不可能的。

例如，编写光栅化应用程序时，您可能认为，大部分工作是在光栅化函数的内循环中完成的，因此对其进行了优化。然而，您可能没有认识到，在光栅化函数之前，调用整字节复制的 C 运行阶段函数 memcpy()可以将速度提高 4 倍。问题在于，如果您不知道速度很慢的地方，怎么可能会对其进行优化呢。因此，我们需要一些工具（尤其是可视化工具），它们能够以表格和图形的方式指出函数的处理时间、内存使用情况和其他相关的因素，这样，您一眼就能看出整个程序的"轮廓"，准确地知道应将时间花在哪些地方。这就是程序剖析（profiling）的主旨。

当前，用于对程序进行剖析的工具有很多，这里只介绍其中的两个，其中一个读者可能有了，而另一个是免费的（至少演示版本是免费的）。

16.2.1　使用 Visual C++进行剖析

Microsoft Visual C++专业版和企业版都有内置的剖析工具。如果读者使用的是教育版（标准版），将不能使用这些工具（.NET 也有类似的剖析功能）。在 Visual C++进行剖析非常简单，它能够立刻提供一些不错的结果，让您能够进行优化分析，找出亟需优化的地方。下面将以 DEMOII16_1.CPP|EXE 为例，对其进行剖析。这基本上是前一章的角色动画演示程序，不同的是，它运行在一个窗口中，这样我们将能够移动窗口，同时如果该程序崩溃，我们仍能够获得对计算机的控制权。

要编译 DEMOII16_1.CPP|EXE，需要创建一个工程或使用已有的工程。现在，读者应该对此得心应手。当然，像前一章一样，需要在工程中包含 T3DLIB1-13.CPP 以及 DirectX .LIB 文件。编译并执行它时，读者将看到一个在窗口中运行的角色动画演示程序，如图 16.1 中的屏幕截图所示。

有了能够通过编译的演示程序后，下面来看看如何设置编译器，以便对其进行剖析。具体步骤如下：

1. 从 Visual C++的主菜单栏中，选择菜单 Project/Settings。在 Project Settings 对话框中，单击选项卡 Link，然后在下拉式列表框 Category 中选择 General，如图 16.2 所示。然后，选中复选框 Enable Profiling 和 Generate Debug Info，在单击 OK 按钮，关闭该对话框。

图 16.1 在窗口中运行（以简化剖析）的角色动画演示程序的屏幕截图

2．现在必须使用新设置重建应用程序，为此选择菜单 Build/Rebuild All，以便在启用剖析功能的情况下重建应用程序。

3．现在可以进行剖析了，是不是很容易？要进行剖析，可选择菜单 Build/Profile，应用程序将打开一个小型对话框，让您选择剖析选项，如图 16.3 所示。选中单选按钮 Function Timing，然后单击 OK 按钮。这样应用程序将以非常慢的速度启动并运行，这是因为运行时需要进行采样。

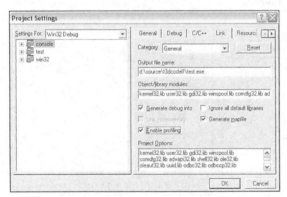

图 16.2 在 Visual C++中启用剖析功能

图 16.3 在剖析对话框中选择选项

4．让应用程序以分析方式运行 30～60 秒，然后单击窗口上的"关闭"图标或按 Esc 键，退出该程序。

5．在工作空间视图中，有一个名为 Profile 的选项卡。在大多数情况下，编译器将自动切换到该选项卡，如果没有，请使用鼠标单击它，如图 16.4 所示。然后调整窗口的大小，以便能够看到更多的信息，如图 16.5 所示。下面来看看这些信息。

图 16.4　在 Visual C++中选择剖析输出窗口　　　　图 16.5　展开剖析视图以分析其中的数据

16.2.2　分析剖析数据

以 Function Timing 或 Function Coverage 模式运行剖析器后，将看到剖析器输出窗口，其中的内容与下面类似：

```
Profile:Function tining , sorted by time
Date:   Fri Jan 03 18:57:23 2003

Program Statistics
------------------
   Command line at 2003 Jan 03 18:55: "D:\source\t3dcodeII\test"
   Total time: 12949.659 millisecond
   Time outside of functions: 3.581 millisecond
   Call depth: 6
   Total functions: 574
   Total hits: 12775605
   Function coverage: 20.6%
   Overhead Calculated 5
   Overhead Average 5

Module Statistics for test.exe
------------------------------
   Time in module: 12946.078 millisecond
   Percent of time in module: 100.0%
   Functions in module: 574
   Hits in module: 12775605
   Module function coverage: 20.6%

   Func        Func+Child    Hit
   Time  %     Time   %   Count Function
-------------------------------------------------------------
 2751.804 21.3   2751.804 21.3   164604 Draw_Textured_TriangleGSZB_16(
struct POLYF4DV2_TYP *,unsigned char *,int,unsigned char *,int) (t3dlib10.obj)
 1115.720  8.6   1115.720  8.6   158 DDraw_Flip2(void) (t3dlib10.obj)
 1041.832  8.0   1484.683 11.5   316 Light_RENDERLIST4DV2_World2_16(
struct RENDERLIST4DV2_TYP *,struct CAM4DV1_TYP *,
struct LIGHTV2_TYP *,int) (t3dlib8.obj)
  653.307  5.0   1334.972 10.3   316 Remove_Backfaces_RENDERLIST4DV2(
struct RENDERLIST4DV2_TYP *,struct CAM4DV1_TYP *) (t3dlib7.obj)
```

```
631.246  4.9   631.246  4.9  962220 Insert_POLY4DV2_RENDERLIST4DV2(
struct RENDERLIST4DV2_TYP *,struct POLY4DV2_TYP *) (t3dlib7.obj)
```

…

开头为常规信息，我们感兴趣的是下述信息：

- Func Time——函数本身的执行时间。
- Func Time+Child Time——函数及其调用的函数的总执行时间。
- Hit Count——函数被调用的次数。

虽然这些信息不是太充分，但绝对可以据此着手进行优化。如果不使用工具，将需要做很多工作才能获得这些信息。例如，来看剖析数据的第一行（前面以粗体显示的内容），这是对多边形光栅化函数的调用，其计算周期在整个应用程序占 21%。如果能够将该函数的速度提高两倍，将可以极大地提高整个应用程序的性能，因为该函数占用的时间将从 21% 降低到 10.5%。

总之，对代码进行剖析是一种强大的手段，可以确定程序中哪些函数占用的时间最多，进而将优化重点放在这些函数上。虽然您可能认为光照函数的速度非常慢，但通过剖析您可能发现，其实大部分时间花在清除 z 缓存上（只有几行代码），这样您将把优化重点放在这几行代码上，在提高性能方面比对 500～1000 行光照处理代码进行优化的效果好得多。因此，选择攻击点至关重要。

16.2.3　使用 VTune 进行优化

每个人都听说过 VTune，但谁真正使用过它呢？那些需要强大功能的人。Intel 的 VTune 无疑是作者用过的最酷的工具之一，但与其强大功能相伴的是复杂性。Intel 做了很大的努力，使该工具对初学者来说很容易使用，任何人只需花几分钟安装并启动它，便可以立刻从中受益。

VTune 是 Intel 最重要的软件优化工具，让您能够查看、分析和优化任何程序。使用它，可以进行各种各样的分析：函数计时、内存使用情况、高速缓存访问，这个清单可以不断地列下去。当然，有关这个主题，足够编写一整本图书，这里不打算这样做，而只安装并尝试使用它。

1．安装 VTune

首先，需要从 Intel 的网站上下载最新的 VTune 版本，下载地址如下：

http://developer.intel.com/software/products/VTune/

在该网页中找到链接 Free Evaluation Download，并下载该软件。请根据您使用的编译器，选择 Visual C++ 或.NET 版本。下载该应用程序后，启用安装程序，将该应用程序的默认版本安装到计算机中。安装非常简单，安装完毕后可能需要重新启动计算机。

2．为剖析做准备

安装 VTune 后，便可以进行剖析了。然后，启动 VTune 之前，先准备好要测试的应用程序。这里仍使用 DEMOII16_1.CPP|EXE，因此先启动 Visual C++，并加载该应用程序的工程，为编译做好准备。首先，需要对编译器做一些设置，步骤如下：

1．由于要对运行阶段代码进行剖析，因此最好将编译器设置为发行（release）模式。为此，可选择菜单 Build/Set Active Configuration，然后选择应用程序的发行版本，如图 16.6 所示。

2．接下来需要确保所有符号对 VTune 来说都可用，以便它能够显示"代码视图"，为此，需要让编译器能够浏览所有的数据库信息。方法是，选择菜单 Project/Settings，然后单击选项卡 C++，并在下拉式列表框 Category 中选择 General，然后选中复选框 General Browse Info，并在下拉式列表框 Debug Info 中选择 Program Database。这样，剖析器将能够看到所有的符号和代码。图 16.7 是完成上述设置后的对话框。不要关闭该对话框——我们还没有设置好。

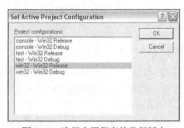

图 16.6　选择应用程序的发行版本

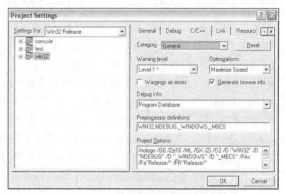

图 16.7　确保 VTune 能够看到符号和源代码

3．单击选项卡 Link，并在下拉式列表框中选择 Category。然后选中复选框 Generate Debug Info，如果您使用的是 Visual C++专业版或企业版，可能还需要选中复选框 Enable Profiling，以便能够对剖析结果进行比较。完成这些设置后，对话框如图 16.8 所示。

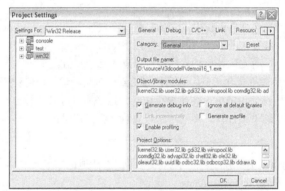

图 16.8　启用更多的调试和剖析选项

4．现在可以重建应用程序了，为此选择菜单 Build/Rebuild 以重建整个应用程序。

仅此而已，现在您有了最终的.EXE 文件了。

3．运行 VTune

编译测试应用程序 DEMOII16_1.CPP 并将 Visual C++窗口最小化后，便可以启动 VTune，以完成余下的工作。在您计算机桌面上，有一个 VTune 快捷方式，双击它可启动 VTune；也可以选择"开始/程序/Intel VTune Performance Analyzer"来启动。无论采取哪种方式，都将出现如图 16.9 所示的对话框。

该对话框是一个向导，让您能够创建或加载剖析工程。现在，单击按钮 Quick Performance Analysis Wizard，以创建一个小型工程。具体步骤如下：

提示：该对话框的最下面有一个名为 View Getting Started Tutorial 按钮。强烈建议读者花 20-30 分钟仔细阅读该教程——作者必须这样做，只有读者也这样做才公平！

1．单击按钮 Quick Performance Analysis Wizard 后，将出现另一个对话框，如图 16.10 所示。该对话框让您能够选择要剖析的程序，设置运行阶段环境。我们要剖析的是 DEMOII16_1.EXE，因此单击浏览按钮"…"，打开一个文件查找对话框，然后找到并选择该文件。结果如图 16.10 所示。

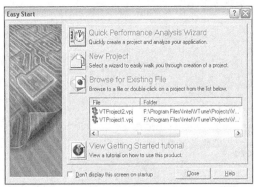

图 16.9　启动 VTune

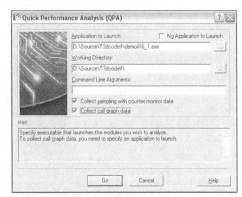

图 16.10　选择要剖析的应用程序

2．接下来需要指定要执行什么样的剖析。为此，选中复选框 Collect Sampling with Counter Monitor Data 和 Collect Call Graph Data。前者表示进行计时，后者表示要生成完整的调用图，其中包含所有的函数调用树。

3．单击按钮 Go，开始进行剖析。应用程序将启动和停止多次，在最后一遍，程序运行得非常慢。这是在进行最后的计时分析，如果您愿意，可以让它一直运行下去。作者建议在程序运行 1～2 分钟后按 Esc 键或单击窗口上的"关闭"图标，以退出演示程序。VTune 将开始工作，最后出现一个小型对话框，让您选择要执行的操作——单击 Cancel 按钮，将其关闭即可。

至此，您有了完整的剖析数据，下面简要地介绍一下其中的重要信息。

图 16.11　操作选择对话框

4．查看 VTune 的数据

要全面了解 VTune 支持的各种神奇的分析方法，读者必须阅读 VTune 教程。这里只介绍一些重要的方面，为读者起步做准备。

执行剖析后，出现的第一个视图由 VTune 的 GUI 和 4 个窗口组成（如图 16.12 所示）：左边的工程窗格、两个垂直窗格（数据窗格和图示窗格）和最底下的小型输出窗格。这个视图只是列出了系统级的计时信息。双击图示窗格中的任何一行，数据窗格中相应的数据将呈高亮显示。我们对这些数据不太感兴趣，下面来看看 Clockticks 视图。

（1）查看 Clockticks 视图

Clockticks 视图列出了系统中运行的每个应用程序/进程占用的系统资源。要进入该视图，可双击最左边的工程窗格中 Run 0 下面的 Clockticks 项，如图 16.13 所示。

另外，图中还有一个柱形统计图，说明了分析期间正在运行的所有进行占用的处理器时间。如果仔细查看，读者将发现应用程序 DEMOII16_1.EXE 位于图中的最下面。双击左边的文本，将打开一个有关该应用程序的详细视图，如图 16.14 所示。

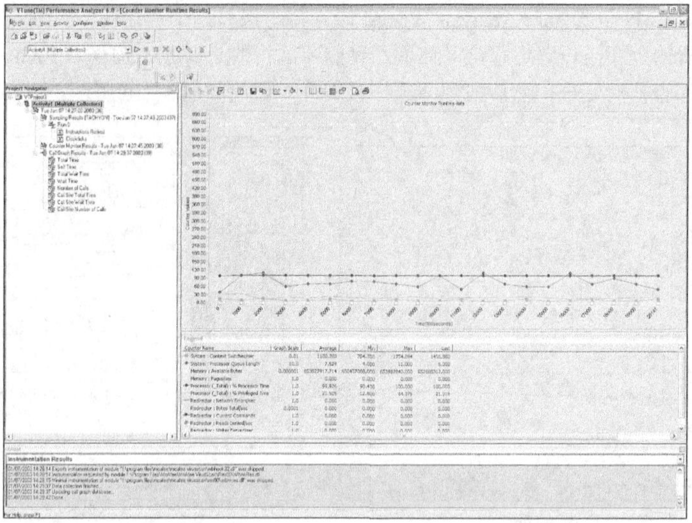

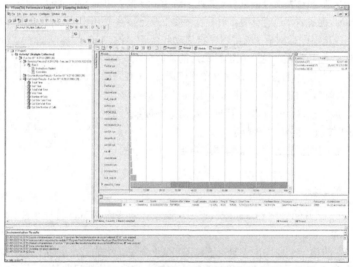

图 16.12　VTune 的主视图

图 16.13　通过 Clockticks 视图查看每个进程占用的处理器时间

从这个视图中，可以看到每个函数占用的处理器时间。单击柱形统计图中的函数，它将呈高亮显示，同时最右边的 Selection Summary 窗格中的内容将相应地变化。该窗格列出了函数占用的时钟周期以及占用的处理器时间比例。双击函数将打开一个包含其源代码的窗口。关闭该窗口或按 Ctrl + Tab 键可回到函数列表视图。

现在，展示一些让您头晕目眩的东西。请看柱形图中从下往上数的第 5 个函数，在图 16.14 中，它呈高亮显示。这是将浮点数转换为整数的函数 _ftol()。令人沮丧的是，这个运行阶段 C 函数占用的时间几乎与 3D 引擎代码一样长。这是被人们误解最深的数学问题之一。简单地说，像下面这样将一个 float 值赋给 int 变量：

```
float f;
int i = (int)f;
```

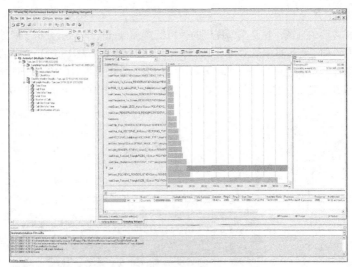

图 16.14　在函数级对应用程序进行分析

　　有时候编译器将生成一个函数调用，将浮点数转换为整数。因此，对于经过仔细优化的代码，这种开销所占的比例非常大。在很多图书中，作者简单地提到了这种问题，本章后面将介绍一些对此进行优化的方法。然而，重要的是，通过这个视图我们知道，如果能避免这个函数调用，可节省大约 5% 的计算时间。

　　下面来比较一些 Visual C++ 内置的剖析器和 VTune 得到的结果。选中柱形图中的最后一个函数——Draw_Textured_TriangleGSZB_16()，然后查看右边窗格中的摘要，如图 16.15 所示。

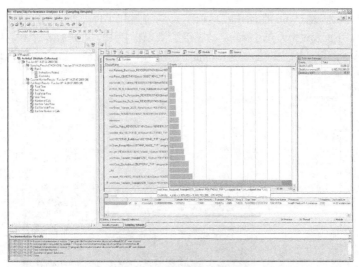

图 16.15　选择函数以查看其性能

　　最后一行是函数占用的时间比例，这里为 35.9%。如果回过头来看看 Visual C++ 提供的剖析信息，将发现该函数占用的时间比例为 21.3%。这两个数据之间存在一定的差别，其原因很多，如测试方法等，因此不用为此担心。使用该柱形图，可以详细了解每个函数的信息，一眼确定需要将优化重点放在哪里。当然，该视图还有很多其他的用途，但就现在而言，这足够了。要了解更详细的情况，VTune 教程是最好的参考资料。

（2）查看调用图

来看另一个非常重要的视图，它是基于程序的调用图（call graph），后者分析了函数调用情况。要查看调用图，可双击最左边的工程窗格中的 Call Graph Results，您将看到如图 16.16 所示的视图。这是一个图解树，让您能够查看每个函数调用流程——调用方和被调用方。单击函数后面的<和>可分别展开和折叠调用列表。函数的颜色越红，它占用的时间越多。在图 16.16 中，应用程序为 thread_13A4。

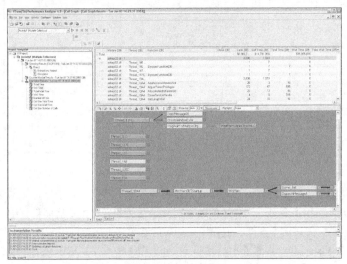

图 16.16　查看调用图

从图 16.17 可知，函数 Light_RENDERLIST4D()大量地调用了讨厌的_ftol()函数。事实上，很多时间都花在这个函数上。下面反过来，查看哪些函数调用了_ftol()。为此，可单击函数_ftol()左边的图标，结果如图 16.17 所示。这将显示_ftol()的进入（incoming）调用图，这样我们便知道需要在哪些函数中，使用其他编码技术来避免这种调用。

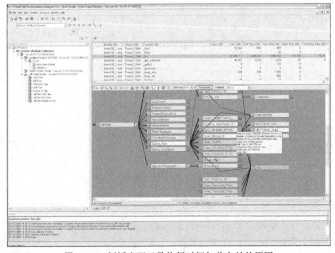

图 16.17　剖析光照函数执行时间如此之长的原因

　　总之，VTune 的强大功能令人难以置信。建议读者花几个小时来鼓捣它：尝试单击各种元素，看看会发生什么情况，并阅读 VTune 教程。

16.3　使用 Intel C++编译器

　　接下来要介绍的一项重要内容是 Intel 优化编译器。这里提到它的原因在于，95％的 PC 游戏都是使用 Visual C++编写的。这不难理解，因为 Microsoft 开发了优秀的工具，并将它们集成到了很多系统中。

　　尽管如此，有时候，其他公司为 PC 开发的编译器也被广泛使用。还记得 Borland 和 Watcom 吗？它们由于无力与 Microsoft 竞争而倒闭或被兼并。然而，像 Microsoft 这样庞大的公司不可能在每个方面都处于领先水平（虽然它为此努力过），例如编译器。

　　这是合理的，因为 Microsoft 开发的是软件而不是微处理器，它怎么可能了解奔腾处理器的方方面面，进而开发编写出最好的编译器呢？不可能的，这就是问题所在。对于创建应用程序、.DLL 和 ActiveX 组件等典型的大型软件而言，Microsoft 的编译器是最好的工具，但对于 Intel 奔腾处理器而言，它并非很好的优化器，Intel 的优化编译器才是。

　　很多人甚至不知道 Intel 还开发了编译器。读者可能猜想 Intel 有内部工具等，但商用编译器呢？Intel 确实开发了编译器，而且对 Intel 处理器系列而言，是世界上最先进的优化编译器，这意味着如果在经济上承担得起。您可能想使用这种编译器来编译游戏。有时候，您的代码可能没有优化的余地，而有时候可能还有，但该编译器至少提供了一种选择；如果开发的是商用产品，为提高产品的性能而花费几百美元是绝对值得的。而要将性能提高相同的程度，使用 Visual C++手工进行优化时，可能需要花费数十甚至数百小时的人力。

　　经过多年使用 Visual C++后，再学习使用一种新工具的想法令人不快，但 Intel 认识到了这一点，使其 C++编译器能够作为插件集成到 Visual C++ Studio/.NET 中，用于只需选中一个复选框便可以使用该编译器。只需使用 Intel 编译器重新编译程序，便可能将程序的速度提高 0～200％。花几分钟时间来学习使用该编译器是绝对值得的——我们开始吧。

16.3.1　下载 Intel 的优化编译器

　　第一步是下载编译器本身。读者可以在 Intel 的网站中找到最新的版本，网址如下：
http://developer.intel.com/software/products/compilers/
在该网页中找到 Intel compiler for Windows free evaluation 链接，将该产品下载到硬盘中。

提示：Intel 还提供了该编译器的 Linux 版本，以及供科研人员使用的 Fortran 编译器。

　　下载编译器后，关闭所有的应用程序，如 Visual C++和 VTune，然后运行安装程序。安装过程与其他程序相同。在安装期间，会出现一个对话框，询问是否要安装对 Itanium 处理器的支持功能——请不要安装。另外请选择典型安装。如果一切正常，安装将非常顺利，几乎不会出现任何情况。

16.3.2　使用 Intel 编译器

　　启动 Visual C++，加载前面一直在使用的 DEMO16_1.CPP。选择菜单 Tools/Select Compiler，将出现如图 16.18 所示的对话框。选中复选框 Intel® C++ Compiler，以使用 Intel 优化编译器。然后单击 OK 按钮，关闭该对话框。

　　99％的编译器选项都适用于 Intel 编译器，因此几乎不用做任何修改。然而 Intel 编译器有大量 Visual C++

不支持的优化选项，您必须使用标记以手工方式加入。

这些将稍后介绍，现在尝试编译并运行演示程序 DEMOII16_1.CPP，看它是否能运行。选择菜单 Build/Rebuild All 以编译该工程。构建开始时，读者可能看到一些奇怪的警告或以前没有见过的编译器输出——这是件好事，它表明 Intel 编译器在发挥作用。

警告：编译时间可能是平常的 2～3 倍，因为 Intel 编译器将尝试使用各种优化策略。

如果编译成功，由于作者将"警告当作耳边风"的编程风格，将出现一些警告，但不会有错误。现在来运行该程序，看它能否正常运行。为此，选择菜单 Build/Execute…或按 Ctrl + F5 键，读者将

图 16.18　选择 Intel 编译器非常简单

看到工兵正在做自己的工作。如果读者足够敏感，将发现动画速度更快了——这是因为确实如此。根据您使用的硬件，演示程序的速度将提高 5%～10%，这仅仅是通过重新编译实现的，太令人惊讶了！

16.3.3　使用编译器选项

Intel 优化编译器新增了大量优化特性，这些特性可以通过手工输入编译器标记来控制。表 16.1 列出了一些比较重要的标记。

表 16.1　　　　　　　　　　　　重要的 Intel 优化编译器选项

选项	含义
-G5	奔腾处理器
-G6	奔腾 Pro、奔腾 II 和奔腾 III 处理器
-G7	奔腾 4 和 Xeon 处理器
-Qxi	Intel 奔腾 Pro 和奔腾 II 处理器（使用 CMOV、FCMOV 和 FCOMI 指令）
-QxM	使用 MMX 指令（不包含 i 指令）的奔腾处理器
-QxK	使用流式 SIMD 扩展（意味着 i 指令和 M 指令）的奔腾 III 处理器
-QxW	使用流式 SIMD 扩展 2（意味着 i 指令、M 指令和 K 指令）的奔腾 4 和 Xeon 处理器
-Qaxi	Intel 奔腾 Pro 和奔腾 II 处理器（使用 CMOV、FCMOV 和 FCOMI 指令）
-QaxM	使用 MMX 指令的奔腾处理器
-QaxK	使用流式 SIMD 扩展（意味着 i 指令和 M 指令）的奔腾 III 处理器
-QaxW	使用流式 SIMD 扩展 2（意味着 i 指令、M 指令和 K 指令）的奔腾 4 和 Xeon 处理器
-Qax{i|M|K|W}	启用向量化器（vectorizer），生成专用和通用的 IA-32 代码（速度较慢）
-Qx{i|M|K|W}	启用向量化器（vectorizer），生成处理器专用的代码（速度较快）
-01	优化速度，但禁用一些会增加代码长度但速度提高不多的优化
-02	优化速度
-03	启用高级优化（不保证性能更高）
-0g	启用全局优化
-0s	启用大部分速度优化，但禁用会增加代码长度但速度提高不多的优化
-0t	启用所有速度优化

还有很多其他的编译器选项，但这些对初学者而言足够了。请针对自己使用的处理器设置编译器，逐渐提高优化等级，并尝试启用向量化选项。启用向量化选项后，可能使代码无法通过编译。在这种情况下，可以使用不同的选项来编译每个源文件，或者使用 Microsoft 编译器来编译它们。下面介绍如何对源文件指定要使用的编译器——Microsoft 编译器或 Intel 编译器。

16.3.4 手工为源文件选择编译器

假设在对话框 Select Compiler 中选择了 Intel 编译器，但某个源文件的错误太多，无法通过编译。要指定对某个源文件使用标准的 Microsoft 编译器，可采取如下步骤：

1. 在源文件树（source tree）窗口中，在该源文件上单击鼠标右键，然后选择 Settings。

2. 将出现如图 16.19 所示的对话框，单击选项卡 C/C++，然后在下拉式列表框 Category 中选择 General。

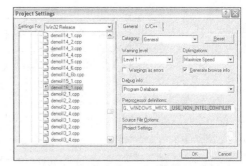

3. 在文本框 Preprocessor Definitions 中添加如下内容：
_USE_NON_INTEL_COMPILER

图 16.19　为源文件选择 Intel/Microsoft 编译器

这样，Visual C++将使用 Microsoft 编译器而不是 Intel 编译器来编译该源文件。

提示：也可以设置为正常情况下使用 Microsoft 编译器，然后使用_USE_INTEL_COMPILER 来指定对某些源文件使用 Intel 编译器。

16.3.5 优化策略

安装好编译器并可以使用它来编译程序后，便可以做一切尝试：逐渐提高或降低优化等级，针对处理器设置优化选项，然后使用 Visual C++的剖析器或 VTune 来找出性能瓶颈。当然，这必须以一致、合理的方式进行——每次启用/关闭一个编译器选项，然后记录剖析结果。如果每次启用/关闭多个选项，将无法知道每个选项的效果，因此应每次修改一个选项，然后测试修改的效果。

16.4　SIMD 编程初步

接下来要介绍的主题让作者相信基督再临，这就是 SIMD（单指令多数据）编程。如果读者听说并使用过 SIMD，可跳过本节；否则本节将提供震撼性启迪。

先来介绍一下术语和历史。Intel 在发布奔腾处理器的同时，发布了多媒体扩展（MMX）。Intel 对新的 MMX 技术寄托了改变世界、提高 3D 图形和 Internet 速度的厚望——正如读者知道的，这只不过是管用的市场宣传手法而已；如果再加上音乐和舞女，便是一个完整的市场宣传场景。

不幸的是，MMX 没有得到普及，辜负了 Intel 的厚望。其原因在于，MMX 是被硬塞到奔腾处理器的体系结构中的。基本上，MMX 技术只是在奔腾处理器的指令集中加入了一些指令，以支持平行（SIMD）整数运算。

问题是没有专供 MMX 使用的寄存器，因此 Intel 决定让 MMX 和浮点数公用寄存器，从分配给每个 FPU 寄存器的 80 位中拿出 64 位供 MMX 使用，如图 16.20a 所示。

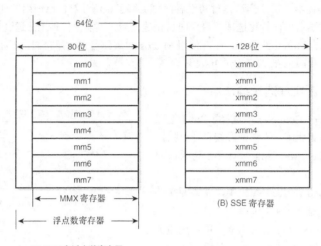

图 16.20　从 FPU 栈中分配 MMX 寄存器

这可能是微处理器体系结构历史上最大的错误。问题在于，要使用 MMX 指令，必须切换处理器状态，保存 FPU 寄存器的内容，执行数学运算，然后恢复到原来的状态。因此，虽然使用 MMX 可以并行地执行加法等运算，但在此之前需要切换处理器状态，之后需要恢复到原样，因此 MMX 的效果并不好。

然而，随着奔腾 III 的面世，这些问题得到了妥善处理，并实现了流式 SIMD 扩展（SSE）。

在奔腾 III 中，Intel 提供了 8 个全新的 128 位寄存器，它们名为 XMM0～XMM7，如图 16.20b 所示。另外，SSE 可与 FPU 甚至整数 MMX 并行地运行，而不需要切换状态，保存寄存器内容。这些寄存器中的每个最多可存储 4 个 32 位的单精度浮点数，因此 SSE 是浮点数 SIMD，让您能够同时处理 4 个 32 位的浮点数。可以对这些浮点数执行加法、乘法、求平方根、比较等运算。事实上，在指令集中新增了大约 70 个 SSE 指令，这相当于新增了一个处理器。

深入介绍 SSE 之前，这里有必要提一下流式 SIMD 扩展第 2 版（SSE2）。这是奔腾 4 处理器新增的特性，它新增了 150 个指令，这些指令支持双精度而不是单精度浮点数运算。如果读者使用的是奔腾 4 处理器，将可以并行地对两个 64 位的双精度浮点数（而不是 4 个 32 位的单精度浮点数）执行两种运算。图 16.21 说明了这一点。

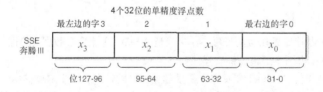

图 16.21　128 位 SSE/SSE2 寄存器的分解

SSE2 很好，但除非进行的是需要 64 位精度的科学编程或类似的工作，否则没有必要使用它。在作者看来，在游戏中还没有必要使用双精度值，作者宁愿使用 SSE 同时执行四次运算，而不想为将精度提高一倍而使用 SSE2 同时执行两次运算。奔腾 4 支持 SSE 和 SSE2，因此为奔腾 III 编写的代码也可以在奔腾 4 上正确地运行。

另外，在 SSE 和 SSE2 实现中，SIMD 寄存器 XMM0～XMM7 都是 128 位，因此工作方式完全相同。这里只讨论奔腾 III 中的 SSE，换句话说，我们只想并行地对 32 位的单精度值进行 4 路 SIMD 处理。

从现在开始，作者将 SSE/SSE2 简称为 SIMD。要使用下面将介绍的技术，读者使用的处理器必须是奔腾 III 或更好的。

16.4.1　SIMD 基本体系结构

SIMD 基本体系结构由 8 个 128 位的寄存器组成，如图 16.20 所示。每个寄存器可存储 4 个 32 位的单精度值，并行地对这些值执行运算。每个 SIMD 寄存器（XMM0～XMM7）的使用情况如图 16.21 所示：第 0～31 位用于存储最左边的元素，第 96～127 位用于存储最右边的元素。每个元素对其他元素一无所知，并行地对这些元素执行运算，因此有术语单指令、多数据。

SIMD 尤其适用于 3D 图形学，因为很多运算都能够并行进行，如点积、矩阵乘法、光照处理、光栅化等。然而，也不要抱过高的期望，因为虽然使用 SIMD 可以同时执行 4 次浮点数运算，但将数据存入寄存器和从寄存器中取出以及在程序中将数据转换为适合于 SIMD 的格式都会降低性能。在最理想的情况下，性能可提高大约 200%，通过合理的 SIMD 编程，性能通常能提高 150%～170%。换句话说，在大多数情况下，数学运算代码的速度至少可提高一倍。

16.4.2　使用 SIMD

知道步骤后，使用 SIMD 将非常容易，下面来介绍使用步骤。首先，除了处理器必须是奔腾 III+外，还必须使用支持 SIMD 的操作系统。在大多数情况下，Windows 2000、Windows XP 及更高的版本都支持 SSE/SSE2。要检查 Windows 操作系统是否支持 MMX 和 SSE，可使用下述代码：

```
if (IsProcessorFeaturePresent(PF_MMX_INSTRUCTIONS_AVAILABLE))
   printf("\nMMX Available.\n");
else
   printf("\nMMX NOT Available.\n");

if (IsProcessorFeaturePresent(PF_XMMI_INSTRUCTIONS_AVAILABLE))
   printf("\nXMMI Available.\n");
else
   printf("\nXMMI NOT Available.\n");
```

上述代码使用 Windows API IsProcessorFeaturePresent()来查询指定的特性，该函数返回 TRUE 或 FALSE。通过该函数还可以查询很多其他的特性，建议读者参阅 API 帮助信息。

知道 OS 和处理器支持 SSE（PF_XMMI_INSTRUCTIONS_AVAILABLE）后，需要编写一些代码来使用它。当然，可以对 Intel 编译器进行设置，使之针对奔腾 III 和 4 处理器对代码进行优化，这样优化期间它将使用 SIMD 代码。然而，我们感兴趣的是自己编写使用 SIMD 的代码，下面来看看为此需要如何做。

1. 设置编译器使之支持 SIMD

Intel 优化处理器支持 SIMD，且包含合适的头文件和库模块。然而，如果使用 Microsoft Visual C++中的编译器，必须下载新的处理器 pack upgrade。这将安装所有的头文件、库模块等。您的 Visual C++必须是专业版或企业版，并安装 Service Pack upgrade 4 或 5。处理器 Service Pack 可从下述网址下载：

http://msdn.microsoft.com/vstudio/downloads/tools/ppack/default.asp

提示：安装处理器 Service Pack 时，将同时安装 MASM。

强烈推荐读者安装最新的 Visual C++ Studio Service Pack，其下载网址如下：

http://msdn.microsoft.com/vstudio/downloads/updates/sp/vs6/sp5/default.asp

提示：如果读者没有 Visual C++ 专业版或企业版，但又想尝试使用 SIMD 指令，也不用担心：Intel 编译器内置了对 SIMD 指令的支持，因此只需下载该编译器的免费评估版（至少可使用 30 天）即可。

下载处理器 Service Pack 后，按说明安装它即可。安装完成后，系统可能询问是否重新启动计算机。至此，准备工作便已经就绪。

下面使用一个简单的程序来测试新的处理器 Service Pack（SIMD 支持）。首先创建一个简单的控制台应用程序，然后输入如下所示的 DEMOII16_2.CPP 中的代码（也可以使用附带光盘中的源文件）：

```cpp
// DEMOII16_2.CPP - Hello world SIMD demo

// I N C L U D E S ///////////////////////////////////////////////////////

#define WIN32_LEAN_AND_MEAN
#include <windows.h>    // 包含重要的 windows 功能
#include <windowsx.h>
#include <stdio.h>
#include <math.h>
#include <xmmintrin.h> // 以支持 SIMD(SSEI)

// MAIN ///////////////////////////////////////////////////////////////////

void main()
{
// 打印处理器和操作系统对 SIMD 的支持情况
if (IsProcessorFeaturePresent(PF_MMX_INSTRUCTIONS_AVAILABLE))
   printf("\nMMX Available.\n");
else
   printf("\nMMX NOT Available.\n");

if (IsProcessorFeaturePresent(PF_XMMI_INSTRUCTIONS_AVAILABLE))
   printf("\nXMMI Available.\n");
else
   {
   printf("\nXMMI NOT Available.\n");
   return;
   } // end if

// 定义 3 个 SIMD 封装值，必须是与 16 字节边界对齐的
__declspec(align(16)) static float x[4] = {1,2,3,4};
__declspec(align(16)) static float y[4] = {5,6,7,8};
__declspec(align(16)) static float z[4] = {0,0,0,0};

// 将 x 和 y 相加，并将结果存储到 z 中
_asm
   {
   movaps xmm0, x  // 将 x 的值移到寄存器 XMMO 中
   addps  xmm0, y  // 将 y 的值加入到寄存器 XMMO 中
   movaps z, xmm0  // 将寄存器 XMMO 中的值存储到 z 中
```

```
    } // end asm

// 打印结果
printf("\n x[%f,%f,%f,%f]", x[0], x[1], x[2], x[3]);
printf("\n+y[%f,%f,%f,%f]", y[0], y[1], y[2], y[3]);
printf("\n_____");
printf("\n=z[%f,%f,%f,%f]\n", z[0], z[1], z[2], z[3]);

} // end main
```

使用 Intel 编译器或 Visual C++（如果安装了处理器 Service Pack）编译该程序。然后运行该程序，您将看到如图 16.22 所示的输出：同时将 8 个浮点数两两相加。

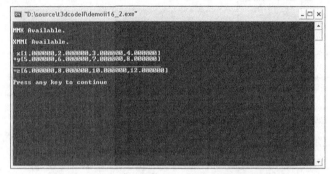

图 16.22　SIMD 演示程序 DEMOII16_2.CPP|EXE 的输出

注意：读者可能注意到了，上述程序代码中包含命令_asm，它告诉编译器，您要使用内嵌（inline）汇编语言。和其他代码块一样，只需使用{和}将汇编语言代码括起即可。有关内嵌汇编器的功能的详细信息，请参阅编译器的帮助文件。总体而言，您可以在汇编语言代码中使用 C/C++代码声明的变量、指针、常量、宏等。内嵌汇编器相当聪明，能够识别它们。

该演示程序创建 3 个 float 数组。每个数组包含 4 个元素——这些元素是 SIMD 体系结构并行处理的基本单元（unit）。接下来，程序使用 SIMD 指令 movaps 将数组 x[ ]包含的 128 位作为一个整体移到 SIMD 寄存器 XMM0 中；再使用指令 addps 将 y[ ]中的值加入到寄存器 XMM0 中；最后，将结果存储到浮点型数组 z[ ]中。稍后将详细介绍这些指令的含义和工作原理，但就现在而言，只要知道这一点：使用一个加法指令，可同时对 4 对 32 位的浮点数执行加法运算。为进行比较，将运算代码放入循环，执行循环 1 000 000 次，并记录运行时间；然后使用 C/C++代码完成相同的工作，看您能否战胜 SIMD——我敢肯定，您不能！

注意：如果读者不愿意输入代码，可使用附带光盘中的 DEMOII16_2.CPP。

2. 数据类型、封装和 SOA/AOS 策略

SIMD 通过 SIMD 指令提供了汇编语言支持；还有一个 Intel 编写的"本征（intrinsic）"库，Visual C++和 Intel 编译器都支持这个库。有关 SIMD，最重要的是数据类型__m128，其长度为 128 位。这种新数据类型基本上是一个封装（packed）的包含 4 个元素的 float 数组，它总是与 16 字节边界对齐。使用本征函数时，必须使用数据类型__m128；否则必须对数据进行强制数据类型转换。这种数据类型的定义如下：

```
__declspec(align(16)) float __m128[4];
```

实际上，SIMD 使用封装数据类型：4 个 32 位的浮点数被紧密的封装在一起，起始位置为 16 字节边界。

您可以使用内置的数据类型 __m128，也可以使用 16 字节对齐的 float[4]数组，后者可能更方便，因此这样可以使用索引访问其中每个元素。然而，如果使用内置的本征库来实现 SIMD，必须使用数据类型 __m128 或进行数据类型转换。

使用 SIMD 时需要做出的下一个重要决策是，使用哪种数据结构。SIMD 能够同时处理 4 个数据元素，对其执行简单的逻辑或数学运算。然而，由于 SIMD 的效率非常高，您可能发现，将数据转换为 SIMD 封装字以及从计算结果中提取数据会浪费时间。因此，定义数据结构时，应考虑使用结构数组（array-of-structures，AoS）还是数组结构（structure-of-arrays，SoA），如图 16.23 所示。

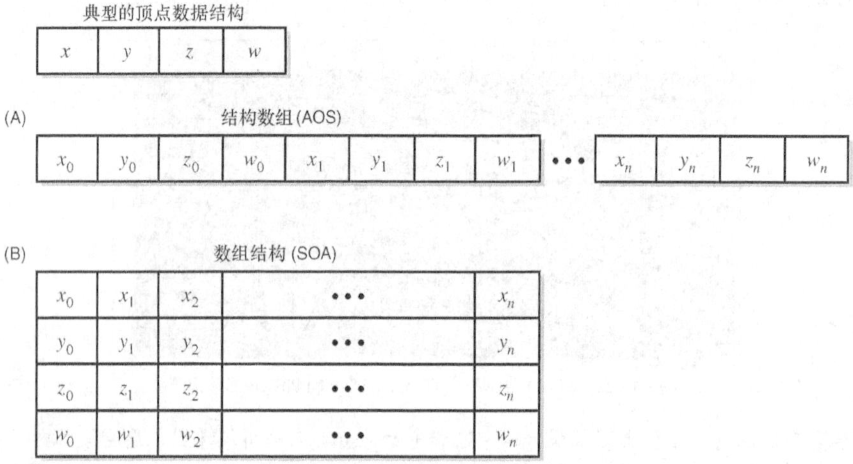

图 16.23　结构数组和数组结构

例如，假设要对 3D 齐次向量/点/顶点执行运算，表示它们的典型数据结构如下：

```
typedef struct VECTOR4D_TYP
{
__declspec(align(16)) float x,y,z,w;
} VECTOR4D, *VECTOR4D_PTR;
```

使用这种结构，可以像下面这样定义 1000 个顶点：

```
VECTOR4D vertex_list[1000];
```

这是一个结构数组。现在，假设要将所有的顶点相加，这很简单：将一个 VECTOR4D 加载到一个 SIMD 寄存器中，然后将下一个 VCTOR4D 与之相加，并存储结果；重复上述过程，直到将 1000 个顶点都相加为止。

现在暂时不考虑细节，看看我们所做的工作。我们将一个 VECTOR4D 以 $x_i y_i z_i w_i$（从右到左）格式加载到寄存器中，然后将其与 $x_i y_i z_i w_i$ 相加。然而，我们计算了元素 w，这是在浪费时间。w 用于其他目的，将向量相加时，在大多数情况下总是假定 w 为 1.0。这个例子表明，也许另一种格式更合适。

使用数组结构可解决这种问题。我们不是定义一个顶点数据结构，然后创建一个这种结构的数组，而是这样做：

```
typedef struct VERTEXLIST4D_TYP
{
__declspec(align(16)) float x[1000];
```

```
__declspec(align(16)) float y[1000];
__declspec(align(16)) float z[1000];
__declspec(align(16)) float w[1000];
} VERTEXLIST4D, * VERTEXLIST4D_PTR;
```

然后，在循环中，我们每次加载 4 个 x 值，将其同下一组 x 值相加，这将循环 1000/4 次。对于 y 和 z 做相同的处理。

这些问题与您要使用 SIMD 来做什么相关。例如，如果要计算大量的点积，则 SOA 格式更合适；但如果要大量的 32 位字相加，则 AOS 的效果可能更好。关键之处在于，这是在 SIMD 编程过程中设计数据结构时需要考虑的一个重要因素。例如，对于前面将向量相加的范例，SOA 数据结构的速度更快，但这对引擎存储数据来说并没有帮助。

3．一些简单的 SIMP 范例

SIMD 是一个很大的主题。事实上，它基本上是一种全新的语言和处理器汇编语言，因为它支持的指令有 70 多个。在几页的篇幅中无法做全面介绍，这里只阐述如何使用 SIMD 执行基本的数学运算。另外，在本节的最后，将列出 Intel 的本征函数。

本征函数基本上是 SIMD 汇编语言指令封装函数（wrapper），使用本征函数可能比直接使用 SIMD 汇编语言简单，但速度稍微慢些，因此您可能坚持使用汇编语言。不用说，要执行下述范例中的代码，必须安装处理器 Service Pack（如果使用 Visual C++编译器）或者使用 Intel 编译器。另外，还必须包含下述头文件：

```
#include <xmmintrin.h>
```

提示：如果要支持奔腾 4 SSE2（双精度 SIMD），还必须包含头文件 emmintrin.h。

最后，这里只介绍了一部分指令，它们是每种主要指令中的代表。

对于所有的范例，假设有如下声明：

```
__declspec(align(16)) float x[4], y[4], z[4];
__m128 m0, m1, m2;
```

（1）数据移动和混合（shuffling）

使用汇编语言或本征函数将 SIMD 值移到 SIMD 寄存器中的方法有很多。一般而言，内嵌汇编器知道每个变量的类型以及指针和值之间的差别。因此，您总是可以直接使用变量来存储 SIMD 值，然后使用单精度移动-对齐指令 movaps 将其赋给 XMM 寄存器。该指令有两种形式：

```
movasp xmm_dest, xmm_src/memory
movasp xmm_dest/memory, xmm_src
```

基本上，总是可以在两个 XMM 寄存器之间移动 SMID 值；另外，还可以在内存和 XMM 寄存器之间移动 SMID 值；但不能在内存之间移动。下面来看一些范例。

范例：将 x[ ]移到 xmm0 中：

```
_asm
  {
  movaps xmm0, x
  }
```

还可以使用指针强制类型转换来避免源操作数导致编译器警告：

```
_asm
  {
  movaps xmm0, XMMWORD PTR x
  }
```

当然，也可以使用数据指针 esi、edi、edx 等，如下所示：

```
_asm
  {
  lea esi, x
  movaps xmm0, [esi]
  }
```

同样，要存储 XMM 寄存器中的结果，只需使用一个指向目标内存的指针即可。

范例：将 xmm0 移到 z[ ]中：

```
_asm
  {
  movaps z, xmm0
  }
```

下面是用于存储和设置寄存器的本征函数：

```
// 将 SIMD 本征类型__m128 值存储到浮点数组*v 中
void _mm_store_ps(float *v, __m128 a);
```

```
// 将使用 a、b、c、d 给本征类型__m128 变量赋值
__m128 _mm_set_ps(float a, float b, float c, float d);
```

范例：将 m0 设置为[1，2，3，4]：

m0 = _mm_set_ps(1, 2, 3, 4);

范例：将 m0 中的值存储到 x[ ]中：

_mm_store_ps(x, m0);

当然，还有很多用于移动、初始化和赋值的本征函数，但上述函数对起步而言足够了。

现在，读者能够移动数据、将 SIMD 数据赋给寄存器。下面来看看使用 SIMD 时必须掌握的一项内容：数据混合——将字移到同一个 SIMD 寄存器的其他位置。在 SIMD 指令集中，用于执行这些操作的 SIMD 指令有很多，这里只介绍最有代表性的指令 shufps，图 16.24 对其做了说明。

简单地说，该指令有三个操作数：源、目标和 8 位的控制字。该指令从目标操作数和源操作数中分别取出两个字，然后将它们存储到目标操作数中。因此，目标操作数也被用作源操作数。可将这种操作视为由两步组成：首先，将两个操作数都视为源操作数；然后最终结果覆盖其中的一个操作数——第一个操作数，即指令原型中的 xmm_dest。下面简要地讨论一下这个指令的细节。

xmm_dest 是目标 SIMD 寄存器，xmm_scr 是源 SIMD 寄存器。比较棘手的部分是该指令的工作原理（更详细的信息，请参阅 Intel 用户手册）。

基本上，该指令从源寄存器中取出两个字，将其作为目标寄存器的前两个字；并从目标寄存器中取出两个字节，将其作为目标寄存器的后两个字（参见图 16.24）。因此，正如前面指出的，目标寄存器既是源寄存器也是目标寄存器——但应该这样想，首先将两个寄存器视为源寄存器，然后最终结果被存储到其中一个源寄存器中。表 16.2 说明了选择控制字的位编码，它们指定了从源寄存器或目标寄存器中取出哪个 32 位字。

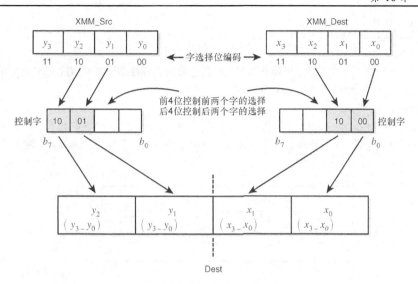

ShuFps XMM_dest, XMM_Src, control8

图 16.24 数据移动指令 shufps

表 16.2   shufps 中的控制字编码

两位值	含义	两位值	含义
00	选择第 0 个字（最右边的字，第 0～31 位）	10	选择第 2 个字（第 64～-95 位）
01	选择第 1 个字（第 32～63 位）	11	选择第 3 个字（最左边的字，第 96～127 位）

控制字 control8 的编码如下：

A_1A_0 B_1B_0 C_1C_0 D_1D_0

其中每个两位的子字指定了从源操作数中取出哪个字，表 16.3 描述了这些子控制字的编码。

表 16.3   两位控制子字的编码

控制子字	用途
D_1D_0	指定将目标操作数中的哪个 32 位字作为最终结果的第 0 个字
C_1C_0	指定将目标操作数中的哪个 32 位字作为最终结果的第 1 个字
B_1B_0	指定将源操作数中的哪个 32 位字作为最终结果的第 2 个字
A_1A_0	指定将目标操作数中的哪个 32 位字作为最终结果的第 3 个字

使用指令 shufps 时，需要根据如何移动字来指定控制字，这很容易出错。为此，使用下述宏会有所帮助：

```
// srch - A1A0
// srcl - B1B0

// desth - C1C0
```

```
// destl - D1D0
#define SIMD_SHUFFLE(srch,srcl,desth,destl) (((srch) << 6) ¦ ((srcl) << 4)
                        ¦ ((desth) << 2) ¦ ((destl)))
```

基本上，上述宏接受 4 个参数（源操作数和目标操作数的选择控制子字），通过移位将它们放到合适的位置；注释指出了各个参数对应的两位控制子字。

（2）通用的 SIMD 运算流程

接下来的几小节将讨论 SIMD 能够执行的一些基本运算。一般而言，它们遵循相同的并行流程，如图 16.25 所示。也就是说，一种运算被应用于两个 SIMD 源寄存器，其中一个源寄存器被用作最终的目标寄存器。

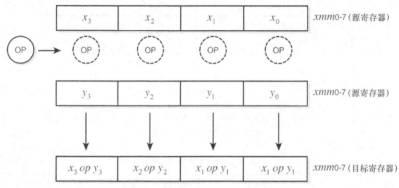

图 16.25　通用的 SIMD 运算流程

（3）加法和减法

SIMD 加法和减法指令并行地对 4 对 32 位值进行相加和相减。先来介绍加法指令：

```
addps xmm_dest, xmm_src/memory
```

addps 将一个 XMM 寄存器或位于内存中的 128 位操作数加入到目标 XMM 寄存器中。

范例：计算 x0+y0、x1+y1、x2+y2、x3+y3：

```
_asm {
    movaps xmm0, x // 将 x 的内容移到寄存器 xmm0 中
    addps xmm0, y // 将 y 的内容加入到寄存器 xmm0 中
    movaps z, xmm0 // 将结果(x0+y0, x1+y1, x2+y2, x3+y3)存储到 z 中
    }
```

加法指令的格式如下：

```
subps xmm_dest, xmm_src/memory
```

subps 从目标 MMX 寄存器中减去一个 XMM 寄存器或位于内存中的 128 位操作数。

范例：计算 x0-y0、x1-y1、x2-y2、x3-y3：

```
_asm {
    movaps xmm0, x // 将 x 的内容移到寄存器 xmm0 中
    subps xmm0, y // 将寄存器 xmm0 减去 y 的内容
    movaps z, xmm0 // 将结果(x0-y0, x1-y1, x2-y2, x3-y3)存储到 z 中
    }
```

（4）乘法和除法

SIMD 乘法和除法指令并行地对 4 对 32 位的值相乘和相除。先来介绍乘法指令：

```
mulps xmm_dest, xmm_src/memory
```

mulps 将一个 MMX 寄存器或位于内存中的 128 位操作数与目标 XMM 寄存器相乘。

范例：计算 x0*y0、x1*y1、x2*y2、x3*y3：

```
_asm {
    movaps xmm0, x // 将 x 的内容移到寄存器 xmm0 中
    mulps xmm0, y // 用 y 的内容乘以寄存器 xmm0
    movaps z, xmm0 // 将结果(x0*y0, x1*y1, x2*y2, x3*y3)存储到 z 中
    }
```

除法指令的格式如下：

```
divps xmm_dest, xmm_src/memory
```

divps 用一个 MMX 寄存器或位于内存中的 128 位操作数去除目标 XMM 寄存器。

范例：计算 x0/y0、x1/y1、x2/y2、x3/y3：

```
_asm {
    movaps xmm0, x // 将 x 的内容移到寄存器 xmm0 中
    divps xmm0, y // 用 y 的内容去除 xmm0 寄存器
    movaps z, xmm0 // 将结果(x0/y0, x1/y1, x2/y2, x3/y3)存储到 z 中
    }
```

（5）平方根

SIMD 平方根指令并行地计算 4 个 32 位值的平方根：

```
sqrtps xmm_dest, xmm_src/memory
```

sqrtps 计算位于 XMM 寄存器中或 128 位操作数中的 4 个 32 位值的平方根，然后将结果存储到目标 XMM 寄存器中。

范例：计算 $x0^{1/2}$、$x1^{1/2}$、$x2^{1/2}$、$x3^{1/2}$

```
_asm {
    sqrtps xmm0, x // 计算 x0、x1、x2、x3 的平方根
    movaps z, xmm0 // 将结果(x0^(1/2), x1^(1/2), x2^(1/2), x3^(1/2))存储到 z 中
    }
```

（6）逻辑运算

SIMD 支持各种逻辑运算。基本的逻辑指令 AND、OR 和 XOR 处理的都是封装的、单精度 32 位值，它们的格式如下：

```
andps xmm_dest, xmm_src/memory
orps xmm_dest, xmm_src/memory
xorps xmm_dest, xmm_src/memory
```

每种逻辑运算对内存操作数或 XMM 寄存器和目标 XMM 寄存器执行相应的运算。结果存储在目标寄存器中。

范例：计算 z = ((x AND y) OR z)

```
_asm {
    mov xmm0, x // 将 x 的内容移到寄存器 xmm0 中
    mov xmm1, y // 将 y 的内容移到寄存器 xmm1 中
    mov xmm2, z // 将 z 的内容移到寄存器 xmm2 中

    andps xmm0, xmm1 // xmm0 = x AND y
    orps xmm0, xmm2 // xmm0 = (x AND y) OR z
    movps z, xmm0  // z = xmm0
    }
```

（7）比较运算

最后，还有很多比较指令，其中 cmpps 指令与 IA-32 标准指令 cmp 相同，其格式如下：

cmpps xmm_dest, xmm_src, immediate_8

分别对 4 对 32 位封装值进行比较，结果为 4 个 32 位的值（根据比较结果，每个值中的 32 位全为 0 或 1），存储在 xmm_dest 中。immediate_8 指定如何进行比较，可能的比较方式如表 16.4 所示。

表 16.4 比较运算符

第 0～2 位的值	比较方式	第 0～2 位的值	比较方式
0	等于	4	不等于
1	小于	5	不小于
2	小于等于	6	大于
3	非排序比较（Unordered）	7	排序比较（ordered）

注：第 4～7 位被保留。

范例：检测 x[ ]是否小于 y[ ]：

```
-asm {
    mov xmm0, y
    cmpps xmm0, x
    //根据 xmm0 中的比较结果，执行相应的代码
    }
```

（8）本征函数

本征函数与指令极其相似。要了解本征函数，最好的方法是详细研读文件 xmmintrin.h。下面列出了一些重要的本征函数。

算术运算本征函数：

```
__m128 _mm_add_ps(__m128 a, __m128 b); // a+b
__m128 _mm_sub_ps(__m128 a, __m128 b); // a-b
__m128 _mm_mul_ps(__m128 a, __m128 b); // a*b
__m128 _mm_div_ps(__m128 a, __m128 b); // a/b
__m128 _mm_sqrt_ps(__m128 a); // a 的平方根
__m128 _mm_rcp_ps(__m128 a); // a 的倒数
__m128 _mm_rsqrt_ps(__m128 a); // a 的平方根的倒数
__m128 _mm_min_ps(__m128 a, __m128 b); // min(a,b)
__m128 _mm_max_ps(__m128 a, __m128 b); // max(a,b)
```

范例：m0 = m1 + m2

```
m0 = _mm_add_ps(m1, m2);
```

逻辑运算本征函数：

```
__m128 _mm_and_ps(__m128 a, __m128 b); // a AND b
__m128 _mm_andnot_ps(__m128 a, __m128 b); // a NAND b
__m128 _mm_or_ps(__m128 a, __m128 b); // a OR b
__m128 _mm_xor_ps(__m128 a, __m128 b); // a XOR b
```

范例：m0 = m1 AND m2：

```
m0 = _mm_and_ps(m1, m2);
```

比较运算本征函数：

```
__m128 _mm_cmpeq_ps(__m128 a, __m128 b); // a == b
__m128 _mm_cmplt_ps(__m128 a, __m128 b); // a < b
__m128 _mm_cmple_ps(__m128 a, __m128 b); // a <= b
__m128 _mm_cmpgt_ps(__m128 a, __m128 b); // a > b
__m128 _mm_cmpge_ps(__m128 a, __m128 b); // a >= b
__m128 _mm_cmpneq_ps(__m128 a, __m128 b); // a!=b
__m128 _mm_cmpnlt_ps(__m128 a, __m128 b); // !(a < b)
__m128 _mm_cmpnle_ps(__m128 a, __m128 b); // !(a <= b)
__m128 _mm_cmpngt_ps(__m128 a, __m128 b); // !(a > b)
__m128 _mm_cmpnge_ps(__m128 a, __m128 b); // !(a >= b)
__m128 _mm_cmpord_ps(__m128 a, __m128 b);
__m128 _mm_cmpunord_ps(__m128 a, __m128 b);
```

范例：　m0 = m1 < m2：

```
m0 = _mm_ cmplt_ps(m1, m2);
```

使用本征函数还是内嵌汇编语言由您决定，然而必须牢记的是，很多本征函数相当于多个 SIMD 汇编语言指令，因此进行优化时，可能需要查看汇编语言输出，以确保即使使用内嵌 SIMD 汇编语言也不能进一步提高性能。

（9）到哪里去获取更多的信息

作者在少年时期，常常只需打一个电话，便可从公司免费地索要到价值数千美金的芯片、图书和软件。现在，读者仍可以这样做，但要找对人确实不容易。然而，Intel 在其网站上提供了大量的免费资料，读者可能很感兴趣。作者想提醒读者的是，可以通过 Intel 网站免费获得整套的奔腾 III/4 软件开发、编程和优化手册，这里说的不是 PDF 格式的文件，而是价值超过 250 美金的纸质图书，且送货上门。读者只需阅读这些图书，便可成为奔腾处理器优化大师。下面是可向 Intel 文献中心索要这些图书的网址：

http://developer.intel.com/design/pentium4/manuals/index2.htm

这包括下述用户手册：

- IA-32 Intel Architecture Software Developer's Manual Volume 1: Basic Architecture。
- IA-32 Intel Architecture Software Developer's Manual Volume 2: Instruction Set Reference。
- IA-32 Intel Architecture Software Developer's Manual Volume 3: System Programming Guide。
- Intel Pentium 4 and Intel Xeon Processor Optimization Manual。

提示：这是世界上被保守得最严的秘密之一，除非您打算阅读这些免费图书，否则不要订阅。

什么也比不上免费的东西！Intel 网站中还有大量有关奔腾处理器优化的文章和白皮书。如果读者打算制作游戏，这些资料是必读的，花些时间阅读它们吧。我好高兴自己这样做了。

16.4.3 一个 SIMD 3D 向量类

现在，读者对 SIMD 理论有一定的了解，知道如何使用一些基本的数学指令，下面综合使用这些知识，创建一个支持 4D 向量的小型 C++类，并使用 SIMD 来执行计算。

这个类很原始，一点也谈不上完整，但对尝试使用 SIMD 进行编程而言已经很不错。这个类支持格式为[x, y, z, w]的 4D 向量，因此其对象的数据格式与 SIMD 寄存器相同。作者在这个类中实现了加法、减法、点积、长度、打印、数组访问以及其他两个清理函数。另外，很多函数使用了条件编译，以支持 SIMD 汇编语言和 SIMD 本征函数。下面是用于控制条件编译的常量：

```
// 将一个常数设置为1(另一个设置为0)来指定使用哪种方式
#define SIMD_INTRINSIC   0
#define SIMD_ASM         1
```

下面是整个类的代码。其中包含非常详细的注释，请读者花些时间阅读它们，以理解每种 SIMD 运算。大部分运算都很容易理解，唯一理解起来可能有些困难的是点积，原因在于：计算点积时，并行地将两个向量的分量相乘很容易，但将 XMM 寄存器中的乘积相加比较困难，为得到最后的结果，需要使用指令 shufps（执行混合）和 addps。

```
// 这个新的向量类支持 SIMD SSE
// 这里提供了多种访问数据成员的方法
// 这为赋值、数据访问和使用本征库提供了透明的支持，而无需进行大量的强制数据类型转换
class C_VECTOR4D
{
public:

union
  {
  __declspec(align(16)) __m128 v;   // SIMD 数据类型存储方式
  float M[4];                 // 数组存储方式
  // 显式名称
  struct
    {
    float x,y,z,w;
    }; // end struct
  }; // end union

// 注意：上述 declspec 是多余的，因为 __m128 要求编译器将数据与 16 字节边界对齐
// 因此只要共用体中有 __m128，就没有必要使用 declspec
// 但使用它没有害处，定义局部变量和全局变量时
//使用 declspec(align(16))可确保它与 16 字节边界对齐

// 构造函数 //////////////////////////////////////////////

C_VECTOR4D()
{
// 空构造函数
// 将向量初始化为 0.0.0.1
x=y=z=0; w=1.0;
} // end C_VECTOR4D

//////////////////////////////////////////////////////////

C_VECTOR4D(float _x, float _y, float _z, float _w = 1.0)
{
// 根据传入的参数值初始化向量
```

```
    x = _x;
    y = _y;
    z = _z;
    w = _w;
} // end C_VECTOR4D

// 成员函数 ///////////////////////////////////////////////////////

void init(float _x, float _y, float _z, float _w = 1.0)
{
// 根据传入的参数值初始化向量
    x = _x;
    y = _y;
    z = _z;
    w = _w;
} // end init

//////////////////////////////////////////////////////////////////

void zero(void)
{
// 将向量初始化为 0.0.0.1
x=y=z=0; w=1.0;

} // end zero

//////////////////////////////////////////////////////////////////

float length(void)
{
// 计算向量的长度
C_VECTOR4D vr = *this;

// set w=0
vr.w = 0;

// 纯汇编语言版本
#if (SIMD_ASM==1)

// 使用汇编语言来计算点积
// 根据点积来计算向量长度, 因为 length = sqrt(v*v)
_asm
    {
    // 计算点积 this*this
    movaps xmm0, vr.v    // 将左操作数移到寄存器 xmm0 中
    mulps  xmm0, xmm0     // 将两个操作数垂直相乘

    // 现在, xmm0 =
    // [ (v1.x * v2.x), (v1.y * v2.y), (v1.z * v2.z), (1*1) ]
    // 或者: 假设 xmm0 = [x, y, z, 1] =
    // [ (v1.x * v2.x), (v1.y * v2.y), (v1.z * v2.z), (1*1) ]
    // 现在, 需要将分量 x、y、z 相加, 得到点积:
    // dp = x+ y +z = x1*x2 + y1*y2 + z1*z2

    // 开始计算
    // xmm0: = [x,y,z,1]
    // xmm1: = [?,?,?,?]
    movaps xmm1, xmm0 // 将结果复制到寄存器 xmm1 中
    // xmm0: = [x,y,z,1]
    // xmm1: = [x,y,z,1]
```

```
      shufps xmm1, xmm0, SIMD_SHUFFLE(0x01,0x00,0x03,0x02)
      // xmm0: = [x,y,z,1]
      // xmm1: = [z,1,x,y]

      addps xmm1, xmm0
      // xmm0: = [x  ,y  ,z  ,1]
      // xmm1: = [x+z,y+1,x+z,y+1]

      shufps xmm0, xmm1, SIMD_SHUFFLE(0x02,0x03,0x00,0x01)
      // xmm0: = [y  ,x  ,y+1,x+z]
      // xmm1: = [x+z,y+1,x+z,y+1]

      // 现在可以相加了
      addps xmm0, xmm1
      // xmm0: = [x+y+z,x+y+1,x+y+z+1,x+y+z+1]
      // xmm1: = [x+z  ,y+1  ,x+z    ,y+1]
      // xmm0.x 为点积
      // xmm0.z、xmm0.w 为点积+1

      // 现在 x 分量为点积，可以计算平方根了
      sqrtss xmm0, xmm0

    movaps vr, xmm0 // 保存结果

   } // end asm

#endif // end use inline asm version

// 使用本征函数
#if (SIMD_INTRINSIC==1)

#endif // end use intrinsic library version

// 返回结果
return(vr.x);

} // end length

// 运算符重载 /////////////////////////////////////////////

float& operator[](int index)
{
// 返回数组中第 index 元素
return(M[index]);
} // end operator[]

/////////////////////////////////////////////////////////////////

C_VECTOR4D operator+(C_VECTOR4D &v)
{
// 将向量"this"和 v 相加

__declspec(align(16)) C_VECTOR4D vr; // 用于存储结果，与 16 字节边界对齐

// 使用汇编语言
#if (SIMD_ASM==1)

// 指出接下来要使用汇编语言
_asm
   {
   mov esi, this       // "this" 指向左操作数
```

```
    mov edi, v          // v 指向右操作数

    movaps xmm0, [esi] // esi 指向第一个向量，将其移到寄存器 xmm0 中
    addps  xmm0, [edi] // edi 指向第二个向量，将其加入到寄存器 xmm0 中

    movaps vr, xmm0     // 将结果存储到向量 vr 中

    } // end asm

#endif // end use inline asm version

// 使用本征函数？
#if (SIMD_INTRISIC==1)

vr.v = _mm_add_ps(this->v, v.v);

#endif // end use intrinsic library version

// 总是将 w 设置为 1
vr.w = 1.0;

// 返回结果
return(vr);

} // end operator+

/////////////////////////////////////////////////////////////

C_VECTOR4D operator-(C_VECTOR4D &v)
{
// 将向量"this"与 v 相减

__declspec(align(16)) C_VECTOR4D vr; // 用于存储结果，与 16 字节边界对齐

// 使用汇编语言？
#if (SIMD_ASM==1)

// 指出接下来要使用汇编语言
_asm
    {
    mov esi, this      // "this" 指向左操作数
    mov edi, v          // v 指向右操作数

    movaps xmm0, [esi]  // esi 指向第一个向量，将其移到寄存器 xmm0 中
    subps  xmm0, [edi]  // edi 指向第二个向量，使用它去减寄存器 xmm0

    movaps vr, xmm0     // 将结果存储到向量 vr 中

    } // end asm

#endif // end use inline asm version

// 使用本征函数？
#if (SIMD_INTRISIC==1)

vr.v = _mm_sub_ps(this->v, v.v);

#endif // end use intrinsic library version

// 总是将 w 设置为 1
vr.w = 1.0;
```

```
// 返回结果
return(vr);

} // end operator-

///////////////////////////////////////////////////////////////

float operator*(C_VECTOR4D &v)
{
// 运算符*表示计算点积
// 计算向量"this"和 v 的点积

__declspec(align(16)) C_VECTOR4D vr; // 用于存储结果，与 16 字节边界对齐

// 使用汇编语言？
#if (SIMD_ASM==1)

// 指出接下来要使用汇编语言
_asm
  {
  mov esi, this        // "this" 指向左操作数
  mov edi, v           // v 指向右操作数

  movaps xmm0, [esi]  // // 将左操作数移到寄存器 xmm0 中
  mulps xmm0, [edi]   // 将两个操作数垂直相乘

  // 现在，xmm0  =
  // [ (v1.x * v2.x), (v1.y * v2.y), (v1.z * v2.z), (1*1) ]
  // 或者：假设 xmm0 = [x, y, z, 1] =
  // [ (v1.x * v2.x), (v1.y * v2.y), (v1.z * v2.z), (1*1) ]
  // 现在，需要将分量 x、y、z 相加，得到点积：
  // dp = x+ y +z = x1*x2 + y1*y2 + z1*z2

  // 开始计算
  // xmm0: = [x,y,z,1]
  // xmm1: = [?,?,?,?]
  movaps xmm1, xmm0 // 将结果复制到寄存器 xmm1 中
  // xmm0: = [x,y,z,1]
  // xmm1: = [x,y,z,1]

  shufps xmm1, xmm0, SIMD_SHUFFLE(0x01,0x00,0x03,0x02)
  // xmm0: = [x,y,z,1]
  // xmm1: = [z,1,x,y]

  addps xmm1, xmm0
  // xmm0: =[x  ,y  ,z  ,1]
  // xmm1: =[x+z,y+1,x+z,y+1]

  shufps xmm0, xmm1, SIMD_SHUFFLE(0x02,0x03,0x00,0x01)
  // xmm0: = [y  ,x  ,y+1,x+z]
  // xmm1: = [x+z,y+1,x+z,y+1]

  // 现在可以相加了
  addps xmm0, xmm1
  // xmm0: = [x+y+z,x+y+1,x+y+z+1,x+y+z+1]
  // xmm1: = [x+z  ,y+1  ,x+z    ,y+1]
  // xmm0.x 为点积
  // xmm0.z, xmm0.w 为点积+1
  movaps vr, xmm0
  } // end asm
```

```
#endif // end use inline asm version

// 使用本征函数？
#if (SIMD_INTRISIC==1)
vr.v = _mm_mul_ps(this->v, v.v);
return(vr.x + vr.y + vr.z);

#endif // end use intrinsic library version

// 返回结果
return(vr.x);

} // end operator*

/////////////////////////////////////////////////////////////////

void print(void)
{
// 该成员函数打印向量
printf("\nv = [%f, %f, %f, %f]", this->x, this->y, this->z, this->w);
} // end print

/////////////////////////////////////////////////////////////////

}; // end class C_VECTOR4D
```

稍后将介绍一些使用这个类的范例，但在此之前，读者可能注意到了，这里使用了本章前面有关数据移动的一节中介绍的宏 SIMD_SHUFFLE()。这个宏用于创建选择控制字，让能够使用指令 shufps 将源操作数中的 SIMD 字移到目标操作数中，将数据的次序排列好，以方便处理。

计算点积时，最后需要执行水平（horizontal）加法。使用并行 SIMD 乘法计算 u*v 得到的结果如下：

```
[ux*vx, uy*vy, uz*vz, 1*1]
```

问题是，要得到点积，需要计算（ux*vx + uy*vy + uz*uz）。这种计算无法使用常规 SIMD 指令来实现，因为没有水平加法指令。因此，需要复制乘积，对其进行移位，然后加入到一个累积器（accumulator）中，以得到下述最终结果：

```
(ux*vx + uy*vy + uz*vz)
```

下面来使用这个类。首先定义三个 SIMD 向量：

```
C_VECTOR4D v1(1,2,3), v2(4,5,6), result;
```

下面的代码将 v1 和 v2 相加：

```
result = v1+v2;
```

下面的代码打印 result：

```
result.print();
```

下面的代码计算并打印向量 result 的长度：

```
length = result.length();
cout << "\nlength";
```

最后，下面的代码计算向量 v1 和 v2 的点积：

```
float dp = v1*v2;
```

非常容易！DEMOII16_3.CPP|EXE 是一个使用这个类的演示程序，它包含整个类，并演示一些类似于上述范例的运算。和前一个演示程序一样，必须将该程序编译为控制台应用程序，同时您使用的操作系统必须支持 SSE，处理器必须是奔腾 III 或更好的。可尝试修改条件编译标记，为此修改本节前面定义的常量的值。

如果读者富有创造力，可尝试在类中添加矩阵乘法等想得到的任何功能。花些时间考虑每种运算的最快方式。与设计类一样，良好的 SIMD 编程要求您深思熟虑。如果只是蛮干，效果将不会比使用 C++代码好多少。

16.5　通用优化技巧

本节介绍一种对读者来说可能有用的优化技巧，它们有的是提示，有的是魔咒，有的是作者经验的结晶，有的来自本章后面列出的参考文献。

16.5.1　技巧 1：消除_ftol()

将 float 值赋给 int 变量时，编译器常常会调用内部函数_ftol()，这可能会降低性能。例如：

```
float f = 10.5;
int i = f;
```

为避免这种情况发生，可使用内嵌汇编指令和 FPU 指令，如 fistp/fst:

```
_asm
  {
  fld f;
  fistp i;
  }
```

或者使用编译器标记/QIfist 启用舍入模式，避免调用_ftol()。

然而，一定要注意这样做的副作用和降低精度，只针对模块启用舍入模式。_ftol()调用是最大的性能瓶颈。您以为自己编写的代码是最优的，却不知道仅仅因为将 float 值赋给 int 变量，导致了调用函数_ftol()。

16.5.2　技巧 2：设置 FPU 控制字

浮点数处理器有一个控制字，它指定了舍入模式、精度和反向规格化（denormalization）。可以使用汇编语言来设置 FPU 控制字；然而，有一个能够为您完成这项工作的 C/C++运行时函数，它名为_control87()，如下所示：

```
unsigned int _control87( unsigned int control, unsigned int mask );
```

表 16.5 列出了一些用处较大的控制标记，您可以通过操纵它们来提高性能。

表 16.5 _control87()的参数

掩码（mask）	十六进制值	控制常量	十六进制值
_MCW_DN （反向规格化控制）	0x03000000		
		_DN_SAVE	0x00000000
		_DN_FLUSH	0x01000000
_MCW_RC（舍入模式控制）	0x00000300		
		_RC_CHOP	0x00000300
		_RC_UP	0x00000200
		_RC_DOWN	0x00000100
		_RC_NEAR	0x00000000
_MCW_PC（精度控制）	0x00030000		
		_PC_24（24 位）	0x00020000
		_PC_53（53 位）	0x00010000
		_PC_64（64 位）	0x00000000

例如，对非常小的数执行运算时，可能导致异常。然而，如果将反向规格化设置为刷新（flush），处理速度将提高。另外，在确保正常的情况下将计算精度降低，可提高计算速度。下面是设置这两个属性的代码：

```
// 设置为单精度

_control87( _PC_24, _MCW_PC );

// 设置为刷新模式
_control87( _DN_FLUSH, _MCW_DN );
```

16.5.3 技巧 3：快速将浮点变量设置为零

一般而言，整数和浮点数的二进制编码是完全不同的，也就是说，在二进制格式下，（int）1 和（float）1 是不相等的。然而，（int）0 和（float）0 确实相同，因此要快速清空大块内存区域，将其设置为浮点数 0，不应使用下述代码：

```
float x[1000];

for (int i=0; i < 1000; i++)
  x[i] = 0;
```

而应使用下面的代码：

```
memset(x, 0x0, sizeof(float)*1000);
```

另一种更好的方法是，使用内嵌汇编语言用一个 32 位字来填充内存，如下所示：

```
_asm
  {
  mov edi, x     ; edi 指向目标内存
  mov ecx, 1000/4 ; 要移动的 32 位字数
  mov eax, 0     ; 32 位数据
  rep stosd      ; 移动数据
  } // end asm
```

16.5.4 技巧 4：快速计算平方根

下面是一种快速计算平方根的算法，其误差小于 5%：

```
float Fast_SquareRT(float f)
{
float result; // 用于存储和返回结果
_asm
   {
   mov eax, f
   sub eax, 0x3f800000
   sar eax, 1
   add eax, 0x3f800000
   mov result, eax
   } // end asm

// 返回结果
return(result);

} // end Fast_SquareRT
```

16.5.5 技巧 5：分段线性反正切

本书前面介绍了使用查找表和其他技巧来计算反正切，然而这些技术都是针对特殊情形的。对于这个问题，有一种分段解决方案：对于任何(dx, dy)都能够计算出反正切，且误差非常小。

这种算法首先使用一个决策树来确定(dx, dy)位于哪个卦限（octant），然后使用相应的输出函数计算出一个$[0，8]$的值，您可以将结果缩放（重新映射）到任何范围，如 0～360 度。图 16.26 说明了这种算法。

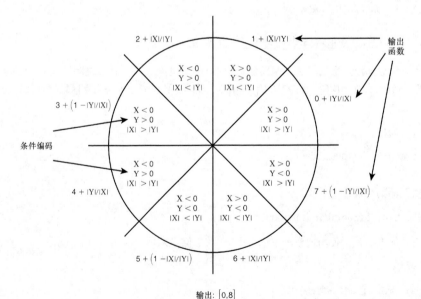

图 16.26　一种近似计算反正切的算法

16.5.6　技巧 6：指针递增运算

访问数组时，不要像下面这样使用指针递增运算：

```
int *p = base;

*p = 5;
p++;

*p = 6;
p++;

*p = 7;
```

而应这样做：

```
p[0] = 5;
p[1] = 6;
p[2] = 7;
```

与对指针执行递增运算，然后使用它来访问数组元素相比，使用索引表示法的速度更快。

16.5.7　技巧 7：尽可能将 if 语句放在循环外面

这是常识，但作者经常在代码中看到 if 语句被放在循环中，因此这里有必要指出这一点。假设有一个循环，在该循环中每隔 n 次迭代需要执行某种运算，因此您像下面这样做：

```
for (int i=0; i < 256; i++)
  {
  // 检测特殊情形
  if ((i % 64) == 0)
    {
    // 处理特殊情形的代码
    }
  else
    {
    // 处理常规情形的代码
    } // end else
  } // end for
```

这简直是灾难。为何不将上述循环分成 4 个，进而避免使用 if 语句呢：

```
// 处理特殊情形 i=128 的代码

// i 从 1～63 的循环
for (i = 1; i < 64; i++)
  // 处理常规情形的代码

// 处理特殊情形 i=64 的代码

// i 从 65～127 的循环
for (; i < 128; i++)
  // 处理常规情形的代码

// 处理特殊情形 i=128 的代码

// i 从 129～192 的循环
for (; i < 192; i++)
```

```
    // 处理常规情形的代码

    // 处理特殊情形 i=192 的代码

    // i 从 193~266 的循环
for (; i < 128; i++)
    // 处理常规情形的代码
```

16.5.8　技巧 8：支化（branching）流水线

奔腾 III/4 处理器的指令流水线非常长（最多可包含 20 条指令），当出现未预测到的分支时，将刷新整个流水线，因此应避免错误预测发生。另外，处理器执行代码时，通常会预先执行它认为接下来将出现的代码，因此出现预测错误时，不但需要刷新流水线，还会处理永远不会执行的代码。为避免预测错误，应使用大多数情况都能得到满足的 if 条件。

16.5.9　技巧 9：数据对齐

当数据与 16/32 字节边界对齐时，奔腾处理器的效率最高；因此，如果可能，应让所有的数据结构与这种边界对齐，并/或对数据结构进行填充，使其长度为 16/32 字节的倍数。要控制对齐，可以使用编译器选项，也可以使用方法__declspec（align（value））。

16.5.10　技巧 10：将所有简短函数都声明为内联的

对于任何被频繁调用且只有 10~20 行代码的函数，都应将其声明为内联的。要使函数成为内联的，必须将其从源文件移到头文件中，因为编译器不但需要函数头，还需要其源代码。例如，作者通过剖析后发现，向量点积函数和矩阵乘法函数被调用的次数比其他任何数学函数都多，因此将这些函数声明为内联的，结果性能提高了大约 3~5%，而这仅仅是通过增加一个关键字得到的。

16.5.11　参考文献

下面是本章使用的参考文献，它们也是获悉更多优化知识的好去处：
- The Graphics Gems Series (Academic Press)；
- IA-32 Intel Architecture Software Developer's Manual Volume 1: Basic Architecture (Intel Press)；
- IA-32 Intel Architecture Software Developer's Manual Volume 2: Instruction Set Reference (Intel Press)；
- IA-32 Intel Architecture Software Developer's Manual Volume 3: System Programming Guide (Intel Press)；
- Intel Pentium 4 and Intel Xeon Processor Optimization Manual (Intel Press)；
- The Software Optimization Cookbook by Richard Gerber (Intel Press)。

16.6　总　　结

本章没有介绍核心代码的优化，而是将重点放在优化技术上，让读者知道如何使用一些可能从未使用过的技术和工具。对于本章讨论的技术，无论如何强调其重要性都不过分——它们将完全改变您有关下一代处理器和游戏应用程序的编程观点。使用秒表来优化代码的时代已一去不复返，您必须充分利用每一种现有的技术。

第 六 部 分

附 录

附录 A   光盘内容简介

附录 B   安装 DirectX 和使用 Visual C/C++

附录 C   三角学和向量参考

附录 D   C++入门

附录 E   游戏编程资源

附录 F   ASCII 码表

附录 A　光盘内容简介

　　附带光盘包含本书全部的源代码、可执行文件、范例程序、素材、软件程序、音效和技术文章，其目录结构如下：

```
Tricks 3D\

SOURCE\
        T3DIICHAP01\
        T3DIICHAP02\
        .
        .
TOOLS\


MEDIA\
        BITMAPS\
        3DMODELS\
        SOUNDS\

DIRECTX\

GAMES\

ARTICLES\
```

每个主目录都包含您所需的特定数据，具体情况如下：
- Trick 3D——包含其他所有目录的根目录。请阅读 README.TXT 文件以便了解最后的修改。
- SOURCE——按章节顺序收录了书中所有的源代码。只需将整个 SOURCE\目录拷贝到硬盘上就可以使用。
- TOOLS——收录了各公司慷慨地允许我放入本光盘的演示版程序。
- MEDIA——可在您的游戏中随便使用的图像、声音和模型。
- DIRECTX——最新版本的 DirectX SDK。
- GAMES——大量演示了软件光栅化的共享版 3D 游戏。
- ARTICLES——由 3D 游戏编程领域的许多老手撰写的启迪性文章。

　　附带光盘包含各种程序和数据，因此没有统一的安装程序，您需要自行安装不同的程序和数据。然而，在大多数情况下，只需将 SOURCE\目录拷贝到硬盘中就可以了。至于其他程序和数据，需要时可以将其拷贝到硬盘中或运行相应目录下的安装程序。

　　警告：从光盘拷贝文件时，大多数情况下文件会被设置成具有"存档"（ARCHIVE）和"只读"（READ-ONLY）属性。务必重置所有拷贝到硬盘中的文件的属性。在 Windows 操作系统中可以这样做：使用快捷键 Ctrl+A 选择全部文件或目录，然后单击鼠标右键，在弹出菜单中选择"属性"，在"属性"对话框中除掉对复选框"只读"和"存档"的选择，然后单击"应用"按钮。

附录 B   安装 DirectX 和使用 Visual C/C++

B.1   安装 DirectX

附带光盘中最重要的、必须安装的部分是 DirectX SDK 及其运行阶段文件。安装程序位于 DIRECTX\ 目录中，该目录中还有一个 README.TXT 文件，阐明了最后的修改。

注意：必须安装了 DirectX 8.0 SDK 或更高版本才能使用本书的源代码。如果不能确定系统中是否已经安装了最新版本的 DirectX SDK，请运行安装程序进行确认。建议使用 DirectX 9.0，作者在编译本书的程序时，使用的都是该 SDK。

安装 DirectX 时，请注意安装程序将 SDK 文件拷贝到了哪个目录下，因为编译程序时，必须正确地指定.LIB 和.H 文件的搜索路径。

另外，当您安装 DirectX SDK 时，安装程序会询问是否安装 DirectX 运行阶段文件。像 SDK 一样，运行阶段文件也是运行程序所必不可少的。然而，运行库有两个版本：

● Retail——这是完整的零售用户版本，也是可以指望用户该拥有的版本。该版本的速度比调试版本快。如果需要，可以安装零售版本来覆盖调试版本。

● Debug——这个版本提供了用于调试的挂钩（hook），建议使用该版本进行开发，但 DirectX 程序的运行速度可能慢些。

注意：Borland 用户请注意，DirectX SDK 有 Borland 版本的 DirectX .LIB 导入库（Import Library），可以在 DirectX SDK 的安装目录下的 BORLAND\目录中找到，编译时必须使用这些文件。另外，请务必访问 Borland 公司网站，阅读 BORLAND\目录中的 README.TXT 文件，以获得关于使用 Borland 编译器编译 DirectX 程序的最新提示。

最后，微软公司在不断更新 DirectX，请务必不时地访问微软公司的 DirectX 网站，网址如下：
http://www.microsoft.com/directx/default.asp

B.2   使用 Visual C/C++编译器

最近几年，我收到的询问如何使用 C/C++编译器的电子邮件数不胜数。我不希望再收到关于编译器问题的电子邮件，除非血从屏幕中喷出来且计算机在用口语说话！这些问题都是编译器新手提出的。您不能指望不事先阅读手册，就能够使用像 C/C++编译器这般复杂的软件。在编译本书的程序前，认真阅读编译器用户手册吧。

首先概述一下本书使用编译器的情况：我使用 MS VC++ 6.0 编译本书的程序，所有程序都能够用该编译器编译。我估计 VC++ 5.0 也能够编译，但不是十分确定。如果您使用的是 Borland 编译器或 Watcom 编译器，也应该能够编译，但可能要做一些额外的工作来正确设置编译器。为避免令人头疼的编译器设置，建议您购买一份 VC++，其售价为 99 美金。对于 Windows/DirectX 程序来说，微软公司的编译器是最好的，它令各方面配合得更好。在编译其他程序时，我曾使用过 Borland 编译器和 Watcom 编译器，但对于 Windows 应用程序，我认识的很多游戏编程专家没有不使用 MS VC++的。根据要干的工作选择合适的工具。

另外，也可以使用最新的 Microsoft C/C++ .NET 编译器。然而，请务必阅读编译器手册，因为与 VC++ 6.0 相比，设置和对话框可能稍有不同。

B.3　编　译　提　示

下面是一些设置 MS VC++编译器的提示，其他编译器也大致相同：

● 应用程序类型（Application Type）——DirectX 程序是 Windows 程序，准确地说，它们是 Win32.EXE 应用程序。因此，编译 DirectX 程序时，总是将编译器的编译类型设置为 Win32.EXE 应用程序。生成控制台（Console）程序时，应将编译类型设置为控制台应用程序。另外，建议您建立一个工作区（Workspace），在其中编译所有的程序。

● 搜索路径（Search Directories）——编译器需要两项信息才能正常编译 DirectX 程序：.LIB 文件和.H 文件。设置编译器（Complier）和链接器（Link）的搜索路径选项，使之在 DirectX SDK Library 目录和 Include 目录中搜索.LIB 和.H 文件，这样编译器在编译时将能够找到这些文件。然而，这还不够，还必须使 DirectX 路径位于搜索树的最前面。这是因为 VC++自带了一个旧的 DirectX 版本，如果不小心，链接的将会是 DirectX 3.0 文件。另外，务必在工程中手工包含 DirectX.LIB 文件，这意味着可以使用 DDRAW.LIB、DSOUND.LIB、DINPUT.LIB 和 DINPUT8.LIB 等。

● 错误级别设置（Error-Level Setting）——务必合理地设置编译器的错误级别，如设置为级别 1 或级别 2。不要将其关闭，但也不要设置成报告任何错误。本书的代码都是专家级 C/C++程序，但编译器可能认为有很多事情我该做而没有做，所以将告警级别调低些。

● 类型转换错误（Typecast Errors）——如果编译器指出某行代码有类型转换错误，做相应的类型转换就是了。我收到很多不知道类型转换为何物的读者来信，如果您也不知道，请参阅 C/C++书籍。必须承认，我的程序中或多或少会漏掉一些显式地类型转换，VC++6.0 错误信息有时候看起来来势汹汹，当您遇到此类错误时，请先查看编译器要求的是什么类型，然后将右值（rvalue）转换为这种类型，便可以修复错误了。

● 优化设置（Optimization Settings）——由于我们开发的不是发行版产品，因此不要将编译器设置成最佳优化级别，只需设置为标准级别即可，该级别更看重速度而不是目标文件的大小。在 VC++中，要设置优化级别，可选择菜单 Project/Settings，然后单击选项卡 C/C++，然后在类别 Optimizations 中选择。

● 线程模型（Threading Models）——本书 99%的范例都是单线程的，所以使用单线程库。如果您不知道线程的含义，请参考编译器方面的书籍。然而，如果需要使用多线程库，我将在书中指明。要编译使用多线程的程序，需要切换到多线程库。在 VC++中，要设置线程模型，可选择菜单 Project/Settings，然后单击选项卡 C/C++，然后在类别 Code Generation 中选择。

- 代码生成（Code Generation）——这个选项控制编译器生成的代码类型。设置该选项为 Pentium Pro，我好久没有见到过 486 的计算机了，因此没必要担心兼容性问题。在 VC++中，要设置目标处理器，可选择菜单 Project/Settings，然后单击选项卡 C/C++，然后在类别 Code Generation 中选择。

- 结构对齐（Struct Alignment）——这个选项控制如何对结构进行填充。PentiumX 处理器擅长处理 32 位整数倍的数据，所以将该选项设置为最大（VC++当前支持的最大值为 16 字节）。虽然生成的可执行代码可能稍微大些，但运行速度将快得多。在 VC++中，要设置目标处理器，可选择菜单 Project/Settings，然后单击选项卡 C/C++，然后在类别 Code Generation 中选择。

- 编译器更新——信不信由您，Microsoft 在不断更新一切产品，包括编译器。因此，请务必从 MSDN 下载并安装最新的 VC++（.NET）Service Pack，其网址为 http://msdn.microsoft.com/。

- 最后，编译程序时，务必包含主程序中引用的所有源文件。例如，如果主程序包含了头文件 T3DLIB1.H，必须在工程中包含源文件 T3DLIB1.CPP。

附录 C　三角学和向量参考

虽然本书正文介绍过很多数学知识，但本附录提供了一些次要的细节，供读者参考，这样您可以迅速找到所需的信息，而无需来回地翻阅本书。

C.1 三　角　学

三角学研究角度、形状以及它们之间的关系。大多数三角学基于对直角三角形的分析，如图 C.1 所示：

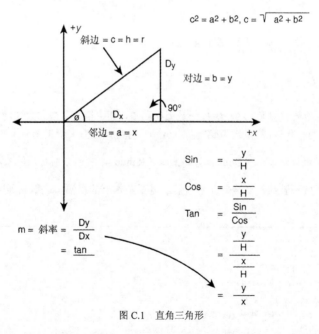

图 C.1　直角三角形

● 事实 1：整个圆周为 360 度（2π 弧度），因此 180 度等于 π 弧度。计算机函数 sin() 和 cos() 的参数以弧度为单位，而不是以度为单位！表 C.1 列出了这些值。

表 C.1 弧度和度

360 度=2π 弧度，即约等于 6.28 弧度	1 弧度约等于 57.296 度
180 度=1π 弧度，即约等于 3.14159 弧度	1 度约等于 0.0175 弧度

● 事实 2：三角形的三个内角之和为 180 度（π 弧度）。

● 事实 3：参见图 C.1 中的直角三角形，与角 θ_1 相对的边叫作对边，它下面的边叫作邻边，而那条长边叫作斜边。

● 事实 4：直角三角形的对边和邻边的平方和等于斜边的平方，这被称为勾股定理理。因此，知道直角三角形中两条边的长度后，便可以计算出第三条边的长度。

● 事实 5：数学家喜欢使用 3 个主要的三角函数正弦、余弦和正切。它们的定义如下：

$$\sin(\theta) = \frac{对边}{斜边} = \frac{y}{r}$$

定义域：$0 \leq \theta \leq 2\pi$
值域：-1 到 1

$$\cos(\theta) = \frac{邻边}{斜边} = \frac{x}{r}$$

定义域：$0 \leq \theta \leq 2\pi$
值域：-1 到 1

$$\tan(\theta) = \frac{\sin(\theta)}{\cos(\theta)} = \frac{对边/斜边}{邻边/斜边} = \frac{对边}{邻边} = \frac{y}{x} = 斜率 = M$$

定义域：$-\pi/2 \leq \theta \leq \pi/2$
值域：$-\infty$ 到 $+\infty$

图 C.2 是这些三角函数的图形。这些函数都是周期函数，其中正弦函数和余弦函数的周期都是 2*π，而正切函数的周期为 π。当 θ 除以 π 的余数为 π/2 时，tan(θ) 将为负无穷大或正无穷大。

注意：这里使用了术语定义域（Domain）和值域（Range），它们分别对应输入和输出。

三角恒等式和技巧数不胜数，要全部证明它们，需要整本书的篇幅，这里只列出游戏程序员应该知道的一些恒等式：

余割：$\csc(\theta) = 1/\sin(\theta)$
正割：$\sec(\theta) = 1/\cos(\theta)$
余切：$\cot(\theta) = 1/\tan(\theta)$
勾股定理的三角函数表示：$\sin(\theta)^2 + \cos(\theta)^2 = 1$
转换恒等式：$\sin(\theta_1) = \cos(\theta_1 - \pi/2)$
负角公式：$\sin(-\theta) = -\sin(\theta)$ $\cos(-\theta) = \cos(\theta)$
和差化积公式：
$\sin(\theta_1 + \theta_2) = \sin(\theta_1)*\cos(\theta_2)* + \cos(\theta_1)*\sin(\theta_2)$
$\cos(\theta_1 + \theta_2) = \cos(\theta_1)*\cos(\theta_2)* - \sin(t\theta_1)*\sin(\theta_2)$
$\sin(\theta_1 - \theta_2) = \sin(\theta_1)*\cos(\theta_2) - \cos(\theta_1)*\sin(\theta_2)$
$\cos(\theta_1 - \theta_2) = \cos(\theta_1)*\cos(\theta_2) + \sin(\theta_1)*\sin(\theta_2)$

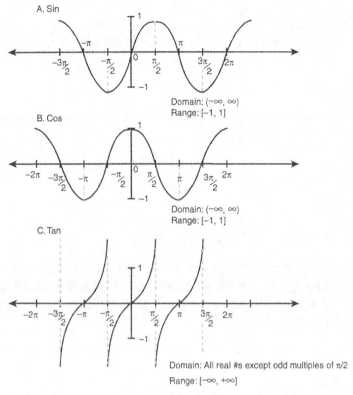

图 C.2　基本三角函数

当然，可以根据它们推导出很多其他三角恒等式。一般来说，三角恒等式可帮助简化复杂的三角公式，避免执行数学运算。因此，得到基于正弦、余弦或正切的公式后，务必参考三角学方面的书籍，看能否对公式进行化简，进而减少计算量。

C.2　向　　量

向量是一条线段，由起点和终点定义，如图 C.3 所示。

其中向量 U 是用两个点 $p1$（起点）和 $p2$（终点）定义的。向量 $U = <u_x, u_y>$从 $p1(x1, y1)$ 指向 $p2(x2, y2)$。要计算向量 U，只需将终点和起点相减：

U = p2 - p1 = (x2-x1, y2-y1) = <u_x, u_y>

通常使用粗体大写出字母来表示向量，如 U。分量都写在尖括号中，如 $<u_x, u_y>$。然而，如果上下文谈论的只有向量，我使用非粗体小写字母来表示，以减少排版工作量。

向量是从一个点到另一点的有向线段，但该线段可以表示很多概念，如速度、加速度等。需要注意的是，向量被定义后，总是相对于原点的。这意味着当您创建了一个从点 $p1$ 到点 $p2$ 的向量后，该向量的起点总是$(0, 0)$（在 3D 空间中为$(0, 0, 0)$）。

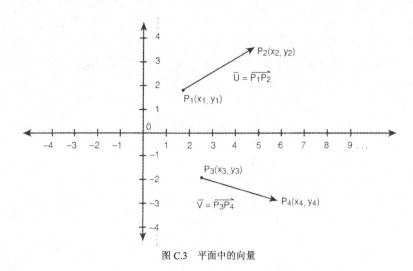

图 C.3　平面中的向量

2D 向量由两个数组成，而 3D 向量由三个数组成，因此只定义了 2D 或 3D 空间中的终点，起点总是为原点。这并不意味着不能平移向量并使用它们来执行各种几何操作；而只意味着您必须记住向量实际上是什么。

向量的优点在于可以对它们执行的操作。向量实际上是一个有序数集，可以通过分别对每个分量执行数学运算，来对向量执行标准的数学运算。

注意：向量可以由任意个分量组成。在计算机图形学中，处理的是 2D 和 3D 向量；即向量的形式为 a = <x, y> 和 b = <x, y, z>。n 维向量的形式为：

c = <c1, c2, c3,..., cn>

n 维向量用于代表变量集而不是几何空间，因为超过 3 维后便是超空间。

C.2.1　向量长度

向量的长度被称为范数（norm），本书通过在向量两边分别添加竖线来表示，如 |U|。
向量长度是从原点到向量表示的终点的距离，因此，可以使用勾股定理来计算。计算 |U| 的公式如下：

|**U**| = sqrt($u_x^2 + u_y^2$)

如果 **U** 是三维向量，其长度计算公式为：

|**U**| = sqrt($u_x^2 + u_y^2 + u_z^2$)

C.2.2　归一化

知道向量的长度后，就可以对其进行归一化，即进行缩放，使其长度为 1.0，同时方向保持不变。像标量 1.0 一样，单位向量也有很多不错的性质。给定向量 **N** < n_x, n_y >，其归一化版本通常用 **n** 表示，计算公式如下：

n = N/|N|

非常简单。归一化版本为向量除以其长度。

C.2.3　标量乘法

一种向量运算是缩放。例如，假设有一个表示速度的向量，要提高或降低速度，可以使用缩放运算。缩放是通过将每个分量乘以一个标量来完成的，例如：

令 $U = <u_x, \ u_y>$，k 为实数常量，则：

$k*U = k* <u_x, \ u_y> = <k*u_x, \ k*u_y>$

图 C.4 图示了缩放运算。

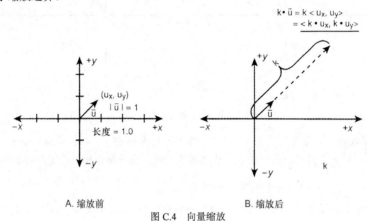

A. 缩放前　　　　B. 缩放后

图 C.4　向量缩放

要反转向量的方向，可以将其乘以−1，如图 C.5 所示。

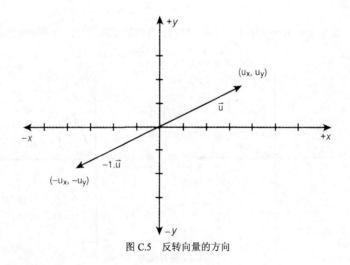

图 C.5　反转向量的方向

用数学语言说，情况如下：

假设 $U = <u_x, \ u_y>$，则方向与 U 相反的向量为：

$-1*U = -1* <u_x, \ u_y> = <-u_x, \ -u_y>$

C.2.4　向量加法

要将多个向量相加，只需将各个分量分别相加即可，如图 C.6 所示。

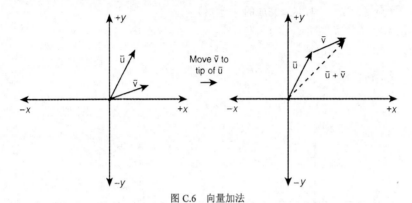

图 C.6　向量加法

将向量 **U** 和 **V** 相加，结果为向量 **R**。请注意向量加法的几何意义：平行移动向量 **V**，使其起点与向量 **V** 的终点重合，然后画出三角形的另一条边。从几何学上说，这种操作相当于下面的数学运算：

$$\mathbf{U} + \mathbf{V} = <u_x, u_y> + <v_x, v_y> = <u_x+u_y, u_y+v_y>$$

因此，要在图纸上将任意多个向量相加，可以将这些向量"首尾相连"，从第一个向量的起点到最后一个向量的终点的线段，就是这些向量的和。

C.2.5　向量减法

向量减法实际上是加上一个方向相反的向量。然而，有时候以图形方式来表示向量减法更直观。图 C.7 图示了 **U – V**。

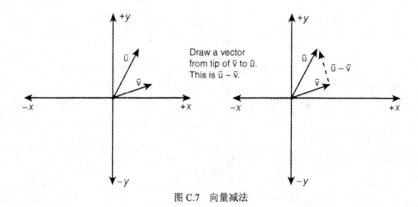

图 C.7　向量减法

U – V 是从 v 到 u 的向量，而 **V – U** 是 **U**（起点）到 **V**（终点）的向量。用数学语言说，情况如下：

$$\mathbf{U} - \mathbf{V} = <u_x, u_y> - <v_x, v_y> = <u_x-v_x, u_y-v_y>$$

这可能更容易记住，但有时候在图纸上进行计算更好些，因为可以直观地看到计算结果。知道如何在图纸上执行向量加法和减法，对于编写渲染算法很有帮助。

C.2.6　点积

点积的定义如下：

$\mathbf{U} \cdot \mathbf{V} = u_x * v_x + u_y * v$

点积通常用点(.)表示，它将各个分量分别相乘后相加，得到一个标量，而不是将各个分量相乘，并保留向量形式。读者可能会问，点积有什么用呢？其结果不再是向量了！但点积相当于下列表达式：

$\mathbf{U} \cdot \mathbf{V} = |\mathbf{U}| * |\mathbf{V}| * \cos\theta$

该表达式指出，$\mathbf{U}$ 和 $\mathbf{V}$ 的点积等于向量 $\mathbf{U}$ 的长度乘以向量 $\mathbf{V}$ 的长度，再乘以它们的夹角的余弦。组合上述两个表达式可得到如下结果：

$\mathbf{U} \cdot \mathbf{V} = u_x * v_x + u_y * v_y$
$\mathbf{U} \cdot \mathbf{V} = |\mathbf{U}| * |\mathbf{V}| * \cos\theta$
$u_x * v_x + u_y * v_y = |\mathbf{U}| * |\mathbf{V}| * \cos\theta$

这是一个很有趣的公式，它提供了一种计算两个向量之间夹角的方法，如图 C.8 所示，因此点积是一种很有用的运算。

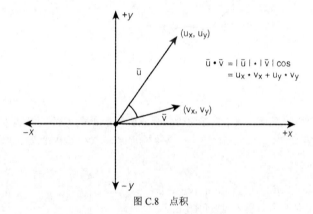

图 C.8　点积

如果读者还不明白，可以对上述公式两边求反余弦，结果如下：

$\theta = \cos^{-1} [(u_x * v_x + u_y * v_y) / |\mathbf{U}| * |\mathbf{V}|]$

将 $\mathbf{U} \cdot \mathbf{V} = (ux * vx + uy * vy)$ 代入上述公式，结果如下：

$\theta = \cos^{-1}(\mathbf{U} \cdot \mathbf{V} / |\mathbf{U}| * |\mathbf{V}|)$

这是一个功能非常强大的工具，也是很多 3D 图形学算法的基础。如果 $\mathbf{U}$ 和 $\mathbf{V}$ 都是单位向量，即 $\mathbf{U}$ 和 $\mathbf{V}$ 的长度都是 1.0，则 $|\mathbf{U}| * |\mathbf{V}| = 1.0$，上述公式可进一步简化为：

$\theta = \cos^{-1}(\mathbf{U} \cdot \mathbf{V})$

下面是一些关于点积的有用事实：

- 事实 1：如果向量 $\mathbf{U}$ 和 $\mathbf{V}$ 之间的夹角为 90 度（互相垂直），则 $\mathbf{U} \cdot \mathbf{V} = 0$。

- 事实 2：如果向量 **U** 和 **V** 之间的夹角小于 90 度（锐角），则 **U** · **V** > 0。
- 事实 3：如果向量 **U** 和 **V** 之间的夹角大于 90 度（钝角），则 **U** · **V** < 0。
- 事实 4：如果向量 **U** 和 **V** 相等，则 **U** · **V** = $|U|^2 = |V|^2$。

图 C.9 图示了这些事实。

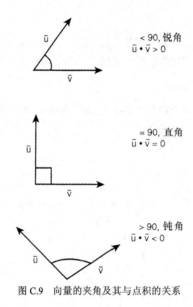

图 C.9　向量的夹角及其与点积的关系

C.2.7　叉积

另一种向量乘法是叉积。然而，仅当向量包含三个或更多分量时，叉积才有意义。因此，这里将以 3D 向量为例进行讨论。给定 **U** = <u_x, u_y, u_z> 和 **V** = <v_x, v_y, v_z>，叉积 **U**×**V** 的定义如下：

U×**V** = |**U**|*|**V**|*sinθ *n

下面逐项分析这个公式。|**U**|为向量 **U** 的长度，|**V**|为向量 **V** 的长度，sin(θ)是两个向量之间夹角的正弦。因此，|**U**|*|**V**|*sin(θ)是一个标量，即是一个数值。然后，我们将它与 **n** 相乘，但 **n** 是什么呢？**n** 是一个单位法线向量，即它与向量 **U** 和 **V** 都垂直，且长度为 1.0。图 C.10 图示了这种乘法。

因此，根据叉积可以知道向量 **U** 和 **V** 之间的夹角以及 **U** 和 **V** 的法线向量。然而，如果没有另一个公式，将无法得到任何信息。问题是，如何计算 **U** 和 **V** 的法线向量呢？答案是使用叉积的另一种定义。叉积还定义为一种非常特殊的向量积。然而，如果不使用矩阵，将难以描述这种定义。要计算 **U** 和 **V** 的叉积（**U**×**V**），可以建立一个这样的矩阵：

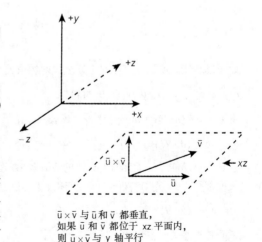

ū×v̄ 与 ū和v̄ 都垂直，
如果 ū 和 v̄ 都位于 xz 平面内，
则 ū×v̄ 与 y 轴平行

图 C.10　叉积

$$\begin{bmatrix} \mathbf{i} & \mathbf{j} & \mathbf{k} \\ u_x & u_y & u_z \\ v_x & v_y & v_z \end{bmatrix}$$

其中 **i**、**j**、**k** 分别是与 x 轴、y 轴、z 轴平行的单位向量。

要计算 **U** 和 **V** 的叉积，执行下面的乘法：

$N = (u_y*v_z-v_y*u_z)*i + (-u_x*v_z+v_x*u_z)*j + (u_x*v_y-v_x*u_y)*k$

N 是三个标量分别乘以三个相互垂直（即分别与 x 轴、y 轴和 z 轴平行）的单位向量的线性组合。因此，可以省略 **i**、**j**、**k**，将上述公式表示为：

$N = <u_y*v_z-v_y*u_z, \ -u_x*v_z+v_x*u_z, \ u_x*u_y-v_x*u_y>$

N 是向量 **U** 和 **V** 的法线向量，但不一定是单位向量（如果 **U** 和 **V** 都是单位向量，**N** 也将是单位向量），因此必须归一化以得到 **n**。完成这一步后，就可以其代入到前面的叉积方程中，执行所需的计算。

然而，在实际应用中，很少有人使用公式 $\mathbf{U} \times \mathbf{V} = |\mathbf{U}|*|\mathbf{V}|*\sin(\theta)*\mathbf{n}$，而只是使用矩阵形式来计算法线向量，因为 θ 通常是未知的。这里再次表明了对向量进行归一化在 3D 图形学中的重要性，您将使用归一化向量来进行光照计算、定义平面、比较多边形朝向、进行碰撞检测等。

C.2.8 零向量

虽然您不会经常使用零向量，但它的确存在。零向量的长度为零，没有方向，仅仅是一个点。因此，2D 零向量为<0, 0>，3D 零向量为<0，0，0>，在维数更多的空间中，零向量与此类似。

C.2.9 位置向量

位置向量在跟踪几何实体，如直线、线段、曲线等时很有用。第 10 章进行裁剪时使用过位置向量，它很重要。图 C.11 描述了一个可用于表示线段的位置向量。

该线段从 p_1 到 p_2，**V** 是从 p_1 到 p_2 的向量，v 是从 p_1 到 p_2 的单位向量。可以创建向量 **P** 来跟踪该线段。从数学上说，向量 **P** 如下：

$P = p_1 + t*v$

其中 t 是一个取值范围为 0 到 $|\mathbf{V}|$ 的参数。如果 $t=0$，则：

$P = p_1 + 0*v = <p1> = <p_{1x}, \ p_{1y}>$

因此 $t=0$ 时，**P** 指向线段的起点。另一方面，如果 $t=|\mathbf{V}|$，则：

$P = p_1 + |V|*v = p_1 + V = <p_1 + V>$
$\quad = <p_{1x}+V_x, \ p_{1y}+V_y>$
$\quad = p_2 = <p_{2x}, \ p_{2y}>$

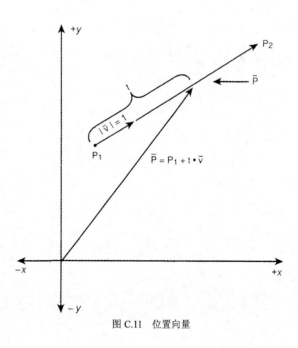

图 C.11 位置向量

C.2.10　向量的线性组合

正如您在向量叉积中见到的，向量还可以这样表示：

$$U = u_x * i + u_y * j + u_z * k$$

其中 **i**、**j**、**k** 分别为与 x、y、z 轴平行的单位向量。这没什么特别的，它只是您可能需要知道的另一种向量表示法。所有运算的工作原理仍然相同。例如：

假设 **U** = 3**i** + 2**j** + 3**k**，**V** = -3**i** - 5**j** + 12**k**，则：

```
U + V = 3i + 2j + 3k - 3i - 5j + 12k
      = 0i - 3j + 15k = <0, -3, 15>
```

附录 D C++入门

提示：如果您是一位 C++程序员，可能会问："为什么 André 总使用 C 语言呢？"答案很简单，因为 C 语言更容易理解，仅此而已。C++程序员显然都懂 C 语言，因为 C 语言是 C++的一个子集，大多数游戏程序员在学习 C++之前都学过 C 语言。

D.1 C++是什么

C++就是使用面向对象（Object-Oriented，OO）技术升级了的 C 语言。C++只不过是 C 语言的超集而已，主要在下面几个方面进行了升级：

- 类；
- 继承；
- 多态。

下面快速浏览一下这些特性。类是将数据和函数组合起来的一种方式。通常，使用 C 语言编程时，用数据结构来存储数据，用函数来处理这些数据，如图 D.1a 所示。然而，使用 C++时，数据和处理数据的函数都封装在类中，如图 D.1b 所示。这样做有什么好处呢？这样可以将类视为有属性且能采取行动的对象。这只是一种更抽象的思考方式而已。

C++的另一项特性是继承。创建类后，便可以指定类对象之间的关系，在一个类的基础上派生出另一个类。现实世界就是这样的，编写软件时为何不能这样呢？例如，可能有一个名为 person 的类，它包含有关人的数据和一些处理数据的类方法。重要的是，人是一个通用概念。要创建两种不同类型的人（如软件工程师和硬件工程师），继承便能派上用场。现在将这两类人命名为 sengineer 和 hengineer。

图 D.2 描述了 person、sengineer 和 hengineer 之间的关系。明白了这两个新类是如何从 person 派生而来的吗？sengineer 和 hengineer 都是 person，但有额外的数据。因此，只需继承类 person 的所有属性，再加上新的属性。这就是继承的基本概念：可以在已有类的基础上创建出更复杂的类。另外，还有多重继承，它让您能够以多个类为基础，创建出新的类。

第三点，也是 C++和面向对象编程最重要的一点是多态（polymorphism），其含义是"多种形式"。在 C++语境下，多态指的是根据不同的环境，函数或运算符有不同的功能。例如，在 C 语言中，表达式 $(a+b)$ 表示将 a 和 b 相加；另外，a 和 b 必须为内置类型变量，如 int、float、char 或 short 等。在 C 语言中，不能定义一个新类型，然后将这种类型的变量 a 和 b 相加。然而在 C++中，完全可以这么做！您可以重载+、-、*、/、[ ]等运算符，根据数据的类型执行不同的运算。

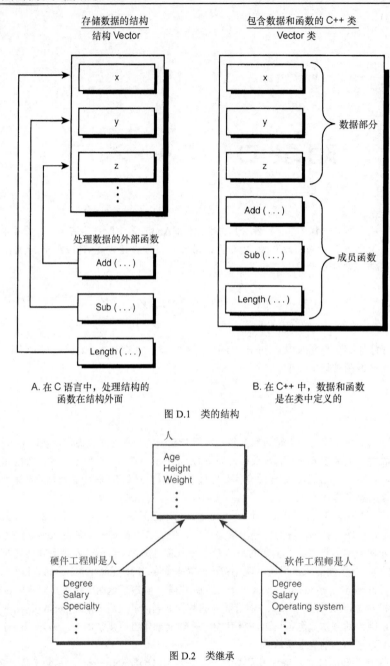

图 D.1 类的结构

图 D.2 类继承

另外，也可以重载函数。例如，假设您编写一个名为 Compute()的函数，如下所示：

```
int Compute (float x, float y)
{
// code
}
```

该函数接受两个浮点数作为参数，如果提供的是整数，将转换为浮点数，然后传递给函数。这样，可能降低数据的精度。然而，在 C++中，可以这样做：

```
int Compute (float x, float y)
{
// code
}

int Compute (int x, int y)
{
// code
}
```

虽然这些函数的名称相同，但它们接受不同类型的参数。在编译器看来，它们是完全不同的函数，使用整数作为参数时，将调用第二个函数；使用浮点数作为参数是将调用第一个函数。如果您使用一个整数和一个浮点数作为参数，问题将更复杂。在这种情况下，数据类型提升规则（Promotion Rule）将发挥作为，编译器将根据这些规则来决定调用哪个函数。

这就是 C++的主要内容。当然，新增了大量与此相关的语法和规则，但从很大程度上说，C++的一切都与实现这三个新概念相关。

D.2　必须掌握的 C++知识

C++是一种非常复杂的语言，急于使用过多的新技术可能编写出完全不可靠的程序，出现内存泄漏（Memory leak）、性能问题等。C++的问题在于，它是一种黑盒式语言，大量的处理在后台进行，您可能永远不能发现自已制造出的错误。然而，如果一开始只是偶尔使用一点 C++语言，然后在需要时添加新特性，情况将好得多。

编写这个关于 C++的附录的唯一原因是，Direct X 是基于 C++的。然而，大部分 C++代码都被封装到包装函数和 COM 接口中，您通过函数指针来使用，即使用 interface->function()的形式进行调用。如果您掌握了本书中与此有关的内容，肯定能够应付这种古怪的语法。另外，有关 COM 的章节将有助于您对这个主题的理解。这里只介绍一些基础知识，让您能够更好地理解 C++，与朋友交流，知道可以使用哪些功能。

下面介绍一些新的类型和约定、内存管理、流式输入/输出、基本类、函数和运算符重载。仅此而已，但请相信我，这足够了！

D.3　新的类型、关键字和约定

先从简单的开始：新的注释符“//”。它已成为 C 语言的一部分，您可能使用过，但在 C++中，“//”是单行注释符。

D.3.1　注释符

下面是一行注释：

```
// this is a comment
```

如果您乐意，仍可以使用老式的注释方式——/*　*/：

```
/* a C style multi line comment

every thing in here is a comment

*/
```

D.3.2 常量

在标准 C 语言中，创建常量的方法有两种：

```
#define PI 3.14
```

或

```
float PI = 3.14;
```

第一种方法的问题是，PI 并不是一个有类型的变量。它只是一个符号，预处理器将使用它来进行文本替换，因此它没有类型、长度等。第二种定义方法的问题是，PI 在程序中是可写的。C++引入了一种名为 const 的新类型，通过它可以定义只读变量：

```
const float PI = 3.14;
```

现在可以在任何地方使用 PI，其类型为 float，大小可以使用 sizeof(float)计算出来，但它的值不能修改。这是一种更好的定义常量的方式。

D.3.3 引用型变量

在 C 语言中，经常需要在函数中修改变量的值，因此需要传入一个指针，就像这样：

```
int counter = 0;

void foo(int *x)
{
(*x)++;
}
```

这样，执行代码 foo（&counter）后，counter 的值将为 1。函数修改了传入变量的值。这种做法很常见，因此 C++引入一种新的变量类型，使这种操作更容易。这种新类型被称为引用（Reference），用地址运算符"&"表示。

```
int counter = 0;

void foo(int &x)
{
x++;
}
```

这个函数很有意思吧？但如何调用它呢？答案是像下面这样：

```
foo(counter);
```

请注意，不要在 counter 前加上&。事实上，x 就是被传入变量的别名（Alias），因此，counter 就是 x，调用时不需要&符号。

也可以像下面这样在函数外面创建引用：

```
int x;

int &x_alias = x;
```

现在 x_alias 就是 x 的别名。任何时候要使用 x，都可以用 x_alias 来代替，它们是一回事。虽然我不觉得这在实际应用中有多大用处。

D.3.4　即时创建变量

在 C++的诸多新特性中，最酷的特性之一是可以在程序段中随时创建变量，而不是非要在全局级或函数级创建变量。例如，下面的代码说明了使用 C 语言时如何实现循环：

```
void Scan(void)
{
int index;

// 其他代码

// 循环
for (index = 0; index < 10; index++)
    Load_Data(index);

// 其他代码

} // end Scan
```

这段代码本身并没有错，但 index 仅在一段程序代码中用作循环索引。C++的设计人员认为这样不够健壮，应该能够就近定义变量。另外，在一个代码块中使用的变量，对其他代码块来说应该不可见。例如，请看下面一组代码块：

```
void Scope(void)
{
int x = 1, y = 2; // global scope
printf("\nBefore Block A: Global Scope x=%d, y=%d",x,y);
    { // Block A
    int x = 3, y = 4;
    printf("\nIn Block A: x=%d, y=%d",x,y);
    } // end Block A
printf("\nAfter Block A: Global Scope x=%d, y=%d",x,y);
    { // Block B
    int x = 5, y = 6;
    printf("\nIn Block B: x=%d, y=%d",x,y);
    } // end Block B
printf("\nAfter Block B: Global Scope x=%d, y=%d",x,y);
} // end Scope
```

其中有三组不同版本的变量 x 和 y。第一组 x、y 的作用域为整个函数，但进入代码块 A 后，它们被局部变量 x、y 遮掩，不再有效。退出代码块 A 后，原来的变量 x、y 将有效；代码块 B 的情况与此相同。支持代码块级作用域后，您可以更好地限制变量及其的使用。另外，不再需要费尽心思去想一个新的变量名，可以使用名称 x、y，而不用担心新的变量破坏同名的全局变量。

这种新变量作用域的优点是，让我们能够在代码中随时创建变量。例如，请看下面这个同样基于 index 索引的 for() 循环，但这次使用 C++来编写：

```
for (int index = 0; index < 10; index++)
    Load_Data(index);
```

在需要使用时才定义 index，而不是在函数开头定义。然而，不要在程序中滥用这种变量定义方式。

D.4 内存管理

C++有一个基于运算符 new 和 delete 的新内存管理系统。从很大程度上说，这两个运算符相当于 malloc() 和 free()，但更聪明，因为它们考虑了要分配/释放的数据的类型。请看下面的例子。

使用 C 语言时，要在堆中为 1000 个 int 分配内存空间，代码如下：

```
int *x = (int*)malloc(1000*sizeof(int));
```

太乱了！下面是功能相同的 C++代码：

```
int *x = new int[1000];
```

是不是好多了？new 自动返回了一个 int 指针，即 int*，因此无需进行强制类型转换。C 语言释放内存的语句如下：

```
free(x);
```

而 C++代码如下：

```
delete x ;
```

它们基本相同，但 new 运算符要好些。另外，要么使用 C 语言内存分配方式，要么使用 C++内存分配方式。绝不要将 new 和 free() 混合使用，也不要将 malloc() 和 delete 混合使用。

D.5 流式输入/输出

我爱 printf()，没有比下面的代码更一目了然的了：

```
printf("\nGive me some sugar baby.");
```

然而，printf() 的缺点是，格式指定符太多，如%d、%x、%u 等，不便记忆。另外，scanf() 更糟糕，如果您忘记了传入的参数应是变量的地址，情况将一团糟。例如：

```
int x;
```

```
scanf("%d",x);
```

上述代码是错误的！应传入 x 的地址即&x，正确的语句如下：

```
scanf("%d",&x);
```

您肯定犯过这样的错误。唯一不需要使用地址运算符的情况是使用字符串时，因为字符串变量本来就是地址。这就是 C++创建新的 IOSTREAM 类的原因。它能够识别变量的类型，您不需详细指定。类 IOSTREAM 是在头文件 IOSTREAM.H 中定义的，要在 C++程序中使用这个类中的函数，必须包含这个头文件。这样，就可以访问流 cin、cout、cerr 和 cprn 了，如表 D.1 所示。

表 D.1   C++的输入/输出流

流名	设备	C 语言中的名称	含义	流名	设备	C 语言中的名称	含义
cin	键盘	stdin	标准输入	cerr	屏幕	stderr	标准错误输出
cout	屏幕	stdout	标准输出	cprn	打印机	stdprn	打印机

I/O 流的用法有点怪异，因为它们基于对运算符<<和>>的重载。这些符号在 C 语言中通常表示位移，但在 I/O 流语境中，它们用于传递和接收数据。下面几个使用标准输出的例子：

```
int i;
float f;
char c;
char string[80];

// in C
printf("\nHello world!");

// in  C++
cout << "\nHello world!";

// in C
printf("%d", i);

// in C++
cout << i;

// in C
printf("%d,%f,%c,%s", i, f, c, string);

// in C++
cout << i << ", "<< f << ", "<< c << ", "<< string;
```

根本不需要类型指定符，因为 cout 能识别变量类型。这种语法唯一怪异的地方是，C++允许每次操作后串联一个<<运算符，原因是每次操作都返回 cout，因此可以不断地加上<<运算符。使用流进行简单打印的唯一缺点是，必须将变量和字符串常量分开，如同使用 “,” 将变量分开。然而，可以使用让每个<<单独占一行，如下所示：

```
cout << i
     << ","
     << f
     << ","
     << c
     << ","
     << string;
```

别忘了，在 C 和 C++中，空白总是被忽略，因此上面的代码是合法的。

输入流的工作原理与输出流相似，只是使用运算符>>。下面是几个例子：

```
int i;
float f;
char c;
char string[80];

// in C
printf("\nWhat is your age?");
```

```
scanf("%d",&i);

// in C++
cout << "\nWhat is your age?";
cin >> i;

// in C
printf("\nWhat is your name and grade?");
scanf("%s %c", string, &c);

// in C++
cout << "\nWhat is your name and grade?";
cin >> string >> c;
```

是不是 C 语言稍好些？当然，IOSTREAM 系统还有很多其他的函数和优点，您可以尝试一下。

D.6　类

类是 C++最重要的扩充，让该语言支持面向对象技术。如前所述，类只不过是包含数据和处理数据的方法（通常称为成员函数）的容器。

D.6.1　新结构

下面介绍类，先来看标准结构。使用 C 语言时，可以这样定义一个结构：

```
struct Point
{
int x,y;
};
```

然后，这样创建一个结构的实例：

```
struct Point p1;
```

上述代码创建了结构 Point 的一个实例或对象，它名为 *p1*。在 C++中，创建实例时不必使用关键字 struct：

```
Point p1;
```

上述代码也创建了结构 Point 的一个实例，它名为 *p1*。这是因为 C++语言本身已经创建了类型 Point，因此不必再使用 struct，如同进行下面的定义后：

```
typedef struct Point_tag
{
int x,y;
} Point;
```

便可以使用这样的语法：

```
Point p1;
```

类与新结构类似，您不必创建一种类型，类定义本身就是类型。

D.6.2 一个简单的类

在 C++中，类是使用关键字 class 定义的。下面是一个例子：

```
class Point
{
public:
int x,y;

};

Point p1;
```

这几乎和结构版本的 Point 相同；实际上，两种方式定义的 p1 的工作原理完全相同。例如，要访问数据，只要使用标准语法：

```
p1.x = 5;
p1.y = 6;
```

当然，也可以使用指针。如果定义如下指针：

```
Point *p1;
```

必须首先使用 malloc()或 new 为它分配内存：

```
p1 = new Point;
```

然后便可以像下面这样给 x、y 赋值：

```
p1->x = 5;
p1->y = 6;
```

在很大程度上说，在访问公有数据方面，类和结构是相同的。关键术语公有（public）是什么意思呢？再来看一下前面 Point 类，其定义为：

```
class Point
{
public:
int x,y;
};
```

在定义的开头（任何变量声明之前）有一个关键字 public，它定义了变量（和成员函数）的可见性。还有其他几种可见性选项，但经常使用的只有两种：公有和私有。

D.6.3 公有和私有

如果在只包含数据的类定义开头使用关键字 public，这个类将相当于一个标准结构。换句话说，结构是可见性为公有的类。公有可见性意味着任何人都可以看到类中的数据元素。无论对于主程序、其他函数还是成员函数，数据都没有被隐藏或封装。另一方面，私有可见性让您能够隐藏数据，不让当前除类的成员函数之外的其他函数对其进行修改。例如，请看下面的类：

```
class Vector3D
{
public:
int x,y,z; // 任何人都可以修改
```

```
private:
    int reference_count; // 被隐藏

};
```

Vector3D 分为两个不同的部分：公有数据区域和私有数据区域。公有数据区域有三个字段：*x*、*y*、*z*，任何人都可以修改它们。另一方面，私有数据区域有一个被隐藏的字段，名为 reference_count。该字段对外部是隐藏的，只有该类的成员函数（现在还没有）除外。因此，如果编写了像下面这样的代码：

```
Vector3D v;
v.reference_count = 1; // 非法
```

编译器将报错！问题是，如果不能访问，私有变量还有什么用呢？私有变量在您书写黑盒类时非常有用，您不希望或不需要用户修改类的内部工作变量。在这种情况下，私有将找到用武之地。要访问私有成员，必须在类中添加成员函数或方法。

D.6.4 类的成员函数（方法）

成员函数或方法（取决于您在讨论什么而定）基本上就是类中的函数，只能通过类才能调用。下面是一个例子：

```
class Vector3D
{
public:
int x,y,z; // 任何人都可以修改它们

    // 这是一个成员函数
    int length(void)
        {
        return(sqrt(x*x + y*y + z*z);
        } // end length
private:
    int reference_count; // 被隐藏

};
```

其中以粗体显示的是成员函数 length()。看起来是不是有些怪异？来看如何使用它：

```
Vector3D v; // 创建一个向量

// 设置分量的值
v.x = 1;
v.y = 2;
v.z = 3;

printf("\nlength = %d",v.length());
```

可以像访问元素一样调用类成员函数。如果 v 是指针，则需要这样调用：

```
v->length();
```

现在，您可能会说："我有大约 100 个必须访问该类中数据的函数；我不能将它们都放在这个类中！"只要愿意，完全可以，但这样会很乱。然而，可以在类定义外定义成员函数，这将稍后介绍。下面添加另一个成员函数，以演示如何访问私有数据成员 reference_count：

```
class Vector3D
{
```

```
public:
int x,y,z; // 任何人都可以修改它们

    // 这是一个成员函数
    int length(void)
        {
        return(sqrt(x*x + y*y + z*z);
        } // end length
    // 数据访问成员函数
    void addref(void)
    {
    // 该函数将 reference_Count 加 1

    } // end addref

private:
    int reference_count; // 被隐藏

};
```

通过成员函数 addref()，可以访问 reference_count。这种做法看似多此一举，但如果仔细考虑，您便会发现这的确是个好办法。因为现在用户不能对该数据成员做任何蠢事了。只有通过成员函数，才能够存取数据成员，这里是将 reference_count 加 1：

```
v.addref();
```

调用者不能直接修改 reference_count，将其乘以一个数等，因为 reference_count 是私有的，只有该类的成员函数能够访问它，这就是数据隐藏和封装。

至此，读者应该明白类的威力。您可以在类中加入成员数据，添加处理这些数据的函数，还可以隐藏数据，真是太棒了！然而，好戏还在后面。

D.6.5 构造函数和析构函数

如果您有一个星期以上的 C 语言编程经验，有件事情您肯定做了很多次：初始化结构。例如，假设您创建了一个结构 Person：

```
struct Person
{
int age;
char *address;
int salary;
};

Person people[1000];
```

现在要初始化 1000 个 people 结构，您可能会这样做：

```
for (int index = 0; index < 1000; index++)
{
people[index].age     = 18;
people[index].address = NULL;
people[index].salary  = 35000;

} // end for index
```

如果未对数据初始化就使用它，后果将如何呢？您可能见到老朋友——通用保护错误（General

Protection Fault）。同样，如果忘记对数据结构初始化，也可能见到它。在程序运行的过程中，如果使用如下语句分配一块内存，并让 person 对象的 address 成员指向这块内存，结果又会怎样呢？

```
people[20].address = malloc(1000);
```

接着您忘记给它分配过内存，使用下面这条语句再次给它内存分配：

```
people[20].address = malloc(4000);
```

第一次分配的 1000 字节内存将永远回不来。因此，在重新分配内存前，一定要调用 free() 函数来释放原来的内存：

```
free(people[20].address);
```

您很可能也犯过这样的错误。C++提供了两种在对象被创建和删除时自动调用的新函数——构造函数和析构函数，以解决内存管理问题。

构造函数当实例化类对象时被调用。例如，下述代码被执行时：

```
Vector3D v;
```

默认构造函数将被调用，虽然它没有做任何工作。同样，当 v 超出作用域时，也就是说，定义 v 的函数终止时或当 v 是全局变量而程序终止时，默认析构函数将被调用，当然它也没有做任何工作。要采取某种措施，您必须自行编写构造函数和析构函数。如果不想执行任何操作，可不必编写这些函数。

D.6.6　编写构造函数

下面将 person 结构转换为类，并以它为例来编写构造函数：

```
class Person
{
public:
int age;
char *address;
int salary;

// 这是默认构造函数
// 构造函数可以不接受参数，或接受任何参数集
// 但不返回任何东西，那怕是 void
Person()
    {
    age     =0;
    address = NULL;
    salary  = 35000;
    } // end Person
};
```

注意，构造函数的名称与类名相同，这里为 Person。这并非巧合，而是规则！另外，构造函数没有任何返回值，这是必须的。然而，构造函数可以接受参数。在这个例子中没有参数，但您可以创建接受参数的构造函数。事实上，可以创建任意数量的构造函数，每个函数可以有不同的参数列表。这样就可以使用不同的函数调用来创建不同类型的 Person。总之，要创建一个 Person，并使其自动初始化，只需这样做：

```
Person person1;
```

构造函数将自动被调用，执行如下赋值操作：

```
person1.age     = 0;
person1.address = NULL;
person1.salary  = 35000;
```

现在，当您编写下面这样的语句时，构造函数的威力便显现出来了：

```
Person people[1000];
```

对于每个 Person 实例，都将调用构造函数，因此全部 1000 个 Person 实例都被初始化，而不需要您编写一行代码！

下面讨论一些更高级的内容。前面指出过，可以对函数进行重载。当然，构造函数也可以被重载。假设您要创建一个根据的传入参数值对年龄、地址和薪水进行设置的构造函数，可以这样做：

```
class Person
{
public:
int age;
char *address;
int salary;

// 这是默认构造函数
// 构造函数可以不接受参数，或接受任何参数集
// 但不返回任何东西，那怕是 void
Person()
    {
    age     =0; address = NULL; salary = 35000;
    } // end Person

// 新增的功能更强大的构造函数
Person(int new_age, char *new_address, int new_salary)
{
// 设置年龄
age = new_age;

// 为地址分配内存并设置其值
address = new  char[strlen(new_address)+1];
strcpy(address,new_address);

// 设置薪水
salary = new_salary;

}//end Person int,char*,int

};
```

现在有两个构造函数，一个没有参数，另一个有 3 个参数（两个 int 和一个 char*）。下面的例子创建一个 24 岁、居住在枫树大街 500 号、年薪 52000 美元的 Person 对象：

```
Person person2(24,"500 Maple Street", 52000);
```

当然，您可能认为，也可以使用下面的语法方便地初始化 C 结构：

```
Person person = {24, "500 Maple Street", 52000};
```

然而，内存分配方面又如何呢？如何进行字符串复制和其他操作呢？标准 C 只能机械地进行复制，仅此而已。但 C++在创建对象时可以执行更多的操作。这赋予了您更多的控制权。

D.6.7 编写析构函数

创建对象后，在某个时刻该对象将消亡。使用 C 语言时，此时通常要调用一个清理函数，但使用 C++时，对象将调用析构函数完成自我清理。编写析构函数比编写构造函数还要简单，因为析构函数没什么灵活性，它们只有一种格式：

```
~classname();
```

没有参数，也没有返回类型，而且绝对没有异常！下面在 Person 类中添加一个析构函数：

```
class Person
{
public:
int age;
char *address;
int salary;

// 这是默认构造函数
// 构造函数可以不接受参数，或接受任何参数集
// 但不返回任何东西，那怕是 void
Person()
    {
    age    =0;    address = NULL; salary = 35000;
    } // end Person

// 新增的功能更强大的构造函数
Person(int new_age,char*new_address,int new_salary)
{
// 设置年龄
age = new_age;

// 为地址分配内存并设置其值
address = new  char[strlen(new_address)+1];
strcpy(address,  new_address);

// 设置薪水
salary = new_salary;

} // end Person int,char*,int


// 这是析构函数
~Person()
    {
    free (address);
    } //  end ~ Person

};
```

其中以粗体显示的是析构函数。注意，该析构函数中并没有什么特别的代码；实际上在析构函数中可以执行任何操作。这个析构函数后，就不必担心内存释放的问题。例如，使用 C 语言时，如果您在函数中创建一个包含内部指针的结构，然后不进行内存释放就退出该函数，则这块内存将再也回不来，这就是内存泄漏，如下面 C 程序所示：

```
struct
    {
    char*name;
```

```
    char*ext;
    } filename;

foo()
{
filename file; // 这是文件名

file.name = malloc(80);
file.ext  = malloc(4);

} // end foo
```

结构 file 将被销毁，但分配的 84 个字节将永远丢失！然而，在 C++中，由于有析构函数，不会发生这种情况，因为编译器将自动调用析构函数，从而释放内存。

以上就是关于构造函数和析构函数的基本内容，当然还有很多其他的内容。例如，有一些特殊的构造函数：复制构造函数、赋值构造函数等。但对初学者来说，这足够了。至于析构函数，只有前面介绍过的一种类型。

D.7 域 运 算 符

C++还有一个新的运算符：域运算符，用双冒号（::）表示。它用来引用类的成员函数和数据成员。不必过多地考虑该运算符的含义，这里只介绍如何使用它来在类定义的外部定义成员函数。

在类外部定义成员函数

到现在为止，我们只是类定义内部定义成员函数。虽然这对于小型类是完全可以接受的，但不适用于大型类。完全可以在类的外部定义成员函数，只要您正确定义它们，并让编译器知道它们是类函数，而不是文件级函数。为此，可以使用域运算符和下面的语法：

```
return_type  class_name::function_name(parm_list)
{
//函数体
}
```

当然在类内部，仍需要定义成员函数的原型，但可以将成员函数的函数体定义推迟到以后再去完成。下面以 Person 类为例，看一下如何使用域运算符。下面是阐述函数体后的类定义：

```
class Person
{
public:
int age;
char *address;
int salary;

// 这是默认构造函数
Person();

// 这是功能更强大的构造函数
Person(int new_age,char*new_address,int new_salary);

// 这是析构函数
~Person();
```

```
};
```

下面是函数体，它们和其他所有函数一起被放在类定义的后面：

```
Person::Person()
{
// 这是默认构造函数
// 构造函数可以不接受函数，或接受任何函数集
// 但不返回任何东西，那怕是 void
age     = 0;
address = NULL;
salary  = 35000;

} // end Person

/////////////////////////////////////////////////

Person::Person(int new_age,
               char*new_address,
               int new_salary)
{
// 这是功能更强大的构造函数
// 设置年龄
age = new_age;

// 为地址分配内存并设置它的值
address = new char [strlen(new_address)+1];
strcpy(address,new_address);

// 设置薪水
salary = new_salary;

} // end Person int, char*,int

/////////////////////////////////////////////////

Person::~person()
{
// 这是析构函数
free(address);
} // end ~person
```

提示：大多数程序员喜欢在类名前加上大写字母 C。我也经常这样做，希望您也这样做。因此，我在编程时，可能使用 Cperson 而不是 Person，或者全部使用大写：CPERSON。

D.8 函数和运算符重载

下面讨论重载，重载方式有两种：函数重载和运算符重载。这里没有时间详细讨论运算符重载，只提供一个通用的例子。假定有一个 Vector3D 类，要将两个向量相加（v1+v2），并将结果存储到 v3 中。可以这样做：

```
Vector3D v1 = {1,3,5},
         v2 = {5,9,8},
         v3 = {0,0,0},
```

```
// 定义一个加法函数，也可以将其作为类函数
Vector3D Vector3D_Add(Vector3D v1, Vector3D v2)
{
Vector3D sum; // temporary used to hold sum

sum.x = v1.x+v2.x;
sum.y = v1.y+v2.y
sum.z = v1.z+v2.z;

return(sum);

} // end Vector3D_Add
```

要使用该函数执行向量加法，可以这样做：

```
v3 = Vector3D_Add(v1, v2)
```

这虽然管用，但很粗糙。在 C++中，通过运算符重载可以重载 "+" 运算符，使其能够用于将向量相加。这样，您就可以编写这样的代码：

```
v3 = v1+v2;
```

下面列出重载运算符的语法，供读者参考；更详细的细节，请参阅 C++书籍：

```
class Vector3D
{
public:

int x, y,z; // 任何人都可以修改它们

// 这是一个成员函数
int length(void){return(sqrt(x*x + y*y + z*z);}

// 重载"+"运算符
Vector3D operator+(Vector3D &v2)
{
Vector3D sum; // 用于存储向量和的临时变量

sum.x = x+v2.x;
sum.y = y+v2.y;
sum.z = z+v2.z;

return(sum);
}

private:
    int reference_count; // 被隐藏

};
```

第一个参数是隐含的，为当前对象，因此参数列表中只有 *v2*。总之，运算符重载的功能非常强大。使用它，可以创建新的数据类型和运算符，从而不用调用函数便能够完成各种操作。

讨论构造函数时，您已经接触过函数重载。函数重载就是编写多个名称相同但参数列表不同的函数。假设要编写一个名为 Plot_Pixel 的函数，它具有如下功能：如果不带参数被调用时，在当前光标位置绘制一个像素；如果使用参数 *x*、*y* 调用该函数，它将在 *x*、*y* 指定的位置绘制一个像素。代码如下：

```
int cursor_x, cursor_y; // global cursor position

// 第 1 个 plot_pixel 版本
void plot_pixel(void)
{

// 在当前光标位置绘制一个像素
plot(cursor_x, cursor_y);
}

//////////////////////////////

// 第 2 个 plot_pixel 版本
void Plot_Pixel(int x, int y)
{
// 在参数指定的位置绘制一个像素并相应地更新光标位置
plot(cursor_x=x, cursor_y=y);
}
```

现在可以像下面这样调用这个函数：

```
Plot_Pixel(10,10); // 调用第二个版本

Plot_Pixel(); // 调用第一个版本
```

提示：编择器知道这两个函数的区别，因为编译器根据函数名和参数列表，在编译器的名称空间中创建一个唯一的函数名称。

D.9 基 本 模 板

很久以前就有模板。事实上，您可能在编程工作中使用过模板，甚至创建过模板。下面首先通过一个标准的 C 语言范例来说明模板是什么，它们解决了什么问题。假设您有一套这样的数学函数：

```
int add(int a,int b)
{
int sum = a+b;
return(sum);
} // end add

int mul(int a*, int b);
{
int product = a*b;
return(product);
} // end mul
```

这很好，但如果您希望对 float 也提供这样的功能，该如何办呢？可以像下面这样重载这些函数：

```
float add(float a,float b)
{
float sum = a+b;
return(sum);
} // end add

float mul(float a,float b)
{
float product = a*b;
```

```
return(product);
} // end mul
```

然而，如果要支持很多种数据类型，这样做将非常繁琐。另外，通过多次复制代码来编写重载函数时，如果原始代码中有 bug，将被多次复制，进而导致灾难性后果。模板应运而生：它们是函数（类）模板，让您能够使用通用数据类型来编写函数的核心逻辑，这样编译器在需要时将创建新的函数版本，其座右铭是"编写一次"。

下面是一个声明模板函数 add() 的例子：

```
template<class T> T  add(T a, T b)
{
T sum; // 声明通用类型
// 执行通用计算
sum = a + b;
// 返回结果
return(sum);
} // end add
```

下面仔细分析一下该函数的语法（其中比较棘手的部分为粗体）。首先，模板函数以关键字 template 打头，接下来是声明<class T>。T 是一个虚构类型，可以表示任何数据类型。关键字 template 告诉编译器，任何时候遇到 T 时，都应将其替换为所需的类型。因此，T 是一种通用类型，模板函数使用它来生成多个函数。接下来是返回值，在这个例子中也是 T。因此函数返回一个通用类型的数据，然而，它可能是诸如 int、float 等内置类型。返回类型的后面是函数名和参数列表。该函数接受两个类型为 T 的参数，同样这也是通用类型。下面是一个使用该模板的例子：

```
int a = 1, b = 2;
int sum = add(a,b);
```

编译器将自动生成一个接受两个 int 参数且返回类型为 int 的模板函数。另外，如果您编写如下代码：

```
float a = 1, b = 2;
float sum = add(a,b);
```

编译器将创建另一个模板函数版本，它接受两个 float 参数，且返回一个 float 值。

除模板函数外，还有模板类，但这里不打算介绍它们。就我们的需要而言，模板函数足以帮助我们生成针对多种数据类型的通用函数。

提示：最近，ANSI C++标准新增对名为 STL（标准模板库）的模板支持。STL 内置了对大量数据类型和高级功能的支持，您绝对应该尝试使用一下，虽然它被认为是 ANSI 标准。

D.10　异常处理简介

大多数 C 语言程序员要么创建非常健壮的错误处理代码，要么什么也不做。例如，新手可能编写这样的代码：

```
char *alloc_mem(int num_bytes)
{
char *ptr = NULL;
prt = (char*)malloc(num_bytes);
memset(ptr,0,num_bytes);
```

```
return(ptr);
} // end alloc_mem
```

显然，这个函数的问题在于，如果 malloc() 失败，将返回一个 NULL 指针。更糟糕的是，num_bytes 字节的内存被重写，导致保护错误（proctction fault）。一种更健壮的实现如下：

```
char*alloc_mem(int num_bytes)
{
char*ptr = NULL;
if ((ptr = (char*)malloc(num_bytes))!=NULL)
    {
    memset(ptr,0,num_bytes);
    return(ptr);

    } // end if
return(NULL);
} // end alloc_mem
```

在这个版本的函数中，如果内存分配失败，内存不会被清零。同时，函数将返回 NULL，指出发生的错误。结合使用这种技术、错误文件、printf() 和其他策略的效果不错.然而，很多 C 语言程序员面临的问题是，错误处理代码和逻辑代码纠缠在一起。这可能极其繁琐。另外，在功能嵌套的各个级别恢复错误可能非常复杂。幸运的是，C++新增了错误处理工具：异常处理（exception handling）。

异常处理的组成部分

异常处理由下列三个主要部分组成：

● try 代码块——这是要检测其错误的代码。要创建 try 语句块，只需以关键字 try 打头，然后使用花括号将语句括起来，如下所示：

```
try{
// 要检测其错误的代码
} // end try block
```

● catch 代码块——它是 try 代码块的接球手——try 代码块中发生的任何错误都将被 catch 代码块捕获。catch 代码块以关键字 catch 打头，然后是一个信息类型的变量声明，接下来是用花括号括起的代码，如下所示：

```
catch(type v){
// 处理错误的代码
// 该 catch 块捕获 type 类型的数据
} // end catch block
```

● Throw 语句——最后是 throw 语句，它们是实际发起错误处理（引发错误）的代码行。换句话说，代码逻辑检测到错误后，将把错误传递给离当前 try 块最近的 catch 块。实际上，程序流程将立刻跳转到 catch 块。throw 语句可以传递任何类型的数据：字符串、int、float、类等，其语法如下：

```
throw(type v);
```

下面是一个包含全部三个部分的简单范例：

```
try{
// 执行易于导致错误的计算
// 发生错误,传递之
throw("there was an error in the calculation module");
} //end try
```

```
// catch 块必须紧跟在 try 块后面
catch(const char*str){
// 采取措施
printf("\nError Thrown:%s",str);
} // end catch block
```

在这个例子中，使用了简单的结构，首先是 try 语句块，然后是 catch 语句块。throw 语句传递一个字符串变量，具体地说是一个 const char *，这就是 catch 语句块将类型声明为 const char *的原因。然而，并非不能传递和捕获多种数据类型，如下例所示：

```
try{
// 执行易于导致错误的计算
// 发生了 bad_thing 1 类错误?传递之
if(bad_thing1)
  throw("there was an error in the calculation module");
// bad_thing 2 类错误
if(bad_thing2)
  throw(12);
} // end try

// catch 块必须紧跟在 try 块后面
catch(const char*strerror){
// 发生 bad_thing 1 类错误时采取的措施
printf("\nError Thrown:%s",strerror);
} // end catch block

catch(int ierror){
// 发生 bad_thing 2 类错误时采取的措施
printf("\nError Thrown, Code:%d",ierror);
}//end catch block
```

在这个例子中，有一个 try 语句块，但有两种可能的错误：一个传递字符串，另一个传递整数。这没有问题，只需提供两个 catch 代码块，一个捕获字符串，一个捕获整数即可。

这里要介绍的最后一种异常处理特性是，可以在函数中以函数调用的方式传递异常，如下面的代码所示：

```
void func(void)
{
// 发生错误
switch(rand()%3)
    {
    case 0: // 字符串类错误
        throw("Something went wrong with the text!");
        break;
    case 1: // 整数类错误
        throw(1);
        break;
    case 2: // 源点类错误
        throw(0.5);
        break;
    default: // 其他错误
    } // end switch
} // end func

void main (void)
{

try{
// 在 try 块中调用传递错误的函数
```

```
func();
} // end try

// catch 块必须紧跟在 try 块后面
catch(const char*strerror){
// 发生字符串类错误时采取的措施
printf("\nError Thrown:%s",strerror);
} // end catch block

catch(int ierror){
// 发生整数类错误时采取的措施
printf("\nError Thrown,Integer Code:%d",ierror);
} // end catch block

catch(int ferror){
// 发生源点类错误时采取的措施
printf("\nError Thrown, Floating Code:%d",ferror);
} // end catch block

catch(...){
// 发生其他错误时采取的措施
} // end catch all

} // end main
```

提示：请注意其中的 catch(…)语句，这是一条捕获所有错误的语句。没有显式地 catch( )错误都将由该语句块处理。

在上述代码清单中，在 main ()函数中，函数 func ()是在 try 代码块中调用的，因此在该 try 代码块中发生的任何错误都将被捕获。

显然，还有很多异常处理功能这里没有介绍，这只是一个起点。下面是一些编写代码时应遵循的规则：

● 不要在小型工程中使用异常处理。

● 不要在原来没有使用异常处理的代码中加入异常处理功能。也就是说，采用非同质错误处理系统不是好主意。

● 如果已经有健壮的错误处理系统，没有必要使用异常处理重新编写。

● 在有助于将逻辑和错误处理分开时，使用异常处理最合适。事实上，这也是其优点。

D.11 总   结

有关 C++的简明教程至此就结束了。您现在也许不是 C++行家，但至少对它在 C 语言的基础上新增了哪些功能有深入了解。如果要学习有关 C++的更多知识，这里推荐一本免费的网络图书：Bruce Echel 编写的 *Thinking in C++*第二版，其网址如下：

http://www.mindview.net/Books/TICPP/ThinkingInCPP2e.html。

附录 E　游戏编程资源

下面列出一些资源，相信对身为游戏程序员的您有一定帮助。

E.1　游戏编程和新闻网站

有很多非常棒的游戏编程网站，在此我无法一一列出。下面是我收藏的几个网站：

- IGN

http://www.ign.com/

- GameDev.net

http://www.gamedev.net/

- FlipCode

http://www.flipcode.com/

- MAME 官方网页（The Official MAME Page）

http://www.mame.net/

- The Games Domain

http://www.gamesdomain.com/

- The Coding Nexus

http://www.gamesdomain.com/gamedev/gprog.html

- 计算机游戏开发者年会（The Computer Game Developers'Conference）

http://www.gdconf.com

- Xtreme 游戏开发者展览（The Xtreme Game Developers' Expo）

http://www.xgdc.com

E.2　下 载 站 点

游戏程序员需要接触好的游戏和工具等，下面列出我喜欢访问并下载的站点：

- eGameZone

http://www.egamezone.net
- Happy Puppyp

http://www.happypuppy.com
- Game Pen

http://www.gamepen.com/topten.asp
- Adrenaline Vault

http://www.avault.com/pcrl/
- Download.Com

http://www.download.com/
- CNet

http://www.cnet.com

E.3　2D/3D 引擎

网上有一个站点集中了所有的 3D 开发引擎，该站点是 3D 引擎列表（The 3D Engine List），包含各种使用不同技术级别的 3D 引擎。令人激动的是许多引擎的作者允许用户免费使用其引擎！下面是其地址：

http://cg.cstu-berlin.de/～ki/engines.html
下面是其他一些很棒的专用 2D/3D 引擎的链接：
- Genesis 3D Engine

http://www.genesis3d.com
- SciTech MGL

http://www.scitechsoft.com
- Lithtech Engine

http://www.lithtech.com/

E.4　游戏编程书籍

关于图像、声音、多媒体和游戏开发的书籍很多，但全部都买下来也未免太昂贵。下面给出几个可以查阅游戏相关书籍评论并提供购买建议的网站：
- Games Domain Bookstore

http://www.gamesdomain.com/gamedev/gdevbook.html
- Premier Publishing Game Development Series

http://www.premierpressbooks.com/ptr_catalog.cfm?group＝Game％20 Development
- Charles River Media Game Development Series

http://www.charlesriver.com

E.5　微软公司的 Direct X 多媒体展示

毋庸置疑，微软公司有着世界上最大的网站，有数以千计的页面、栏目和 FTP 站点等。但是，您感兴趣的页面是 DirectX 多媒体展示：

http://www.microsoft.com/windows/directx/default.asp

在该页面上，可以看到最新的消息，可以下载最新版本的 DirectX 以及老版本的补丁。您每周至少应花一个小时来通读这些信息。这样您将跟上多姿多彩的 Microsoft 和 DirectX 领域的发展脚步。当然，别遗漏了新的 Xbox 网站：

http://www.xbox.com/

E.6　新　闻　组

我不太关心 Internet 新闻组，因为我觉得使用它和人沟通太慢了。不过，也有些新闻组值得浏览：

- alt.games；
- rec.games.programmer；
- comp.graphics.algorithms；
- comp.graphics.animation；
- comp.ai.games。

如果以前没有阅读过新闻组，请读下面的说明：您需要一个新闻组浏览器，以便能够下载信息和阅读信息线索。大多数 Web 浏览器，如 Netscape Navigator 和 Internet Explorer 都有内置的新闻组浏览器。只要阅读帮助文件，弄清楚如何设置浏览器以阅读新闻组就行了。然后登录新闻组，如 alt.games，下载所有的信息并开始阅读。

E.7　跟上行业的步伐

Internet 上 99.9％的内容都只是在浪费带宽。大部分人在不停地闲扯或交流着不着边际的幻想，但也有些网站不会浪费您的时间，其中之一就是 Blues News，它是各种行业要人发表其每天灵感的地方。登录 http://www.bluesnews.com，查看每天的新形势。

E.8　游戏开发杂志

据我所知，只有一种英文游戏开发杂志——*Game Developer* 月刊，内容涵盖了游戏编程、艺术、3D 建模、行业动态等。其网址为

http://www.gdmag.com

E.9　Quake 资料

您想知道的有关 Quake 的任何知识都可以在这里找到：

http://www.planetquake.com /

E.10　免费模型和纹理

这是一个很不错的免费模型、纹理和其他游戏编程素材下载网站：

http://www.3dcafe.com/asp/default.asp

E.11　游戏网站开发者

开发游戏时最后应当考虑的是展示游戏的网站！如果试图作为共享软件来销售游戏，建立一个迷你站点来展示它非常重要。您可能知道如何使用 FrontPage 或 Netscape 中简单的网页编辑器，然而要建立一个很酷的网站来展示您编写的游戏并使其更具有吸引力，应找专业人员来开发网站。我见过太多非常好的游戏却有着一个极其糟糕的网站。

帮我建设网站的公司是 Belm Design Group。它们可以帮您为游戏建立网站，收费通常为 500～3000 美元。网址是 http://www.belmdesigngroup.com

最后，再次给出我的电子邮件地址：

CEO@xgames3d.com

附录 F　ASCII 码表

　　如果说有什么是我一直以来在寻找的东西，那就是一张 ASCII 码表。我想大概只有 Peter Norton 的 PC 书中附有 ASCII 码表。其实每本计算机书都应该附有 ASCII 码表，不过我自己过去的书中也没有，但我已改正了这个错误。下面就是完全完整的从字符 0 到 127，127 到 255 的 ASCII 码表。

Dec	Hex	ASCII	Dec	Hex	ASCII
000	00	null	029	1D	↔
001	01	☺	030	1E	▲
002	02	☻	031	1F	▼
003	03	♥	032	20	space
004	04	♦	033	21	!
005	05	♣	034	22	"
006	06	♠	035	23	#
007	07	●	036	24	$
008	08	◘	037	25	%
009	09	○	038	26	&
010	0A	◙	039	27	'
011	0B	♂	040	28	(
012	0C	♀	041	29	)
013	0D	♪	042	2A	*
014	0E	♫	043	2B	+
015	0F	☀	044	2C	'
016	10	►	045	2D	-
017	11	◄	046	2E	.
018	12	↕	047	2F	/
019	13	‼	048	30	0
020	14	¶	049	31	1
021	15	§	050	32	2
022	16	▬	051	33	3
023	17	↨	052	34	4
024	18	↑	053	35	5
025	19	↓	054	36	6
026	1A	→	055	37	7
027	1B	←	056	38	8
028	1C	∟	057	39	9

Dec	Hex	ASCII	Dec	Hex	ASCII
058	3A	:	101	65	e
059	3B	;	102	66	f
060	3C	<	103	67	g
061	3D	=	104	68	h
062	3E	>	105	69	i
063	3F	?	106	6A	j
064	40	@	107	6B	k
065	41	A	108	6C	l
066	42	B	109	6D	m
067	43	C	110	6E	n
068	44	D	111	6F	o
069	45	E	112	70	p
070	46	F	113	71	q
071	47	G	114	72	r
072	48	H	115	73	s
073	49	I	116	74	t
074	4A	J	117	75	u
075	4B	K	118	76	v
076	4C	L	119	77	w
077	4D	M	120	78	x
078	4E	N	121	79	y
079	4F	O	122	7A	z
080	50	P	123	7B	{
081	51	Q	124	7C	¦
082	52	R	125	7D	}
083	53	S	126	7E	~
084	54	T	127	7F	Δ
085	55	U	128	80	Ç
086	56	V	129	81	ü
087	57	W	130	82	é
088	58	X	131	83	â
089	59	Y	132	84	ä
090	5A	Z	133	85	à
091	5B	[	134	86	å
092	5C	\	135	87	ç
093	5D	]	136	88	ê
094	5E	^	137	89	ë
095	5F	-	138	8A	è
096	60	`	139	8B	ï
097	61	a	140	8C	î
098	62	b	141	8D	ì
099	63	c	142	8E	Ä
100	64	d	143	8F	Å

续表

Dec	Hex	ASCII	Dec	Hex	ASCII
144	90	É	186	BA	‖
145	91	æ	187	BB	╗
146	92	Æ	188	BC	╝
147	93	ô	189	BD	╜
148	94	ö	190	BE	╛
149	95	ò	191	BF	┐
150	96	û	192	C0	└
151	97	ù	193	C1	┴
152	98	ÿ	194	C2	┬
153	99	ö	195	C3	├
154	9A	ü	196	C4	─
155	9B	¢	197	C5	+
156	9C	£	198	C6	╞
157	9D	¥	199	C7	╟
158	9E	P_t	200	C8	╚
159	9F	f	201	C9	╔
160	A0	á	202	CA	╩
161	A1	í	203	CB	╦
162	A2	ó	204	CC	╠
163	A3	ú	205	CD	═
164	A4	ñ	206	CE	╬
165	A5	Ñ	207	CF	╧
166	A6	ª	208	D0	╨
167	A7	º	209	D1	╤
168	A8	¿	210	D2	╥
169	A9	⌐	211	D3	╙
170	AA	¬	212	D4	╘
171	AB	½	213	D5	╒
172	AC	¼	214	D6	╓
173	AD	¡	215	D7	╫
174	AE	«	216	D8	╪
175	AF	»	217	D9	┘
176	B0	░	218	DA	┌
177	B1	▒	219	DB	█
178	B2	▓	220	DC	▄
179	B3	│	221	DD	▌
180	B4	┤	222	DE	▐
181	B5	╡	223	DF	▀
182	B6	╢	224	E0	α
183	B7	╖	225	E1	β
184	B8	╕	226	E2	Γ
185	B9	╣	227	E3	π

Dec	Hex	ASCII	Dec	Hex	ASCII
228	E4	Σ	242	F2	≥
229	E5	σ	243	F3	≤
230	E6	μ	244	F4	⌠
231	E7	γ	245	F5	⌡
232	E8	Φ	246	F6	÷
233	E9	θ	247	F7	≈
234	EA	Ω	248	F8	°
235	EB	δ	249	F9	•
236	EC	∞	250	FA	.
237	ED	ø	251	FB	√
238	EE	∈	252	FC	n
239	EF	∩	253	FD	2
240	F0	≡	254	FE	■
241	F1	±	255	FF	